TRAITÉ THÉORIQUE ET PRATIQUE

DU

TRAVAIL DES VINS

PAR

E. MAUMENÉ

AUTEUR DE LA THÉORIE GÉNÉRALE DE L'ACTION CHIMIQUE
ANCIEN PROFESSEUR A REIMS,
A LA FACULTÉ (LIBRE) DES SCIENCES DE LYON,
LAURÉAT DE L'INSTITUT, DOCTEUR ÈS-SCIENCES,
MEMBRE DE PLUSIEURS SOCIÉTÉS SAVANTES, ETC.

TROISIÈME ÉDITION REVUE ET AUGMENTÉE

PREMIER VOLUME

PARIS
E. BERNARD & Cie, IMPRIMEURS-ÉDITEURS

LIBRAIRIE
53 ter, QUAI DES GRANDS-AUGUSTINS

IMPRIMERIE
71, RUE LA CONDAMINE, 71

1890

TRAITÉ THÉORIQUE & PRATIQUE

DU

TRAVAIL DES VINS

Paris. — Imp. E. Bernard & Cie, 71, rue La Condamine

TRAITÉ THÉORIQUE ET PRATIQUE

DU

TRAVAIL DES VINS

PAR

E. MAUMENÉ

AUTEUR DE LA THÉORIE GÉNÉRALE DE L'ACTION CHIMIQUE
ANCIEN PROFESSEUR A REIMS,
A LA FACULTÉ (LIBRE) DES SCIENCES DE LYON,
LAURÉAT DE L'INSTITUT, DOCTEUR ÈS-SCIENCES,
MEMBRE DE PLUSIEURS SOCIÉTÉS SAVANTES, ETC.

TROISIÈME ÉDITION REVUE ET AUGMENTÉE

PREMIER VOLUME

PARIS

E. BERNARD & Cie, IMPRIMEURS-ÉDITEURS

LIBRAIRIE — 53 *ter*, QUAI DES GRANDS-AUGUSTINS

IMPRIMERIE — 71, RUE LA CONDAMINE, 71

1890

TABLE DES MATIÈRES

INDEX

LIVRE PREMIER

La Vigne

CHAPITRE PREMIER

Chapitre II

Nature du jus de raisin et du moût

Pages.

CHAPITRE III

LIVRE DEUXIÈME

CHAPITRE I.

Fabrication du vin

CHAPITRE II.

Propriétés des vins

Chapitre III

PRÉFACE

Le public a fait, aux deux éditions de ce livre, un accueil si bienveillant que j'ai dû m'appliquer, dans cette édition nouvelle, à réunir tous les documents, d'expérience et de théorie, dont la précision est assez grande pour diriger les études futures avec avantage.

On a beaucoup fait, dans ces dernières années, pour atteindre ce but: et s'il reste encore énormément à faire, il est vraiment possible, aujourd'hui, d'étendre une lumière vive sur les phénomènes principaux de l'œnotechnie.

J'ai modifié le plan suivi dans les deux éditions précédentes; l'ouvrage est divisé en quatre Livres.

Dans le premier, LA VIGNE ET LES ÉLÉMENTS DU VIN, on trouvera quatre chapitres.

1er chapitre. — *Culture de la vigne envisagée au point de vue chimique* (chapitre nouveau).

2e — *Nature du jus, ou moût de raisin*

3e — *Fermentations, alcoolique et autres.*

4e — *Nature des vins.*

Dans le second Livre, LE VIN, on trouvera trois chapitres.

1er chapitre. — *Fabrication des vins.*

2e — *Propriétés générales des vins de raisins frais.*

3e — *Gouvernement des vins; prophylaxie et thérapeutique des maladies.*

Le troisième Livre, LES VINS MOUSSEUX, comprendra deux chapitres:

1er chapitre — *Du vin mousseux*.

2e — *Porposition d'une Fabrication spéciale des vins mousseux* (méthode nouvelle).

3e — *Méthode des aphrophores* par MM. Maumené et Jaunay.

Enfin le quatrième Livre est uniquement consacré aux *analyses, et aux falsifications* on trouvera :

1er chapitre — *Falsifications de tout genre.*

2e — *Analyses des vins vrais contenant les produits purs de la vigne. Recherche et Mesure des alcools.*

3e — *Sucres, héxéloses, etc.*

4e — *Recherche des falsifications.*

Ce programme comprend les études de Pasteur qui ont rendu, comme toujours, de grands services ; — celles de plusieurs chimistes dont les résultats ont augmenté beaucoup nos connaissances des éléments des vins, soit des vins de raisin, pris en son état naturel, à la maturité, soit des raisins secs, dont la différence est notable. On me permettra de faire observer que mes recherches personnelles ne sont pas les moins étendues.

Les procédés d'analyse reçoivent dans la présente édition un grand développement ; aujourd'hui ces procédés ont été perfectionnés et portés, presque tous, au degré nécessaire pour distinguer et mesurer très exactement les éléments naturels des moûts, ou des vins, et saisir tous les ingrédients des falsifications. Il est devenu nécessaire de mettre tous les viniers, tous les œnotechniciens en état de juger par eux-mêmes l'état réel des deux corps, les jus de raisin sortant de la vigne, le *moût* et le même jus fermenté, le *vin* proprement dit.

Un sujet aussi vaste ne peut-être étudié sans le concours des personnes occupées de diverses manières aux travaux les plus utiles pour le progrès de l'œnotechnie.

Je dois beaucoup à un grand nombre de ces personnes ; elles me permettront, je l'espère, de les remercier ici, une fois pour toutes, afin d'éviter des répétitions dont le lecteur n'a pas besoin. Voici les principaux ouvrages auxquels mes emprunts doivent des profits sérieux :

Etudes des vins, par M. Pasteur.

Traité de la vigne, par MM. Portes et Ruyssen.

Cours de viticulture, par M. Foex.

Production de l'alcoomètre, par MM. Pinson et Petit.

Divers ouvrages de M. Houdart.

D'autres personnes encore m'ont fourni des renseignements précieux : j'aurai soin de le dire dans les chapitres spéciaux.

Aucun effort ne m'a coûté pour mettre cet ouvrage en état de satisfaire à tous les besoins des vignerons, et des viniers, ou fabricants de vin, et je crois pouvoir le présenter comme digne de toute leur confiance.

Toutes les explications chimiques sont données à l'aide de ma *Théorie Générale*. Après une longue opposition (suivant la célèbre habitude de la *routine*), tous les hommes intelligents reconnaissent son immense valeur. Elle seule nous permet d'expliquer et de *prévoir* ce qu'on demandait vainement à la chimie depuis la création du monde.

La nomenclature chimique tombait de jour en jour dans le plus lamentable chaos ; je rétablis les principes de Lavoisier par un moyen dont l'extrême simplicité, je n'en doute pas, sera frappante pour tous les lecteurs.

10 avril, 1890.

E. MAUMENÉ.

NOTIONS PRÉLIMINAIRES

ABRÉGÉ

DE LA THÉORIE GÉNÉRALE DE L'ACTION CHIMIQUE

EMPLOYÉE DANS CETTE NOUVELLE ÉDITION

1. Mes lecteurs savent, pour la plupart, l'impossibilité de calculer les actions chimiques avec le seul usage des hypothèses dont se contentent les savants *officiels*.

J'ai fait connaitre, en mars 1864, à l'Académie des Sciences, une Théorie générale de l'action chimique, par laquelle on peut calculer cette action, dans tous les cas possibles, au moyen de deux formules on ne peut plus simples. Voici ces formules :

ACTIONS DE CONTACT

Je désigne par ce nom les actions qui se produisent entre deux corps dont les atômes n'ont pu être mêlés avant d'agir. Par exemple, du mercure versé dans l'acide sulfurique. Les deux corps, pendant tout le temps de leur action, ne se présentent, l'un à l'autre, que par une surface, au-dessous de laquelle les atômes de mercure sont seuls et au-dessus de laquelle les atômes d'acide ne sont pas non plus, mélangés à des atômes de mercure. La formule générale de ces actions est

$$n = \frac{V}{V'} \tag{C}$$

dans laquelle n représente le nombre des *équivalents en poids*, du premier corps, dont le *volume atomique* est V', qui agissent sur *un* équivalent du deuxième corps dont le volume est V.

Les volumes V, V' sont calculés en divisant l'équivalent, ou poids atomique, par la densité.

Voici un exemple : quelle est l'action de l'alcool de vin (alcool diénique) avec la chaux ? L'alcool, $C^4H^6O^2$, a pour équivalent 46, et pour densité 0,795 ; son volume atomique est

$$\frac{46}{0,795} = 57,5$$

La chaux a pour équivalent 28. Sa densité n'étant pas moindre de 3,18, son volume atomique est 8,80.

On a donc pour l'action *réelle* de l'alcool avec la chaux.

$$n = \frac{57,5}{8,8}$$

C'est-à-dire que 57,5 équivalents de chaux tendent à agir avec 8,8 équivalents d'alcool.

$$57.5\,CaO + 8,8\,C^4H^6O^2 = \frac{6}{7}\left\{\frac{41\,C^4H^4(HO) + 2\,CaO.HO + 4\,CaO}{47\,C^4H^4(HO) + 2\,CaO.HO + 5\,CaO}\right\} \quad (a)$$

et à une plus haute température

$$C^4H^4 + 3CaO.HO + 3\,CaO \qquad (b) \text{ etc.}$$

les C^4H^4 peuvent se condenser en C^8H^8, etc.

l'action (*a*), la plus faible, est celle qui se produit la première, aussitôt que la chaleur devient suffisante. L'action (*b*) se produit à une plus haute température.

Ces deux équations montrent comment il est difficile d'obtenir l'alcool absolu, pur, au moyen de la chaux. Cette substance est toujours en excès : car 7 équivalents *pourraient* agir, et il n'y en a que 2 qui puissent être hydratés, ou 3 au plus : dans le premier cas, il se forme un peu d'éther, C^4H^5O : dans le second, un peu de diène, C^4H^4, qui peut se condenser en tétrène (butylène), C^8H^8. De là l'odeur, un peu irritante, que prend l'alcool, rendu absolu par la chaux.

1. Le volume atomique, calculé ainsi, représente des unités correspondantes à l'unité de poids choisie pour les équivalents, et exprimées en eau. ~ Si l'unité de poids est le gramme, l'équivalent de l'alcool est 46 grammes, et le volume atomique 57,5 fois le volume du gramme d'eau, ou 57,5 centimètres cubes.

Si l'on adoptait le kilogramme pour les équivalents, on aurait :

Équivalent de l'alcool...	46 kilogrammes.
Volume atomique.....	57,5 litres.

ACTIONS DE MÉLANGE

2. Je donne ce nom aux actions produites par les corps dont les atômes sont mêlés, intimement, au-dessous de la température qui détermine leur action. C'est le cas de toutes les dissolutions. Le sucre fondu, dans l'eau, ne forme qu'un *mélange*, et non un *composé*, car on peut retrouver le sucre, par la simple évaporation de l'eau. — C'est aussi le cas d'une dilution des atômes d'un solide dans un liquide, où il ne se dissout pas; les métaux en poussière atomique, comme on les obtient par réduction des oxydes, sans fusion, nous offrent cette condition. — C'est même, et surtout, le cas de deux solides dont les atômes sont juxtaposés, comme ils le sont dans les sels, par exemple, où les atômes de base sont *isolés*, de ceux des acides, au moment de la décomposition par la chaleur, mais encore *juxtaposés*.

La formule générale de ces actions est

$$n = \frac{E}{E'}$$

dans laquelle *n* représente le nombre des équivalents de l'un des corps, dont l'équivalent est E', qui agissent sur *un* équivalent de l'autre corps, dont l'équivalent est E.

Prenons un exemple.

Quelle est l'action de l'alcool du vin avec l'acide acétique ?

L'équivalent de l'alcool est $46 = C^4H^6O^2$
L'équivalent de l'acide est $60 = C^4H^4O^4$

on a donc

$$n = \frac{60}{46}$$

C'est-à-dire que 60 équivalents d'alcool tendent à agir avec 46 équivalents d'acide. L'action réelle sera donc :

$$60\,C^4H^6O^2 + 46\,C^4H^4O^4 = \begin{matrix} 32 & 1 \\ 28 & 2 \\ \hline 60 & \end{matrix} \left\{ \begin{matrix} 32\,C^4H^3O^3.C^4H^5O + 2\,HO \\ \hline 14\,C^{12}H^{12}O^6 \qquad + 2\,HO \\ \hline 46 \end{matrix} \right.$$

Il se formera autant d'éther acétique que l'acide en pourra produire parce que l'alcool, *qui est toujours en excès,* ne sépare pas une quantité d'eau capable de nuire.

La théorie de la formation des éthers, dans le vin, est tout entière dans cet exemple : il suffit de tenir compte de l'eau, mêlée avec l'alcool, pour bien comprendre la cause de cette formation, et tracer ses limites, ce qu'on n'a pas su faire jusqu'à présent.

Prenons un deuxième exemple.

Quels sont les produits de la décomposition du bitartrate de potasse par la chaleur ? On peut considérer ce sel, *au moment de sa décomposition*, comme un simple mélange de

$$\begin{array}{ll} C^{8}H^{5}O^{11} & \text{acide} = 141 \\ KO & \text{base} = 47 \end{array}$$

on a

$$n = \frac{141}{17}$$

$$141\,KO + 47\,C^{8}H^{5}O^{11} = C^{4}H^{4}O^{5}.KO + 2\,C^{2}HO^{3}KO$$

ou 3. 1

il se forme donc 1 équivalent de *diéfate* (glycolate) de potasse et 2 de formiate.

Il reste 2 $C^{8}H^{5}O^{11}$ n'ayant pas pris part à cette première action normale (c'est-à-dire à poids égaux) et dans un temps consécutif, excessivement court, ils agissent avec les produits de l'action normale.

Examinons seulement leur action avec le premier produit le *diéfate*, on a

$$C^{4}H^{3}O^{5}.KO = 114$$

et comme les deux corps sont intimement mélangés, en atômes, leur action est encore à poids égaux.

$$n = \frac{141}{114}$$

$$141\,C^{4}H^{3}O^{5}.KO + 114\,C^{8}H^{5}O^{11} = \begin{array}{r} 87\ 1 \\ 54\ 2 \\ \hline 141 \end{array} \left\{ \begin{array}{l} 87\ C^{12}H^{3}O^{11}.KO + 5HO \\ 27\ 2(C^{6}H^{3}O^{5}KO) + 5HO + 2CO + 2CO^{2} \\ \overline{114} \end{array} \right.$$

on a $C^{12}H^{3}O^{11}$ 163 *parce que* ce nombre est presque égal à $47 \times \frac{25}{7} = 167$ et dans la seconde équation de l'accolade

$$C^6H^3O^5 = 79 \text{ parce que } 47 \times \frac{5}{3} = 78{,}33$$

Les termes des équations doivent satisfaire à cette condition d'être très rapprochés des produits qui ont entre eux les rapports de la *Théorie générale* (ces rapports $\frac{5}{3}$, $\frac{11}{5}$, $\frac{3}{1}$ etc, sont caractérisés par une liaison simple du numérateur au dénominateur ; tous sont, en somme, des puissances de 2

$$3 + 1 = 4 = 2^2$$
$$3 + 5 = 8 = 2^3$$
$$11 + 5 = 16 = 2^4 \text{ etc.}$$

En poursuivant le calcul (ce que nous ferons dans deux ou trois cas importants de notre étude) on résout complétement le problème avec tous ses détails, ce que la chimie classique ne peut pas faire et ne fera jamais par un moyen plus simple.

— Voici un troisième exemple très digne d'être médité par les lecteurs, aussitôt qu'ils auront bien voulu se familiariser avec la Théorie Générale.

On a connu par les études des minéraux un grand nombre de composés formés par deux corps binaires ayant un élément commun, par exemple des sulfures doubles.

Sulfure de plomb uni à du sulfure d'argent ; chaque sulfure est binaire, c'est-à-dire formé de deux corps simples S et *Pb*, S et A*g*, tous deux contenant S, élément ou corps simple.

Jusqu'à la découverte de la Théorie Générale on a reconnu, par l'analyse, mais sans pouvoir en connaître l'origine, des sulfures doubles d'argent et d'antimoine

$(AgS)\ (SbS^3)$ Miargyrite
$(AgS)^3\ (SbS^3)$ Pyrargyrite
$(AgS)^6\ (SbS^3)$ Psathurose
$(AgS)^9\ (SbS^3)$ Polybasite.

Sans se préoccuper des rapports d'équivalents, dès l'abord, la Théorie Générale explique d'un seul coup ces rapports et elle en *prédit* beaucoup d'autres que chaque jour confirme, à mesure des nouvelles études minéralogiques.

L'explication est bien simple :

$$\text{dans } AgS,\ Ag = 108;\ S = 16;\ \frac{108}{16} = 6{,}75$$

ce n'est pas tout-à-fait 7.00 mais bien près dans SbS (Sb) 120 = S (16) × 7,50

cette fois c'est plus de 7, mais peu au-dessus. Pendant la formation de ces minéraux, par *fusion*, comme le croient les uns, ou par *dissolution*, comme le croient aujourd'hui beaucoup de minéralogistes, la réalisation de ce rapport 7 à 1, dont les équivalents diffèrent peu, a été facile.

Soumettons la au calcul : admettons

	Ag	S	Sb	S
Poids :	7	1	7	1

Les poids de AgS et SbS étant égaux, l'union a lieu et donne :

Ag	7	43,75
Sb	7	43,75
S	2	12,5
	16	100,00

ce composé n'est pas encore connu.

Mais AgS peut avoir les poids 3 et 1 dans l'excès de soufre où les deux métaux sont devenus sulfures et où les deux sulfures se sont unis; nous pouvons admettre aussi pour SbS 13 et 3

Poids d'Ag = 3	Poids du soufre = 1	$(3 + 1) = 2^2$
Poids de Sb = 13	Poids du soufre = 3	$(13 + 3) = 2^4$

Il en résulte un composé

Sb — 13	40,625
Ag — 12	37,500
S — 7	21,875
32	100,000

Ce composé existe : c'est la *myargyrite* où H. Rose a trouvé les nombres de la Théorie générale.

Ces nombres répondent à peu près à $AgS . SbS^3$.

Tous les sulfantimoniures et *tous les composés de la chimie ou de la minéralogie* peuvent être calculés de la sorte et s'approchent toujours plus des analyses que des formules basées sur l'hypothèse des nombres très simples d'équivalents (1).

1. La Théorie Générale a débarrassé la chimie de toutes les hypothèses. Elle a créé la VRAIE CHIMIE des minéraux, et de tout les composés de laboratoire. — Elle a fait évanouir les absurdités : *actions de présence, état naissant, actions inverses,* etc.

NOMENCLATURE DES COMPOSÉS ORGANIQUES

(NOUVELLE, MAIS CONFORME AUX PRINCIPES DE LAVOISIER) PAR M. MAUMENÉ

3. La *Théorie générale*, dont on vient de lire un résumé très succinct, conduit naturellement à un système de nomenclature chimique, non pas tout à fait nouveau, mais *complété*. Je crois être arrivé à cet important résultat de la manière la plus simple.

Malgré les efforts de Lavoisier, de Guyton de Morveau et de leurs collaborateurs, la chimie retombait dans l'antique ornière, et pour la chimie, dite organique, surtout, les règles de la nomenclature étaient de plus en plus abandonnées.

On appelle acide acétique, l'acide du vin aigre et tout le monde peut voir, de suite, que ce nom est absolument en dehors des règles : il ne dit pas un mot des constituants de l'acide. Est-il formé de soufre ou de phosphore ? Assurément, on ne peut le savoir. — Il est formé de carbone, d'hydrogène et d'oxygène. Où le voit-on ? L'oxygène peut être soupçonné à cause de la terminaison *ique*, — mais en quelle proportion existe-t-il ? Et quand nous apprenons l'*existence* du carbone et de l'hydrogène, nous reconnaissons l'absence de toute indication de leurs proportions relatives.

Nous rencontrerons, dans le vin, un acide nommé *valérique* ou *amylique* : même incertitude. Cet acide a des analogies avec l'acide acétique ; il est comme lui formé de carbone, d'hydrogène et d'oxygène, et, de plus, il offre des rapports intéressants de composition avec l'acide acétique : où le pouvons-nous voir dans son nom ?

Leurs rapports sautent aux yeux en regardant leurs formules.

Acide acétique $C^4H^4O^4 = (C^2H^2)^2O^4$
— amylique $C^{10}H^{10}O^4 = (C^2H^2)^5O^4$

Ils appartiennent à une série d'acides dans laquelle on trouve un

Elle seule permet une appréciation exacte de la *décomposition provisoire* (dissociation) des effets thermochimiques, et surtout des *remplacements* de *Cl* par H, ou *Br*, etc., appelés très improprement substitutions.

Sans elle on ne peut établir aucune formule dite rationnelle (par ironie sans doute car aucune ou presque aucune n'est conforme à la raison. Le rêve des atomicités commence à s'évanouir).

Nous verrons dans plusieurs cas relatifs aux vins combien il est impossible de les étudier avec exactitude sans la Théorie générale. — (Maison Dunod, 1880) et abrégé (Delhomme et Briguet, 1886).

multiple de l'hydrocarbure C^2H^2 uni à 4 équivalents d'oxygène. Considérons C^2H^2 comme une unité : nous pouvons appeler C^2H^2 *monène,* parce qu'il est l'unité et parce qu'on a désigné les hydrocarbures au moyen de la terminaison *ène.*

Nous avons ensuite :

$(C^2H^2)^2$ *diène*	au lieu d'éthylène
$(C^2H^2)^3$ *triène*	— de propylène.
$(C^2H^2)^4$ *tétrène*	— de butylène.
$(C^2H^2)^5$ *pentène*	— d'amylène.

Ces corps, ces hydrocarbures peuvent être unis à des proportions d'oxygène variées. On a $(C^2H^2)^2O^4$ $(C^2H^2)^2$ O^6 $(C^2H^2)^2$ O^8 etc.

J'ai proposé de désigner les acides ainsi formés — d'une manière conforme au système de Lavoisier : — *Indiquer la composition le plus simplement possible.*

Les trois acides dont je viens d'écrire les formules sont connus et on les a nommés : acide acétique, acide glycolique, acide glyoxylique.

Où voyons-nous la composition ? Où est-elle indiquée le plus simplement possible ?

J'ai résolu le problème en appliquant rigoureusement les règles de Lavoisier :

1° Ecrire le nom de la fonction chimique *acide.*

2° Indiquer les éléments du composé.

Pour l'hydrocarbure, on écrit son nom *diène, triène,* etc.

Pour l'oxygène, on emploie seulement la terminaison *ique.*

3° Indiquer les proportions, les nombres d'équivalents.

Ici nous ne pouvons employer les terminaisons *ique* et *eux* — les prépositions *hypo,* — ce système peut suffire pour quatre acides ; mais, en chimie organique, il peut se présenter 20, 30,. . . . proportions d'oxygène différentes.

Un moyen bien simple est de placer devant la terminaison *ique* la lettre de l'alphabet dont le rang est du même chiffre que le nombre des équivalents d'oxygène.

Nous avons ainsi :

Acide diédique, *d* étant la 4e lettre de l'alphabet et 4 étant le nombre des équivalents d'oxygène.

Acide diéfique, *f* étant la 6e lettre et l'acide contenant O^6.

Acide diénHique, *h* étant la 8e lettre et l'acide contenant O^8.

Cet H sera toujours une majuscule pour frapper les yeux comme si l'on avait le chiffre 8.

On voit combien le système est simple et à quel point il nous fait retrouver les avantages de la nomenclature Lavoisier.

Les trois acides sont formés de diène, c'est-à-dire $(C^2H^2)^2$ ou C^4H^4.

Leurs rapports d'oxydation nous sont indiqués, non par le chiffre (ce serait impossible), mais par la lettre de l'alphabet dont le rang a le même chiffre.

Par des artifices tout semblables, on peut désigner tous les corps organiques, même ceux qui renferment de l'azote. — Je voudrais pouvoir le montrer ici ; mais cela ne peut se faire, sans prendre une place dont je ne puis disposer. Je prie mes lecteurs de se reporter à mon traité de la *Théorie générale* où les exemples sont donnés avec toute l'étendue nécessaire.

J'aurais été trop heureux — ou plutôt il me sera permis de dire : La chimie aurait été trop heureuse si cette addition au système de Lavoisier n'avait aucun défaut. — Elle en a quelques-uns ; mais on peut voir aisément leur peu de gravité.

Dans le troisième nom que nous venons de composer, on a remarqué l'H majuscule, diènHique : cette lettre est employée pour être prononcée : il faut dire acide *diènachique*, et les sels doivent être nommés diènHates, *diènachates*. — Assurément ces noms prêtent un peu à rire ; mais qu'on les compare aux noms classiques, et ce n'est pas des nôtres qu'on rira le plus.

Un deuxième inconvénient résulte de la similitude de prononciation de plusieurs lettres ; supposons deux acides formés de diène et contenant, l'un 7 équivalents d'oxygène, l'autre 10.

On nommera le premier : acide diégique et le second diéjique.

Au premier abord, il y a là une difficulté qui peut paraître insoluble ; elle ne l'est pas.

Nous distinguerons nettement les deux acides en prononçant les deux lettres *j i* du second et les sels ne pourront aucunement se confondre.

Les premiers sont des *diégates* — les seconds des *diéjiates*.

Ces difficultés sont les seules : — elles ne suffisent pas pour empêcher l'adoption de l'addition au système Lavoisier. Cette addition peut rendre de grands services.

Elle peut se prêter même aux hypothèses classiques ; il n'y a pas de motif sérieux pour la tenir sous le boisseau. — Mes lecteurs peuvent être sûrs de n'avoir pas à regretter leur peine en s'appliquant à cette nomenclature, et surtout à la *Théorie générale* que rien ne peut remplacer.

LIVRE PREMIER

LA VIGNE

ET

LES ÉLÉMENTS DU VIN

CHAPITRE PREMIER

§ I. — **De la vigne.**

1. La vigne est une plante sarmenteuse dont le fruit, le *raisin*, doit, à peu près uniquement, être l'objet de notre étude.

Le raisin se présente en grappes ; chaque grain, tantôt sphérique, tantôt ovoïde plus ou moins allongé, plus ou moins régulier, nous offre une couleur, tantôt noire, ou d'un pourpre violacé très foncé, tantôt d'un jaune verdâtre plus ou moins doré, tantôt d'un rouge jaunâtre plus ou moins vif.

Dans le premier cas, on l'appelle raisin *noir ;* dans le second, raisin *blanc ;* dans le troisième, raisin *rouge*.

Le raisin noir écrasé dans une machine peut donner, par la fermentation vineuse, du vin rouge ou du vin blanc : du vin rouge si toutes ses parties à la fois subissent la fermentation — du vin blanc si l'on presse doucement les grains, de manière à séparer, de la pellicule noire, toute, ou presque toute, la pulpe intérieure, dénuée de matière colorante.

Le raisin blanc donne toujours du vin blanc, c'est-à-dire d'un jaune clair, souvent peu intense.

Les raisins rouges eux-mêmes produisent de même un vin blanc ; la couleur en est un peu plus foncée que la précédente; mais le vin se *dépouille* en général assez promptement et s'en tient à une nuance assez pâle ([1]).

NOMBREUSES VARIÉTÉS DE LA VIGNE.

2. La vigne présente des espèces très nombreuses: même en nous bornant à la vigne vinifère, on a classé 717 espèces ou variétés de l'ancien monde, et 202 espèces ou variétés d'Amérique: en tout 919; et même en admettant l'identité de 19 de ces espèces, il reste encore à peu près 900 variétés déjà connues.

Toutes se rangent en deux grandes classes dont les genres *utiles*, au nombre de trois, sont: les *cissus*, les *ampelopsis* et les *vitis*.

3. Donnons une courte description de la *vitis vinifera.*

~ La *racine* est très développée, elle devient ligneuse, avec une moelle centrale, plus ou moins volumineuse.

La racine de la vigne est douée d'une puissance aspirante très grande. Une expérience de Jamin le prouve. Déjà bien avant lui, Hales, en 1725, ayant coupé un cep de vigne au niveau du sol et voyant la plaie *pleurer* fortement, lia solidement sur le pied un morceau de vessie dans l'espoir d'arrêter le liquide; mais la poussée fit crever en peu de temps cette membrane pourtant très résistante.

Jamin voulut mesurer la force d'aspiration et la trouva de plus de 40 centimètres de mercure.

4. Le sarment est d'abord de la *cellulose*.

~ Son étude chimique a de l'intérêt :

La cutose diffère essentiellement de la cellulose par sa composition chimique. D'après Fremy, elle serait à peu près $C^{12}H^{11}O^{2}$ et se rapprocherait ainsi des corps gras.

Mais ces corps ont besoin d'études nouvelles. Mitscherlich a trouvé pour la pomme de terre $C^{21}H^{14}O^{7}$ et en plus de l'azote.

Je ne cite ces nombres que pour montrer les grandes différences déjà connues et en tirer la seule conséquence aujourd'hui permise : les tissus végétaux se modifient promptement et grandement, même dans une par-

1. Pline indiquait 4 couleurs : blanc, jaune, rouge noir ; il est évident que la couleur blanche est le jaune faible.

tie unique du végétal, la racine. Cette modification a lieu sous des influences encore très peu connues.

L'acide sulfurique concentré dissout la cellulose proprement dite, d'après Fremy. Mais cet acide laisse indissoute la membrane externe des fibres ligneuses [1] soumises à son action : des racines de grenache et d'aramon ont laissé dissoudre promptement leurs rayons médullaires sans coloration ; les racines de jacquez et de plusieurs autres vignes américaines ont résisté, se sont colorées en brun et ont ainsi prouvé leur nature ligneuse.

Fremy n'a pas borné là cette étude : il a nommé corps épiangiotiques ces parties ligneuses, insolubles dans l'acide sulfurique, et les a soumises à diverses épreuves ; d'après lui, la potasse concentrée les attaque plus facilement que la cellulose.

Ils sont très solubles dans les hypochlorites.

Ils deviennent résineux, jaunes, sous l'action de l'acide azotique — et le produit résinoïde est entièrement soluble dans les alcalis.

Le principal corps épiangiotique est la *vasculose* (cutose, etc.).

Un dernier agent chimique doit être signalé pour la distinction des parties de la racine : c'est l'azotite de cuivre ammoniacal. Nous indiquerons sa préparation en traitant des analyses (Livre IV). — Ce sel en dissolution aqueuse, dissout la cellulose et permet de séparer les corps ligneux. — Son emploi confirme la structure dont nous venons de parler.

5. Les feuilles de la vigne ont une forme souvent très caractéristique. Dans leur état normal, elles doivent offrir cinq lobes, égaux ou inégaux; souvent trois seulement paraissent distincts ; mais les nervures sont toujours au nombre de 5.

En général, à chaque feuille est opposée une vrille [2].

Dans les feuilles, la sève, introduite par chaque nervure au sein du parenchyme, éprouve deux effets : 1° une évaporation d'eau pure, par transpiration ; et 2° des actions chimiques, l'assimilation du carbone de l'acide carbonique de l'air, et d'autres corps simples, d'où résultent des composés plus ou moins nombreux. La sève ainsi modifiée revient à la tige et est distribuée aux fruits ou mise en réserve.

Le sucre de raisin paraît se former dans les feuilles.

1. *Traité de chimie* par Pelouze et Fremy, t. IV, p. 748.
2. Pline signale une variété où les grappes viennent deux à deux l'amminéenne dite *jumelle* par ce motif.

La *fleur* de la vigne présente cinq sépales et cinq pétales, — cinq étamines et dans le pistil deux feuilles carpellaires, rarement trois. — Ordinairement, un ou deux ovules avortent, et il n'en reste pas plus de trois dans le grain de raisin, la fleur a une durée très variable. Elle est parfois éphémère (Pline XIV, **4**, 18, *helvia alba* Narbonne).

On n'a pas encore d'indications chimiques sur la fleur.

6. Le *fruit*, ou *raisin*, mérite une extrême attention.

La peau, qui, seule, contient des matières colorantes, se compose de deux parties : l'*épicarpe*, ou pellicule proprement dite, et un peu de sarcocarpe, ou parenchyme, qu'on ne peut séparer.

Dans la pellicule on observe des cellules contenant un liquide incarnat, nettement isolé d'un autre liquide incolore, dans lequel il nage, probablement enfermé dans des cellules excessivement ténues. — Un fragment de pellicule plongé dans l'eau (distillée ?) présente une altération du liquide incarnat; probablement les cellules sphériques, où il est contenu, se déchirent, le liquide se mêle au liquide incolore et à l'eau, ce qui le change en granules solides, d'un rouge violet foncé.

Les acides, et les alcalis, rendent ce changement plus rapide, et la couleur se comporte comme beaucoup d'autres, comme celle du tournesol notamment ; elle devient d'un rouge plus vif par les acides, et d'un bleu pur par les alcalis. Elle disparaît même, si ces agents chimiques sont concentrés.

Dans la partie du sarcocarpe adhérente à la pellicule, on trouve encore des matières colorantes, probablement peu différentes de celle dont nous venons de parler : des cellules, analogues aux précédentes, contiennent un liquide rouge pâle, et, en outre, des amas, relativement considérables, d'une substance solide, violette ou rouge foncé, suivant l'acidité du liquide ; ils deviennent d'un beau violet dans l'eau pure. Ils sont complètement opaques, mais prennent un peu de transparence dans l'alcool et, même, deviennent tout à fait incolores.

L'auteur de ces observations regarde la couleur du sarcocarpe comme identique à celle de l'épicarpe.

7. Une expérience, que j'ai faite il y a trente-cinq ans, pour la première fois, me paraît établir cette identité sur une base chimique certaine :

J'ai pris un cep de pinot noir, où plusieurs grappes avaient atteint le degré de maturité correspondant à la coloration rougeâtre, d'autres grappes restant encore vertes. Ces dernières ont été placées dans un vide de

$0^m,001$ à $0^m,002$, au plus, à côté d'une proportion suffisante d'acide sulfurique très concentré; leur dessication est complète en trois ou quatre jours, au point d'offrir les grains durs et cassants, semblables aux grains en verre soufflé dont les modistes ornent les chapeaux des dames. Ces grains restent parfaitement verts ou, si l'on veut, un peu jaunâtres. Malgré leur état de sécheresse, presque absolue, leur nuance est très peu changée; mais, en quelques minutes, lorsqu'on rend l'air sous la cloche, ils absorbent promptement l'oxygène et l'humidité atmosphériques et noircissent à vue d'œil, jusqu'à presenter, après leur sortie de la cloche, l'intensité de nuance observée, plus tard, chez les grains frais restés sur le cep et parvenus à leur pleine maturité.

La matière colorante, que j'ai appelée *œnocyanine*, est donc incolore à l'origine, comme la plupart des couleurs végétales (acajou, campêche, etc.), et devient d'un noir bleuâtre, ou rougeâtre, plus ou moins foncé, par une simple oxydation, avec hydratation peut être ([1]).

Nous verrons, en étudiant l'œnocyanine, les conséquences importantes de sa formation.

La seconde partie du grain, le sarcocarpe, facile à isoler de chaque grain par une légère pression, entre les doigts par exemple, donne, par une pression plus forte, un liquide incolore, ou faiblement coloré, très riche en *sucre de raisin* et nommé moût : c'est ce liquide qui produit le vin par la fermentation. Nous en ferons une étude complète dans le chapitre II.

8. Les grains présentent, dans la même espèce de vigne, des grosseurs uniformes; mais, d'une espèce à l'autre, ces grosseurs varient beaucoup.

Les grains de pinot noir, par exemple, dépassent rarement 1 centimètre de diamètre; ceux de Corinthe sont encore plus petits. — D'un autre côté, les grains du Ali-Derecy sont gros comme des prunes de Damas. — Ceux des vignes de Caramanie sont d'une taille énorme; d'après Julien, les grappes ont deux coudées. — Celles dont parle l'histoire sainte exigeaient deux hommes pour les porter.

Le raisin peut être conservé longtemps, non pas sans altération, mais sans décomposition très profonde et en conservant des qualités hygiéniques, ou thérapeutiques, importantes.

En Perse, on le laisse une partie de l'hiver sur la vigne, enfermé dans un sac en toile pour le défendre contre les oiseaux, — ou bien on sus-

1. *Comptes rendus de l'Académie*, t. XCV, p. 924.

pend les grappes au plafond : les grains tombent lentement ; ceux qui restent sont excellents.

§ II. — Culture de la vigne.

9. Le cadre de notre ouvrage ne peut enserrer tous les développements d'un aussi vaste sujet.

La culture de la vigne se divise en deux parties : la culture botanique, ou recherche des meilleurs moyens de développer la plante, et la culture chimique, ou recherche des moyens de modifier sa sève, dans le sens du développement de ses parties les plus utiles à la production du vin. Les deux parties ont un même but, en réalité : pas un vigneron ne cherche, dans la culture, des effets purement botaniques, un développement gigantesque de la tige, des feuilles, ou, même, des fruits, au point de vue pittoresque, par exemple. Il sait que la vigne peut, sous ce rapport, donner des résultats presque incroyables : elle s'élève au sommet des plus grands arbres [1], et peut, en dirigeant ses rameaux, couvrir des espaces très étendus.

10. Mais ce que tout vigneron s'impose, et veut obtenir avec passion, — avec cette passion sans laquelle on ne fait bien aucun travail, — c'est, par dessus tout, récolter de *bon raisin :* le bon raisin, c'est-à-dire celui qui donne le *bon vin*, le meilleur possible.

Le raisin peut être envisagé de deux manières ; ou comme *raisin de table*, c'est-à-dire pour être mangé en nature, et servir de base aux desserts les plus appétissants — ou comme élément du vin, comme *raisin de cuve*, pour donner, en fermentant, le meilleur liquide vineux.

Des deux points de vue, le plus important est le dernier.

Certaines vignes, celles du chasselas entre autres, donnent certainement des raisins de table exquis, et, en passant par la cuve, des vins bien éloignés d'une supériorité correspondante. Mais ces vignes sont de véritables exceptions. En général, on demande à la vigne de bons raisins de cuve, d'autant plus que ces raisins sont, fort souvent, d'excellents raisins de table.

Sous ce rapport, la culture botanique ne peut guère être séparée de la

1 Le vendangeur stipulait le paiement de son *bûcher* et de son tombeau (Pline, XIV, 3, i)

culture chimique; mais on peut, cependant, et l'on doit faire une part spéciale aux procédés purement botaniques. Aussi prierai-je le lecteur de se reporter, pour cette étude, aux ouvrages spéciaux, dont j'ai parlé dans la préface — et de me demander seulement l'exposé des connaissances chimiques dont l'utilité paraît aujourd'hui presque certaine.

Je dis *presque* certaine; c'est avec une intention sur laquelle je vais m'expliquer de suite et, je l'espère, avec une clarté parfaite.

11. Je crois la plus grande partie des indications de la chimie agriculturale absolument inexacte et même fausse, c'est-à-dire sans fondement scientifique réel.

En voici la preuve : au début de cette application de la chimie, en 1841, trois chimistes donnèrent un tableau des équivalents chimiques des engrais. Ces équivalents avaient une base unique, la richesse en azote. Jamais une application n'a été plus téméraire; aucun des trois chimistes n'avait songé à distinguer l'azote vraiment utile et *assimilable* de l'azote *nuisible*. Ils n'avaient été arrêtés, ni l'un ni l'autre, par cette conséquence pourtant bien évidente : le plus puissant engrais, d'après la richesse en azote, serait l'acide cyanhydrique, où se trouve l'énorme proportion de 51,85 pour cent d'azote. L'acide, ai-je besoin de le dire, est un destructeur de toute végétation. La base de cette évaluation des engrais était on ne peut plus fausse, et Dieu sait les déceptions, et les immenses pertes pécuniaires, dont elle a été la cause.

Aujourd'hui encore le mauvais esprit de ces trois chimistes, n'a pas disparu chez leurs successeurs. Voici le résumé de l'enseignement public et classique :

12. Toute substance, trouvée dans une plante, est un aliment et, même, un aliment nécessaire. On trouve dans le vin, ou, si l'on veut, dans le jus du raisin, un certain nombre de substances minérales : oxydes de potassium, de fer, de manganèse, etc.; toutes ces substances sont envisagées comme alimentaires. On fait le très spécieux raisonnement que voici : puisque la plante les absorbe, partout et toujours, elle s'en *nourrit;* et cette nourriture lui est nécessaire.

C'est à peu près comme si l'on disait de l'arsenium trouvé dans une personne bien vivante, après absorption d'une certaine quantité d'arseniate : la personne a absorbé de l'arsenium, parce qu'elle pouvait en faire un élément de sa nourriture. Cet élément est, même, nécessaire, et il faut pourvoir à son alimentation. Il faut donner de l'arseniate, sans interruption, si l'on veut éviter la mort du sujet !

On trouve du manganèse dans le vin, et même en proportion très notable, comme je l'ai montré[1]. Faut-il envisager ce métal comme alimentaire ou comme nuisible ou même vénéneux?

Dans l'homme, il est nuisible, car nous rejetons entièrement, chaque jour, celui dont nous absorbons, sans le vouloir, une grande quantité par presque tous nos aliments; il est nuisible, car il est arrêté par les organes chylifères, et entrainé dans la matière fécale sans fournir un seul atôme au sang[2].

Dans la vigne est-il vénéneux? Non, puisque la plante végète, en pleine santé, malgré sa présence : mais est-il un aliment nécessaire, ou seulement une substance *tolérable*? On ne peut, dès aujourd'hui, répondre catégoriquement, faute d'expériences bien spéciales; mais on ne peut affirmer sa valeur alimentaire : il y a du manganèse dans tous les terrains; la vigne en absorbe, mais elle peut ne pas s'en nourrir. Ce qu'il faut savoir, c'est comment la plante vivrait daus un sol absolument privé de ce métal. A mes yeux, elle vivrait très bien et ne subirait aucun effet nuisible par l'absence complète de ce prétendu aliment.

Ce serait donc une erreur de croire à la nécessité du manganèse pour l'alimentation de la vigne avant d'avoir établi cette nécessité par une preuve très simple, l'impossibilité, pour cette plante, de vivre dans un terrain pur de manganèse.

Ce que je viens de dire du manganèse peut s'appliquer à d'autres substances trouvées dans la vigne et il est grandement à désirer de voir faire des expériences pour résoudre cette question.

Les conséquences ont une importance extrême. Si le manganèse était un aliment véritable, il faudrait veiller, attentivement, à tenir les terrains suffisamment approvisionnés, pour ne pas laisser la vigne en souffrance; et s'il ne l'est pas, il faut, non seulement ne pas en apporter dans le terrain de culture, mais il est, même, utile de diminuer sa proportion, dans ce terrain, et si l'on pouvait, il faudrait l'enlever complètement.

Sous le bénéfice de ces observations, examinons maintenant les conditions générales d'une bonne culture chimique.

1. *Comptes rendus de l'Académie des Sciences*, XVIII, 845, 1056 et 1416 et *Bulletin de la Société chimique*, XLI, 451.

2. Maumené, *Bulletin de la Société chimique*, XLII, 305 à 315.

Pour éviter des longueurs je représenterai dans tout le cours de l'ouvrage :

1° Les *Comptes rendus de l'Académie* par....... C. R.

2° Le *Bulletin de la Société chimique*........... B. S. C.

3° Les *Annales de chimie et de physique*..... .. A. C. P.

13. La vigne parvenue à son entier développement renferme :

1° Des substances végétales dont les éléments simples sont toujours : carbone ~ hydrogène ~ azote ~ oxygène ;

2° Des substances minérales dont les éléments simples sont : chlore ~ soufre ~ phosphore ~ silicium ~ potassium ~ sodium ~ calcium ~ aluminium ~ magnésium ~ fer ~ manganèse.

La potasse parait être un aliment essentiel de la vigne. En effet, l'acide malique et l'acide tartrique dont on ne constate jamais l'absence, sont toujours unis, en plus ou moins grandes proportions, avec la potasse, à l'état de bimalate et de bitartrate de potasse, matières du *tartre* déposé par le vin dans les lies et les tonneaux. [1]

La soude est moins abondante que la potasse : elle n'existe même pas toujours dans la vigne.

Le calcium est, aussi, toujours à l'état d'oxyde, Ca O, et cet oxyde à l'état de sel, dans la vigne ; les acides unis à l'oxyde sont : l'acide malique et l'acide tartrique, qui donnent $C^8 H^4 O^{10} (Ca\,O)^2 (HO)^8$ ~ et l'acide phosphorique, $Ph\,O^5$, uni à $(Ca\,O)^2 (HO)^2$. ~ L'oxyde de calcium est absorbé par les radicelles de la vigne, en grande partie à l'état de carbonate, dissout par l'acide CO^2, et en partie à l'état de phosphate tout formé.

Le magnésium et les autres métaux se trouvent, dans le jus de raisin, à l'état d'oxydes comme les précédents.

L'oxyde de magnésium, la magnésie, MgO, n'est jamais abondante, au moins dans les vins de France ; les sels ont une saveur amère et désagréable, facile à reconnaître.

L'oxyde de fer est toujours du peroxyde, de la rouille, $Fe^2 O^3$; il n'est pas abondant non plus, car la saveur d'encre de ces sels, en proportion un peu sensible, n'est pas tolérable.

L'oxyde de manganèse forme des sels dont la saveur est beaucoup moins prononcée. Le jus de raisin pourrait donc en contenir des quantités appréciables. On ignore le nature des sels de manganèse contenus dans le raisin ; j'ai lieu de croire au tetrabélate (tartrate) de KO et MnO).

L'aluminium existe aussi à l'état d'oxyde, ou d'*alumine*, $Al^2 O^3$; Berzélius admet l'union de cet oxyde avec l'acide tartrique et la potasse. ~

1. Un chimiste bien connu, G. Ville, recommande les engrais potassiques au premier rang pour la vigne. Il a obtenu des rendements énormes, déjà signalés par Bidet ; 160 hectolitres à l'hectare. ~ Pline regardait 54 hectolitres comme une production maximum (XIV, **5**, **4**).

Filhol et Fauré croient le tartrate exempt de potasse. — Muller soutient que les vins purs ne renferment jamais d'alumine. Pour moi, je n'en ai pas trouvé dans plusieurs vins dont l'origine m'était connue. — Il résulterait de là que l'alumine aurait été introduite dans les vins qui en renferment, à l'état d'alun, comme nous le verrons.

Mais récemment, Lhôte a trouvé de l'alumine dans des vins, authentiquement purs.

La silice n'a pas été, jusqu'à présent, trouvée constamment dans le raisin ; sa quantité, toujours assez faible, doit son existence à une cause encore peu connue.

SUR LA SYNTHÈSE DES PRINCIPES IMMÉDIATS

PAR LES CONSTITUANTS DE L'ATMOSPHÈRE, DANS LA VIGNE ET, EN GÉNÉRAL, DANS LES PLANTES ET DANS LES ANIMAUX

14. On soupçonne, depuis longtemps, les plantes de former les composés, ou *principes immédiats*, dons elles sont plus ou moins chargées, comme l'analyse le montre), au moyen de ces composés binaires, ou même des corps simples, qu'elles puisent dans l'atmosphère.

Corps simples : hydrogène, oxygène, azote.

Composés binaires : eau, acide carbonique, ammoniaque. etc.

Peu à peu, les chimistes ont même cru pouvoir admettre une théorie dont la simplicité peut séduire et dont voici le résumé :

Les plantes sont continuellement occupées à l'absorption des constituants de l'atmosphère : elles absorbent en particulier l'acide carbonique, prennent son carbone et rejettent son oxygène.

Le carbone est employé à la formation des composés, plus ou moins nombreux, dont les diverses plantes sont chargées.

De leur côté, les animaux mangent les plantes, transforment les composés, dont nous venons de parler, en acide carbonique et en eau, qu'ils rendent à l'atmosphère.

Ces mouvements vitaux s'accomplissent par des échanges continuels entre les plantes et les animaux.

A mesure de la combustion du carbone, et de l'hydrogène, dans la espiration des animaux, (ou dans les fourneaux dont nous faisons usage), les plantes puisent les produits de la respiration et de la combustion, eau et acide carbonique, dans l'atmosphère, et se nourrissent de ces produits en rejetant dans l'air tout l'oxygène nécessaire à la respiration des animaux et à la vie des végétaux.

L'eau, l'acide carbonique, l'ammoniaque, etc., sont portés comme par une navette, des animaux aux plantes, et transformés par ces dernières en produits complexes, en *aliments*, pour elles-mêmes et pour les animaux, qui se nourrissent des plantes.

Ces aperçus demeuraient on ne peut plus vagues, même aujourd'hui.

L'absorption d'un grand nombre de corps gazeux, constituants de l'atmosphère, ou mêlés à cet immense réservoir des gaz terrestres, est certaine.

Mais les plantes sont-elles seules capables de cette absorption ? Les animaux n'ont-ils aucune part directe à cette action chimique. L'admettre, c'est incontestablement inexact.

L'absorption donne-t-elle toujours une décomposition intégrale de l'acide carbonique et la séparation totale de son oxygène, pour le rendre à l'atmosphère ? ceci ne peut être soutenu sans nous obliger à croire le carbone capable de former, avec l'eau seule, des composés oxygénés, ce qui est bien difficile à admettre.

D'autant plus que rien, jusqu'à présent, ne nous a été communiqué, même à titre d'hypothèse, sur le mécanisme de ces formations, dans les plantes ou dans les animaux.

15. J'avais été amené, dès 1857, par l'étude de la transformation du sucre en alcool, sous l'influence de la levure [1], à conclure au développement des actions chimiques par les attractions capillaires.

Les géomètres ont étudié les effets des actions capillaires, évidentes au sein des membranes, ou des parois de leurs cellules, dans les végétaux. Si je ne me trompe, Hermite, a, le premier, formulé des conclusions tout à fait semblables à la mienne.

On peut donc admettre la capillarité comme la cause ou, au moins, l'une des causes les plus puissantes des *condensations chimiques*, produites entre l'eau et l'acide carbonique, entre l'eau et l'ammoniaque, etc., etc., dans les êtres animés ou vivants.

Et alors le problème se réduit à la question unique :

1. *Traité du travail des vins*, 1858, p. 206
2. *A. C. P.* XLIII. [3] 420

En vertu de quelles lois, l'action chimique *déterminée* par la capillarité, peut-elle s'accomplir?

A cette unique question, une réponse unique est possible et certaine.

L'action chimique est conforme aux lois de la Théorie générale. Et ces lois, nous l'avons vu, ne sont pas nombreuses ; il y en a deux et pas davantage.

Dans presque tous les cas, dont nous nous occupons, une seule de ces lois sera sans cesse applicable : la *loi des mélanges* ; car les corps mis en présence, les corps gazeux simples, eux-mêmes, sont solubles, *miscibles, sans aucune action chimique,* avant d'être mis sous l'influence des conditions capillaires, et ces conditions même ne changent aucunement l'action chimique, car elles équivalent à une pression plus ou moins grande, elles rapprochent les atômes, mais sans empêcher *l'action chimique* d'être la résultante de toutes les forces actives.

Si nous pouvions isoler, aisément, une membrane végétale, une lame de tissu cellulaire et la purifier de toute substance étrangère, sans nul doute il nous serait possible d'obtenir la preuve immédiate de la puissance capillaire et la formation précise des espèces chimiques les plus simples, évidemment confondues et mêlées dans l'appareil de nutrition des végétaux, si vaste et si complexe.

On peut, je crois, approcher de cette solution directe en remplaçant, dans le laboratoire, les lames cellulaires ou en un mot, la capillarité, par une autre *force*, par l'électricité ; à l'état d'effluve ; l'électricité dynamique peut rapprocher les atômes à des distances variables et on peut, sans trop de peine, choisir la distance où le rapprochement est maximum et reste plus ou moins éloigné du point critique, où il serait changé en écartement par les effluves trop fortes.

Déjà nous possédons quelques faits où la réalisation de combinaisons chimiques, sous des effluves convenables, est constante et régulière.

En 1872, Paul Thénard et son fils Arnould ont fait une expérience qui pouvait avoir des suites on ne peut plus importantes.

Ces deux chimistes ont fait agir l'effluve sur un mélange gazeux qui peut exister dans l'air, un mélange de gaz carbonique et de monhydrobène (gaz des marais).

Malheureusement la foi des deux chimistes dans les hypothèses classiques leur a valu, comme ils auraient dû s'y attendre, un mécompte des plus absolus.

MM. Thénard espéraient malgré la Théorie générale (publiée depuis huit ans), faire de l'acide *diédique* (acétique), avec un mélange, à *volumes égaux*, des deux gaz, conformément à l'équation :

$$\underset{4\ \text{volumes}}{2\,CO^2} + \underset{4\ \text{volumes}}{C^2H^4} = \underset{4\ \text{volumes}}{C^4H^4O^4}$$

Mais les équations classiques ne sont jamais vérifiées *a postériori* par l'expérience ; et nos deux confrères n'obtinrent pas d'acide diédique.

En vain ils multiplièrent leurs expériences, encouragés par Dumas, qui connaissait pourtant la Théorie générale, je ne puis que trop l'affirmer ; mais qui donnait le fâcheux exemple de la fouler aux pieds, malgré des preuves nombreuses et incontestables, malgré, même, l'insuccès complet de l'expérience Thénard, insuccès mille fois assez prononcé pour ouvrir ses yeux et ceux de tous les chimistes.

Ce que donna l'expérience, ce fut le résultat dicté par la Théorie générale ; un mélange de deux gaz est fait, vainement, à volumes égaux ; si ces volumes ne représentent pas en même temps des *poids égaux*, ce qui est rare, une *action normale*, inévitable, à poids égaux, produit d'abord :

2 CO^2 pèsent 44 ; C^2H^4 ne pèse pas plus de 16. L'action normale est produite entre 16 de C^2H^4 et 16, seulement, sur 44, de CO^2.

Cette action peut être présentée sous une forme immédiatement calculable

$$\underset{22\times 16}{22\ C^2H^4} + \underset{16\times 22}{16\ CO^2} = \frac{1}{2}\left\{ \frac{10 \,|\, C^3H^4O^2 \quad (=1/2\,C^6H^8O^4)}{6 \,|\, C^5H^8O^2 \quad (=1/2\,C^{10}H^{16}O^4)} \right. \qquad [A]$$

Avec *l'excès* de CO^2, les deux corps produits par cette action normale, donnent successivement

$$1^\circ\ C^3H^4O^2 = 38\ ;\quad 38\,CO^2 + 22\,C^3H^4O^2 = \frac{1}{2}\left\{ \frac{6 \,|\, C^4H^4O^4}{16 \,|\, C^5H^4O^6} \right. \qquad (B)$$

De cette action résultent deux corps :

Le premier, $C^4H^4O^4$ semble être de l'acide *diédique* (acétique).

Le second $C^5H^4O^6$ $(= \frac{1}{2}\,C^{10}H^8O^{12})$.

Ne nous arrêtons pas ; nous reviendrons tout à l'heure sur ces deux composés

$$2^\circ\ C^5H^8O^2 = 54\ ;\quad 54\,CO^2 + 22\,C^4H^8O^2 = \frac{2}{3}\left\{ \frac{12 \,|\, C^7H^8O^6}{10 \,|\, C^8H^8O^8} \right.$$

De cettte deuxième action secondaire résultent deux nouveaux corps :

Le premier, $C^7H^8O^6 = \frac{1}{2} C^{14}H^{16}O^{12}$, qui semble bien ainsi constitué parce que $C^7H^8 = 50$ et $O^6 = 48$.

Le second, $C^8H^8O^8$, qui semble $(C^4H^4O^4)^2$ ou acide diédique condensé.

Passons encore ; si l'*excès* de CO^2 n'est pas tout à fait employé, ce qu'il faut vérifier, avant tout;

L'équation [A] nous ayant donné 10 $C^3H^4O^2$, ces 10 équivalents ont absorbé, d'après l'équation [B]

$$38 \times \frac{10}{22} = 17.27 \ CO^2, \text{ sur les } 44 - 16, \text{ ou } 28, \textit{ disponibles.}$$

L'équation [A] nous a donné, en outre, 6 $C^5H^8O^2$ qui ont, ou plutôt, qui auraient, absorbé, d'après l'équation [C]

$$54 \times \frac{6}{22} = 14{,}72 \ CO^2$$

si nous avions encore ces 14.72 à notre disposition.

Or il est facile de voir que de 28 nous avons utilisé 17,27, ce qui nous laisse uniquement 10,73 CO^2.

Donc l'équation [C] ne peut être satisfaite en entier ; elle l'est seulement dans la proportion de $\frac{10.73}{14.72}$

Nous ne pouvons pas obtenir plus de

$$12 \times \frac{10.73}{14.72} = 8{,}747 \ C^7H^8O^6$$

et

$$10 \times \frac{10.73}{14.72} = 7{,}289 \ C^8H^8O^8$$

il reste

$$6 \times \frac{14.72 - 10.73}{14.72} = 2{,}112 \text{ de } C^3H^4O^2 \text{ intact.}$$

J'admets, pour plus de simplicité, que le $C^3H^4O^2$, *tout entier*, a subi l'action du CO^2 correspondant, ce qui n'est pas : mais, avec cette supposition, (facile à corriger), nous trouvons les produits :

$C^4H^4O^4$	$C^5H^8O^2$	$C^4H^8O^6$
$C^5H^4O^4$		$C^8H^8O^8$

dont je ne mentionne même pas la proportion, afin d'éviter des calculs fatigants et presque inutiles ; pour passer de suite à la question capitale, celle de la constitution réelle des 5 corps produits, et conservés, dans l'expérience totale faite avec les deux gaz primitifs, à *volumes égaux*.

Au premier abord, $C^4H^4O^4$ paraît être de l'acide diédique (acétique). Mais nous sommes en face d'un double problème :

$C^4H^4H^4$, formé dans l'expérience Thénard, est certainement $C^2H^4.(CO^2)^2$ — premier problème dont la Théorie générale donne une solution, directe, absolument incontestable.

En second lieu, l'acide *diédique*, (acétique), est-il formé de cette manière ? Deuxième problème dont la Théorie générale peut donner (et donner seule) une solution aussi certaine.

Cette solution, la voici : quand l'acide diédique est formé par l'oxydation de l'alcool, il est facile de voir qu'on a

$$8[C^4H^4(HO)^2] + 46\,O \frac{5}{6} \left\{ \frac{2 \mid C^4H^2O^2(HO)^2 + 2HO + O}{6 \mid C^4H^2O^2(HO)^2 + 2HO + 2O} \right.$$

Ainsi, l'acide formé par l'alcool est un hydrate de bioxyde de dibène, C^4H^2, (acétylène), et n'est pas du tout identique à celui qui prend naissance dans l'expérience Thénard. Ce dernier n'est pas même un acide : il paraît neutre et de la nature des sucres.

On peut avoir, en effet, $(C^4H^4O^4)^2$ puis $(C^4H^4O^4)^4$, etc.

Et si ces formules ne sont pas rigoureusement celles que l'on admet pour les hexéloses, il est d'abord très clair qu'elles n'en diffèrent pas comme formules brutes. — Reste ensuite à se demander si elles ne représentent pas un hexélose nouveau.

Ici l'expérience devient nécessaire; on me saura gré de reproduire les résultats obtenus par les deux Thénard :

Le produit « est un liquide visqueux, très limpide, qui reste attaché, en gouttelettes aux parois du canal soumis à l'effluve et qui, avec le temps, prend une teinte légèrement ambrée.

« Ce produit est d'ordre organique et d'ordre organique très avancé.

« La matière, exposée à 100° n'a rien laissé vaporiser, mais le liquide ambré a bruni très sensiblement. Une petite quantité d'eau, ayant alors été introduite dans le tube, une partie seulement de la matière s'est dissoute et a donné un liquide, jaune opalin et très acide, qui avait une forte odeur de métacétone mélangé de produits formiques.

« Traité par l'oxyde de mercure, il l'a réduit comme aurait fait de l'acide formique ; on a reconnu, on même temps, qu'il ne contenait pas d'acide oxalique.

« Evaporé à siccité » il a laissé un abondant résidu fixe, soluble dans l'eau et toujours acide : chauffé davantage, ce résidu s'est détruit, à la açon du sucre ou de l'acide tartrique.

« Traité par la potasse, il a donné un sel soluble dont l'acide se précipite, au moins en partie, par l'acide chlorhydrique, mais qui se redissout dans un excès de ce dernier.

« Le nitrate d'argent, à froid, est resté indifférent à l'égard de ce sel. Le carbonate de plomb s'y est dissout avec dégagement de gaz : mais le liquide, filtré et évaporé à froid dans l'air sec, s'est troublé, ensuite, et a donné un vernis dur, et en partie soluble, qui ne présentait pas de cristallisation, mais qui conservait le goût sucré des sels de plomb.

« Après le lavage du tube à l'eau, on a fait succéder l'alcool, puis l'éther et enfin la potasse.

« L'éther semble n'avoir rien fait : l'alcool, au contraire, a dissout une très faible quantité d'une matière, qui devient insoluble par une addition d'alcool concentré ; mais la potasse, surtout à chaud, a enlevé les dernières parties ; elles étaient brunes, et non sans analogie avec l'acide humique ».

Tels sont les faits observés par P. Thénard et son fils.

Les deux auteurs n'ont pu donner aucune analyse précise ; mais même dans le vague de leurs appréciations, un point capital est incontestable; au lieu d'un second corps, l'acide diédique (acétique), il s'en est produit plusieurs et d'un « ordre organique très avancé. »

La concordance pourrait-elle être plus évidente avec les prédictions de la Théorie générale ?

N'avons-nous pas un mélange de corps semblables, au moins, et, pour moi, bien identiques à ceux dont la Théorie nous révèle la production ?

Le liquide avait une odeur de métacétone mélangé de produits formiques.

Métacétone : on lui attribue la formule	$C^{12}H^{10}O^{2}$
Produits formiques : il seraient $C^{2}H^{2}O^{4}$ ou	$(C^{2}H^{2}O^{4})^{4}$
Or, ajoutons $C^{3}H^{4}O^{2} + (C^{8}H^{8}O^{8})^{2}$, de [A], nous avons	$C^{19}H^{20}O^{18}$
Retranchons l'hexabebone (métacétone)	$C^{12}H^{10}O^{2}$
Il reste	$C^{7}H^{10}O^{16}$
	$C^{8}H^{8}O^{16}$

assez peu différent de $C^{2}H^{2}O^{4})^{4}$ pour rendre la réduction de l'oxyde de mercure *naturelle* et facilement expliquée.

— La solution aqueuse est « très acide » ; c'est de même expliqué.

L'acidité n'est pas due à de l'acide diédique (acétique), puisque, à 100°, rien n'a été vaporisé.

Le sel de potasse donne un précipité par $HCl(HO)^n$; P. Thénard et son fils ont cru précipiter l'*acide* ; mais on peut penser qu'ils ont précipité un *sel acide* et non l'acide pur, comme ils auraient pu le faire avec l'acide *tétrabélique* (tartrique).

Ce caractère peut appartenir à un corps d'une composition différente de celle de l'acide tétrabélique ; et faute de renseignements plus complets, nous pouvons passer outre.

Toutefois, avant d'abandonner ce sujet, je dois ajouter, d'après les deux chimistes :

« Au bout de dix minutes, et sans qu'il y ait eu apparence de dilatation, la condensation des gaz était déjà sensible, et au bout de six heures, sauf le même volume compris dans le canal à effluve, *elle était complète*... le mélange gazeux s'est toujours condensé... »

Depuis le travail de MM. Thénard, divers chimistes ont fait des expériences analogues aux leurs, mais sans aucune vue générale.

16. Pour moi, frappé des synthèses évidentes dans les expériences dont je viens de donner un court résumé, je n'ai cessé de me préoccuper d'obtenir des résultats plus rapprochés, encore, des *synthèses naturelles*, et d'obtenir les composés les plus complexes, en partant des composés binaires, l'eau, l'acide carbonique, etc.

J'aurais voulu réaliser ces synthèses par les actions capillaires, sans aucune autre force vive, sans chaleur, sans électricité, même celle des effluves, pour me tenir autant que possible dans les conditions uniques de la vie végétale ou animale.

Beaucoup d'expériences tentées depuis de longues années, même avant celles de Thénard et son fils, m'avaient donné quelques résultats dont je parlerai plus tard ; mais ces expériences doivent toujours être interrompues; surtout à cause de l'altération des membranes végétales (et surtout animales), pendant leur durée, nécessairement longue. Il est presque impossible de soustraire les premiers produits à des altérations de deux genres ; 1° leur décomposition spontanée ou *hydrolytique*. 2° leur modification, plus ou moins profonde, par les dérivés de l'altération des membranes.

L'effluve donne un moyen constant de produire les composés *vrais* résultant de l'action immédiate des corps simples ou des composés binaires, dans des conditions à bien peu près semblables à celles des condensations capillaires. Des expériences déjà nombreuses, m'ont fourni des résultats assez précis pour les communiquer aux physiciens et aux chimistes.

Voici d'abord, les indications théoriques prises comme directrices des expériences : I et HO et CO^2.

$$\boxed{M} \quad n = \frac{22}{9} \qquad 22\,HO + 9\,CO^2 \underset{3}{\overset{2}{\rightleftharpoons}} \left\{ \begin{array}{l|l} 4 & CH^2O^3 + O \\ 5 & CH^2O^3 + HO^2 \end{array} \right. \qquad (A)$$

Les deux actions produisent un corps CH^2O^3 dans lequel $CH^2 = 8$ et $O^3 = 24$, nombres qui sont, rigoureusement, dans le rapport 1 : 3 (deuxième rapport de la Théorie générale).

La formation de ce corps est accompagnée :

Dans le premier cas, d'un dégagement d'oxygène.

Dans le second cas, de la production du bioxyde d'hydrogène.

Le dégagement d'oxygène peut être provoqué par deux causes :

1° Par la *chaleur* : c'est ce qui a lieu dans les feuilles des végétaux sous l'influence de la chaleur solaire aidée de la lumière ~~ le dégagement ne se fait pas en totalité parce que CH^2O^3 absorbe une partie de l'oxygène ~~ le reste seul est mis en liberté.

2° Par l'action d'un *corps oxydable*, CH^2O^3 lui-même, ou un autre corps encore plus oxydable, lorsqu'il en existe en présence, comme cela se montre si fréquemment dans les plantes.

Au lieu du composé CH^2O^3 on peut, même, obtenir CH^2O, dans lequel $CH^2 = 8$ se trouve uni seulement avec $O = 8$, c'est-à-dire avec un *poids* rigoureusement *égal* et l'on a pour la première action

$$CO^2 + 2HO = CH^2O + O^3 \qquad (A')$$

On peut être frappé de cette indication théorique en se rappelant une observation récente, de Muntz, qui a trouvé de l'alcool monénique (esprit de bois) dans plusieurs végétaux.

$$CH^2O = 1/2\, C^2H^4O^2 \text{ ou } C^2H^2\,(HO)^2$$

Mais allons plus loin ~~ en faisant observer, toutefois, que O^3 peuvent être absorbés par l'eau elle-même en donnant $3HO^2$, etc.

Examinons l'action secondaire : dans le cas d'un excès d'acide carbonique, d'abord. $CH^2O = 16$

$$16\,CO^2 + 22\,CH^2O \frac{1}{2} \left\{ \begin{array}{l} 10 \mid C^2H^2O^3 \\ 6 \mid C^3H^4O^4 \text{ ou } C^3H^3O^3 + HO \end{array} \right.$$

Cette dernière modification produite pour se *rapprocher des poids égaux* $C^3H^3 = 21$ et $O^3 = 24$, modification dont l'importance saute aux yeux, puisque $C^3H^3O^3 = \frac{1}{4}\, C^{12}H^{12}O^{12}$ ou *hèxélose*.

Cet hèxélose est probablement, pour ne pas dire plus, du sucre de raisin, ou de fruits; peut-être est-ce une variété encore inconnue, — parce qu'il n'est pas impossible que l'arrangement moléculaire varie, loin de là. Nous pouvons avoir :

$$C^{12}H^{12}O^{12} = \underset{32\quad 32}{C^4H^8\,O^4}\,.\,\underset{52\quad 56}{C^8H^4O^7}$$

ou :

$$= C^{12}H^{11}O^{11} + HO$$

C'est-à-dire du *sucre normal*, du sucre ordinaire dans lequel on aurait

$$\underbrace{C^4H^8O^4}_{64} \qquad \underbrace{C^8H^3O^7}_{107}$$

et 64 : 107 :: 3, 5, 01 (premier rapport : du 2e ordre).

Passons au composé : $CH^2O^3 = 32$

M $\quad n = \frac{32}{22} \qquad 32\,CO^2 + 22\,CH^2O^3 \frac{1}{2} \left\{ \begin{array}{l} 12 \mid C^2H^2O^5 \text{ ou } C^4H^4O^{10} \\ 10 \mid C^3H^2O^7 \text{ ou } C^6H^4O^{14} \end{array} \right.$

Ces corps sont d'une formation probable.

$C^2H^2\ (=14)\ :\ O^5\ (=40)$ :: 1 : 2.857 (ou à très peu près 3)
$C^3H^2 (=20)\ :\ O^7\ (=56)$ :: 1 : 2.800 (encore à peu près 3)

Voyons maintenant le cas d'un excès d'eau : $CH^2O^3 = 32$

M $\quad n = \frac{32}{9} \qquad 32\,HO + 9\,CH^2O^3 \frac{3}{4} \left\{ \begin{array}{l} 4 \mid CH^5O^8 \\ 5 \mid CH^6O^7 \end{array} \right.$

Ces deux résultats sont très peu probables, je n'insiste pas.

II. L'acide carbonique n'est pas le seul composé de carbone et d'oxygène existant dans l'atmosphère. Les foyers, de toute grandeur, versent continuellement dans l'air des quantités énormes d'oxyde de carbone. Il est, ainsi, très naturel d'étudier ce que doivent être les actions de CO avec l'eau, avec l'acide carbonique, avec les hydrocarbures, etc.

Commençons par l'eau : nous avons

$$\boxed{M} \quad n = \frac{14}{9} \qquad 14\,HO + 9\,CO = \frac{1}{2}\left\{\frac{4 \mid CHO^2 \text{ ou } 1/2\,C^2H^2O^4}{5 \mid CH^2O^3 \text{ ou } 1/2\,C^2H^4O^6}\right.$$

outre l'acide monédique (formique), nous retombons sur le corps CH^2O^3 dont nous venons d'étudier les actions.

Prenons l'acide carbonique :

$$\boxed{M} \qquad n = \frac{22}{14} \qquad 22\,CO + 14\,CO^2 = \frac{1}{2}\left\{\frac{6 \mid C^2O^3}{8 \mid C^3O^4}\right.$$

les deux corps, en l'absence de l'eau, ne se produiront probablement pas ; mais avec l'eau nous aurons facilement :

$$\boxed{M} \qquad n = \frac{36}{9} \qquad 36\,HO + 4\,C^2O^3 = 4\,C^2O^3\,(HO)^9$$

c'est-à-dire de l'acide monaédique (oxalique), très hydraté

$$\boxed{M} \qquad n = \frac{50}{9} \qquad = \frac{5}{6}\left\{\frac{4 \mid C^3O^4(HO)^5 \text{ ou } C^3H^5O^9}{5 \mid C^3O^4(HO)^6 \text{ ou } C^3H^6O^{10}}\right.$$

Le premier composé $C^3H^5O^9$ pourra se réduire à $C^3H^3O^7$ ou $C^3H^3 = 21 : O^7 = 56 :: 1 : 2{,}7$ ou mieux à $C^3H^4O^3$ ou $C^3H^4 = 22 : O^8 = 64 :: 1 : 2{,}91$ (bien près de $1 : 3$).

Sans aller plus loin, considérons les hydrocarbures : 1° C^4H^4

$$\boxed{M} \quad n = \frac{28}{14} \qquad 2\,CO + C^4H^4 = C^6H^4O^2$$

On doit donc obtenir la *tribébine* (acroléine).

2° C^8H^8 $\quad \boxed{M}\; n = \frac{56}{14} \qquad 4\,CO + C^8H^8 = C^{12}H^8O^4.$

C'était évident.

3° C^4H^6 $\quad \boxed{M}\; n = \frac{30}{14} \qquad 30\,CO + 14\,C^4H^6 = \frac{2}{3}\left\{\frac{12 \mid C^6H^6O^2}{2 \mid C^7H^6O^3}\right.$

Ce dernier $= \frac{1}{2}\,C^{14}H^{12}O^6$ et perdrait aisément O^2 pour laisser $C^{14}O^{12} = 96$ uni à $O^4 = 32$ $\left(= \frac{96}{3}\right)$.

Examinons, d'un autre côté, les actions de l'ammoniaque, c'est-à-dire la marche à suivre pour obtenir la synthèse des matières azotées :

I. Étudions d'abord les actions de l'eau.

$$H^3Az = 17. \qquad \boxed{M} \quad n = \frac{17}{9} \qquad 17HO + 9H^3Az = \frac{1}{2}\begin{cases} 1 \mid H^4AzO \\ 8 \mid H^5AzO^2 \end{cases}$$

Ces corps seront peu stables, parce qu'ils offrent des rapports complexes (18 : 8 ~~ etc.).

II. *Actions de l'acide carbonique.*

$$\boxed{M} \quad n = \frac{22}{17} \qquad 22\,H^3Az + 17\,CO^2 = \frac{1}{2}\begin{cases} 12 \mid CO\,H^2Az + HO \\ 5 \mid CO^2H^6Az^2 \end{cases}$$

J'écris pour la première action $CO.H^2Az + HO$, parce que cette formule rapproche *le plus* possible les deux corps des poids égaux, $CO = 14$; $H^2Az = 16$.

D'ailleurs $CO,H^2Az = \frac{1}{2}\,C^2H^4Az^2O^2$, on aura de l'urée.

La seconde action donnera $CH^6Az^2O^2$ plus ou moins stable.

III. *Actions de l'oxyde de carbone.*

$$\boxed{M} \quad n = \frac{17}{14} \qquad 17\,CO + 14\,H^3Az = \frac{1}{2}\begin{cases} 11 \mid CH^3AzO \\ 3 \mid C^2H^3AzO^2 \end{cases}$$

$$CH^3AzO = 1/2\ C^2H^6Az^2O^2.$$
$$C^2H^3AzO^2 = 1/2\ C^4H^6Az^2O^4.$$

IV. *Action de l'acide monaédique* (oxalique). $C^2HO^4 = 45$.

$$\boxed{M} \quad n = \frac{45}{17} \qquad 45\,H^3Az + 17\,C^2HO^4 = \frac{2}{3}\begin{cases} 6 \mid C^3HO^4\,(H^3Az)^2 \\ 11 \mid C^3HO^4\,(H^3Az)^3 \end{cases}$$

Sous la moindre influence oxydante, le premier composé deviendra $C^2O^4(H^3Az)^2$ ou carbonate neutre d'ammoniaque.

Le second de même, avec dégagement d'ammoniaque ; sous les influences désoxydantes, il produira du monédate (formiate) biammoniacal ou à peu près $C^2H^4O^2 = 46$ uni à 34 d'H^3Az : + 12 d'eau = 46

V. *Action de l'acide monédique (formique)* $C^2H^2O^4 = 46$

$$\boxed{M} \quad n = \frac{46}{17} \qquad 46\,H^3Az + 17\,C^2H^2O^4 = \begin{matrix} 2 \\ 3 \end{matrix} \Big\} \frac{5 \mid C^2H^8Az^2O^4}{12 \mid C^2H^{11}Az^3O^4}$$

VI. Étudions enfin les actions de quelques hydrocarbures.

1° $C^4H^2 = 26$ $\qquad \boxed{M} \quad n = \frac{26}{17} \qquad 26\,H^3Az + 17\,C^4H^2 = \begin{matrix} 1 \\ 2 \end{matrix} \Big\} \frac{8 \mid C^4H^5Az}{9 \mid C^4H^8Az^2}$

2° $C^{12}H^6 = 78$ $\qquad \boxed{M} \quad n = \frac{78}{17} \qquad 78H^3Az + 17\,C^{12}H^6 = \begin{matrix} 4 \\ 5 \end{matrix} \Big\} \frac{7 \mid C^{12}H^{18}Az^4}{10 \mid C^{12}H^{21}Az^5}$

$C^{12}H^6$ ne se comporte pas comme $(C^4H^2)^3$. — On voudra bien le remarquer.

3° $C^4H^3 = 28$ $\qquad \boxed{M} \quad n = \frac{28}{17} \qquad 28\,H^3Az + 17\,C^4H^4 = \begin{matrix} 1 \\ 2 \end{matrix} \Big\} \frac{6 \mid C^4H^7Az}{11 \mid C^4H^{10}Az^2}$

Pour abréger, ne restons pas plus longtemps sur ces calculs, faciles à développer[1]. Il était nécessaire de mettre sous les yeux du lecteur le tableau, très abrégé, qu'on vient de lire ; mais il suffit pour indiquer les principales synthèses plus ou moins faciles à réaliser expérimentalement. Presque toutes sont abordables. Voici les résultats que j'ai obtenus jusqu'à présent :

Pour étudier l'action de l'eau et de l'acide carbonique, il faut chauffer l'eau jusqu'au degré où sa vapeur offre, au moins, un poids égal à l'acide ; c'est plus de 90 degrés ; j'ai mis l'appareil dans un bain d'eau bouillante, ou à peu près : l'eau était rendue conductrice en lui faisant dissoudre du sulfate de zinc : en outre j'entourais parfois le tube extérieur d'une spirale en platine. Le mélange d'acide carbonique et de vapeur d'eau était produit en faisant passer un courant lent, d'acide dans un tube à essais contenant 30 à 50 grammes d'eau. Ce tube était placé le plus près possible du tube à effluve où le mélange pénétrait de suite, sans condensation, étant chauffé dans le même bain.

Les produits et la partie du mélange qui résistent à l'effluve sont dirigés dans un condenseur où les premiers, — dont la plus grande partie demeure, en certains cas, dans l'espace étroit entre les deux tubes à effluves, achèvent de se liquéfier.

1. Faciles, et par cela même assez ennuyeux ; mais sans eux pas de salut. — Il ne faut pas demander à la chimie classique une seule indication *a priori*.

J'ai employé le plus souvent trois éléments chargés avec une solution de sulfate de zinc de $D = 1145$ (14°5 densimétriques) autour du zinc amalgamé ; avec une solution saturée de NaCl autour du charbon ; quelquefois seulement deux de ces éléments mais parfois 6 ou 8.

Il est inutile de rapporter les expériences de tâtonnement ; je citerai l'une des dernières expériences dont la durée a pu être de trois jours à peu près trois fois 10 heures) parce que j'interrompais le chauffage et toute l'opération pendant la nuit : j'ai cueilli, dans le condenseur, 194 gr.5 de liquide incolore où j'ai trouvé un peu plus de 0 gr. 4 d'alcool monénique (méthylique, esprit de bois). La nature du produit liquide a été soigneusement établie en faisant distiller le liquide et prenant à part les 6 ou 8 premiers centimètres cubes ; en soumettant ces premiers liquides dont l'odeur alcoolique est peu prononcée, mais très franche, et provenant de trois opérations, à une distillation sur du carbonate de potasse (desséché ; 160° suffisent pour sa déshydratation complète) on peut obtenir ainsi près d'un gramme d'alcool inflammable, donnant l'éther $C^2HO^4C^2H^2$, cristallisé, incolore, etc.

Le liquide renferme un peu d'eau oxygénée.

Dans cette expérience, faite avec un excès d'eau, il ne reste rien dans l'espace compris entre les deux tubes à effluves, dans la *chambre à effluves*, rien si l'on a soigneusement maintenu l'excès d'eau, ce qui exige à la fois la lenteur du courant d'acide carbonique, et le chauffage non interrompu du bain ; peu de chose, selon que ces conditions sont bien établies.

Lorsqu'on opère avec un excès d'acide carbonique, c'est-à-dire en supprimant le chauffage du bain et amenant le gaz un peu plus vite, 2 ou 3 litres par heure, il reste, dans la chambre à effluves, un sirop plus ou moins épais, ou même une masse cristalline qui obstrue plus ou moins la chambre ; la substance est un peu colorée, brunâtre.

C'est un mélange, acide ; j'en ai préparé plusieurs grammes ; on y reconnait les caractères des acides monédique (formique) et diéfique.

$2^{gr},000$ dissous dans 100 d'eau pure ont exigé pour leur neutralisation (au tournesol) un volume d'eau de baryte correspondant à $6^{cc},4$ d'acide SO^3 $(80)^{gr} = 1000^{cc}$) ; le calcul indique 6 536.

1 gramme traité par $(SnCl^2)^9$ (HO) $\frac{130}{3}$ (méthode Maumené), a laissé 0,248 d'hexedin (*Caramelin*) $C^{12}H^4O^4$, insolubles dans les acides, très peu solubles dans les alcalis ; le calcul indique 0,230.

Ce résultat est accidentel car il y a d'autres corps.

J'ai cherché dans ce mélange, contenant évidemment un hexélose, le sucre normal dont la présence est très vraisemblable. Jusqu'à présent, je n'ai pas réussi ; mais il est très difficile d'éviter l'inversion, et les petites quantités de substances obtenues ne m'ont pas encore suffi pour une analyse tout à fait exacte.

Mais dans ce même mélange ou $C^2H^2O^3$ peut se condenser et se condense très certainement en $(C^2H^2O^3)^2$ puis $(C^2H^2O^3)^4$, — et peut être à un plus haut degré encore, — il est naturel de chercher si $C^8H^8O^{12}$, par exemple, ne donne pas

$$C^8H^8 = 56 : O^{12} = 96 :: 3 : 4667 \quad \text{ou même } C^8H^6 = 54 : O^{10} = 80 \div : 3 : 4,5$$

rapports peu éloignés de 3 : 5, et permettant d'admettre l'acide tétrabéjique (malique) au nombre des premiers composés formés par CO^2 et HO.

Or le mélange obtenu par l'action de l'effluve sur l'acide CO^2 en excès, ou très peu humide, et surtout l'acide mêlé des vapeurs d'alcool monénique (méthylique), présente une quantité d'acide tétrabéjique (malique), très appréciable, presque pur, même, dans le second cas.

En effet, la masse presque entièrement cristalline est soluble dans l'eau, très acide, et donne, par saturation avec l'eau de chaux, d'abord une liqueur claire, facile à troubler par l'ébullition et déposant un sel grenu dont l'analyse m'a donné (séché à 180°) :

			Calcul
CaO	33,18	33,30	32,56

L'acide tétrabéjique (malique), est le premier formé dans le raisin et dans un grand nombre de végétaux ; une simple oxydation, facile à comprendre, le transforme en tétrabélique (tartrique),

$$C^8H^6O^{10} + O^2 = C^8H^6O^{12}$$

Nous pouvons donc saisir, sur le fait, la production de ces acides par une action simple.

Les expériences avec l'oxyde de carbone n'ont pas encore été nombreuses ; je citerai seulement l'une d'elles, que je me suis empressé de faire, à cause de sa netteté, certaine à priori, et de la facilité des préparations qu'elle nécessite. C'est celle de l'action entre CO et C^4H^4.

Si l'on fait un mélange des deux gaz à poids égaux, ce qui est bien facile, puisqu'il suffit de mêler 2 volumes d'oxyde de carbone et 9 volumes de diène, purs, tous deux, et si l'on fait passer ce mélange dans l'appareil, à peine établit-on le courant, le mélange se liquéfie dans la chambre, en présentant tous les caractères de la *tribébine* (acroléine). Au bout du tube de dégagement l'odeur est très vive, même avec un courant de gaz très lent. Je n'ai pas jugé nécessaire d'analyser le produit. L'expérience ne peut laisser aucune espèce de doute.

Passons aux substances azotées.

J'ai fait quelques expériences de l'action H^3Az et HO ; pour aujourd'hui, je n'en parlerai pas, à cause de la complexité des produits, prévue par la Théorie et dont je continue l'examen.

Il est plus facile d'étudier H^3Az et CO^2. On fait dissoudre H^3Az dans une solution concentrée de carbonate $(CO^2)^3$ $(H^3Az)^2$ *(à peu près)*, en titrant pour obtenir des poids égaux $(CO^2)^{17}$ $(H^3Az)^{22}$. Ce mélange (?) chauffé légèrement, se vaporise avec une lenteur favorable et donne une matière cristalline, d'où l'on peut extraire de la *bhydromonebazobine* (urée). Les cristaux qui se déposent les premiers, ont tous les caractères de cette importante matière. — L'alcool dissolvant retient une autre substance dont je n'ai pas encore fait l'analyse, mais dont j'ai tout lieu de croire la composition bien conforme à la Théorie générale.

Ces premiers résultats me paraissent mériter une publication immédiate. Ils suffisent pour montrer l'incontestable formation des principes immédiats, les plus importants dans les végétaux et les animaux, par les seuls éléments de l'atmosphère terrestre : eau, acide carbonique, oxyde de carbone, hydrocarbures, ammoniaque, tous composés binaires, — aidés des corps simples : oxygène, azote, hydrogène.

Il est certain maintenant que la synthèse de tous les principes immédiats, acides, comme le tétrabéjique (malique) et le tétrabélique (tartrique), etc., neutres comme les hexéloses (glucose et isomères), certains alcools, comme le monénique (méthylique) ; alcalins, comme les ammoniaques composées, etc., peuvent être obtenus par ces éléments de l'atmosphère, sous l'action des effluves.

L'action capillaire dont la puissance est aussi grande, peut déterminer les mêmes actions et en obéissant aux mêmes lois.

Ces lois sont celles de la Théorie générale.

Les transformations chimiques ont lieu presque toutes sous l'influence de l'une de ces lois, celle des *actions de mélange* ; la deuxième et dernière, la loi des *actions de contact*, s'exerçant moins souvent dans les conditions ordinaires.

Les actions ont lieu à poids égaux : je ne saurais trop insister sur cette grande loi, sans laquelle ne sauraient se produire les transformations successives dont j'ai indiqué suffisamment le calcul et leur vérification expérimentale.

Je continue cette importante étude et ne l'abandonnerai plus.

15. De ce résumé, aussi bref que possible, nous pouvons déduire une marche rationnelle pour la culture chimique de la vigne.

En premier lieu, quels sont les fertilisants dont nous pouvons faire usage afin de développer les éléments fondamentaux du vin, le sucre de raisin et les acides ?

Répondons nettement : on l'ignore.

Ce qui demeure aujourd'hui dans le *sentiment* unanime des agriculteurs, y compris les vignerons, c'est la confiance au fumier de ferme. Bien que ce produit ne soit pas toujours identique, en général ses effets sont heureux : les études chimiques n'ont pas expliqué, tant s'en faut, le rôle de ce singulier fertilisant.

P. Thénard a trouvé, dans la partie liquide brune, un acide azoté, dont il n'a pu trouver la formule et dont il a seulement établi quelques caractères. Cet acide, nommé par lui acide *fumique*, est développé dans le fumier pendant la fermentation, bien évidente, où tout le monde observe, même en passant, un grand dégagement de chaleur. L'acide forme, avec la chaux, un sel insoluble ; il est absorbé par l'alumine, et l'oxyde de fer, à peu près de même.

L'acide fumique est, ainsi, tenu dans une immobilité permanente par ces composés insolubles; mais quelle est, dans cet état, son action sur les plantes ?

P. Thénard a vu l'acide fumique se transformer en un dérivé dont le sel calcaire est soluble. Ce dérivé contient moins de carbone et plus d'azote ; et il paraît, se former par « une oxydation énergique et longtemps prolongée ». Comment a lieu cette oxydation ? P. Thénard n'a pu le dire.

16. — Elle a lieu par une action que j'ai signalée depuis longtemps et dont ma Théorie explique, à la fois, l'énergie et la prolongation ; cette action est celle de l'oxygène, prise par l'eau dans l'atmosphère, et mis, ainsi, à la densité de l'eau elle-même.

L'oxygène dans l'air pèse 1,1056, un dixième environ plus que l'air.

L'oxygène dans l'eau pèse 1,000, ou à très peu près autant que l'eau ; mais l'eau pèse 773 fois autant que l'air, par conséquent l'oxygène liquide (par dissolution dans l'eau) pèse $\frac{773}{1,1056} = 694$ fois plus que dans son état gazeux.

Une telle augmentation de densité rend ses actions chimiques beaucoup plus intenses, et de là viennent les *combustions froides* : de l'hydrogène sulfuré (HS + nHO = HO + SO) ; de l'acide sulfureux (SO^2 + 4O = SO^3 (n — 1) HO + HO^2), etc., etc.

C'est l'oxygène, dissout dans l'eau, qui produit l'oxydation du fumate de chaux, et une foule d'actions, sur lesquelles nous aurons à revenir — la production du salpêtre notamment. — Par sa condensation, il devient, en partie du moins, ozone O^2, etc [1].

Plusieurs chimistes admettent, avec P. Thénard, l'absorption directe du dérivé soluble par certains végétaux ; mais c'est là une hypothèse absolument extraordinaire. En l'acceptant, on doit se demander ce que devient le dérivé fumique ? Sous quelle influence est-il changé en matières très différentes ? Les études faites jusqu'ici ne donnent pas de réponse.

L'engrais de ferme a des analogues. On fume les citronniers, à Menton, au moyen de débris de cuir. — Ce sont des corps azotés comme l'acide fumique, — et sous leur influence on voit se produire l'acide citrique, exempt d'azote, l'essence de citron exempte d'azote et d'oxygène, essence dont le suave parfum ne peut, évidemment, provenir d'une absorption directe des parties solubles de cuirs infects.

Il n'est pas besoin d'insister : le rôle des engrais, ou fertilisants, n'est pas entièrement chimique : il est soumis à une influence physique puissante, l'*osmose* due à des actions capillaires, produites par les membranes minces, des radicelles et des canaux vasculaires. Nous étudierons ces actions en parlant de la fermentation.

Avec le fumier de ferme, on emploie partout les immondices des grandes villes, les boues des routes, etc.

Ces fertilisants sont ordinairement peu riches en azote, mais très riches en potasse : or cette base parait un des aliments les plus nutritifs de la vigne. Un de nos plus savants vignerons a écrit en 1884 : « Le premier de tous les engrais pour la vigne » (dans les terres calcaires du

1. La formule O^2 donnée par la *Théorie générale* à l'ozone vient d'être confirmée une fois de plus par l'expérience de l'action du fluor et de l'eau. Moissan a observé, l'action des poids égaux 19 de fluor et 19 d'eau. Il se forme de l'acide fluorhydrique et de l'ozone caractérisé par une belle couleur bleue (signalée par Hautefeuille et Chapuis. On a donc :

$$\underset{19}{F} + 2{,}111 \ldots \underset{19}{HO} = FH + HO^2 + 0{,}111 \ldots HO$$

puis

$$F + HO^2 = FH + O^2 \text{ (ozone)}$$

Midi) « est évidemment l'urine de vache, à la dose de 3 ou 4 litres par souche; elle donne des résultats prodigieux; avec elle, il n'est plus de mauvaise terre, etc. [1]. » Or, on a trouvé dans cette urine, en *millièmes de son poids :*

	Bibra	Boussingault
Carbonate de potasse	17,28	16,1
Sulfate de potasse.	13	3,6
Hippurate de potasse		15,5
Lactate de potasse.		17,2

et G. Ville, dans des expériences qui ont duré 10 ans, a vu la suppression de la potasse ne pas laissé produire « un seul grain de raisin [2]. » La production du raisin semble presque proportionnelle à la quantité de potasse.

On peut expliquer très nettement, ce me semble, la puissante action de la potasse. Cette action est double : physique et chimique.

Physique, comme celle de tous les fertilisants : en d'autres termes, les sels de potasse, surtout ceux qui sont alcalins, comme le carbonate, ouvrent les espaces capillaires des radicelles, les agrandissent et les parcourent avec une grande vitesse relative.

Chimique, parce que, dans les conditions ainsi établies, l'osmose atteint son maximum de puissance et détermine des actions chimiques, souvent très intenses : de là cette production du bimalate et du bitartrate caractéristiques de la *vitis vanifera;* car on peut, sans exagération, regarder le bitartrate comme intimement lié aux bases essentielles du meilleur vin.

On reproche à cette action de ne pas durer plus d'une année ou deux; c'est une suite inévitable de sa puissance : la potasse est absorbée presque tout entière dans l'année même de son emploi, et son influence disparaît ensuite nécessairement. — L'habitude antique, de brûler le plus possible de sarments, et d'autres parties du végétal, sur le terrain de culture, est on le voit, justifiée d'une manière éclatante. Toutes ces parties contiennent de la potasse, et on la rend au sol pour contribuer au développement de la récolte prochaine.

17. Deux autres engrais, vantés pour certaines cultures, ont donné des résultats nuls, ou presque nuls, pour la vigne.

Le premier est l'*azote*. — Depuis l'époque où ce corps simple a été

1. Gaston Bazille, *Moniteur vinicole*.
2. *Revue des Cours scientifiques*, 19 juillet 1884.

préconisé de la manière la plus fâcheuse, comme nous l'avons vu, des études nécessaires ont été faites, et l'on n'a pas eu de peine à comprendre l'erreur des premiers chimistes. On a d'abord senti la nécessité d'une distinction capitale. L'azote est, tantôt assimilable et tantôt complètement inutile ou, même, nuisible.

L'azote est assimilable sous deux conditions : la première, que l'engrais dont il fait partie puisse l'abandonner aisément; la seconde, que la vigne puisse l'absorber.

Or l'azote peut être éliminé de l'engrais sous trois formes :

1° En azote pur, comme peut le donner l'air atmosphérique.

2° En ammoniaque $H^3 Az$: les sels ammoniacaux le donnent à cet état sous l'influence du calcaire.

$$A.H^3Az + CO^2.CaO = A.CaO + CO^2.H^3Az$$

A est un acide hydraté. Plusieurs matières azotées le donnent au même état, par la fermentation putride; l'urée, par exemple, donne :

$$C^2H^4Az^2O^2 + \text{de l'eau } (2\,HO) = [CO^2.H^3Az]^2$$

3° En acide azotique : non pas libre, mais en azotate soluble. — On a essayé l'azotate de soude, $Az\,O^5$, $Na\,O$.

Sous aucune de ces formes, l'azote ne paraît favorable à la vigne, qui n'en contient pas, ou, du moins, pas sensiblement.

Le deuxième engrais est le phosphate de chaux.

Ce sel est un aliment de beaucoup de plantes : au moins ces plantes peuvent en contenir des proportions notables, et offrir les signes de la plus parfaite santé. La vigne est dans ce cas.

A quel état nous présente-t-elle le phosphate calcaire?

Ce phosphate peut offrir trois variétés au moins :

1° Le phosphate tribasique, $Ph\,O^5\,(Ca\,O)^3$, ou phosphate des os; (il est un constituant des os de l'homme et de beaucoup d'animaux).

2° Le phosphate bibasique, $Ph\,O^5\,(Ca\,O)^2\,(HO)^4$.

3° Le phosphate monobasique, $Ph\,O^5\,(Ca\,O)\,(HO)^2$.

4° Un phosphate sesquibasique $(Ph\,O^5)^2\,(Ca\,O)^3$.

Le phosphate des os est à peu près insoluble dans l'eau, mais il se dissout, quand l'eau tient de l'acide carbonique, surtout avec l'abondance causée par la pression (eau de Seltz, vins mousseux, etc.). Une lame d'ivoire devient molle, en perdant son phosphate; dans de l'eau de Seltz qui le dissout, le phosphate devient alors bicalcique, ou, même, monocalcique.

Et c'est ce mélange, de phosphate devenu soluble, et de carbonate soluble, qui est absorbé par les plantes, par la vigne, comme par les autres.

En jugeant par analogie, le phosphate, même calcaire, doit être considéré comme favorable à la vigne ; assurément il ne l'est pas au même degré que pour l'homme et les animaux, dont le squelette, la charpente essentielle, ne pourrait exister sans lui. Mais s'il joue, dans la vigne, un rôle encore mal connu, sa présence n'est certainement pas nuisible ; car on trouve ses éléments dans toutes les parties de la vigne, ce que prouvent les analyses suivantes de Boussingault :

Substances contenues dans les cendres.

		De sarment	De marc	DE VIN Par litre	DE VIN Par centièmes
Potasse	KO	18,0	36,9	0,842	45
Soude	NaO	0,2	0,4		
Chaux	CaO	27,3	10,7	0,092	4,9
Magnésie	MgO	6,1	2,2	0,172	9,2
Oxyde de fer et d'alumine	Fe^2O^3 Al^2O^3	3,8	3,4		
Acide carbonique	CO^2	20,3	12,4	0,250	13,37
— phosphorique	PhO^5	10,4	10,7	0,412	22,03
— sulfurique	SO^3	1,6	5,4	0,096	5,2
— silicique	SiO^4 et sable	10,9	15,3	0,006	0,3
Chlore		0,1	0,4	traces	
Perte		1,3	2,2		
		1,000	100,0	1,870	100,00

Il résulte de ces analyses : 1° l'acide PhO^5 existe, en quantité très grande, dans les sarments, les marcs et même le vin ; 2° cet acide pourrait être à l'état de phosphate tribasique dans les sarments, parce que 10,4 ne demandent pas plus de 12,3 de CaO ; les sarments en tiennent 27,3. Mais il ne peut pas être à cet état dans le marc : on y trouve 10,7 d'acide, qui demanderaient 12,7 de CaO, et le marc n'en a pas plus de 10,7, (dont une partie se trouvait, certainement, unie à d'autres acides). Dans le vin, 412 d'acide exigeraient 487 de CaO et il n'en existe pas plus de 92.

L'acide existe, donc, à l'état de phosphate acide de chaux, mêlé de phosphate, vraisemblablement, dans le marc et dans le vin.

En calculant, d'après les autres données de cette expérience, la quantité d'acide PhO^5, enlevée chaque année à la terre, Boussingault a trouvé, par hectare, 7 kil. 23.

Et en admettant la nécessité de rendre cette quantité d'acide au sol — nécessité qui est loin d'être prouvée, parceque le sol en a souvent — la dépense, on le voit, ne serait pas bien grande.

Mais ici revient la grande question de l'utilité, sur laquelle j'insiste, et de toutes mes forces.

18. Dans l'antiquité même, on était presque unanime pour refuser à la vigne tout engrais. Columelle ne voulait pas de fumier dans les vignes, de crainte d'enlever au vin son bouquet et sa saveur. — Palladius admettait le lupin et disait: « Tout autre lui est contraire et vicie la qualité du vin. » — Plus près de nous, Olivier de Serres écrivait: «... pour l'honneur du vin, la bonté duquel est toujours empirée par le fumier *quel qu'il soit.* »

Beaucoup de bons esprits pensent de même: « Qui n'a vu, plantées dans des cours pavées et, même bitumées, parfois le long des murs, dans un sol recouvert de dalles, des vignes pluriséculaires qui n'avaient jamais reçu la moindre parcelle d'engrais, bien qu'elles aient acquis de très grandes dimensions et que, chaque année, elles rapportent considérablement de raisin? (Carrière, *la Vigne* 200).

Tous les anciens n'étaient pas professeurs à l'Institut agronomique; mais si nous consultons les « étudiants » modernes, qui enseignent la chimie agricole dans cet utile établissement, nous trouvons Dehérain qui déclare, après de longues expériences, que « l'addition de phosphates est absolument sans effet utile. »

La conclusion est évidente: l'*addition* d'aucun fertilisant n'est indispensable à la vigne. La potasse paraît, seule, offrir des avantages sérieux; mais elle est absente de tous les sols, au point de rendre sa *restitution* nécessaire par un engrais. La vigne n'en trouve-t-elle pas presque dans tous les terrains? ses racines ne vont-elles pas chercher les sels de potasse utiles, à de grandes profondeurs? Et si elles l'absorbent, avec la très grande force dont nous avons parlé, l'équilibre n'est-il pas rétabli dans l'espace d'une année, entre les parties du terrain d'où la potasse a été aspirée et les parties voisines, où la capillarité ne cesse de ramener les sels solubles, des couches les plus profondes.

Aucune expérience n'a été faite à ce point de vue ; mais on peut affirmer deux choses :

1° Beaucoup de terrains renferment assez de potasse pour alimenter la vigne, *indéfiniment*, en raison de ce qui vient d'être dit.

2° Avant de recommander, au vigneron, l'engrais potasse, dont le prix est assez onéreux, il faut étudier le sol — jusqu'aux grandes profondeurs — et bien s'assurer de l'absence de la potasse.

En résumé, si les fertilisants ne sont presque jamais utiles à la vigne, c'est qu'elle trouve dans le terrain tous ses aliments nécessaires. — Etudions donc le terrain de la manière la plus générale ; son importance est assurément très grande.

§ III. — **Des terrains propres à la vigne.**

19. Un observateur, même un peu superficiel, ne peut manquer, après avoir vu beaucoup de vignes, de comprendre le peu d'importance de la nature *chimique* du terrain.

De la Champagne, où d'excellents vignobles prospèrent dans la craie, presque pure [1], aux roches granitiques de France — ou d'autres contrées — ne renfermant parfois pas trace de calcaire ; en passant par des régions très diverses, des sols très ferrugineux (Beaujolais, environs de Lodève, etc.), des schistes bitumineux (Menat, dans le Puy-de-Dôme, environs de Liège, etc.), en un mot, dans les terrains les plus divers, par la composition chimique, on voit de très belles vignes, et l'on devine ce que prouve l'analyse : aucun sol n'a de spécialité chimique, absolue, pour produire le bon raisin.

20. Cependant le terrain a, certainement, une grande influence sur la végétation de la vigne ; mais cette influence est surtout *physique*.

Ainsi la condition la plus frappante, c'est la division de ses éléments minéralogiques. Crayeux ou granitique, il faut un terrain granuleux ; les grains de dimensions variées, mais plusieurs assez gros pour être appelés cailloux. Dans ces terrains divisés, les racines peuvent aller, sans peine, à de grandes profondeurs, chercher l'*humidité*, l'*air* et l'*obscurité* favorables à leurs fonctions. A la surface, dans l'atmosphère, ce terrain présente, au soleil, une étendue plus grande, pour absorber sa

1. Elle contient en général trois ou quatre centièmes d'argile d'après mes nombreuses analyses.

chaleur et sa lumière, dont les parties aériennes de la vigne ont besoin pour accomplir leur rôle, la production du sucre et des éléments du vin.

Entrons dans les détails nécessaires sur ces deux influences du terrain.

Voyons d'abord les preuves de la diversité chimique des terres.

	AI Marne		BEAUJOLAIS		RIVESALTES Plaine	CHAMBERTIN Côte-d'Or
			Sous sol	Terre arable		
CO^2CaO . . .	83,53	28,862	»	»	785	2,126
CaO excédante .	2,00	»	»	0,5	»	»
KO.	»	»	7,50	5,0	»	»
NaO	0,12	0,985	»	»	1,052	0,931
Al^2O^3	2,87 (Al²O³ et Fe²O³)	4,547	1,3	2	5,407	2,961
Fe^2O^3		849	24,0	14,0	4,851	2,063
PhO^3	»	147	»	»	74	235
SO^3.	»	»	»	»	»	»
SiO^4 soluble .	4,01	95	»	»	600	110
MgO	»	1,401	2	4	430	298
MnO	»	»	»	»	»	»
Matièr. organiques	»	3,758	»	»	4,637	1,973
Eau.	7,23	»	5,83	5	»	»
Résidu insoluble et perte . . .	24	59,356	58,50	68,0	82,164	89,302
	100,00	100,000	99,13	98,5	100,000	100,000
	Maumené	Peplowski	Malaguti		Peplowski	

Je crois inutile de citer des analyses plus nombreuses. Toutes celles qui ont été publiées conduisent à des résultats analogues. Le carbonate calcaire varie de 0,25 à 59,35 ; l'acide PhO^5, de 0,074 à 0,491 ; les alcalis de 0,045 à 1,414, etc.

La composition chimique est donc variable, presque à l'infini.

Dans tous ces terrains, on peut voir les vitis à peu près aussi bien développées, les unes que les autres, toutes les autres circonstances égales d'ailleurs.

Donc les propriétés physiques du terrain ont de beaucoup la plus grande influence.

La première à étudier est sa consistance. Un terrain compact est mauvais pour la vigne, un terrain divisé, friable, est nécessaire, nous l'avons dit. Ajoutons une remarque essentielle : on distingue dans le sol deux couches : la *couche arable*, dont la profondeur est d'environ 30 centimètres pour la vigne, et le *sous-sol*, dont la profondeur est indéterminée. Or, non seulement la couche arable doit être très divisée et très perméable ; mais il en est aussi de même du sous-sol, à une grande profondeur.

21. En effet, la vigne ne peut donner de bons fruits quand ses racines plongent dans l'eau, ou dans une terre assez argileuse pour retenir une trop forte humidité.

L'eau nuit, à sa bonne végétation, de plusieurs manières :

D'une part, elle arrête l'aspiration, par les racines, des substances vraiment nutritives : elle est prise elle-même, presque pure, et s'élève dans la tige et les feuilles, où elle ne peut servir, tout entière à la production du sucre par sa nature chimique, et où elle nuit, d'ailleurs, à cette production par l'abaissement continu de température dont son évaporation est la cause. Les radicelles ont besoin d'une dose d'humidité suffisante, pour rester molles, et prendre le maximum de force capillaire, utile à la plus active nutrition ; mais ce degré doit correspondre, le plus possible, à la *concentration* des liquides élevés dans la tige et les autres parties aériennes.

D'autre part, elle se prête aux altérations putrides des radicelles et des racines, modifie leurs propriétés capillaires, du tout au tout, et changeainsi, plus ou moins complètement, la nature des produits formés dans le cours de la végétation.

Le drainage s'impose, évidemment, pour toutes les terres trop humides. On l'a mis en pratique dans un grand nombre de vignobles, et, comme on devait s'y attendre, il a donné les meilleurs résultats ; partout la croissance a été plus rapide, et la vigne a montré plus de vigueur ; elle a mieux résisté aux causes d'affaiblissement. Partout la maturité du raisin a été plus précoce et s'est mieux complétée.

22. Par cette première raison, la terre doit contenir beaucoup de *cailloux*.

Les anciens avaient très bien compris cette nécessité. Virgile proscrivait la terre poisseuse.

Et picis in morem ad digitos lentes ut habendo.

Et, même dans une terre moyenne, il recommandait d'ajouter

Aut lapidem bibulum aut squalentes, in fode, conchas,

ou de la pierre poreuse ou des coquilles salies.

L'étude analytique, de plusieurs terrains, par de Vergnette-Lamotte, a donné en cailloux:

Dans la terre de Volnay	30 p. 100
— (Clos des Chênes)	19,81
Pomard	29,15
— (Clermont)	29
— (Poutures)	31,29
Beaune	52,34

L'utilité des cailloux est grande à deux autres points de vue.

23. Entre toutes les plantes, la vigne a besoin du soleil. — Or l'action solaire s'exerce, par la chaleur, et par la lumière.

Les cailloux sont des instruments pour ces deux genres d'action : il importe de les approprier, le plus possible, au service de la chaleur et de la lumière.

Comment peuvent-ils servir à aider la chaleur? De deux manières : en la réfléchissant, pendant le jour, et en la gardant, comme un magasin, pour une partie de la nuit.

Ils la réfléchissent pendant le jour : en effet la chaleur se réfléchit,

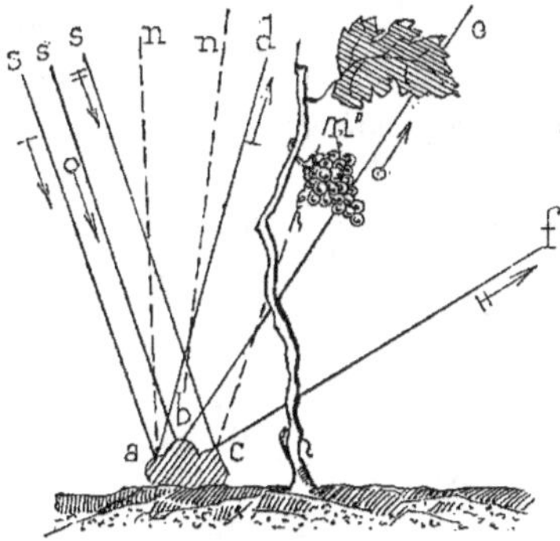

Fig. 1.

comme la lumière, d'après les mêmes lois. Considérons trois rayons solaires S*a*, S*b*, S*c* — parallèles — tombant aux points *a*, *b*, *c* de trois cailloux. Si les perpendiculaires aux points d'incidence sont *n a*, *n'b*, *n''c*, les rayons réfléchis — sous des angles égaux à ceux d'incidence — seront *a d*, *b e*, *c f*; fig. 1 ils iront les uns sur les raisins, les autres dessus, ou dessous les feuilles, et contribueront à l'échauffement des parties végétales, où l'activité chimique est proportionnelle à cet échauffement.

Ils y contribuent d'une autre manière : outre la partie de la chaleur qu'ils réfléchissent, ils absorbent une autre partie de cette chaleur, et prennent, eux-mêmes, une température plus ou moins élevée ; le degré de cette température dépend de deux conditions : la première, la pureté du ciel, la hauteur du soleil ou, en un mot, la puissance d'échauffement du soleil ; et la seconde condition, leur capacité pour la chaleur, capacité qui n'est pas la même pour les calcaires ou les granits, porphyres, etc.

Cette chaleur absorbée porte la température des matières terreuses à 60, 70, 80 degrés, même ; elles émettent, par toutes leurs surfaces, autour d'elles, suivant toutes les directions, l'excès de chaleur dont elles sont chargées au delà du degré atmosphérique. Cette émission a lieu déjà pendant le jour ; mais elle se continue, en outre, pendant un certain temps après le coucher du soleil, et ne laisse pas la vigne exposée aux inconvénients d'un refroidissement brusque.

Le soleil agit, d'un autre côté, par sa lumière : les substances qui reçoivent cette lumière la décomposent plus ou moins activement et absorbent, ou réfléchissent, une partie des rayons chimiques *nécessaires* aux transformations de la sève dans les feuilles et dans les raisins, comme nous l'avons expliqué.

A ma connaissance, aucune étude n'a encore été faite sur cette intéressante décomposition : elle serait, pourtant, d'une grande utilité. Les physiciens rendront un véritable service en s'en occupant, et en publiant leurs résultats. Schubler a publié cependant quelques résultats bons à connaître :

En prenant la capacité du sable calcaire égale à 100,

Il a trouvé :

Sable calcaire et siliceux	95,6
Terre calcaire arable	74,3
Terre argileuse	68,4
Terre de jardin	64,8
Humus	49,0

Ainsi l'humus aurait une capacité presque moitié de celle du calcaire en grains.

24. Un sol noir, contenant beaucoup de parties végétales, est facilement échauffé par le soleil. En une heure sa température s'est accrue de 12 degrés (de 18 à 30 degrés). Un sol crayeux, dans les mêmes circonstances, ne s'est pas échauffé de plus de 2 degrés, — cela tient à la chaleur spécifique, beaucoup plus faible, du premier, car, dans l'ombre, il a perdu sa chaleur plus rapidement.

Je ne puis quitter ce sujet sans faire une remarque d'un assez grand intérêt.

Les matières minérales, aspirées du sol par les racines, se répartissent entre les diverses parties de la vigne d'une manière fort inégale. De Vergnette-Lamotte a trouvé :

PARTIES DE LA VIGNE	CENDRES		
	p. 100	solubles	in-solubles
Chevelu	6	0,6	5,4
Racine de trois ou quatre ans	2,8	0,4	2,4
Tige enfouie récemment	2	0,4	2,6
Bois de vieilles couches	2,6	0,3	2,3
— de l'année	2,8	0,37	2,43
Moëlle	7,5	0,6	6,9
Feuilles	11,7	0,7	11,43
Grappes	6	0,4	5,6
Raisin vert opaque	5	0,6	4,4
Raisin vert transparent	2,7	0,5	2,2
Raisin mûr	2,6	0,4	2,2
Pellicule	4,8	0,3	4,5
Pépins	2,7	0,2	2.5

§ IV. — Climat.

25. Si le terrain a une grande influence sur la végétation de la vigne, le climat en a une plus grande encore : cela saute aux yeux.

En quoi consiste exactement le climat ? — En une situation telle qu'une vigne, prise pour exemple, reçoive du soleil, pendant la saison chaude, assez de chaleur et de lumière pour atteindre une pleine et parfaite maturité. — Cette situation peut être réalisée dans des conditions assez variées.

Ainsi, dans un même lieu, peuvent exister deux conditions très différentes, au point de vue de la température, où la vigne peut être destinée à vivre. Le terrain peut-être plat : mais il peut être plus ou moins saillant ; soit en cône à peu près régulier, soit en biseau. S'il est en cône, une des pentes regarde le midi, la pente opposée regarde le nord, et les deux pentes perpendiculaires sont au regard de l'est et de l'ouest ; si le terrain est en biseau, l'une des pentes peut être au nord et l'autre au midi, si l'arête va de l'est à l'ouest, etc., etc.

D'un autre côté, tout terrain, plat ou en pentes, peut être entouré de collines ou de montagnes ; il peut-être abrité de tous les vents, si les montagnes forment, autour de lui, un cercle entier ; mais il peut, au contraire, être exposé à des courants nuisibles, par exemple si le cercle est ouvert du côté du nord, et surtout si d'autres ouvertures permettent des mouvements d'air continuels entre le nord et l'ouest, etc. (1).

26. L'*exposition* est donc un des principaux éléments du climat.

Supposons d'abord, un terrain plat, sans abri contre les vents. Jusqu'à quelle latitude la vigne pourra-t-elle mûrir dans de telles conditions?

L'expérience répond : Pour la plupart des vignes préférées en France, la limite est le 49e ou le 48e degré de latitude nord, à peu près.

Sur les terrains en pentes, et abrités, la limite peut monter bien plus, — par exemple en Angleterre, où l'on a fait, autrefois, du vin dans l'île d'Ely (l'*île des Vignes*), vers le 53e degré, et dans une multitude de localités. Aujourd'hui la culture de la vigne y semble réduite à celle du splendide, mais unique, cep d'Hamptoncourt, qui couvre à peu près 220 mètres carrés à l'abri d'un vitrage, — et à celle de Windsor où l'on obtient 1,000 kilogrammes de raisin.

La limite est étendue par les soins qu'on prend de conserver la chaleur. L'empereur Julien écrivait : « Les habitants de ma chère Lutèce ont de bonnes vignes, et même des figuiers, en prenant soin de les revêtir de paille, et de les garantir contre les injures de l'air. » — La Normandie, jusqu'à la mer, possédait tant de vignobles qu'on aurait peine à comprendre leur abandon, et leur remplacement par les pommiers, si les précautions nécessaires n'avaient été négligées; ceux qui ne se lassaient point de les employer ont fait du vin, non seulement en Normandie, mais à Bruxelles, à Cologne, etc.

La limite, du côté du midi, ne saurait être indiquée : la vigne n'a jamais trop chaud, on peut le dire — toutefois avec la réserve de l'entretien du degré d'humidité nécessaire, dans toute la profondeur du sol où les racines peuvent s'étendre.

27. Comme nous l'avons dit, le climat le plus favorable à la vigne est celui d'une *somme de chaleur et de lumière* assez grande pour amener la maturité parfaite.

Sous l'équateur, dans la zône torride, on fait d'excellents vins ; mais en prenant la peine de soustraire la vigne à un soleil trop brûlant ; jusqu'à 30 degrés de latitude nord, il est bon de cultiver sur les coteaux versés au nord. « Dans les provinces brûlantes, l'Egypte et la Numidie, on ne peut, disait Columelle exposer les vignes qu'au septentrion. » Jusqu'à 30 degrés de latitude sud, la culture doit se faire sur les pentes

(1) Le lecteur trouvera de l'intérêt à l'article de Maze sur la marche du vent dans les collines (*Cosmos*, du 11 janvier 1890).

méridionales — toujours sous réserve des montagnes environnantes, des accès faciles aux vents, etc.

Le choix d'une bonne exposition peut, comme tout en ce monde, être décidé surtout par le *bon sens* du vigneron. Après lui avoir démontré l'utilité de la chaleur (a-t-il besoin de cette démonstration ?) et celle de la lumière, moins évidente, et dont nous allons donner certaines preuves, il se trouvera, bien et dûment averti, par des connaissances *théoriques*, mais, en présence de difficultés *pratiques*, où trouvera-t-il des moyens simples et sûrs d'appliquer les connaissances théoriques ?

Si la structure du sol, son exposition, sa composition chimique sont défectueuses et s'il est facile (??), au vigneron, de connaître les causes de ces défectuosités, comment trouvera-t-il une *méthode rapide et non coûteuse* pour les corriger ?

Certainement il n'aura ni le temps ni l'argent nécessaires à une application des règles scientifiques, même les plus certaines et les moins compliquées. Son bon jugement, son coup d'œil, lui donneront les meilleures indications pour tirer bon parti des circonstances où il se trouve — ce qui ne l'empêche pas de consulter les hommes d'étude théorique.

28. Nous avons parlé de l'influence utile de la lumière. On a fait, pour la mesurer, des expérienees dont voici le résumé :

Macagno a comparé trois ceps dont l'un avait été laissé à l'air, l'autre enfermé sous une tente blanche, et le troisième sous une tente noire. Les feuilles étant les organes de la transformation chimique la plus active, pour plusieurs éléments de la sève, le chimiste italien a mesuré les principales substances, à l'époque de la maturité ; voici les résultats obtenus :

Dans 1 kilogramme de sarment pourvu de feuillles :

	A L'AIR	SOUS LA TENTE	
		blanche	noire
	Gr.	Gr.	Gr.
Sucre de raisin	12,601	8,662	»
Acide tétrabélique (tartrique) combiné. . . .	9,015	6,690	1,365
Potasse en bitétrabelate (bitartrate)	3,005	2,230	0,455
— d'autres sels	0,186	0,348	0,894
Acide phosphorique PhO^5	0,216	0,184	0,072
Chaux CaO.	2,181	1,918	0,877
Cendre sans acide CO^2	15,412	12,817	8,221
Acide CO^2	3,071	2,604	0,442
Totaux	45,687	35,453	12,326

L'éloquence des chiffres est frappante ; à l'air, en pleines chaleur et lumière, la vigne a développé 45,687 des produits, dont elle n'a pu former que 35,453 sous la tente blanche, et 12,326 sous la tente noire. Ami lecteur, vous me reprocheriez le moindre commentaire.

A. Lévi a fait des expériences encore plus précises, non sur les feuilles, mais sur le raisin. Deux ceps ont été, le premier laissé à l'air, comme dans le vignoble, le second soustrait complètement à la lumière. Chaque jour le chimiste a mesuré les deux produits principaux, le sucre et l'acide ; les expériences ont été faites pendant deux années, 1880 et 1881.

Dans 51 analyses, 48 ont présenté plus de sucre et moins d'acide, chez le raisin laissé à l'air.

		En 1880	Différence	En 1881	Différence
Sucre en centièmes.	du raisin libre	19,83	3,55	19,72	3,59
	du raisin sans lumière. . .	16,28		16,13	
Acides en centièmes	du raisin libre	8,91	1,52	6,90	1,23
	du raisin sans lumière. . .	7,39		5,67	

De nos jours, par les mêmes causes, on abandonne la viticulture, assez rapidement, sous le 49e degré de latitude. — De 1852 à 1880, les nombres d'hectares plantés en vignes ont été réduits :

Dans la Seine.	de	1999 à	276	ou 13,81 p. 100
— Oise.		1222 à	511	— 41,82
— Eure		1136 à	480	— 45,25
— Seine-et-Marne		21169 à	9006	— 42,54
— Ardennes		1604 à	1087	— 67,77
— Seine-et-Oise.		11789 à	8241	— 69,90

29. Le climat dépend naturellement de l'*altitude* du terrain. On a cru, jusqu'à présent, se rendre un compte suffisant de son influence en mesurant la température moyenne du lieu. Même pour une faible différence de hauteur, deux vignobles peuvent offrir, dans une même nuit, une différence de plusieurs degrés de chaleur — ordinairement à l'avantage du terrain le plus élevé.

Les vignerons sont unanimes à reconnaître le fait, dans sa plus grande généralité. Dans le monde entier, personne ne songe à le mettre en doute. L'explication n'en est pas très facile, surtout en considérant la faiblesse des différences de hauteur auxquelles des hommes très expérimentés attribuent une influence considérable. Dans la Côte-d'Or, de Vergnette-Lamotte, et d'autres viticulteurs distingués, m'ont affirmé l'existence d'une supériorité très marquée dans un clos plus élevé, de 2 ou 3 mètres, que son voisin immédiat, où le terrain était le même et occupé par le même cépage.

On ne peut expliquer nettement de telles différences par une différence de température.

Avant d'en essayer l'explication, parlons d'une autre influence de l'altitude, à laquelle personne, je crois, n'a, jusqu'à présent, donné l'attention que, pourtant, elle mérite, — la *pression*. Il suffit de monter verticalement de $10^m,52$ dans l'atmosphère (à 0° et $0^m,760$), pour se trouver sous une pression moindre de 1 millimètre de mercure : cette différence paraît faible ; mais elle suffit pour modifier les fonctions de tout le système d'une plante. Une vigne placée à $10^m,52$ au-dessus d'une autre, du même cépage, ne se comporte pas avec l'air, même dans un état de tranquillité parfaite, comme cette dernière. Si la pression atmosphérique est $0^m,762$ sur celle-ci, elle est de $0^m,752$, seulement, sur la plus élevée, au même moment. — La même différence subsiste toujours pendant les variations atmosphériques. Elle équivaut au poids d'une couche de mercure, d'un centimètre d'épaisseur, qui serait tenue sur toute la surface des feuilles, des tiges et des fruits, et, même sous terre, sur les racines. Assurément cette différence n'est pas négligeable. On n'a pas encore étudié ses effets sur la vigne.

Les variations atmosphériques produisent des différences plus grandes. Il n'est pas rare de voir le baromètre descendre ou monter brusquement de 2 ou 3 centimètres — de sorte qu'un même cep peut subir des diminutions, ou des augmentations, de pression deux ou trois fois plus grandes que celle dont je viens de parler. Ces changements sont même, parfois, très brusques, et, sans nul doute, la plante en est affectée. — On le voit aux mouvements de presque toutes les feuilles, même dans une atmosphère très calme. En pareil cas, les fonctions de tout ordre sont certainement modifiées. Si la pression est diminuée, les gaz, contenus jusque là dans les organes où l'acide carbonique est décomposé, se dégagent plus facilement et en plus grande abondance. Les actions chimiques deviennent plus faibles ; en un mot, tous les faits de la végétation s'accomplissent avec plus ou moins d'activité. — Une augmentation, brusque, de la pression produit des effets égaux, mais contraires ; il se dégage moins d'oxygène et d'autres gaz, les actions chimiques se produisent avec plus d'intensité dans la sève, etc.

Les vignes des côtes doivent, à ce point de vue, se trouver un peu moins exposées, que celles des plaines ou des sommets, aux variations de pression atmosphérique. Ces variations sont souvent déterminées par une autre cause, par la seule action du vent.

Prenons trois ceps, et, toutes autres conditions supposées égales, considérons un vent plus ou moins fort, et de sens horizontal, par exemple. Ce vent rasera sans obstacle le cep de la plaine, il fera de même sur le sommet de la côte ; mais, sur la côte elle-même, il sera de beaucoup amorti, divisé en mille petits courants, de vitesse moindre, et ne produira presque aucun effet sur le cep de côte — en comparaison de celui qu'il exerce sur le cep de plaine, ou sur celui de sommet.

Sur les deux il passe avec toute sa vitesse : il passe horizontal ; et si nous prenons un des vaisseaux de la plante, vertical (pour mieux comprendre), nous savons que ce vent horizontal produit, dans le tube, une aspiration très notable, assez forte pour faire monter dans ce tube les gaz, ou les liquides, qui s'y trouvent contenus.

Avant le passage du courant d'air horizontal, la pression atmosphérique tenait les gaz, et les liquides, dans les tubes, ou les cavités capillaires, des parties végétales, des feuilles, par exemple. Aussitôt le vent en marche, cet équilibre se rompt ; les gaz sont aspirés et se dégagent dans l'atmosphère, les liquides montent et peuvent, même, sortir des tubes où ils étaient contenus. Un trouble sérieux est apporté dans les actions chimiques, dans la vie du végétal.

Il faudra des expériences, non pour établir ce fait, dont les causes sont bien connues ; mais pour mesurer l'importance des mouvements vitaux occasionnés dans la vigne, et les modifications qui en résultent. Mais *affirmer ces mouvements, et leur donner de l'importance, ce n'est pas s'aventurer dans le champ des hypothèses; c'est attirer l'attention sur une cause dont il ne faut pas négliger les effets.*

Les montagnes, placées autour des collines, sont de véritables *paravents,* d'une grande efficacité contre les troubles dont nous parlons. Dans la Côte-d'Or, où la vraie côte se trouve vers 180 mètres (au-dessus de la mer), les grandes côtes, qui atteignent 520 à 600 mètres en arrière, la préservent des vents, du nord-ouest et du nord, et rendent sa situation incomparable.

30. Un entourage de bois est, en général, peu favorable à la vigne. Dans les climats chauds, les bois peuvent adoucir la température, par la grande évaporation d'eau de leurs feuilles ; ils entretiennent une humidité constante, en divisant l'eau des pluies et ne lui permettant pas d'inonder les vignobles par des torrents soudains. Mais, dans les climats modérés, l'abaissement de la température peut devenir nuisible, et la décomposition de la lumière, en leur laissant presque tous les *rayons chimiques*, ne verse plus sur la vigne ces rayons si nécessaires à son parfait développement.

Lawes a étudié le rapport du poids de l'eau évaporée au poids de l'arbre. Il a trouvé ce rapport, annuellement, de :

433 chez le sycomore
183 — frêne
226 — chêne
77 — if
69 — laurier-cerise
56 — laurier commun
52 — sapin
30 — houx
26 — chêne vert

A la vérité, les pins communiquent un arôme agréable aux raisins de leur voisinage. De là cette consécration antique à Bacchus, dont le thyrse est surmonté d'un strobile. (Nos marchands de vin modernes ferment leurs boutiques avec une galerie de ces thyrses en fer). Les térébenthines ont des odeurs :

De rose, lorsqu'elles proviennent du pin Sylvestre, etc.
De citron, lorsqu'elles viennent de l'epicea.
De coing, lorsqu'elles sont tirées de l'abies balsamea, etc.

Ces odeurs se communiquent-elles, par l'atmosphère seule, aux vignes voisines ? L'effet doit être médiocre, s'il n'est pas nul : les térébenthines, ou les bourgeons *frais,* plongés dans le moût, peuvent, sans doute, laisser dissoudre les produits de leur oxydation, plus ou moins complète (les colophanes), et donner aux vins de la saveur et du bouquet. Nous y reviendrons.

31. On a beaucoup discuté sur l'influence des cours d'eau, plus ou moins rapprochés des vignes. Ce problème, comme tant d'autres, se présente au moins sous deux faces. Ou le vignoble est presque au niveau de l'eau, ou il se trouve à une certaine hauteur. De là deux opinions bien différentes, presque contradictoires. L'un dit : Toute humidité est préjudiciable à la vigne, d'une part, en produisant trop de sève et ne permettant jamais une saine maturité ; de l'autre, en l'exposant à la gelée, le plus redoutable de ses fléaux. — C'est vrai dans le premier cas et non dans le second. Un autre juge l'humidité très utile, nécessaire à la bonne sève, aliment essentiel du raisin ; la vapeur d'eau cause une douce fraîcheur, modère ou corrige les effets de la grande chaleur, évite la sécheresse, entretient l'élasticité des pellicules, etc., etc. Cette opinion, assez vraie pour le second cas, ne l'est pas du tout pour le premier.

Les exemples prouvent la vérité des deux opinions dans les conditions indiquées. Dans la Côte-d'Or, les vignes s'étendent jusqu'aux bords de la Saône ; mais les raisins cueillis près de ces bords ne font pas les grands vins. Ceux-ci proviennent des côtes situées à une assez grande hauteur. Dans le Médoc, on trouve de grands crus sur les rives de la Gironde : mais les plus renommés sont aux côtes. La température moyenne est, d'ailleurs, plus élevée qu'en Bourgogne et prévient, en grande partie, les mauvais effets du voisinage des eaux.

§ V. — Choix des cépages.

32. Ce choix est d'une extrême importance. Un auteur a écrit : « Le génie du vin est dans le cépage. » Il avait raison ; mais il ne faut pas être trop absolu. Le cépage, le mieux choisi, doit être placé dans un bon terrain. Plusieurs écrivains ont, même, donné la prééminence au terrain, ce qui est une autre exagération.

A mes yeux, le cépage doit avoir la première place. Et il faut le choisir avec les plus grands soins.

Mais sur quelles bases positives appuyer ce choix ? La question est des plus complexes.

Nous avons un bon terrain, ce qui n'est presque jamais difficile. Mais quel vin désirons-nous produire ? du rouge ou du blanc ?

Pour vin rouge, il existe de nombreux cépages. Mais si les vins qu'ils produisent sont rouges, ils peuvent différer, sous tous les autres rapports, et le *sentiment* du vigneron dictera, *seul*, son choix. Je dis le sentiment seul, car ici *les études* (ne disons jamais : la science !) sont, jusqu'à présent, impuissantes à donner des règles tant soit peu sûres. Ni les études botaniques, ni les études chimiques, ne sont parvenues au degré de certitude nécessaire, à beaucoup près.

Voulons-nous faire un vin léger, un peu acide, de couleur peu intense ? — ou bien un vin corsé, dénué de toute verdeur, liquoreux, de couleur foncée, un vin qui se *mâche?* Ni le botaniste, ni le chimiste ne nous indiqueront les cépages à préférer d'une manière certaine.

La botanique ne peut rien prévoir au sujet du vin.

La chimie peut étudier le moût du cépage et faire connaître un grand nombre des propriétés du vin dont ce cépage peut être la source. La chimie nous dira combien le moût renferme d'acide et de sucre, elle mesurera d'une manière assez précise les substances minérales tenues en dissolution. Elle sait, aujourd'hui, distinguer de très nombreuses matières. Mais elle est soumise à deux obstacles très fâcheux. D'une part ses connaissances sont très incomplètes (il faut insister sur ce point, pour les vignerons, et pour les chimistes eux-mêmes), et n'ont pas souvent la précision désirable. L'analyse la plus détaillée (je ne dis pas la plus complète), outre l'inconvénient d'être coûteuse, ne peut être acceptée sans des doutes. — Et, d'un autre côté, plusieurs des points les plus importants de la transformation des moûts en vins demeurent entièrement ignorés. Non seulement on n'est pas en possession d'un dénombrement exact des substances contenues dans les moûts; mais encore on ne sait rien des actions chimiques de la plupart de ces substances entre elles et de la manière dont elles produisent une grande partie des qualités du vin, le bouquet par exemple.

Cette ignorance, trop réelle, existe encore, même pour un cépage unique. Il n'y en a pas un dont la composition nous soit bien connue: elle ne permet donc pas une comparaison sérieuse, exacte, entre deux cépages. Nul chimiste ne saurait dire au vigneron, surtout *a priori :* Voici le cépage dont vous devez vous occuper.

Le sentiment du vigneron, son bon goût, trancheront seuls la question, en s'aidant, pour le mieux, des avis du chimiste et du botaniste.

33. Faut-il cultiver un seul cépage, ou plusieurs, dont les raisins seront mêlés?

Les grands vins peuvent être obtenus d'un seul et même cépage.

En général, ce sont les meilleurs. Dans la Gironde, le côt ou noir de Pressac; dans la Bourgogne, le pinot noir; dans la Champagne (le vin mousseux est du nombre), le pinot noir, le petit gris, ont toujours donné, sans peine, les plus grands vins.

Toutefois, on peut obtenir d'excellents vins en mélangeant deux, ou plusieurs cépages. C'est une vérité depuis bien longtemps reconnue. Sans remonter à l'antiquité, la Champagne, aujourd'hui, met ce principe en application régulière; nous le ferons voir, avec tous les détails nécessaires, lorsque nous parlerons des vins mousseux (Livre III). La Bourgogne ne doute pas plus du succès en mélangeant les noiriens pour produire le volnay, « le plus agréable des vins des côtes de Beaune et, même, de toute la France ».

Ne cherchons donc pas des règles dans la nuit des préjugés.

34. Beaucoup de personnes croient à la stabilité presque absolue des qualités d'un cépage : le Gamay de la Bourgogne, « l'infâme Gamay », reste le même, et donne le même vin, en Algérie.

Si la loi de Moïse imposait l'unité des cépages comme article de foi, si l'on trouve dans le *Deutéronome* au chapitre XXII : « Tu ne planteras pas ta vigne de diverses sortes de plants, etc. », l'expérience, à peu près universelle, a prouvé, depuis que le monde est monde, les avantages des mélanges de plusieurs cépages, bien choisis et adroitement proportionnés.

Les raisins rouges peuvent être mêlés avec des raisins blancs.

Une étude patiente, faite, pendant plusieurs années, par le vigneron — aidé des renseignements de la chimie, et de la botanique *sagement discutés*, — lui permettra de se diriger, le mieux possible, dans le choix, et la combinaison, des cépages, et dans toutes les opérations par lesquelles il devra faire passer son raisin pour atteindre son but capital : faire du bon vin.

Je citerai seulement deux exemples :

On obtient de bons vins, ordinaires, rouges, en faisant le mélange :

Deux tiers pinot noir et un tiers côt.

On a obtenu, même en ajoutant des raisins blancs :

Deux tiers pinot, une sixième gamay, un sixième clairette blanche.

La chimie peut-elle dire, au vigneron, dans quelles limites ces mélanges doivent être possibles et quels résultats dériveront exactement de l'action réciproque des moûts ? — La chimie est encore à mille lieues de la solution rigoureuse de pareils problèmes.

35. Si les moûts de plusieurs cépages ont offert, à l'analyse, à peu près les mêmes proportions des acides, du sucre, et des matières minérales, *il y a*, certainement, *des chances* de succès pour un mélange des raisins trouvés presque identiques. Il y a des chances ; mais on ne peut se mettre à l'abri d'un grand *aléa*. Certains corps, dont la quantité ne dépasse pas un dix-millième (du poids du raisin), et qui peuvent échapper à l'analyse, sont pourtant capables, même à si faible dose, de causer une formation de produits, dont la moindre trace altère les propriétés du vin.

Je ferai comprendre cette vérité par un exemple.

Dans un litre d'un excellent vin, rouge ou blanc, versez 2 ou 3 gouttes d'une solution aqueuse saturée d'acide sulfhydrique ; la proportion de cet acide sera bien faible, car le litre de vin pèse à peu près 970 grammes et 3 gouttes de la solution sulfhydrique ne contiennent guère plus de un demi-milligramme d'acide, nous aurons donc ajouté

$$0{,}55 \text{ milligrammes dans } 970{,}000 \text{ de vin, soit } \frac{1}{1{,}764{,}005}$$

C'est bien peu ; mais cette trace d'acide, presque insensible à l'analyse, donne au litre de vin un goût caractérisé, intolérable — et ce n'est pas là un accident rare, nous le verrons plus loin ; beaucoup de vins perdent de leur finesse par cette trace d'acide, venu de la lie, d'un tonneau mal lavé — ou des suites du méchage, etc.

Je n'insiste pas : cet exemple peut suffire pour donner une idée nette de transformations qui se produisent dans des mélanges de moûts, et dans ceux des vins, sans qu'on ait pu les prévoir au moyen d'une analyse, même très attentive, à cause des petites quantités de matière sur lesquelles le chimiste est réduit à opérer. Il faut s'attendre à tout dans les mélages : à de bons résultats, car il en arrive parfois; à de mauvais aussi, par les raisons qu'on vient de lire.

§ VI. — **Importance de la vigne.**

36. Voltaire a écrit : « Je ne connais rien de sérieux que la culture de la vigne, je vous la recommande. Provignez, mon cher philosophe, provignez ! (1) »

Au fond, le grand écrivain n'était pas aussi léger qu'il pouvait le paraître ; cultiver la vigne, c'est faire du vin, et, du consentement unanime, le vin est la meilleure boisson pour l'homme.

Aujourd'hui le vin semble abandonné de nombreux buveurs. La bière a pris une grande place dans la consommation. Il n'est pas de notre objet d'expliquer ce changement ; nous n'avons pas à chercher si les mauvais vins, devenus abondants par l'extermination de tant de vignes, les unes dévorées par le philloxera, les autres par de mauvaises cultures, n'ont pas achevé la ruine des vignerons et cédé, forcément, la place à la liqueur de Gambrinus. Nous devons laisser au philosophe, ami des pré-

1. Lettre à D'Alembert, 1er mars 1764

tendues lois de l'économie politique, le soin de chercher si la préférence donnée à la bière n'est pas due, pour une part, au *bon ton* des gens qui rougiraient de boire pour 10 ou 15 centimes, chez le *marchand de vins*, une liqueur, au moins égale à la bière, du *café* ou de la *brasserie* vendue 40 et 50 centimes. Nous nous bornons aux plus simples considérations.

La vigne est une source de bien-être dont la supériorité est incontestable. Sa culture est la plus profitable. Elle ne demande pars un terrain coûteux: des terres impropres à la production du blé, des céréales, et de presque toutes les plantes utiles, sont presque toujours bonnes, et parfois excellentes, pour cultiver la vigne. Elle peut vraiment se passer d'engrais, nous en avons donné la raison. Elle n'exige donc presque point de frais du vigneron et le condamne, seulement, à des travaux plus opiniâtres. Mais ces travaux, elle les récompense en bénéfices plus grands.

Nous ne saurions trop nous efforcer de conserver à la France, et de développer, le plus possible, une culture dont nous pourrions tirer des revenus plus que jamais nécessaires.

On peut citer, parmi des preuves innombrables, la suivante :

Dans Maine-et-Loire, « le jardin de la France », on obtient :

D'un hectare de pommes de terre	122 fr.
— — de chanvre	153 »
— — de froment	190 »
— — de colza	289 »
— — de lin	330 »
— — de vigne	450 »

En dehors de 450 francs recueillis par le propriétaire, ses ouvriers reçoivent environ 250 francs, somme très supérieure aux salaires fournis par les autres cultures.

A un autre point de vue, le service militaire trouve 10 conscrits ;

Sur 14 appelés de la population des vignobles, ou 71,4 p. 100.

Et 33 appelés de la population des autres cultures, soit 33,3 p. 100.

37. Nous devons donc lutter, avec la plus grande énergie, contre les ennemis de la vigne; ils sont comptés parmi les plus dangereux ennemis de la France.

On compte malheureusement déjà six ou huit de ces fléaux.

L'*eumolpe* ou *écrivain* ou *gribouri*.
L'oïdium Tuckeri.
La pyrale.

Le mildew — en France, mildiou.
La pourriture noire (Black-rot).
Le phylloxera.

Je prierai le lecteur, de qui l'esprit reste avide des descriptions, plus ou moins passionnantes, du résultat des études botaniques, de se reporter, pour tous les renseignements sur ces ennemis du raisin, à l'ouvrage de M. Foex et aux « travaux du service du phylloxera. »

La nécessité de laisser ces études en dehors du présent livre ne vient pas, je dois le dire, de leur spécialité botanique. Bien loin de là, c'est leur spécialité chimique qui me décide, surtout, à n'en point donner les détails.

Au premier abord, on pourrait s'attendre à trouver, surtout, parmi les botanistes, des hommes assez habiles pour indiquer, dans leurs *études*, un remède botanique, ou zoologique, et une défense, contre tous les ennemis des plantes et, en particulier, de la vigne. Mais botanistes et zoologistes, paraissent croire leur mission accomplie lorsqu'ils ont fait connaître la structure, et la physiologie, des insectes destructeurs voués à la ruine des vignobles, lorsqu'ils ont classé ces insectes dans le catalogue des animaux déjà connus, et ils ne se montrent pas très embarrassés par une sorte d'aveu de leur impuissance à nous indiquer les causes de mort des insectes viticides, les agents dont nous pourrions, à bas prix, faire usage pour anéantir, promptement, ces conjurés si faibles en apparence, mais qui peuvent, en un petit nombre d'années, faire succomber la vigne la plus robuste et jeter dans une misère imméritée des populations nombreuses.

A côté de la botanique et de la zoologie, la chimie demeure entourée d'un grand prestige : on s'est *naturellement* porté vers elle ; on lui a demandé des remèdes. La chimie s'est empressée de répondre aux marques de confiance dont elle est digne à tant de titres ; mais cette fois, il faut bien l'avouer, elle n'a pas rendu les services espérés — ce qu'il était facile de prévoir.

38. En effet, même *à priori*, la question m'a toujours paru devoir se résoudre par un agent botanique et non par un agent chimique, — il est aisé de le comprendre.

La vigne cultivée seule, isolée de tout autre végétal dans le vignoble (par des raisons *modernes* plus ou moins justifiées), se trouve exposée, sans défense, aux attaques de tous les insectes. Rien ne la préserve contre des êtres qu'elle attire, même, par les qualités nutritives de sa sève et le peu de résistance de ses fibres cellulosiques ou ligneuses.

Pour la défendre victorieusement, il faut un *second*, toujours présent, vivant à côté d'elle et ne la quittant point avant la fin de son développement. — Ce protecteur dévoué peut-il être autre qu'un végétal ? — Non, évidemment.

39. Il ne peut être un produit chimique, non absolument peut-être, mais très difficilement, parce que tout produit chimique, nuisible à l'insecte, est, presque invariablement, aussi nuisible à la vigne, parce que l'action de ce produit chimique est, fatalement, d'une courte durée, parce qu'enfin il occasionne une dépense toujours très notable, sans aucune diminution compensatrice.

Le végétal protecteur n'a aucun de ces défauts ; sa présence peut ne nuire en rien à la vigne, il peut même lui être favorable ; (les végétaux doués de cette qualité sont extrêmement nombreux), la durée de sa vie peut être égale à celle de la vigne, ou, si elle est moindre, on peut le renouveler chaque année. Loin de causer une dépense notable, il est assez facile d'en employer les fleurs ou les fruits et de compenser les frais occasionnés par sa culture.

Une condition importante est d'ailleurs assez facile à réaliser. Au lieu de servir, comme un bouclier, en recevant tous les coups destinés à la vigne, au lieu d'attirer sur lui-même toutes les morsures du phylloxera, le végétal pourrait être choisi parmi ceux dont la seule présence éloigne invinciblement certains insectes ; il éloignerait le phylloxera, notamment, et lui rendrait tout séjour impossible, non seulement sur lui-même, mais sur la vigne (ou tout autre végétal), placée dans son voisinage, à une distance plus ou moins grande.

On trouve une sorte de preuve, à l'appui de cette manière de voir, dans les écrits des anciens. « Dans la Campanie, on marie la vigne aux peupliers... on ne peut les séparer ou plutôt les en arracher... Cette dernière » (nommée petite sœur), « souffre moins sur l'arbre qu'en treille... Dans les autres parties de l'Italie, on la marie toujours à un arbre. L'albuelis produit davantage au haut des arbres, la visule à leurs pieds ; aussi, plantées autour des mêmes arbres, elles donnent un produit plus abondant, grâce à cette diversité ». (Pline, livre XIV.) — « Tu as l'orme support de la vigne. » Livre XVIII, 67.)

De ces citations on peut vouloir conclure à un système simple de culture, une disposition purement mécanique. Et je n'y contredirai pas, car *involontairement* cette disposition procurait, en même temps, à la vigne, un défenseur botanique. Pline ne parle d'aucune maladie pour ces vignes, plus ou moins haut suspendues, et ne parle pas, non plus, de soins à prendre pour isoler les ceps et enlever les autres plantes — le lierre notamment, si commun, d'ordinaire, et grimpant avec elle sur les plus grands arbres.

Il m'a paru démontré, par ces considérations, que les agents botaniques, seuls, doivent être employés pour la protection des vignes contre tous les insectes, et que tout agent chimique devait être rejeté.

L'expérience a, depuis près de vingt ans, confirmé la solidité de ces vues.

Les produits chimiques sont aujourd'hui l'objet d'une malédiction universelle. — Proposé par Dumas, le sulfocarbonate de potasse, dont le prix n'était pas moindre de 4000 francs le kilogramme, put être essayé sur une très grande échelle, aussitôt que les efforts, d'un disciple très zélé, eurent réussi à faire tomber ce prix jusqu'à 60 centimes (6667 fois moins). Des missionnaires, payés très largement, furent envoyés, par le gouvernement de l'Empire, pour diriger l'emploi dans la plupart des vignobles. Un peu plus tard, on reconnut au sulfure de carbone (élément du sulfocarbonate) la puissance attribuée au sulfocarbonate lui-même, et la compagnie P.-L.-M., en tête de plusieurs autres associations, se fit fabricante de sulfure et en vendit d'énormes quantités à prix réduit. Tous ces efforts sont restés stériles. On a perdu des millions, de ce sulfure, éminemment volatil par l'emploi d'une action presque éphémère, et sans arrêter, un seul instant, les dévastations du phylloxera.

Tout compte fait, des dépenses et des pertes en tout genre, des maladies et, même, des morts d'hommes, des incendies, etc., on peut, sans exagération, évaluer à plus d'un milliard la perte causée par un agent chimique des plus mal choisis.

Pour l'emploi des agents botaniques, dont j'ai fait la proposition dès 1874 [1], les expériences ont été peu nombreuses. Je n'ai, moi-même, indiqué aucune plante préservatrice spéciale. C'était impossible!

Les végétaux, du genre de ceux qui devaient servir de boucliers, ont été désignés sans retard. Les vignes américaines ont été déclarées capables de résister au phylloxera et, en greffant plusieurs vignes françaises sur des souches, venues d'Amérique, on a préservé quelques vignes françaises et obtenu des raisins, assez mûrs et en assez bonne santé, pour donner des vins convenables. — Ce premier côté de ma proposition était donc à très peu près démontré.

Mais du second côté, de celui des plantes capables de chasser le phyl-

1. *Comptes rendus de l'Académie des sciences*, LXXXIII, p. 707.

loxera, de lui rendre toute existence impossible dans le vignoble, il me fallait, pour un prompt succès, désigner des espèces, et mettre les vignerons à même de tenter l'application immédiate.

Malheureusement, je ne pouvais que procéder par tâtonnements. J'ai conseillé les Labiées, les plus communes, dont les essences ne paraissent aucunement nuisibles à la vigne, et pourraient, peut-être, même, favoriser la saveur et le bouquet des vins. Peu de personnes se contentent de rester dans cette situation un peu vague, et j'ai eu beaucoup de peine à obtenir des essais, même très peu coûteux, alors qu'on prodiguait des efforts, *évidemment inutiles*, aux applications d'une des idées les plus fausses qui aient jamais été produites devant des viticulteurs, on ne peut plus intelligents, et soigneux de leurs intérêts.

Le lecteur trouvera les recommandations du Dr G. Planchon, sur la reconstitution des vignobles, au moyen des vignes américaines, dans le *Journal de Pharmacie*, [4], t. XXVII, p. 52, et [5], t. VII, p. 473.

Cependant je crois, plus que jamais, à la bonté de la méthode ; elle a été appuyée publiquement par deux autres personnes. Mais, ce qui vaut encore mieux, les quelques expériences faites, en diverses localités, ont donné de bons résultats. Il suffira d'en citer un seul très frappant.

En 1884, M. X..., voyant commencer une tache dans une de ses vignes, (aux environs de Lyon), contre la limite d'une vigne voisine, où le phylloxera venait de faire succomber tous les ceps, essaya le sauvetage de son vignoble au moyen des végétaux. Inexactement renseigné sur mes indications, M. X... crut les bien suivre, en creusant, autour des racines de plusieurs ceps, trois trous, dans lesquels il entassa de la marjolaine, en quelque sorte broyée. Les ceps, plus ou moins atteints par l'insecte, en furent débarrassés et reprirent la plus grande vigueur.

Il serait certainement mille fois préférable de planter une marjolaine, à côté de chaque cep (une sur deux suffirait peut être), et toutes les conditions seraient remplies. La récolte de la plante couvrirait sans doute les frais de sa culture et pourrait, même, donner un petit bénéfice. — il n'y aurait plus à craindre l'incendie, ni les terribles effets sur la santé des hommes ou des femmes, de l'*abominable* sulfure de carbone.

En ce moment même, on annonce qu'en Autriche la puissance préservatrice du maïs vient d'être reconnue de la manière la plus sérieuse. Le maïs attire à lui le phylloxera, qui vit à ses dépens, et s'y trouve mieux que sur la vigne. Toute l'Autriche du Sud va être cultivée suivant cette méthode, dit-on.

40. La submersion a produit des effets dont je laisse M. Faucon, le promoteur de cette méthode, exposer lui-même le tableau, seize ans après la première application :

« La submersion ayant lieu, en hiver, pendant le repos de la sève, n'a, et ne peut avoir, aucune influence sur la qualité du vin : l'eau ayant complètement disparu, avant la production de la sève, pendant tout le temps de sa végétation, une vigne, submergée en hiver, se trouve dans les mêmes conditions d'humidité, ou de sécheresse du sol, qu'une vigne qui n'a pas été submergée. — Le vin récolté de mes vignes, après seize années de submersion, est de même nature que celui que je récoltais auparavant, et je ne l'ai jamais vendu plus cher qu'en ce moment (1885).

« Cependant, depuis que par plus de soins, plus d'engrais, et par le fait même de la submersion, j'ai augmenté considérablement la production de mes vignes, le titre alcoolique de mon vin a baissé. De 11 degrés qu'il possédait, lors d'une récolte de 50 hectolitres à l'hectare, il est tombé à 9 degrés, depuis que la moyenne de mes divers clos est montée à 100 hectolitres. — De fréquents arrosages en été portent réellement atteinte à la qualité du vin. J'y ai renoncé depuis douze ans. — Ce qui nuit surtout c'est le mildew... » (*Revue scientifique*).

CHAPITRE II

§ 1. — Nature du jus de raisin et du moût.

41. Le jus de raisin n'est pas toujours le même, il s'en faut beaucoup.

Cependant tous les raisins donnent du vin, par une fermentation naturelle, assez facile à produire, et sur cette apparence, sur celle de tous les vins où, même sans étude chimique, on reconnaît bien un *principe spiritueux*, dont l'identité paraît certaine, tous les hommes se laissent aller à croire aux identités des jus, ou *moûts*, de tous les raisins.

Un peu de réflexion nous met à même de distinguer.

D'abord il est évident que les raisins noirs et les raisins blancs ne donnent pas les mêmes vins. La différence n'est pas uniquement dans la couleur, ce qui serait déjà d'importance : tout le monde le sait bien, la saveur diffère aussi, non pas autant que la couleur, mais d'une manière très appréciable. Il en est de même du bouquet, de la conservation, etc.

Avec un même raisin, on peut obtenir deux moûts bien différents.

Pressons un grain de raisin noir — d'abord doucement entre les doigts — avec assez de précaution pour faire sortir la pulpe et les pépins, en conservant la pellicule noire et la portion de pulpe adhérente; séparons, en d'autres termes le péricarpe et l'épicarpe.

Comprimons, maintenant, avec force, dans un linge, ou sous un pressoir, la pulpe, le péricarpe incolore (ou légèrement verdâtre) : nous obtiendrons un liquide épais, sucré, demi-transparent, dont nous pourrons faire un vin *blanc* qui jamais ne deviendra rouge.

Et d'un autre côté, si nous pressons encore le péricarpe et l'épicarpe, la pulpe et la pellicule, c'est-à-dire le grain tout entier, nous obtiendrons un liquide, plus ou moins rouge, épais, sucré, demi-transparent, comme celui dont nous venons de parler, et qui deviendra d'un rouge plus intense, à mesure de la fermentation, et même plus tard, pendant un temps.

Ces simples remarques nous montrent la nécessité d'étudier attentivement le jus de raisin, pour essayer de connaître les plus minutieux détails de sa composition, et les propriétés de ses éléments constituants, en vue de nous diriger dans la fabrication, et les soins de la garde, ou conservation des vins.

42. Le jus de raisin est, d'une manière générale, une dissolution aqueuse de plusieurs matières sucrées qu'on désigne, à tort, comme une espèce unique, sous le nom de *sucre de raisin*. Cette dissolution, cette *eau sucrée*, est presque saturée, c'est-à-dire chargée d'autant de sucre que l'eau peut en dissoudre : plus le raisin est *mûr*, plus le moût approche de la saturation ; mais la proportion de l'eau reste plus grande dans les raisins mûris à la longue, par une saison froide, et le sucre demeure toujours, mais surtout alors, accompagné de plus ou moins d'acides et de sels dont nous allons parler.

43. Voyons d'abord en quoi consiste le *sucre de raisin*. Nous pouvons l'extraire du moût par une opération assez simple ; en voici le détail :

Prenons un litre de moût — de raisin blanc, — pour plus de simplicité — fait, par compression, dans une serviette et recueilli dans une terrine en grès — bien propre. Ajoutons peu à peu de la chaux, *éteinte* d'avance, en quantité suffisante pour faire cesser le rougissement du papier de tournesol par le moût ; la chaux forme, avec les acides, des sels calcaires à très peu près insolubles, grumeleux ; on les sépare en versant le tout dans une autre serviette et pressant le plus fortement que l'on peut ; il passe un liquide transparent et très faiblement alcalin, on le fait évaporer au bain d'eau dans la capsule en tôle émaillée C jusqu'à ce qu'il ne perde plus de son poids. Il reste dans cette capsule un sirop très épais ; on le fait tomber dans une fiole d'un litre (ou un et demi) et on ajoute de l'alcool, à 95 degrés, environ un quart de litre ; on met la fiole dans un bain d'eau, qu'on chauffe à 70 degrés, au plus, on secoue fortement : presque tout se dissout dans l'alcool et on verse la dissolution chaude dans un filtre établi sur une fiole, ou un flacon. Par le refroidissement, il se sépare de l'alcool, un dépôt blanc, un peu jaunâtre ; on fait évaporer le liquide et on obtient un deuxième résidu. L'ensemble est le *sucre de raisin.*

On peut se procurer le sucre de raisin d'une autre manière : Prenons 100 ou 200 grammes de sucre *normal* (j'appelle ainsi le sucre ordinaire, type de tous les sucres), faisons les dissoudre dans six fois le même poids d'eau — 600, ou 1,200 grammes — dans une casserole en fer émaillé ; ajoutons un millième d'acide sulfurique — étendu au dixième. Voici comment cette addition est facile : on pèse, exactement, 100 grammes d'acide concentré, *pur*, correspondant, à peu près, à SO^3HO, on les verse dans une carafe graduée, d'un litre, contenant déjà 600, ou 700 centimètres cubes d'eau pure. On fait tourner vivement l'eau, puis on y verse les 100 grammes d'acide par un entonnoir en verre ; le mélange se fait en produisant beaucoup de chaleur ; on achève d'emplir la carafe, avec de l'eau pure, jusqu'au trait de litre, on la place ensuite dans un courant d'eau froide pour la ramener à la température ordinaire, où son volume ayant diminué on le complète avec les quelques gouttes d'eau nécessaires. On prend alors 1 centimètre cube ou 2 de ce liquide, ce qui donne 0 gr. 1 ou 0 gr. 2.

Faisons chauffer ensuite notre mélange jusqu'au point d'ébullition. Après deux ou trois minutes, le sucre normal est *inverti*, c'est-à-dire que son action dextrogyre sur la lumière polarisée a changé de sens, a subi l'*inversion* et est devenue lævogyre. On éteint le feu ; puis dans la liqueur chaude on délaie 8 gr. 5 de carbonate de baryte pur ; l'acide sulfurique est neutralisé complètement, changé en sulfate de baryte, avec dégagement d'acide carbonique. Il reste un mélange de sulfate et de carbonate dont on avait un excès, et les deux sels parfaitement insolubles peuvent être séparés par une simple filtration dans le papier. Il passe une liqueur limpide ; on la fait évaporer doucement comme celle du raisin et elle laisse une masse gommeuse tout à fait semblable à cette dernière, comme nous allons l'expliquer.

Disons d'abord que 100 grammes de sucre normal produisent 115 gr, 8 de sucre de raisin.

$$C^{12}H^{11}O^{11} = 171 \text{ (sucre normal) fixent } 3\,HO$$

et deviennent

$$C^{12}H^{14}O^{14} = 198$$

Si, au lieu d'évaporer la solution invertie, à l'air libre, on fait cette évaporation dans le vide (sous 1 ou 2 centimètres de mercure, ce qui est facile à la trompe),

Les 115 gr. 8 se réduisent à 105 gr. 26.

$$C^{12}H^{11}O^{11} \text{ ne retiennent plus que } 1\,HO \text{ et il reste } C^{12}H^{12}O^{12} = 180$$

$$\frac{180}{171} = \frac{20}{19} \qquad 100 \times \frac{180}{171} = 105{,}26$$

D'ailleurs le sucre normal dont on ne trouve plus trace dans le raisin, a été trouvé dans les feuilles de la vigne et il paraît être l'unique origine du sucre de raisin.

On voit l'intime liaison du sucre de raisin et du sucre normal ; cette liaison suffit pour nous obliger à une étude un peu approfondie du sucre normal : mais en outre l'emploi de ce corps pour le *sucrage* achève de nous obliger à bien connaître ses propriétés. En voici le tableau nécessaire :

§ II. — Sucre normal

44. *Etat naturel*. Il existe dans un grand nombre de végétaux — dans la canne (*arundo saccharifera*), dans la betterave (*beta vulgaris*) et dans une foule d'autres. — Voir plus loin, § 58.

45. *Extraction* [1]. On traite les jus de canne ou de betteraves par

1. Le procédé suivi dans le monde entier a été indiqué par Maumené en 1851. Les auteurs les plus renommés, même en Allemagne, lui rendent cette justice pleine et entière.

une certaine quantité de chaux, 2 à 5 p. 0/0 ; puis on fait passer au travers du jus clair, un courant d'acide carbonique (mêlé d'air) provenant de la pyrolyse des pierres à chaux qui fournissent en même temps cette base. Le carbonate de chaux qui se précipite, entraîne la majeure partie des substances étrangères (on appelle l'ensemble *non-sucre*) et le jus clarifié, cuit dans le vide, devient un sirop d'où le refroidissement fait séparer le sucre. La concentration à chaud appelée *cuite en grains* produit le même résultat. — Les grains ou crystaux de sucre sont purgés du sirop qui les imprègne par un lavage dans les turbines et donnent des *poudres blanches* de sucre presque pur.

Les poudres blanches sont aujourd'hui consommées telles quelles ; mais les sucres bruts moins purs vont à la raffinerie. On les mélange, on les traite par le noir d'os fin ou le sang, et les nouveaux sirops fournissent le *sucre en pains*, ou sous d'autres formes ; le sucre est souvent pur à $\frac{1}{2000}$.

On le prépare sous une dernière forme, celle de sucre candi, c'est-à-dire en gros crystaux. La lenteur d'évaporation fournit des crystaux de 2, 3,... 6 centimètres ; on en ferait d'un mètre si l'on voulait, mais on ne gagne pas en pureté proportionnellement à la grosseur, il y a des sucres candis moins purs que les pains des raffineries.

46. Propriétés physiques. — Prisme clinorhombique de 101°32', à modifications hémiédriques.

D = 1 5951 (à + 15 degrés) d'après Maumené, — Joule et Playfair.

La chaleur les dilate, entre 0 et 100 degrés du neuvième de leur volume. — Leur chaleur spécifique est 0,301.

Propriétés chimiques

47. L'action chimique de la chaleur sur le sucre est on ne peut plus digne d'attention. Le temps pendant lequel on expose le sucre à cette action, exerce une influence dont on n'a pas beaucoup d'exemples.

Du sucre candi très blanc, très pur, exposé sur le couvercle d'une chaudière, ou dans une capsule, chauffée par la vapeur d'eau, n'éprouve, même en quelques heures, aucune altération. Il perd seulement les tra-

1. Comme il l'a dans beaucoup d'autres corps organiques (Maumené, *Comptes rendus de l'Académie des sciences*, t. LIX, p. 1089)

ces d'eau que sa surface avait pu condenser ; il se sèche, et rien de plus.

Mais l'enferme-t-on dans un tube de verre scellé à la lampe, et plonge-t-on ce tube dans l'eau bouillante pendant plusieurs jours, bientôt le sucre jaunit, et passe, peu à peu, au rouge hyacinthe en perdant sa forme crystalline et devenant vitreux. La coloration est déjà très accusée en vingt-quatre heures ; il ne faut pas plus de trois cent cinquante à trois cent soixante heures pour la fusion complète. Le pouvoir rotatoire diminue en même temps et se réduit à 0.

A une température plus haute, dans l'eau d'un générateur à 5 atmosphères, par conséquent de 153 à 155 degrés, en cent quarante-cinq heures, à très peu près, le sucre se change en une masse brun noir, qui paraît un mélange d'acide hexaféfique (ulmique) $C^{12}H^{6}O^{6}$, de caramélin $C^{12}H^{4}O^{4}$, d'acide acétique $C^{4}H^{4}O^{4}$, etc.

Ces décompositions ne sont pas dues à des traces d'eau, dont le sucre serait imprégné à la surface, ou par suite de l'entrée des produits de combustion du gaz au moment de la fermeture des tubes à la lampe. Toutes les précautions ont été prises. Il y a plus, des tubes dans lesquels on avait introduit un centième d'eau (200 grammes candi, 2 grammes d'eau) n'ont pas offert l'altération du sucre aussi rapidement que ceux où le sucre était seul. (Maumené.)

Lorsqu'on chauffe le sucre aussi rapidement que possible à + 160 degrés dans un creuset de platine, on observe d'abord la fusion avec perte de la forme crystalline, du pouvoir rotatoire et du goût sucré, sans coloration notable, si l'on a opéré avec des précautions convenables ; avec coloration, plus ou moins intense, dans le cas contraire. (Berzélius (1), Gelis (2).

On peut même constater une décomposition intéressante, exprimée par la formule :

$$\underset{\text{Sucre normal}}{2C^{12}H^{11}O^{11}} = \underset{\text{Hexélose (Glucose)}}{C^{12}H^{12}O^{12}} + \underset{\text{Hexabéniose (Saccharide)}}{C^{12}H^{10}O^{10}}$$

Il se formerait donc du glucose et un corps dépourvu des propriétés générales des sucres, c'est-à-dire du pouvoir rotatoire et de la propriété de fermenter. Gelis, qui l'a obtenu le premier, le nomme saccharide.

Le sucre vitreux (sucre d'orge) peut revenir à l'état crystallin dans un

1. *Traité de chimie.*
2. *A. C. P.* (3) t. LVII, p. 234,

temps plus ou moins long; « en quelques jours sa surface commence à se ternir et se couvre d'une pellicule crystalline, qui continue à s'accroître jusqu'à ce que la tablette de sucre d'orge soit entièrement crystallisée; alors elle a perdu une partie de sa transparence, et l'on voit qu'elle est transformée en plusieurs groupes arrondis de crystaux aiguillés rayonnants qui sont, le plus souvent, séparés par des espaces vides ou lacunes qui n'existaient pas auparavant, d'où il suit que les molécules se sont formées et mues, les unes vers les autres, dans le sein même, et aux dépens d'une substance dure et compacte : circonstance qui semblait devoir opposer une résistance insurmontable à leur arrangement régulier. Ce sucre d'orge, ainsi crystallisé, est beaucoup plus fragile qu'il n'était auparavant... Dans l'huile de térébenthine, on a eu le même résultat. » Tels sont les termes dont Braconnot s'est servi; leur exactitude est parfaite (1).

On peut, avec des précautions, porter le sucre jusqu'à + 180 degrés sans l'amener à la décomposition ignée ou pyrolyse. Mais un peu plus haut, à 190 degrés, il éprouve cette décomposition, dégage de l'eau, puis des corps odorants, et, si l'on maintient la température, il devient tout entier brun noir et insoluble dans l'eau. Le mélange de produits solubles et insolubles, formé quand on opère avec un peu de précaution, porte dans le commerce le nom de *caramel*.

Cette action de la chaleur sur le sucre a été l'objet d'une étude attentive de Gelis, qui s'est attaché à opérer comme dans la préparation industrielle du caramel pour connaître surtout la nature de ce produit : 40 kilos de sucre étaient chauffés dans une bassine de tôle de 100 litres sur un bain de métal dont la température est soigneusement tenue à 210 degrés pour donner au plus celle de 190 degrés au sucre. On réussit de cette manière à ne pas dépasser la perte de 10 p. 100 d'eau à + 180 degrés, après laquelle le sucre est à peu près transformé en *caramélane* très soluble dans l'eau, déliquescente, inodore, d'une amertume prononcée. On peut l'obtenir, par évaporation, en masse gommeuse, brune ou jaune doré, cassante. — A 190 degrés, elle dégage encore de l'eau et devient un mélange de caramélène et caraméline. Elle était $C^{12}H^{9}O^{9}$ après une perte de 10,5 p. 100, elle devient, caramélène $C^{12}H^{8}O^{8}$ et caraméline $C^{12}H^{6}O^{6}$ (?). La caramélène est soluble dans l'eau, la caraméline ne l'est pas : mais toutes deux seraient solubles dans l'alcool à 85 degrés [2].

1. *A. C. P.* (2) t. XVI, p. 427.
2. A. C. P. [3] t. LII, p. 352.

En augmentant un peu la température, l'auteur serait arrivé au *caramélin* dont j'ai signalé l'existence en 1855.

Au-dessus de 200 degrés, la décomposition devient plus profonde; il se dégage des gaz, il reste près de 25 centièmes d'un charbon noir et très brillant.

Ce charbon est d'une combustion très difficile, surtout quand on a chauffé fortement. (Voir *Bulletin de Pharmacie*, t. III, p. 49.)

L'électricité ne paraît pas agir sur le sucre tant qu'elle n'élève pas sa température à 180 degrés. — Le sucre est un conducteur médiocre.

La lumière ne cause aucune altération du sucre.

Quand elle est polarisée, le sucre dévie son plan de polarisation vers la droite de l'observateur. (Voir *Analyse, Saccharimétrie optique.*) Le sucre dégage de la lumière quand on le frappe dans l'obscurité.

L'oxygène sec et froid n'a pas d'action avec le sucre; il en est de même de l'air, dont la seule influence vient de l'humidité : le sucre l'absorbe et tombe en déliquescence; toutefois, une solution de sucre, acidulée, bouillante dans l'air confiné, absorbe de l'oxygène et produit de l'acide monédique (formique) :

$$C^{12}H^{12}O^{12} + O^{12} = 6\,C^2H^2O^4$$

A une température élevée, le sucre peut brûler facilement, comme l'ont trop montré les incendies des magasins de sucre. Il ne faut pas laisser des corps trop inflammables dans le voisinage de ces magasins. Pour brûler complètement, le sucre n'a pas besoin de beaucoup plus de son poids d'oxygène :

$$\underset{171}{C^{12}H^{11}O^{11}} + \underset{192}{24\,O} = \underset{264}{12CO^2} + \underset{99}{11\,HO}$$

171 kilog. de sucre peuvent être complètement brûlés en acide carbonique et eau par 192 kilog. d'oxygène. — Soit pour 100 de sucre 112,3 d'oxygène.

Ce poids d'oxygène peut être fourni par 485,5 mètres cubes d'air.

Le chlore n'a pas d'action à froid avec le sucre. J'en ai conservé onze mois sans aucune altération appréciable.

Avec le concours de l'eau, le chlore donne un acide oxygéné, l'acide hexénénique, $C^{12}H^{12}O^{14}$. On l'obtient en saturant de chlore gazeux une solution étendue de sucre, ce qui dure plusieurs jours, chassant l'excès

1. Malaguti, *A. C. P.* (2) t. LIX, p. 412.

par un courant d'air, et versant le liquide chaud dans une bouillie d'oxyde d'argent jusqu'à neutralité (1). On filtre, on traite par HS, et après une nouvelle filtration on fait évaporer au bain d'eau jusqu'à l'état de sirop. On neutralise par la chaux, dont le sel crystallise en quelques jours, — ou par PbO, qui donne aussi un sel non crystallin.

Le brôme produit des actions semblables.

L'hydrogène pur et sec n'a aucune action avec le sucre.

Abandonné par des liquides (à l'état dit naissant) au sucre dissout, l'hydrogène peut s'unir avec le sucre et un équivalent d'eau pour former de la mannite :

$$C^{12}H^{11}O^{11} + HO + 2H + = \underbrace{C^{12}H^{14}O^{12}}_{\text{Mannite.}}$$

On produit cet effet dans les laboratoires au moyen du potassium ou du sodium, dont on modère l'action en les alliant à du mercure. De l'eau sucrée au 1/10 où l'on fait tomber de l'alliage 8Hg + Na donne promptement de la mannite. Dans quelques fermentations, l'hydrogène est fourni par les corps mêlés au sucre, et donne le même résultat.

Réciproquement la mannite reproduit, non du sucre, mais du glucose, sous l'influence de l'oxygène de l'air :

$$C^{12}H^{14}O^{12} + 2 \quad O = C^{12}H^{12}O^{12} + 2HO$$

Le sucre trouvé dans la manne vieillie s'y est formé de cette manière (2).

Avec le concours de l'eau, le fer produit une action intéressante, d'après Gladstone (3) :

« Lorsqu'on plonge un morceau de fer dans une solution de sucre de canne bien pur, et qu'on place le tout dans un endroit un peu chaud, où l'air ait un accès facile, on voit le métal se ronger dans la partie qui correspond à la surface liquide, tandis que celle qui est complètement immergée reste inattaquée pendant un temps considérable. La solution contient alors du protoxyde de fer qui, en absorbant l'oxygène de l'air, passe à l'état de sesquioxyde, et se dépose sous forme d'une poudre rouge. L'action paraît ainsi continue, et il semble que la matière organique n'agisse que pour transporter l'oxygène sur le fer, ce qui explique

1. *B. S. C.*, t. XIV, p. 264.
2. *C. R.*, t. XXXIV, p. 114.
3. *Journal de pharmacie* (2) t. XXVII. p. 376.

comment une petite quantité de sucre peut détruire une quantité considérable, et pour ainsi dire indéfinie, de ce métal. » L'auteur constate la formation d'un composé $C^{12}H^{11}Ox$, FeO, précipitable par l'alcool, soluble dans l'eau, décomposable par HS en FeS noir séparable par le filtre, HO et un composé insipide, ou doué seulement d'un « léger arrière-goût de fer », et « d'une acidité incontestable » ; cette « substance acide » est capable de dissoudre l'oxyde de fer récemment précipité.

L'acide formé dans cette circonstance, et dont l'auteur n'a pu reconnaître la nature, est l'un de ceux dont j'ai fait la découverte dans l'action du sucre et du permanganate de potasse. C'est le deuxième des moins oxygénés, l'acide *hexépique* $C^{12}H^{12}O^{16}$, dont le sel de protoxyde contient 15,5 de ce protoxyde et 84,5 acide anhydre. Gladstone a obtenu 17,2, ce qui lui a fait penser que le composé renferme du sucre. $C^{12}H^{11}O^{11}$, FeO représente 17,39 de protoxyde ; mais deux expériences achèvent de prouver l'existence d'un acide : la première a consisté dans l'action du fer et du sucre hors du contact de l'air ; elle est nulle, en trois mois il ne se dégage pas trace de gaz. La seconde a été faite en mettant le sucre et le protoxyde *naissant* en présence : le protoxyde ne se dissout pas. Il est donc certain que l'oxygène de l'air est absorbé, ce qui conduit à l'acide $C^{12}H^{12}O^{16}$ par absorption de O^{4} + HO.

Toutefois je n'ai pas encore eu le temps de vérifier cette composition. Peut être a-t-on l'acide le moins oxygéné. $C^{12}H^{12}O^{14}$, formé par $C^{12}H^{11}O^{11}$ + O^{2} + HO, comme dans l'action du chlore. Le sel de protoxyde contiendrait 16,14 de FeO, Le sujet mérite une nouvelle étude.

48. La solubilité du sucre dans l'eau est très grande ; déjà même à la température ordinaire (+ 15°). J'ai trouvé que 100 grammes d'eau pure peuvent dissoudre jusqu'à trois fois leur poids, ou 300 grammes de sucre candi. La densité du sirop approche alors de 1,400. Il faut dire que le véritable chiffre est difficile à fixer, parce que ce sirop, comme presque tous les liquides analogues, peut tenir le sucre en *surfusion*. Toutefois, je crois pouvoir indiquer ce terme comme maximum ; je l'ai obtenu dans un tube thermométrique. — Dans les conditions ordinaires l'eau dissout deux fois son poids environ.

La relation entre la densité d'une solution aqueuse de sucre et son quantum de sucre sec est très utile à connaître. Plusieurs chimistes, français et étrangers, ont donné des tables qui m'ont paru, après mûr examen, devoir être remplacées.

Il n'est pas tout à fait exact que le sucre et l'eau, purs tous les deux, se dissolvent sans changement de volume. J'ai trouvé que le changement atteint 1,37 millièmes à très peu près (ou 137 cent millièmes). En outre, mes expériences conduisent à une indication nouvelle : c'est que la densité est augmentée pour les dissolutions faibles, et diminuée pour les dissolutions fortes. La dissolution *moyenne*, celle qui ne présente ni augmentation ni diminution de densité, est faite, à très peu près, de poids égaux de sucre et d'eau. Cette confirmation de l'une des deux grandes Lois théoriques que j'ai découvertes résulte des expériences suivantes :

POIDS du sucre dissout dans 100 d'eau	VOLUMES				
	DU SUCRE	DE L'EAU	TOTAL *e*	OBSERVÉ *o*	DIFFÉRENCES *c* — *o*
	cc	cc	cc		
9,406	5,8988	100,08751	105,9863	105,8765	+ 0,1098
74,434	46,6670	—	146,7545	146,5490	+ 0,2055
144,288	90,4630	—	190,5508	190,8082	— 0,2574
204,907	128,4679	—	228,5554	228,5642	— 0,0088

Ainsi les densités des solutions où le poids de l'eau surpasse celui du sucre sont plus grandes que le calcul ne l'indique, et le contraire a lieu pour les solutions où le poids du sucre est le plus grand.

La deuxième expérience indique une augmentation de densité de 1,37 millièmes.

La troisième indique une diminution de 0,65 millièmes.

Toutefois ces résultats montrent qu'on peut, sans erreur notable, calculer la table de relation entre la densité des dissolutions sucrées et leur quantum de sucre, sans tenir compte des changements observés dont je viens de parler. Je vais donner cette table, en faisant remarquer qu'elle ne peut pas dépasser la densité 1,400, parce qu'alors le sirop contient du sucre cristallisé.

DENSITÉS	POIDS du sucre dans 1 litre	POIDS de l'eau dans 1 litre	QUANTUM du sucre pour 100	DENSITÉS	POIDS du sucre dans 1 litre	POIDS de l'eau dans 1 litre	QUANTUM du sucre pour 100
1000	0,	1000,000		1260	698,292	561,708	55,420
1010	29,108	980,892	2,882	1270	725,060	544,940	57,091
1020	55,875	964,125	5,478	1280	751,827	528,173	58,737
1030	82,642	947,538	8,024	1290	778,595	511,405	60,856
1040	109,410	930,590	10,520	1300	805,362	494,638	61,951
1050	136,177	913,823	12,969	1310	832,129	477,871	63,521
1060	162,945	897,055	15,372	1320	858,897	461,103	65,067
1070	189,712	888.288	17,730	1330	885,664	444,336	66,591
1080	216,479	863,521	20,044	1340	912,432	427,568	68,082
1090	243,247	846,753	22,316	1350	930,199	410,801	69,570
1100	270,014	829,986	24,547	1360	965,966	394,034	71,027
1110	296,781	813,219	26,737	1370	992,734	377,266	72,462
1120	328,549	706,451	28,888	1380	1019,501	360,499	73,877
1130	350,316	779,684	31,001	1390	1046,269	343,731	75,271
1140	377,084	762,916	33,078	1400	1073,036	326,964	76,145
1150	403,851	746,149	35,118	1410	1099,803	310,197	78,000
1160	430,618	729,382	37,122	1420	1126,571	283,429	79,336
1170	457,386	712,614	39,093	1430	1153,338	276,662	80,653
1180	484,153	695,847	41,030	1440	1180,106	259,894	81,952
1190	510,921	679,079	42,935	1450	1206,873	243,127	83,233
1200	537,638	662,312	44,807	1460	1233,640	226,360	84,455
1210	564,455	645,545	46,650	1470	1260,408	209,592	85,742
1220	591,223	628,777	48,461	1480	1287,175	192,825	86,971
1230	617,990	612,010	50,243	1490	1313,943	176,057	88,184
1240	644,758	595,242	51,997	1500	1340,710	159,290	89,380
1250	671,525	578,475	53,722				

Il est souvent utile d'apprécier rapidement la quantité de sucre contenue dans une solution aqueuse, la *richesse d'une eau sucrée*, d'après sa densité. Plusieurs auteurs ont donné des tables qui présentent entre elles des différences assez notables [1]. J'ai déduit de mes expériences une table nouvelle dont on peut faire usage avec confiance, même pour le sucre de raisin. Pour lui elle sera seulement approximative, mais je ne crois pas les différences notables ; en voici les chiffres :

1. L'ingénieur Chevallier, Balling, Niemann, Brix, etc.

CENTIEMES de sucre	DENSITÉS	CENTIEMES de sucre	DENSITÉS	CENTIEMES de sucre	DENSITÉS
1	1002,86	26	1106,59	51	1234,32
2	1006,63	27	1111,19	52	1240,03
3	1010,41	28	1115,83	53	1245,79
4	1014,27	29	1120,51	54	1251,61
5	1018,14	30	1125,23	55	1257,49
6	1022,03	31	1129,98	56	1263,43
7	1025,95	32	1134,77	57	1269,43
8	1029,90	33	1139,60	58	1275,50
9	1033,88	34	1144,48	59	1281,63
10	1037,89	35	1149,40	60	1287,84
11	1041,93	36	1154,36	61	1294,12
12	1046,00	37	1159,36	62	1300,45
13	1050,10	38	1164,41	63	1306,77
14	1054,24	39	1169,50	64	1313,20
15	1058,43	40	1174,65	65	1319,69
16	1062,64	41	1179,84	66	1326,23
17	1055,87	42	1185,08	67	1332,82
18	1071,14	43	1190,36	68	1339,46
19	1075,45	44	1195,69	69	1346,16
20	1079,79	45	1201,06	70	1352,93
21	1084,16	46	1206,48	71	1359,78
22	1088,57	47	1211,95	72	1366,71
23	1093,02	48	1217,47	73	1373,73
24	1097,51	49	1223,04	74	1380,84
25	1102,03	50	1228,66	75	1388,04

L'eau exerce avec le sucre une action chimique assez prononcée à froid, très rapide à chaud. On peut s'y attendre en considérant l'équation :

$$n = \frac{171}{9} = 19$$

C'est-à-dire que 19 HO peuvent agir avec 1 seul $C^{12}H^{11}O^{11}$

Il est donc très possible que, même à la température ordinaire, le sucre s'unisse à 1HO, sur 19, ou 3, etc,, avec une rapidité plus ou moins grande, suivant l'élévation de la température et l'intensité de la lumière.

La première action donne à peu près $C^{12}H^{12}O^{12}$.

La seconde $C^{12}H^{14}O^{14}$.

obtenus tous deux, par expérience,

Biot a signalé l'action de l'eau froide comme faisant perdre peu à peu le pouvoir rotatoire du sucre. Par exemple, une dissolution de 16 gr. 35 de sucre, au volume de 100 cc., marque d'après lui :

Le premier jour.	100 degrés.
Au bout de plusieurs mois.	0 —
Un peu plus tard	38 —

Ce changement si complet de l'action rotatoire, est accompagné d'une altération chimique profonde. Le sucre, qui au premier moment n'exerçait aucune action avec la liqueur TCuK (1), est rendu très actif à mesure que son pouvoir rotatoire s'affaiblit, ou devient lévogyre.

On appelle *inversion* du pouvoir rotatoire ce renversement de l'action dextrogyre en action lévogyre, et le sucre qui a subi l'inversion se nomme sucre *inverti*.

En même temps une autre portion de sucre forme l'acide hexaféfique (ulmique), plutôt par la chaleur seule que par l'influence de l'eau :

Ces faits ont été confirmés par Soubeiran (2), Bouchardat, Maumené (3), Béchamp, etc.

C'est cet acide hexaféfique qui donne ensuite du caramélin, $C^{12}H^{4}O^{4}$, et peut-être même du charbon, C^{12}, par des éliminations d'eau plus ou moins simples.

La lumière solaire contribue à produire cette remarquable action chimique.

La chaleur favorise l'inversion encore mieux que la lumière.

Soubeiran a étudié cette action. Voici l'une de ses nombreuses expériences, la plus complète et, en quelque sorte, le type de toutes les autres :

Une solution de sucre candi marquant d'abord . .				+71°	
Ne marquait plus après		2	heures que	68	
—	—	3	—	58	
—	—	6	—	38	
—	—	8	—	32	
—	—	12	—	25	
—	—	18	—	20	
—	—	20	—	0	
—	—	25	—	+11	coloration foncée transparente.

1. Liqueur formée de tartrate cuivre et potasse, avec excès d'alcali (potasse ou soude) connue sous les noms de Fromherz, Barreswill, Fehling, etc. Je la désignerai toujours pour abréger par ces trois lettres, en y joignant le nom de l'auteur d'une composition spéciale quand cela sera nécessaire.

2. *Journ. de pharmacie,* [2] t. I, p. 1.

3. *C. R.*, t. XXXIX, p. 914, et t. XL, p. 436.

—	—	26	—	....	22	
—	—	27	—	....	24	
—	—	28	—	....	46	
—	—	31	—	....	12,5	brun presque noir.
—	—	42	—	....	8	
—	—	50	—	....	5	se trouble par l'eau.
—	—	58	—	......	3	
—	—	64	—	....	0	précipité qui augmente rapidement.
—	—	72	—	....	+ 3	
—	—	76	—	....	5	encore très sucré.

Ainsi l'inversion peut être double, et ramener le pouvoir dextrogyre, non pas en reproduisant du sucre, car il est bien évident que la décomposition est des plus profondes, mais en formant une nouvelle substance inconnue, de saveur sucrée, et des produits noirs analogues au caramel (p. 69). Cette altération si rapide a été observée par d'autres chimistes [1]. Elle mérite la plus grande attention.

L'air n'a pas d'influence. Soubeiran a fait une série d'expériences en couvrant les solutions d'une couche d'huile : le résultat est le même.

Dans tous les cas, jamais les changements du pouvoir rotatoire ne sont brusques ; c'est par degrés que l'inversion a lieu, le pouvoir dextrogyre diminue de plus en plus, arrive à 0, puis devient lévogyre, etc. Les modifications chimiques sont de même extrêmement lentes.

Le sucre inverti, jusqu'au maximum de pouvoir lévogyre, n'est plus une matière unique ; on y trouve trois matières nouvelles au moins, et presque toujours quatre ou même cinq.

1° De l'hexélose, du glucose droit absolument identique à celui du sucre de raisin, de fécule, etc. [2].

2° De l'hexélose gauche, ou chylariose, sucre sirupeux, dont la composition paraît identique à celle du glucose, et qui n'en différerait que par la structure moléculaire. (On l'a nommé fort improprement *lévulose*).

3° De l'hexélose agyre ou sucre optiquement neutre.

On distingue ces trois matières par les moyens que voici : le sucre inverti, desséché à 100°, ne tarde pas à offrir, après refroidissement, l'aspect du miel, ou du sucre de raisin, avec lequel il paraît complètement identique. Pour en séparer le glucose, on prend des demi-briques neuves, et on étale le sucre inverti sur une de leurs faces (comme si l'on faisait une tartine). Abandonnées à elles-mêmes, les briques absorbent

1. Jodin, *C.R.*, t. LVII, p. 34.
2. Maumené, *Journal des fabricants de sucre*. — et *Traité du sucre*, I, 31.

peu à peu la partie sirupeuse du mélange, et laissent une couche parfaitement blanche de glucose retenant un peu de sirop. Ce glucose, enlevé avec une carte, n'a besoin que d'une crystallisation dans l'alcool pour être bien purifié. Le chylariose dont les briques sont imprégnées peut être repris par l'eau, ou par l'alcool, qu'on filtre et qu'on fait évaporer. Traité par de la chaux, dans la glace, il se divise en deux parties, chylariose (lévulose !) et sucre neutre, en agissant comme nous le dirons plus loin (p. 85) (1).

On peut encore isoler le glucose par l'emploi du chlorure de sodium qui donne, en quelques semaines, de magnifiques crystaux de glucosate, tandis qu'il forme avec le chylariose un sirop encore plus rebelle à la crystallisation. 1000 grammes de sucre inverti, récemment préparé mais *non séché*, donnent ainsi 155 grammes de glucosate (2), correspondant à 82,45 de glucose.

Tant que l'action ne dépasse pas la réduction du pouvoir rotatoire à 0°, ou même le maximum d'inversion, — 44°,2, le phénomène chimique se trouve réduit à l'absorption d'un ou plusieurs équivalents d'eau, et devient $C^{12}H^{12}O^{12}$ ou $C^{12}H^{14}O^{14}$. De plus, il forme trois ou même cinq modifications, l'une solide, le glucose, et l'autre, sirupeuse, où se trouvent le chylariose et d'autres hexéloses de même formule $C^{12}H^{12}O^{12}$ ou $C^{12}H^{14}O^{14}$, ne paraissant différer que par la structure moléculaire, comme tant d'autres corps.

Au delà du maximum d'inversion, les faits deviennent très complexes; le précipité noir observé par Soubeiran est, sans aucun doute, l'acide hexaféfique $C^{12}H^{6}O^{6}$, puis le caramélin $C^{12}H^{4}O^{4}$ observé par Maumené.

Fensky a reconnu le premier que l'eau sucrée (à quel degré ?), entretenue pendant longtemps à + 110°, n'exerce plus d'action sur la lumière polarisée (3).

Bouchardat et Kane, sous l'inspiration de Biot, ont étudié des dissolutions conservées pendant cent dix et cent quatre-vingt-douze mois ; la première était réduite à 0° rotation, la seconde était descendue à — 26°.

Maumené a fortement attiré l'attention des chimistes sur cette altéra-

1. Ces mots sont tirés du grec : *glucose* de γλυκυς, doux, sucré ; *chylariose* de χυχαριον, sirop, parce que ce sucre est incristallisable et difficile à obtenir autrement qu'en sirop.

2. Maumené, *C. R.*, LXIX, 1008, 1154, 1199, 1242.

3. *A. C. P.* (2) t. VII, p. 28.

4. *Répertoire de Pharmacie*, 1851.

tion lente du sucre par l'eau, dans une étude qui l'a conduit au procédé de fabrication employé depuis dans le monde entier. Voici les résultats qu'il a obtenus : Une dissolution de 16gr,35 de divers sucres, conservée neuf mois (4 janvier 1854 au 6 octobre), a donné dans le saccharimètre :

Candi incolore.	+ 100	+ 22
—	+ 100	+ 23
Sucre en pain	+ 98.5	— 31,5
—	+ 95.6	+ 88

Béchamp a fait des observations toutes semblables [1] :

L'inversion du sucre, par l'action seule de l'eau, a de fâcheuses conséquences pour les fabricants de sucre, et pour les pharmaciens ou fabricants de sirops, mais elle est utile au sucrage des vins.

On ne doit jamais abandonner des solutions sucrées ou des sirops à eux-mêmes ; ces liquides, même parfaitement clairs, sont, *en général*, exposés à se décomposer avec une grande rapidité en matières dont la valeur est nulle.

L'action de l'eau, maintenue liquide (tubes fermés) malgré la température, par la pression de sa vapeur, a été étudiée par O. Loœw. A + 160° il y a production d'acide carbonique et dépôt de charbon. Le contenu noir des tubes a une réduction fortement acide, et si l'on distille, il passe de l'acide formique avec de l'eau. Il se forme en outre une petite quantité d'acide hexaféfique [2]. — Les alcalis, l'eau de baryte, empêchent cette décomposition même à + 170° ; l'alcool est aussi un préservateur [3].

Cette transformation du sucre est difficile à connaître exactement. Des 19 HO qui peuvent agir (p. 75) le sucre peut recevoir de l'O, par une de ses parties, mais, en général, à la condition de prendre l'H équivalent par une autre partie. On aurait par exemple :

$$C^{12}H^{11}O^{11} + 19\ HO = C^{2}H^{2}O^{4} + C^{10}H^{8}O^{6} + 20\ HO$$

Rossignon annonça le premier qu'on empêche la transformation du sucre de cannes en « sucre de raisin dans les sirops acides par l'addition d'une petite quantité d'une huile essentielle quelconque » [4].

1. *A. C. P.* (3) t. LIV, p. 28.
2. C'est une confirmation de nos expériences p. 68.
3. *Bulletin de la Société chimique*, t. VIII, 425.
4. *C. R.*, t. XII, p. 433.

Béchamp a étudié l'influence de certains sels dans l'action de l'eau ; quelques-uns ne permettent pas l'inversion et préservent le sucre ; tels sont :

Le bichlorure de mercure ;

L'azotate de zinc ;

Le bicarbonate de potasse ;

D'autres la favorisent :

Les sulfates de zinc, d'alumine (ils sont acides).

L'azotate de potasse, celui de magnésie ;

Le phosphate de soude, pourtant alcalin ;

L'oxalate et le bioxalate de potasse (acide).

Une substance organique, la créosote, empêche l'inversion à la dose d'une goutte [1], comme Rossignon l'a montré.

Malaguti a prouvé que l'oxydation est due à l'oxygène de l'air. Il ne se forme plus d'acide formique dans une atmosphère d'acide carbonique [2].

ACTION DES ACIDES ANHYDRES

49. Les acides sont tous de puissants destructeurs du sucre ; leur action est très augmentée par celle de l'eau. — Malheureusement il n'est pas possible de donner une règle générale, et surtout une explication simple de ces actions. Nous sommes forcés de les étudier l'une après l'autre, et, si nous pouvons en pénétrer les détails, c'est grâce uniquement à la *Théorie générale*.

L'acide phosphorique anhydre et le sucre n'ont pas d'action immédiate à froid ; mais si l'on chauffe, il se produit de l'acide formique et les produits bruns dont nous venons de parler [3].

Le sucre a été soumis à l'action de l'acide acétique anhydre $C^4H^3O^3$; on le réduit en poudre et on le chauffe avec un grand excès d'acide. Au moment où ce dernier entre en ébullition, l'action commence, développe beaucoup de chaleur et se termine en quelques instants. Mais on peut l'obtenir plus complète, en plaçant le mélange dans des tubes fermés, et les exposant à 170° pendant vingt-quatre heures. Il se produit dans le premier cas, par 1 partie de sucre et 2,5 d'acide, un composé solide, in-

1. *C. R.*, t. XLVI, p. 44.
2. *Journal de pharmacie* (2) XXI, p. 447.
3. Handtke, *Zeitschrift f. pharmacie*, 1850, p. 37.

colore, très soluble dans l'alcool, l'acide acétique et l'éther ; d'une saveur très amère, fusible au-dessous de 100°.

En continuant le calcul (qui a été vérifié par l'expérience de la manière la plus complète), on trouve, après trois actions successives, le composé dont il s'agit.

Sa composition est :

$$C^{20}H^{16}O^{16} = C^{12}H^{10}(C^{4}H^{3}O^{2})^{2}O^{12} \quad (^{1})$$

une seconde action de ce composé avec 2 parties d'acide donne :

$$C^{12}H^{9}(C^{4}H^{3}O^{2})^{3}O^{12}$$

Le sucre agit même avec l'acide arsénieux. 125 grammes de sucre et 50 grammes d'acide, délayés dans de l'eau, donnent en vingt-quatre heures une solution très arsénieuse. En faisant bouillir, elle l'est plus encore [2]. Il est probable que le composé est $C^{12}H^{14}O^{14}$ $(AsO^{3})^{2}$, parce que les poids sont égaux (198 et 198).

Action des acides hydratés

I. *Acide carbonique.* — A l'état gazeux, cet acide ne parait pas agir avec le sucre sec. En dissolution, il l'altère assez rapidement. L'eau saturée d'acide carbonique, sous la pression ordinaire, à + 15°, et contenant, au plus, 1 gr., 002 d'acide par litre, transforme le sucre candi, en sucre inverti, dans l'espace de quelques mois. Cet effet devient beaucoup plus rapide avec l'eau de Seltz, chargée à 10 atmosphères, et contenant à peu près 12 grammes d'acide ; il suffit de quelques semaines pour l'inversion complète. Si l'on chauffe dans le bain d'eau bouillante, il ne faut pas plus de quinze ou vingt minutes.

C'est dans ces conditions que Lippmann a fixé le maximum d'inversion à — 44° ; je l'avais déjà trouvé — 42°, au moins, au lieu de 38 indiqué par Biot.

Presque tous les acides, *étendus au même degré*, produisent le même effet ; il est donc nécessaire d'essayer de nous en rendre compte. Voici ce que l'on sait à cet égard :

Lorsqu'un acide décompose une matière organique, comme le sucre,

1. *Voir Traité du sucre*, t. I, p. 37.
2. *Journal de pharmacie*, t. VII, p. 22.

6

c'est souvent parce que la matière peut produire un dérivé basique avec lequel s'unit l'acide. Ici rien de pareil ; le sucre paraît ne pas éprouver une action directe de l'acide ; c'est l'eau seule qui paraît agir et l'acide ne fait que l'aider. Il y a simplement inversion. Rien ne semble plus difficile à comprendre. — D'autant plus que, lorsque l'action se prolonge, il se forme des produits de déshydratation comme avec l'eau seule.

Les acides concentrés ont chacun une action spéciale. Voici, pour les principaux acides, ce qu'on a reconnu jusqu'à présent.

II. *Acide chlorhydrique.* — Gazeux, il altère le sucre, lui enlève de l'eau et le change en un corps noir, floconneux, dépourvu de structure cristalline : c'est l'acide ulmique $C^{12}H^6O^6$ (1), puis le caramélin $C^{12}H^4O^4$ (2).

En dissolution aqueuse, l'acide produit le même effet, quoique avec moins de force, et on le comprend sans peine. L'action de HCl avec HO est :

M

$$n = \frac{36,5}{9}$$

$$9\,HCl + 36,5\,HO = (HCl)^9(HO)^{36,5}$$

C'est le composé obtenu en amenant HCl dans l'eau, qu'on entoure vers la fin d'un mélange réfrigérant. Ce composé est encore avide d'eau et peut donner successivement :

$$HCl\,(HO)^{12,17}$$
$$HCl\,(HO)^{25,35} \text{ etc.}$$

En d'autre termes, HCl tend à s'unir avec un nombre considérable d'équivalents d'eau, et par conséquent à déshydrater les corps qui peuvent, comme le sucre, en abandonner plusieurs :

$$C^{12}H^{11}O^{11} = C^{12}H^6O^6 + 5\,HO \qquad (a)$$
$$C^{12}H^{11}O^{11} = C^{12}H^4O^4 + 7\,HO \qquad (b)$$

Un demi-millième d'acide HCl rend l'eau capable de produire l'inversion du sucre, en une ou deux minutes à 100°, puis, en prolongeant l'expérience, on voit le liquide se colorer, et peu à peu du caramélin se dépose.

L'acide HCl n'est aucunement neutralisé ; on le retrouve tout entier,

1. P. Boullay, *Journal de pharmacie* (2) t. XVI, p. 172.
2. Maumené 1855 — C. R. XXXIX, 422.

libre, après l'expérience. Avec des liqueurs très acides, il se forme un composé chloré dont le chlore n'est pas précipitable par l'argent [1].

L'acide chlorhydrique paraît s'unir, non pas au sucre, mais au glucose, formé par la première action des deux corps.

128 grammes de sucre, en sirop avec 64 grammes d'eau, et mêlés de 16 grammes d'acide chlorhydrique étendu, à D=1090, ont été chauffés dans une cornue, munie d'un récipient, avec tube à gaz. Il se dégage de l'eau pure. Le sirop de la cornue traité par l'azotate d'argent donne du « ClAg dont le poids est bien inférieur à celui que donne la même quantité d'acide ». Filtré, puis chauffé avec l'excès d'azotate métallique, il donne un nouveau précipité [2].

III. *Acide sulfurique.* — Nous considérons d'abord l'acide étendu, parce que son action se rapproche grandement de celle de l'acide HCl. Un demi-millième, et peut-être moins encore, suffit, dans l'eau, pour amener l'inversion complète du sucre à 100°, en une ou deux minutes. L'expérience prolongée offre aussi la coloration du liquide en brun de plus en plus foncé, puis le dépôt d'acide ulmique et de caramélin. L'acide reste libre, et se retrouve tout entier, sans la moindre neutralisation.

L'acide concentré produit, même à la température ordinaire, une altération profonde du sucre, mais toujours avec les mêmes phases ; d'abord de l'acide hexaféfique, $C^{12}H^{6}O^{6}$, soluble dans les alcalis et précipitable en flocons noirs par les acides ; puis le caramélin, $C^{12}H^{4}O^{4}$, insoluble dans les alcalis et dans les acides. Si l'on chauffe, ces produits eux-mêmes sont attaqués ; il se dégage de l'acide carbonique, de l'acide sulfureux, jusqu'à leur disparition complète.

L'action de l'acide sulfurique et du sucre donne si aisément de l'acide sulfureux, qu'elle a été proposée comme moyen d'obtenir cet acide. Un détail de cette action mérite d'être signalé. Le sucre est dissout d'abord par l'acide et l'on a :

$$n = \frac{171}{49}$$

$$171\,SO^{3}HO + 49\,C^{12}H^{11}O^{11} = \frac{3}{4}\left\{\frac{25 \mid 2SO^{2} + C^{12}H^{12}O^{14} + SO^{3}(HO)^{2}}{24 \mid 4SO^{2} + C^{12}H^{12}O^{16} + 3\,HO}\right.$$

C'est-à-dire qu'il se forme deux acides fréquemment produits par les premiers degrés d'oxydation du sucre. (Maumené).

1. A. C. P. (2) t. LIX, p. 407.
2. Bouillon, Lagrange et Vogel, *Annales de chimie*, t. LXXI, p. 91.

La formule correspond à des poids égaux, et ce sont eux dont on a fait usage. L'auteur a observé une odeur de « *phosphore en contact avec l'air* » ? (1).

IV. *Acide azotique.* — Cet acide, très étendu, peut produire les mêmes effets que les précédents, ou, pour parler avec exactitude, peut aider l'action de l'eau de la même manière : l'eau sucrée se colore, donne un dépôt d'acide ulmique, etc. ; mais cette action générale se complique promptement de l'action oxydante, et c'est surtout cette dernière qui caractérise l'influence de l'acide azotique sur le sucre. Il est facile de comprendre que cette influence peut produire des dérivés nombreux, et notre Théorie rencontre là une des occasions où elle rend les services les plus signalés ; car elle permet de prévoir le nombre des dérivés, leur formule, leur proportion, suivant le rapport des quantités de sucre et d'acide, la concentration des liqueurs, etc. ; tandis que pendant de longues années les chimistes ont eu des peines incroyables à isoler quelques-uns des produits, sans pouvoir saisir les liens qui les unissent, entre eux ou avec le sucre lui-même.

On a en général :

M

$$n = \frac{171}{63}$$

$$171\,HzO^5HO + 63C^{12}H^{11}O^{11}\ \begin{matrix}2\\3\end{matrix}\left\{\begin{matrix}18 \mid C^{12}H^{11}O^{15}\,2\,AzO^3 + 2HO\\ \hline 45 \mid C^{12}H^{11}O^{17} + 3AzO^3 + 3HO \text{ etc.}\end{matrix}\right.$$

On peut donc obtenir au moins deux acides. Le premier a été obtenu et est connu sous le nom d'acide héxépique. Le second est l'acide héxèrique dont il sera très facile de réaliser la production — c'est encore une découverte de la Théorie générale.

La première observation de l'action des acides avec le sucre est due à un pharmacien de Bayeux nommé Pluquet ; après avoir fait connaître l'altération des sirops acides (mûres et limons), qui se prennent parfois en une seule masse concrète dont on enlève la couleur par un lavage à l'eau, et donnent ainsi un produit blanc, crystallisant très difficilement, et d'une manière si confuse qu'on ne peut distinguer de forme primitive, ce chimiste ajoute : un médecin m'ayant fait préparer un sirop avec de l'acide sulfurique étendu d'eau, le dépôt n'a pas tardé à se former, ce qui peut faire présumer que les autres acides minéraux, et peut-être

1. *Annales de Chimie*, XL, 203.
2. *Journal de pharmacie* (3) t. IX, p. 199.

même les acides animaux, feraient éprouver au sucre la même altération (1).

Sucre et corps oxydants

50. A côté de l'acide azotique peuvent être placés d'autres corps de nature diverse qui ont tous, comme cet acide, une action oxydante sur le sucre.

Bioxyde de manganèse et acide sulfurique. — Ce mélange, bien connu pour donner de l'oxygène, puisqu'il est employé dans les laboratoires comme un des meilleurs moyens de préparer ce gaz, peut exercer avec le sucre une action très digne d'intérêt. Dœbereiner a montré comme résultat de cette action la production de l'acide formique. Il introduit dans un alambic (métal ou verre) :

Sucre	10	parties.
Bioxyde de manganèse	31	—
Acide sulfurique	35	—
Eau	45	—

Ce mélange chauffé doucement dégage de l'eau; de l'acide formique et de l'acide carbonique; on obtient rarement plus de 3 parties d'acide formique anhydre $C^2H^2O^4$. Il se forme en outre une matière volatile huileuse, capable de rendre l'odeur de l'acide très piquante, et de nuire à la crystallisation du sel de plomb (2).

Permanganate de potasse. — L'action a été étudiée pour la première fois par Gregory et Demarçay, puis par Pelouze et Liebig (3) dans une pensée où les meilleurs chimistes se laissaient aller aisément, comme encore à notre époque, la pensée de considérer une action unique entre deux corps, celle d'*un excès du corps envisagé comme le plus actif*. Liebig et Pelouze ont considéré l'action du sucre et du permanganate comme achevée, seulement avec un excès du dernier. Ils ont versé « une dissolution de ce permanganate dans une dissolution aqueuse très étendue de sucre. Ce dernier disparaît entièrement, et l'on obtient une dissolution neutre d'oxalate de potasse. Cette décomposition s'opère sans aucun dégagement de gaz et *et sans qu'il soit possible de trouver*

1. *Bulletin de pharmacie,* t. III, p. 380.
2. *Journal de pharmacie* (2) t. XXI, p. 646.
3. A. C. R. (2) t. LXIII, p. 139.

aucun autre produit que de l'oxalate de potasse. » Ces deux chimistes ont donné la formule de cette action.

$$C^{12}H^{12}O^{12} + 6\,Mn^2O^7.KO = 6\,C^2O^3.KO + 12MnO^2HO$$

Il se produirait MnO^2 seul.

Maumené a montré l'erreur grave de cette manière de voir (1). Avant l'acide oxalique, dernier terme de l'action produite par un excès de permanganate, il se produit deux autres acides, dont il a fait la découverte, grâce à sa Théorie générale, et dont il a obtenu plusieurs sels, comme nous allons l'expliquer.

On a :

$$C^{12}H^{11}O^{11} = 171 \sim Mn^2O^7.KO = 158 \qquad n = \frac{171}{158}$$

$$158\ C^{12}H^{11}O^{11} + 171\ Mn^2O^7.KO = \frac{1}{2}\left\{\begin{array}{l|l} 145 & C^{12}H^{11}O^{15}KO + Mn^2O^3 \\ \hline 13 & C^6H^5O^9KO + Mn^2O^3 \end{array}\right.$$

On a ainsi les sels de deux acides nouveaux.

L'acide $C^{12}H^{12}O^{16}$ hexèpique et l'acide $C^6H^6O^{10}$ trièjique (2).

On a cité l'action du bichromate de potasse comme donnant, en solution aqueuse, à l'ébullition, une oxydation du sucre, par la réduction de l'acide chromique. Cette action n'a pas lieu sans addition d'acide sulfurique. Il se forme de l'alun de chrome et de l'acide hexénénique $C^{12}H^{12}O^{14}$ ~ d'abord, ~ d'autres produits ensuite (3).

Action des alcalis

51. Le sucre peut subir cette action à sec, ou dans l'eau. Nous dirons peu de chose du premier cas dont nous ne donnerons que deux exemples.

Action à sec.—Considérons de la soude pure $NaO(HO)^{1.148}$. Cette matière reste solide à une température très supérieure à celle de la fusion du sucre, soit même 180°; leur action est donc de *contact* et l'on a :

$$V \text{ volume du sucre} = \frac{171}{1.6} = 106$$

$$V' \text{ volume de } NaO\ (HO)^{1.15} = \frac{41.3}{2.13} = 20$$

1. C. R., t. LXXV, p. 85, etc.
2. Le Mn^2O^3 retient un peu de KO et des deux sels.
3. *Journ. de Pharmacie* [4] XXV, 145.

C $$n = \frac{106}{20}$$

$$106\,NaO.HO + 20\,C^{12}H^{11}O^{11} = 92\,NaO.C^2O^3 + 14\,NaO.CO^2$$
$$21\,C^2H^4 + 220\,H + 31\,HO$$

Quelle que soit la dose relative des deux corps, telle est leur action *réelle*, à une température élevée — sous réserve de $NaO(HO)^{1,148}$.

S'il y a excès de sucre, cet excès n'influe pas sur les produits que nous venons d'indiquer; il se décompose comme s'il était seul, et ajoute ses produits à ceux de la formule. — S'il y a excès de soude, l'oxalate est transformé en carbonate et il se dégage un peu plus d'hydrogène.

En d'autres termes, un alcali hydraté peut transformer le sucre en acide oxalique, et acide carbonique, qui restent unis avec l'alcali anhydre, tandis que l'eau qui a fourni son oxygène pour produire les acides, laisse dégager son hydrogène presque entièrement pur, 1/5 de cet hydrogène à très peu près, ou 8/39, est converti en gaz monohydrobène (gaz des marais).

Il est important de remarquer que la potasse ne donne pas les mêmes produits.

2e Exemple. — Action de la chaux anhydre CaO :

[C] $$n = \frac{106}{8.8} = 12{,}04 \sim \text{soit } 12.00$$

$$12\,CaO + C^{12}H^{11}O^{11} = \underbrace{C^6H^5O}_{\text{Métacétone}} + \underbrace{C^3H^3O}_{\text{Acétone}} + 3\,CaO.CO^2 + 3\,CaO.HO + 3\,CaO \qquad (a)$$

Ces résultats ont été obtenus par Fremy (1). On peut les produire avec 171 de sucre et 336 de chaux. C'est 1 partie pour 2. « A peine il se dégage quelques bulles de gaz inflammable. » Nous verrons que cet accident est dû aux traces de glucose en pareil cas.

Ce qui est plus difficile à éviter, c'est une action secondaire de la chaux hydratée CaOHO. On voit qu'il s'en produit beaucoup, et cet hydrate donne :

[C] $$n = \frac{106}{17.8} = 5{,}96 \quad \text{soit} \quad 6{,}00$$

$$6\,CaO.HO + C^{12}H^{11}O^{11} = 6\,CaO.CO^2 + 3\,C^2H^4 + 5\,HO \qquad (b)$$

C'est pour éviter cette action secondaire que Frémy mettait quatre fois la CaO *nécessaire*, ce qui est huit fois la CaO *utile*. De cette manière le

1. A. C. P. (2) t. LIX, p. 8.

sucre éprouverait l'action d'une chaux trop peu mêlée de CaO.HO pour que cette dernière eût un effet marqué.

Récemment cette étude a été reprise par R. Benedikt (1). Ce chimiste a obtenu un des deux produits de l'action de C^6H^5O avec C^3H^3O — le corps $C^{18}H^{14}O^2$, qu'il a nommé isophorone.

52. *Action dans l'eau.* — *Potasse.* — Les liqueurs, même les plus concentrées, contiennent la potasse KO avec beaucoup plus d'eau qu'il n'en faut pour $KO^9(HO)^{47}$, hydrate à poids égaux.

Le goût sucré a été plus complètement détruit; mais par l'addition de l'acide sulfurique, il s'est formé du sulfate de potasse, et lorsqu'il a été précipité par l'alcool, la saveur douce s'est trouvée rétablie. (*Ann. de chim.*, t. XXV, 48.)

Action de CaO.HO. — Celle-ci mérite beaucoup d'attention de la part de tous les lecteurs parce que les moûts se trouvent parfois soumis à l'action de la chaux (le plâtre en contient parfois). Cette action a été signalée pour la première fois en 1798 par Rollo (2) ; Ramsay prétendit, en 1809, avoir pu dissoudre dans l'eau sucrée un poids de chaux égal à la moitié de celui du sucre (3). Daniell obtint dans le liquide:

Sucre.	33,2
Chaux (par l'acide oxalique)	16,5
Eau	50,3
	100,0

résultat concordant avec celui de Ramsay (4).

On a donné une autre analyse d'un sucrate de chaux en 1838, et plus tard, le même chimiste a admis la formation d'un troisième composé, le sucrate quadricalcique $C^{24}H^{22}O^{22}$ $(CaO)^4$ ou CaO=24,6/100 (5).

Voici comment cette chaux agit avec les eaux sucrées: en général le sucre s'unit avec les bases et forme de véritables composés; la nature de ces composés varie pour la chaux avec l'état de dilution des liqueurs qui servent à les produire; quand le sucre et la chaux sont en dissolution dans l'eau, évidemment la chaux est hydratée; c'est cet hydrate qui agit avec le sucre, et à poids égaux.

1. L'Isophorone. — Le défaut de pareils noms est-il assez frappant?
2. *Annales de chimie*, t. XXV, p. 48.
3. *Journ. de pharm.* (2), t. VII, p. 29.
4. A. C. P., (2) t. X, p. 219.
5. A. C. P., t. LXVII, p. 113.

Depuis cette époque, Boivin et Loiseau croient avoir obtenu le même composé, le sucrate quadricalcique (en le désignant à la manière de Soubeiran) $C^{24}H^{22}O^{22}(CaO)^4$. On obtient ce composé en saturant de l'eau, sucrée au 1/10, avec du sucrate sexcalcique dont nous allons parler, et mettant cette dissolution dans un bain de glace. Il se produit un dépôt crystallin. On le lave, par décantation dans un vase fermé, et on le fait sécher avec les précautions connues. Ce précipité crystallin renferme 24,6/100 de CaO. Calcul 24,67.

L'eau n'en dissout pas plus de 3 centièmes. L'eau sucrée le dissout facilement au contraire, et on le trouve redissout quand on laisse fondre la glace [1].

Les mêmes chimistes ont indiqué le sucrate sexcalcique ; c'est lui qui prend toujours naissance quand on délaye un excès de CaO.HO dans l'eau sucrée ; il y a dégagement de chaleur :

Avec l'eau à 15/100, le sucre s'échauffe de 4°5 (+ 10°5 à + 15°
— 30/100, — 9°5 (+ 10°5 à + 20°)

La chaux dissoute correspond à 19 ou 20/100 (à + 10°), ce qui semblerait justifier la pensée de Soubeiran $C^{24}H^{22}O^{22}(CaO)^3$.

Notre Théorie permet de se diriger au travers du labyrinthe de ces mélanges :

La chaux introduite dans les liquides sucrés est toujours hydratée. Lors même qu'on la prend vive (ou anhydre), elle commence par s'unir avec l'eau avant d'agir avec le sucre. On a donc : CaO.HO = 37

M

$$n = \frac{171}{37}$$

$$171\ CaO.HO + 37\ C^{12}H^{11}O^{11} = \frac{4}{5}\left\{\begin{array}{l} 145 \mid C^{12}H^{11}O^{11}\ (CaOHO)^4 \\ 23 \mid C^{12}H^{11}O^{11}(CaO.HO)^5 \end{array}\right. \quad (a)$$

L'action est la seule possible à froid ; et quoique très facile à réaliser, elle n'a encore été signalée par personne. Voici comment elle se produit :

100 grammes de sucre candi sont dissous dans 4 litres d'eau ; on fait tomber dans la dissolution 100 grammes de chaux éteinte : en très peu d'instants tout disparaît, la liqueur est limpide, si la chaux est pure. Au bout d'un certain temps, vingt minutes à peu près, il se forme peu à peu un trouble, et un composé nouveau se dépose, comme l'ont observé plusieurs chimistes. Rien de plus facile à comprendre.

La chaux CaO.HO a cédé d'abord au sucre seul, et a formé le com-

1. A. C. P. (3) t. LIV, p. 377.

posé entièrement soluble de l'égalité (a) ; mais en même temps l'eau s'unit à la chaux d'après l'égalité :

$$n = \frac{28}{9}$$

$$28\,HO + 9\,CaO = 9\,[CaO\,(HO)^3] + HO$$

et elle donne avec le sucre : le sucrate tribasique et trihydraté, observé par Ramsay d'abord ([1]), et plus tard par d'autres chimistes (Soubeiran entre autres) ([2]), mêlé avec du quadribasique moins soluble.

Arrêtons-nous, avant d'aller plus loin, sur les caractères de la dissolution ainsi obtenue :

C'est un liquide où la chaux, quoique vraiment unie au sucre, ne perd pas ses propriétés alcalines, comme dans une neutralisation. La liqueur est très caustique, d'une saveur très désagréable par conséquent, et très alcaline. Les caractères optiques du sucre y sont modifiés. Le pouvoir rotatoire est affaibli. J'ai trouvé pour la solution de 16 gr., 35 sucre, et 12 grammes CaOHO, à 100 cc., seulement + 53° au lieu de 100, en ne tenant pas compte du dépôt. Une solution de moitié plus faible, additionnée de chaux (à raison de moitié du poids du sucre en CaO) et qui aurait marqué + 50° sans cette addition, ne donne que 31° à la température de + 17°. C'est donc une diminution de 19°, tout restant dissout.

Soumise à l'action de la chaleur, cette dissolution se prend en pâte épaisse vers 80°. Quand la quantité d'eau ne dépasse pas quatre fois celle du sucre, on peut retourner le vase sans laisser rien tomber. Le composé n'est pas modifié profondément, car le refroidissement suffit pour que la pâte redevienne fluide, et offre les mêmes propriétés, sans aucune exception.

L'action de la chaux et du sucre a été très nettement reconnue dès 1802 par Nicolas et Gueudeville. Voici ce qu'ils ont écrit (*Annales de Chimie*, t. XLIV, p. 65) :

« Le sucre traité de même avec la chaux vive a perdu sa saveur sucrée et lui en a communiqué une très âcre ; mais l'acide carbonique a précipité toute la chaux et rendu au sucre toutes ses propriétés. Le sucre n'est donc pas décomposé par la chaux ».

1. *Bulletin de pharmacie*, t. I, p. 510.
2. *Journal de pharmacie*, t. 1, p. 469.

53. L'action de l'acide carbonique sur la dissolution aqueuse du sucrate de chaux est très remarquable. Cet acide peut être absorbé en quantité considérable, avant de produire un précipité; le carbonate de chaux, qui prend naissance, forme avec le sucrate calcaire un composé de sucre, chaux et carbonate de chaux hydratés, dont la véritable composition est variable avec les proportions relatives de ses éléments. Ce composé, d'abord soluble dans un excès de sucrate de chaux (ou, ce qui revient au même, dans de l'eau sucrée qui lui enlève une partie de sa chaux, et forme cependant un produit encore soluble), cesse de rester en dissolution quand l'excès de sucrate calcaire n'existe plus. Il apparaît alors sous la forme d'un corps blanc, laiteux, de consistance gélatineuse, assemblage de cristaux tellement déliés que personne n'a pu, jusqu'à présent, distinguer leur forme. La formation de ce produit a lieu rapidement quand l'acide carbonique atteint les proportions convenables, et fait prendre en masse, quelquefois très consistante, le liquide où il est formé.

J'ai montré que la vraie composition du sucrate d'hydrocarbonate est

$$C^{12}H^{11}O^{11}\,(CaO)^{6,5}\,(CO^2)^{3,5}$$

et les auteurs croient avoir trouvé $(CaO)^{6,0}\,(CO^2)^{3,0}$.

Quelques chimistes ont pensé que le sucrate d'hydrocarbonate est un simple mélange de sucrate et de carbonate; mais notre Théorie montre que c'est un composé défini.

Le sucrate de chaux a été employé comme alcali, pour le titrage des vinaigres, par Gréville (1), et depuis par tous les chimistes pour d'autres analyses.

Les sucrates de potasse, soude, chaux, dissolvent, avec un petit excès de sucre, l'oxyde de cuivre, récemment précipité, en prenant une couleur bleue, semblable à celle de la dissolution du même oxyde dans l'ammoniaque. Le sucrate de baryte et celui de strontiane ne possèdent cette propriété qu'à un degré très faible (Becquerel) (2). Les dissolutions de potasse et de soude portées à l'ébullition déposent du protoxyde rouge; on peut ajouter du bioxyde hydraté, décomposer tout le sucre et transformer en carbonate de potasse, avec un peu d'acétate.

Les oxydes d'argent, d'or avec de platine sont réduits à l'état métallique dans les mêmes conditions.

1. *Journal de pharmacie* (3), t. XXIV, p. 288.
2. A. C. P. (2), t. XLVIII, p. 15.

Les sucrates de CaO, BaO, SrO donnent un composé $Cu^2O.CaO$, etc. Par cette double raison, le sucre, mêlé aux dissolutions métalliques, empêche la précipitation des oxydes quand on ajoute des alcalis.

L'ammoniaque même est capable de s'unir au sucre; le gaz est absorbé à froid d'après Berzélius, et augmente le poids du sucre de 26 centièmes (en réalité 25, EM).

L'existence du sucrate de magnésie a été longtemps incertaine.

171 grammes sucre candi dissout dans 200 grammes d'eau ont reçu un équivalent de MgO, à l'état d'hydrate (précipité du sulfate par la soude caustique), et ont été abandonnés trente-six heures. On a jeté sur le filtre, et lavé jusqu'à production de 1 litre liqueur. Le pouvoir rotatoire paraît un peu affaibli. Au lieu de 104°6 on ne trouve pas plus de 90°. — 100 cc. de cette dissolution évaporés, calcinés, laissent une cendre blanche, soluble avec dégagement de chaleur dans l'acide sulfurique, et donnent un sulfate précipitable par l'ammoniaque (faiblement), par le phosphate d'ammoniaque (en abondance).

Mais c'est une apparence; le résidu laissé sur le filtre, carbonaté, filtré, l'eau mise à 300 saccharimètres marque 24°cc.; elle contient du bicarbonate de magnésie. L'ébullition précipite du carbonate neutre. L'acide chlorhydrique dégage des *torrents* de CO^2. Un instant d'ébullition donne à la liqueur, inactive d'abord avec les solutions alcalines de TCuK le pouvoir de réduire fortement ces solutions.

Il est donc bien clair que le sucrate de magnésie existe, et que sa solubilité est notablement au-dessous de 191 grammes sucrate sec au litre.

Le sucre peut être facilement uni au protoxyde de plomb. Il suffit, d'après Berzélius, de mettre l'oxyde finement pulvérisée dans de l'eau sucrée ; d'abord il se dissout, puis il se forme peu à peu une poudre blanche légère, qui rend tout le liquide opaque. Cette poudre recueillie sur un filtre, lavée à l'eau bouillante, et séchée dans le vide, est tout à fait insoluble dans l'eau, par conséquent sans saveur. L'acide carbonique et, à plus forte raison, les autres acides en séparent le sucre. Chauffée, à un certain point, elle s'enflamme, et laisse un mélange de plomb métallique et d'oxyde (à l'air).

Les précipités de sucre et PbO ont varié de composition depuis 9,23 de PbO jusqu'à 446, pour 171 de sucre presque toujours réduit à $C^{11}H^9O^9$.

Le minium lui-même cède son protoxyde : 106 grammes de sucre en prennent 6 grammes.

Le bioxyde (pur), à l'ébullition, donne un corps blanc, et cède

9,23 grammes de PbO à 171 grammes de sucre, il se forme de l'*hexénénate* de plomb.

Le point capital de ces expériences, c'est la stabilité remarquable du sucre réduit à $C^{24}H^{18}O^{18}$. Le sucrate de plomb délayé dans l'eau et traité par l'acide carbonique, ou mieux par l'hydrogène sulfuré, donne, avec ce dernier par exemple :

$$C^{24}H^{18}O^{18}(PbO)^4 + 4\,HS = PbS + C^{24}H^{22}O^{22}$$

en d'autres termes il reprend l'eau perdue pour s'unir au protoxyde et redevient sucre crystallisable pur, même après avoir été chauffé à 170°; ce point me parait exiger une nouvelle étude.

Une conséquence intéressante pour la pratique des analyses, c'est qu'une solution de sucre traitée par un excès de protoxyde de plomb lui cède tout le sucre et ne retient plus rien après filtration ; malheureusement cette absorption demande du temps.

L'insolubilité du sucrate de plomb peut le faire considérer comme un contre-poison des dissolutions plombiques. Voici un fait qui le montre.

« Pendant la campagne de Russie on avait enfermé plusieurs pains de sucre dans une caisse qui contenait quelques flacons d'extrait de saturne. Un de ces flacons ayant été brisé, le liquide s'épancha et le sucre en fut imprégné. Dans la pénurie qu'amena la circonstance, on fut obligé d'avoir recours à ce sucre, et quoiqu'on l'employât avec les ménagements que requérait la connaissance du danger auquel on s'exposait, on n'était nullement rassuré sur les effets qu'il allait produire. Mais loin de causer les accidents fâcheux que l'on redoutait, le sucre devint une nourriture salutaire pour ceux qui en firent usage ; il leur rendit même une vigueur, une énergie qui leur fut très utile pour supporter les fatigues de la marche (1). »

SUCRE ET CHLORURES

54. Les chlorures des métaux alcalins donnent, avec le sucre, des composés forts importants. Voici les faits déjà connus pour ces composés :

Sucrate de chlorure de sodium $(C^{12}H^{11}O^{11})^2NaCl(HO)^4$

Ce composé, entrevu par divers chimistes, a été découvert par Maumené, dont H. Gill a confirmé, peu de temps après, toutes les observations (2).

1. *Bulletin de pharmacie*, t. I, p. 511.
2. *Journal des fabricants de sucre*, 11 mai et 12 octobre 1870.

Maumené l'obtient en faisant dissoudre 342 grammes de sucre candi dans une eau salée formée de 58,5 de sel ordinaire, NaCl, et 300 à 350 grammes d'eau, sans faire chauffer pour dissoudre le sucre. On place la dissolution au-dessus d'un vase contenant 2 kilogrammes d'acide sulfurique, sous une cloche dont les bords, bien dressés et enduits d'un petit bourrelet de suif, sont appuyés sur une plaque de verre, et ne laissent à l'air de cette cloche aucune communication avec l'air extérieur. En quelques semaines la dissolution du sucre et sel perd l'eau excédante, devient un sirop très épais, dans lequel se forment des crystaux qui atteignent aisément 15 millimètres et offrent tous les caractères de transparence, netteté de formes, etc., des plus belles crystallisations.

Ce sont des prismes orthorhombiques (fig. 2 et 3) dont les faces MM sont toujours développées, g^1 très restreintes, h^1 fort rare et presque nulle. P assez souvent conservée, mais très réduite; e^1, e^2, bien accusées et presque toujours dans le même rapport. La constance de la forme et le profil quadrangulaire (fig. 3) permettent de distinguer les cristaux avec la plus grande facilité.

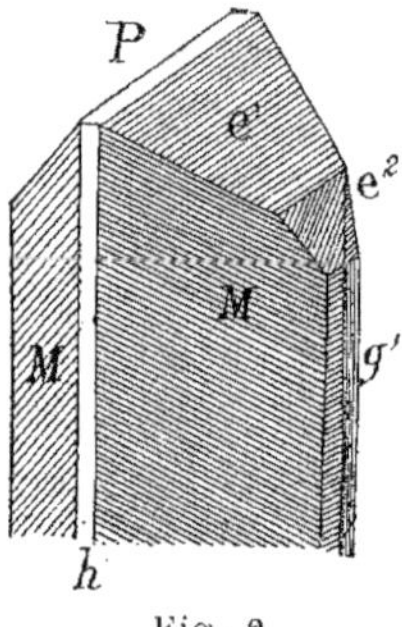

Fig. 2

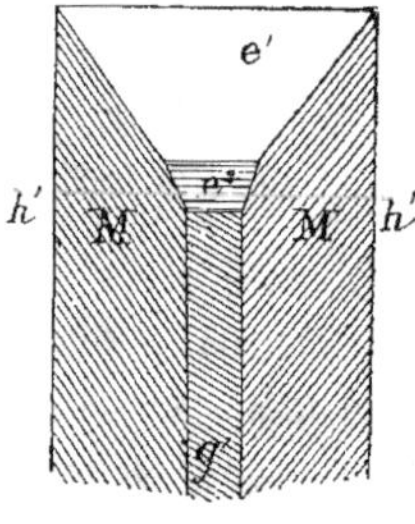

Fig. 3

L'illustre minéralogiste Descloizeaux a bien voulu récemment en faire l'examen. Voici les résultats : « Ces cristaux ont, en général, des faces trop arrondies, ou trop striées, pour fournir des mesures d'angles parfaitement précises : mais, d'après leurs caractères optiques, on peut être à peu près sûr qu'ils appartiennent au prisme rhomboïdal droit. En plaçant verticalement le prisme de 132°40', qu'on peut prendre pour primitif, le plan des axes passe par l'arête du biseau *e e* = 103° à 104°. La bissectrice aiguë est *positive* et normale à l'arête M M ; la dispersion des axes est assez forte, et les axes rouges sont plus écartés que les bleus, »

Cette étude de l'éminent cristallographe ne laisse aucun doute sur la forme de ce composé. Nous avons bien le système orthorhombique, essentiellement différent de celui du sucre pur.

Outre les angles que Descloizeaux a bien voulu déterminer, M, M et e, e, on trouve :

M. M	= 132°40'	M. e^2	=
M. P	= 90°	e^1. e^1	= 103° à 104°
M. h^1	= 113°40'	e^1. g^1	= 147°16'
M. g^1	= 156°20'	e^1. P.	= 141°49'
M. e^1	=		

La densité des crystaux est 1,574 à + 15°.

Soumis à l'action de la chaleur, ils fondent vers 100° et peuvent être conservés longtemps à cette température sans altération notable. Il faut au moins + 115° pour que les cristaux commencent à perdre de l'eau; on peut monter jusqu'à 147°, et laisser cette température durer tant qu'on voudra, sans faire perdre à la matière sirupeuse plus de 4,13 pour 100 d'eau, ou 2 HO. Le composé est réduit ainsi à $(C^{12}H^{11}O^{11})^2NaCl(HO)^2$ en apparence ; mais, en réalité, le sucre $C^{12}H^{11}O^{11}$ ne s'est pas conservé ; il s'est uni avec l'eau restante, et a formé de l'hexélose, très actif sur la liqueur Trommer. La véritable formule est donc $(C^{12}H^{12}O^{12})^2$,NaCl. Le composé est devenu du glucosate sec.

A une température plus élevée, 170° à 180°, ce corps perd 16 HO et se réduit à un mélange noir de caramélin et de sel $(C^{12}H^4O^4)^2$ + NaCl. On sépare les deux composés par l'eau, qui donne une solution parfaitement incolore, et du caramélin insoluble dans les alcalis.

La dissolution du sucrate dans l'eau présente exactement le pouvoir rotatoire du sucre que les crystaux contiennent. 16 gr., 15 mis à 100 cc. marquent au sacharimètre + 77°5 à 78°.

La composition des crystaux est alors :

	Équivalents	Centièmes	MAUMENÉ (moy. de 3)	H. GILL (moy. de 7)
$(C^{12}H^{11}O^{11})^2$	342	78,35		
NaCl.	58,5	13,40	13,295	13,454
4 HO.	36	8,25		
	436,5	100,00		

ce qui équivaut à $(C^{12}H^{12}O^{12})^2$, résultat des plus remarquables sur lequel nous reviendrons en parlant du glucosate.

Maumené a constaté en outre l'existance du sucre $C^{12}H^{11}O^{11}$ dans les crystaux. 24 grammes ont été décomposés par l'azotate d'argent, 92 gr. par l'azotate de plomb (addition d'un peu de chaux, de sulfhydrate d'ammoniaque, etc.). Il a obtenu dans le premier cas 15 grammes et dans le second 17 grammes de sucre crystallisé. On aurait pour le premier cas 18 gr. 804, pour le second 32 gr. 082 à extraire, mais *les premiers jets* obtenus suffisaient à lever tous les doutes ([1]).

~~ *Sucrate de chlorure de potassium.*

Ce composé paraît ne pouvoir être obtenu, H. Gill a essayé de le produire ; mais il a complètement échoué.

~~ *Sucrate d'iodure de sodium.*

La densité des cristaux = 1,854,

On obtient aisément ce composé. L'analyse par M. H. Gill a donné :

$$(C^{12}H^{11}O^{11})^{4}(NaI)^{3}(HO)^{9}$$

Toute l'eau peut disparaître à 60° sans que les cristaux fondent; il est évident que le sucre reste inaltéré. La fusion a lieu à 90°, d'après H. Gill. Je n'ai pu l'obtenir que de 140° à 142°. Jusqu'à 160° je n'ai pas eu d'eau dégagée ; à cette température l'eau distille, la matière jaunit, et une odeur franche de caramel commence à se faire sentir. La lumière rougit les cristaux (Maumené).

~~ *Chlorure de cuivre.* Il donne très rapidement à l'ébullition un précipité de protochlorure, de protoxyde et de caramélin (Maumené).

Bichlorure d'étain $SnCl^{2}$ ce corps, est un liquide incolore très fluide, pesant (D = 2,233) et si avide d'eau que sa vapeur, très abondante à la température ordinaire, absorbe immédiatement l'humidité atmosphérique, et forme des nuages épais, poussière atomique d'un hydrate $SnCl^{2}(HO)^{5}$. Obtenu pour la première fois par le chimiste Libavius, on le connaît sous le nom de *liqueur fumante de Libavius.* Voici la composition du chlorure et de son hydrate :

1. Voyez *Comptes rendus*, t. LXXII, p. 504 et LXXVI, p. 549; *Bulletin de la Société chimique*, t. XIX, p. 289; et *Journal des fabricants de sucre*, 11 mai 1871.

	En équiva-lents	En nombres entiers les plus simples	En centiè-mes		En équiva-lents.	En nombres entiers les plus simples	En centiè-mes
Sn. . .	59	59	45,38	Sn. . .	59	59	33,71
Cl^2. . .	71	71	54,62	Cl^2 . .	71	71	40,57
				$(HO)^5$.	45	45	25,72
	130	130	100,00		175	175	100,00

L'hydrate peut être obtenu en très beaux crystaux. C'est un composé bien déterminé, dont l'existence prouve la grande action du chlorure et de l'eau.

Lorsqu'on fait évaporer une solution aqueuse de sucre et d'hydrate de chlorure, on peut obtenir, à + 100°, une dessication complète sans que le sucre soit altéré : il reste un mélange de sucre et d'hydrate, incolore, qui pourrait subsister à cette température pendant longtemps ; mais si l'on élève le degré de chaleur un peu au-dessus de 130°, il s'établit une lutte entre les deux corps pour retenir l'eau, que la chaleur veut mettre en liberté ; le sucre est vaincu dans cette lutte, et se réduit à $C^{12}H^4O^4$, comme je l'ai fait connaître en 1854 (1). C'est un corps brun noir, amorphe, auquel j'ai donné le nom de *caramélin* et qui est probablement identique au mélange nommé l'*ulmin*, formé par l'action des acides (l'ulmin n'a pas été analysé).

ACTION DES SELS

55. Le sucre a été combiné avec le sulfate de cuivre. Il suffit de mêler les deux dissolutions aqueuses d'un équivalent de chaque corps et de faire évaporer dans l'air sec et froid. Le composé est bleuâtre, non crystallisé, et ne renferme que $C^{12}H^{11}O^{11}$. $CuO.SO^3(HO)^4$ d'après Barreswill qui l'a fait connaître (2). Cette analyse doit être parfaitement exacte. Elle montre que le sulfate de cuivre a perdu 1 HO et le sucre 4. La raison en est facile à trouver. Il suffit d'écrire la formule comme il suit :

$$\underbrace{\underbrace{C^{12}H^8}_{72}\underbrace{O^8}_{72}}_{144} : \underbrace{CuO.SO^3.(HO)^7}_{143}$$

1. C. R. t. XXX, p. 314 et *Travaux de l'Académie Impériale de Reims*, t. XI, p. 331.
2. *Journal de pharmacie*, [3], t. VII, p. 29.

Les sels riches en oxygène peuvent exercer une grande action avec le sucre. Par exemple le chlorate de potasse intimement mêlé avec le sucre fulmine par le choc. — C'est une action de contact :

[C] $$n = \frac{107}{52,7}$$

$$107\ ClO^5.KO + 52.7\ C^{12}H^{11}O^{11} = 107\ ClK + 9.6\ CO^2 + 622.8\ CO + 579.7\ HO$$

Il est facile de voir que le plus léger excès de chlorate brulera les CO, et que la presque totalité du mélange se réduit en gaz ou vapeur.

Il ne faut manier ce mélange qu'en petite quantité, et avec les plus minutieuses précautions (1).

3. Citons encore l'azotate d'argent. Son volume est 39. On a donc :

[C] $$n = \frac{107}{39}$$

$$107\ AzO^5.AgO + 39\ C^{12}H^{11}O^{11} = \frac{2\left\{\ 10 \mid 2\,Ag + 12\,CO + 11\,HO + 2\,Az\right.}{3\left\{\ 29 \mid 3\,Ag + 6\,CO + 6\,CO^2 + 11\,HO + 3\,Az\right.}$$

C'est déjà bien assez d'oxygène pour amener une explosion formidable ; mais il est clair que l'addition de $5AgO.AzO^5$ convertirait tout le CO en CO^2 et rendrait l'explosion plus terrible encore : on aurait $4AgO.AzO^5$ pour $1C^{12}H^{11}O^{11}$. Le choc suffit : la chaleur produit facilement l'explosion.

Mais ce même azotate, si dangereux à l'état sec, produit très peu d'effet en dissolution. Bien entendu, il doit être parfaitement neutre. Alors on peut faire bouillir le mélange, en dissolution concentrée, sans produire aucune action chimique. J'ai montré que le seul effet produit est une destruction du pouvoir rotatoire ou, en d'autres termes, une production de *sucre optiquement neutre*. J'employais 10 grammes de sucre (n° 18-19) dissous dans 50 grammes d'une solution au 1/5 d'azotate parfaitement neutre. En vingt-quatre heures ce mélange prend une très légère couleur brun noir ; chauffé au bain d'eau bouillante, cette couleur augmente un peu, et se résout en un très faible précipité. Le sucre pur ne donne rien. On peut dessécher sous une cloche, par $SO^3.HO$, en une masse vitreuse, semblable à l'acide phosphorique. Si l'on

1. Le récit d'un accident de ce genre peut être utile ; dans les premiers mois de 1883, à Lyon, un ouvrier chargé de broyer de vieilles pilules au chlorate et qui avait reçu l'ordre bien catégorique de ne pas opérer sur plus de 200 grammes à la fois, poussa jusqu'à 3 kilogr. ; une explosion formidable brisa le mortier, dont les fragments coupèrent en deux le malheureux ouvrier ; les murs, la toiture furent projetés au loin.

fait bouillir, on n'obtient aucun gaz; de l'eau seule distille, et, à une température de plus de +140°, on voit apparaître un précipité gris jaunâtre, d'azotite d'argent dont la formation est lente, sans aucune coloration du liquide.

On a:

$\boxed{M}$ $$n = \frac{171}{170}$$

$$171\,AzO^5.AgO + 170\,C^{12}H^{11}O^{11} + \begin{matrix}1\\2\end{matrix}\left\{\begin{array}{r|l} 169 & AzO^3.AgO + C^{12}H^{11}O^{15} \\ \hline 2 & 2AzO^3.AgO + C^{12}H^{11}O^{15} \end{array}\right.$$

Les sucres (18-19) sont toujours un peu alcalins ; tant que l'alcali neutralise $C^{12}H^{11}O^{13}$ et $C^{12}H^{11}O^{15}$, la neutralité optique se maintient ; mais si l'alcali manque, ce qui arrive avec du sucre candi *pur*, la plus petite quantité des deux acides produit l'inversion. — Ce qui est arrivé à Von Lippmann dans l'action du sucre normal et de CO^2, sous pression (1).

Le sucre perd seulement tout son pouvoir rotatoire et, circonstance des plus remarquables, il n'éprouve aucune inversion ; il s'arrête à la neutralité optique parfaite, il n'a plus d'action ni à droite ni à gauche. On peut conserver la dissolution pendant deux mois sans le moindre changement à cet égard.

Le sucre *neutre* ainsi obtenu (je l'ai nommé *inactose*) dissout la chaux ; cette base peut être enlevée par l'acide carbonique et le sucre est encore neutre. Il conserve une saveur sucrée et n'a pas d'action avec les liqueurs alcalines TCuK.

On peut l'isoler en ajoutant du chlorure de calcium avec précaution, filtrant, mêlant avec une certaine quantité d'alcool, et plaçant sous une cloche, à côté d'une masse convenable de chaux. Peu à peu le sucre se sépare en une masse visqueuse. On la sépare de la solution alcoolique d'azotate de chaux ; on la fait dissoudre dans un peu d'eau, on ajoute de l'alcool, on place de nouveau à côté de la chaux, etc. Dès ce deuxième traitement, le sucre est pur (2).

4. L'action de l'azotate de cuivre n'est accompagnée d'aucune réduction, car on a :

$\boxed{M}$ $$n = \frac{171}{94}$$

$$171\,AzO^5CuO + 94\,C^{12}H^{11}O^{11} = \begin{matrix}1\\2\end{matrix}\left|\begin{array}{r|l} 17 & C^{12}H^{11}O^{13}.CuO + AzO^3 \\ \hline 77 & C^{12}H^{11}O^{15}.CuO + AzO^3 + AzO^3.CuO \end{array}\right.$$

Il doit donc se produire de l'hexépate de cuivre, de l'hexénénate, de l'azotite, et peut-être du biazotite.

1. Voir Acide carbonique.
2. *Journal des fabricants de sucre*, 12 mai 1870.

Vogel a observé cette action : « Il ne se forme aucun précipité ni de protoxyde ni de cuivre métallique. La liqueur reste parfaitement transparente dans son plus haut degré de concentration et même après le refroidissement. Il semble que le nitrate a subi une espèce de décomposition, car la potasse forme un précipité plus ou moins jaunâtre [1].

5. Le sulfate de cuivre en dissolution aqueuse (125 grammes par 1000 cc. de solution) n'a presque aucune action avec le sucre candi et n'en a qu'une très lente avec le sucre inverti. Le dépôt produit par ce dernier est du cuivre métallique avec $\frac{1}{9}$ Cu^2O comme le fait *prévoir* l'équation :

M $$n = \frac{180}{80} = \frac{9}{4}$$

$$9CuO.SO^9 + 4C^{12}H^{12}O^{12} \begin{matrix} 2 \\ 3 \end{matrix}\left\{ \begin{array}{l|l} 3 & C^{12}H^{12}O^{14} + 2Cu \qquad\qquad + 2SO^3 \\ \hline 1 & C^{12}H^{82}O^{14} + Cu + Cu^2O + 3SO^3 \end{array} \right.$$

en négligeant l'action secondaire qui donne un peu de $C^{12}H^{12}O^{16}$, l'acide hexépique dont j'ai annoncé la découverte (p. 85).

6. L'action du sucre avec les sels de cuivre m'a paru demander une étude nouvelle, et en effet la vérité à son égard n'était pas suffisamment connue. Voici quelques faits dont l'analyse peut tirer parti dans la préparation des liqueurs TCuK, dites de Trommer, Barreswil, etc.

Le diédate (acétate) de cuivre (100 grammes par 1400 cc. de solution) exerce une action lente avec le sucre normal, comme le sulfate lui-même. Il faut une ébullition longtemps prolongée pour obtenir une réduction.

Mais ce même sel agit immédiatement avec le sucre inverti, ou sucre de raisin et produit un mélange de cuivre et de protoxyde, d'un très beau rouge, d'après l'équation :

M $$n = \frac{180}{100} = \frac{9}{5}$$

$$9CuO.C^4H^3O^3 + 5C^{12}H^{12}O^{12} = \begin{matrix} 3 \\ 2 \end{matrix}\left\{ \begin{array}{l|l} 1 & C^{12}H^{12}O^{12} + CuO.C^4H^3O^3 \\ \hline 4 & C^{12}H^{12}O^{14} + 2Cu + 2C^4H^3O^3 \end{array} \right.$$

Le sel organique présente donc une activité chimique plus grande que le sel inorganique [2].

Cette condition ne se présente pas avec le tétrabélate (tartrate).

Dans l'eau les actions sont plus faibles.

1. Ces résultats ont été obtenus par Vogel (*Annales de pharmacie* (2), t. I, p. 242.

2. *Journal de pharmacie* (2), t. I, p. 247.

7. Si ce n'est pour l'azotate d'ammoniaque, facile à modifier par la chaleur en sel acide et sel basique. Lorsqu'on chauffe 50 grammes de sucre dans 100 grammes d'eau et 2 grammes d'azotate (ou 12,5 au maximum), on voit bientôt le liquide se colorer, comme sous l'influence des acides; à + 120° il devient brusquement très foncé; quelques instants plus tard, à + 125°, il se soulève en une masse bulleuse formée par les vapeurs mixtes, presque entièrement condensables et douées d'une odeur cyanique.

8. Les sels de mercure ont une action très marquée.

L'acétate de mercure donne, à l'ébullition, de l'acétate de protoxyde en paillettes noires.

9. Le trichlorure d'or *neutre* est décomposé à l'ébullition ; il se précipite de l'or métallique *rouge*, d'après Vogel, il se forme de l'acide hexénique en abondance.

10. Le sulfate de chaux se dissout mieux dans les eaux sucrées que dans les eaux pures, et d'autant plus que ces eaux sont plus concentrées, le contact plus prolongé, la température plus élevée. A la suite d'une ébullition prolongée, le liquide abandonnerait une partie du sulfate dissout et on le retrouverait dans l'écume [1]. Est-ce par suite de l'inversion ou par une autre cause ? l'auteur ne le dit pas.

L'action du sucre et des matières organiques est encore peu connue.

56. Scheibler a donné un tableau de la solubilité du sucre dans les mélanges d'eau et d'alcool [2] :

RICHESSE alcoolique des mélanges	A 0°		A + 11°		A + 40°	
	Densité à + 17°5	Sucre pour 100	Densité à + 17°5	Sucre pour 100	Densité à + 17°5	Sucre pour 100
0	1,3248	85,8	1,3258	87,5	0,0000	105,2
10	1,2991	80,7	1,3000	81,5		95,4
20	1,2360	74,2	1,2662	74,5		90,0
30	1,2293	65,5	1,2327	67,9		82,2
40	1,1823	56,7	1,1848	58,0		74,9
50	1,1294	45,9	1,1305	47,1	0,0000	63,4
60	1,0500	32,9	1,0582	33,9		49,9
70	1,9721	18,2	0,9746	18,8		31,4
80	1,8931	6,4	0,895	6,6		12,3
90	1,8369	0,7	0,8376	0,9		2,3
97,4	1,8062	0,8	0,8082	0,36	0,0000	0,5

1. *Journal de pharmacie* (4), t. VII, p. 213.
2. *Deutsche chemische Gesellschaft*, 1872. t. V, p. 343.

La densité à + 17°,5 des solutions faites à 40° n'a pas été obtenue.

L'auteur croit que les courbes de solubilité dans l'eau à + 14° et 40° sont des courbes peu prononcées (ce qui est vrai, mais leur forme réelle n'est pas celle de l'auteur). Dans les mélanges d'eau et d'alcool, ce sont des courbes d'abord infléchies au-dessous des précédentes, puis au-dessus, après croisement. Le sucre serait plus soluble dans les mélanges peu alcooliques que dans l'eau pure ; il le serait moins dans les mélanges à grande richesse.

Les points de croisement de la courbe pour l'eau pure à + 14° sont :

A + 14° degrés pour le mélange à 50 centièmes d'alcool.
A + 40° — — 60 —

Une solution d'eau saturée de sucre à + 14° mise à 50 centièmes ne se trouble pas ; avec plus d'alcool, du sucre se dépose, etc.

Le sucre est soluble dans 2, 5 fois son poids de glycérine (1).

57. L'identité du sucre extrait d'un végétal quelconque avec le sucre normal, extrait de la canne, ne peut plus faire, depuis longtemps, l'objet du plus léger doute.

Le sucre extrait des végétaux, cristallisé en prismes obliques, et suffisamment purifié, est une *espèce* unique des mieux caractérisées. C'est toujours un corps de la formule $C^{12}H^{11}O^{11}$ (en prenant cette formule réduite aux simples termes), d'une saveur sucrée toujours égale, et donnant par la fermention des quantités égales d'alcool, etc. C'est toujours le même sucre, le *sucre normal*.

Tout au plus, pourrait-on soupçonner l'existence d'un isomère, non cristallisé, d'une saveur plus douce et dénuée de tout pouvoir rotatoire. Ce serait le sucre *inactif ou neutre* (chap. III).

Le mode de formation du sucre dans les végétaux est aujourd'hui connu ou à bien peu près.

On a vu § 14 (p. 25) la grande probabilité de son origine donnée par la Théorie Générale; mais jusqu'à présent je n'ai pas encore réussi à l'obtenir *faute de temps*.

Enfin Buignet a fait connaître la présence du sucre dans un grand nombre de fruits, même acides, où l'on regardait cette présence comme impossible (2). Ce chimiste a trouvé :

1. Vogel, B. S. C., t. X, p. 70.
2. A. C. P. (3), t. LXI, p. 233.

	SUCRE		RAPPORT		TOTAL des deux sucres	ACIDE pour cent en SO^3HO
	Normal	Réducteur	Normal	Réducteur		
Abricots	6,01	2,74	68.77	31,23	8,785	1,864
Ananas (Monserrat)	11,33	1,98	85,12	14,88	13,310	0,547
Bigarreaux	0,00	8,25		100,00	8,25	0,608
Cerises anglaises	0,00	10,00			10,000	0,661
Citrons	0,41	1,06	27,89	17,11	1,466	4,706
Figues violettes	0,00	11,55		100,00	11,55	0,057
Fraises (Collina)	6,33	4,98	55,96	44,04	11,310	0,550
Fraises (princesse royale)	0,00	5,86			5,86	0,750
Framboises	2,01	5,22	27,81	72,19	7,230	1,380
Groseilles blanches	0,00	6,40			6,100	1,574
Oranges	4,22	4,36	49,19	50,81	8,578	0,448
Pêches hatives mûres hors de l'arbre	»		46,20	53,80		
Pêches mûres sur l'arbre	»		70,75	29,25	1,991	0,783
Pêches vertes	0,92	1,03	70,65	29,55	5,99 (1)	3,94
Poires (Madeleine) nouvelles	0,68	7,16	8,67	91,35	7,844	0,287
Poires (Saint-Germain)	0,36	8,42	4,11	95,89	8,7844	0,115
Pommes (reinette grise) nouvelles	5,28	8,72	37,75	62,25	14,00	1,148
Pommes reinette (Angleterre)	2,19	5,45	28,70	71,30	7,649	0,633
Pommes (reinette grise) conservées	3,20	12,63	20,85	79,15	15,830	0,403
Pommes (calville) conservées	0,43	5,82	6,88	93,12	6,250	0,253
Prunes mirabelle	5,24	3,43	60,44	39,56	8,670	1,288
Prunes reine Claude	1,23	4,33	22,12	77,88	5,552	1,208
Raisin venu en serre	0,00	17,26		100,00	17,260	0'345
Raisin conservé	0,00	16,50		100,00	16,50	0.403
Raisin nouveau (Fontainebleau)	0,00	9,42		100,00	9,42	0,558
Raisin vert	0,00	1,60		100,00	1,60	2,485

(4) Il y a là une erreur dont la rectification n'est pas donnée. Y a-t-il 4,07 sucre réducteur au lieu de 1,07 ?

58. La composition du sucre a été l'objet d'un grand nombre de travaux.

La formule admise aujourd'hui est $C^{12}H^{11}O^{11}$ (en réalité $C^{24}H^{22}O^{22}$) qui donne :

	En équivalents	En nombres entiers les plus simples	En centièmes	
Carbone	144	72	42,105	
Hydrogène	22	11	6,433	57,895
Oxygène.	176	88	51,462	
	342	171	100,000	

Beaucoup de raisons très sérieuses portent à considérer le sucre comme $C^{24}H^{22}O^{22}$. Nous ne pouvons les développer ici.

Une formule très simple peut être déduite de l'action de la chaleur.

$$C^{24}H^{22}O^{22} = C^{12}H^{12}O^{12} + C^{12}H^{10}O^{10}$$

C'est assurément la plus probable, car elle se prête à l'explication de toutes les actions du sucre ; mais elle doit être envisagée comme elle l'a été par Wurtz en ces termes :

« Chacune de ces formules » rationnelles « répond à un certain nombre de réactions : aucune d'elles ne les exprime toutes... Circonstance qui met en lumière le caractère hypothétique de telles formules : elles ne reflètent en quelque sorte que les réactions sur lesquelles elles sont fondées et tout en indiquant certaines métamorphoses, certaines directions suivant lesquelles les molécules peuvent se scinder ; elles ne sauraient représenter le véritable groupement moléculaire [1] ».

Le composé d'iodure de sodium est un de ceux qui montrent, avec éclat, le peu de confiance que l'on doit accorder aux idées de molécules *fixes*, et douées d'une *atomicité* permanente ; jamais chimère plus trompeuse n'a égaré les penseurs. Comment comprendre

$$C^{24}H^{22}O^{22}NaCl\,(HO)^4$$

et

$$(C^{24}H^{22}O^{22})^2\,(NaI)\,(HO)^6\ ?$$

1. *Traité de chimie*, t. 11, p. 247.

et relier l'une des deux formules avec toutes les autres? Il faut avouer que la molécule du sucre a une disposition moléculaire dont les causes nous sont très imparfaitement connues.

Le seul point incontestable, c'est la modification de cette disposition moléculaire, suivant les corps, et suivant la température, à l'action desquels on l'expose : un seul moyen de connaître, et de calculer, cette modification, nous est offert par la Théorie générale, dont les deux lois si simples ont fourni déjà tant d'exemples, et nous permettront, dans tout le cours de cet ouvrage, des applications continuelles, de la plus exacte interprétation des faits.

Nous y reviendrons, après l'étude du sucre inverti, et surtout après l'examen des fermentations, qui nous fourniront des preuves multiples de l'aperçu qu'on vient de lire.

59. On a fait des efforts, à diverses reprises, pour *fabriquer* du sucre artificiel. Voici le résumé des travaux publiés : Dæbereiner a fait en 1819 une expérience que je dois rapporter :

Dans la pensée que par la simple capillarité, on peut opérer des combinaisons et des décombinaisons chimiques, il a fait agir en présence du charbon, et sous une très forte pression, de l'acide carbonique et de l'hydrogène carboné.

Le résultat a été du sucre (souligné par lui-même).

Ce résultat est, en effet, conforme aux indications de la Théorie Générale en admettant l'emploi de l'hydrogène protocarboné C^2H^4 ; nous l'avons vu avec détail, p. 28.

Dæbereiner a-t-il employé l'hydrogène protocarboné?

Le calcul de la p. 28 l'expliquerait; mais les détails de ce calcul entier, qui ne peuvent trouver place ici, je les ai donnés dans *les Mondes* (20 mars 1873); je prie mes lecteurs de vouloir bien s'y reporter (*Petites Annales de Chimie,* n° 13).

L'un des isomères du sucre a été obtenu récemment, par A. Gautier. C'est peut-être celui dont l'étude offre le plus d'intérêt, car cette étude a été faite avec l'espoir évident de revenir du glucose au sucre, et l'auteur s'est placé dans des conditions faites pour justifier cet espoir au plus haut degré; je suis obligé de renvoyer à mon *Traité du sucre*, I, 109, en raison de sa complexité.

Plus récemment, Demole a fait un effort analogue, mais aussi vainement [1].

1. *B. S. C.*, t. XXXII, p. 439.

60. *Usages* — Examinons l'utilité du sucre; ses usages, comme médicament ou adjuvant, remontent à la plus haute antiquité. Les Indiens l'emploient de temps immémorial ([1]).

Le rôle du sucre dans l'alimentation présente un grand intérêt, mais ce sucre, n'existant ni dans le moût (?) ni dans le vin, je dois renvoyer à mon *Traité du sucre*, I. 111.

Outre son emploi comme matière sucrante, le sucre peut servir de contre-poison :

1° Contre les sels de cuivre, sous-acétate ([2]);

2° Contre l'arsenic (c'est le jus de canne) ([3]), et le venin des poisons;

3° Contre l'acétate de plomb ([4]).

Le sucrate de chaux a été proposé comme contre-poison de l'acide phénique : 16 de sucre dans 40 d'eau; 5 de chaux ([5]);

Récemment, on a fait du sucrate de chaux une autre application remarquable; en se fondant sur la solubilité de ce corps dans la glycérine, Latour, pharmacien principal à l'hôpital Saint-Martin, a donné, pour la guérison des plaies de brûlures, la préparation suivante :

Sucre pulvérisé	400 grammes.
Chaux hydratée.	200 —
Glycérine.	400 —
Eau (ordinaire, même).	2000 —

On mêle d'abord le sucre et la chaux intimement, dans un mortier, en ajoutant l'eau, peu à peu, sans laisser de grumeaux : la bouillie claire, versée dans un flacon à bouchon de verre, y est agitée plusieurs fois. Après vingt-quatre heures, on filtre, on ajoute la glycérine à la liqueur filtrée, puis on fait évaporer jusqu'à réduction au volume d'un litre.

	CaO	Sucrate $C^{12}H^{11}O^{11}CaO$
100 centimètres cubes contiennent. .	7,717	54,85
100 grammes	6,720	47,76

1. *Journal de pharmacie* (2), t. XIV, p. 507.
2. *Journal de physique* (2), t. XVIII, p. 570.
3. *Journal de pharmacie* (1), t. VII, p. 22.
4. *Journal de pharmacie* (2), t. IX, p. 358.
5. *Journal de pharmacie* (4) t. XVIII, p. 222.

Le sirop marque 28 degrés densimétriques à + 15° (1).

Il ne se coagule pas à l'ébullition, parce que la glycérine maintient la dissolution; mais, en affaiblissant cette influence par l'addition de quatre volumes d'eau, la coagulation ordinaire est produite.

Appliqué sur la peau, ce *glycéré* de sucrate de chaux forme une sorte de vernis, puis, sous l'influence de la transpiration, se détache en grumeaux : sur les surfaces enflammées, il se produit un sentiment de bien-être en diminuant la calorisation.

On peut lui donner une siccativité plus grande en y ajoutant à chaud 5 p. 100 de gélatine blanche.

Il m'a paru bon de citer cette application doublement utile : pour les guérisons en cas d'accidents; pour l'étude du sucre dont la combinaison avec la chaux est modifiée par la glycérine (1).

Le sucre est employé pour rendre certains corps plus solubles, par exemple l'acide arsénieux (2); on a composé de cette manière une

1. Je préviens mes lecteurs de l'abandon absolu des indications aréométriques (Baumé ou autres), et de l'unique emploi des DEGRÉS DENSIMÉTRIQUES dans le présent Traité.

Ils voudront, j'en suis sûr, comme je le fais depuis de longues années, faire usage d'un seul et même instrument, d'une seule et même nomenclature pour toutes les évaluations de densité, de poids, de richesse saccharine, continuellement utiles dans les travaux œnologiques, dans les distilleries, dans les fabriques de sucre ou les raffineries

Comment sont évaluées les richesses des jus? par le densimètre Un jus dont la densité est 1040 est pris en charge par la Régie à 4 degrés, c'est-à-dire en comptant seulement les centièmes en sus de 100. Un jus dont la densité est 1047 marque 4°,7.

Pourquoi ne pas suivre cette marche uniformément pour les moûts, les sirops et mélasses, comme pour les jus? Un sirop dont la densité est 1320 doit être désignée par le titre de 32 degrés Une mélasse de la densité 1439 doit être désignée par le titre 43°,9. De cette manière les indications sont toutes concordantes, toutes aussi simples que possible, et toutes rattachées immédiatement à la notion physique la plus industrielle, et commerciale, la densité.

Les indications Baumé ne donnent pas cette notion, sans être traduites. Le sirop de 32 degrés serait désigné par 34°,8 Baumé. La mélasse de 43°,9 serait désignée 43°,7 Baumé. Pour le sirop nous savons de suite : 32 degrés représentent la densité 1320, et le poids de 132 kilogrammes à l'hectolitre ; pour la mélasse nous savons de même : 43°,9 représentent la densité 1459, et le poids de 143 kil.,9 à l'hectolitre.

Avons-nous le même avantage avec les degrés Baumé? Dans le premier cas, nous avons 34°, au lieu de 32, c'est-à-dire un nombre plus fort ; dans le second, 43°9, c'est-à-dire un nombre plus faible. Il n'y a pas de rapport avec la densité. Il faut une traduction, un calcul. A quoi bon cet embarras?

Lorsque nous avons, M. V. Rogelet et moi, créé l'industrie des potasses de suint, aujourd'hui si considérable, nous avons suivi cette marche dans toutes les fabriques : personne ne songe à l'instrument de Baumé, ni aux autres analogues.

2. *Journal de pharmacie*, [4] t. XVIII, p. 420 ; et t. XV, p. 383.

pâte contre les mouches (1). A ce même titre, on en fait usage en teinture.

— On vient de proposer plus récemment d'employer le sucrate de chaux comme *mortier*, en construction. Le sucrate durcit bien et donne un bon ciment — pour quelque temps, car on n'évitera pas la carbonatation et l'inversion du sucre devenu libre ; — changé en produit déliquescent, il fera regretter le mortier de chaux pure.

Un mot sur le pouvoir sucrant du sucre. Il est très difficile de définir ce pouvoir, et d'établir une comparaison exacte entre le pouvoir du sucre normal et celui des autres matières sucrantes. Pour avoir une base un peu utile, on doit considérer le sucre pur; mais ce serait demeurer dans le domaine théorique. En réalité, le sucre est toujours mêlé avec un aliment de saveur particulière, presque toujours assez forte pour modifier cette saveur : et la sienne propre change beaucoup dans de telles conditions. Une remarque précise le fait bien comprendre : le sucrate de chlorure de sodium crystallisé (§ 94) n'a presque aucune saveur, ni celle du sucre, ni celle du chlorure (2).

La saveur réelle du sucre est dont tantôt augmentée, tantôt diminuée, par les autres corps. Une évaluation directe est véritablement presque impossible.

§ 111. — **Sucre inverti. — Hexélose droit (Glucose) Hexélose gauche (Chylariose) — Autres matières sucrées**

SUCRE INVERTI OU SUCRE DE RAISIN

61. Le sucre inverti, comme nous l'avons vu dans le chapitre précédent, soit par la seule influence de l'eau pure, influence très lente à froid, plus rapide à chaud, soit par l'influence combinée de l'eau et des acides, beaucoup plus rapide que celle de l'eau pure, soit par d'autres influences analogues, mérite une extrême attention, parce qu'il est identique au sucre de raisin quand il a été produit dans des conditions analogues, c'est-à-dire par l'action des acides végétaux, ou par celle des acides minéraux employés en aussi petite quantité que possible.

1. *Journal de pharmacie*, [3] t. XMI, p. 440.

2. Ce qui explique un fait dont il n'est pas inutile de parler: Le bouillon, chauffé à plusieurs reprises, devient très salé ; le premier jour presque tout le sel est combiné avec le sucre des viandes (inverti) ; par le chauffage, cette combinaison est détruite et les éléments sucrés modifiés ; le sel devient libre et cause une saveur masquée jusque là.

Bien loin d'arriver aisément par l'inversion à un mélange *constant* de deux espèces bien définies, le *glucose* et le *chylariose* [1], le sucre ne cesse de se modifier, sous les influences que nous venons d'indiquer, jusqu'au point de perdre tout pouvoir rotatoire ; et il arrive alors à un état chimique dont on est resté longtemps sans connaître les vrais caractères.

Les expériences de Soubeyran, résumées p. 76, sont très démonstratives : 16,20 de sucre, mis à 100 degrés dans l'eau distillée, puis soumis à une action continue de la chaleur, passent peu à peu de l'*état dextrogyre* où ils marquent 100 degrés d'abord, à la *neutralité optique*, où ils marquent 0, et peu à peu, mais plus rapidement, à l'*état lévogyre*, où ils atteignent, d'après Maumené et von Lipmann, — 44°,2.

Ce n'est pas tout : si l'on prolonge l'action de la chaleur, toujours au bain d'eau bouillante, ils reviennent peu à peu sur leurs pas, pour ainsi dire, c'est-à-dire à la neutralité optique, au 0 de rotation, qu'ils dépassent pour reprendre un pouvoir dextrogyre très prononcé.

Dans l'expérience que je rappelle, et qui avait duré soixante-seize heures, Soubeyran s'est arrêté avant la fin ce ces mouvements moléculaires : la solution avait repris un pouvoir de + 7 degrés, *elle était encore très sucrée.* — Il n'avait pas achevé cette étude, et, depuis, personne ne l'avait complétée.

HEXÉLOSE DROIT (GLUCOSE)

62. Je puis aujourd'hui donner une idée beaucoup plus exacte des changements produits dans cette série de mouvements moléculaires, c'est-à-dire dans le premier passage du pouvoir dextrogyre au lévogyre maximum, dans la *première inversion* complète de + 100° à — 44,°2.

Mais avant d'aller plus loin, pour nous faire une idée juste du sucre inverti, ou du sucre de raisin, il nous faut étudier les éléments de ce sucre, savoir :

1° L'*hexélose droit* (ou glucose);

2° L'*hexélose gauche* (chylariose, lévulose) ;

3° L'*hexélose neutre* (inactose).

Propriétés physiques. — 1° *Densité.* Pour la connaître, il faudrait avoir des crystaux; jusqu'à présent, on n'a pas cette satisfaction,

1. On a dit aussi levulose ; mais ce mot, fort impropre, doit être abandonné.

la solution alcoolique a donné des cubes, mais on n'en a pas mesuré la densité. Quelques auteurs lui attribuent 1,55.

2° *Action de la chaleur.* — Le glucose $C^{12}H^{14}O^{14}$ fond à 70 — 72 degrés; maintenu longtemps à 100 degrés et à l'air, ou quelques instants dans le vide, il perd 2 HO et reste $C^{12}H^{12}O^{12}$ avec l'aspect de la gomme, transparent, fragile.

Action de la lumière. — Il a un pouvoir rotatoire, observé jusqu'ici dans sa dissolution aqueuse seule; et ce pouvoir se manifeste d'une manière particulière. Pulvérisé, encore bien sec, on peut le dissoudre assez rapidement et observer son pouvoir rotatoire, qui est d'abord $= +105°$. Si l'on suit des yeux ce qui se passe dans le saccharimètre, on voit changer les nuances, et quand ce changement s'arrête, le pouvoir est réduit de moitié — à $+53°$; on peut dire de moitié juste parce que, dans les premiers moments, on a perdu rapidement les effets. 106 pouvait être le chiffre initial. — Il est clair que le glucose forme en ce cas une combinaison avec l'eau à poids égal, comme l'indique ma Théorie — ce qui réduit le pouvoir à moitié. — A une température plus haute, à 170 degrés, il perd encore 2 HO, et donne un corps nommé *glucosane*, encore dextrogyre, mais devenue non fermentescible. — Une chaleur plus forte, irrégulière, la décompose en solides bruns (caramels), puis noirs (ulmiques), en liquides, eau, acide diédique (acétique), hydrocarbure, etc. et en gaz CO^2, CO, C^2H^4, etc.

Action de l'hydrogène. — Ce corps, dégagé de l'eau, mais *encore liquide* (ou à l'*état naissant*, comme on le dit à tort), s'unit à celui du glucose, et produit de la bhydrhexélite (mannite) $C^{12}H^{14}O^{12}$.

Action de l'oxygène. — L'oxygène gazeux n'a pas d'action, même à 100 degrés et plus: il faut une assez haute température pour l'enflammer; il brûle *mieux que le sucre normal.* Si l'oxygène manque, il éprouve une *combustion incomplète :* par exemple, en faisant arriver l'oxygène dans le glucose chauffé à 160 degrés. — Il se produit alors de l'acide monédique (formique) et du diédique (acétique); on n'évite pas les autres produits de la simple pyrolyse, caramel, etc. — Mais l'acide monédique caractérise l'action.

Dans les dissolutions aqueuses, l'oxydation est modérée. On pourrait avoir au maximum, si l'oxygène était très soluble, l'action de

$$C^{12}H^{12}O^{12} = 180 \quad \text{et} \quad 22,5 \text{ d'O} = 180$$

ou

$$10,4 \text{ d'}HO^2 = 180$$

mais HO^2 se forme en présence d'un *excès* de glucose et agit à une faible dose (entre le $\frac{1}{7}$ et le $\frac{1}{3}$, soit

$$180 \times \frac{3}{13} = 41{,}4 = 2{,}4\,HO^2 \text{ ce qui donne } C^{12}H^{12}O^{14} + 2HO + 0.4\,HO^2$$

Il se forme de l'acide hexénénique (1).

Action du chlore. Elle est à peu près nulle vers + 15° ; mais avec l'eau qui permet l'oxydation elle donne l'acide hexénénique découvert en 1870 (2) par Hlasiwetz et Habermann et dont nous venons de parler :

$$C^{12}H^{12}O^{12} + 2\,Cl + 12\,HO = C^{12}H^{12}O^{14} + 2HCl + (HO)^{n-2}$$

L'acide est incrystallisable, retient de l'eau et demeure sirupeux. — + 58° de chaleur suffisent pour le décomposer : il perd de son poids, brunit et au-dessus de 100 degrés se boursouffle en noircissant et devient caramélique. Il est fort réducteur, de Hg^2O. AzO^5 en Hg^2 métallique même vers + 15° — des sels d'Ag et d'Au et de la liqueur TCuK à l'ébullition.

L'hexénénate H^3Az forme de gros crystaux orthorhombiques. Il se décompose lentement à 100 degrés.

Nous trouverons cet acide dans le résidu sec de presque tous les vins. — On lui donne souvent le nom *gluconique!!..*

Mais il n'est pas le seul formé par l'oxydation du glucose : il s'en produit dans les mêmes conditions un deuxième, par absoption de 2 O encore, ce qui donne $C^{12}H^{12}O^{16}$; j'ai découvert cet acide dans l'action du permanganate de potasse et du sucre normal que j'ai fait connaître le 8 juillet 1872 (*C. R.*, A. d. S. LXXV, 85), mais il se produit aussi par la seule et unique action de l'oxygène et se rencontre, comme le précédent, en dissolution dans les moûts et les vins. — Par ce motif je décrirai ses propriétés, d'après mes expériences et celles de Boutroux qui l'a obtenu en 1886 par oxydation du glucose et a confirmé les faits que j'avais observés, quatorze ans avant lui (C.R.C II, 924).

Pour purifier l'acide, on peut traiter le sel de plomb par l'HS (Maumené) ou le sel de CdO par le même agent (Boutroux). La solution parfaitement incolore brunit aussitôt qu'on l'expose à la chaleur même dans le vide, mais à froid on réussit à la concentrer en sirop « très

1. Je l'ai mentionné dans mon Traité de la *Fabrication du sucre*, 1876, pp. 73, 90, 92, 375, 376, etc. Il a été étudié en 1879 par Boutroux *Comptes rendus*, t. XCII, p. 236 et 331.

2. B. S. C., t., t. XIV, p. 264.

fortement acide ». Les alcalis, l'ammoniaque surtout, forment des sels, mais qui ne résistent pas mieux à la chaleur.

L'hexépate de potasse finit par cristalliser ; il est orthorhombique.

L'action du brôme est très analogue à celle du chlore.

63. Action des acides. — 1° Acide *sulfurique*. Lorsqu'on a mélangé peu à peu cet acide au glucose sans éviter le vif dégagement de chaleur : on peut obtenir un acide sulfoglucique dont on a seulement préparé le sel de PbO — qui serait $C^{24}H^{20}O^{20}SO^3(PbO)^4$; cette formule a besoin de contrôle, surtout en ce sens qu'elle ne peut être celle du produit réel, mais d'un dérivé. Il faudrait opérer dans la glace, etc.

2° Acide PhO^5, *phosphorique*. Il paraît donner un composé analogue, mais l'étude a été encore plus incomplète.

3° Acide *tartrique*. Cette action a encore été mal étudiée ; le seul résultat à retenir, c'est l'union du glucose avec plusieurs équivalents d'acide (5 avec 18) et le dégagement d'une grande quantité d'eau (56 équivalents) : il reste un acide glucotartrique peu stable dans beaucoup d'eau, mais qui existe probablement dans le raisin, surtout avant la maturité.

4° Acide *citrique*. Il formerait un composé analogue, mais l'étude est à refaire (existe-t-il aussi dans le raisin ?).

Les acides étendus agissent d'une manière inexpliquée jusqu'à présent. Le pouvoir rotatoire diminue et disparaît, — sans passer à l'état lévogyre.

5° On a obtenu dans l'action de l'acide diédique ($C^4H^4O^4$) un composé dont malheureusement l'étude laisse énormément à désirer. — On doit avoir

$$C^{12}H^{12}O^{12}(C^4H^3O^4)^3 = C^{24}H^{21}O^{21} \text{ (165 et 168)}$$

l'expérience a été faite avec du sucre de canne ou du glucose et de l'acide diédique anhydre ; elle ne résout rien. Nous pouvons seulement retenir l'existence d'un composé. — Mais il ne doit jamais prendre naissance ni dans la vigne ni dans le vin.

L'action de l'acide anhydre a été mieux étudiée, mais les vues classiques ont conduit à une interprétation très inexacte.

64. *Action des alcalis.* Le glucose peut s'unir aux alcalis. On a obtenu divers composés que nous pouvons passer sous silence, leur formation n'ayant certainement jamais lieu ni dans les moûts ni dans les vins toujours acides.

Mais dans les solutions concentrées, surtout à l'aide de la chaleur, l'hexélose droit (glucose) éprouve des décompositions, encore moins possibles dans les vins, mais de nature à faire *soupçonner* la constitution moléculaire du glucose.

1° Formation d'acide triéfique (lactique) $C^6H^6O^6$.

Cette formation est facile à *deviner* : $C^{12}H^{12}O^{12} = 2\,C^6H^6O^6$ — Cela saute aux yeux.

On peut s'attendre à voir cette transformation s'accomplir dans l'eau pure ou même dans un liquide alcoolique peu riche comme le vin : jusqu'à présent elle n'a pas été, que je sache, constatée dans les laboratoires ; mais lorsqu'on trouve cet acide libre, il est naturel de lui supposer l'origine dont je parle.

Un alcali peut grandement activer la transformation : il suffit que 2 équivalents de cet alcali aient le même poids que le glucose, ou le tiers de ce poids. — Ainsi

$$\frac{180}{3} = 60 \quad \text{et} \quad 2\,NaO = 62$$

On est donc certain, en faisant agir avec le glucose une solution concentrée de soude renfermant 2 NaO, d'obtenir

$$C^{12}H^{12}O^{12} + 2NaO = 2(C^6H^6O^6.\,NaO)$$

En effet c'est un des meilleurs moyens d'obtenir l'acide lactique.

2° L'action du glucose avec H^3Az a été étudiée par Tanret. Lorsqu'on chauffe à 100°, en tubes scellés, 60 parties de glucose et 100 parties d'$H^3Az\,(HO)^6$, il se forme un sirop noir, mélange de carbonate d'ammoniaque, d'un corps azoté, et d'acide monédique (formique) — 5 à 6 p. 100 du glucose — et d'alcaloïdes 1,5 p. 100. — On extrait ces derniers en agitant avec du chloroforme, et ajoutant à ce corps de l'acide sulfurique normal jusqu'à rendre acide le liquide aqueux décanté. Ce liquide contient du sulfate d'ammoniaque et des sulfates d'alcaloïdes « très basiques ». On met ces derniers en liberté par la soude et on les purifie par le chloroforme ou l'éther, etc. — Le chloroforme « conserve une réaction légèrement alcaline malgré l'agitation avec un excès d'acide »; on le distille au bain-marie, et l'on a des alcaloïdes dont $\frac{1}{3}$ sont solides et $\frac{2}{3}$ liquides, à peu près. Ces derniers peuvent être volatilisés à 175 — 180° sans altérations des premiers.

Après des distillations fractionnées on obtient :

1° α Glucosine, vapeur à 136° = $C^{12}H^{8}Az^{2}$ — D (à 0°) = 1,038
2° β Glucosine, — 160° = $C^{14}H^{10}Az^{2}$ — = 1,012

Je ne vois pas comment l'auteur trouve, dans β, C^2H^2 en sus de α (1).

Si l'on opère avec d'autres alcalis, sans précaution contre l'élévation de la température, on voit le glucose produire des acides très mal connus, bruns, caraméliques, ulmiques, sur lesquels nous ne pouvons nous arrêter. En étudiant la *saccharine* un peu plus loin, nous donnerons des détails sur l'une de ces actions.

65. Etudions l'action des sels : nous allons y trouver des faits intéressants pour les moûts et les vins. Le glucose peut s'unir au chlorure de sodium (sel commun) NaCl et former une combinaison observée pour la première fois par Calloud : on peut la produire aisément en mêlant 250 grammes de glucose dissous dans 120 ou 130 d'eau, avec 58,5 de sel blanc (sec) dans 200, et plaçant ce mélange sous une cloche avec un vase large contenant de l'acide sulfurique.

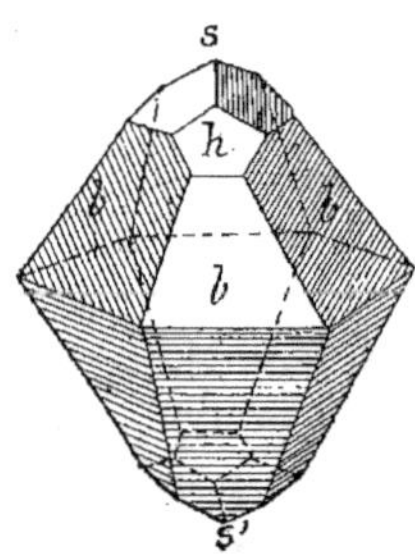

Fig. 4.

On voit bientôt se former des cristaux orthorhombiques de la forme dodécaèdre ressemblant au quartz et dérivant d'un prisme de 106°15, — ou celui de 110°12'. — Dans la figure 4, les sommets présentent trois facettes *h*, hémiédriques non superposables, modifications des 6 arêtes de chaque base du prisme rendu hexagonal par les faces parallèles à la petite diagonale et coupant les faces du prisme sous 119°54'.

b.b = 126°51' *b,h* = 161°45' et souvent 162°4'

ces formes ont été observées par Pasteur sur le composé produit par le glucose diabétique. — Le glucose du sucre inverti et celui du sucre de raisin donnent des crystaux magnifiques.

Ces crystaux peuvent se rencontrer dans le résidu des vins collés avec addition de sel : il méritent donc notre attention d'autant plus que nous en pouvons tirer des indications précieuses pour reconnaître la structure moléculaire et le rôle du glucose.

1. B. S. C., t. XLIV, p. 102.

Le glucosate de chlorure de sodium a pour formule $(C^{12}H^{12}O^{12})^2NaCl$ $(HO)^2$.

Il est donc absolument isomérique avec le sucrate $(C^{12}H^{11}O^{11})^2NaCl$ $(HO)^4$ que j'ai fait connaître (p. 94), et c'est peut-être le plus remarquable de tous les cas d'isomérie.

Nous avons vu le sucrate perdre 2 HO à 115° jusqu'à 147°, température à laquelle il résiste ensuite. Le glucosate résiste jusqu'à la même température, 145°; il perd 2 HO et les deux composés sont alors identiques. $(C^{12}H^{12}O^{12})^2NaCl$. Il ont perdu leur eau en devenant bulleux et exhalant une odeur de caramel. Chauffés à 180°, ils perdent 14 équiv. d'eau; à 240° ils en perdent encore 2 et sont réduits à un mélange de caramélin $(C^{12}H^4O^4)^2 + NaCl$.

66. Le glucosate présente comme le glucose pur, le phénomène de la *déversion* dont nous allons parler.

Mais il offre une particularité des plus remarquables, découverte par Maumené en 1869 : *le temps nécessaire à la déversion est variable avec la combinaison cristallographique.*

Le glucosate *diabétique* exige 7 heures pour la déversion complète.

Le glucosate *invertique* n'en demande pas 2.

J'ai fait avec ce dernier deux solutions :

La première dissolution faite avec des crystaux entiers a demandé un quart d'heure; — la seconde, avec de la poussière fine, a pris moins de 5 minutes. Et nous avons eu :

16gr36		9gr178	
+ 104°	à 4 h.	+ 70°	à 2 h. 35'
84°	4 h. 30'	63°	» h. 50'
77°	4 h. 35'	55°	53 h. 55'
70°	4 h. 40'	49°	3 h. 20'
66°	4 h. 45'	43°,5	3 h. 35'
63°	4 h. 50'	41°	3 h. 50'
62°	4 h. 55'	39°,5	4 h. 55'
61°	5 h. »	38°	4 h. 20'
60°	5 h. 5	36°	4 h. 35'
59°	5 h. 15'	36°	le lendemain.
58°	5 h. 40'		
58'	le lendemain.		

La première s'est faite en 1 h. 55' (y compris le quart d'heure préalable). La seconde s'est faite en 2 h. 4' (y compris les 4 minutes préalables).

On peut considérer les vitesses comme à peu près égales. Cependant la concentration du liquide paraît favoriser la déversion.

La chaleur produit la déversion immédiate comme pour le glucose pur.

Un glucosate donnant. .	+ 36°48' à	9 h. 10'	
— a donné. .	+ 19° 7,	9 h. 20'	(chauffé à + 75°)
— —	+ 18° 7,	le lendemain.	
Un glucosate (diabète). .	+ 82°	11 h.	
— a donné .	+ 42°	11 h. 12'	(chauffé à 98°5)
Un glucosate (inverti). .	+ 104°	4 h. »	
— a donné. .	+ 58°	4 h. 11'	(chauffé à 98°5) (1)

Le glucosate finement pulvérisé ne cède rien à l'alcool absolu. — Ce liquide évaporé sur le verre ne le ternit pas ; mêlé avec $AzO^5.AgO$ il ne produit pas le moindre nuage.

Voici les nombres de composition :

	En poids d'équivalents	En centièmes
2 ($C^{12}H^{12}O^{12}$) glucose	360	82,47
NaCl.	58,5	13,40
$(HO)^2$	18	4,13
	436,5	100,00

Calloud a indiqué une deuxième combinaison du glucose (de raisin) avec NaCl. Cette combinaison donnerait $C^{12}H^{2}O^{12}$. NaCl, corps dans lequel 180 : 58,5 : : 3 : 0,975 ou bien près de : : 3 : 1 (l'un des rapports les plus simples de la *Théorie générale*): J'ai reproduit ces crystaux ; mais je n'ai pas trouvé, dans la décomposition par la chaleur, le même résultat que Calloud. Suivant lui on aurait : $C^{12}H^{10}O^{10}$. NaCl; il se rencontre comme le précédent, en dissolution dans les moûts et les vins.

67. Le glucose paraît former un composé avec le perchlorure de phosphore ; — je prie le lecteur de se donner la peine de lire le travail de l'auteur allemand Baeyer, B.,S.C. XII, 292.

68. L'un des points, les plus intéressants pour nous, de l'étude du glucose, c'est sa puissance désoxydante ou réductrice. Nous avons vu comment il agit avec l'oxygène en simple dissolution, ou en HO^2. — Des actions analogues, on peut le prévoir, se produisent avec tous les corps plus ou moins faciles à priver de leur oxygène.

Les sels métalliques de

SnO^2, Fe^2O^3, CuO, HgO, AgO, Au^2O^3, etc.

ont été plus ou moins étudiés à ce point de vue. L'action des sels de CuO mérite surtout de nous occuper.

1° *Action du sulfate de cuivre* $SO^3.CuO = 80$.

M $$n = \frac{180}{80} = \frac{9}{4}$$

$$9CuO.SO^3 + 4C^{12}H^{12}O^{12} = \begin{matrix} 2 \\ 3 \end{matrix}\left\{\frac{3 \mid Cu^2 + 2SO^3 + C^{12}H^{12}O^{14}}{1 \mid Cu + 2SO^3 + C^{12}H^{12}O^{14} + Cu^2O.SO^3}\right.$$

Ou en somme : $4C^{12}H^{12}O^{14} + SO^3Cu^2O + 7Cu + 8SO^3$

C'est un excellent moyen d'obtenir l'acide $C^{12}H^{12}O^{14}$.

On peut traiter par $BaO.CO^2$, ce qui donne

$$9SO^3, BaO + 7Cu + Cu^2O$$

insolubles ⁓ et du $C^{12}H^{12}O^{14}$. BaO soluble ; dans le liquide filtré, on ajoute avec précaution SO^3. $(HO)^{30}$ ou du sulfate de cadmium (ou même de zinc). On obtient $SO^3BaO + C^{12}H^{12}O^{14}$. CdO, etc.

Avec un excès de sulfate de cuivre on a :

M $$n = \frac{196}{80} = \frac{49}{20}$$

$$49SO^3CuO + 20C^{12}H^{12}O^{14} = \begin{matrix} 2 \\ 3 \end{matrix}\left\{\frac{11 \mid C^{12}H^{12}O^{16} + Cu^2 + 2SO^3}{9 \mid C^{12}H^{12}O^{16} + Cu + 2SO^3 + Cu^2O.SO^3}\right.$$

Ce qui donne le deuxième acide $C^{12}H^{12}O^{16}$ (hexépique) déjà obtenu par la seule action de l'oxygène.

En résumé, le sulfate de cuivre peut fournir à lui seul les deux acides.

Avec 180 de glucose, 250 de sulfate cristallisé :
donnent l'acide *hexénénique* (gluconique, mannitique).

Avec 180 de glucose, 187,5 de sulfate donnent l'acide *hexépique* (oxygluconique !!).

Le diédate (acétate) de cuivre $C^4H^3O^3$. CuO = 91. donne des résultats analogues.

69. Il est facile de vérifier tous ces faits par l'expérience, et nous pourrions ne pas insister.

Mais nous devons maintenant étudier un troisième sel de cuivre dont la réduction peut être grandement facilitée par l'union de CuO avec plus d'un équivalent de KO ou de NaO, ce qui nous offrirait déjà un grand intérêt. D'ailleurs, à cause de cette réduction facile, on emploie depuis longtemps (1841) le tartrate de cuivre et potasse *avec excès de KO caustique*, pour doser le glucose ; nous avons donc l'obligation pressante de faire une étude attentive de l'action de ce sel.

Voici ce que l'expérience m'a donné :

J'ai fait une dissolution de bitartrate de potasse pur $C^8H^5O^{11}.KO$, et sans aucune préoccupation théorique, j'ai cherché combien l'équivalent de ce sel pouvait dissoudre d'équivalents de CuO.

Nous avons fait dissoudre dans un ballon (d'au moins 1 litre) 18 gr. de bitétrabélate (bitartrate) par 300 ou 400 grammes d'eau pure ; d'un autre côté nous avons fait une dissolution de sulfate de cuivre pur (125 gr. = 1000 c. cubes).

100 cc. de cette solution contiennent $\frac{1}{10}$ d'équivalent et représentent 1 équivalent pour la solution de bitartrate qui est au $\frac{1}{10}$. Nous avons alors préparé des doses de 1 équivalent d'hydrate de CuO en décomposant plusieurs fois 100 cc. de la solution de cuivre, séparément par $\frac{1}{10}$ équivalent de soude, à froid, et, après plusieurs lavages par décantation, nous avons recueilli dans autant de filtres, les doses de $\frac{1}{10}$ d'hydrate. Nous avons fait de même pour avoir un certain nombre de doses de $\frac{1}{10}$ équivalent de carbonate bien lavé.

Lorsqu'on fait tomber dans le bitartrate, *à froid*, l'une de ces doses (= 1 équivalent), on voit la première se dissoudre (avec ou sans dégagement de CO^2, suivant l'emploi de l'hydrate ou du du carbonate). C'est très simple, l'on a ainsi : $C^8H^4O^{10}$. CuO;KO, et d'après les idées classiques, on devrait ne pouvoir aller plus loin, les tartrates neutres contenant 2 équivalents de base.

Mais les idées classiques reçoivent ici, comme toujours, un démenti des plus remarquables :

Une deuxième dose se dissout tout aussi bien que la première.

Bien plus, une troisième se dissout encore et sans peine.

Si l'on essaie la quatrième, on la voit rester indissoute à froid et l'on a, par conséquent, en dissolution un tartrate quadribasique $C^8H^4O^{10}.KO.(CuO)^3$ dont lasolution offre les caractères suivants :

Elle est acide ; d'un bleu céleste intense comme la liqueur Trommer (V. *Analyse*) ; elle *n'est pas réduite* ni par le glucose, ni par le sucre inverti, bouillants.

Si l'on ajoute une certaine quantité de soude ou de potasse caustique, elle devient immédiatement sensible à l'action des deux corps. — Il résulte de là que :

1° Le tartrate de KO. $(CuO)^3$ — *quadribasique* ne produit aucune action même avec le glucose ;

2° Le véritable réducteur est le cuprate de soude (ou de potasse) formé par une nouvelle dose de l'alcali qui prend au tartrate quadribasique un équivalent, ou probablement plus, de CuO.

On trouve une preuve directe de cette conclusion dans l'étude de ces cuprates, très faciles à préparer : 100 cc de la solution de sulfate, citée tout à l'heure, additionnés de 2 ou mieux 3 équivalents de soude très concentrée (en opérant dans la glace), donnent une solution bleu céleste $(NaO.SO^3 + CuO.NaO)$ ou $CuO. + (NaO)^2$ qui peut être réduite, vers $+15°$, par le glucose, le sucre inverti, mais même par le sucre normal. Nous tirerons parti de cette étude pour l'analyse.

70. La composition du glucose mérite la plus grande attention.

Purifié de toutes les matières qui l'accompagnent [1], et analysé par la simple combustion, il donne les résultats suivants :

	Glucose séché à 100°		Glucose séché à 120°	
EN CENTIÈMES				
Carbone	36,36		40,00	
Hydrogène	7,07		6,67	
Oxygène	56,57		53,34	
	100,00		100,00	
EN NOMBRES ENTIERS LES PLUS SIMPLES				
Carbone	36		6	
Hydrogène	7		1	
Oxygène	56		8	
	99		15	
EN ÉQUIVALENTS CHIMIQUES				
Carbone	72	C^{12}	72	C^{12}
Hydrogène	14	H^{14}	12	H^{12}
Oxygène	112	O^{14}	96	O^{12}
	198		180	

1. Cette purification est longue et un peu difficile ; nous l'indiquerons plus loin en parlant du sucrage, (Maladies des vins).

Lorsqu'on sèche le glucose à la température de 100 degrés seulement, on doit le représenter par $C^{12}H^{14}O^{14}$; en le chauffant à une température un peu plus haute, à 120 degrés, il perd deux équivalents d'eau, sans aucune autre décomposition, et en conservant, du reste, toutes ses propriétés caractéristiques. Les chimistes admettent pour sa vraie formule $C^{12}H^{12}O^{12}$, bien qu'il soit $C^{12}H^{14}O^{14}$ dans le raisin. L'eau que la chaleur de 120 degrés sépare, est éliminée sans peine aussi dans toutes les actions chimiques et joue toujours le simple rôle d'*eau de cristallisation*. On peut l'enlever sans toucher au sucre proprement dit.

Cette formule $C^{12}H^{12}O^{12}$ exprime le résultat de l'analyse élémentaire, mais elle ne donne aucune idée rationnelle.

Le glucose a été récemment converti, on pourrait dire ramené en dextrine $C^{12}H^{10}O^{10}$ par Grimaux et Lefèvre [1]. Du glucose pur dissout dans huit fois son poids d'acide HCl $(HO)^6$ de $D = 1{,}026$, a été chauffé au bain d'eau dans le vide, il reste un sirop ambré plus ou moins coloré, on le dissout dans son poids d'eau et on ajoute de l'alcool à 90°, tant qu'il précipite. Le précipité mou, gluant, très adhérent au verre a été cinq ou six fois redissout dans l'eau et précipité par l'alcool. Une dernière fois on le dissout dans l'eau et après l'avoir traité par le noir à l'ébullition, on concentre dans le vide et on met dans le vide sec (par $SO^3.HO$). Il reste un corps gommeux et transparent.

Pulvérisé, ce corps a l'aspect de la dextrine blanche du commerce, craque sous la pression comme la fécule et la dextrine; il est très hygroscopique et ses dissolutions sont gommeuses.

Ce n'est pas une espèce pure. Le pouvoir rotatoire et le pouvoir réducteur se sont présentés :

	Pouvoir rotatoire	Pouvoir réducteur
Après trois précipitations (alcool)......	$[\alpha]\,j = +100$	21,9 p. 100
Après fermentation par levure ......,..	97,48	17,8

L'analyse a donné : $(C^{12}H^{10}O^{10})^{3}\ (HO)^2$ [2], — elle manque *beaucoup* de précision EM.

Cette décomposition est démontrée par l'iode qui ne colore pas la substance; 2° le malt est sans action ; 3° l'eau à 2 p. 100 d'acide sulfurique met beaucoup de temps pour la convertir en glucose ; 78 p. 100 en

1. B. S. C., t. XLVI, p. 250.
2. Musculus avait obtenus ce résultat dès 1872 — B. S. C., t. XVIII, 66.
3. C'est probablement $C^{12}H^{12}O^{12}(C^{12}H^{10}O^{10})$ car $C^{12}H^{12}O^{12} = 180$; et $180 \times \frac{5}{3} = 300$. $(C^{12}H^{10}O^{10})^2 = 324$.

8 heures, la totalité en 20 heures. Ce glucose fermente aisément en alcool, etc. ([3]) V. Dextrine, un peu plus loin.

71. *Action sur la vie.* La puissance sucrante du glucose n'est pas la même que celle du sucre ordinaire : elle en diffère par son action organoleptique et par son intensité. Cette dernière paraît être, pour le glucose, 2 fois 1/2 à 3 fois plus faible que celle du sucre de canne Le chylariose, ou lévulose, extrait du sucre de raisin, est au contraire plus sucrant. En somme, le sucre de raisin, dans son état naturel, est plus sucrant que le sucre de canne.

72. Usages. — Le glucose est rarement employé pur. On fait usage dans le commerce et on a souvent offert aux œnotechniciens le mélange appelé *sucre de fécule*, dont la composition et le rôle possible n'étaient pas exactement connus et ne le sont pas encore absolument aujourd'hui ; je dirai, en parlant de la fabrication du vin, ce qu'il faut penser de ces mélanges (il y en a plusieurs). Le glucose est ajouté quelquefois aux matières destinées à fournir de l'alcool par la fermentation (fabrication de la bière, etc., etc.). Il sert encore à d'assez nombreuses préparations pharmaceutiques et industrielles. Ce n'est jamais du sucre de raisin.

Examinons maintenant l'hexélose lévogyre (*chylariose, lévulose*, etc.).

§ IV. — **Hexélose gauche (Chylariose, Lévulose).**

73. — Son étude ne peut être bien longue. Il n'a pas encore été extrait du sucre de raisin proprement dit.

Dubrunfaut donnait comme un moyen de l'extraire du sucre inverti l'opération suivante :

Faire dissoudre 10 grammes de ce sucre dans 100 d'eau, et délayer rapidement 6 grammes de chaux éteinte. L'alcali se dissout ; mais au bout de peu de temps le liquide s'épaissit par suite de la formation d'un sel cristallin $C^{12}H^{12}O^{12}$ (CaO). Après avoir recueilli ce précipité, on le décomposerait par l'acide oxalique en proportion équivalente, et on séparerait l'oxalate calcaire, puis on ferait évaporer dans le vide et le produit sec aurait la composition $C^{12}H^{12}O^{12}$. Son pouvoir rotatoire serait :

— 106° à + 14° de température.
— 79°5 52° —
— 53° 90° — (1)

Plusieurs chimistes ont répété cette préparation en refroidissant à 0° ou à — 10° le liquide clair ; tous ont gardé le plus profond silence à l'égard du pouvoir rotatoire.

Pas un d'entre eux n'a surtout profité de l'occasion pour faire une synthèse facile, celle du sucre inverti à équivalents égaux.

Je serais très heureux de pouvoir décider l'un de nos confrères à tenter cette épreuve et en publier les résultats.

Jungfleisch et Lefranc disent avoir obtenu le lévulose cristallisé en partant de l'inuline. Bouchardat, qui avait déjà fait cette étude, a donné des renseignements suffisants à mon avis pour prouver que la matière lévogyre obtenue de l'inuline ne peut être identique au lévulose du sucre inverti.

L'inuline est une matière lévogyre dont le pouvoir est — 26°16.

L'action des acides ne change pas le sens de rotation, mais rend le pouvoir trois fois plus grand *au moins*. Enfin le pouvoir diminue lorsque la température s'élève : mais *la loi de décroissance n'est pas la même* (2).

Il faut donc attendre pour être exactement informé.

On trouvera cependant, dans les expériences dont je parle une confirmation de la nature très complexe du sucre inverti.

Tout récemment Jungfleisch est revenu avec Grimbert sur ce sujet mais seulement pour expliquer l'erreur qu'il avait commise avec Lefranc. Le lévulose obtenu par ce chimiste et lui était altéré.

D'ailleurs, aucun de ces chimistes ne nous dit :

1° Comment on extrait du sucre inverti un lévulose *stable* ;

2° La proportion de ce lévulose au glucose ;

3° Pourquoi surtout le sucre inverti formé de moitié glucose *crystallisé* et moitié lévulose *crystallisé* n'est pas lui-même *crystallisé*.

Le chylariose traité par la chaux à l'ébullition donne un acide (outre celui obtenu même à froid par Maumené) — l'acide *hexadéfique* (lévulique) $C^{12}H^8O^6$, et de l'acide *monédique* (formique), d'après de Grote et Tollens.

1. *C. R. A. d.* S., t. XLII, p. 9.
2 *C. R. A. d S.* t. XXV, p. 274.

§ V. — Sucre inverti ou sucre de raisin

74. Nous pouvons maintenant nous livrer à l'étude minutieuse du sucre inverti — véritable espèce toujours identique au sucre de raisin.

Nous avons indiqué (p. 76) la série des mouvements moléculaires observés dans la *première inversion complète* de + 100 degrés à — 44 degrés,2.

Ces produits sont-ils, comme on l'avait cru, seulement au nombre de deux? le premier du glucosate de chaux pur; le second du chylariosate? Il est facile de s'assurer qu'ils offrent des résultats bien plus compliqués et très variables; le lecteur ne saurait trop étudier tous les détails dont nous allons nous occuper.

Il est nécessaire, pour suivre pas à pas ces mouvements, de les produire avec la plus grande lenteur; et pour plus de simplicité, je supposerai d'abord que l'inversion ait été produite, comme dans l'expérience de Soubeiran, par l'action de l'eau pure.

Deux moyens, entre beaucoup d'autres, sont de nature à séparer les produits de l'inversion : 1° l'emploi du chlorure de sodium ; 2° celui de la chaux. Pour le moment, je parlerai du second.

Voici la manière d'employer utilement la chaux : immédiatement après l'inversion complète à — 442 degrés, on met la solution à 0 degré dans la glace fondante, et on y verse lentement du lait de CaO,HO, au 1/5 par exemple, refroidi lui-même d'avance à 0 degré. Par ce moyen, l'action de la chaux se borne à l'*union* avec les produits formés par l'inversion, sans compliquer cet effet d'une *transformation* des produits qui aurait lieu en chauffant, ou même à la température ordinaire, dans un mélange fait brusquement et sans précautions. On filtre le mélange dans un entonnoir entouré de glace, et en s'aidant d'un vide partiel pour accélérer la filtration.

Première expérience : 100 grammes de sucre en pain ont été invertis par 1gr,19 (1 centimètre cube) d'acide chlorhydrique étendu à 3,000 cc., débarrassés de HCl par AgO, soigneusement amenés au maximum de rotation — 442 degrés, et évaporés ensuite au bain d'eau, ce qui peut peut être fait, en général, sans modifier notablement le pouvoir rotatoire. Le sirop, qui donne du glucose au bout de quelques jours, a été redissout dans l'eau, et le quart en a été traité, sans le mettre à 0 degré, c'est-à-dire à une température de + 16 degrés par 2,000 centimètres cubes de lait de chaux au 1/5 (20 grammes CaO dans 100 centimètres cubes). En deux à trois minutes, le mélange s'est pris en masse, et il a fallu ajouter 2,000 centimètres cubes d'eau pour délayer cette masse et la pouvoir filtrer. On a séparé les deux parties du mélange par le filtre, et on a carbonaté séparément ces deux parties, le filtré A, le dépôt B.

Le liquide A, sans autres lavages à l'eau distillée, occupait 4,600 cencentimètres cubes ; il marque + 8 degrés.

Le liquide primitif marquait à gauche 42 degrés (son inversion n'avait pas été complète, car 1,000 grammes de sucre dans 4,485 c.c. (volume donné) donnent après l'inversion — 60°6 ; l'action de la chaux donne, au lieu des—44,2 degrés, bien près de+40 degrés ; puisque les + 8 degrés sont observés après avoir étendu 1 litre sensiblement à 5 litres. Il semble résulter de là une première preuve de l'existence du glucose dans le le liquide calcaire ; mais ce liquide soumis à l'acide carbonique, à saturation, donne, après filtration, une liqueur dont le pouvoir rotatoire est nul ; elle marque 0 degré comme l'eau pure.

Ce résultat, si contraire aux observations faites sur le glucose non exposé à l'action de la chaux, a provoqué l'incrédulité ; j'y reviendrai plus loin.

Le liquide *neutre* était dichroïque, jaune brunâtre par transparence, noir bleuâtre par réflexion. Cette circonstance est fréquente : on l'observe ordinairement quelque temps après la filtration.

Le précipité de carbonate de chaux, formé d'abord avec sa couleur blanche, tourne au gris bleuâtre à la fin, et conserve cette nuance.

Je n'ai pas méconnu l'action de la chaux, la transformation possible du glucose en acide glucique [1]; le liquide, marquant encore + 40 degrés avant l'action de l'acide carbonique, n'avait pu subir, au moins en proportion notable, cette transformation peu probable en un temps si court. D'un autre côté la chaux, soluble après carbonatation, a été mesurée par l'acide oxalique. En l'attribuant tout entière à du glucate de chaux, sans tenir compte du carbonate retenu en dissolution par l'excès d'acide carbonique, on trouve un peu moins de 20 grammes CaO, ce qui représenterait, (d'après la formule $C^{12}H^{8}O^{8}\,(CaO)^{3}$), $42^{gr},8$ de glucose converti en glucate. Or, les 1,000 grammes de sucre correspondent à 1052,7 de glucose ; la fraction est $\frac{42,8}{1052,7} = \frac{4,066}{400,000}$; il est clair que la quantité de glucate présumé ne peut expliquer la réduction à 0°, d'autant plus que la petite formation d'acide, ainsi observée, peut résulter directement de l'inversion proprement dite, et non pas de l'action alcaline.

1. *B. C. S.*, t. XIII, p. 196.

D'ailleurs, ce premier résultat, si peu prévu, n'a pas été le seul.

Le précipité calcaire B, formé par la chaux dans le liquide primitif, et considéré avant moi comme du *chylariosate* (lévulosate), m'a fourni les produits suivants :

Carbonaté à saturation, il donne un carbonate toujours blanc, et, par la filtration, un liquide peu coloré, presque incolore, peu rapide, non sucré (quoique D = 1076) ne précipitant pas l'acétate neutre de plomb (après élimination de l'acide carbonique), mais donnant un précipité avec l'acétate basique, et un autre avec l'azotate d'argent. Ce liquide n'a aucun pouvoir rotatoire, il marque 0.

Le liquide séparé du carbonate a été soigneusement décomposé par l'acide oxalique, en très petit *manque;* après cette action, il marque encore 0°.

Ce liquide présente, sous l'influence de la chaleur et des acides, une stabilité inattendue ; on peut l'évaporer au bain-marie ; on peut même le faire bouillir avec un peu d'acide chlorhydrique, pendant quelques secondes, sans développer la moindre action réductrice (de la liqueur T Cu K).

La réduction de cette liqueur n'a pas lieu davantage par le prétendu glucose, le corps neutre séparé, par l'acide carbonique, de la solution calcaire A. C'est un mélange inactif d'abord, mais dont l'inactivité parfaite ne peût être conservée sans les plus grandes précautions. Il faut ne soumettre le liquide ni à la chaleur (celle du bain-marie même), ni à l'action des acides faibles, ni surtout à celle des alcalis. Les liqueurs ne tardent pas à se colorer sous ces influences, et la propriété de réagir sur le tartrate de cuivre et de potasse apparaît et se développe avec une grande rapidité, parallèlement à la couleur. Il faut évaporer à froid.

Ajoutons enfin que le *sel insoluble*, formé par la chaux dans le sucre inverti, au bout de quelques minutes, B est soluble à froid dans l'eau pure, et se dissout même dans la liqueur primitive lorsqu'on la fait chauffer sans filtration.

2° Deuxième expérience : sur le sucre de la même préparation.

Voici une autre épreuve de nature à prouver que le sucre inverti n'est pas un mélange à équivalents égaux de glucose et chylariose. Du sucre inverti (comme je l'ai dit, mis en dissolution avec la quantité suffisante pour convertir la masse sucrée en composé de sucre et de sel de chlorure de sodium, a été évaporé d'abord au bain-marie, puis dans le vide, par l'action de l'acide sulfurique (quelquefois dans l'air séché par cet acide). On obtient ainsi, en peu de temps, des crystallisations parfaitement belles, et une eau mère assez fluide, malgré l'action prolongée pendant six mois environ de l'acide dessiccateur. Les crystaux peuvent être égouttés sous une cloche d'air sec, et privés exactement des dernières parties d'eau mère, en les tenant plusieurs jours sur des plaques de biscuit ou des fragments de vases poreux des piles.

La quantité de ces crystaux, dans le sucre récemment inverti, n'a jamais dépassé 155 grammes par kilogramme de sucre candi, tandis que la moitié de ce sucre, ou 500 grammes, devrait en fournir 637gr,8 s'il contenait, après l'inversion, moitié glucose. On n'obtient pas même 1/4 de ce qu'on devrait obtenir.

Bourquelot a prétendu depuis avoir obtenu « plus du double » par le procédé Soxhlet, mais cette quantité ne répond pas à plus de 2,557 de glucose dans 1.052 d'inverti, soit à peu près et non la moitié, et, si le procédé Soxhlet est bon, mon assertion est confirmée.

Aujourd'hui le maximum d'inversion — 44,2 au lieu de 38, donne pour le pouvoir rotatoire

$$-26{,}4 \times \frac{44}{38} = -30{,}6$$

ce qui n'est d'accord avec aucune expérience.

Cette seconde preuve est d'une grande force; la netteté de séparation des cristaux entraîne avec elle le sentiment de l'évidence; l'irrégularité des poids obtenus ne laisse pas de doute sur la variabilité de nature du sucre inverti.

3° J'ai fait connaître ces expériences en 1869 [1], mais Winter a fait, tout récemment, une étude de l'hexélose gauche (il dit lévulose); voici ses conclusions :

Un mélange à parties égales de glucose et de lévulose ne jouit pas des propriétés optiques du sucre inverti.

« Sous quelques réserves », le sucre inverti est formé de trois parties hydrate de glucose ($C^{12}H^{14}O^{14}$) ; quatre parties lévulose ($C^{12}H^{12}O^{12}$).

Le lévulose n'a pu fournir de composé acétylique [2]; ces faits ne sont pas étrangers à l'étude du vin : il est évident que le glucose présente dans les moûts et les vins des modifications analogues à celle dont nous venons de faire l'étude, et assurément jamais une observation exacte n'avait encore montré la délicatesse de ces modifications à un aussi haut degré.

1 *Journal des fabricants de sucre*, 2 et 9 décembre 1869.

2. *Moniteur scientifique* du Dr Quesneville, mars 1888, 375.

Au lieu de 0°, on aurait $\frac{106 - 53,2}{2} = 26,4$, ce dont l'auteur ne s'est aperçu que trop tard.

On avait trouvé pour pouvoir rotatoire du sucre inverti 25°,5 à peu près), et, connaissant celui du glucose égal à + 53°, on avait hypothétiquement admis *un seul* isomère de glucose, le chylariose, et de plus le mélange de ces deux corps à équivalents égaux; on avait fait le calcul très simple :

1 partie glucose.	+ 53
1 — chylariose	— x
2 — de sucre inverti	2 × — 26,5 = — 53
La solution de ce petit problème donne	$x =$ 106,

Ce calcul, admis sans plus de preuve, sans aucune mesure directe du pouvoir du chylariose, on ne l'avait pas isolé a été accepté pendant longtemps comme vrai.

Il est facile de voir combien il est inexact.

a. Le pouvoir du sucre inverti, calculé avec un maximum — 38° donné par Biot (pour l'inversion de 16gr,35 sucre au volume 100cc) devient

$$-26,5 \times \frac{44,2}{38} = -30°,7$$

Depuis que Maumené a montré le premier l'inexactitude du chiffre 38 de Biot, qu'il estimait à—42° *au moins*, et que Lippmann a confirmé cette assertion en montrant que le maximum est — 44°,2 ; le calcul devient ainsi :

1 partie glucose.	+ 53
1 — chyloriose. . . .	— x
2 — sucre inverti . .	2 × —30,7 = — 61,4

d'où $x = 114,4$.

Ce qui prouve, puisque 106 a été longtemps donné comme résultat expérimental (et n'était réellement appuyé que sur le pouvoir du glucose seul) que la proportion du chylariose n'est pas $\frac{1}{2}$;

b. Le chylariose (levulose), précipité par la chaux *dans la glace*, et décomposé *dans la glace* par CO^2, ne donne pas — 114,4 ni même 106; il présente un degré bien plus faible qui diminue à mesure du réchauffement du liquide et *disparaît* en peu de temps; je l'ai reconnu, et c'est pour cela que la décomposition vers + 20° donne 0°.

4° Déjà Buignet, malgré la confiance absolue dont il était rempli pour les assertions devenues classiques, n'a pas pu méconnaître les faits suivants, dans son étude des fruits sucrés. Au lieu du pouvoir indiqué par Biot, on trouve :

[α]	= 26°	dans le sucre inverti.
	= 51,02	dans la reinette grise.
	= 68,02	dans la pomme calville.
	= 81,45	dans la poire madeleine.
	= 91,06	dans la poire d'épargne (1).

Y a-t-il rien de plus clair ?

Mais Dubrunfaut lui-même l'auteur de l'hypothèse, antérieurement à son calcul des pouvoirs rotatoires, et sans avoir fait aucune expérience précise, avait envisagé l'inversion sous un jour plus lumineux. Il avait cru pouvoir rejeter l'inversion d'après le mode indiqué par Clerget pour l'analyse des sucres ou des mélasses parce que ce mode lui a paru « *ne pouvoir être généralisé sans chances d'erreurs graves.* Suivant sa regrettable habitude, il n'avait cité aucun fait ; mais d'où viendraient ces erreurs graves, si le sucre inverti était d'une production si facile et si régulière ?

Un observateur, le docteur Icery, a trouvé les mêmes difficultés que Buignet dans son étude de la canne à sucre. Le saccharimètre lui a donné « des résultats bien opposés » à ceux de la chimie. La rotation à « gauche est rarement en rapport avec le total du sucre inverti, et *géné-* « *ralement moindre* ».

Rien de plus simple, et de plus facile à expliquer, lorsqu'on connaît cette variabilité de composition du sucre inverti que je viens de remettre au jour, en augmentant son évidence.

Essayons maintenant de revenir sur le second fait où l'on avait cru voir une division par moitié du sucre inverti en glucose et chylariose dans l'action de la chaux.

Comment s'expliquer une discordance aussi énorme que celle de mes prédécesseurs ? Comment a-t-on observé une séparation par la chaux en glucose dextrogyre et chylariose lévogyre, et comment ai-je trouvé trois produits neutres ? Il est indispensable de l'expliquer.

Le glucose (*hexélose* droit) possède son activité rotatoire d'une manière constante quand il a été préparé par les acides. Mais quand on l'a

1. *Annales de chimie et de physique*, [3], t. LXI, p. 233.

soumis à l'action de la chaux, il perd temporairement ce pouvoir et ne le reprend qu'après un contact plus ou moins prolongé avec l'eau.

Aussitôt l'inversion produite et la liqueur débarrassé de HCl par AgO, etc., — ou de SO^3 par BaO, etc., — l'addition de CaO.HO (lait au 1/5), faite sans laisser la température monter au-dessus de zéro, donne *parfois*, en effet, deux substances, le liquide et le précipité calcaires, desquels l'acide carbonique isole, toujours à zéro, un produit doué d'une rotation à droite, et un deuxième produit doué d'une rotation contraire. Mais il faut très soigneusement remplir les conditions dont je parle pour observer ces effets, *parfois*, je le répète. Lorsqu'on les obtient, on trouve en même temps qu'ils sont irréguliers; les pouvoirs rotatoires ne sont pas constants. 2° Les pouvoirs disparaissent aisément, surtout le premier, par l'effet de la chaleur, même au dessous de 100°. — C'est là tout le secret des différences entre les expériences de confrères et les miennes.

Tantôt on obtient du glucose et le corps que je nomme *hexélose* gauche (chylariose), ce dernier réellement, mais passagèrement actif; — tantôt on les obtient après la perte de leur pouvoir rotatoire, pour l'un des deux, ou pour tous deux à la fois.

Tous les chimistes, et moi-même, avons obtenu le mélange des deux corps actifs.

3° J'ai le premier découvert le mélange complètement inactif sur la lumière polarisée et avec le tartrate de cuivre alcalin. — Il me reste à citer une expérience, où l'on observe l'un des corps devenu neutre, pendant que l'autre est resté actif. — En voici une, dont je donnerai tous les détails avec soin, pour mettre les lecteurs complètement à même de juger exactement de l'extrême mobilité du sucre dans l'inversion.

100 grammes de sucre en grains très blanc (sucre de fabrique dit de consommation) invertis par 1 millième ou $0^{gr},100$ SO^3HO étendu à 500 cc., et chauffés au bain d'eau pendant 1 heure 30 minutes, ce qui les amène à —42°, tandis qu'ils pourraient aller à — 48°6, ont reçu, après élimination de SO^3 par BaO, et mise dans la glace, 150 cc. de lait de chaux refroidi lui-même à 0°. On agit assez lentement pour demeurer à 0°, et l'on jette le tout sur un grand filtre, placé dans un entonnoir entouré de glace fondante. Le grand filtre était ici un disque de molleton, tendu sur un anneau de cuivre et dont les bords étaient *calfatés* avec une longue mèche de coton. L'entonnoir était fixé dans le bouchon d'un flacon, où l'on pouvait faire un vide partiel, et hâter la filtration. On obtient ainsi :

A, liquide calcique presque incolore, un peu ambré.

B, partie insoluble non cristallisée, semblable à du plâtre fin.

Le liquide A, traité par l'acide carbonique, donne, après saturation et filtration :

a. Un liquide A', légèrement *bistré* d'abord, couleur topaze deux ou trois heures plus tard ; le volume est de 2200 cc. avec les lavages, la densité 1017, l'action rotatoire 0°. — Chargé comme il l'est d'acide carbonique, ce liquide n'agit pas sur le papier du tournesol ; mais à l'air, en séchant, il donne la couleur bleue ; évaporé dans le vide à + 30° environ, il abandonne 6gr,337 de carbonate de chaux très blanc, devenant à peine grisâtre par calcination, et dont 1gr,000 dégage 210 cc. CO^2 dans le gazhydromètre (*Analyses*, tome II) ; devenu très ambré, le liquide, séparé par une filtration nouvelle, et amené à 1035 cc. par les lavages, donne par l'oxalate, etc., 1gr,141 carbonate de chaux. On peut l'évaporer dans le vide sans coloration nouvelle (sauf concentration), il bout *sec*, et donne 62gr,1 de matière gommeuse marquant + 9°8 (pour 16gr,20 à 100 cc.).

b. Un dépôt *bleu* pesant 9gr,6 séché à l'air.

La partie insoluble B, traitée de son côté par l'acide carbonique à saturation et filtrée, donne :

c. Un liquide B' neutre, puis faiblement alcalin comme le précédent. On l'amène à 1,400 cc.; la densité = 1,017,5 à + 13°; il est parfaitement incolore et marquant tel quel — 27°. Évaporé dans le vide, il laisse déposer 2gr,40 carbonate de chaux très blanc, et, après filtration, donne 44 grammes sirop très sec, blond, marquant pour 16gr,20 à 100 cc., + 6°082. Il contenait en chaux soluble, précipitée par l'oxalate, 0gr,391 carbonate de chaux = 0gr,219 CaO.

d. Un dépôt 33gr,80 carbonate de chaux très blanc.

Ainsi, dans cette expérience, faite aussi rapidement que possible, le liquide A', qui devrait être du glucose, n'a aucun pouvoir rotatoire, et une action des plus faibles, pour ne pas dire nulle, sur le tartrate de cuivre alcalin. Ce liquide *cuit*, et repris par l'eau, devient lévogyre; le liquide B' se comporte d'abord comme du chylariose ; il dévie à gauche la lumière polarisée ; *par la chaleur, ce pouvoir est renversé;* il devient dextrogyre, et en outre l'action sur le tartrate de cuivre alcalin est très grande.

6° J'ai fait récemment une expérience qui me paraît à elle seule très convaincante : 176 grammes de sucre inverti depuis quatre ans ont été mis sur une brique ; au bout de cinq jours, le glucose, très blanc, ne tachait plus le papier, mais je l'ai laissé deux jours encore. Il pesait alors 48 grammes. En le supposant exempt de la *partie sirupeuse*, mais tout entier isolé, on aurait :

48 glucose ou à peu près 1
128 partie sirupeuse — 3 (exactement 2,8).

Plus on multiplie ces expériences, et plus on est convaincu d'en voir varier les résultats, suivant :

1° les quantités relatives de sucre, d'eau et d'acide :

2° la chaleur dont on aide l'action ;

3° le temps de cette action ;

4° la température pendant tout le traitement par la chaux, la saturation des deux produits par l'acide carbonique, et la durée de la cuite, même dans le vide.

L'inversion est produite par une série de mouvements moléculaires, modifiés par ces nombreuses influences, et il faut les plus grandes précautions ponr obtenir, plusieurs fois, un résultat déterminé, même dans des conditions semblables.

7° Voici encore une expérience qui peut achever de montrer combien l'inversion est un phénomène complexe. 500 grammes de miel (qui n'est pas, il est vrai, du sucre inverti *pur*, mais qui s'en rapproche par les constituants dont les espèces sont les mêmes et diffèrent seulement par leurs proportions) de Narbone, pour la table, ont été traités par 1 litre d'alcool bien rectifié à 90 centièmes ; au bain-marie, la totalité du miel se dissout ; mais, par refroidissement, le liquide se sépare en deux couches : la plus volumineuse alcoolique, très limpide ; la petite, inférieure, de 116 centimètres cubes, et une solution aqueuse, moins colorée, qui, étendue de 3 volumes d'eau et filtrée, pour en séparer quelques flocons de cire jaune, est presque absolument incolore, et marque 0° au saccharimètre ; évaporée dans le vide, elle donne 88 grammes de sirop très épais, un peu coloré en jaune vif. Ce sirop redissout, et mis à 173cc,5 (pour avoir $3 \times 16,20$ dans 100 cc.) marque + 3° ou 4°. Il a pris un peu de pouvoir dextrogyre ; il réduit fortement la liqueur TCuK. Mais voici le plus étrange : ce sirop, faiblement dextrogyre, traité par la chaux, à raison de :

$$42^{gr},05 \text{ sirop} = 86^{cc} \text{ des } 179,5 = 88 \times \frac{86}{179,5}$$

16,00 CaO.HO
350 à 360 eau.

se prend presque immédiatement en masse ; jetée sur un filtre, et lavée avec une petite quantité d'eau, 25 à 50 cc. au plus, cette masse donne :

1° Un liquide jaune (rappelant la nuance de l'acide chlorhydrique commercial). Un courant d'acide carbonique, en excès, produit un abondant dépôt de carbonate, coloré en beau bleu (ce bleu n'a jamais été aussi intense dans toutes les opérations analogues, avec du miel ou avec du sucre inverti), et une liqueur bistrée (quartz enfumé), couleur que le noir enlève en deux ou trois filtrations, à froid. Le volume de cette liqueur arrive à 360 cc., elle marque + 8° à + 10°. Après évaporation, dans le vide, elle pèse 23 grammes, ou un peu plus de moitié des 42,05 employés. (Ceci n'est qu'approximatif, le degré de cuisson n'ayant pas une valeur absolue, malgré toute l'attention possible.)

2° Un dépôt calcaire : pour multiplier autant que possible les analyses j'ai lavé ce dépôt à l'eau froide, de manière à obtenir 950 cc. de solution ; celle-ci est incolore, et, en raison de ce grand volume, ne laisse qu'un faible dépôt de carbonate, très blanc, avec l'acide carbonique en excès, et marque après filtration + 5°, soit 47°,5 si le volume était 100 cc. La partie non dissoute, du dépôt calcaire, a été délayée avec son filtre dans de l'eau pure, carbonatée, filtrée, au volume de 700 cc.; la liqueur, absolument incolore, marque — 13°, soit 91° pour le volume 100. Ainsi le dépôt calcaire formé par un sirop presque neutre, faiblement dextrogyre donne, malgré la petite quantité de liquide dextrogyre dont il était encore imprégné après un premier lavage, une masse douée du pouvoir lévogyre, à un degré vraiment énorme.

42 gr. 05 de ce sirop dextrogyre marquant + 1° (16,15 dans 100cc),

donnent

23 gr. de dextrogyre à	8°,360cc	ou + 20°44	—
10 gr. 05 de levogyre à	0°4,1650cc	ou — 118°87	—

Ainsi 19,05 donnent près de six fois à gauche la rotation des 23 gr. à droite.

8° Citons d'autres faits, dont l'un était inconnu, et qui compléteront la preuve de l'excessive mobilité des éléments du sucre inverti :

Le sucre inverti peut rester, des mois entiers, sans donner signe de crystallisation : puis, un jour, on voit paraître quelques cristaux, dont la proportion augmente : c'est du glucose, avec son pouvoir dextrogyre.

Le sirop conserve le sien « différences notables » d'après Soubeiran [1].

La lumière favorise la séparation du glucose dans le sucre inverti ; les vases remplis de ce dernier, conservés à l'abri de la lumière, restent avec un sirop. L'auteur de cette remarque croit pouvoir expliquer ainsi le travail des abeilles, le soin qu'elles apportent à obscurcir les regards de verre pour maintenir le miel dans l'obscurité [2].

9° Un peu plus tard, Soubeiran a fait une remarque très importante pour notre sujet. Du sucre inverti préparé en 1842 (31 août), par l'action de l'eau seule, et amené à 0 degré de rotation, donna le 7 novembre suivant « une abondante cristallisation du glucose »; le sirop liquide exprimé, conservé en vase clos, demeura sans « aucune altération » jusqu'au 16 juillet 1848. A ce moment il marquait — 42°,5 (+ 15°) sous une longueur de 100 millimètres. Traité par l'acide chlorhydrique, il atteignit — 48°,5. D'autres sirops lui donnèrent :

27 octobre 1842 I. . — 7°	27 novembre 1842 Mis à la presse	16 juillet 1848 — 43°,5	Avec l'acide — 48°
14 juillet 1841 II . — 15°	14 décembre 1842 Mis à la presse	18 juillet 1848 — 50°,4	Avec l'acide — 52°

En outre, d'après le même chimiste, quand on prolonge l'action de l'eau chaude sur le sucre, si le pouvoir lévogyre redevient dextrogyre, c'est que le chylariose perd le premier sa nature et son pouvoir rotatoire, laissant le glucose plus stable, *dans ce cas*, accuser seul son pouvoir dextrogyre [3].

10° Le retour du sucre inverti de l'état de sirop à l'état concret, plus ou moins avancé, vient de la séparation du glucose, qui, maintenu d'abord liquide par dissolution dans le chylariose, prend peu à peu l'état solide, et donne une consistance très ferme à toute la masse. Ce serait pourtant une erreur de croire le changement toujours aussi simple ; et j'insisterai sur ce point, qui a une grande importance pour la fermentation. Beaucoup de chimistes croient que le chylariose résiste à la fermentation, et que le glucose seul fermente. Il résulterait de là (et de la supposition d'un partage du sucre inverti en équivalents égaux de glucose et chylariose) que la moitié seulement du sucre inverti fermente, et

1. *Journal de pharmacie*, [3], t. X, p. 18.
2. *Journal de pharmacie*, [2], t. XIX, p. 198.
3. *Journal de pharmacie*, [3], t. XVI, p. 263.

produit de l'alcool. Cette conséquence, à elle seule, démontre l'erreur profonde des deux suppositions. Mais je dois ajouter que le chylariose revient dans beaucoup de circonstances, à l'état de glucose. *De lévogyre il redevient dextrogyre*, et repasse à l'état moléculaire qui constitue le glucose. C'est ce fait, jusqu'ici ignoré, qui explique les variations incessantes des propriétés du sucre inverti : pouvoir rotatoire, consistance, etc. Sujet qui nécessite de nouvelles études.

11° Une preuve bien frappante de la mobilité moléculaire du sucre inverti résulte encore d'une observation de Maumené : Un échantillon de ce sucre conservé depuis plus de quatorze ans a été examiné au point de vue de la déversion ; il offre au bout de ce temps le pouvoir dextrogyre comme l'ont observé Mitscherlich (1) et Maumené (2); le chylariose est devenu en grande partie du glucose ; il offre donc la déversion à ce titre et, chose remarquable, cette déversion est beaucoup plus grande ; en outre elle ne disparaît pas en chauffant le sucre inverti, au bain d'eau bouillante, pendant dix minutes, le faisant dissoudre dans l'eau, traitant par 5 grammes de noir (lavé), filtrant et examinant après cinquante minutes ; $16^{gr},15$ de chaque échantillon mis à 100 cc. ont donné :

SUCRE INVERTI DEPUIS PLUS DE 14 ANS			
immédiatement, sans filtration		Le même chauffé etc., etc.	
+ 25°	à 4 h. 15'	+ 11°	à 3 h. 25
20°	40'	8°,5	40'
12°	5 h. 40'	8°	50'
3°	le lendemain	6°	4 h. 25'
		2°	5 h. 30'
		3°	le lendemain

Il semble ne pas pouvoir revenir à l'état lévogyre, d'après la seconde expérience ; s'il y revient, c'est avec une excessive lenteur.

Ainsi, en résumé :

La nature du sucre inverti et par conséquent du sucre de raisin n'est pas encore bien connue.

C'est non pas une *espèce*, définie par la crystallisation, ou par des

1. *Annales de chimie et de physique*, [3], VII, p. 28.
2. *Comptes rendus*, t. LXXX, p. 1139.

propriétés stables, dans certaines limites, et nettement caractérisées ; mais un mélange sans cesse variable, depuis le moment ou l'inversion commence jusqu'au moment où elle finit, et où le pouvoir rotatoire, après avoir passé deux fois par 0°, par la *neutralité optique*, s'arrête enfin à un dernier zéro, celui de l'*inactivité optique*. Alors le sucre primitif n'existe plus et, à sa place, on trouve des acides, dont la formule brute est semblable à celle du sucre, ou différente seulement par de l'eau en moins.

La constatation de cette vérité est d'une importance extrême pour la vinification ; elle n'est pas moins importante pour l'étude.

Il m'a fallu pour l'établir, non seulement une étude attentive et des plus délicates, mais en outre de longs efforts, une discussion critique des plus pénibles contre les observations inexactes, dont une suite d'erreurs, presque incroyables, avait accumulé les trompeuses conséquences, et entraîné les chimistes à une opinion générale, aussi fausse qu'elle paraissait vraie, un véritable roman aussi nuisible, dans la vinification, que l'est nécessairement une erreur scientifique absolument excessive.

Le sucre inverti par l'eau, aidé ou non de la chaleur et des acides, sous l'influence du temps, présente comme nous l'avons vu des variations *incessantes* du pouvoir rotatoire. Comment ce fait, bien établi par Soubeiran dans des études faites avec précision, et dont les conclusions sont indiscutables, comment cette mobilité du sucre, pendant l'inversion, a-t-elle pu être oubliée pour faire place à l'idée contraire, à l'idée d'une limite, d'un temps d'arrêt fixe dans les mouvements moléculaires ? On n'en voit pas d'autre raison que le besoin de trouver dans la nature une simplicité d'*effets* tout égale à la simplicité des *causes*.

Lorque l'inversion est produite entre les mêmes quantités de sucre, d'eau, d'acide de chaleur et de temps, on peut observer à peu près constamment les mêmes *apparences* ; où l'esprit le plus délicat n'est point trompé, mais où l'erreur est facile aux imaginations vives et trop pressées de conclure d'une circonstance donnée à toutes les circonstances, même quand une des conditions, au moins, le temps par exemple, suffit à elle seule pour modifier les résultats.

Il est possible de saisir, au moyen de la polarisation, les époques distinctes dans le phénomène de l'inversion :

1° Epoque ou période du pouvoir dextrogyre diminué, mais supérieur à 0°.

2° Epoque du 0°, passage de droit à gauche.

3° Epoque du pouvoir lévogyre, de 0° à — 44°,2.

4° Epoque du pouvoir lévogyre diminué, mais inférieur à 0° ; on peut l'appeler retour du pouvoir gauche vers 0°.

5° Epoque du deuxième 0°, retour de gauche à droite.

6° Epoque du deuxième pouvoir dextrogyre. Ce n'est pas du tout le même qu'à la première époque, où le sucre existait encore. C'est un pouvoir dû au glucose.

L'erreur où sont tombés nombre de chimistes est venue de l'habitude d'analyser les sucres en utilisant l'inversion, avec le maximum — 38°. Cette inversion produite toujours de la même manière produit toujours la même *apparence*, au moment même c'est-à-dire un maximum d'inversion constant dans de telles circonstances, et on a pris insensiblement l'habitude de voir ce maximum comme une limite stable, ce qui n'est pas du tout la réalité. On a cru même que le sucre inverti de cette manière est une *espèce* déterminée, un mélange de deux sucres à équivalents égaux, ce qui est une erreur des plus graves.

12° Voici une dernière preuve absolument concluante :

Presque tous ces produits peuvent donner une masse *semblable*, après évaporation au bain-marie, toujours on obtient, par cette évaporation (jusqu'au poids invariable), un sirop épais, plus ou moins coloré, plus ou mois rapidement cristallisable, *en partie* bien entendu. Ce sirop a une grande ressemblance avec le miel, avec le sucre de raisin purifié de ses acides, et évaporé de la même manière, avec les confitures de certains fruits acides (après plusieurs mois ou plusieurs années), etc. ; il offre, comme tous ces corps, une partie cristalline, en petits cristaux très aplatis et peu distincts ; cette partie est du glucose pur, normal, facilement séparable par le procédé décrit. L'autre partie demeure sirupeuse, malgré tous les efforts ; elle a paru unique, mais elle ne l'est *jamais* ; et l'erreur sur son unité lui a fait donner le nom de chylariose (χυλαριον, sirop) comme si les caractères en étaient nettement définis, ce qui pourtant n'est pas encore fait.

On a séparé de ces masses, dont l'apparence est la même, deux sels de chaux d'une nature précise. Nous avons vu la meilleure manière de les obtenir, en proportion notable et avec un peu de régularité. Mais pour peu de changement dans les conditions de l'expérience, les composés calcaires, eux-mêmes, ne se conservent point. L'analyse de ces composés n'a pas été répétée ; on les a cru toujours identiques.

13° Terminons par une remarque d'une importance capitale. Le sucre de raisin nous offre-t-il des variations semblables à celles du sucre normal inverti ?

Nous pouvons répondre : oui, sans hésiter.

Mais expliquons-nous bien. — Dans un grand nombre de variétés de la *vitis vinifera*, le sucre produit par des influences régulières nous donne un sucre *régulier*, c'est-à-dire composé d'hexélose droit et d'hexélose gauche en proportions constantes. Toutes les variétés ne le donnent pas identique. Celles qui donnent l'Alicante, par exemple, et dont les grains sont souvent énormes, produisent un sucre dont presque la moitié résiste à la fermentation. — Nous en parlerons avec détail (livre II.)

Pour le moment bornons-nous à établir la contenance de chaque sucre à la maturité dans chaque espèce — et la différence de ces sucres dans des espèces différentes.

En résumé, le sucre inverti contient : 1° de *l'hexélose droit* (du glucose), espèce définie, assez stable, dextrogyre comme le sucre normal, mais à un moindre degré ; réducteur de la liqueur TCuK dont le sucre normal ne produit pas la réduction.

2° De l'hexélose (chylariose, lévulose) encore mal connu, très gauche peu stable, lévogyre pendant un certain temps, et revenant à l'état de glucose en plusieurs mois ou plusieurs années.

3° De l'*inactose* ou hexélose optiquement neutre, stable dans les milieux parfaitement neutres, sans action réductrice de la liqueur TCuK.

4° Un quatrième hexélose non réducteur de la liqueur de TCuK et non fermentescible mais dextrogyre.

Il existe plusieurs autres matières sucrées, je citerai seulement celles qui ont été trouvées dans le raisin ou dans les vins.

Etudier le sucre inverti comme une espèce déterminée est donc une erreur *ab ovo* ; cependant je dois rapporter certains résultats de cette étude, à cause de leur utilité pour expliquer divers détails de la vinification.

D'après Graham, l'inversion est accompagnée d'une contraction assez forte ; Chancel a donné des mesures dont voici les principales :

VOLUME A 0°		CONTRACTION	DENSITÉ A 0°	
			du sucre	du sucre inverti
0.	100000	0,00000	1,0000	1,0000
5.	99863	0,00137	1,0203	1,0206
10.	99744	0,00256	1,0413	1,0417
15.	89639	0,00361	1,0630	1,0634
20.	99546	0,00454	1,0854	1,0856
25.	99462	0,00538	1,1086	1,1086

Ainsi la contraction n'est pas proportionnelle aux quantités de sucre de la solution ; mais elle n'est pas assez faible pour être négligée.

L'inversion est accompagnée d'un faible dégagement de chaleur, s'il faut en croire le résultat de l'expérience suivante :

On a fait séjourner dans le bain-marie d'un alambic entouré d'eau bouillante, un vase de verre mince contenant 300 grammes environ d'acide chlorhydrique étendu de douze fois son poids d'eau, et un matras contenant 60 grammes de sucre et 30 d'eau. La température devenue stationnaire, on versait la solution de sucre dans l'acide en agitant avec un bon thermomètre. On a observé :

1re expérience, de + 45°2 à 47°, dégagement de 1°8
2e — 49°5 à 52°1, — 2°6

Ces résultats demandent une nouvelle étude (1).

L'oxydation d'une dissolution de sucre inverti faible (10 grammes sucre candi inverti et mis à 1.000 cc.), par l'oxygène de l'air, peut être assez grande en dix-huit mois, ou deux ans, pour que le liquide n'ait plus aucune action sur les liqueurs de cuivre, même la solution de cuprite de soude. L'oxydation dépasse donc, en pareil cas, l'acide hexépique $C^{12}H^{12}O^{16}$, puisque cet acide, le deuxième formé, conserve le pouvoir réducteur.

Préparation du type sucre inverti. — La variabilité des constituants de ce mélange ôterait tout son intérêt à un procédé de préparation, s'il n'était indispensable de chercher la production d'un type déterminé.

Faut-il invertir, dans ce but, par l'eau seule ou à l'aide des acides ? Le résultat n'est pas le même ; il est différent, dans le cas de l'emploi des acides, lorsque la quantité de ces corps est différente.

Il me semble donc convenable d'adopter, comme type, le sucre inverti par l'eau pure, 200 grammes de sucre candi, 1,000 d'eau distillée doivent être entretenus trente-six à trente-huit heures dans un bain d'eau bouillante pour atteindre le maximum de rotation à gauche. L'opération est faite dans un ballon fermé, dont le bouchon est traversé par un tube droit de 50 à 60 centimètres ; cela suffit pour éviter toute perte d'eau. Lorsque le saccharimètre indique le maximum, il suffit d'évaporer le liquide sirupeux, à l'air ou mieux dans le vide, pour obtenir 210 à 215 grammes de sucre inverti pur, du meilleur type.

1. *Comptes rendus*, t. LXXXI, p. 196.

Lorsqu'on emploie des acides, on doit les enlever avant l'évaporation : l'acide sulfurique, par la baryte ou la chaux ; l'acide chlorhydrique, par l'oxyde d'argent, filtration, précipitation de l'excès par HS, évaporation. Lorsque la préparation donne un liquide coloré, on enlève la couleur par du noir animal lavé et une dernière filtration.

Les sucs de melon et de pastèque renferment des matières sucrées doués d'un pouvoir dextrogyre considérable « et qui n'ont cependant aucune des propriétés » des sucres connus. Cette assertion de Commaille est accompagnée de la confirmation de mes vues sur le sucre inverti : « La question des substances hydro-carbonées, contenues dans les fruits, présente des problèmes très complexes à cause des transformations que ces substances éprouvent incessamment » [1].

La ressemblance du sucre de raisin, ou des autres fruits acides avec le sucre inverti, est complète lorsqu'on sépare les matières étrangères. En opérant comme nous l'avons déjà dit, le sirop clair marque 21 à 22 degrés (densimétriques). On achève son évaporation et on obtient 50 à 53 degrés. En quelques jours, le glucose commence à former des grains. Au besoin, on fait usage du noir animal.

§ VI. — Corps voisins des sucres.

75. Saccharine. — Un heureux hasard a fait découvrir cette substance dans les produits du glucose transformé par la chaux. On l'obtient en faisant bouillir du sucre inverti avec la chaux.

Elle est dextrogyre comme le sucre normal. Son pouvoir est plus grand : + 93°,5. Péligot qui lui avait, par un autre hasard, attribué la même formule $C^{12}H^{11}O^{11}$, s'est rangé à l'avis de Scheibler qui a corrigé à $C^{12}H^{10}O^{10}$, et de qui tous les chimistes partagent l'opinion.

Elle crystallise en prismes orthorhombiques de 111°,27 (Descloizeaux).

Liquide à + 160°,5, sans décomposition. Ce caractère si imprévu serait le plus remarquable de tous, mais il ne paraît pas admis par la plupart des chimistes.

Elle est sans action avec la liqueur TCuK. — Elle ne fermente pas.

L'eau n'en dissout pas plus de 13 centièmes à + 15° ; mais beaucoup à l'ébullition.

L'acide azotique ne produit pas d'action vive :

1. *Comptes rendus*, t. LXVII, p. 1358, et *Journal de pharmacie*, [4], t. IX, p. 161.

Le permanganate n'exerce pas non plus d'action vive.

Elle s'unit à la baryte.

$$(C^{12}H^{10}O^{10})^2 BaO. \text{ C'est } 324 \text{ et } 76,5 \text{ (qui } \times 3 = 329,5)$$

Isosaccharine. — Cuisinier l'a obtenue avec le maltose ou le lactose ; on obtient :

$$C^{12}H^{10}O^{10}. CaO HO$$

$$CaO.HO = 37 \qquad 162 \times \frac{3}{13} = 37,4$$

dextrogyre $[\alpha]_d = +63$; non fermentescible ; sans anction avec les liqueurs TCuK.

Métasaccharine. — Kiliani l'a séparée dans la préparation Cuisinier en grands cristaux orthorhombiques, devient liquide à $+142°$. Lévogyre $-48°,4$.

Ces trois corps produisent des acides : 1° saccharinique $C^{12}H^{10}O^{10} (HO)^2$, sels lévogyres ; 2° isosaccharinique peu étudié ; 3° métasaccharinique. Le sel d'argent se réduit à l'ébullition.

Kiliani donne la marche suivante pour préparer la *saccharine* ; on invertit 1 kilogramme de sucre normal dans 9 d'eau. Le liquide versé dans un flacon à petit goulot reçoit 100 grammes de chaux hydratée en poussière ; on met le bouchon, on agite plusieurs fois par jour pendant quinze jours ; alors au liquide rouge, mais limpide, on ajoute 400 grammes de chaux, et on continue d'agiter jusqu'à ce que la solution ne réduise plus la liqueur TCuK (1 à 2 mois). Il s'est précipité peu à peu un sel de chaux basique, on le sépare en filtrant. Dans le *filtratum* on fait passer CO^2 — puis on enlève la chaux encore dissoute en ajoutant de l'acide oxalique et, après une dernière filtration, on évapore en sirop. Le refroidissement détermine une abondante cristallisation de saccharine facile à purifier par dissolution dans l'eau bouillante, etc. — L'auteur a obtenu le dixième du poids de sucre normal employé.

Kiliani a de plus, réussi à obtenir l'acide saccarique $C^{12}H^{12}O^{12}$.

Il décrit les saccharinates :

1° de potasse ; 2° de chaux ; 3° de zinc ; 4° de cuivre.

Kiliani a vu la saccharine oxydée lentement par un poids triple d'acide azotique $AzO^5 (HO)^6$, $D = 1,375$ le dégagement des vapeurs rouges dure plusieurs jours ; il se produit en même temps de l'acide diédique, de l'acide oxalique et un acide qu'il a cru $C^{12}H^{10}O^{14}$ (1).

1. C'est l'acide $C^{12}H^{12}O^{16}$ que j'ai découvert dans l'action du sucre normal et de de Mn^2O^7KO. Voir *Journal de pharmacie*, [5] t. VIII, p. 343.

La saccharine peut être extraite de ses dissolutions, même additionnées de carbonate de soude, au moyen de l'éther. — Dissoute dans l'eau et mise en contact avec AgO vers + 50°, elle donne les acides :

Carbonique.............	C^2O	Diédique (acétique)	$C^4H^4O^4$
Monédique (formique).....	$C^2H^2O^4$	Diéfique (glycolique)	$C^4H^4O^6$
Monaédique (oxalique)....	C^2HO^4	(2)	

La saccharine paraît se produire dans tous les cas où le sucre de raisin est exposé à l'action de la chaux hydratée à 100° ou au-dessus. V. Lippmann en a trouvé dans les cuites de mélasses osmosées ([1]).

Inosite

76. Etat naturel. — On l'a trouvée dans le jus de diverses espèces de raisins; mais elle a été découverte dans les muscles et d'autres parties des animaux (Scherer, 1850).

Extraction. — On neutralise le jus par la baryte, et après filtration on verse du diédate de plomb (acétate) qui donne un second précipité. On le sépare encore par le filtre et dans le liquide où subsiste un peu de plomb, on amène HS ; on fait une troisième filtration pour séparer PbS, puis évaporation au bain d'eau. Le résidu épuisé par l'alcool bouillant est dissout dans l'eau et précipité par l'acétate de $(PbO)^3$; l'inosite qui fait partie du précipité est débarrassée de PbO par HS, etc. et, après évaporation, traitée par un mélange de 10 d'alcool et 1 d'éther.

Propriétés physiques. — Cristalline beaux prismes — rappelant le gypse — quelquefois en choux-fleurs. — M. M = 138°2. Liquide à 217°, un refroidissement rapide donne une masse de cristaux prismatiques ; lent, il produit une masse cornée amorphe.

Vapeur (dans le vide) à 319°. — A l'air, boursoufflement, gaz inflammables, charbon facile à incinérer.

Propriétés chimiques. — L'eau en dissout 6,5 p. 100 à + 22°. A 100° ou dans le vide, perd 16,67 d'eau (²).

Ce qui caractérise l'inosite, c'est l'action de Br dans l'eau : elle fournit $C^{12}H^4O^{10}$ BaO ; sel brun à reflets de cantharides.

L'acide azotique, concentré, évaporé à sec, donne un corps blanc amorphe soluble dans l'eau, avec dégagement de gaz (emprisonnés pen-

1. Kiliani. *Journal de pharmacie*, [5], t. VI, p. 384.
2 *Journal de pharmacie*, [5], t. III, p. 65.
3. Maquenne, *B. S. C.*, t. XLVI, p. 786.

dant le refroidissement); dissous dans l'alcool, et séparé par distillation, ce même corps se redissout dans l'eau, et, concentré à un certain point, donne des cristaux noirs $C^{12}H^{4}O^{12}$, insoluble dans l'alcool et l'éther — n'agit pas avec la liqueur TCuK.

Action sur la vie. — Son origine première dans les muscles montre son innocuité, relative au moins.

Usages : nuls. — Son identité avec le dambose vient d'être démontrée par Maquenne [1].

§ VII. — Gaz contenus dans les moûts

Les moûts contiennent de l'acide carbonique et de l'air dépouillé de son oxygène.

Pasteur a trouvé par litre de moût :

Cépage	CO^2	Az	O	volume total
Melon	80cc,5	11,0	0	91cc,5
—	94 ,6	12,1	0	106 ,7
— (48 heures à l'air).	91 ,2	12,2	0	108 ,4
Ploussard		15	0	?
(7 jours à l'air).			0	

Ces faits montrent avec grande probabilité l'absorption de l'oxygène de l'air.

Pour s'en assurer, Pasteur a secoué 5 litres de moût dans une bouteille de 10 litres, c'est-à-dire avec 5 litres d'air pendant une demi-heure. — 100 cc. du gaz extrait de ce moût contenaient 26 cc. non absorbables, dont 5,2 d'oxygène.

Une seconde expérience dans les mêmes conditions, mais avec un repos d'une heure, donna seulement les $\frac{3}{10}$ de cette quantité d'oxygène : il y avait eu absorption pendant le repos.

Après un repos de 48 heures, pendant lequel on avait secoué deux fois, trente minutes chaque fois, l'air de la bouteille contenait 3 p. 100 de CO^2 et 14 d'oxygène au lieu de 21; chaque litre de moût avait absorbé 70 cc. de O.

1. *Ibid*, t. XLVII, p. 163.

Ces expériences, faites en 1863, n'ont pas été confirmées en 1864. L'absorption a été beaucoup moindre. Le 1er octobre 1864, du moût de Ploussard a été fait avec des grappes noires et des rouges.

	Acide CO^2	O restant	Volume total
Moût des raisins mûrs .	2,9	19,0	17cc.2 (= 100)
— rouges .	2,7	8,6	18 ,6 —

Le moût le moins mûr est le moins oxydable (deux autres séries d'expériences ont confirmé).

Où se porte cette oxydation? Le moût des raisins blancs va du jaune le plus pâle au brun. — Le moût des raisins rouges « renferme aussi des matières incolores » qui brunissent.

Ce qu'il faut bien retenir, c'est que l'œnocyanine ne se trouve pas parmi « les matières incolores, » puisqu'on n'observe ni rose, ni rouge, mais du brun. — On a là très probablement une substance très différente, une *œnochryisine*, la *couleur* des vins blancs; nous y reviendrons.

ACIDE CARBONIQUE

77. C'est un des corps les plus importants, non seulement dans les moûts et les vins, mais dans la nature entière, Nous nous bornerons à rappeler ici les propriétés les plus utiles pour notre sujet.

État naturel. — On le trouve partout dans les trois grandes classes animale, végétale et minérale.

Préparation. — La plus intéressante pour nous est celle dont le raisin peut être la source. Le sucre, nous l'avons dit, produit en sa première fermentation une grande quantité de ce gaz *absolument pur;* nous étudierons en grand détail cette *préparation* dans le livre II. — On se procure ordinairement le gaz carbonique dans les laboratoires par un moyen plus économique et toujours à notre disposition : on décompose la craie (le marbre blanc, ou toute autre pierre calcaire) au moyen de l'acide chlorhydrique étendu.

Voici une disposition que je recommande aux personnes vouées à des études fréquentes. Un réservoir B, de 15 à 20 litres, fig. 6 est rempli de fragments de marbre, gros comme des noix environ, et tenu solidement sur une tablette circulaire en chêne GH, fixée dans un tonneau (à pétrole) MK défoncé en M. Son goulot *g* reçoit une bouteille D percée de 4 trous *u*, *u*, et dont le goulot est disposé comme on le voit figure 5; il est percé de deux trous z, z, et est fermé d'un bouchon en caoutchouc v traversé par un bout de tuyau en plomb *tn*, percé lui-même de deux trous *s*, *s*, et fermé en *n* d'un bouchon en caoutchouc *n*. Toutes ces pièces, bien ajustées et bien assujetties, on adapte le bouchon en caoutchouc R traversé par un tube en plomb muni d'un bon robinet et lié au tube en verre à deux boules, continué par un tuyau en plomb CA. Celui-ci traverse un des trois trous du bouchon en caoutchouc appliqué au flacon de lavage AF (de 2 à 4 litres) et dont le deuxième trou reçoit le tube de sûreté (droit) en verre, et le troisième un tube courbé en plomb I, sur lequel s'ajuste finalement un tube en caoutchouc plus ou moins long, large de 7 à 8 millimètres, et terminé par un tube en verre destiné à faire passer le gaz dans le moût, le vin, etc., mis à l'étude. Il suffit ensuite d'emplir le tonneau avec de l'acide chlorhydrique au $\frac{1}{10}$ environ, *exempt d'acide sulfurique* (1).

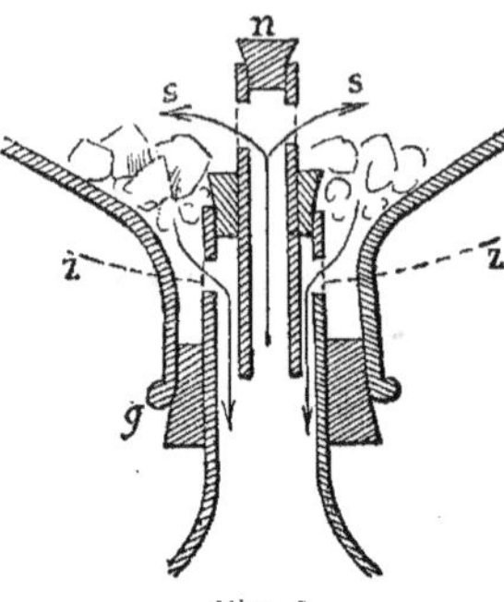

Fig. 5.

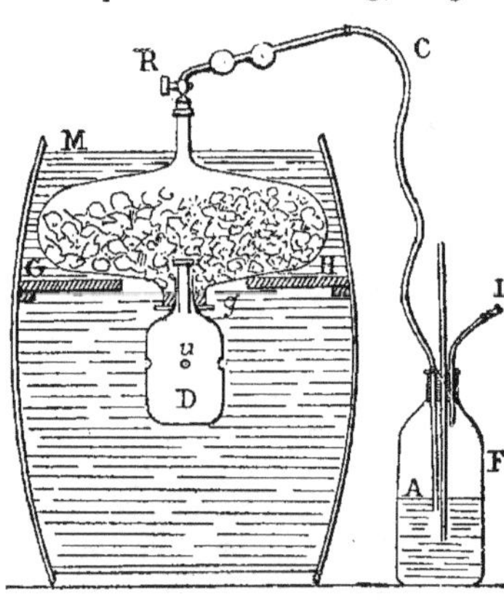

Fig. 6

Propriétés chimiques. — L'ensemble de ses propriétés nous le montre comme un corps très stable, et acide plus énergique en beaucoup de circonstances qu'on ne l'a cru pendant longtemps.

Bunsen a étudié la solubilité de l'acide carbonique dans l'eau pure entre 0 et + 20° (2). Carius a étudié la même solubilité dans l'alcool entre 0 et + 25° (3). Voici les résultats obtenus par ces deux chimistes: volume de gaz acide dissous par 1 volume de liquide.

1. Mes lecteurs ne regretteront pas la construction de cet appareil, ni la dépense (25 ou 30 francs en tout) quand ils en auront fait un usage *comparé* durant un jour ou deux. On peut avoir un courant toujours prêt pendant 1 à 2 mois, et on ne peut plus régulier en ouvrant le robinet R.

2. A. C. P. [3], t. XLIII, p. 496.

3. A. C. P. [3], t. XLVII, p. 418.

Volume de gaz acide dissout par 1 volume de liquide.

TEMPÉRATURE	EAU	ALCOOL	TEMPÉRATURE	EAU	ALCOOL
0°	1,7967	4,3295	16°	0,9753	3,1438
1	1,7207	4,2368	17	0,9519	3,0908
2	1,6481	4,1466	18	0,9318	3,0402
3	1,5787	4,0589	19	0,9150	2,9921
4	1,5126	3,9736	20	0,9014	2,9465
5	1,4497	3,8908	21	0,8900	2,9034
6	1,3901	3,8105	22	0,8800	2,8628
7	1,3339	3,7327	23	0,8710	2,8247
8	1,2809	3,6573	24	0,8630	2,7890
9	1,2311	3,5844	25	0,8560	2,7558
10	1,1847	3,5140	26	0,8505	2,7251
11	1,1416	3,5461	27	0,8460	2,9969
12	1,1018	3,3807	28	0,8420	2,6711
13	1,0653	3,3177	29	0,8390	2,6478
14	1,0321	3,2573	30	0,8370	2,6270
15	1,0020	3,1993			

On voit que la puissance dissolvante est bien plus grande pour l'alcool que pour l'eau. — Les nombres inscrits en accolades sont calculés d'après les formules données par MM. Bunsen et Carius *au delà de la limite de leurs expériences.*

On voit que la puissance dissolvante est bien plus grande pour l'alcool que pour l'eau. Les nombres inscrits en accolades sont calculés d'après les formules données par MM. Bunsen et Carius *au-delà de la limite de leurs expériences.*

Propriétés physiques. — Solide crystallisé, il paraît cubique.

Liquide à — 65°, D = 0,983 et 0,648 à + 30°. Il est plus dilatable que les gaz, 10 volumes deviennent 14. — Vapeur à 0° sous 30 atmosphères; à + 30° sous D = 1,529 ; 1 litre pèse 1 gr. 988 (0^{m},760 et 0°).

La chaleur ne le détruit pas avant 1300°. L'étincelle électrique dont la température est extrêmement élevée ne le laisse pas intact non plus. Dans les deux cas, CO^2 devient $CO + O$. L'oxygène ne paraît pas exercer la moindre action.

Il se dissout dans l'eau, à peu près proportionnellement à la pression. La température du liquide a une grande influence : plus l'eau est chaude, moins elle absorbe de gaz acide.

On a obtenu un hydrate d'acide carbonique sous une forte pression.

Ses actions comme acide sont plus énergiques qu'on ne l'a cru pendant longtemps ; mais il faut qu'il soit liquide, ou par simple compression, ou mieux par dissolution dans l'eau, l'alcool, etc.

Ainsi le liquide par compression (méthode Thilorier) transforme le carbonate de potasse en bicarbonate (69 absorbent $\frac{1}{3}$ ou 23.— EM). — Il se dissout dans $\frac{1}{5}$ ou $\frac{1}{6}$ d'essence de pétrole, en toutes proportions dans l'éther. — Il n'a aucune action avec Na ⓒ $n = \frac{24}{30}$

CO^2 et Na produiraient CO. NaO, ce qui n'est guère possible), etc.

Le liquide par dissolution décompose beaucoup de sels dont les acides sont puissants. *Dans d'autres conditions*, il précipite : presque les trois quarts de l'oxyde de plomb de l'acétate, il change le chromate neutre de potasse en bichromate; et du tétrabélate (tartrate) neutre de potasse ; il précipite du bitartrate (rien de plus facile à comprendre dans notre Théorie Générale).

Saussure jeune a donné le tableau suivant :

100 CENTIMÈTRES CUBES d'une dissolution de	DENSITÉ du liquide	MATIÈRE dissoute	VOLUMES d'acide dissous
Eau	1,000		106cc
Acide sulfurique	1,840		45
Chlorure de potassium	1,168	26gr *s* (1)	61
— de sodium	1,212	29 *s*	33
— de calcium	1,402	40,2 *s*	26
— d'ammonium	1,078	27,54 *s*	75
Sulfate de potasse	1,071	9,42 *s*	62
— de soude	1,050	11,14 *s*	58
— d'alun	1,047	9,14 *s*	70
Azotate de potasse	1,139	20,6 *s*	57
— de soude	1,206	26,4 *s*	45
Acide tartrique	1,285	53,37 *s*	41
Sucre	1,104	25	72
Gomme	1,092	25	75
Alcool	0,803		260
	0,840		187
Éther	0,727		217
Huile de Lavande	0,880		191
— de thym	0,860		188
— de naphte	0,784		169
— de térébenthine	0,860		166
— d'olive	0,915		151
— de lin	0,940		156

1. *s* exprime la saturation du liquide.

Action sur la vie. — Nous en parlerons longuement dans le livre II, pour expliquer le danger qu'il fait courir dans le travail des cuves.

Usages. — L'acide carbonique produit par la fermentation des moûts peut être employé pour la fabrication du bicarbonate de soude pour faire des vins mousseux ou mieux pour transvaser les vins et leur éviter le contact de l'air. Dégagé de la pierre à chaux soit par une chaleur rouge, soit par les acides, il sert à décomposer les sucrates de chaux dans la fabrication du sucre, à préparer les eaux de Seltz, les limonades gazeuses, (appareil Briet). Il entre dans la fabrication en grand du carbonate de soude par les voies aqueuses.

Un point très important, c'est l'identité du gaz produit par la combustion du charbon avec celui de la décomposition du sucre en fermentation. Cette identité n'est plus l'objet d'un doute : nous y insisterons en traitant des vins mousseux dans le livre III.

§ VIII. — Acides solides.

79. — *Acide tétrabéjique* (malique), $C^8H^6O^{10}$.

Sa composition diffère peu de celle de l'acide tétrabélique (tartrique) — il a 2 équiv. de O en moins :

Etat naturel. — Il existe en grande quantité dans le jus des raisins verts. Il a été découvert par Schècle dans la pomme (en latin *malum*), parce que le raisin n'est pas commun en Suède ; Couverchel en a le premier trouvé dans le jus de raisin ; après évaporation dans le vide et séparation de la plus grande partie de la crème de tartre, il neutralisa la liqueur, ajouta de l'acétate de plomb et obtint un précipité blanc soluble dans l'eau bouillante et se déposant à froid en plaques micacées argentines. C'était du malate de plomb [1].

Schwartz a trouvé l'acide malique dans les raisins verts de Silésie [2].

J'ai trouvé, comme ces chimistes, l'acide tétrabéjique dans les raisins verts et il m'avait paru très abondant.

On ne le trouve pas seulement dans le raisin, mais dans beaucoup d'autres végétaux, dans tous les fruits rouges, dans le tabac, l'absinthe, l'épinard, etc. — Pasteur l'a trouvé en abondance dans le moût.

1. *Journal de pharmacie*, [2], t. VII, p. 260.
2. *Ann. der Chem. und pharmacie.*, t. LXXIV, p. 83.

Préparation. — Je l'ai extrait du raisin vert en neutralisant d'abord un litre, exactement par la potasse, et mêlant avec un deuxième litre, on sépare ainsi presque tout l'acide tartrique en bitartrate On ajoute, après filtration, de la craie et on chauffe à 40° pendant 3 ou 4 heures ; on laisse refroidir et on recueille dans un filtre en toile le dépôt calcaire qui est du malate avec un peu de carbonate. On le traite par l'acide sulfurique en petit manque et dans la liqueur filtrée, on verse de l'acétate de plomb. Le précipité, tenu quelques instants dans l'eau bouillante et filtré, donne une solution d'où le tétrabéjiate (malate) de plomb se dépose en cristaux. On le décompose par HS, etc.

Pasteur a montré non seulement son abondance, mais la prééminence de sa proportion *dans le moût* sur celle de l'acide tétrabélique (tartrique), pour l'extraire, Pasteur conseille la marche suivante : réduire le vin au $\frac{1}{5}$ de son volume et le laver avec un mélange d'alcool et d'éther (à volumes égaux) jusqu'à ne plus extraire d'acides, puis neutraliser avec l'eau de chaux.

5 litres de moût (enfariné) réduits à un litre ont donné, par deux lavages à l'éther-alcool, une quantité d'acides neutralisant 17gr,412 de CaO, ou en acide tétrabélique (tartrique) 46,639, soit 9,3278 par litre. — Le résidu a donné :

			ACIDES	
			tartrique.	malique.
1re crystallisation.........	6,550	tartrate (CaO)² pour	4,261	
2e id.	16,730	tartro-malate......	8,789	7,833
3e id.	6,42			15,440
4e id.	21,89	malate (CaO)².....		4,337
5e eau mère et alcool......	6,15	malate(en maj.part.)		1,711 ?
6e Liquide alcoolique	?	0,715 CaO.—probab.		
			13,050	29,321

S'il y avait du lactate, il serait dans l'alcool. — Il y a plus du double d'acide malique que de tartrique. Les trois derniers traitements à l'éther alcool, non examinés, lui auraient donné mêmes résultats. Le ploussard lui a donné aussi tartrate et malate.

Propriétés physiques. — Cristaux mamelonnés — Liquides à 100° —

perdent 2 HO à (175° ~~ 180°) ~~ HO le dissout en abondance, il est déliquescent ; la dissolution est lévogyre.

Oxydants : $Mn^2O^7KO + SO^3HO$ étendu donnent de l'acide *monédique* (formique), du CO^2 et de l'HO.

M $$n = \frac{134}{111}$$

$$111\ C^8H^6O^{10} + 134\ Mn^2O^7 = \frac{1}{2}\left\{\begin{array}{l|l} 88 & 2\ C^2H^2O^4 + C^4H^2O^6 + Mn^2O^3 \\ \hline 23 & 3 \qquad\qquad + C^2O^4 \quad + Mn^2O^4 \end{array}\right.$$

$C^4H^2O^6$ qui avec l'eau devient $C^4H^4O^8$ *dienHique* (glyoxylique) a échappé.

~~ KO (HO) (1,0 à peu près), donne à 150° :

M $$n = \frac{134}{56}$$

$$134\ KO.HO + 56C^8H^6O^{10} = \frac{2}{3}\left\{\begin{array}{l|l} 34 & 2\ C^4H^4O^6.KO \\ \hline 22 & 3\ C^4H^3O^3.KO + 2\ C^2O^3KO + 4HO + H^2 \end{array}\right.$$

$C^4H^4O^6$ a de même échappé.

IH donne de l'acide tétrabHique (*succinique*) $C^8H^6O^8$.

L'action la plus intéressante est celle de l'oxygène qui le transforme en acide tétrabélique (tartrique), cette transformation est facile dans l'eau et s'accomplit rapidement dans le raisin au moment de la maturité qui est le résultat d'une oxydation accusée surtout par mon expérience (p. 14). La raison est évidente par la Théorie générale.

$$C^8H^6O^{10} = 134 \qquad O = 8$$

M $$n = \frac{134}{8}$$

L'action peut donc se produire entre 134 O et 8 $C^8H^6O^{10}$

Dans le raisin, l'oxygène absorbé lors du commencement de la maturité se trouve dans un énorme excès de l'acide malique et le fait passer à l'état dans lequel les proportions des corps constituants se rapprochent le plus des rapports de poids les plus simples. Dans $C^8H^6O^{10}$ $C^8H^6 = 54$ $O^{10} = 80$ ~~ 54 et 80 ne sont pas en un de ces rapports, mais par l'absorption de 2 O il se produit

$$C^8H^6O^{12} \text{ ou } 54 \times \frac{5}{4} = 90 \text{ bien rapproché de } O^{12} = 96$$

J'insiste un peu sur ce calcul parce que les deux acides sont liés de la manière la plus intime et jouent tous deux le plus grand rôle dans le raisin et dans le vin.

L'acide tétrabéjique du raisin devient trétrabélique dans le vin par oxydation; mais nous verrons les causes de désoxygénation, dans le vin, ramener l'acide tétrabélique (tartrique) à son état primitif (on peut dire) d'acide tétrabéjique (malique).

Leurs propriétés sont très voisines. Tous deux réduisent les sels d'argent et d'or, tous deux réduisent le bichromate de potasse en formant des sels doubles de protoxyde de chrome ; l'acide tétrabéjique dans cette action donne de l'acide tribHique (malonique) ; mais, comme on peut s'y attendre, il donne en outre du tétrabélate (tartrate) double de potasse et de protoxyde de chrome, qui a échappé.

Tous deux réduisent l'acide Mn^2O^7. L'acide malique donne de l'acide formique qui a été reconnu, et de plus beaucoup d'acide dienHique (glyoxylique) qui a échappé, sans parler d'acide oxalique.

Tous deux donnent avec l'acide sulfurique un dégagement d'oxyde de carbone.

L'acide perd 2HO, soit par la chaleur seule vers + 175°, soit même dans l'eau à cette température (en vase clos); il se produit à 2 isomères $C^8H^4O^8$, l'acide tétradHique α (maléique) et tétradHique γ, (fumarique).

Tous deux donnent des émétiques et des sels dont les propriétés sont très analogues.

L'acide tétrabéjique (malique) renferme :

	En centièmes.	En nombre entiers les plus simples.	En équivalents chimiques.	
Carbone.	35,82	24	48	C^8
Hydrogène..	4,48	3	6	H^6
Oxygène.	59,70	40	80	O^{10}
	100,00	67	134	

Action sur la vie. — C'est un corps alimentaire ; nullement dangereux.

Usages. — Il en a peu, même à l'état de sels.

Acide malique inactif. — On le prépare en traitant l'acide aspartique ou même la tetrabazofine (aspargine) $C^8H^8Az^2O^6$ par l'acide AzO^3.

M

$$n = \frac{134}{38}$$

$$132\ Az\ O^3 + 38\ C^8H^8\ Az^2O^6 \frac{3}{=}{4} \left\{ \begin{array}{l|l} 20 & C^8H^6O^{10}\ (H^2AzO^2)^2 + ArO + AzO^2 \\ \hline 18 & C^8H^4O^{10}\ (H^2AzO^2) + \qquad 4AzO^2 \end{array} \right.$$

Piria n'employait pas AzO^3, mais AzO^2 courant dans $AzO^5\,(HO)^6$. ACP [3] XXII, 174). $C^4H^4O^6$ a échappé une fois encore.

ACIDE TETRABELIQUE (*Tartrique*)

80. Après l'acide tétrabéjique (malique), le plus important dans les moûts est l'acide tetrabélique (tartrique). Il existe dans le raisin à l'état libre et en bitétrabélate (bitartrate) ; on le trouve aussi dans beaucoup d'autres végétaux.

Préparation. — Les tartres des vins sont formés de bitartrate de potasse et de tartrate de chaux ; on fait dissoudre dans l'eau bouillante contenant un peu d'acide chlorhydrique, le tartrate de chaux se dépose. Dans la liqueur on délaie du lait de chaux juste pour neutraliser, il se dépose une deuxième quantité de tartrate calcaire. — La nouvelle liqueur est additionnée de chlorure de calcium neutre et donne tout le reste de l'acide tartrique en un troisième précipité de tartrate de chaux.

$$C^8H^6O^{12}\ (KO)^2 + 2\ CaCl = 2\ ClK + C^8H^6O^{12}\ (CaO)^2$$

Le chlorure de potassium est évaporé à crystallisation et mis à part.

Le tartrate de chaux (des 3 origines) est traité par l'acide sulfurique en proportion équivalente (dans des cuves en bois doublées de plomb ~ où l'on amène de la vapeur) ; à cause de son volume il est bon de turbiner le sulfate et de le laver avec un peu d'eau dans les turbines pour le priver d'acide tartrique, puis on fait évaporer dans le vide et dans des vases en plomb. A un certain degré de cuisson l'acide tartrique forme un dépôt en grains, d'un blanc pur (les liquides ont été traités au noir d'os). On le fait redissoudre et crystalliser en gros crystaux.

Au lieu de chlorure de calcium on emploie le sulfate de chaux imprégné d'acide tartrique, produit dans la décomposition du tartrate calcaire ; on obtient ainsi une moindre altération des liqueurs et la production du sulfate de potasse d'un prix supérieur à celui du chlorure.

Les lies sont employées de leur côté, elles renferment les deux tartrates et l'*œnocyanine*, l'*œnochrysine*, avec une certaine quantité d'éther nonènique (*œnanthique*), on fait distiller cet éther dans un courant de vapeur d'eau ; puis on les traite par l'eau chargée d'acide chlorhydrique et on amène tout l'acide tartrique à l'état de tartrate de chaux ; etc. ([1]).

Propriétés physiques. — Solide, clinorhombique de 77°8', tel qu'on l'extrait du tartre, la face e^1 existe presque toujours à droite, presque jamais à gauche ; mais le dédoublement de l'acide racémique donne par moitié des cristaux avec e^1 à droite et d'autres à gauche. — Angle des axes, 120° ; D = 1,75 (pour les deux), bissetrice parallèle à la diagonale horizontale (axe *b*) ; le plan des axes est incliné de 20°27' sur la section principale passant par cette diagonale.

Les crystaux sont pyroélectriques — au point d'offrir des pôles par la seule chaleur de la main ; c'est l'axe *b* qui est encore l'axe pour l'électricité : le pôle + est établi à gauche par la chaleur et le pôle — à droite.

— Liquide entre 170° et 180° sans perdre d'eau — devient métatartrique ; la prolongation du chauffage donne une perte d'eau.

D'abord 1 HO et il donne	$C^8H^4O^{10}HO$ tartralique		
Puis 2 — —	$C^8H^4O^{10}$	—	soluble
	—	—	insoluble

en montant à 190° — 220°.

La décomposition est profonde, une ébullition régulière s'établit et il se forme : CO^2 et un peu de C^4H^4 — de HO de $C^4H^4O^4$, acide diédique (acétique) — de $C^2H^4O^2$ (alcool monénique) ? de $C^6H^4O^6$ acide tribéfique (*pyruvique*); $C^{10}H^8O^8$, pentablique (*pyrotartrique*) = 2 $C^8H^4O^{10}$—6 CO^2) un corps huileux et du charbon très volumineux, $C^{14}H^8O^6$ heptaféfique (*pyrotritarique!*) et enfin de $C^6H^6O^2$ (acétone).

Malgré les épaisses ténèbres expérimentales de ces études faites par Berzélius, Pelouze et d'autres, je ne peux éviter de donner un exemple de la puissance de la Théorie générale seule capable de faire briller la lumière dans des questions si compliquées.

Lorsqu'on chauffe un corps tel que l'acide tétrabélique (tartrique), le premier effet est la séparation de l'eau.

$$C^8H^4O^{10}(HO)^2 = C^8H^4O^{10} + 2HO$$

1. Voir pour plus de détails le *Dictionnaire de Wurtz*, t. I, p. 233.

Mais si on élève la température, une véritable combustion se produit entre les éléments combustibles, carbone et hydrogène d'un côté — oxygène de l'autre ; $C^8H^4 = 52$, $O = 8$, on a :

$$n = \frac{52}{8}$$

$$52\ O + 8\ C^8H^4 \ \frac{6}{7} \left\{ \begin{array}{l|l|l} 4 & C^8H^4O^6 & \text{ou } \underset{16}{C^6}\underset{16}{H^4O^2} + 4\ CO\ (\underset{24}{C^4}\ \underset{24}{O^3} + O)\ ? \\ \hline 4 & C^8H^4O^7 & \text{ou } C^2O^4 + C^6H^4O^3 \quad 40 : 24 :: 5 : 3 \end{array} \right.$$

Cette action *normale* n'a demandé que 52 éq^s. d'oxygène; mais $8\,C^8H^4$ étaient unis à 8 0; il nous en reste 28 disponibles.

$C^6H^4O^3$ peut s'unir avec une partie de cet oxygène en même temps que les 12 CO prennent une autre partie, ceux-ci prennent 16 O, il en reste 12, les 4 $C^6H^4O^2$ prennent ces 12, c'est-à-dire chacun 3 et deviennent 4 $C^6H^4O^6$ acide tribéfique (pyruvique).

On peut de même calculer les autres produits, surtout ceux que l'expérience n'a pas révélés ; et si je crois devoir m'arrêter, c'est d'abord parce que le calcul est facile et ensuite parce que je ne puis ici entrer dans tous les développements. — J'ai surtout voulu montrer que la Théorie générale explique ce que les idées classiques ne peuvent même *soupçonner*.

$C^8H^4O^6$ peut donner $C^6H^4O^2 + C^2O^4$
et $C^6H^4O^2$ en s'oxydant, produire $C^6H^4O^6$ ou

$$C^2O^4 + C^4H^3O^4 + HO$$

$C^6H^4O^3$ peut donner quand la température s'élève $C^6H^4O^2 + HO$.
et $C^6H^3O^2$ agissant avec $C^4H^3O^4$ produit $C^{10}H^6O^6$ qui avec 2 HO donne $C^{12}H^8O^8$, etc., etc.

La composition de l'acide tartrique est la suivante :

	En centièmes.	En nombres entiers les plus simples	En équivalents chimiques	
Carbone	32,00	8	48	C^8
Hydrogène.	4,00	1	6	H^6
Oxygène.	64,00	16	96	O^{12}
	100,00	25	150	

Le raisin paraît contenir un acide glucotartrique $C^{44}H^{26}O^{50}$ formé par la combinaison de

1 équivalent de glucose.......	$C^{12}H^{12}O^{12}$
4 — d'acide tartrique...	$C^{32}H^{24}O^{48}$
	$C^{44}H^{36}O^{60}$
avec perte de 10 HO...	$H^{10}O^{10}$
Acide glucotartrique..........	$C^{44}H^{26}O^{50}$

La solubilité dans l'eau des acides tartrique droit gauche racémique varie notablement. Leidié en a fait l'étude avec beaucoup d'application (1) et en contrôlant par l'expérience l'étude mathématique.

Voici les résultats les plus utiles :

TEMPÉRATURES	100 PARTIES D'EAU DISSOLVENT				
	acide tétrabélique (tartrique)		acide racémique		
	Droit	Gauche	Anhydre		Hydrate
0°	115,12	114,35	8,15		9,23
5	120,56	119,81	10,09		11,37
10			12,34		14,00
15		132,30			17,07
20	139,43	139,19	18,01		20,60
25	147,34				24,61
31	158,06	157,92	26,00	(30°)	29,10
35	165,50		29,29		34,09
40	175,92	174,83	37,18		43,32
46	187,00		44,67	(45°)	51,16
50	195,50	195,30	50,03		59,54
59			63,00	(55°)	68,54
61	221,00			(60°)	78,33
67	235,25	234,30		(65°)	88,73
70			80,50		99,88
75	258,27		89,00		111,81
80	273,33		98,12		124,56
85	289,50		107,47		138,19
90	306,56		117,20		152,74
95	324,54		127,31		168,80
100	343,35		137, 8		184,91

1. L'auteur donne les équations d'où ces nombres dérivent, Journ. *de Pharm.*, [5], VI, 189.

Lorsqu'on concentre la solution d'acide tartrique jusqu'au commencement de crystallisation, il se forme d'après Grosjean 26 0/0 d'acide métatartrique, $C^8H^4O^{10}$; on le ramène à l'état tartrique en remettant de l'eau et faisant bouillir pendant deux heures, ou attendant plusieurs mois vers + 15°. — L'acide sulfurique diminue beaucoup la solubilité de l'acide tartrique. — Le dosage du bitartrate en présence d'une quantité « notable » d'acide sulfurique donne 1 0/0 en trop.

Le tartrate de chaux est décomposé par les dissolutions concentrées des sulfates alcalins. (*Bulletin de la Société chimique*, t. XXXIX, p. 671).

Le pyrolyse de l'acide tartrique donne encore un liquide $(C^8H^6O^2)^2$ volatil à 230°. — D_v = 5,18 (D_v est la densité de vapeur).

Bourgoin qui l'a obtenu le considère comme une acétone — sans avoir pu l'unir au bisulfite de soude B. S. C. ([4] XXVII, 256).

Yungfleisch a rendu ce dédoublement un peu plus facile, (*journal de pharmacie*, [5], t. V, p. 346. Je dois renvoyer à sa note.

Action de l'oxygène. — Sec et à froid, nulle.

Seul il brûle dans l'air avec une odeur de caramel, une flamme éclairante et un petit dépôt de carbone léger.

Mêlé de Pl spongieux, il est brûlé à 160° — 250° en CO^2 + HO.

Action de l'eau. — Elle le dissout abondamment.

100 parties en dissolvant 136,6 à + 22° d'après Maisch. C'est, dans 100 de dissolution 57,75 d'acide. Gerlach a trouvé 57,9 à + 15°.

La solution saturée bout vers 108° ; contenant 50, à 106,7; contenant 25, à 102°, 2.

Acide pour 100	Densités
1	1,0044
2,5	1,0114
5	1,0230
10	1,0470
20	1,0970
30	1,1510
40	1,2090
57,75	1,3250

Les dissolutions présentent le pouvoir rotatoire, 102°,2 et le conservent intact au moins un an EM et on a trouvé par elles 4 variétés, acide *droit*, acide *gauche*, acide *neutre* ou racémique et acide *inactif*.

La dissolution est très dilatable de 0° à 100.

La dissolution à 25 pour 0/0 se dilate de 5,5I pour 100.
La — 50 — — 6,47 —

On voit se former dans les dissolutions en plus ou moins de temps des moisissures épaisses, mais l'acide hexafébique (phénique), l'heptaféfique (salicylique), empêchent cette formation ; nous y reviendrons en parlant de la fermentation.

Les solutions chauffées en tubes fermés, à + 175°, donnent de l'acide racémique et un peu d'acide inactif — des gaz ($C^4H^2C^2O^4$ etc ;

Parmi les produits se trouve de l'acide triènHique (glycérique) EM.

Action de l'acide sulfurique. — Elle donne de l'oxyde de carbone et de l'acide SO^2.

$$n = \frac{150}{49}$$

$$150\,SO^3HO + 49\,C^8H^4O^{10}\,(HO)^2 = \frac{3}{4}\left\{\begin{array}{c|l} 46 & 2\,SO^2 + 8CO + SO^3\,(HO)^9 \\ \hline 3 & 2 \quad - + 8 - + 2\,[SO^3(HO)^5] \end{array}\right.$$

Dans un excès d'acide on admet un composé des deux acides dans le résidu.

Acide azotique. — Concentré, action vive très complexe suivant les proportions. Avec l'acide étendu, les produits sont différents l'un d'eux est l'acide diédique (acétique), mais avec l'acide azotique en excès on a des acides monédique (formique) monaédique (oxalique), etc.

Autres oxydants. — Permanganate de potasse. — Seul il donne : le sel $C^8H^5O^{15}KO$, etc. Avec addition de 1 SO^3HO, l'acide de ce sel, beaucoup de CO^2 et d'eau — et laisse 2 MnO^2.

Bichromate $(CrO^3)^2$ KO, avec un excès d'acide tartrique donne une coloration noire bleuâtre ; — avec un excès de bichromate, une liqueur verte. — (La première contient $C^8H^4O^{12}$. CrO. EM).

IO^5 le brûle quand son poids est de 2 équiv. pour 1 d'acide tartrique — l'action a lieu dans l'eau bouillante (à poids égal, il y a formation d'oxyde de carbone avec l'acide carbonique (EM).

Au^2Cl^3 est réduit à l'ébullition. — $PlCl^2$ de même.

Cl a peu d'action dans la dissolution (à 100° en 2 ou 3 jours il donne $C^8H^4O^{14}$ + 4 HCl. EM).

K et Na ont une action vive — il se dégage des gaz ; il reste du C et CO^2KO (Gay-Lussac et Thénard).

Si l'acide tartrique est en solution alcoolique, il est transformé par Na en un acide crystallisable dont le sel de KO est très soluble.

IH (HO), chauffé en excès à 120° pendant 6 à 8 heures, donne $C^8H^6O^8 + 4 I$, en quantité moindre il donnerait $C^8H^6O^{10}$ tétrabéjique (malique).

BrH à (100° — 120°) donne de l'acide $C^8H^4Br^2O^8$, bibrômosuccinique, — on l'a obtenu (mais il se produit de l'acide brômotétrabéjique (monobromomalique) qui a échappé. EM).

M

$$n = \frac{132}{81}$$

$$132\ BrH + 81\ C^8H^4O^{10} = \frac{1}{2}\begin{cases} 30 & C^8H^5Br\ O^{10} \\ 51 & C^8H^4Br^2O^8 + 2HO \end{cases}$$

Action sur la vie. — Son action n'est pas dangereuse : elle est plutôt hygiénique : mais dans les cas pathologiques il me parait *nécessaire* de tenir compte des transformations qu'il subit en dissolution.

Usages. — L'acide tartrique sert à préparer des médicaments importants, plusieurs tartrates, l'émétique (tartrate de potasse et antimoine), les *boules de Nancy* (voir pour ces dernières *Journal de Pharmacie*, [4] t. XXX. p. 92 etc.) ; mêlé au bicarbonate de soude pur, il forme une poudre dont quelques grammes dans 1 litre d'eau produisent une eau de Seltz. — Le bitartrate est employé dans quelques préparations : par exemple une poudre de bitartrate, 20 parties ; craie, 8 p. ; chlorure d'argent, 1 p. : sert à argenter par frottement les objets en cuivre, etc.

Nous avons parlé de l'acide racémique et il nous reste à faire connaître comment on le trouve dans le raisin. Nous le dirons un peu plus loin en décrivant les tartrates (voir *Sels*).

ACIDE CITRIQUE

Etat naturel. — On a trouvé l'acide dans un grand nombre de fruits depuis l'époque où Scheele en a fait la découverte dans le jus de citron (1784). Proust l'a admis dans le raisin avant sa maturité [1]. Kaufmann a regardé le raisin à cet état comme une bonne matière première de la préparation [2]. Dumas n'en admettait que « quelques traces ». C'est assez pour nous obliger de l'étudier.

1. *Annales de chimie*, t. LVII, p. 251.
2. *Répertoire de chimie* (allemand), t. XIV, p. 77.

Voici sa composition :

	En Centièmes	En nombres entiers les plus simples.	En équivalents
Carbone.	37,50	9	72 C^{12}
Hydrogène.	4,17	1	8 H^{8}
Oxygène.	58,33	14	112 O^{14}
	100,00	24	192

Préparation. — On exprime le jus des citrons écorcés et on l'abandonne à lui-même pour se débarrasser, par fermentation, de la partie mucilagineuse. On sature par la craie, 1 partie pour 16 de jus, à l'ébullition et on recueille le citrate calcaire dans un filtre en toile, à la turbine. On le délaie dans de l'eau contenant de l'acide sulfurique à raison de 150 kilogs d'acide pour 260 de citrate égoutté et pressé. — Après un chauffage à + 60° — 70°, dans une chaudière en plomb pendant deux ou trois heures, on passe dans la turbine, puis on fait évaporer dans le vide (comme pour l'acide tartrique). On obtient de grands crystaux.

Propriétés physiques. — Orthorhombique, M. M = 112°,2.

Liquide à 150°; D = 1,70.

Propriétés chimiques. — Se décompose a 165° (on ne peut donc le vaporiser) il donne CO, CO^2,$C^6H^6O^2$ et de l'acide $C^{12}H^6O^{12}$, hexafélique (aconitique), — et d'autres — on peut calculer comme pour l'acide tétrabélique (tartrique), — on a :

$C^{10}H^6O^8$ pentadènHique (itaconique)
$C^{10}H^4O^6$ pentaféfique (citraconique)

l'action de HO présente un premier point essentiel à l'ébullition; il se forme des crystaux dont la formule est $C^{12}H^5O^{11}$ $(HO)^4$, — mélange de deux hydrates. — vers + 15° on obtient $(HO)^3$.

CaO présente une action caractéristique. — Elle produit un sel crystallin soluble à froid, mais insoluble à l'ébullition, et se dissolvant à mesure du refroidissement.

L'acide SO^3HO donne à poids égal un composé des deux acides, —

avec un excès, 13 CO et de l'acide étendu contenant le composé dont je viens de parler, — en même temps C^3H^3O et une substance résineuse.

Il ne forme pas avec KO de sel insoluble, comme l'acide tartrique.

Action sur la vie. — Très analogue à celle de l'acide tartrique. — Saveur très acide mais agréable.

Usages. — On l'emploie en médecine. Les limonades doivent leurs qualités au mélange de l'acide du sucre de raisin (ou du normal) et de l'essence de citron. — La teinture en fait usage, comme rongeant pour enlever Fe^2O^3, etc. — comme mordant — et pour isoler des couleurs délicates, rose de carthame, etc.

ACIDE TANNIQUE OU TANNIN

81. La vigne contient, dans toutes ses parties, un acide assez mal défini malgré de très longues études et appartenant à une série de corps longtemps confondus et désignés d'un nom unique, comme si leur identité n'était l'objet d'aucun doute.

Le premier corps auquel on a donné le nom de *tannin* est celui dont on faisait usage depuis des siècles, *sans le connaître*, pour *tanner* les peaux et en faire du *cuir* ; l'écorce du chêne, le *tan*, contient des proportions notables de cet acide. Mais il est difficile de l'extraire de cette écorce : il est préférable de le tirer des *noix de galle*, excroissances produites sur les feuilles du chêne, où le tannin se trouve le plus abondant.

L'écorce de chêne contient à peu près....	13	p. 0/0
La noix de galle d'Alep...............	44	—
La noix de Chine.....................	59	—

Lewis le découvrit vers 1760. Pelouze indiqua en 1834 un bon moyen de l'extraire assez pur : et ce moyen est de la plus facile pratique dans l'appareil Maumené conseillé par Pelouze lui-même et par Fremy [1]. Voici les dispositions :

La poudre de noix de galle, pulvérisée à la grosseur de la poudre de chasse, est placée dans une éprouvette N fig. 7 on la maintient par une mèche de coton *c* : le mélange d'éther et d'alcool est mis dans le ballon E chauffé au bain-marie ; les vapeurs montent par le tube, *t*, se condensent presque entièrement dans le ballon B'' et retombent en un li-

1. Pelouze et Frémy, *Traité de chimie*, t. IV, p. 366.

quide pur sur la noix de galle dont elles opèrent le lavage continu : la portion qui résiste à la condensation passe en B' ou même en B'' dont

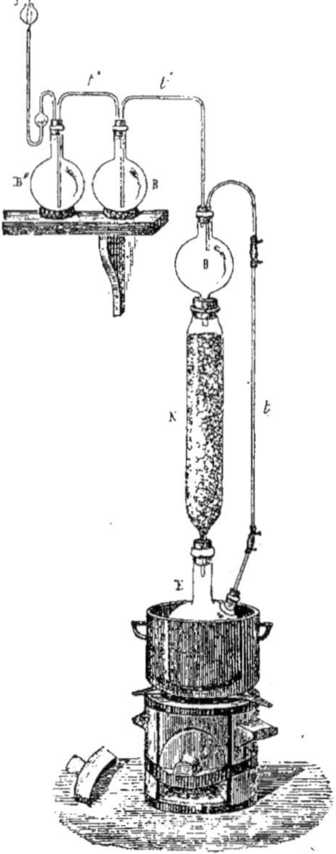

Fig 7

le bouchon porte un tube de sûreté, les tubes t' t, plongent jusqu'au fond des ballons : S est une soupape composée simplement d'une ampoule de verre à deux longues pointes fondues pour empêcher les projections de l'eau contenue dans le tube en S. — Toutes ces pièces ont une grande solidité : elles sont très peu coûteuses et se trouvent dans tous les laboratoires où on peut les remplacer aisément. Rien n'est plus facile que de maintenir la distillation pendant des journées ou des semaines entières : l'eau du bain-marie étant portée à la température convenable, et la porte inférieure du fourneau presque fermée, on peut abandonner l'appareil presque entièrement pour la journée. Il se condense très peu d'éther en B' et pas du tout en B'' : si cependant la chaleur s'élève trop, B' reçoit beaucoup de liquide et il en passe un peu dans B'' : mais on le voit facilement, et en un instant on y remédie ; on ferme un peu la porte du fourneau, puis on siphonne l'eau chaude et on verse de l'eau froide sur le ballon E ; sur le champ tout l'éther parvenu en B'' est aspiré en B' et celui de B' en B. C'est le principal avantage de l'instrument ; ces lavages par une masse d'éther, passant d'un seul coup diminuent beaucoup la durée de l'opération. — Les pertes d'éther sont nulles et cet appareil accomplit en fort peu de temps le lavage le plus parfait [1].

Il se forme dans le ballon E deux couches dont la supérieure est une solution de l'acide gallotannique dans l'éther.

1. L'instrument est simple et ne demande que de la prudence dans l'emploi de l'éther. Il est bon de l'établir entre trois murs et, si on le peut, de chauffer le ballon par un courant de vapeur dans un tuyau de plomb faisant plusieurs touss au centre de l'eau du bain. V. mon petit *Traité de chimie*, p. 508. (Delhomme et Briguet).

On sépare cette couche et on la fait évaporer dans un alambic au bain-marie ; on obtient une substance non crystalline, boursoufflée, légère, d'un blanc jaunâtre : c'est le tannin de noix de galle.

A. Gautier extrait l'œnotannin en saturant le vin pur du carbonate de soude, en léger manque; il ajoute ensuite du sel ammoniac, (15 p. 100 de vin) ce qui fait précipiter l'œnocyanine. Dans le filtré devenu presque incolore, il délaie du CO^2, CuO récemment précipité, et laisse 48 heures avant de recueillir tout l'insoluble dans un filtre où on le lave rapidement, à l'abri de l'air, avec de l'eau alcoolisée chargée de CO^2; cet insoluble est un mélange d'œnocyanate de cuivre avec du carbonate en excès; on le délaie dans de l'eau pure et on le décompose par HS; aussitôt la fin de cette action, on porte à 100°, pour filtrer de suite et évaporer dans le vide la liqueur presque incolore, à peine rosée; le résidu traité par l'éther, puis séparé par la distillation de ce liquide, est mis tout humide sous la cloche sulfurique (emplie d'acide CO^2). L'œnotannin reste en pellicules incolores ou rosées.

C'est un corps soluble dans l'eau — avec saveur astringente; — dans l'alcool et dans l'éther. La solution aqueuse précipite difficilement la gélatine, ce qui déjà le distingue du gallotannin : il ne produit, comme ce tannin type, aucune action avec les sels de FeO, mais il ne donne pas d'*encre* avec les sels de Fe^2O^3, et forme seulement un précipité vert bouteille.

Quelques-uns de ses caractères le rapprochent du gallotannin ; action avec l'acétate de zinc, les sels de PbO, de HgO et AgO, il réduit ces dernières avec H^3Az.

Il n'a pas d'action avec CuOKO ou (NaO); mais, après une longue ébullition avec HO, il réduit un peu la liqueur TCuK.

Gautier n'a pas donné d'analyse; il croit que l'œnocyanine est un terme passager de l'oxydation de cet œnotannin [1].

82. Nous devons maintenant nous demander si le tannin qu'on trouve dans le raisin et dans une multitude de végétaux est toujours bien identique, comme les autres acides, tartrique, malique, etc., et si, par conséquent, l'addition du tannin de la noix de galle dans le vin, généralement pratiquée, produit bien l'effet qu'on pourrait attendre d'une certaine proportion de tannin de la vigne.

Les autres acides tanniques ne sont pas, à beaucoup près, identiques

1. B. S. C., t. XXVII, p. 496.

avec celui de la noix de galle. Celui du chêne même (écorce) s'en distingue nettement, car il ne produit pas d'acide gallique et ne précipite pas l'émétique que l'acide gallotanique trouble fortement. — Celui du café est très acide, ne précipite pas la gélatine, ni l'émétique, et donne une *encre* verte avec les sels de fer au lieu du noir bleu ordinaire. — Celui du bois jaune qui paraît, sous certains rapports, plus semblable à l'acide gallotannique que tous les autres, s'en distingue très bien parce qu'il crystallise et offre des dérivés dont l'acide de la noix de galle n'a pas offert d'indices. — Celui du cachou ne donne pas d'acide gallique, ne précipite pas l'émétiqne et donne une encre verte. — Celui des quinas, le plus mal défini, donne une encre verte et ne produit pas d'acide gallique. On a reconnu peu à peu que ce tannin diffère d'un végétal à un autre, et l'on a dû spécialiser au moins douze ou quinze acides tanniques, dont voici les principaux, leurs noms et leur origine :

Acide œnotannique	Extrait du raisin;
— gallotannique	— des noix de galle;
— quercitannique	— du chêne rouvre;
— cachoutannique	— du cachou;
— cafétannique	— du café;
— morintannique	— du bois jaune;
— quinotannique	— des quinquinas.

Les différences de ces acides ne sont pas assez nettement établies jusqu'à présent ; la composition et les plus saillantes propriétés ne sont bien connues que pour le tannin de la noix de galle.

Ces détails suffisent pour montrer que le tannin du raisin n'est pas certainement le même que celui de la noix de galle, et que l'addition de ce dernier dans le vin n'est pas fondée, comme elle devrait l'être, sur une identité bien reconnue, loin de là.

Lorsqu'il s'agit d'introduire une matière quelconque dans le vin, et surtout dans les vins de qualité, comme le champagne, etc., on ne peut accumuler assez de preuves en faveur de l'innocuité de la matière à introduire, innocuité qui doit être des plus complètes. Sans prétendre que l'acide gallotannique soit très dangereux, on voit par ce qui précède combien les tannins peuvent différer les uns des autres, et combien il est nécessaire de n'employer dans les vins ordinaires ou mousseux que du tannin de raisin. Les recommandations des chimistes et de quelques œnologues, faites depuis longtemps dans ce sens, n'ont point obtenu l'attention dont elles étaient dignes, et, si l'on n'a pas toujours pris la noix de galle comme matière première, on n'a presque rien fait pour tirer du raisin l'acide œnotannique qu'il renferme, et qui seul ne donne aucune prise aux critiques.

État naturel. — Ses nombreuses variétés existent dans une foule de végétaux.

— Voici sa composition dans la noix de galle :

	En équivalents	En nombres entiers les plus simples	En centièmes.
C^{28}..............................	168	84	52,17
H^{10}..............................	10	5	3,11
O^{18}..............................	144	72	44,72
	322	161	100,00

Cet acide est très soluble dans l'eau ; d'une saveur astringente sans amertume, il ne donne aucun précipité dans les sels de protoxyde de fer, mais un précipité noir bleuâtre dans les sels de sesquioxyde du même métal (*encre de la Petite Vertu*); il précipite aussi le plus grand nombre des alcalis végétaux en formant des gallotannates, dont l'amertume est presque nulle, et qui se dissolvent très aisément dans l'acide acétique. Enfin, il précipite l'albumine et la gélatine. — Le gallotannate de gélatine est soluble dans un excès de gélatine, surtout à chaud, et coagulable dans un excès de tannin, où il prend la forme d'une mambrane assez élastique. — Si l'on plonge dans la solution d'acide gallotannique un fragment de peau fraîchement débarrassée des poils, en quelques heures, l'absoption du tannin par cette peau (dans laquelle prend naissance le gallotannate de gélatine) est assez complète pour ne laisser au liquide aucune action sur les sels de peroxyde de fer. — Enfin, lorsqu'on fait bouillir de l'acide gallotannique avec de l'acide sulfurique étendu, on le change en acide gallique.

$$\underset{\text{Acide gallotanique}}{C^{28}H^{10}O^{18}} + 2HO + 4O = \underset{\text{Acide gallique.}}{2C^{14}H^{6}O^{12}}$$

Si l'acide gallotannique est impur (c'est le cas ordinaire), les matières étrangères donnent du glucose.

Ce fait mérite beaucoup d'attention, parce que l'action prolongée des acides à froid peut amener le même résultat. Le tannin qui existe dans le vin et lui communique une saveur âpre, diffère de l'acide gallotannique: ce qui oblige à le désigner sous le nom d'œnotannin (acide œnotannique). On ne sait s'il éprouve, à la longue, ce changement en acide gallique dont la saveur est moins astringente et plus franchement acide que celle du tannin. — Dans une autre circonstance, on observe des effets qui s'expliquent aisément par cette altération : le tannin, récemment dissout dans le vin, précipite plus de gélatine que lorsqu'il est dissout depuis longtemps.

Les alcalis produisent avec le tannin des phénomènes dont nous devons encore faire l'étude; une solution concentrée de potasse le change, à l'ébullition, en acide gallique et autres produits.

Si l'air est en présence de l'acide tannique et des alcalis, d'autres effets se produisent. Ainsi à froid la solution se colore en rouge brunâtre, sans formation d'acide gallique, et la teinte est si foncée que le liquide semble opaque. C'est ce qui arrive aux dissolutions, un peu concentrées, de potasse et d'ammoniaque. L'oxygène de l'air est absorbé pour donner un acide particulier (tannoxylique), et, si la liqueur est bouillante, un autre acide (tannomélanique). — Il se produit sans doute une substance distincte avec l'ammoniaque étendue, car cette solution, d'un rouge jaunâtre au premier abord, devient peu à peu verdâtre au contact de l'air. — Tous ces faits sont nécessaires à connaître pour bien comprendre la ressemblance ou la différence du tannin de la noix de galle avec ceux des autres végétaux.

L'incertitude qui règne encore sur la nature et le rôle du ferment a fait supposer que le tannin lui-même était un ferment : mais, outre la présence de l'azote dans la plupart des ferments, plusieurs chimistes ont fait des expériences directes sur le mélange des solutions de sucre pur et de tannin pur. En aucun cas, la fermentation n'a pu se déclarer.

J'ai extrait, des pépins de raisin par l'éther, un corps dont l'âpreté n'est pas aussi forte que celle du gallotannin, et qui donne avec les sels de F^2O^3 le précipité vert bouteille; j'y reviendrai plus loin.

83. *Mucilage.* Le raisin paraît contenir une matière assez voisine des sucres, mais dont la nature n'est pas encore assez connue. Plusieurs chimistes la désignent sous le nom vague de mucilage. Il est aujourd'hui certain que cette matière présente deux espèces :

1° La pectine ou l'acide pectique existant dans le raisin, et dont nous allons parler;

2° La matière que j'ai spécifiée sous le nom de *viscose*, celle-ci ne se trouve que dans les vins malades, et je dois renvoyer pour son étude au IIIe chapitre du livre II (*Viscose*).

— Étudions la pectine du raisin :

Elle dérive de la pectose ; son étude explique en partie les résultats obtenus par tant de chimistes dans l'analyse des fruits ou des autres parties végétales, et la répétition, malheureusement si fréquente dans leurs travaux d'une indication vague et souvent inexacte, celle de *matière extractive*.

Braconnot a montré le premier [1] que les végétaux renferment un corps gélatineux insoluble dans l'eau, auquel il attribue le nom d'acide pectique (πηκτις, *coagulum*).— Frémy s'est livré à l'étude de ce corps [2], et, de leur examen, résultent les faits suivants : l'acide pectique pur, et bien desséché dans le vide [3], peut être ensuite chauffé à + 120° sans altération ; mais, à la température de 200°, il se change en un corps noir, l'*acide pyropectique*, insoluble dans l'eau et soluble dans les alcalis. — L'eau modifie beaucoup la stabilité de l'acide pectique ; ainsi, quand on le chauffe humide à 100°, il se colore fortement en brun, devient hygrométrique et cède à l'eau, même froide, un nouvel acide très énergique, le *métapectique* [4]. Cet effet se produit dans l'eau bouillante avec un peu plus de temps. — L'acide pectique se dissout très aisément dans les alcalis même très étendus. — Il se dissout aussi dans un grand nombre de sels, surtout dans les sels ammoniacaux à acide organique (tartrique, malique, etc.). Il se produit alors de véritables sels doubles, solubles dans l'eau et incrystallisables.

Frémy a cherché à établir l'origine de l'acide pectique : cette origine serait assez complexe. Les fruits contiendraient un corps insoluble, la *pectose*, et un ferment spécial, la *pectase ;* sous l'influence de ce ferment, la pectose deviendrait d'abord de la *pectine*, puis de l'*acide pectosique*, et enfin de l'*acide pectique*. — Sacc admet une origine différente [5] : ce serait la *lignose*, partie constituante du *ligneux*, qui, en

1. A. C. P., [2], t. XXVIII, p. 173, et t. XLVII, p. 266.
2. *Id.*, [3], t. XXIV, p. 5.
3. On dessèche les corps organiques à froid, sans la moindre altération en les plaçant sous une cloche où l'on fait le vide au moyen d'une pompe ou machine pneumatique, et où l'on place en même temps un vase contenant de l'acide sulfurique, ou de la chaux, ou toute autre matière capable d'absorber énergiquement l'humidité. (V. *Analyses*).
4. Μετα indique un changement avec infériorité.
5. C. R.

s'oxydant et s'hydratant, produirait de l'acide pectique. Ces deux origines peuvent être vraies toutes deux; mais, quoi qu'il en soit, nous devons nous attendre à trouver l'acide pectique ou plutôt ses dérivés dans le vin. — En effet, Braconnot nous a montré l'acide pectique dans presque tous les végétaux. Le jus de raisin doit en contenir; il doit contenir aussi de l'acide métapectique, car une dissolution de pectine abandonnée quelques jours en donne. — Nous verrons plus loin le rôle de ce dernier.

— La composition de l'acide pectique est, d'après Frémy :

	En centièmes.	En nombres entiers les plus simples	En équivalents	
Carbone	49,29	96	C^{32}	192
Hydrogène	4,84	11	H^{22}	22
Oxygène	52,86	120	O^{30}	240
	100,00	227		454

J'ajoute que la dissolution d'acide métapectique moisit aisément ; bouillie longtemps, elle dégage de l'acide acétique et donne un dépôt d'acide ulmique.

La pectose, d'après Frémy, se rencontre dans la pulpe des fruits verts, et par conséquent dans le raisin ; c'est une matière neutre, insoluble dans l'eau, facilement altérable par les acides, qui la changent en pectine, substance probablement isomérique ; mais soluble dans l'eau capable de s'y modifier peu à peu jusqu'à l'état de *parapectine.*

Voici la composition de la pectine :

	En centièmes.	En nombres entiers les plus simples	En équivalents	
Carbone	40,68	24	192	C^{32}
Hydrogène	5,08	3	24	H^{24}
Oxygène	54,24	32	256	O^{32}
	100,00	59	472	

L'alcool précipite la pectine en gelée. — Les acides la changent en acide métapectique ; les alcalis la convertissent en pectate.

84. On avait cru reconnaître dans les vins de la Gironde une matière particulière, caractéristique des vins délicats. Mais il a été démontré par Mulder que cette matière nommée *œnanthine* n'est pas spéciale. Je ne vois aucune différence entre elle et le mucilage étudié par Vauquelin.

GOMME

Jusqu'à présent cette matière n'a été trouvée que dans le vin, où Pasteur l'a nettement caractérisée. Il est plus que probable qu'elle existe dans le raisin et je la décrirai parmi les produits de la vigne.

Pour l'isoler, Pasteur fait réduire le *vin* au quinzième et après un repos de 24 heures, pour laisser crystalliser le bitartrate, il agite le résidu avec 3 ou 4 fois son volume d'alcool à 90°. — Tantôt le précipité se rassemble en diminuant de volume, tantôt il reste floconneux parce que la substance est associée à des sels de CaO, principalement du tétrabélate $C^8H^6O^{12}$ $(CaO)^2$ — on le dissout dans l'eau et on précipite une seconde fois par l'alcool.

Pasteur en donne pas d'analyse ; mais il a vérifié le caractère spécial de la formation d'acide hexabèpique (mucique) $C^{12}H^{10}O^{16}$. Traité par l'acide AzO^5 $(HO)''$, le précipité donne, du jour au lendemain, une crystallisation sur toutes les parois du vase. La plus petite quantité de gomme du vin permet d'établir ce caractère. (*Etudes sur le vin*, 2e éd., 213).

Avant d'étudier les sels, examinons des matières presque neutres et d'une grande importance.

MATIÈRES COLORANTES

85. J'écris matières, au pluriel, parce qu'il existe souvent plusieurs matières dans le même vin et parce que l'une de ces matières, l'*œnocyanine* (comme je l'ai nommée), existe en partie à l'état incolore dans les vins faits avec des raisins à demi colorés, pas tout à fait mûrs.

Il existe en outre une matière jaune et spéciale : je la nomme par une semblable raison : *œnochrysine*.

Dans les raisins en pleine maturité, elle est bleue par elle-même; mais un acide la rend rouge. C'est ainsi qu'elle se trouve dans les vins.

Préparation. — Le meilleur moyen est de décolorer la plus grande masse de vin possible en le faisant passer au travers du noir d'os parfaitement lavé à l'acide chlorhydrique, puis à l'eau bouillante et séché à 150° — 200°. Le noir absorbe avec l'œnocyanine une très petite quantité de matière étrangère. Chauffé dans de l'eau-de-vie à 50 c., acidulée à 2 ou 3 grammes d'acide sulfurique par litre, jusqu'à +45° — 50°, il cède l'œnocyanine, et colore le liquide en beau rouge. On ajoute de l'eau de baryte titrée pour précipiter l'acide, le sulfate de baryte entraîne une partie de la substance colorée. On le lave à l'eau pure et on le fait sécher. Traité par l'alcool à + 85 — 90 c., il donne presque toute l'œnocyanine qui après l'évaporation reste sous forme de grains crystallins bleu violacé.

On peut extraire la partie que le sulfate de baryte a conservée. On le délaie dans de l'eau à laquelle on ajoute un peu d'alcool, et de l'acide tétrabélique (tartrique); ce *vin* lui enlève l'œnocyanine; on le joint au liquide parfois assez rouge violet qui surnageait le sulfate et on fait deux parts égales; on neutralise l'une soigneusement avec de la potasse pure étendue; on la mêle avec l'autre et on fait évaporer au bain de vapeur d'eau, jusqu'à siccité. Le bitétrabélate (bitartrate) presque pur, traité par l'éther, puis par l'alcool pur ou un peu affaibli, cède la matière colorante et, par évaporation, cette seconde partie d'œnocyanine reste presque pure, un peu moins belle pourtant que la première.

Fauré, dans sa brochure, (1836), avait affirmé l'existence, dans les vins du Bordelais, de deux couleurs, une bleue et une jaune; il a décrit quelques-uns de leurs caractères.

La bleue devient rouge par les acides avec lesquels on peut la dissoudre dans l'eau; elle se dissout moins bien dans l'alcool et pas du tout dans l'éther : c'est bien l'œnocyanine.

— La jaune est soluble dans les trois liquides; elle devient peu à peu rouge et même violette à l'air et au soleil; — c'est l'œnocyanine encore incolore dont j'ai déjà parlé.

Dans le vin qui les contient toutes deux, l'addition du chlorure de chaux fait disparaître d'abord la bleue presque toute seule. — 100 gr. de vin de Bordeaux absorbent pour leur décoloration complète autant de solution de cet hypochlorite que

0 gr.,680 à 700 gr. d'indigo au maximum
0 gr.,220 à 248 gr. — minimum

Mulder a publié en 1856 [1] une autre méthode. Il traite le vin par l'acétate de plomb qui donne un précipité d'un bleu pâle. Le liquide devient d'autant plus incolore qu'il est plus neutre. On lave le précipité, puis on le délaie dans l'eau où l'on amène de l'hydrogène sulfuré. Le sulfure de plomb versé dans un filtre laisse passer un liquide rouge, où l'œnocyanine est dissoute par l'acide tartrique précipité en même temps qu'elle. On épuise par l'eau tant qu'elle passe colorée.

Alors le PbS retient encore la matière colorante ; mais il suffit pour extraire l'œnocyanine d'employer l'alcool contenant un peu d'acide diédique (acétique); la solution moins riche l'est cependant assez pour donner, après évaporation, la substance colorante passée du rouge au violet et au bleu, qui est la « couleur fondamentale »; de la graisse se sépare, on achève de l'enlever par l'éther qui enlève aussi un peu de soufre. On doit encore traiter par l'acide diédique pour enlever une trace de plomb et la couleur est pure.

Mulder la décrit : d'un bleu noir de plombagine, insoluble dans l'eau l'alcool, l'éther, le chloroforme, le sulfure de carbone, l'huile d'olive et le décidène (essence de térébenthine); entièrement soluble, en faible proportion dans l'alcool mêlé d'acide tartrique ou acétique ; dans ce dernier la solution, faite seulement avec une trace d'acide, est bleue d'une teinte extrêmement belle ; un peu plus d'acide la rend rouge. La dessication la rend moins promptement soluble. Elle reste insoluble dans l'éther, le chloroforme et le sulfure de carbone, malgré l'addition d'acide tartrique.

Lorsqu'on sature les dissolutions alcooliques acides, on observe des changements de nuance ; avec l'ammoniaque très étendue, la couleur au moment de saturation devient bleue ; en ajoutant un très petit excès, elle passe au dichroisme des aluns de chrôme. La potasse, l'eau de chaux, le carbonate de soude produisent les mêmes effets.

Un acide étendu rétablit la nuance rouge.

Le chlore, en solution aqueuse versée goutte à goutte, détruit la couleur rouge et laisse un brun stable, l'action est une oxydation.

Les vins de Bordeaux, de Bourgogne et d'Oporto fournissent le même colorant unique comme couleur rouge. Les différences de couleur tiennent au plus ou moins d'acide libre. Dans les vins, la différence tient aussi à la quantité d'eau.

Enfin Mulder a examiné le dépôt, en pellicules minces, du vin

1. *Chimie des Weines*, Leipsig.

d'Oporto. L'alcool avec acide tartrique en extrait une couleur semblable à celle du vin.

Le changement de couleur du Porto, et d'autres vins, est dû à l'oxydation et à la précipitation de l'œnocyanine.

Mulder a examiné une question posée par Berzelius. Les cerises et d'autres fruits changent grandement de couleur sous l'influence de l'air. La couleur du vin est-elle dans le même cas? — Mulder a laissé la question indécise.

J'ai répété, deux fois, avec le plus grand soin, les expériences dont je viens de résumer l'ensemble, et j'ai obtenu des résultats qui se rapprochent beaucoup de ceux de Mulder. A quelques égards, pourtant, je ne suis pas d'accord avec ce chimiste.

Ainsi j'ai trouvé l'œnocyanine — du vin de Bordeaux — très soluble dans une liqueur exempte d'alcool, 10 litres de vin dans lesquels on avait délayé 200 grammes de céruse, distillés jusqu'à l'élimination complète de l'alcool, ont encore précipité 310 grammes d'acétate de plomb. Le précipité lavé soigneusement à l'eau chaude et traité par HS produit, par simple filtration, un liquide ne renfermant pas la moindre trace d'alcool et pourtant d'une belle couleur rouge ; presque toute l'œnocyanine y est contenue ; donc elle se dissout dans l'eau acide.

En second lieu, j'ai trouvé l'œnocyanine plus modifiée par l'évaporation que ne le pensait Mulder. Une certaine quantité délayée dans l'alcool acide de $\frac{1}{40}$ de $C^4H^4O^4$ (crystallisable) n'a pas offert de dissolution en deux mois.

— Filhol a fait une observation tout à fait conforme à celles de Mulder et de Fauré. La matière colorante insensiblement précipitée au contact de l'air, puis dissoute à nouveau dans l'alcool, présente avec l'ammoniaque additionnée de son sulfhydrate une couleur verte bien nette, — et cette substance verte est divisée par le carbonate, d'ammoniaque en deux : l'une bleue, insoluble ; l'autre, jaune et soluble (1).

— Glénard a cru pouvoir isoler l'œnocyanine par le moyen suivant : précipiter le vin rouge avec de l'acétate basique de plomb qui donne un précipité *bleu* abondant, laver et faire sécher à + 100° — 110°, traiter le précipité finement pulvérisé par l'éther où l'on a fait dissoudre du gaz HCl, en faisant seulement usage de la quantité équivalente. Le précipité devient *rouge*, on l'épuise par l'éther et on le fait sécher de nouveau pour le soumettre à l'alcool pur de 90 c. — celui-ci prend une

1. *Répertoire de pharmacie* de Bouchardat, 1857. p. 367.

couleur rouge très vive, d'une richesse extraordinaire, on le filtre et on lave le précipité qui devient parfaitement blanc. Tous les liquides alcooliques réunis sont réduits par distillation à un petit volume, et abandonnent l'œnocyanine en flocons presque insolubles; un lavage achève de les purifier.

Avant d'aller plus loin, il faut faire observer que la pureté du corps ainsi préparé laisse une grande incertitude. Glénard dit lui-même : « flocons rouge clair, qui, au microscope, apparaissent comme des agglomérations de granules arrondis » : granules, la solution alcoolique l'abandonne par évaporation « sous la forme d'un vernis », c'est peu concluant, c'est presque une preuve d'impureté. La plupart des caractères sont d'ailleurs ceux de Mulder avec les rectifications de Maumené. Le plus important, la solubilité dans l'eau acide est très formellement reconnue.

Glénard a indiqué deux faits nouveaux — solubilité dans l'esprit de bois — et absorption d'une certaine quantité d'oxygène sous l'influence des alcalis caustiques.

Chose singulière, tout en confirmant l'existence de la couleur bleue, Glénard a cru pouvoir l'attribuer à la combinaison de la matière pure avec « des bases capables de la saturer sans l'altérer », et déclarer qu'elle est « naturellement rouge ». C'est une grande erreur, établie par les propres expériences de Glénard autant que par celles de Mulder, de Fauré, et les miennes.

Glénard admet comme ses prédécesseurs, que le bicarbonate de soude amène la nuance bleue, « qui persiste plusieurs heures » — même avec la potasse caustique, cette nuance bleue se présente et, si elle dure moins, c'est à cause de l'oxydation. — Il est bien plus conforme à la logique de croire que la matière est rouge tant qu'elle conserve de l'acide HCl, dont elle n'est dépouillée ni par l'alcool ni par l'éther, mais qu'elle prend sa vraie couleur bleue lorsqu'on sature cet HCl par le bicarbonate ou même les alcalis caustiques.

Glénard a été mal inspiré en ne reculant pas devant un nom nouveau (ce qui est un fléau contre la netteté de l'étude), et en ne conservant pas le nom d'*œnocyanine* que j'avais donné à la matière colorante. (Il croyait le nom donné par Mulder, mais à tort; mon article ne laissait pourtant pas de doute). — Et ce n'est pas que je tienne à un nom : car j'en aurais donné un autre, plus conforme aux règles de la nomenclature, si la matière m'avait semblé pure; mes analyses me prouvaient le contraire comme je vais le dire tout à l'heure.

Trois expériences ont donné à Glénard en moyenne (1);

C..............	57,02	C^2..............	12	57,14
H..............	4,89	H..............	1	4,76
O..............	37,89	O..............	8	38,10
	99,80		21	100,00

l'œnocyanine serait $C^{20}H^{10}O^{10}$.

E. Varenne a proposé d'extraire l'œnocyanine des lies de vin (2).

Duclaux a fait une étude de l'œnocyanine (3); il isole autant que possible des pellicules de raisin noir, les lave, etc. ; il les baigne dans de l'alcool à 80°, où l'œnocyanine se dissout et tout en reconnaissant l'existence dans cette dissolution :

1° du vernis cireux des raisins ;

2° de la chlorophylle ;

3° d'un peu de margarine ;

4° d'un peu de bitétrabélate (tartrate) de potasse ;

Il déclare la séparation de ce dernier « sans grand intérêt » — (celle des trois premiers corps n'en a pas non plus sans doute ?)

Partant d'une matière aussi bien préparée, Duclaux n'hésite pas à qualifier les travaux de Mulder « *tellement confus* et *tellement mal faits* que »... il les confirme dans leurs parties essentielles.

Duclaux a toutefois signalé deux faits nouveaux :

1° L'œnocyanine réduit les liqueurs TCuK ; — elle est un des corps très nombreux doués de cette propriété ; facile à constater.

2° Outre sa propriété d'absorber l'oxygène par elle-même, déjà signalée par les chimistes ses prédécesseurs, l'œnocyanine devenue insoluble peut être ramenée à son état primitif par la potasse. L'œnocyanine est colorée en vert par cet alcali, on le savait ; mais si l'on traite la solution par un acide, elle est précipitée avec son état moléculaire primitif, elle se redissout dans l'alcool ou dans l'eau acidulée avec sa belle couleur rouge.

Si la dissolution est exposée à l'air, elle absorbe l'oxygène pour former un acide uni à la potasse avec une énergie égale à celle de l'hexaféfate (pyrogallate) de potasse.

D'ailleurs l'œnocyanine lui a donné comme à tous les autres chimistes une dissolution *neutre, bleu violacé.* Ce qui justifie une fois de plus le

1. A. C. P., [3], t. LIV, p. 366.
2. B. S. C., t. XXIX, p. 109.
3. A. C. P. [5], t. III, p. 108.

nom que je lui ai donné (on trouve parfois un autre nom, celui d'œnoline ; on ne sait pourquoi).

Duclaux n'a pas donné d'analyse de son œnocyanine.

A. Gautier a repris l'étude très difficile de la matière colorante des vins. Mulder avait probablement, comme Maumené, étudié la couleur du pineau, Glenard celle du gamay. — Gautier a pris les pellicules du carignan et du grenache. Il a isolé la matière colorante par le procédé de Glenard « légèrement modifié » :

Il a d'ailleurs employé une autre méthode d'isolement ; il neutralise presque exactement le vin par l'ammoniaque et ajoute « un grand excès de $HCl.H^3Az$. Peu à peu se précipite une poudre violet bleu foncé ayant toutes les propriétés de celle de Mulder et Maumené.

Gautier pense que les vins des pays chauds contiennent plus de la substance violette qui leur donne la teinte bleuâtre caractéristique. Il croit avoir trouvé du fer dans cette substance, la première précipitée dans les alcalis faibles — Je n'en ai pas trouvé dans mes nombreuses analyses d'œnocyanine pure (?) — je trouvais des différences telles que n'ai jamais cru pouvoir admettre une formule.)

Enfin il reconnaît « qu'outre les substances précédentes » insolubles dans l'éther « il existe dans les vins une matière incolore ou jaunâtre une bouillie pas trop épaisse gris noirâtre. On verse dans un filtre et on lave à l'eau froide avec la trompe. La masse délayée dans de l'alcool à 95 reçoit un équivalent d'acide sulfurique et aussitôt le liquide devient d'un « rouge très foncé » on filtre et on lave à l'alcool chaud, les liquides alcooliques distillés pour ne pas perdre l'alcool et la solution très réduite est mise à l'étuve.

On obtient l'œnocyanine en poudre noirâtre, assez semblable à la poussière de cochenille et laissant comme elle des traces « rouge cramoisi ».

L'auteur dit qu'on peut opérer avec le sous-acétate de plomb en faisant pour le reste comme avec la chaux. Le résultat serait « identique » [1].

Cette œnocyanine serait bonne pour « renforcer la couleur des vins fins ».

Glenard avait étudié la couleur du Gamay. — Gautier a pris les pellicules du Carignane et du Grenache. Il a isolé la matière colorante par le procédé de Plessard « légèrement modifié » et il a trouvé :

1. Etudes sur les falsifications, p. 87.

Matière principale du Carignane.	$C^{42}H^{20}O^{20}$
— — du Grenache	$C^{46}H^{22}O^{20}$
— accessoire du Carignane.	$C^{44}H^{24}O^{20}$

A. Gautier a employé une autre méthode d'isolement, il neutralise presque exactement le vin par l'ammoniaque et ajoute un « grand excès de Hcl. H^3Az. Peu à peu se précipite une poudre violette bleu foncé ayant toutes les propriétés de celle de Mulder.

Gautier pense que les vins des pays chauds contiennent beaucoup plus de la substance violette qui leur donne la teinte bleuâtre caractéristique. Il croit avoir trouvé du fer dans cette substance la première précipitée par les alcalis faibles.

Enfin il reconnaît « qu'outre les substances précédentes » insolubles dans l'éther « il existe dans les vins une matière incolore ou jaunâtre « soluble dans ce dernier dissolvant et dont la solution éthérée aban- « donnée à la lumière et à l'air devient d'abord rose puis rouge et enfin « violacée. » — Cette matière, en s'oxydant, contribue à engendrer les « précédentes ».

D'après notre savant confrère, la substance a toutes les propriétés d'une *catéchine* (4) matière extraite du cachou (catechu) de formule variable donnant avec la potasse de l'acide protocatéchique $C^{28}H^{12}O^{16}$, de la philovoglucène $C^{12}H^{6}O^{6}$ et de l'acide monédique (formique) $C^2H^2O^4$.

Gautier trouve encore :

Aramon	$C^{92}H^{34}O^{40}$
Teinturier	$C^{88}A^{38}O^{40}$
Petit Bouschet	$C^{90}H^{36}O^{40}$ $C^{94}H^{38}O^{40}$
et dans les lies de Grenache	$C^{94}H^{41}O^{40}$

Il donne quelques indications des précipités formés dans les solutions métalliques. Nous les dirons en parlant de l'analyse. — (Recherche des couleurs ajoutées.)

Terreil a fait récemment une étude dont voici les résultats : la matière colorante du vin (et celle des végétaux) sont précipitées par un volume d'acide chlorhydrique égal à celui du vin ; en 24 ou 48 heures vers + 15° — en quelques minutes à l'ébullition.

La matière se précipite toujours avec « une matière ulmique insoluble produite par les sucres, mais on les sépare aisément par l'alcool qui dissout l'œnocyanine même à la température ordinaire et laisse la matière ulmique ».

On fait évaporer la solution alcoolique à siccité avec un peu de carbonate de baryte pour saturer les traces d'acide retenues par l'œnocyanine ; au moyen de l'eau chaude on enlève le chlorure de baryum et après une dernière dessiccation, l'alcool dissout l'œnocyanine : son évaporation la laisse en vernis rouge brun, facile à détacher en écailles brillantes. En aucun cas Terreil n'a vu d'indices de crystallisation.

La substance isolée de cette manière n'est pas l'œnocyanine pure : elle colore l'alcool en « rouge brun un peu jaune » rappelant certains vieux vins de liqueur, les autres caractères sont ceux dont nous avons parlé.

Nous tirerons parti de ce procédé dans l'*Analyse* (Livre IV).

On a fait quelques autres études sur l'œnocyanine : nous serons amené à les mentionner en traitant de l'analyse.

Essayons de résumer celles qui viennent d'être décrites.

Toutes s'accordent à montrer que l'œnocyanine est primitivement incolore, qu'elle devient bleue par un premier degré d'oxydation, dans le raisin même ou plutôt dans sa pellicule, ce que prouve au plus haut degré la remarquable expérience dont j'ai donné le résultat (p. 14), que cette couleur bleue est la couleur vraie puisqu'elle persiste dans le raisin malgré l'acidité (organique) du milieu ; qu'elle ne devient rouge qu'en s'unissant aux acides minéraux et revient au bleu toutes les fois qu'on la sépare exactement de ces acides ; elle doit porter le nom d'œnocyanine, seule expression fidèle de ce caractère spécifique.

Le moût même des vins rouges est réellement incolore ; cela prouve-t-il l'absence de la matière colorante? Non, si l'on se reporte à l'expérience.

Les soi-disant couleurs jaunes observées par Fauré, par Mülder, par Filhol, par Gautier ne sont pas autre chose que cette œnocyanine *imparfaite*, inoxydée, qui se trouve mêlée à l'œnocyanine parfaite en plus ou moins grande proportion dans le raisin, suivant son degré de *maturité*; le mélange contenu dans le marc, et presque absolument étranger au moût, ne se répand dans ce liquide qu'à mesure de la production de l'alcool où il se dissout et contribue à parfaire le *vin* dont la couleur est un attrait.

Fauré n'a pas méconnu le trait saillant : « elle devient peu à peu rouge et même violette à l'air et au soleil ».

Mulder qui a bien reconnu le caractère « fondamental » de l'œnocyanine, « la teinte bleue extrêmement belle », n'a pas méconnu davantage l'existence de cette couleur, d'abord incolore, qui devient brune dans les vins de Porto où elle est d'ailleurs la plus abondante.

Filhol a été bien près de la vérité quand il a séparé la matière verte en deux parties au moyen du carbonate d'ammoniaque : l'une bleue insoluble, l'autre jaune et soluble.

Gautier a confirmé l'observation de Fauré, la matière incolore ou jaunâtre abandonnée à la lumière et à l'air devient rose puis rouge et enfin violacée.

Ces confirmations chimiques de ma découverte de l'œnocyanine incolore sont appuyées par les observations botaniques. Prilleux a reconnu que l'eau, les acides et les bases dédoublent la substance colorante en granulations *insolubles* et en substance *soluble* : celle-ci est d'un rouge pâle ; les granulations sont « d'une couleur violette ou rouge foncé, qui varie selon le degré d'acidité du liquide dans lequel on les observe ; dans l'eau pure, elles sont d'un beau violet » les alcalis la font passer au bleu.

Convaincu par tous ces faits de l'existence d'un état incolore originel de l'œnocyanine, j'ai cherché à l'isoler de la manière suivante : on a fait tomber dans de l'eau bouillie des grains de raisin encore verts, mais près de sa maturité (cueilli sur un cep où quelques grappes commençaient à noircir) ; on les a écrasées et leur mélange avec l'eau fut versé dans un filtre tenu sur une carafe de mon mélangeur (V. *Analyses*, — Livre IV) ; le filtré, neutralisé par la potasse (dissoute dans de l'eau bouillie), reçut de l'acétate neutre de plomb jusqu'à cessation de précipité. Ce précipité décomposé par HS donne une liqueur jaune pâle qui se colore peu à l'air : mais si après égouttage on lave PbS avec de l'alcool, à mesure de l'arrivée de ce corps dans le filtré aqueux, celui-ci se colore, surtout en l'agitant avec de l'air, et devient peu à peu d'un beau rouge.

Je n'ai pas encore isolé la substance incolore, faute de temps ; je n'ai par conséquent pas fait son analyse : mais je me propose de revenir à cette étude le plus tôt possible.

ŒNOCHRYSINE

Je donne ce nom à la matière colorante des vins blancs; on peut l'extraire des pellicules de raisin blanc (Clairette ou Folle blanche, etc.). Après les avoir fait macérer deux heures dans l'eau tiède, on les reçoit sur une toile et on les met presque sèches dans de l'alcool à 95°. L'alcool se colore en jaune ; on le fait distiller au bain-marie puis dans le vide et on lave le résidu sec avec un peu d'éther par deux ou trois fois ; l'éther enlève le vernis du raisin, et un œnotannin colorant les sels de Fe^2O^3 en violet. Si l'on traite par l'eau, on dissout un peu de sels, principalement du bitétrabéjiate (malate) de potasse, et la matière colorante reste presque tout entière insoluble. On la dissout dans l'alcool à 75° ; elle précipite le diédate (acétate) de (PbO) basique, donne un composé décomposable par HS etc. ; traitée par la potasse caustique à l'abri de l'air elle donne une solution qui absorbe l'oxygène comme celle de l'œnocyanine, elle réduit les liqueurs TCuK.

Elle peut donc être désignée par le nom d'œnochrysine.

BASES CONTENUES DANS LES MOUTS

86. Les bases de tous les sels contenus dans le MOUT sont la *potasse*, la *soude*, la *chaux*, la *magnésie*, l'*ammoniaque* (1), le *protoxyde de manganèse*, l'*alumine* et l'*oxyde de fer*. Voici la composition de tous ces corps :

POTASSE (PROTOXYDE DE POTASSIUM)

	En centièmes	En équivalents chimiques
Potassium	83,02	39
Oxygène	16,98	8
	100,00	47

SOUDE (PROTOXYDE DE SODIUM)

	En centièmes	En équivalents chimiques
Sodium	74,16	23
Oxygène	25,84	8
	100,00	31

1. L'ammoniaque existe-t-elle dans le moût non altéré, — ou prend-elle naissance en partie par l'altération des matières azotées? On peut lui attribuer les deux origines.

CHAUX (PROTOXYDE DE CALCIUM)

	En centièmes	En équivalents chimiques
Calcium	71,43	20
Oxygène	28,57	8
	100,00	28

MAGNÉSIE (PROTOXYDE DE MAGNÉSIUM)

	En centièmes	En équivalents chimiques
Magnésium	60,00	12
Oxygène	40,00	8
	100,00	20

(PROTOXYDE DE MANGANÈSE)

	En centièmes	En équivalents chimiques
Manganèse	77,46	27,5
Oxygène	22,54	8
	100,00	35,5

ALUMINE (SESQUIOXYDE D'ALUMINIUM)

	En centièmes	En équivalents chimiques	
Aluminium	53,27	27,5	Al^2
Oxygène	46,73	24	O^3
	100,00	51,5	

SESQUIOXYDE DE FER

	En centièmes	En équivalents chimiques	
Fer	70,00	56	H^2
Oxygène	30,00	24	O^3
	100,00	80	

AMMONIAQUE

Cette base, si connue, existe dans les moûts. Lorsqu'on les sature par une base, il n'est pas rare d'en sentir l'odeur. J. Boussingault en a trouvé :

Dans un litre de vin	rouge (Lampertsloch),	1864.	0.060
—	—	— 1865.	0.070

Malgré son importance, je ne crois pas devoir écrire ses propriétés. Nous y reviendrons en examinant les vins.

La compositon de l'ammoniaque mérite une attention spéciale. — L'ammoniaque pure est un *azoture d'hydrogène*. H^3 Az.

	En centièmes	En nombres entiers les plus simples	En équivalents chimiques	
Hydrogène...	17,65	3	3	H^3
Azote........	82,35	14	14	Az
	100,00	17	17	

Cet azoture ne se combine qu'avec les acides hydratés. On a ainsi : par exemple avec l'acide diédique (acétique), $C^4H^4O^4$ — l'acétate d'ammoniaque $C^4H^3O^3$, HO, H^3Az qui est réellement $C^4H^4O^4,H^3Az$.

87. J'écrivais en 1858 :

Peut-être existe-t-il dans le vin des alcalis de nature organique. Aucune expérience n'autorise à les admettre et je n'écris ce soupçon qu'avec toutes réserves. Il est cependant permis de rappeler que l'existence de ces matières est très commune dans les végétaux ; toutes ne sont pas vénéneuses ; les acides diminuent, souvent beaucoup, leur amertume ou leur saveur. Leur existence est certainement vraisemblable (Voy. *Nature des Vins*). En admettant des traces de ces corps et en condésirant que les acides disparaissent entièrement dans les vins vieux par des altérations dont les alcalis ne subiraient point l'influence, on expliquerait peut-être l'amertume présentée, dans quelques circonstances, par ces vins, ou même par leur goût spécial.

Aujourd'hui cette prévision est confirmée par les recherches les plus récentes, nous indiquerons les alcaloïdes déjà connus en nous occupant des vins.

Sels contenus dans les moûts

88. Nous arrivons aux sels eux-mêmes : ce sont comme on sait des matières neutres, par compensation ; — l'acide et la base neutralisent réciproquement leurs propriétés.

Il existe dans les moûts des sels nombreux — on les divise en sels minéraux et sels organiques (ces qualifications laissent beaucoup à désirer, les alcalis seuls peuvent être considérés comme appartenant à deux classes ; mais on devrait simplement dire acides *hydrocarbonés* au lieu d'organiques et acides *non hydrocarbonés* au lieu de minéraux, d'autant plus que toutes les bases, excepté l'ammoniaque, sont dites *minérales*. — Passons.

Examinons d'abord les sels *hydrocarbonés*. Ils viennent du travail chimique accompli dans la vigne où leurs acides prennent naissance et sont essentiels. Nous étudierons ensuite les sels *non carbonés* (minéraux) qui sont tous très variables avec la nature du terrain et avec celles des engrais.

Les sels carbonés ne sont pas indépendants de ces dernières causes ; ils ne se développeraient pas si la *potasse*, la *chaux*, etc., qui leur servent de bases n'existaient pas dans le sol ou dans les fertiliseurs. Dans ce cas même, la vigne ne pourrait certainement pas vivre, aù moins dans les *plus solubles* d'entre eux. Les sels non hydrocarbonés ne sont pas tous non plus indispensables à la végétation et pourraient disparaître entièrement.

SELS HYDROCARBONÉS

89. Dans les moûts, les plus importants sont les tétrabéjiates (malates).

Le bimalate de potasse est le premier : il se compose de :

Acide tétrabéjique........	$C^8H^4O^8$	116	67,44
Potasse.................	KO	47	27,33
Eau.....................	HO	18	5,23
		181	100,00

Il est crystallin, inaltérable à l'air et très soluble dans l'eau, d'une saveur très acide ; il ressemble beaucoup au bitartrate pour ses autres propriétés.

— Peut-être existe-t-il du bimalate de soude ; il ressemble beaucoup au précédent.

— Le moût renferme de petites quantités de bimalate de chaux.

On admet pour sa composition :

$C^8H^4O^8$..	116	51,56	Il faut 50 parties d'eau pour le dissoudre vers + 15°
CaO.....	28	12,44	
9HO.....	81	36,00	(Il doit contenir un peu plus d'eau. EM.).
	225	100,00	

— L'un des sels de manganèse est peut-être le bimalate ; sa formule n'est pas connue; mais il crystallise, et demande 41 parties d'eau pour se dissoudre vers + 15°.

Après les tetrabéjiates, viennent les tetrabélates (tartrates.

Le principal est le bitetrabélate de potasse (crème de tartre, etc.).

C'est un corps crystallin, blanc, orthorhombique, offrant deux variétés, douées d'un pouvoir rotatoire égal et contraire, indiqué par la dominance des tétraèdres, droit ou gauche, d'après Pasteur. — La densité = 1,956 à 1,973.

D'après Alluard				D'après Chancel			
100 parties d'eau dissolvent				100 parties d'alcool à + 10cent.,5 dissolvent			
	degrés	grammes		grammes			
A	0	0,32	bitétrab.	0,224	0,141	0,175	à + 5
	+ 10	0,40	—	0,370	0,212	0,253	+ 15
	20	0,57	—	0,553	0,305	0,372	+ 25
	30	0,90	—	0,805	0,460	0,570	+ 35
	40	1,31	—	1,130	0,700		
						à + 12° d'après Rissel	
	50	1,81	—	100 d'alcool à	6 cent.	0,3139	
	60	2,40	—		8	0,2778	
	70	3,20	—	(à + 12°)	9	0,2643	
	80	4,50	—		10	0,2487	
	90	5,70	—		12	0,2267	
	100	6,90	—				

La solution aqueuse saturée bout à 99°,6 (Alluard) ; 105°2 (0m,760). (Chancel).

Jeté sur un fer rouge, il répand une fumée piquante, à odeur de sucre brûlé, et laisse un résidu de CO^3KO mêlé de C [1]. Une propriété caractéristique, c'est de dissoudre beaucoup d'oxydes. Il est doué d'une grande puissance de dissolutions à un grand nombre de corps, difficiles à attaquer sans faire usage des acides les plus énergiques. Ainsi, les oxydes métalliques, les *rouilles*, sont dissoutes par le bitartrate avec une facilité des plus remarquables, même dans un état où elles résisteraient à de plus forts acides; tout le monde connaît la rouille ordinaire du fer : rouge et d'une grande légèreté, les acides la dissolvent sans peine; mais il existe une autre rouille de fer, celle qui tombe des enclumes, à la forge, sous l'aspect d'écailles noires, pesantes, métalliques ; faire entrer cet oxyde en dissolution, est un problème bien moins facile à résoudre. Or, le bitartrate convient très bien pour cet objet et force tout l'oxyde

1. Le calcul montre la formation de plusieurs alcools ou aldehydes, $C^4H^6O^7$, $C^6H^6O^7$, etc.

à se dissoudre pour entrer en combinaison avec ses propres éléments. — De là son emploi dans une multitude de mélanges destinés à polir et à nettoyer les métaux (1).

Cette remarque nous fait voir l'action que le vin peut exercer dans notre estomac, en dissolvant beaucoup de substances, dont les autres aliments pourraient le charger, et qui lui nuiraient, par leur accumulation et par un séjour prolongé.

Le bitrartrate possède encore une propriété dont il est nécessaire de tenir le plus grand compte : il éprouve aisément une altération particulière qui le change en plusieurs sels, d'acides moins altérables. (Voir *Pseudo-Fermentation*).

La composition du bitartrate (tartre) se représente comme il suit :

	En équivalents chimiques		En nombres entiers les plus simples	En centièmes.
Acide tétrabélique (tartrique)........	$C^8H^4O^{10}$	132	132	70,16
Potasse..........................	KO	47	47	25,06
Eau..............................	HO	9	9	4,78
		188	188	100,00

Le tartre n'est jamais seul de son genre ; on trouve dans le moût d'autres tartrates ; il est posssible qu'il contienne du bitartrate de soude ; mais le plus commun est le tartrate de chaux qui se trouve en général assez intimement mêlé au tartre. Voici le résultat des analyses : Kunsemuller avait trouvé 15 pour 100(2)—Brescius jusqu'à 25 pour 100. (3)— Scheurer-Kestneren a trouvé plus encore : 46,25 dans un tartre qui ne contenait que 32,10 tartrate acide de potasse. (*Répertoire de Chimie appliquée*, 1860, p. 397) (4).

1. Ainsi l'argenterie se nettoie parfaitement lorsqu'on la frotte avec un linge humide saupoudré d'un peu du mélange suivant :

100 grammes de crème de tartre,
100 — craie,
50 — alun,

parfaitement pulvérisés.

2. *Annales de chimie* t. XXVI, p. 290.

3. B. S. C., A. II, p. 397.

4. B. S. C., A. II, p. 399.

	ORIGINE DES TARTRES	Bi-tartrate de potasse	Tartrate de chaux	Tartrates de fer et alumine	Sable	Auteurs (1)
	Chili	83,6	5,8			K.
Blancs.	Cap	72,8	6,4			K.
	Toscane	84,5	»			S. K.
	—	85,2	»			S. K.
	—	88,5	»			S. K.
	— Livourne	61,6	8,0			K.
	Italie, Ancône	77,0	9,4			S.
	Sicile	52,6	18,8			S.
	Messine	66,5	20,7			S.
	France, Castelnau	47,0	18,8		7,7	S.
	— Alsace	82,5	6,7			S.
		72,5	4,6			
	— —	84,9	7,3			S. K.
	— —	85,1	9,9			S. K.
	Suisse, Lausanne	78,8	4,1			S.
	— Bâle	69,5	13,1		6,2	S.
	— —	87,2	0,6			K.
	— —	85,0	7,7			S. K.
	— —	75,8	8,5			S.
	Bavière, Heilbronn	70,5	20,5			S.
	Wurtemberg, Stuttgard	63,9	20			S.
	Croatie	58,2	6.8			S.
	—	61,6	5,2			K.
	—	59,2	5,2			S.
	—	54,8	6,3		10,1	S.
	Hongrie	76,1	5,2			S.
	Bohême, Pesth	67,6	15			S.
	— —	67,2	9,4			K.
	— —	67,3	9,2			S. K.
	—	64,8	9,4			S.
	— —	60,1	12,2			S.
	— —	58,5	9,9			S.
Rouges.	Espagne, Malaga	79,71	11,5			S.
	— —	24,2	45,2			S. K.
	Portugal, Oporto	»	»			S.
	Italie, Piémont	63,9	»			S.
	— Gênes	60,1	10,1			S.
	— Brescia	64,0	9,2			K.
	— Livourne	45,4	11,8			K.
	— —	54	16			K.

1. S. — G. Schnitzer, *Bulletin de la Société chimique*, (Appliquée), V. 451.
K. — Kaerlin. — — —
S. K. — Scheurer-Kestner, *loco citato*.

	ORIGINE DES TARTRES	Bi-tartrate de potasse	Tartrate de chaux	Tartrates de fer et alumine	Sable	Auteurs (1)
Rouges	Italie, Ferrare..	79,0	3,7			K.
	— Ancône..	70,5	15			S.
	— Naples...	60,1	11,3			S.
	France, Castelnau...	35,7	16,9		6,5	S.
	— Bordeaux...	71,3	7,7			S.
	— Bourgogne...	41,5	32,2			S.
		32,1	46,25			S. K.
	Suisse, Bâle...	56,4	6,6	3,7	4,5	S.
	— — ...	62,6	11,2			K.
	— — ...	72	9			K.
	— — ...	73,5	18,3			S. K.
	— — ...	60,4	12,8			K.
	Autriche, Tyrol...	50,7	18,8			S.
	— — ...	60,2	14,2			K.
	— Laybach...	70,7	6,2			S.
	— Pesth...	52,6	8,4	4,5	6,7	S.
	— — ...	69,0	4,8			S.
	— — ...	65,8	7,5			S.
	Crystaux de Marc...	43,2	31,9		3,25	S.
	— ...	22,5	39,5	3,4		S.
	— ...	16,9	45,9	5,10		S.
	— ...	30,7	35,1			K.
	— ...	26,4	34,6			K.

1. S. — G. Schnitzer, *Bulletin de la Société chimique*, (Appliquée), V. 451.
K. — Kaerlin. — — —
S.-K. — Scheurer-Kestner, *loco citato*.

Le bitétrabélate (bitartrate) a de nombreux usages. Il est employé pour préparer la liqueur TCuK (voir livre IV), les tartrates doubles, de KO et NaO, l'émétique, et d'autres médicaments. On le fait entrer dans des préparations pour nettoyer l'argenterie, etc ; le bitartrate de chaux se présente en octaèdres réguliers incolores.

Le tétrabélate (tartrate) calcaire est formé de :

	En centièmes	En équivalents chimiques.	En nombres entiers les plus simples
Acide tartrique.....	50,77	132	33
Chaux....... 2CaO.	21,54	56	14
Eau.. .... 8HO	27,69	72	18
	100,00	250	65

— On trouve aussi dans les vins du tartrate d'alumine, du moins ce sel est-il admis par beaucoup de chimistes. — Fauré le signale dans le vin de la Gironde. — Filhol dans ceux de Tarn-et-Garonne (1). — Ce sel est incrystallisable: il se dessèche avec l'aspect de la gomme. Sa composition n'est pas exactement fixée. Il est probable qu'il renferme $C^8H^4O^{10}$, Al^2O^3 et un certain nombre d'équivalents d'eau (7HO).

— Nous avons encore à signaler le tartrate d'alumine et de potasse. Berzélius et d'autres chimistes le mettent au rang des éléments du vin (2). Sa composition est très probablement $C^8H^2O^{10}.Al^2O^3KO$ + une certaine quantité d'eau. — La saveur en est acide.

D'après Muller, jamais les vins purs ne renfermeraient d'alumine (3). Mais récemment Lhôte en a trouvé des quantités notables — (C. R CIV, 853).

90. Enfin nous devons ajouter le tartrate de fer. Il y a parfois du fer en dissolution dans le moût et il semble que ce métal soit encore uni à l'acide tartrique. Il est même sans doute à l'état de *tartrate de fer et de potasse* $C^8H^2O^{10}$, $Fe^2O^3.KO$; mais cela mérite une confirmation précise. La présence du fer paraît exclure celle du tanin et réciproquement.

En raison de l'abondance du manganèse dans les moûts, et les vins, je dois signaler :

1° Le tartrate mangano-potassique-orthorhombique M.M = 107°52. — Non analysé ; il doit être $C^8H^4O^{10}MnO.KO.(HO)^{3.33}$.

2° Le tétrabélate (tartrate) mangani-potassique $C^8H^4O^{10}Mn^2O^3KO.(HO)^{4.111}$ crystaux rouges dont la forme n'est pas donnée, décomposables vers 50° — 60° avec dégagement d'oxygène, (Deschamps).

3° Le tétrabélate (tartrate) de manganèse

$$C^8H^4O^{10}\ (MnO)^2\ (HO)^{9,4}\ \text{ou}\ ^{3,1}$$

4° Le trabéjiate (malaté) de manganèse $C^8H^4O^8(Mn)^2(HO)^3$ (calcul EM)

5° Le bitétrabéjiate (bimalate). — $(MnO)(HO)^{1.12}$ (id.)

Fauré pense que le goût de *pierre à fusil* dans les vins du Bordelais est causé par la présence de ce sel ; ce n'est point démontré. (V. Soufrage).

Les sels 1°, 3°, 4°, 5° sont vraisemblablement contenus dans les moûts et les vins.

1. *Journal de chimie médicale* [3], t. II, p. 264.
2. Dumas, *Traité de chimie appliquée aux arts*, t. VI. p. 495.
3. *Répertoire de chimie de Bouchardat*, mai 1857, p. 367.

91. — On trouve, avec les tartrates, dans le vin, des sels qui leur sont unis par les liens les plus remarquables : ce sont les *racémates* ou paratetrabélates (paratartrates).

Ces sels ont été découverts par un fabricant d'acide tartrique, Kestner, de Thann ; mais pendant longtemps leur véritable nature fut tout à fait méconnue, et leur existence même devint un problème. En effet, on fut tout surpris d'apprendre que la production de l'acide racémique avait été temporaire et avait cessé chez M. Kestner. On en voulut trouver la cause, et, grâce à l'Académie des Sciences, qui en chargea Pasteur, on apprit bientôt que l'acide racémique est un principe répandu dans tous les vins, et que la seule condition pour l'obtenir est d'opérer sur les tartres bruts, en suivant l'extraction de l'acide tartrique jusque dans les eaux mères, où l'acide racémique s'accumule de plus en plus. Sa production avait cessé chez M. Kestner le jour où les tartres bruts avaient été remplacés par des tartres demi-raffinés. — Peu de temps après, la formation artificielle de l'acide racémique au moyen de l'acide tartrique ordinaire fut le résultat de cet examen.

Ainsi, nous connaissons la véritable liaison des deux acides *tartrique et racémique*, et nous pouvons à volonté reproduire le dernier (1).

Si l'on unit l'acide racémique à l'ammoniaque et à la soude, et si l'on fait crystalliser le sel ainsi composé, on obtient des crystaux qui paraissent tous absolument de même forme, mais constituant deux groupes de même poids : les crystaux du premier groupe sont hémièdres à droite ; ceux du second groupe sont hémièdres à gauche. Les premiers contiennent *l'acide tartrique droit*, c'est-à-dire tournant à droite le plan de polarisation ; les seconds renferment *l'acide tartrique gauche*, c'est-à-dire tournant à gauche le même plan : L'ACIDE RACÉMIQUE A DISPARU ; il s'est dédoublé en acide tartrique ordinaire (droit) et en un acide presque entièrement identique, mais gauche (2). Ainsi, l'acide racémique est le produit d'une combinaison à parties égales de l'acide tartrique droit avec l'acide tartrique gauche, comme nous l'avons déjà dit.

L'acide racémique se développe dans le raisin ; il se forme peut-être aussi dans le vin ; — tout récemment on l'a obtenu par l'action de la chaleur sur l'acide tartrique ordinaire (3) ; l'acide tartrique a de grandes ana-

1. *Comptes rendus de l'Académie des sciences*, t. XXXVII, p. 162.
2. A. C, P. [3], t. XXIV, p. 456.
3. B. S. C., t. XVIII, p. 2.

logies avec le sucre, et je venais de montrer que le sucre devient optiquement neutre par l'influence de la chaleur seule [1].

— L'acide racémique est un peu moins soluble que l'acide tartrique ; sa saveur est la même à très peu près.

— Le moût renferme des tartro-malates, des *citrates* et des *métapectates*, la quantité des premiers, seuls, a été déterminée.

92. Donnons maintenant un coup d'œil aux sels acides non carbonés. On trouve dans le moût des sulfates, des phosphates, des azotates, on y a trouvé des silicates. En dehors de ces sels proprement dits, on trouve des composés binaires dits *haloïdes*, des chlorures, peut-être des bromures, iodures et fluorures ; ces derniers, naturellement, en très petites quantités.

Voici la composition des acides contenus dans les sels et celle des principaux haloïdes.

1° Acides.

ACIDE PHOSPHORIQUE

Phosphore Ph.	31	43,66
Oxygène O^5.	40	56,34
	71	100,00

ACIDE SILICIQUE

Silicium Si.	28	7	46,67
Oxygène O^4.	32	8	53,33
	60	15	100,00

2° Chlorures et autres haloïdes.

ACIDE SULFURIQUE

Soufre S	16	2	40,00
Oxygène O^3.	24	3	60,00
	40	5	100,00

CHLORURE DE POTASSIUM

Chlore Cl.	35,5	47,65
Potassium K.	39,0	52,35
	74,5	100,00

1. B. S. C., t. XVII, p. 481.

CHLORURE DE SODIUM

Chlore Cl	35,5	60,68
Sodium Na.	23	39,32
	58,5	100,00

CHLORHYDRATE D'AMMONIAQUE

Acide chlorhydrique H Cl	36,5	68,22
Ammoniaque H^3Az.	17	31,78
	53,5	100,00

93. Nous ne pouvons passer sous silence, parmi les matières neutres :

1° Une matière grasse, au moins, l'huile de pépins ; sa proportion est infiniment petite. On n'a pas obtenu cette huile dans les moûts, nous en reparlerons en nous occupant des vins.

2° Une cire provenant du vernis des raisins. On ne l'a pas non plus isolée.

3° Les matières azotées. Il en est une dont l'existence n'est pas douteuse ; c'est la variété d'albumine appelée *albumine végétale*. Elle se rencontre dans les sucs végétaux en général et on la trouve dans les moûts. Ces matières protéiques (ainsi nommées parce qu'elles offrent des variétés nombreuses, passant d'une forme à l'autre comme Protée, ont de l'importance malgré leur très faible proportion. L'importance tient à deux points principaux : d'abord à la production de matières azotées, de formules plus simples, effectuée dans leurs décompositions par fermentation, depuis les corps tels que la carnine, la xanthine, etc., jusqu'à l'ammoniaque ; et ensuite à l'existence du soufre parmi leurs constituants. Nous verrons comment la plus petite trace d'hydrogène sulfuré produite dans les décompositions de cette albumine peut causer une dépréciation, souvent énorme, d'un excellent vin.

Telles sont à très peu près les substances contenues dans les moûts.

Leur somme qui peut être mesurée avec une. grande approximation ne dépasse pas 80 grammes, par litre, dans certains moûts, en général très imparfaitement mûris. Mais elle atteint près de 600 grammes dans quelques moûts de raisins bien mûrs et d'espèces choisies.

Les muscats, les alicantes, présentent souvent cette abondance de matières parmi lesquelles dominent le sucre, les acides et les sels acides.

94. On peut, d'après ce qui précède, écrire le tableau suivant :

COMPOSITION GÉNÉRALE ET MOYENNE DES MOUTS

			Quantité
Eau			950 à 760 gr.
Sucre de raisin...	Hexélose droit (glucose)		60 à 580 gr.
	— gauche (chylariose)		
	— neutre fermentescible		
	— — (non fermentescible)		
	— gauche (non fermentescible et agyre)		1 à 2 gr.
Saccharine			19 à 58 gr.
Inosite et autres			
Gomme (donnant de l'acide mucique)			
Pectose et pectine			
Œnocyanine (incolore et bleue)			
Œnochrysine			
Matières grasses. — Cire			
Matières azotées albumine, etc			
Sels — Végétaux	Bitétrabéjiates (Bimalates)	5 à 5,5	
	Tétrabéjiates neutres	*A base de :*	
	Bitétrabélate de potasse		
	Tétrabélates neutres		
	Racémates	Potasse	
	Citrates	Soude	
	Triéfates (Lactates) ?	Chaux	
	Diédates (Acétates), etc ?	Magnésie	
	Pectates, métapectates	Lithine	
Sels — Minéraux	Sulfates	Manganèse	
	Phosphates	Alumine	
	Azotates ?	Sesquioxyde de fer	
	Silicates	Ammoniaque	
	Chlorures		
	Bromures, Iodures, Fluorures ?		
Acides libres	Carbonique		
	Hexènique		
	Hexèpique et ceux de la plupart des sels		
1 litre de moût pèse			1080 à 1.400 gr.

CHAPITRE III

FERMENTATION DES MOUTS — PRODUCTION DES VINS

Pour bien comprendre les faits relatifs à cette grande opération, nous devons, avant tout, essayer de nous rendre compte de la fermentation alcoolique dans les conditions les plus simples. Nous verrons bientôt comment le sucre est la substance d'où provient l'alcool (V. *Alcool*); mais il est nécessaire d'examiner maintenant sous quelle influence il se décompose dans la fermentation, quelle est la vraie nature du ferment, de quelle manière il agit sur le sucre, etc. Nous en déduirons un aperçu général sur les autres fermentations et nous pourrons alors connaître, avec une approximation déjà grande, ce qui se passe dans la fermentation vineuse proprement dite, ou la fabrication du vin dont le sucre est la base.

Examinons donc ce que les études ont pu saisir, jusqu'à présent, dans ce mystérieux phénomène de la fermentation alcoolique, la mieux connue et la plus importante.

De la fermentation alcoolique

95. Si la pratique de la fermentation du jus de raisin est plus ancienne que le déluge, Noé, son premier auteur, a su la faire par la grâce de Dieu, mais sans y rien entendre. Ses successeurs ont fait du vin, et parfois du meilleur, jusqu'à la fin du dernier siècle, tout en restant dans la même ignorance. A cette époque, notre illustre Lavoisier, l'immortel créateur de la chimie moderne, a tracé de sa main puissante les fondements d'une théorie. Ses disciples ont perfectionné son ouvrage, et aujourd'hui l'édifice est assez complet déjà pour qu'il reste peu d'excuse à celui qui perd son raisin ou son sucre.

Avant d'étudier ces théories, nous devons exposer les faits, d'abord ; indiquer les produits de la fermentation, décrire toutes leurs propriétés et leurs relations chimiques.

Plus tard, au moment de donner des règles pour la pratique, pour diriger, le plus sûrement possible, la transformation des moûts en *bons vins*, nous exposerons succinctement les théories et nous en tirerons ce qu'elles peuvent avoir d'utile.

Le sucre est la matière dont la fermentation produit le changement en *alcool* (principe du vin), et en gaz carbonique, si abondamment développé pendant toute la durée de la fermentation. Lavoisier a trouvé que le poids du sucre représente *à peu près* exactement, la somme du poids de l'alcool et du poids de l'acide carbonique[1]. Ainsi, sur 104 kilogrammes de *sucre*, extrait du raisin, pur et bien sec, 100 kilogrammes donneraient

51,11 alcool pur, *absolu*.
48,89 acide carbonique.
100,00

Ces 51 kil. 11 d'alcool représentent 64 lit. 29 à la température moyenne de + 15 degrés, et cette quantité d'alcool est suffisante pour faire 642 lit.9 de bon vin (à 10 centièmes). D'un autre côté, les 48 k. 89 d'acide carbonique ne présentent pas moins de 26.000 litres de gaz sec à la même température de + 15 degrés (et à la pression ordinaire de l'air, $0^{m},760$).

96. Cette décomposition du sucre, cette fermentation alcoolique, assez simple en elle-même, est produite par un agent dont l'influence est encore mystérieuse. Jamais le sucre ne l'éprouve seul, ou en dissolution dans l'eau pure. En vain abandonne-t-on à elles-mêmes les liqueurs sucrées, formées avec les proportions les plus diverses d'eau et de sucre, à la température la plus convenable (de + 20 à + 30 degrés), jamais le sucre de raisin ni le sucre inverti ne développent d'alcool et d'acide carbonique.

97. Il faut, pour obtenir la fermentation trouver dans l'eau sucrée ou lui donner un agent spécial, un *ferment*, dont on se procure facilement de grandes quantités au moyen du moût de raisin. Ce moût, ce jus, tout le monde le sait, à peine coulé du pressoir se trouble presque aussitôt; mousse en dégageant du gaz carbonique, s'échauffe et semble *bouillir*. Quand ces mouvements s'arrêtent, au bout d'un ou de plusieurs jours, on trouve au fond du vase une certaine quantité d'une substance

1. *Eléments de chimie*, t. I, p. 150.

qui, examinée au microscope, montre des granules représentés dans la figure 8.

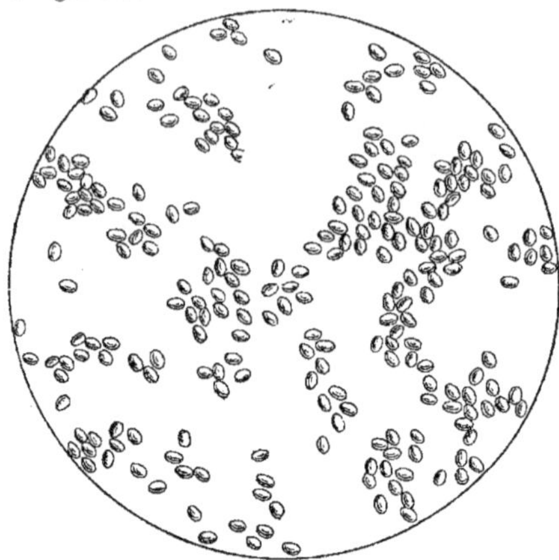

Fig. 8.
Levure du vin de Champagne grossie de 400 diamètres

J'ai observé très soigneusement la levure *inférieure* dans le vin de Champagne. Elle est d'une uniformité frappante ; le grand axe des plus gros globules est, à très peu près, de 1/182 de millimètre ; le petit axe des moins gros est sensiblement moitié moindre, 1/367 de millimètre. En général, ces globules sont un peu moins rapprochées de la forme sphérique que ceux de la levure de bière (1).

D'après Dispan, le ferment existe dans le verjus le plus vert (2). Après avoir laissé déposer le sédiment du moût, on le lave, tant qu'il est acide, et si on l'introduit dans de l'eau sucrée pure, la fermentation a lieu parfaitement.

Cette action immédiate, et sa vivacité paraissent attribuer clairement aux globules la cause de la transformation du sucre en alcool et acide carbonique. Aujourd'hui les recherches de Pasteur et de ses disciples ont donné de la force à ce jugement.

Cependant la question est si difficile que beaucoup de personnes restent tourmentées par l'indécision, faute d'indications assez précises sur le rôle véritable des globules.

Quelle est la nature de ces globules ?

Ce sont des sacs parfois sphériques, plus souvent ovoïdes, d'une très faible épaisseur, et pleins d'un liquide mucilagineux...

La minceur des sacs est extrême, Mitscherlich a trouvé les globules de la levure de bière longs de $\frac{1}{100}$ de millimètre, larges de $\frac{1}{200}$ seulement. Cette largeur contenant 2 fois l'enveloppe et en outre le liquide inté-

1. *Comptes rendus*, t. LVIII, p. 217.
2. *Annales de chimie*, t. LVI, p. 297.

rieur, chaque enveloppe a le $\frac{1}{3}$ au plus, de cette dimension ou $\frac{1}{600}$ de millimètre. D'après la figure 8, les globules du vin sont moins grands, de moitié à peu près, et par conséquent leurs enveloppes n'ont pas plus de $\frac{1}{1200}$ de millimètre.

Voilà pour leur structure ; voyons maintenant leur nature, leurs propriétés chimiques.

Pris dans leur ensemble, ce sont des corps très complexes.

Lavoisier avait déjà reconnu la présence de l'azote parmi les corps simples dont ils sont formés [1]. Thénard, en 1803, évalua cet azote à près de 5 0/0 du poids des globules [2]. Plusieurs chimistes ont donné les analyses suivantes :

COMPOSITION DE LA LEVURE

	Marcet [3]	Mitscherlich [4]	Mulder moyenne [5]	Dumas [6]	Schlossberger [7]	Wagner [8]
C.	30,5	47,0	51,11	50,6	50,05	44,37
H.	4,5	6,6	7,153	7,3	6,52	6,04
Az	7,6	10,0	11,08	15,0	11,08	9,20
O.	»	»	30,66		30,66	»
S.	»	0,6	»	27,1	»	»
Ph						
	Les cendres sont-elles déduites ?	Cendres non déduites	Cendres déduites	Cendres déduites	Cendres déduites	Cendres non déduites

En ramenant ces chiffres à 50,6 de carbone, on a :

1. *Eléments de chimie.* t. I, p. 150.
2. *Annales de chimie*, t. VLVI. p. 294. — Il existe probablement une erreur d'impression sur le chiffre du chlorhydrate d'ammoniaque obtenu.
3. *Traité de chimie* de Berzelius.
4. *Lehrb. der chemie.* 4ᵉ édit., p. 370.
5. Rapport de Berzelius, 1846, p. 420.
6. *Traité de chimie*, t. VI, p. 316.
7. *Id.*, p. 310.
8. *Journ, f. prakt. Chem.*, t. TLV, p. 241.

	Marcet	Mitscher-lich.	Mulder	Dumas	Schloss-berger.	Wagner
C.	50,6	50,6	50,6	50,6	50,6	50,6
H	7,4	7,1	7,08	7,3	6,6	7,9
Az.	12,6	10,76	11,0	15,0	11,98	10,5
O..	29,4	31,54	31,32	27,1	30,82	30,0

On voit combien les résultats se rapprochent pour l'hydrogène : les différences en azote sont très grandes, mais elles sont expliquées dans ce qui suit.

On peut séparer les deux parties du globule, l'enveloppe et le liquide intérieur, presque absolument, en lavant les globules avec de l'eau tiède, ou avec de l'eau très sucrée, qui produisent l'osmose complète du liquide intérieur [1]. On y parvient encore en laissant fermenter l'eau sucrée, et la renouvelant, jusqu'à ce que les globules ne puissent plus en déterminer la fermentation [2]. Enfin, on arrive au même résultat par l'action chimique de la potasse caustique : une dissolution bouillante de cet alcali à 16 degrés densimétriques (D = 1160) déchire les globules, ou gonfle fortement leur enveloppe, et la change en une gelée demi-transparente, mais toujours insoluble, en partie comme le tissu cellulaire de la mousse d'Islande (*Spherococcus crispus*).

Schlossberger a donné les résultats de l'action d'une très faible solution de potasse : la levure est dissoute en partie ; on filtre, on neutralise par un acide ; il se forme un précipité de la matière azotée blanche, exempte de cendres, dont voici l'analyse (moyenne de 2) :

Carbone.	55,5
Hydrogène	7,5
Azote..	13,9
Soufre.	0,0
Oxygène (différence)	22,1
	100,0

1. Gagniard-Latour, *Annales de chimie et de physique*, [2], t. LXVII, p. 209. — Quevenne, *Journal de pharmacie*, [2], t. XXIV, p. 265. — Mulder, rapport de Berzelius, 1846, p. 420.

2. Thenard, *Annales de chimie*, t. XLVI, p. 294. — Quevenne, *Journal de pharmacie*, [2], t. XXIV, p. 263.

L'action de la potasse laissait un résidu insoluble ; épuisé par l'acide acétique et ensuite par l'eau, ce résidu donne à l'analyse :

Carbone	44,9
Hydrogène	6,7
Azote..	0,5
Oxygène.	47,9
	100,0

déduction faite de 1,00 de cendre.

Ce résultat se rapproche beaucoup de ceux de Mulder :

Nous devons faire observer que cette composition est celle de la cellulose, et pourtant, la matière dont il s'agit ne peut pas être envisagée comme la cellulose proprement dite, puisqu'elle est d'abord entièrement soluble.

Bouillie avec de l'acide sulfurique étendu, elle devient facilement sucre fermentescible. — Elle est insoluble dans l'oxyde de cuivre ammoniacal [1], et ces deux caractères ne sont pas ceux de la cellulose.

C'est un point de la plus haute importance. Berzélius avait cru devoir lui donner un nom particulier, celui d'*amylon* [2].

98. Si l'on traite d'autre part le ferment entier par l'acide acétique, la matière azotée, intérieure, est aspirée, microsmosée, par l'acide, au travers de son enveloppe, et dissoute : en ajoutant du carbonate d'ammoniaque, sans neutraliser complètement, on la précipite exempte de sels minéraux, et l'on peut l'analyser ; Mulder a obtenu :

Partie liquide azotée des globules du ferment.		PROTÉINE Moyenne de analyses de MM. Dumas et Cahours	CALCUL	
Carbone	54,35	54,36	C^{48} 54,44	C^{48} 54,54
Hydrogène.	7,04	7,10	H^{37} 6,99	H^{36} 6,82
Azote.	16,03	15,94	Az^{6} 15,89	Az^{6} 15,92
Oxygène.	22,33	22,60	O^{15} 22,68	O^{15} 22,72
Soufre et phosphore . .	0,25	»	»	»
	100,00	100,00	100,00	100,00

1. *Rapport annuel*, 1846, p. 421. — L'amylon diffère notablement de la cellulose. Il se dissout à froid dans la potasse très concentrée ; ne donne pas de xyloidine avec l'acide azotique ; se convertit par les acides étendus en acides *ulmiques* (Mulder).

2. Egger (de qui j'ai été l'élève), a signalé très justement l'impropriété des mots *endosmose* et *exosmose ;* il y a toujours une différence — très grande — entre les

Ainsi la matière azotée du ferment paraissait être de la *protéine*, c'est-à-dire entièrement semblable, sinon identique, avec la partie essentielle du blanc d'œuf ou *l'albumine*.

Thomson a donné une analyse d'ensemble pour une levure de bière. Voici les résultats :

		Dans 1 livre anglaise (5760 grains)	Dans 1000 parties
Eau		5474	950,348
Matière organique		262	45,486
Matières minérales	Phosphates alcalins	8,30	
	Phosphate de chaux et magnésie / Carbonate de chaux	14,55	2,527
	Acide silicique	1,15	0,199
		5760,00	1000,000

Payen a trouvé de son côté [1] :

Protéine	62,73
Amylon	29,37
Matières grasses	2,10
Matières minérales	5,80
	100,00

A côté des résultats de Thomson et Payen, nous pourrions placer ceux de deux autres chimistes qui ont trouvé à peu près 60 de matière protéique et 40 d'amylon ou substance cellulosique.

Il y a peu de concordance dans ces résultats.

99. La composition de la levure est plus complexe encore que le prouvent ces analyses. Schutzenberger en a fait récemment l'étude [2], et a trouvé que l'amylon ou mieux le résidu insoluble après ébullition et de nombreux lavages à l'eau chaude, résidu épuisé, présente un poids

deux mouvements. J'ai proposé depuis longtemps les mots *mégosmose* et *microsmose* dont le sens est rigoureusement l'expression des faits — ils sont adoptés aujourd'hui.

1. *Mémoires des savants étrangers*, t. IX, p. 23.
2. *Bulletin de la Société chimique*, t. XXI, p. 204.

constant à bien peu près, et qui ne dépasse pas 20 à 21,4 0/0 de la levure, séché à 100 degrés ; ce poids se réduit à 12,5 ou 13 grammes. La partie soluble pèse 17 à 18 grammes, quand on fait d'abord *digérer* la levure dans l'eau tiède (35 à 40 degrés), sans sucre ni oxygène, en d'autres termes, il suffit de conserver la levure humide dans de l'eau douce, pour convertir progressivement ses principes insolubles en produits solubles. Ce n'est pas une putréfaction, c'est une action physiologique ; ce n'est pas un acte après la mort, c'est un acte pendant la vie. — De l'acide carbonique se dégage lentement et régulièrement pendant cette transformation, et il se forme en même temps de l'alcool — ce qui avait déjà été reconnu (1).

La partie soluble renferme :

1° Une quantité notable de phosphates, qui passent en dissolution à mesure de la transformation des parties insolubles.

2° Une proportion assez forte d'une gomme (arabine) insoluble dans l'alcool, précipitable par le diédate (acétate) basique de plomb, par le diédate de cuivre dans l'alcool ; composable avec la chaux et la baryte, cette dernière dans un état où l'acide carbonique ne peut l'enlever ; transformable par l'acide azotique en un mélange d'acide mucique et oxalique ; par l'acide sulfurique en un glucose réduisant les liqueurs TCuK ; donnant enfin à l'analyse :

		$C^{12}H^{10}O^{10}$
Carbone.	42,67	44,44
Hydrogène	6,38	6,17

3° De l'hexenazodine (leucine), $C^{12}H^{13}AzO^4$, en dose assez élevée. — Trouvée par Miller et Hesne dans la levure putréfiée, elle avait paru produite par la putréfaction, mais elle est antérieure. *Elle renferme du soufre.* Crystallisée dans l'alcool, elle offre de minces feuillets nacrés, fusibles et volatils qui donnent à l'analyse :

		Leucine.
Carbone (moyenne de 3). . . .	53,56	54,9
Hydrogène (moyenne de 3). . . .	9,57	9,9
Soufre.	2,93	0,0

On a essayé d'enlever le soufre par le plombite de potasse ; mais on

1. *Annales de chimie et de physique*, [3], t. LVIII, p. 323.

l'a seulement réduit de 2,93 à 2,14. — Par chauffage avec ce plombite, ou avec l'azotate d'argent ammoniacal, en tubes fermés, à + 150 degrés pendant douze heures, on n'est pas parvenu à l'enlever en totalité. Cependant ce soufre paraît accidentel, car dans les eaux mères bouillies avec de l'acétate de cuivre, on arrive à une leucine presque pure.

4° De la nonagazofine (tyrosine), en quantité moindre. $C^{18}H^{11}AzO^{6}$.

5° De la heptafedazofine (carnine), cristallisée. $C^{14}H^{8}Az^{4}O^{6}$.

6° De la pentafedazodine (xanthine). $C^{10}H^{4}Az^{4}O^{4}$.

7° De la pentenenazobine (guanine). $C^{10}H^{5}Az^{5}O^{2}$.

8° De la pentafedazobine (sarcine). $C^{10}H^{4}Az^{4}O^{2}$.

9° Un sirop incrystallisable, azoté, de saveur sucrée, dont il reste à faire l'étude.

Le poids des cendres de la levure est extrêmement variable. Voici le tableau.

	Levure supérieure	Levure inférieure
Wagner	2,5	5,3
Schlossberger	2,5	»
Buff	8,9	»
Mitscherlich	7,7	7,5
Thomson	2,53	»
Payen	5,80	»

D'après Mitscherlich, le poids est le même, à bien peu près, dans la levure supérieure et dans l'inférieure; il serait double dans cette dernière, d'après Wagner.

La composition de ces cendres a été trouvée :

	MITSCHERLICH		BUFF
	Levure supérieure	Levure inférieure.	Levure supér. (bière blanche)
Acide phosphorique	53,9	59,4	54,7
Acide chlorhydrique	0	0	0,1
Acide silicique	traces	0	0
Potasse	39,8	38,3	35,2
Soude	0	0	0,5
Magnésie	6	8,1	4,1
Chaux	1	4,3	4,5
Oxyde de fer	0	0	0,6
	100,7	100,1	99,7

Les analyses de Mitscherlich peuvent être traduites :

	Levure supérieure		Levure inférieure
Phosphate de potasse $(PhO^5)^2(KO)^3$.	81,6	PhO^5KO	67,8
Phosphate de magnésie PhO^5 $(PhO)^2$..	16,8		22,6
Phosphate de chaux PhO^5 $(CaO)^2$. . .	2,3		9,7
	200,7		200,7

Cette composition, en phosphates seuls, a un intérêt sur lequel nous reviendrons.

Schutzenberger et Destrem ont fait, plus récemment, une nouvelle étude des globules, non du vin, mais de la bière, et ils ont montré qu'enveloppe et liquide intérieur sont tous deux azotés.

La levure contenait 27,69 de substances fixes à 100°, qui se réduisaient à 21,1 de parties insolubles (épuisées par l'eau bouillante). Ainsi les granules contiennent

21,1	parties insolubles.	76,17
6,59	— solubles.	23,83
27,69	Levure sèche à 100°.	100,00

Ils ont trouvé :

	Levure sèche	Partie insoluble
C..	46,68	50,49
H.	6,58	7,08
Az	10,10	10,57
O.	28,57	30,86
Cendres..	8,07	1,0
	100,00	100,00

La levure, ainsi analysée, a été mise en deux épreuves :

1° Dans de l'eau pure (50 grammes dans 1000 d'eau) pour comparer avec la dissolution suivante :

2° Dans de l'eau sucrée (50 grammes et 100 de sucre dans 1000 d'eau).

Les deux auteurs ont trouvé : en 24 heures tout le sucre a disparu à + 30°. On a fait bouillir et reçu dans deux filtres tarés les parties insolubles qui ont été lavées à l'eau bouillante, et séchées à 100°. Deux expériences très concordantes ont donné :

	Levure seule		Avec le sucre	
	Insoluble 9,445	Soluble { 9,48 / 9,61	Insoluble 8,76	Soluble { 4,06 / 4,18
C.	49,08	40,8	51,87	34,05
H.	7,09	6,83	8,13	5,82
Az.	7,35	6,32	9,98	10,51
O.	34,63	36,35	28,37	26,42
Cendres.	1,35	9,7	1,65	23,3
	100,00	100,00	100,00	100,00

Ramenés à 100 de *levure humide*, les chiffres deviennent :

	Levure humide			Avec sucre			Levure seule		
	Insoluble	Soluble	Somme	Insoluble	Soluble	Somme	Insoluble	Soluble	Somme
C.	10,60	3,16	13,76	9,27	7,75	17,02	9,18	2,86	12,04
H.	1,48	0,35	1,83	1,34	1,30	2,64	1,41	0,48	1,89
Az.	2,20	0,61	2,81	1,50	1,20	2,70	1,62	0,88	2,63
O.	6,50	0,50	7,00	6,64	7,91	14,50	5,04	2,24	7,15
Cendres. . . .	0,21	2,02	2,23	0,25	1,84	2,09	0,28	1,94	1,25
	20,99	6,64	27,63	19,00	20,00	38,95	17,53	8,40	25,86

Ainsi la levure, seule, éprouve en 24 heures, à + 30° une digestion, (une fermentation secondaire suivant Pasteur) et perd 1,77 de substances fixes.

Employée à la fermentation du sucre, où l'on trouve ces substances augmentées de 5,65 0/0 du sucre, proportion déjà observée, on peut admettre que la même perte 1,77 s'est produite mais a été compensée — ce qui porte l'augmentation réelle à 7,42.

Le résidu insoluble, après la fermentation, contient moins de carbone et d'azote que celui de la levure humide, mais autant d'oxygène. — à peu près autant de C,H et Az que celui de la levure simplement digérée, mais plus d'oxygène.

Cette différence s'explique par un changement de rapport de mélange entre les substances hydro-carbonées qui renferment 50 0/0 d'oxygène et les proétiques qui n'en contiennent pas plus de 23 à 24.

Le poids d'Az ne variant pas, la proportion des albuminoïdes transformées et éliminées est la même dans les deux cas. Dans la levure digérée il y a destruction d'une matière hydrocarbonée qui reste, au contraire, ou est remplacée pendant la fermentation.

L'enveloppe du globule ne peut plus être considérée comme amylon pur : c'est un mélange.

L'existence des matières protéiques est mise hors de doute

1° Par la composition élémentaire du précipité obtenu par Schutzenberger et Destrem, qui se sont efforcés d'agir de manière à ne pas détruire la substance, par la potasse concentrée, comme on peut le craindre dans l'expérience de Schlossberger. Avec la potasse très étendue ils ont obtenu $C^{24}H^{21}Az^{3}O^{6}$ (formule purement symbolique), ce qui ne laisse aucun doute sur l'existence d'une partie azotée.

2° Par la nature des produits de dédensation, de la levure digérée à l'abri de l'air.

Leucine, tyrosine, albumine soluble (Béchamp et Hesse).

Xantine hypoxanthine et carnine (Schutzenberger).

Pour le produit insoluble, l'existence des matières hydrocarbonées n'est pas aussi solidement démontrée : ce produit, séparé par la potasse faible, n'a ni les caractères ni la composition de $C^{12}H^{12}O^{12}$. Il est insoluble dans le $CuO.H^{3}Az$ de Schveizer; il est très facilement glucosé par l'acide $SO^{3}(HO.)^{n}$; déduction faite des cendres, il a présenté :

	Potasse faible	Potasse concentrée.
C.	54,79	53,2
H.	8,01	7,69
Ar..	5,73	1,8
O.	31,47	37,3
	100,00	100,00

Schutzemberger et Destrem croient faire une déduction utile en considérant les 1,8 d'Az comme une simple impureté, dont on peut se débarrasser et prenant les trois autres chiffres comme appartenant à une matière unique $^{n}(C^{18}H^{16}O^{10})$. On a :

C^{18}.	52,94
H^{16}.	7,84
O^{10}.	39,22
	100,00

Ces nombres, non seulement ne s'accordent pas assez avec les précédents ; mais il est clair que 1,8 d'Az répondent à des poids de C, H et O, non déterminés, et qui changeraient certainement les rapports $C^{18}H^{16}O^{10}$ s'ils étaient connus.

Sous cette réserve, je citerai la conclusion admise par eux à la suite d'analyses de plusieurs résidus insolubles, après simple digestion, ou après fermentation. Ces résidus sont toujours dédensables en *matière protéique* et matière *hydrocarbonée*. Les formules, toutes calculées pour Az^3, sont :

			Résidu sec	
I.	Levure humide laissant.		19,5	21,0
II.	30 h. à + 30°	avec air.	18,62	19,5
III.	—	— sans air.	14,5	15
IV.	—	— 2 p. de sucre sans air	16,5	16,8
V.	—	— 2 p. de sucre avec air	25,1	

Résidu partie insoluble

$C^{36}H^{31}Az^{3}O^{16}$				=	$C^{24}H^{21}Az^{3}O^{6}$	+	$C^{12}H^{10}O^{10}$		
—				=	—	+	—		
40	33	3	18	=	-	+	16	12	12
48	41	3	26	=	—	+	24	20	20
44	37	3	22	=	—	+	20	16	16

De ces expériences les deux auteurs déduisent :

1° La présence de l'oxygène et la respiration qu'il entretient laissent invariables le poids et la composition du résidu insoluble.

2° La digestion sans oxygène diminue le poids absolu, mais élève la proportion des matières hydrocarbonées, les matières protéiques étant rendues solubles.

3° La fermentation sans oxygène tend au même but, il y a fixation d'un peu de matière hydrocarbonée empruntée au sucre.

4° La fermentation avec oxygène n'offre pas de désassimilation, il y a fixation de beaucoup de matière hydrocarbonée.

Ces résultats s'accordent avec les idées de Pasteur sur le rôle de l'oxygène libre.

5° Le complément de l'insoluble a toujours été retrouvé dans les parties solubles, ou volatiles dont ils ont fait l'évaluation, comme contrôle.

Ils terminent ainsi : nous considérons la levure comme renfermant des composés complexes à la fois protéiques et hydrocarbonés, à la manière des glucosides. L'extérieur du globule ne diffère de l'intérieur que par plus de substances hydrocarbonées.

Une autre série d'expériences a permis ces dernières conclusions :

1° La levure mise hors d'état de se multiplier produit encore la décomposition du sucre.

La cellule vivante décompose le sucre par osmose indépendamment sa multiplication (1).

2° Le rapport des substances albuminoïdes aux hydrocarbonées tend à se modifier dès que le milieu varie.

Je laisse d'autres affirmations, de nos deux auteurs, absolument hypothétiques et sans aucun intérêt.

De ce qui précède nous pouvons conclure avec certitude que la levure est azotée dans son enveloppe et dans le composé plus ou moins liquide intérieur, et que l'enveloppe n'a pas plus de $\frac{1}{1200}$ de millimètre d'épaisseur.

100. Quel est maintenant son véritable rôle ?

Il n'est pas facile de répondre à cette question, et malgré les efforts de beaucoup de chimistes, nous devons encore aujourd'hui répéter les paroles de Lavoisier : « Cette opération est une des plus frappantes et « des plus extraordinaires de toutes celles que la chimie nous pré- « sente (2). » On peut dire de plus, sans hésiter, que toutes les théories mises en avant par les hommes les plus distingués ne paraissent pas encore complètement satisfaisantes. Achevons d'examiner, avec le plus grand soin, toutes les circonstances de la fermentation.

1° Le sucre est-il converti tout entier en alcool et acide carbonique ?

Lorsqu'on prend du sucre de raisin pur, ou tout simplement du jus de raisin, la décomposition du sucre de ce jus paraît se compléter lorsque le ferment est en proportion convenable ; tout le sucre se change

1. Je ne puis pas laisser cette assertion sans exprimer mon regret de n'avoir pas obtenu de mes deux confrères la mention expresse de ma priorité, j'ai longuement soutenu cette vérité *fondamentale*, dont je suis le premier professeur, dans mes deux premières éditions; je vais donner un peu plus loin mes raisons pour la troisième fois

1. *Eléments de chimie*, t II, p. 140.

presque uniquement en alcool et acide carbonique. — Prend-on du sucre ordinaire au lieu de sucre de raisin? On observe d'abord une modification préliminaire : le sucre est *inverti* et devient *sucre de raisin* avant de fermenter. Pour en avoir la preuve, il suffit de faire passer la dissolution de sucre plusieurs fois de suite sur un filtre contenant de la levure fraîche? on arrive bientôt, en observant le sucre dans les saccharimètres optiques, a son changement complet en sucre de raisin, sans qu'il ait éprouvé la moindre fermentation alcoolique. — On peut aussi mettre la levure dans l'eau sucrée jusqu'au moment où les premières bulles d'acide carbonique se dégagent : on filtre alors, et l'on ne trouve plus de sucre ordinaire dans le liquide, mais du *sucre de raisin* tout à fait pur. Ces faits, annoncés par Guyton de Morveau (1), ont été confirmés depuis (2). Ce changement est très simple, du reste, car il suffit que le sucre ordinaire se combine avec un peu d'eau pour devenir du sucre de raisin, $C^{12}H^{11}O^{11} + HO = C^{12}H^{12}O^{12}$ (p. 75).

On a de plus extrait de la levure de bière une des matières azotées douée de la propriété d'invertir le sucre : on l'a nommée invertine. Voici ses propriétés :

— *Invertine.* — Indiquée par Baudrimont, Dubrunfaut, nommée *invertine* par Mayer et Donath.

Hoppe-Seyler l'isole en épuisant la levure par l'eau, l'éther, etc., c'est une poudre blanche.

D'autres précipitent la solution extraite par l'alcool, en une masse brune dure; elle invertit 30 de sucre.

Barth fait sécher à 40° (ou vers + 15°) jusqu'à émiettement, pulvérise, et chauffe à 100° — 105° pendant 6 heures ; elle se conserve des mois inversive. Délayée dans l'eau, à 40°, 12 heures, exprimée dans une toile, filtrée dans papier (c'est long), brunâtre, versée dans 5 à 6 volumes d'alcool, précipite flocons blancs, redissoudre dans l'eau, puis alcool et laver à l'alcool absolu, sèche dans le vide en masse cornée brune, soluble dans l'eau mais avec résidu et a perdu son activité. Les lavages à l'alcool absolu donnent des grains fins tout à fait blancs.

500 grammes levure donnent 2 grammes. Mais il faut aller vite, et par conséquent ne pas employer plus de 500 ; elle contient, une forte proportion 22 p. 100 de cendres. PhO^5, KO, Ca, Mg

1. *Annales de chimie*, t. LX, p. 294.

2. *Annales de chimie et de physique*, [2], p. 169. — *Annales de Poggendorff*, t. LII, p. 293.

Déduction faite de ces cendres

C..	43,9
H	8,4
Az.	6,0
S..	0,63
O	41,7
	100,00

Le soufre n'est pas accusé par la nitroprussiate après NaO.

Pour mesurer l'activité, Bareth fait une solution au $\frac{1}{10}$ et la mêle à 100 cc. de solution sucrée.

Cette solution à	p. % produit	inverti
0,5	0,020	
1,0 —	0,043	—
5 —	0,100	—
10 —	0,104	—
20 —	0,183	—

Ainsi l'activité est en raison de la concentration du sucre, de la quantité d'invertine et du temps (1).

101. Après cette transformation, la fermentation a lieu, mais c'est le sucre de raisin qui la subit. Ce sucre se détruit-il en entier?

Lavoisier nous l'assure très catégoriquement pour le jus des raisins : « Le suc des raisins, dit-il, de doux et de sucré qu'il était, se change « dans cette opération en une liqueur vineuse, qui, lorsque la fermen- « tation est complète, *ne contient plus de sucre* (2). » Mais lorsqu'on a mis, plus tard, du sucre ordinaire en fermentation, on a vu qu'une portion de ce corps résiste à l'action du ferment, et nous en trouvons d'ailleurs un exemple dans l'expérience citée par Lavoisier. Sur 100 livres de sucre, 4 n'ont pas fermenté. Thénard père a obtenu très exactement le même résultat (3) ; parfois on a trouvé 5 ou même 6. Le résidu de 4 centièmes que le sucre abandonne est déliquescent, d'après le même chimiste. Mitscherlich avait cru donner l'explication de cet accident : malgré la ressemblance du *sucre ordinaire, modifié par la levure avant la fermentation*, avec le sucre de raisin, le premier serait d'une espèce particulière (4). Ainsi la levure et les acides ne modifieraient pas le sucre

1. B. S. C., t. XXX, p. 436.
2. *Eléments de chimie*, t. I. p. 140.
3. *Annales de chimie*, t. XLVI, p. 316.
4. *Rapport annuel* de Berzelius, 1843, p. 277.

ordinaire absolument de la même façon. Cette hypothèse n'a pas été confirmée; le sucre ordinaire peut être modifié, par la levure, ou les acides étendus, et dans les deux cas, il devient tout à fait identique avec le sucre du raisin.

— Ce sucre de raisin peut donc être complètement décomposé par la fermentation, et le sucre ordinaire l'est aussi parfaitement lorsqu'on l'expose, à la fois, à l'action du ferment et des acides; par exemple, lorsqu'on en ajoute à du moût de raisin : la totalité du sucre ne donne pas de l'alcool ; il y a toujours 4 4,5 et jusqu'à 6 centièmes qui produisent d'autres matières, comme cela s'est produit dans les expériences de Lavoisier de Thénard père et de Pasteur.

— Il faut cependant faire une réserve expresse à cet égard. Le moût de raisin ne produit pas toujours la totalité de l'alcool dont le sucre qu'il contient pourrait être la source. C'est un point de la plus haute importance, et je dois attirer l'attention la plus sérieuse de mes lecteurs sur cette question. Plusieurs personnes m'ont depuis longtemps signalé cette circonstance très peu rare pour certains vins du Midi. J'ai eu dans les mains quelques échantillons de ces vins, où il reste beaucoup de sucre ; et pourtant ou peut conserver les bouteilles demi-pleines, debout, sans altération pendant des mois, même des années.

Béchamp rapporte un fait de ce genre : du raisin employé pour faire du vin de Frontignan a fermenté régulièrement pendant quelques semaines, puis tout dégagement a cessé. Neuf ou dix mois après le vin était exquis de saveur et d'arôme. Au bout de trois ans il contenait :

Alcool.			140 grammes par litre.
Extrait . .	Sucre. .	294	310 — —
	Sels, etc.	16	

Ainsi la moitié environ du sucre ne pouvait plus fermenter (1).

Des faits du même genre ont été observés par J. Boussingault (2).

Dans la pratique, on n'obtient jamais (sauf de bien rares exceptions) l'alcool correspondant au sucre réducteur mesuré par la liqueur TCuK.

J. Boussingault a observé les rendements suivants :

Vin rouge de	Lampertsloch,	1864...	90,25	p. 100 de l'alcool	calculé
—	—	1865...	91,61	—	—
Vin blanc	—	1868...	90,59	—	—

1. Rapport sur l'affaire de Martin-Bergeon, 1874, p. 32.
2. A. C. P., [4], t. VIII, p. 210; t. XI, p. 434, t. XXVI, p. 362.

Pasteur a obtenu des résultats semblables :

Vin d'Arbois (Ploussard) 1864	.....	88,03
— — —	.....	86,51
— tous plants —	.....	84,77

J'ai observé plusieurs fois les mêmes rapports, mais à une époque où je n'avais pas encore étudié le sucre de raisin (sucre normal inverti) et ne pouvant parler utilement de ce défaut, alors tout à fait incompréhensible, je me suis tenu dans un silence d'où je ne devais sortir que le jour où je pourrais l'expliquer.

En voici quelques-uns dont j'ai, moi-même, établi récemment les chiffres :

	Sucre non fermentescible
Clairette 1868 [1]. . . .	112 gr. 6 par litre.
Vin du Midi } [2]. .	191 gr. 8 —
Muscat Frontignan }	210 gr. 3 —

Déjà plusieurs chimistes avaient trouvé dans les vins des variétés d'hexélose (glucose) tout à fait différentes du glucose proprement dit : dextrogyre, réducteur de la liqueur TCuK, et (ce qui nous intéresse le plus), fermentescible.

J. Boussingault avait reconnu dans le vin un peu de sucre réducteur non fermentescible. Dans le vin rouge de Lampertsloch 1865, 4 centièmes du sucre réducteur n'ont pas fermenté un an plus tard, à peine s'ils avaient diminué.

Ce résultat unique n'aurait pas attiré l'attention. Mais dans le même travail l'auteur a trouvé, dans le moût des fruits à noyau, des modifications du glucose très remarquables.

Dans le moût de merises, 38 centièmes ou au moins 35 centièmes du sucre réducteur ont résisté à la fermentation.

Dans le moût de cerises, 25 centièmes ont de même résisté.

Dans le moût de mirabelles, 52 centièmes ont aussi résisté.

L'auteur a trouvé dans ces mirabelles un peu de glucose fermentescible et non réducteur, puis une variété non fermentescible et non réductrice.

1. Remis par M. le marquis de Turenne.
2. Remis par M. Houdart.

A la même époque j'observais tous ces faits avec le sucre normal inverti : je les ai publiés : ils ont d'abord été reçus avec froideur ; ils sont universellement reconnus aujourd'hui (p. 137).

102. Comment a lieu l'action des globules de ferment ?

Par une action chimique directe des matières qui le composent? ou par une action indirecte résultant de la vie des globules?

Quelle cause arrête ainsi les fermentations ? Est-ce l'insuffisance du ferment, ou bien une modification spéciale du sucre, ou la production d'un antiferment ?

On ne peut répondre à ces questions sans hésiter. L'insuffisance du ferment est peu admissible, car la fermentation elle-même développe de nouveaux globules, et les fils ont ordinairement la vigueur de leurs pères. Une modification du sucre est très plausible ; et l'on est parvenu à la constater, ce qui est une preuve de plus de l'excessive mobilité du sucre inverti dont on ne peut douter. Toutefois il reste difficile de comprendre pourquoi cette modification ne se produit pas plus fréquemment. Certains moûts paraissent éprouver une fermentation totale de leur sucre; leur résidu solide (de 20 à 30 grammes par litre) renferme très peu de ce corps, et si l'on admet que 15 à 20 grammes de ce résidu aient été mal distingués jusqu'à présent, ce qui est vrai, et soient en partie précisément une variété non fermentescible semblable ou identique, à celle dont nous parlons, encore n'aurait-on pas toujours une proportion notable de cette variété, car c'est surtout par son exiguïté qu'elle a échappé.

Il semblerait plus facile d'expliquer l'arrêt de la fermentation par la production d'un *antiferment.* Cet antiferment peut être tout simplement l'alcool lui-même ; je m'explique. Le moût renferme d'abord 500 grammes de sucre, par exemple ; même dans cette liqueur, la fermentation peut s'établir avec activité; mais peu à peu l'alcool développé change le milieu : le moût sucré devient un mélange de sucre et d'alcool où cette fermentation peut être paralysée, l'alcool ne permettant plus les effets de mégosmose et microsmose nécessaires. Rien de plus simple. L'effet doit être proportionné à la richesse en sucre. Les moûts du Nord peuvent fermenter complètement, ou presque complètement, tandis que ceux du Midi, beaucoup plus riches, donnent seuls un mélange de sucre et d'alcool, non fermentescible.

Avec l'alcool, d'autres influences peuvent naître : il peut se produire des sels défavorables, comme ceux dont nous parlerons plus loin, nous ne savons ; mais je précise le point à examiner, pour la fermentation des raisins comme pour celle des sucres de canne, de betteraves, des mélasses, etc.

D'après certains chimistes ([1]), le ferment pourrait avoir une action directe, car toute matière qui se rapproche de la zyméine du ferment, présente cette propriété, si remarquable, d'opérer la décomposition du sucre de raisin en alcool et acide carbonique.

Toutefois il y a une condition importante pour la réalisation de la formule de Lavoisier (p. 254) ; la levure ne doit pas être en grand excès. Cette levure peut fermenter elle-même et donner, aux dépens de ses parties, une certaine quantité d'alcool et d'acide carbonique.

Il suffit de la délayer pure dans de l'eau distillée à + 25 degrés ; bientôt elle offre sur toutes ses faces des globules gazeux, de l'acide carbonique, et le liquide filtré, soumis à la distillation. fournit de l'alcool. Cela résulte de nombreuses expériences ([2]). J'en citerai une seule : 0,424 de sucre candi délayé avec de la levure représentant 10 grammes, après dessiccation, ont donné en quarante-huit heures 300 c.c. d'acide carbonique au lieu de 110 que le sucre seul pouvait fournir. On a obtenu en outre un peu plus de 0,6 d'alcool, c'est-à-dire un poids supérieur à celui du sucre, mais correspondant à celui de l'acide carbonique ; la levure éprouve donc la fermentation alcoolique, par elle-même.

Suivant Pasteur et d'autres, l'action est indirecte ; elle n'est qu'une conséquence de la vie des globules ; ces petits êtres n'agissent ni par les matières solubles ni par l'amylon, mais par leurs fonctions vitales, causes réelles de la fermentation.

Le ferment a besoin, pour agir, d'une certaine quantité d'oxygène, et l'action de ce corps mérite une grande attention. Depuis longtemps, cette vérité fondamentale avait été soupçonnée. L'abbé Rousseau écrivait : « Le phénomène chimique de la fermentation spiritueuse exige absolument le secours de l'esprit universel et invisible qui existe dans l'air ([3]). » Plus tard, les conserves préparées par Appert, au moyen de l'exclusion de l'air, donnaient une grande force à cette présomption.

Tout le monde sait que Gay-Lussac en a donné la première preuve ; je rapporterai textuellement sa belle expérience, digne de la plus grande attention :

1. A. C. P., [3], t. LI, p. 326.
2. A. C. P., [3], t. LVIII, p. 323 ; — [4], t. XXIII, p. 443.
3. *Secrets et remèdes éprouvés*, 1697.

« J'ai pris une cloche dans laquelle j'ai introduit des petites grappes de raisin, parfaitement intactes, et, après l'avoir renversée sur le mercure, je l'ai remplie, cinq fois de suite, de gaz hydrogène, pour chasser les plus petites portions d'air atmosphérique ; après cela, j'ai écrasé le raisin, dans la cloche, au moyen d'une tige de fer, et je l'ai exposé à une température de 15 à 20 degrés. Vingt-cinq jours après, la fermentation ne s'était pas manifestée, tandis qu'elle s'était déclarée, le jour même, dans du moût auquel j'avais ajouté un peu d'oxygène. Pour m'assurer que c'était à cause de l'absence de ce gaz que la fermentation ne s'était pas manifestée dans la première cloche, j'y ai introduit un peu d'oxygène, et, peu de temps après, elle a été très vive. J'ai remarqué dans ces deux expériences que l'oxygène était absorbé complètement ; mais je ne puis affirmer s'il est combiné avec le carbone ou avec l'hydrogène. J'ai obtenu un volume de gaz acide carbonique cent vingt fois plus considérable que celui du gaz oxygène que j'avais ajouté au moût de raisin : d'où il est évident que si l'oxygène est nécessaire pour commencer la fermentation, il ne l'est point pour la continuer, et que la plus grande partie de l'acide carbonique produit, est le résultat de l'action mutuelle des principes du ferment et de la matière sucrée.

« Dans une autre expérience du même genre que la précédente, la fermentation s'est déclarée au bout de vingt et un jours, mais le raisin était très-avancé ; d'ailleurs, une portion du même moût, mis en contact avec un peu d'oxygène, avait fermenté trente-six heures après avoir été préparé. Ainsi, il est encore évident, par cette expérience, que le gaz oxygène favorise singulièrement le développement de la fermentation (1). »

D'après Schwann, Helmholtz, Ure, l'expérience de Gay-Lussac ne réussit pas quand l'oxygène, destiné à provoquer la fermentation, a préalablement passé par un tube de porcelaine chauffé au rouge : les partisans de la végétation, et ceux de l'animalisation, du ferment, ont cru trouver, dans ce fait, un appui pour leurs idées. Tout récemment, Schrœder et Dusch ont trouvé dans un tamisage de l'air, au travers de la ouate de coton, une faculté préservatrice aussi grande. Si cette puissance est bien réelle, elle confirme les mêmes idées. Mais si le coton n'est pas un agent préservateur, l'expérience de Gay-Lussac conserve toute sa valeur. Quoi qu'il en soit, les deux derniers observateurs ont

1. A. C. P., [2]. t. LXXVI, p. 257.

évité la plupart des fermentations, en filtrant l'air, destiné à les produire, au travers de coton chauffé d'avance au bain-marie, et légèrement tassé dans un tube d'environ 2 centimètres de diamètre sur 50 centimètres de longueur. — La bière et le bouillon se conservèrent plusieurs semaines sans altération (1).

Thénard père avait autrefois (2) observé la grande action de l'oxygène sur la levure : 15 grammes de ce ferment, placés dans un flacon d'un litre rempli d'oxygène, à la température de + 15 degrés, ont produit une absorption d'un cinquième du volume ; tout le gaz oxygène avait disparu et s'était converti en acide carbonique).

J'ai reproduit cette expérience : 2 grammes de levure humide ont été introduits, avec un peu d'eau distillée, dans un flacon d'oxygène (par le chlorate de potasse). L'expérience a duré plus de deux mois sans présenter d'absorption (du 14 avril au 18 juin). Au bout de ce temps, l'oxygène a diminué ; il s'est formé beaucoup d'acide carbonique (368 c.c.), et un peu d'eau (26 c.c. d'oxygène absorbé en plus); mais la levure était corrompue à un haut degré.

Ainsi l'oxygène n'est pas absorbé par le ferment en quantité suffisante pour expliquer une action directe : il est certain que l'oxygène n'est pas la cause du mouvement chimique qui transforme le sucre en alcool et d'autres produits. On peut même se demander s'il est bien certain que dans l'expérience de Gay-Lussac, il y ait vraiment lieu d'admettre l'action apparente de l'oxygène.

Une des conditions les moins prévues est assurément la suivante :

L'oxygène dont l'action est rapide, dans les circonstances atmosphériques ordinaires, et donne facilement de l'acide diédique (acétique), puis de l'alcool dibènique (aldéhyde), semble absolument paralysé quand il est pur, et même sous une pression de 8 atmosphères.

La pression ne diminue pas cet obstacle puissant contre la fermentation acétique. Cette pression n'a pas besoin d'être excessive, loin de là ; 8 atmosphères peuvent suffire.

J'ai fait connaître ces importants résultats le 20 mars 1861 (3), et le 7 décembre 1863 (4).

C'est par l'oxygène sous pression que j'ai commencé :

« Du vin de Champagne composé des vins de plusieurs crus de pre-

1. *Journal de pharmacie*, [3], t. XXV, p. 316.
2. *Annales de chimie*, t. XLVI, p. 316.
3. A. C. P., [3], t. LXIII, p. 98.
4. *Comptes rendus*, t. LVII, p. 957.

mier ordre et amené, au bout de plusieurs années, à ne plus donner le moindre dépôt, ce qui est très important, a été introduit le 10 août 1858 dans l'appareil dont je me servais, alors, pour mesurer le pouvoir dissolvant des vins pour l'acide carbonique (voir Livre III, vins mousseux), et l'on y a foulé, par l'action de la pompe, assez d'oxygène pur pour produire, après l'absorption, une pression de 8 atmosphères. L'appareil a été conservé jusqu'au 4 juillet 1859, époque à laquelle la pression, qui avait diminué d'une manière régulière, était encore de 2,6 atmosphères. La diminution provenait, non pas d'une absorption, mais d'une très légère fuite, à peu près inévitable en pareil cas. La puissance acide n'avait pas augmenté. Le gaz restant était de l'oxygène pur sans acide carbonique.

« Le vin était mousseux, autant que beaucoup d'espèces de vin de Champagne, et dégageait de l'oxygène pur, rallumant les bougies avec la petite explosion connue, et ne renfermant que des traces d'acide carbonique dont il avait été impossible de débarrasser le vin avant l'expérience, même en le tenant dans un vide de 4^{cc},8 mercure à côté d'une forte solution de potasse.

« Le vin chargé d'oxygène ne change pour ainsi dire pas de goût ; mais il produit, peu de temps après qu'on l'a bu, une chaleur très sensible, comme les meilleurs vins vieux, et une sensation de bien être générale et bien caractérisée, sans être très intense.

« La médecine devait, selon moi, tirer un parti utile de cette boisson si simple. J'ai appelé son attention à cette époque ; elle s'en sert aujourd'hui.

« A côté de l'oxygène qui avait été préparé au moyen du chlorate de potasse, j'ai dû examiner l'ozone. »

Du gaz de la pile même, sous plusieurs atmosphères, n'a produit aucune altération (1).

Plus tard, j'ai montré que l'oxygène pur produit les mêmes effets, même à la pression ordinaire. Ce dernier résultat, contesté par un chimiste (2), a été reconnu absolument exact par un autre confrère (3). J'avais opéré sur trois vins :

1. J'ai proposé en même temps l'usage de l'eau d'oxygène à 6 ou 8 atmosphères; on lui donne assez de gaz pour rallumer dix ou quinze fois une allumette. Une Société en fait aujourd'hui le commerce (du vin et de l'eau) à Passy.

2. *Comptes rendus* t. LVII, p. 1032.

3. *Comptes rendus*, t. LVIII, p. 254.

Bordeaux vieux de 1859.
Bourgogne très fin de 1842.
Vin ordinaire du commerce de Paris (à 0,80 cent. le litre).

Dans ces études, il faut éviter soigneusement la présence des métaux : le mercure des laboratoires amène une destruction des qualités du vin, souvent instantanée, dont l'oxygène n'est pas la cause directe. Le mercure altère le vin, lentement quand il est pur : immédiatement, lorsqu'il renferme de l'étain, du zinc ou du plomb.

Le grand résultat démontré par ces expériences a été généralisé. Les fermentations de tout genre sont paralysées dans l'oxygène.

Alvaro Reynoso a pris un brevet pour la conservation des viandes (1) par les gaz comprimés air, oxygène, hydrogène, azote, etc.).

Puis P. Bert en a pris un autre, en se fondant sur des expériences qu'il a fait connaître longtemps après les miennes (2).

Ces faits paraissent bien difficiles à comprendre quand on les rapproche du suivant :

103. Au lieu d'oxygène gazeux, si l'on met de la levure en contact avec de l'oxygène liquide, c'est-à-dire dissout dans l'eau, pure ou sucrée, etc., elle absorbe cet oxygène avec rapidité en produisant la quantité d'acide équivalente. On a déterminé l'oxygène absorbé :

1 gramme de levure (74/100 d'eau) absorbe par heure :		
A + 9°.	0^{cc},14 d'oxygène	
11°.	0,42 —	
22°.	1,2 —	
23°.	2,1 —	
40°.	2,06 —	
50°.	2,4 —	
60°.	0,0 —	(3)
1 gramme autre levure (70/100 d'eau) absorbe par heure :		
A + 24°.	2^{cc},2 d'oxygène	
36°.	10,7 —	

Tout liquide, capable de lui céder de l'oxygène dissout, se comporte avec la levure comme nous venons de le voir : le sang *artériel*, par exemple, devient *veineux* à son contact, ou même quand on les sépare

1. *Mondes*, t. XXXVII, p. 436.
2. *Comptes rendus*, t. LXXX, p. 1579, et t. LXXXI, p. 107.
3. Sur les Fermentations, 1879 ou 1880.

uniquemment par une membrane animale très mince, comme la baudruche. Un appareil convenable permet de simuler le passage naturel du sang des artères aux veines, comme si la membrane faisait encore partie de l'animal vivant.

L'absorption de l'oxygène avec formation d'un équivalent d'acide carbonique est une preuve de plus de la possibilité pour l'action capillaire d'atteindre à l'action chimique (**15** p. 21).

Sous cette influence, la levure bourgeonne dans un liquide albumineux exempt de sucre ; mais sans air, elle demeure inerte.

104. Le ferment prend-il quelque partie de la substance du sucre ?

Ici pas de doute, on l'a cru pendant longtemps, le sucre ne cède absolument rien au ferment. Son poids représente exactement celui de l'alcool et des autres produits développés par la fermentation. Lavoisier exprimait cette pensée de la manière la plus précise : « ..... En sorte « que s'il était possible de recombiner ces deux substances, l'alcool et « l'acide carbonique, on reformerait du sucre [1]. » Depuis, tous les chimistes avaient fortifié cette assertion, en tenant compte des 4, 5 ou 6 centièmes de sucre qui ne donnent pas d'alcool. — Elle semblait rendue bien évidente par la petitesse des proportions de ferment nécessaires à la destruction du sucre. Thenard père a prouvé que la levure est capable de décomposer près de soixante-dix fois son poids de sucre [2]; Mitscherlich admet cent fois [3], je crois pouvoir affirmer un nombre encore plus grand, cent vingt-deux à cent vingt-cinq fois. Cette proportion extrêmement faible, ne permet aucunement de concevoir la destruction totale du sucre par une action directe. Mais, comme nous l'avons vu, Schutzenberger a trouvé un développement de la partie non azotée de la levure (de bière) et l'attribue au sucre.

105. Quelle est l'influence de la température sur la fermentation.

Cette influence est très grande, comme on le sait depuis bien longtemps ; mais nous devons l'étudier avec soin. — Quevenne a fait sur ce sujet des expériences dont voici le résumé : Lorsqu'on expose, à une chaleur croissante, une liqueur formée de 10 parties de sucre, 1 1/2 de levure et 35 d'eau, le dégagement d'acide carbonique devient de plus en plus rapide, jusqu'à la température de + 55 degrés ; vers + 60

1. *Eléments de chimie*, t. I, p. 150.
2. *Traité de chimie*, t. V, p. 62.
3. A. C. P., [3], t. VII, p. 28.

degrés, on observe parfois un peu de ralentissement, mais à + 75 degrés le gaz se développe avec une vivacité nouvelle, qui se soutient même à 100 degrés et pendant plusieurs heures, jusqu'à ce que le sucre ait éprouvé toute la modification qu'il peut subir. — Cette modification n'est plus une simple fermentation alcoolique : *elle donne naissance à d'autres produits.* — Laisse-t-on le mélange indiqué, d'abord à + 15 degrés pendant plusieurs heures, et le porte-t-on ensuite rapidement à 100 degrés ? on obtient 1/30 seulement de l'alcool que le sucre peut produire. — Chauffe-t-on une autre portion du même mélange de suite à + 55 degrés, la fermentation qui dure quatre heures, et s'arrête d'elle-même, ne produit que le 1/52 de l'alcool qu'on pourrait obtenir dans une bonne condition. Enfin, laisse-t-on un troisième mélange à + 35 degrés pendant cinq jours, on obtient les trois quarts de l'alcool indiqué par la théorie. — Ainsi, cette température elle-même expose le sucre à une fermentation incomplète. Il est donc nécessaire de ne pas dépasser la limite de 30 degrés, si l'on veut faire éprouver au sucre la fermentation alcoolique parfaite. Les produits formés à d'autres températures n'ont pas été bien étudiés. Quant au gaz, c'est toujours de l'acide carbonique entièrement pur (1). Je m'en suis assuré plusieurs fois de mon côté.

J'ai fait quelques expériences du même genre qu'il est bon de rapporter :

1° On a fait bouillir 200 grammes d'eau sucrée renfermant 40 grammes de sucre candi ; on a fait tomber 4 grammes de bonne levure (de bière) dans cette liqueur entretenue bouillante ; il ne s'est pas dégagé trace d'acide carbonique.

2° La même expérience, faite avec le sucre *inverti* (sucre identique au sucre du raisin,) et la même quantité de la même levure n'a pas donné la moindre trace de gaz.

3° On a repris 200 grammes d'eau sucrée, par 40 grammes de sucre inverti, dans laquelle on a mis 4 grammes de la même levure ; après avoir laissé la fermentation s'établir à + 30 degrés, on a mis le liquide en ébullition ; immédiatement toute fermentation s'est arrêtée et il ne s'est plus rien dégagé (2).

En refroidissant le même mélange de sucre, de levure et d'eau, employé par Quevenne, au-dessus de + 10 degrés, par exemple à + 5

1. Quevenne, *Journal de pharmacie*, [2], t. XXIV, p. 330.

2. D'autres chimistes ont obtenu les mêmes résultats (A. C. P., [3], t. L p. 362).

ou 6 degrés, la fermentation alcoolique ne se produit plus, d'après ce chimiste. La levure s'altère, et le sucre donne d'autres composés.

A zéro et au-dessous, toute fermentation cesse, et si la dissolution sucrée devient solide par l'effet du froid, la conservation du sucre et du ferment a lieu de la manière la plus parfaite : au bout d'un temps fort long, la masse congelée, soumise à une température plus douce, reproduit le liquide primitif, et fermente à l'instant même avec toute son activité, si le degré de chaleur est convenable ([1]).

Le froid arrête les fermentations de tout genre, avec une telle puissance que des animaux, restés gelés depuis des siècles, ont été retrouvés *frais* au bout de ce temps. En 1799, dit Milne Edwards, un pêcheur tougouse remarqua sur les bords de la mer Glaciale, près de l'embouchure de la Lena, au milieu des glaçons, un bloc uniforme qu'il ne put reconnaître. L'année d'après, il s'aperçut que cette masse était un peu plus dégagée, mais il ne put encore deviner sa nature. Vers la fin de l'été suivant, il vit à nu une des défenses et tout le flanc d'un monstrueux animal ; enfin, la cinquième année, les glaces ayant fondu plus vite que de coutume, cette masse énorme vient échouer. Le pêcheur enleva les défenses et les vendit pour une valeur de 50 roubles ; on fit en même temps un dessin grossier de l'animal, et les Iakoutes du voisinage en dépécèrent les chairs pour nourrir leurs chiens. Des bêtes féroces vinrent aussi s'en repaître ; mais, deux ans après, lorsqu'un naturaliste, M. Adams, se rendit sur les lieux, l'animal, quoique fort mutilé, conservait encore des débris de chair et de peau couverte de crins noirs ayant jusqu'à 15 pouces de long, et d'une espèce de laine rougeâtre, si abondante, que ce qui en restait ne put être transporté que difficilement par dix hommes. On connaît encore d'autres exemples de mammouths conservés si bien dans les glaces que les chairs n'étaient pas corrompues, et que les poils adhéraient à la peau. Cette espèce d'éléphant a cependant disparu de la surface de la terre depuis les dernières révolutions qui en ont bouleversé la surface. »

De temps en temps les glaciers des hautes montagnes amènent au jour, par suite de leur glissement continu, les cadavres des voyageurs, ou des guides, précipités depuis longues années dans les crevasses ; ces cadavres sont conservés si parfaitement que la mort paraît toute récente. J'ai eu l'occasion de le voir à Chamonix (1861).

On voit, par ce qui précède, combien sont étroites les limites de la

1. Quevenne, *loco citato*.

température dans lesquelles peut s'opérer la fermentation alcoolique. Il faut se tenir entre + 20 et + 30 degrés, pour obtenir de très bons résultats. Certaines fermentations sont produites entre 10 et 20 degrés; au-dessous de 10 degrés, la formation de l'alcool est lente et difficile.

La fermentation des raisins secs offre au plus haut degré la preuve de l'influence de la température ; nous donnerons les détails en traitant de ces vins, Livre II.

Il importe de remarquer les effets produits sur le ferment seul par l'action de la chaleur.

Au-dessous de zéro, cette action reste nulle. La levure, exposée même au froid de l'acide carbonique solide, évalué par M. Cagnard-Latour, à — 60 degrés, mais qui a pu être de — 90 ou 100 degrés, ne paraît perdre aucune de ses propriétés de ferment.

Au-dessus de zéro, nous la verrons douée d'une grande stabilité. La fait-on sécher à une chaleur douce, elle perd les deux tiers de son poids d'humidité, quelquefois les trois quarts, suivant la longueur de son séjour dans l'air, et forme une masse cornée d'un gris plus ou moins rougeâtre, d'une densité plus grande que l'eau, capable de se conserver indéfiniment et de produire la fermentation aussitôt qu'on la délaye dans l'eau sucrée. La température est-elle de 100 degrés, la levure, en séchant, perd son énergie ; la fait-on bouillir *dans l'eau* pendant quatre ou cinq minutes, elle en perd beaucoup, et une plus longue ébullition la détruirait complètement sans aucun doute (1).

A de hautes températures, elle jaunit, se décompose et donne tous les produits des matières animales par le feu.

La présence des corps étrangers peut modifier profondément l'action de la levure et la marche de la fermentation. Julia Fontenelle avait déjà obtenu sur ce point des résultats dignes d'intérêt. Il prit 30 bouteilles, et y introduisit 5 litres de moût. Il ajouta les substances propres à ralentir la fermentation, et dressa le tableau suivant (2) :

Matière ajoutée aux 5 litres de moût	Temps écoulé avant la fermentation
Rien (pas de bouchon).	1 jour
Rien (bouchon et ficelle).	4 —
16 grammes Poivre	1 — 1/2

1. Thenard père, *Annales de chimie*, t. LXVI, p. 294. — Quevenne, *Journal de pharmacie*, [2], t. XXIV, p. 329.

2. *Journal de pharmacie*, [2], t. IX, p. 450.

1	gramme	Tabac.	2 jours
4	—	Sulfate de quinine.	2 —
4	—	Huile de girofle.	2 —
4	—	Menthe poivrée.	2 —
4	—	Anis.	2 —
4	—	Bergamotte	2 —
4	—	Citron	2 —
4	—	Lavande.	2 —
4	—	Romarin.	2 —
4	—	Térébenthine.	2 —
192	—	Raves pilées	2 —
16	—	Charbon végétal	4 —
4	—	Camphre (dans 16 d'alcool). . .	6 —
10	—	Soufre	7 —
128	—	Feuilles de raves pilées. . . .	11 —
16	—	Moutarde pulvérisée	11 —
192	—	Poireaux pilés.	13 —
128	—	Echalottes.	19 —
32	—	Essence de térébenthine, soufre.	22 —
16	—	Cannelle en poudre . . .	25 —
160	—	Oignons pilés.	32 —
96	—	Ail pilé.	41 —
28	—	Moutarde pulvérisée	} 240 — au moins.
39	—	— —	}
32	—	— —	s'est-elle jamais établie ?

Les résultats obtenus par Quevenne, avec une liqueur formée de :

Eau	60 grammes
Sucre.	20 —
Levure	1 —

sont semblable aux précédents [1]. — En voici le tableau :

1. *Journal de pharmacie*, t. XXIV, p. 350.

QUANTITÉ du réactif à l'état		DÉSIGNATION du réactif	EFFET PRODUIT	OBSERVATIONS
liquide	solide			
	6 gouttes.	Essence de térébenthine.	Arrête complètement la fermentation.	
	—	Créosote	— —	
	—	Acide SO^3HO.	— —	Rien au bout de trois jours.
	—	Acide AzO^5.	— —	— —
	—	Acide HCl.	— —	— —
	—	Acide $PhO^5(HO)^3$.	Fermentation lente, cesse en 48 heures.	
	10 à 20 gr.	— —	— — 24 heures.	
0,300		Acide arsénieux AsO^3.	Ralentit, mais n'arrête pas.	
	5 à 10 gr.	Acide acétique.	Activité.	10° Mollerat.
	20 à 48 gr.	— —	Aucun signe de fermentation.	—
	—	Acide lactique	Mêmes effets que l'acide acétique.	
0,300		Acide tartrique.	Contrarie, mais n'empêche pas.	
0,300		Acide citrique.	— —	
0,300		Acide (tannin).	Peu d'action.	
0,300		Acide oxalique.	Arrête complètement.	
4,000		Acide cyanhydrique.	— —	Médicinal.
0.300		Potasse.	Arrête, mais la liqueur devient acide et la fermentation reprend.	On peut rétablir la fermentation en ajoutant un acide.
0,300		Litharge.	Ne produit rien.	
0,300		Oxyde de HgO.	Arrête complètement.	
0,300		SO^3KO.	Plutôt favorable que nuisible.	Ce moyen a été longtemps employé en Bourgogne.
0,300		Alun.	Ralentit sans empêcher.	
0,300		$CO^2.NaO.10HO$.	— —	
0,300		Acétate de KO.	Plutôt favorable.	
0,300		Acétate de PhO.	Ralentit sans empêcher.	
0,300		Acétate de CaO.	Arrête absolument.	
0,300		ClHg.	— —	
0,300		$ClHg^2$.	Ne produit rien.	Contraire à l'assertion de Lambert.

Une dernière étude a été faite par Dumas sur l'influence de corps nombreux dans la fermentation alcoolique. Voici les principaux résultats :

Avec un excès de levure (de bière), la durée de la fermentation est proportionnelle à la quantité du sucre.

Influence des gaz. — La levure conserve sa puissance fermentative dans l'oxygène, l'hydrogène, l'azote, l'oxyde de carbone, le protoxyde d'azote, le monhydrobène (C^2H^4) ou *gaz des marais*.

L'hydrogène semble diminuer un peu son activité.

Le protoxyde d'azote paraît au contraire l'augmenter.

Influence des métalloïdes. — Le soufre dégage de l'hydrogène sulfuré.

Influence des acides. — La levure a une acidité variable entre l'équivalent de 25 et celui de 30 dix millièmes de son poids. Comme dans les expériences de Quevenne, les acides

Sulfurique	Phosphorique	Acétique
Sulfureux	Arsénieux	Oxalique
Azotique	Borique	Tartrique

ont arrêté la fermentation aussitôt que leur proportion devenait un peu forte, 100 fois l'équivalent de l'acide naturel de la levure, 10 fois suffisent pour rendre l'action trainante. Les moins nuisibles sont l'acide chlorhydrique et surtout l'acide tartrique ; il faut 200 équivalents de ce dernier pour produire un arrêt complet.

Influence des bases. — Il en faut très peu pour empêcher la fermentation ou l'arrêter quand elle est établie. C'est ce que j'avais démontré, dès 1855, par la découverte de la préservation des jus de betterave bruts additionnés de chaux (1). L'ammoniaque, à la faible dose de 4 fois l'équivalent de l'acide naturel de la levure, ne produit pas encore d'action bien notable, mais à 8 fois cette influence est nettement accusée ; à 24 fois elle est assez forte pour empêcher toute fermentation. Il ne se forme ni AzO^3 ni AzO^4 ni AzO^5.

La chaux, la magnésie, en poids égal à celui de la levure, arrêtent et empêchent toute fermentation.

Influence des sels. — Un gramme de levure laissé trois jours dans une solution saturnine contenant de 30 à 40 grammes de sel a donné :

1° Fermentation totale plus ou moins rapide après le contact du :

1. C. R., t. XLII, p. 645 et A. C. P., t. XLVIII, p. 23. Cette découverte m'a permis d'indiquer le procédé de fabrication du sucre suivi depuis lors dans le monde entier.

	Ordre d'activité		Ordre d'activité
Sulfate de potasse	1	Phosphate de soude	16
Sulfate de soude	14	Bisulfite de soude	15
Sulfate de magnésie	19	Hyposulfite de potasse	6
Sulfate de chaux	22	Hyposulfite de soude	7
Sulfate de zinc	25	Sulfovinate de potasse	4
Sulfate de cuivre au 1/1000	26	Sulfométhylate de potasse	5
Sulfate d'alumine	24	Formiate de potasse	8
Chlorure de potassium	1	Tartrate de potasse	9
Chlorure de calcium	20	Bitartrate de potasse	10
Chlorure de strontium	23	Lactate de soude	17
Phosphate de potasse	3	Cyanoferrure de potassium	12
Phosphate de chaux	21	Cyanoferride	13
Phosphate d'ammoniaque	18	Sulfocyanate	14

2° Fermentation partielle plus ou moins ralentie :

	Ordre d'activité		Ordre d'activité
Sulfite de soude	6	Arséniate de potasse	5
Bisulfite de potasse	1	Borate de soude	9
Sulfate ferreux au 1/350	15	Butyrate de potasse	3
Sulfate manganeux au 1/350	16	Tartrate de potasse et soude	13
Azotate de potasse	2	Tartrate d'ammoniaque	12
Azotate d'ammoniaque	11	Savon blanc (de soude)	10
Chlorure de baryum	14	Hyposulfate de soude	7
Iodure de potassium	4	Hyposulfite de potasse	8

3° Inversion plus ou moins avancée, sans fermentation :

	Ordre d'activité		Ordre d'activité
Azotite de potasse	1	Chlorure de sodium	5
Azotite de soude	4	Chlorhydrate d'ammoniaque	7
Chromate de potasse	2	Acétate de soude	6
Bichromate de potasse	3	Cyanure de mercure	8

4° Ni inversion, ni fermentation :

Acétate de potasse, nonosulfure de sodium, cyanure de potassinm.

Avec les sulfites et hyposulfites de soude, sulfocyanate de potasse, la liqueur fermentée additionnée de potasse donne un alcool mêlé d'aldéhyde et rappelant l'odeur de fruits enfermés. Cet alcool précipite en ajoutant de l'eau. Avec l'hyposulfite de potasse il se dégage de l'hydrogène sulfuré, ce qui suffit pour former un éther à odeur d'ail (voy. *Alcool*).

Le sulfate de cuivre au 1/2000 détruit le pouvoir de la levure [1].

1. *Comptes rendus*, t. LXXV, p. 227.

Tous les résultats 1°, 2°, 3° doivent être considérés comme de simples approximations.

106. Telles sont les principales circonstances dans lesquelles on observe le mystérieux phénomène de la fermentation. A quelles causes doit-on les rapporter ?

On a fait bien des hypothèses, et je crois devoir ici les retracer toutes, avec quelque détail, à cause des faits particuliers dont elles nous donneront encore occasion de parler, et non pas en raison de leur exactitude ; car il me paraît impossible de les admettre.

A. On a voulu trouver dans chaque globule de ferment un animalcule microscopique. Cette hypothèse est certainement la plus séduisante ; elle rendrait très nettement compte de la difficulté principale des explications théoriques, c'est-à-dire de la décomposition du sucre, par un simple dédoublement en alcool et acide carbonique, dédoublement qui n'est provoqué par aucune affinité chimique distincte. Ces animalcules mangeraient le sucre : et, par la digestion, le transformeraient en acide carbonique (corps brûlé, produit de combustion), comme on le voit, en général, dans les digestions des animaux. L'activité de ces animaux dépendrait de la température et serait très grande à + 20 ou + 30 degrés. Leur existence serait assez courte ; elle ne durerait que quelques jours, pendant lesquels ils consommeraient au moins soixante fois leur poids de sucre. En un mot, les principales conditions de la fermentation alcoolique seraient expliquées d'une manière assez satisfaisante.

Cette théorie a été grandement modifiée.

Plusieurs jus de fruits préparés, avec les plus grandes précautions, et versés dans un flacon à l'émeri, montrent, peu de jours après, de véritables animalcules, même assez gros, très actifs, et qui deviennent languissants dès que la fermentation alcoolique commence [1]. D'un autre côté, pendant la fermentation, le ferment se sépare en deux parties, l'amylon combiné (?) avec des matières protéiques et ces matières protéiques en partie solubles, dont l'ensemble peut-être appelé dorénavant zyméine (de ζυμη, *levain*), pour abréger, et ces deux parties n'éprouvent aucune des modifications occasionnées par le développement des animaux [2]. Enfin les agents chimiques n'exercent pas sur lui les effets

1. Gagniard-Latour, *Annales de chimie et de physique*, [2], t. LXVIII, p. 209.
2. Béchamp l'a, depuis nommée Zymase (un nom de plus).

qu'ils produisent, en général, sur les animaux [1]. Dans les expériences de Quevenne citécsplus haut (p. 219), les acides sulfurique, chlorydrique et azotique même, ne sont pas employés en quantité suffisante pour entraîner la mort des globules, au moins immédiatement, et cependant ils arrêtent complètement la fermentation. L'acide arsénieux, si dangereux pour les animaux, n'a presque pas d'action sur le ferment. Il en est de même de l'acétate de plomb. Le ferment perd toute son activité à 100°, dans l'eau bouillante, et ne produit plus d'alcool. Pourtant, nous admettrons avec Desmazières appuyé maintenant par Pasteur, une espèce déterminée *mycoderma cerevisiæ.*

B. Une autre hypothèse a été mise en avant et préférée par beaucoup d'observateurs : on a voulu regarder le développement de la levure comme une végétation. — Je ne m'y arrêterai pas longtemps.

Beaucoup d'observateurs ont adopté la pensée d'un développement par bourgeons : l'étude d'après Mitscherlich a rendu ce développement sensible : tous ceux qui le regardent comme démontré, ce qu'il est difficile de ne pas accorder, quoique Quevenne ait cru voir les globules paraître immédiatement avec leur grandeur ordinaire [2], ce qui m'a semblé aussi vrai dans les globules du vin de Champagne (p. 192), croient pouvoir expliquer la fermentation alcoolique par la rapidité de la végétation des globules, ou, pour parler plus exactement, par la *force vitale* qui préside à leur formation. Les globules du ferment seraient analogues aux *stomates*, par exemple, dans lesquels on sait que l'acide carbonique éprouve une décomposition complète, dont la plante se sert pour absorber le carbone et restituer l'oxygène à l'athmosphère. Les globules auraient, de leur côté, la force de décomposer le sucre en deux parts, l'acide carbonique et l'alcool. Cette idée laissait persister une difficulté très grande. Si les stomates, ou les organes du même genre, disséminés parmi les parties vertes des plantes, décomposent l'acide carbonique de l'air, ce n'est pas sans tirer partie de cette composition, puisque le carbone est absorbé : les globules du ferment qu'on leur assimile ont paru longtemps ne rien faire de semblable : ils divisent le sucre en deux corps moins composés, ce qui exige une force chimique assez grande, car le sucre est stable ; mais on les croyait incapables de

1. Quévenne, *Journal de pharmacie*, t. XXIV, p. 347.

2. *Journal de pharmacie*, t. XXIV, p. 330. — Le même fait m'a toujours paru évident en étudiant le moût de raisin.

rien lui prendre et agissant par conséquent en dehors de toute affinité, ce qui formait une sorte de contradiction. D'un autre côté, ce n'est pas *en végétant* que le ferment produit la décomposition du sucre, c'est *après avoir végété;* car le dégagement d'acide carbonique ne se produit jamais avant l'apparition des globules, mais toujours à leur surface [1], et c'est plutôt par la mort du ferment que pendant sa vie que la décomposition du sucre s'opère. La vie d'une plante n'est jamais accompagnée d'une oxydation notable, l'oxygène qu'elle absorbe est rejeté, sinon tout entier, du moins en grande partie, à l'état d'acide carbonique. C'est ce qui a lieu, pendant la nuit, tandis que le contraire a lieu, par une action consécutive, pendant le jour. Ainsi l'hypothèse d'une végétation ou d'une force vitale agissant directement pour former les globules et *latéralement* (s'il est permis de le dire) pour décomposer le sucre, n'est pas beaucoup plus solide que celle d'une vitalité animale même en tenant compte de l'absorption d'une partie des élements du sucre (Schutzenberger); elle est encore mieux contredite par l'influence des agents chimiques sur le ferment. Comment expliquer la paralysie de cette végétation par une addition d'essence de térébenthine, ou de créosote, ou d'acide acétique, ou même d'acide cyanhydrique ?— Elle ne peut pas être conservée.

C. Il n'est pas plus possible d'accueillir une hypothèse mise en avant par un illustre chimiste, par Liebig, dont les disciples ont fait grand bruit en Allemagne, celle du prétendu transport du mouvement chimique d'un corps à un autre. D'après Liebig, la cause de la fermentation est : *tout corps dont les éléments sont dans un état d'équilibre détruit, dans un état de mouvement, par suite duquel ils se groupent dans de nouvelles directions, suivant leurs attractions spéciales* [2]. Le ferment serait dans cet état de mouvement chimique et ferait ainsi passer le sucre au même état de mouvement. Les analogies sur lesquelles s'appuie le célèbre chimiste allemand ne sont pas fondées. Il cite le fait suivant parmi beaucoup d'autres. Le platine, absolument inattaquable par l'acide azotique, s'y dissout avec facilité lorsqu'il est allié d'avance à l'argent. *L'oxydation que, dans ce cas, l'argent éprouve de la part de ce dernier se reporte sur le platine qui décompose alors l'acide azotique* [3]. Cette explication n'est pas soutenable, car le platine ne pro-

1. Quévenne, *Journal de pharmacie*, t. XXIV, p. 342.
2. *Traité de chimie*, Introduction, p. 20.
3. *Ibid*, p. 12.

duit plus la même action quand on remplace l'argent par un autre métal capable de se dissoudre dans l'acide et qui produirait suivant Liebig le même mouvement que l'argent.

D. La Théorie générale explique ce fait de la manière la plus simple : Le platine seul ne peut être oxydé par l'acide azotique concentré, son volume est 4,5 ; celui de AzO^5, HO est 40,7.

$$n = \frac{40,7}{4,5} \text{ ou } 9,047, \text{ ne prenons même que } 9.0$$

9 Pl + AzO^5HO ne peuvent produire 9 PlO et par conséquent il ne se produit aucune action.

Mais les choses changent quand il est uni à 3 ou 4 Ag; prenons 4 Ag. On a :

Volume du platine.		4,5
4	— d'argent.	40,52
		45,02

$$n = \frac{45,0}{40,7}$$

$$40,7\,(Pl + 4\,Ag) + 45\,AzO^5HO = \frac{1}{2}\left\{\begin{array}{r|l} 36,4 & 4\,AgO + PlO + Az + HO \\ 4,3 & 4\,AgO + PlO^2 + 2\,AzO^2 + 2\,HO \end{array}\right.$$

Cette fois l'oxygène est suffisamment abondant pour donner PlO et même PlO^2 et comme l'acide est en grand excès, l'action peut être complète. Az et AzO^2 donnent 2 AzO, etc.

La même chose n'a pas lieu pour l'or ~ dans l'*inquàrtation*.

On a :

Volume de l'or Au^2		10,18
3	— d'Ag.	31,14
		41,22

$$n = \frac{41,2}{40,7}$$

$$40,7\,(Au^2 + 3\,Ag) + 41,2\,AzO^5\,(HO) = \frac{1}{2}\left\{\begin{array}{r|l} 40,2 & 3AgO + Au^2 + AzO^2 + HO \\ 0,5 & 3AgO + Au^2O^3 + 2AzO^2 + 2HO \end{array}\right.$$

Ainsi avec l'acide concentré, une petite quantité d'or peut être dissoute, ce que les essayeurs savent parfaitement. On opère d'abord avec un acide à 18°, c'est-à-dire à 13 HO au moins, et il est facile de voir qu'avec un acide ainsi constitué,

On a :

$$\text{Volume de } AzO^5(HO)^{14} = \frac{180}{1,142} = 157,6$$

$$n = \frac{157,6}{41,2}$$

$$157,6\ (Au^2 + 3\,Ag + 41,2[AzO^5\,(HO)^{14}] = \frac{3}{4}\left\{ \frac{7,2}{34} \left| \frac{5AgO + 4Ag + 3Au^2 + Az + 14HO}{5AgO + 7Ag + 4Au^2 + Az + 14HO} \right. \right.$$

Ainsi, même en donnant tout son oxygène, l'acide, cette fois n'oxyde pas tout l'argent ; il ne peut produire aucune oxydation de l'or.

Ces faits s'expliquent donc, et de la manière la plus frappante dans la Théorie Générale (et par elle *seule*). — On me permettra d'appeler la plus spéciale et vive attention de tous les lecteurs sur cette explication de faits restés *mystérieux* jusqu'à la Théorie Générale.

E. Quelle est donc la cause nouvelle qui groupe les corps ? Voilà ce que Liebig ne dit pas, et c'est justement ce qu'il aurait dû dire. Ses écrits n'exposent pas une théorie véritable ; ils sont, comme tant d'œuvres allemandes, un écart d'imagination, et ne peuvent que jeter un voile de plus dans beaucoup d'esprits sur les phénomènes si délicats de la fermentation (1).

F. Il faut malheureusement en dire autant d'une hypothèse proposée par un homme non moins célèbre, par Berzelius ; je veux parler de sa prétendue *force catalytique* (καταλυω, je détruis). » (2).

Parmi les faits dont l'explication semblait à Berzelius exiger l'intervention, non pas d'une force nouvelle, mais d'un nouveau mode d'excitation

1. Stahl avait indiqué ce principe longtemps avant Liebig ; il avait dit : un corps en décomposition communique très facilement cet état aux corps non décomposés. Un tel corps, qui se trouve déjà dans un état de mouvement intérieur, peut attirer dans ce mouvement un autre corps *prédisposé* à le subir. (Mulder, p. 73) — Il s'est pourtant trouvé un chimiste pour prendre l'opinion de Liebig au sérieux et faire des expériences sur la transmission du mouvement moléculaire, même au travers d'une colonne de mercure. (*Comptes rendus*, t. LXXV, p. 277.) Ces expériences ont eu naturellement des résultats négatifs.

2. *Traité de chimie*, 1845, t. I, p. 110.

des forces électriques, le principal est la décomposition de l'eau oxygénée, découverte par Thénard père, sous l'influence du platine, dans l'état particulier de *noir* ou d'*éponge*. Il n'est pas nécessaire de voir, dans ce phénomène, l'action d'une force particulière. Berzelius lui-même dit que la force électrique est la véritable, et il admet seulement une excitation particulière. Mais il est bien évident que cette excitation n'est pas dûe au *simple contact*, car le platine massif ne produit pas la moindre trace des effets déterminés par le noir ou l'éponge, et la différence, de ces *états* du platine, est assez grande pour expliquer tous les effets produits. Le noir et l'éponge sont du platine extrêmement divisé : les molécules du métal sont séparées par des espaces *capillaires*, et cette disposition physique entraîne une faculté bien connue, celle d'absorber, de condenser de grands volumes de gaz, et de s'imbiber des liquides, en dégageant beaucoup de chaleur [1]. C'est le point essentiel, et il ne se présente rien en dehors des attractions capillaires. Une fois ce point établi, le reste en découle simplement ; la chaleur, dégagée par le noir, au moment où il est pénétré par l'eau oxygénée, détruit cette eau comme à l'ordinaire ; et il en est de même de tous les faits analogues. C'est par l'attraction capillaire, exercée dans les globules du ferment, que la métamorphose du sucre, en alcool et acide carbonique, est produite. Il n'y a pas lieu de conserver le nom de force catalytique, ou de force de contact, pour représenter une force nouvelle ; les effets des attractions capillaires, dépendent de l'affinité, *à peu près telle qu'on la conçoit ordinairement.*

G. Pour terminer, citons le résumé des hypothèses représentées en France, depuis quelques années, comme des principes certains, à cause de l'appui de Pasteur. Une idée, assez ancienne déjà, faisait dépendre chaque fermentation, alcoolique, butyrique, etc., d'un ferment spécial. D'abord assez vaguement exprimée, cette idée a été reprise de notre temps, et on admet une série de ferments pouvant, chacun, produire une fermentation, et ne pouvant en produire une autre. Nous avons *mycoderma vini* pour la fermentation du vin, où se développent les *fleurs* du vin ; *mycoderma aceti*, pour le changement du vin en vinaigre, etc.; et on parle de la manière de vivre de ces mycodermes, comme si leur forme et même leurs dimensions étaient fixes et bien connues. Sans eux, dit-on, aucune fermentation n'est possible, à ce point même de ne jamais en voir aucune dans les eaux sucrées, mises rigoureuse-

1. Pouillet, *Annales de chimie et de physique*, [2], t. XX, p. 141.

ment à l'abri de toute introduction du mycoderme spécial. Jamais une eau sucrée, pure de ces êtres microscopiques, ne donnera le moindre signe d'altération si elle reste privée de leur contact. Lorsque cette eau, filtrée avec les soins les plus minutieux, fermente, c'est par l'effet nécessaire de ce contact. Ne peut-elle les recevoir d'un liquide ou d'un solide voisin, elle les emprunte à l'air : c'est lui le véhicule de myriades de ferments, toujours prêts à agir; et, sur tous ces points, on parle d'une manière peu affirmative.

Pasteur a été très hésitant sur un point, celui de la marche à suivre pour se débarrasser des mycodermes, dans tous les cas où ils deviennent dangereux. Puisqu'il est impossible de tirer le vin le plus *clair*, par exemple, dans une bouteille absolument *propre*, sans y introduire en même temps de l'air, et par conséquent les germes de toutes les altérations, comment soustraire le vin à des perspectives aussi nombreuses et aussi menaçantes ? Pour indiquer un moyen, Pasteur a recommandé de donner la mort à ces infiniment petits, doués du pouvoir de causer des maux infiniment grands. Mais ce qui lui a causé un réel embarras, c'est la manière de leur donner la mort. Il a d'abord tracé une première règle : tous les mycodermes, tous les ferments peuvent être tués par la chaleur. A quel degré ? 50 degrés suffisent ! Pour tous les ferments ? — Pour tous. Jusqu'ici c'est net, très net même. Malheureusement la pratique n'est pas aussi nette que la théorie. 50 degrés n'ont pas suffi. Alors Pasteur a monté le chiffre en disant : 60 degrés suffiront *peut-être*. 60 degrés n'ont pas suffi davantage. Certains mycodermes, ou êtres semblables, résistent à 100 degrés et plus. Il nous a donc conseillé de chauffer presque à 100 degrés — dans l'eau bouillante, — et cela n'a pas beaucoup mieux réussi.

En un mot, ces idées étaient vacillantes. Elles ne tardèrent pas à provoquer les contradictions.

Je ne rappellerai pas, en détail, les miennes, de beaucoup les premières en date, mais dont il ne m'est point loisible de faire ressortir la valeur (1) ; je dirai seulement quelques mots des objections faites aux deux membres de l'Académie Pasteur et Dumas, qui voulaient quand même, soutenir ces hypothèses, par plusieurs de leurs confrères. Le ferment alcoolique, avait-on dit, à toujours la forme ovulaire et jamais il n'en offre d'autre ; le ferment lactique et cylindroïde est jamais ovulaire, etc. Trécul, dont la compétence est si grande, a montré combien

1. Elles ont été imprimées dans le *Journal de viticulture pratique*, 1865 et 1866.

ces affirmations sont peu fondées. Le ferment alcoolique passe sous les yeux de l'observateur, dans le microscope, de l'état ovulaire à l'état cylindroïde, sans perdre la faculté de produire l'alcool [1]. Par cette seule objection tombe tout le système dont on avait fait grand bruit. Aucune assertion des auteurs n'est restée sans preuve contraire, et, je le repète, je ne puis que prémunir les lecteurs contre des opinions si peu certaines malgré leurs succès d'aujourd'hui.

H. Claude Bernard a fait dans les derniers temps de sa vie des expériences que nous devons connaître :

1er octobre 1877. Je prends des grappes de raisin mûr, je les lave dans de l'eau de pluie claire. Le liquide trouble qui en résulte étant examiné au microscope *immédiatement,* je ne découvre rien qui puisse ressembler à des germes ou à quelque chose d'organisé, je n'y découvre que des corpuscules de poussière.

7 octobre. — *Expérience sur la formation de l'alcool dans le jus de raisin sans ferment.* D'après cette expérience, le jus de raisin primitivement exempt d'alcool en a formé en dehors de tout contact de cellules.

8 octobre. — *Expérience sur les raisins sains et pourris.* Sur le même raisin, les grains pourris, frais ou secs, contiennent beaucoup d'alcool, les grains sains n'en renferment pas sensiblement.

11, 12 et 13 octobre. Au moment où on exprime le jus des raisins pourris, il n'y a pas de ferment dans le jus, mais en laissant le liquide en contact avec le marc, il se forme bientôt.

14 octobre. — *Nécessité de l'accès de l'air pour que le ferment se produise ainsi que l'alcool.* Lorsque le bouchage est hermétique, il n'y a jamais fermentation ; mais, pour peu qu'il y ait accès de l'air, le liquide se trouble, commençant par le point où a lieu le contact de l'air et s'étendant de proche en proche.

15 octobre. *Formation d'alcool sans levure dans les raisins. — Action médiate de l'air. — Germes.* Dans les raisins bien mûrs, il y a normalement des traces d'alcool. Quand le raisin pourrit, la quantité d'alcool est plus considérable sans qu'il se forme cependant de levure. M. Pasteur dit que *la fermentation est la vie sans air* ; cependant la pourriture à l'air engendre l'alcool sans que la cellule manque d'oxygène.

1. *Comptes rendus*, t. LXXV, p. 987 et 1160.

18 octobre. L'alcool semble précéder le ferment. La question serait d'empêcher le ferment d'apparaître et de permettre à l'alcool de se former.

20 octobre. *La formation ou la non-formation de la levure sont indépendantes des germes de l'air.* Quoique les jus soient tous exposés à l'air, la levure ne se forme que dans le jus où existe la *formation protoplasmique.*

20 octobre. L'alcool est un produit de la végétation.

La fermentation n'est pas la vie sans air. La formation de l'alcool est indépendante de toute cellule.

Théorie de la fermentation alcoolique. La théorie est détruite.

1° *Ce n'est pas la vie sans air :* car à l'air comme à l'abri de son contact, l'alcool se forme sans levure;

2° *Le ferment ne provient pas de germes extérieurs*, car dans les jus aplasmiques ou inféconds (verjus et jus pourris) le ferment ne se développe pas, quoi qu'ils soient sucrés. Si l'on y ajoute le ferment, alors ils fermentent;

3° *L'alcool se forme par un ferment soluble* en dehors de la vie, dans les fruits mûrissants ou pourris;

4° *Le ferment soluble se trouve dans le jus retiré du fruit.* L'alcool continue à s'y former et à augmenter.

Il y a dans la fermentation deux états à étudier.

A. Décomposition. B. Synthèse morphologique [1].

Pasteur a déclaré : Claude Bernard s'est trompé. Les expériences qu'il rapporte sont souvent douteuses et incertaines; celles qui sont vraies sont mal interprétées.

THÉORIE DE LA FERMENTATION, PAR MAUMENÉ

107. La fermentation alcoolique peut être expliquée d'une manière beaucoup plus satisfaisante, en l'attribuant à ces attractions capillaires dont l'affinité dépend, comme nous l'avons dit tout à l'heure en terminant l'article F, p. 227: les dissolutions de sucre et de zymécine [2] sont deux liquides de nature très différente : ils déterminent une mégosmose, et une microsmose énergiques au travers des parois du globule riche en

1. C. R., t. XCII, p. 406.

2. Il est bon, rappelons-le, de désigner par ce seul nom les matières azotées plus ou moins nombreuses contenues dans les enveloppes des globules.

amylon : *l'osmose entraîne la décomposition chimique du sucre* (ou plutôt des sucres, car il faut tenir compte de cette existence de plusieurs sucres dans le composé désigné sous le nom de *sucre de raisin*), et l'osmose fait sortir, des globules, la zyméine liquide, qui achève de se modifier, après ce départ, et indépendamment de la cause essentielle de la fermentation proprement dite.

Reprenons les choses de plus haut : le jus du raisin, au moment de l'expression, présente, à l'état liquide, un mélange, ou peut-être un composé, de deux matières bien distinctes : l'une amidonneuse, ou peu riche en azote, l'amylon ; l'autre albumineuse, plus azotée, la zyméine. Aussitôt réunies, ces deux matières, qui étaient séparées dans le grain, donnent naissance aux globules ; l'amylon s'organise, prend l'état solide, et presque seul en forme l'enveloppe ; la plus grande partie de la *zyméine* reste enfermée dans cette enveloppe. Le globule engendré dans les liqueurs sucrées devient le siège de l'osmose des sucres avec la *zyméine* liquide. Les divers sucres hexóloses fermentescibles, dont le sucre de raisin est toujours formé, par portions inégales, et dont *la structure physique n'est pas la même, quoique leur composition chimique soit identique* (p. 109), éprouvent une modification différente ; l'un, le sucre solide, est oxydé ; il éprouve une combustion, et tout son carbone produit de l'acide carbonique ; l'autre, le sucre liquide, en donnant de son oxygène au premier, pour produire l'acide carbonique, reçoit en échange un même nombre d'équivalents d'hydrogène, et constitue l'alcool. La *zyméine* exerce, dans cette décomposition, une influence facile à comprendre ; elle détermine l'osmose, assez puissante pour entraîner la destruction du sucre.

Telle est, à mes yeux, la véritable origine de la fermentation alcoolique. On ne peut nier la vraisemblance de cette hypothèse, qui est très simple, car elle n'admet l'intervention d'aucune force nouvelle, et elle est bien conforme aux faits, comme je vais le montrer.

108. Je n'ai pas besoin de justifier l'idée d'osmose ; elle est assez justifiée par tous les faits connus.

Mais à quels faits se rattache la destruction des sucres par l'osmose ? Aux phénomènes de décomposition observés dans les dissolutions placées sous l'influence *osmotique* des membranes ; on sait aujourd'hui que des actions énergiques peuvent se produire, et pourtant, on n'a point encore essayé de soumettre à l'expérience des membranes aussi minces que les enveloppes du ferment. D'après tous les observateurs (p. 192), ces enveloppes n'ont, assurément, pas plus de 1/600 de millimètre, et elles ont, en général, beaucoup moins, car la plus grande longueur des globules est de 1/100 de millimètre, la largeur des globules ovales est moitié moindre, c'est-à-dire 1/200, et comme cette largeur contient deux portions de l'enveloppe et la partie centrale, chaque enveloppe a tout au plus le tiers de cette dimension, ou 1/600 de millimètre. D'après mes études (p. 192), elles sont même plus minces dans la levure du vin. Or Dutrochet a reconnu la nécessité de l'extrême minceur de la cloison perméable pour la production des phénomènes d'osmose ([1]), et je crois que les attractions moléculaires, mises en jeu dans ces phénomènes, peuvent atteindre la limite où l'action chimique commence ([2]). Cela paraît surtout probable dans le cas actuel, où la minceur des membranes est extrême, et où les deux corps osmotiques sont, d'une part, l'eau sucrée, et, d'autre part, la zyméine, qui est presque identique, malgré sa complexité, avec l'albumine, c'est-à-dire les deux liquides les plus actifs parmi ceux dont Dutrochet a fait l'étude ([3]).

Enfin la décomposition du sucre en acide carbonique et alcool me semble mieux expliquée par cette influence et par l'action réciproque des deux sucres, qui composent le sucre de raisin, que par les hypothèses dont j'ai parlé. Jusqu'en 1857, personne n'avait donné l'attention nécessaire à cette existence de plusieurs sucres dans le sucre de raisin; mais ces sucres n'ont pas le même pouvoir rotatoire; et l'on sait, aujourd'hui, combien la différence d'état moléculaire, accusée par ce pouvoir, est intimement liée à la différence des propriétés chimiques, même pour deux corps dont la composition est exactement la même ([4]). Or les sucres constituants du *sucre de raisin*, dans un état normal, ou des pouvoirs rotatoires ou contraires, ou neutres : le sucre solide, ou glucose, est dextrogyre; le mélange des sucres liquides est lévogyre; on peut s'assurer aisément que beaucoup de leurs propriétés sont différentes; ils ne se combinent pas de la même manière aux alcalis, etc.

1. A. C. P., [2], t. XXXV, p. 393.

2. Au moment où j'écrivais ces lignes, Hermite n'avait pas encore publié l'important mémoire sur l'osmose imprimé dans les *Annales de chimie et de physique*, [3], t. XLIII, p. 420. Ce savant géomètre considère l'osmose comme une action chimique, dont les effets capillaires sont le premier degré. Il propose d'appeler la capillarité, *affinité de tendance*. — Avec ce puissant secours, je crois que la Théorie que je proposais en 1858 doit être généralement acceptée.

3. A. C. P., [2], t. LI, p. 165.

4. A. C. P., [1], t. XXIV, p. 422; t.XXVIII, p. 56; t XXXI, p. 67; t. XXXIV, p. 30.

N'est-il pas probable ainsi que leur décomposition, sous l'influence osmotique, doit être très différente, et s'ils sont en présence, comme cela se trouve dans le *sucre de raisin*, ne peuvent-ils réagir l'un avec les autres pour satisfaire des tendances diverses, l'un étant disposé à la combustion, à l'oxydation, et les autres à une modification contraire, à la réduction ou hydrogénation?

109. Une supposition bien simple peut alors indiquer comment l'alcool et l'acide carbonique prennent naissance. Admettons que dans le sucre de raisin une partie de glucose ou sucre solide, et deux parties du mélange de chylariose et autres hexéloses liquides (1), puissent agir à part le glucose prendra la moitié de l'oxygène du mélange chylariose, O^{12}, et lui cédera tout son hydrogène, H^{12}; son carbone passera tout entier à l'état d'acide carbonique, et, de son côté, le mélange chylariose, augmenté de l'hydrogène du glucose, produira l'alcool.

1 Glucose. . . . . $C^{12}H^{12}O^{12}-H^{12}+O^{12}=C^{12}O^{24}=12CO^2$ acide carbonique.
2 Chylariose . . . $C^{24}H^{24}O^{24}+H^{12}-O^{12}=C^{24}H^{36}O^{12}=6C^4H^6O^2$ alcool.

Si l'on objecte que le glucose, même le glucose de raisin, fermente seul, et ne se prête pas à la théorie qu'on vient de lire, je réponds : d'abord, que rien n'est moins prouvé— ensuite que ce glucose peut être, aussi bien que le sucre de canne divisé par le ferment en hexéloses lévogyre et dextrogyre, avant la fermentation; et cela suffit pour ne plus trouver de difficulté sur ce point. En effet, si le ferment peut troubler l'équilibre des éléments du sucre ordinaire, et les convertir en glucose et mélange chylariose, etc., par absorption d'un peu d'eau, le même ferment est bien plus facilement capable de changer en chylariose fermentescible, soit le reste du mélange, les hexéloses lévogyre ou neutres, soit même une partie du glucose, et de les mettre en fermentation au même instant; ce qui ne permettra pas de saisir du chylariose dans le liquide (2). La même explication convient à la fermentation du chylariose seul, en admettant que ce sucre fermente *seul*, et sans qu'on puisse reconnaître sa transformation partielle en glucose. Elle convient encore pour l'inactose qui peut devenir glucose ou chylariose.

Mais en dehors *de l'osmose*, le sucre de raisin n'est pas formé d'un tiers

1. L'inactose ou hexélose neutre compris.
2. Le glucose fermente sans diminution du pouvoir rotatoire *par inversion* (*Annales de chimie et de physique*, t. XXI, p. 160).

de glucose et de deux tiers de mélange chylariose Il est très difficile de préciser jusqu'à présent. J'ai montré combien cette analyse est difficile [1]; aujourd'hui la probabilité la plus grande de la composition du sucre de raisin est une variabilité très étendue. Cependant Winter et d'autres chimistes viennent de confirmer la composition du sucre inverti indiquée par Maumené; le glucose et le chylariose paraissent être deux variétés isomériques de la même *espèce*, du même sucre, $C^{12}H^{12}O^{12}$, variétés qui peuvent passer de l'une à l'autre sous des influences nombreuses, le *temps*, les acides, l'osmose, etc. — Il n'y a plus le moindre doute.

En tenant compte de cette variabilité, on peut admettre que l'osmose, produite par les globules d'*une certaine épaisseur*, transforme les proportions du glucose et du mélange chylariose justement en un tiers et deux tiers, et déterminent, *en même temps*, l'action dont nous venons de parler.

110. Un point très important de la fermentation : il se forme d'autres produits que l'alcool et l'acide carbonique; à la vérité, ces autres produits sont en petite proportion, 4 à 6 centièmes au plus du sucre (p. 205 et 214). Ils se composent essentiellement de glycérine, d'acide succinique [2], et de quelques matières encore indéterminées. Le poids de ces dernières est presque la moitié du poids de la glycérine.

La formation de la glycérine, considérée comme résultat de la même action où l'acide succinique prend naissance, n'est pas un phénomène simple; il se produit toujours en même temps des matières indéterminées, et la formule la plus simple est celle que j'ai proposée en 1859 [3].

$$6C^{12}H^{11}O^{11} = \underbrace{6C^6H^8O^6}_{\text{Glycérine}} + \underbrace{C^8H^6O^8}_{\text{Acide succinique}} + 5CO^2 + \underbrace{C^{23}H^{12}O^{12}}_{\text{Matières indéterminées}}$$

D'après cette formule, on doit avoir :

	Maumené	Expérience	Equation Pasteur
Glycérine.	3,607	3,607	3,607
Acide succinique.	771	773	760
Acide carbonique.	718	710	708
Matières indéterminées. . .	1,606	1,633	0

1. *Comptes rendus de l'Académie des sciences*, t. LXIX, pp. 1008, 1154, 1197, 1242 et t. LXX, p. 53.

2. Il a été découvert, par Ch. Schmidt, dans tous les liquides fermentés, en 1847 (*Liebig Hand-Wœrterb. der Chemie*, t. III, p. 224).

3. *Travaux de l'académie Impériale de Reims*, t. XXXI, p. 49.

Pasteur avait été amené aux considérations hypothétiques suivantes :

Le glucose est. . . . . . . $C^{12}H^{12}O^{12}$
La glycérine $C^{6}H^{8}O^{6} \times 2 =$. . $C^{12}H^{16}O^{12}$
L'acide succinique $C^{8}H^{6}O^{8} \times {}^{3} = C^{12}H^{9}O^{12}$

La glycérine est plus hydrogénée que le sucre ; l'acide est moins hydrogéné. — D'ailleurs la somme

Glycérine $C^{6}H^{8}O^{6}$ + acide $C^{8}H^{6}O^{8} = C^{14}H^{14}O^{14}$

donne le carbone, l'hydrogène, l'oxygène, avec les rapports où ils se trouvent dans le sucre.

Il serait facile de comprendre leur production si leurs poids étaient : : 92 : 118. — Il s'en faut puisqu'on a : : 5 : 1 *environ*, puisque le corps hydrogéné domine le sucre a dû produire un deuxième corps, oxygéné.

Au lieu de trouver ce corps dans la matière *indéterminée* — matière importante puisque son poids, 1,633, est presque moitié de celui de la glycérine — Pasteur s'est borné à donner CO^{2} comme ce produit très oxygéné. Il cru pouvoir adopter l'équation :

49. $C^{12}H^{11}O^{11} + 109\ HO = 12\ C^{6}H^{8}O^{6} + 12\ C^{8}H^{6}O^{8} + 60\ CO^{2}$
Sucre normal — Eau — Glycérine — Ac. succinique — Ac. carbonique

J'ai trouvé inadmissible une équation où ne figurent pas les matières indéterminées dont l'existence et la proportion sont très certaines et où elles sont remplacées par l'acide carbonique dont Pasteur, malgré tout, n'a pas aussi bien prouvé l'*excès*.

J'ai calculé l'équation plus simple et *complète* :

$$6\ C^{12}H^{11}O^{11} = 6\ C^{6}H^{8}O^{6} + C^{8}H^{6}O^{8} + 5\ CO^{2} + C^{22}H^{12}O^{12}$$
Glycérine — Ac. succin. — Ac. carb. — Mat. indéterm.

On ne peut attacher grande importance à ces formules : elles sont hypothèses pures comme toutes les formules classiques. On peut, *avec beaucoup plus de raison*, dire : le sucre était $C^{12}H^{14}O^{14}$ et l'on a eu :

1° $2\ C^{12}H^{14}O^{14} = 2\ C^{6}H^{8}O^{6} + C^{12}H^{12}O^{16}$
Sucre (glucose) — Glycérine — ac. hexépique

2° $C^{12}H^{14}O^{14} = C^{8}H^{6}O^{8} + C^{4}H^{6}O^{4} + 2\ HO$
Sucre (glucose) — Ac. succin. — Glycol — Eau

Equations mille fois plus probables parce que dans les *matières indéterminées* on a trouvé l'acide hexépique (Maumené), — le glycol parmi plusieurs autres — et parce que le rapport de la glycérine à l'acide succinique est très variable.

Plusieurs auteurs rangent, parmi ces matières indéterminées, l'acide acétique : on considère cet acide comme un produit *normal* de la fermentation. Théoriquement, la formation est des plus simples.

[A] $$C^{12}H^{12}O^{12} = 3\ C^4H^4O^4$$

Elle paraît même établie par une expérience remarquable de Vauquelin, que je dois citer.

Cette observation déjà bien ancienne (avant 1814), et faite, par conséquent, sans idée préconçue, par Vauquelin. est ainsi décrite [1] :

« Pour faire du vinaigre, et pour s'assurer que nul autre corps ne « contribue à la formation de l'acide acétique, il faut employer de l'eau « distillée bien privée d'air et du ferment bien lavé. On fait fondre le « sucre dans l'eau, et on y délaye le ferment ; on renferme le mélange « dans un flacon bien bouché à l'émeri, et on l'expose pendant trente « à quarante jours à la température de 20° à 25° Réaumur (25° à 31°, « 25 C). Au bout de ce temps, le liquide est converti en vinaigre, on le « distille pour en séparer le ferment et le peu de sucre qui n'a pas été « décomposé. »

Il est clair que le ferment est de la levure, et qu'en agissant en vase fermé, dans de l'eau bien privée d'air, le ferment dit alcoolique a produit seul, non point la fermentation alcoolique (l'acide carbonique n'a pas pris naissance, bien évidemment), mais la fermentation acétique, uniquement. Le *mycoderma cerevisiæ* a produit directement la fermentation acétique.

Cette conclusion me paraît ne demander aucun commentaire.

Mais elle n'a pas lieu, suivant moi, dans les fermentations régulières. Nous en donnerons la preuve un peu plus loin en étudiant les produits des fermentations.

Disons cependant pourquoi je ne puis me ranger à cette opinion : j'ai cherché de la manière la plus attentive la présence de l'acide diédique (acétique) dans les vins de Champagne, dont la fermentation est protégée contre l'action de l'air pendant presque toute sa durée : cette présence

1. *Bulletin de pharmacie*, t. VI, p. 312.

n'a pu être établie [1]. D'un autre côté, j'ai signalé une cause d'erreur dans cette recherche, et je l'expose plus loin (v. Livre IV, *Analyse des liquides fermentés.* — *Mesure des acides*).

L'origine de cet acide est incertaine aux yeux de ses plus dévoués partisans. Les uns, bien loin d'admettre l'équation [A] où l'acide dérive du sucre, après l'inversion, croient devoir attribuer sa formation à une décomposition de la levure, parce que celle-ci, livrée à elle-même, *sans oxygène et sans sucre,* forme de l'acide acétique. C'est parfaitement possible et d'accord avec mes observations sur le vin de Champagne. D'autres croient avoir obtenu un poids d'acide supérieur à celui de la levure, et y voient la preuve d'une origine exclusive dans le sucre : ce n'est, d'abord, pas certain et ensuite cela ne prouverait en aucune manière l'action du ferment.

Notre Théorie est surtout très satisfaisante pour expliquer la disproportion des quantités de sucre et de ferment qui se modifient, chacun de son côté, pendant la fermentation. Les effets d'osmose dépendent plus de l'épaisseur des membranes que de la nature chimique des deux corps soumis à l'osmose; ces derniers n'agissent l'un avec l'autre que d'une manière indirecte, c'est-à-dire en modifiant plus où moins l'action directe de la membrane avec chacun d'eux. Or l'action directe de cette membrane dépend surtout de sa minceur, et n'entraîne aucun échange d'éléments, soit entre elle et les corps soumis à l'osmose, soit entre ces divers corps eux-mêmes. La quantité de sucre *fermenté* dépend de la proportion de zyméine et de dissolution sucrée, placées en avant et en arrière de la membrane; elle est déterminée par trois conditions : la densité de la zyméine, la densité de l'eau sucrée, la densité l'épaisseur, et la structure organique de la membrane : elle sert de mesure à la résultante des forces d'attraction mises en jeu sous ces influences; elle pourrait donc être variable si le ferment ne présentait pas toujours des globules de même grosseur, et par conséquent la même membrane, la même dose de zyméine; ce qui oblige, par suite, à lui présenter la même proportion de sucre; et, en tous cas, elle peut être très grande, comparativement à la quantité du ferment puisque ce n'est pas cette quantité, mais la structure, qui cause le mouvement moléculaire du sucre de raisin, ou des nombreux hexéloses dont il se compose.

Nous arrivons à une partie de notre sujet sur laquelle je dois appeler et j'appelle l'attention la plus sérieuse de mes lecteurs.

1. *Comptes rendus,* t. LVIII, p. 398 et t. LVIII, p. 216.

§ II. — Pseudofermentation. Transformations hydrolytiques.

111. Depuis déjà longtemps on a observé, dans un certain nombre de cas, plusieurs décompositions spéciales, de sels ou autres matières organiques, en produits si semblables à ceux des principales fermentations alcool, acide carbonique, etc., que les auteurs n'ont pas hésité à considérer ces actions, comme des fermentations proprement dites, malgré l'absence de ce ferment spécial, que les mêmes auteurs tiennent pour nécessaire. On a voulu voir, dans ces décompositions, une influence étrangère qui n'est certainement pas celle dont on se préoccupait.

Ici notre *Théorie générale de l'action chimique* va nous apporter un secours puissant, dont mes lecteurs seront très frappés, sans le moindre doute ; car elle jette un jour tout nouveau, des plus éclatants, sur les faits jusqu'ici profondement obscurs de la *fermentation* où n'existe aucun *ferment* caractérisé.

Voici un premier exemple de ces décompositions d'*un sel qui se trouve certainement dans les moûts*, le bitétrabéjiate (bimalate) de potasse.

Disons d'abord, parce que c'est une règle sans exception : tout sel dissout dans l'eau se partage en acide et en base libre.

Le bimalate de potasse, $C^8H^6O^{10}KO$, est divisé par l'eau en acide libre $C^{82}H^6O^{10}$ et hydrate de potasse KO(HO). — Ici une parenthèse :

J'ai montré que l'hydrate KOHO n'existe pas. Cette formule KOHO, encore acceptée par trop de personnes, représente un mélange parce qu'on a réellement

un hydrate *normal* $(KO)^9\ (HO)\ 47 = KO\ (HO)\ 5{,}222\ldots$

un hydrate à excès de KO $(KO)^9\ (HO)\ \frac{47}{3} = -\ (HO)\ 1{,}740740\ldots$

un hydrate où l'excès est plus grand $(KO)^9\ (HO)\ \frac{47}{7} = -\ (HO)\ 0{,}746$

fermons la paranthèse.

Si j'écris ici la formule *impossible* KO HO, c'est parce que le mélange des deux derniers hydrates peut accidentellement se trouver $(HO)^1$ et nous permet des calculs moins fatigants.

On a :

M

$$n = \frac{134}{56}$$

$$134\ KO.HO + 56\ C^8H^6O^{10} = \frac{2}{3}\left\{\frac{34}{22}\right| \frac{2\,(C^4H^3O^5.KO) + 2HO}{C^4H^3O^7KO + 2\,(C^2HO^3KO) + 4HO}$$

C'est-à-dire que de 134 équivalents de bitétrabéjiate (bimalate), 56 équivalents d'acide seront modifiés, convertis en diéfate (glycolate), diédate (acétate) et monédate (formiate) : il reste 78 équivalents d'acides *libres*, qui subiront de leur côté une modification analogue $C^8H^6 = 54$ et $O^{10} = 80$ tendant à devenir des *poids égaux*.

$$n = \frac{54}{8}$$

$$54O + 8\ C^8H^6 = \frac{6}{7}\left\{\frac{6}{2}\right| \frac{C^8H^6O^6 \quad 54 \text{ et } 48}{C^8H^6O^7 \quad 54 \text{ et } 56}$$

L'action laisse 26 O libres qui peuvent se porter sur les deux corps $C^8H^6O^6$ et $C^8H^6O^7$ à mesure de leur production et donner des produits dont je laisse le calcul, afin d'abréger.

On voit combien ces transformations sont *étrangères à l'action de tout ferment qui se trouve dans le vin :*

Nous ne pousserons pas plus loin cette étude relativement au bitétrabéjiate : Nous la compléterons, indirectement, en faisant le même examen des actions hydrolytiques du *dérivé* de ce sel et d'une décomposition tout à fait analogue ; c'est l'altération du bitétrabélate (bitartrate) de potasse, que les chimistes ont considérée comme une fermentation, dans l'impuissance de la comprendre. Citons les faits tels qu'ils sont décrits :

A. D'abord par Berzelius :

« M. Nœllner a découvert un nouvel acide... qu'il a appelé *pseudo-* « *acétique*. Voici la manière dont on le prépare : On sature avec de l'hy- « drate calcique l'eau mère de la crème de tartre ou bien du tartre cru, « qui renferme encore 20 p. 100 de matières fermentescibles. Il se forme « du tartrate potassique soluble, qu'on fait bouillir avec du gypse ; on « obtient ainsi du sulfate potassique dans la liqueur, qu'on enlève par « des lavages, après quoi l'on abandonne le tartrate calcique à la fer- « mentation spontanée pendant quelques jours d'été bien chauds. Il se « dégage beaucoup d'acide carbonique. On ajoute, vers la fin de l'opé- « ration, de l'acide sulfurique qui dégage une nouvelle quantité d'acide « carbonique du carbonate nouvellement formé), et l'on soumet le li- « quide acide à la distillation, qui fournit dans le récipient le nouvel

« acide étendu d'eau. — Le tartre cru, sans chaux, lui a fourni par la « même opération, de l'acide acétique ordinaire : d'où il conclut que la « chaux exerce une influence prédisposante en faveur de la formation « de ce nouvel acide [1]. »

Qu'on veuille bien remarquer :

1° Combien est vague l'influence des 20 p. 100 de matières *fermentescibles*. Ces matières semblent être présentées par l'auteur lui-même comme capables de subir la fermentation, et non de la faire subir aux tartrates ;

2° Que le tartrate cru (c'est-à-dire le bitartrate de potasse mêlé de tartrate de chaux, etc.) donne quelquefois un autre acide que l'acide nouveau : cet autre acide est de l'acide acétique ordinaire.

3° Que Nœllner et, avec lui, Berzelius voient en cela une ACTION PRÉDISPOSANTE de la chaleur *en faveur du nouvel acide*.

Ajoutons que Berzelius, en examinant le sel de plomb que Nœllner lui avait adressé, a montré que ce sel était un mélange d'*acétate* et de *butyrate*. Berzelius a fait cette distinction par le seul emploi des caractères de ces deux sels, et non par une analyse. Il a cru démontrer la présence de deux sels où Nœllner n'en voyait qu'un.

B. Par Nicklès [2] :

« ..... Le dédoublement de l'acide tartrique par la fermentation peut « varier de trois manières : si cet acide se trouve libre ou en pré- « sence de la potasse, il se transforme en acide acétique et en acide « carbonique ; si l'on remplace la potasse par la chaux, l'acide tartrique « donne de l'acide carbonique, de l'acide acétique et de l'acide buty- « rique (acide pseudo-acétique) ; et enfin, dans des circonstances qui « sont encore à déterminer, l'acide tartrique se transforme en acide « carbonique, en acide acétique et en un acide nouveau, l'acide butyro- « acétique, attendu qu'il renferme les éléments des acides butyrique et « acétique, et qu'on retrouve ces derniers parmi les produits de sa « décomposition. »

Remarquons dans cette deuxième étude :

4° Que l'acide tartrique à l'état de tartrate, dans des CIRCONSTANCES QUI RESTENT A DÉTERMINER, donne un acide que Nicklès croit pouvoir distinguer de celui de Nœllner, mais qui est le même, en réalité, comme nous allons le voir.

1. Nœllner, *Ann. der chem. und pharm.*, t. XXXVII, p. 299.
2. Nicklès, *Ann. der chem.*, t. LXI, p. 343, et *Journal de pharmacie*, [3], t. X p. 372.

C. Enfin par Dumas, Malaguti et Leblanc (1) :

« ..... De cet ensemble de faits, nous croyons pouvoir conclure que « les acides métacétonique, pseudo-acétique, butyro-acétique ne cons-« tituent qu'un seul et même acide. »

L'acide métacétonique, découvert depuis quelques années par Gottlieb, venait d'être obtenu par les trois chimistes dans l'action de la potasse et de l'éther cyanhydrique. Son idendité avec l'acide pseudo-acétique de Nœllner et l'acide butyro-acétique de Nicklès est établie par l'analyse qui a donné d'abord à Gottlieb, puis à Nicklès, et enfin à Dumas et ses deux collaborateurs, la formule $C^6H^6O^4$.

Ces derniers chimistes ont trouvé cette formule à l'acide résultant de la fermentation du tartre.

Pour tout le monde Pastorien, même aujourd'hui, ce dédoublement, cette décomposition du tartre et des tartrates résulte de l'action du ferment. Quel ferment ? Personne ne saurait le définir, quoique personne ne doute de son existence. Il n'est pas un chimiste, qui ne considère le tartre et les tartrates comme des sels très stables, *indécomposables*, même, dans l'eau. La décomposition observée par Nœllner et Nicklès ne pouvant être spontanée, on l'attribuait aux matières étrangères, et sans plus d'examen, ces matières qu'on nomme *fermentescibles*, on les déclarait aussi des *ferments.*

Il n'y a rien de vrai dans cette explication hypothétique : le tétrabélate (tartre) et les tartrates n'éprouvent, dans les conditions indiquées, aucune fermentation. Leur dédoublement n'est en rien le résultat de l'action d'un ferment : il résulte de la seule action de l'eau et de la tendance de tous les corps d'obéir à la LOI DES ACTIONS DE MÉLANGE, d'après laquelle un acide et une base offrent un équilibre d'autant plus stable que leurs poids (ou leurs *équivalents* qui sont des poids) sont plus voisins de l'égalité. Cette action et toutes les analogues sont produites par l'influence puissante de l'eau signalée tout à l'heure, p. 238.

Je les avais appelées *fermentations sans ferment*, dans l'espoir d'obtenir, par l'ironie, le succès que la routine accorde uniquement (parfois) à cette forme de critique la plus exempte, même de tout semblant de malveillance.

Je les appelle maintenant décompositions ou transformations *hydrolytiques* parce que c'est l'eau qui les détermine en séparant d'abord les éléments des sels, l'acide et la base tels que Lavoisier les a si bien

1. Dumas, Malaguti et Leblanc. *Comptes rendus*, t. XXV, p. 178.

connus, et en les mettant à même d'agir conformément à la Théorie générale pour se rapprocher sans cesse des *poids égaux*.

Le succès n'a pas été prompt.

Cependant il s'accuse aujourd'hui parce que beaucoup de personnes ont enfin reconnu la valeur de la Théorie Générale, *seule* capable de nous expliquer des faits absolument inexplicables par les soi-disant idées classiques.

Considérons maintenant le bitétrabélate (ou bitartrate de potasse).

Le tartrate acide de potasse, très étendu d'eau, comme il l'est dans le vin, se décompose par suite de la disproportion des poids (équivalents) de l'acide et de la base. L'acide = 150 ; la base, 56. Ces deux corps se séparent pour obéir à la Loi des poids égaux, ou des actions de mélange, car il ne sont plus qu'à cet état. Ils donnent :

[M]

$$n = \frac{150}{56} = 2{,}68 = \frac{8}{3}$$

$$8KO.HO + 3C^8H^6O^{12} = 2C^6H^5O^9.KO + C^6H^5O^3.KO + 4\ CO^2.KO + 11HO + (CO^2)^2.KO \quad (^1)$$

Cette action se produit en présence des $5C^8H^6O^{12}$ devenus complètement *libres*, et ce sont eux qui, en agissant sur $4CO^2KO + (CO^2)^2KO$, développent, peu à peu, l'acide CO^2 observé par Nœllner et Nicklès, et qui donne à cette décomposition l'apparence d'une fermentation. Le *nouveau* tartrate ainsi formé, se trouvant dans les mêmes conditions que le primitif, éprouve, à son tour, la même altération et, généralement, il ne reste que du trièdate (propionate) de potasse $C^6H^5O^3.KO$, et du triéjiate de potasse $C^6H^5O^9.KO$ [2].

Les deux chimistes, qui ont étudié cette prétendue fermentation, ne parlent pas de l'acide triéjique. Voudrait-on voir là une objection ? ce serait une bien grande erreur. Il est très possible qu'on n'en trouve pas, et que l'acide trièdique (propionique) lui-même ait complètement disparu. En effet, les deux acides formés, dans le premier mouvement chimique, ne satisfont pas encore à la condition des poids égaux ; l'équivalent de l'acide trièdique $C^6H^6O^4 = 74$; celui de l'acide triéjique $C^6H^6O^{10} = 122$. Nous sommes encore loin de l'équivalent $KO.HO = 56$. Par conséquent, le trièdate et le triéjiate éprouveront tous les deux une

1. J'écris tous les résultats définitifs pour éviter les calculs de détail trop longs.

2. L'un des sels que j'ai découverts dans l'action du sucre et du permanganate de potasse (*Comptes rendus* t. LXXV, p. 85).

altération analogue à celle du tartrate lui-même. Et comme le *triéjiate est celui dont l'acide a l'équivalent le plus fort, ce sera lui qui éprouvera la décomposition la plus prompte.*

M $$n = \frac{122}{56} = 2,18 = \frac{11}{5}$$

$$11KO.HO + 5C^6H^6O^{10} = 5KO.C^4H^3O^5 + 5KO.C^2HO^3 + KO.HO + 20HO.$$

On remarquera la formation de l'acide dièfique (glycolique) $C^4H^4O^6$ dans cette circonstance. Elle n'a été *soupçonnée* dans aucune analyse.

Le trièdate donnera plus tardivement :

M $$n = \frac{74}{56} = 1,32 = \frac{4}{3}$$

$$4\ KO.HO + 3C^6H^6O^4 = 2KO.C^6H^7O^3 + KO.C^4H^3O^3 + KO.C^2HO^3$$
$$+ 4HO + 4HO.$$

Le monédate (formiate), qui prend naissance dans les solutions pures, disparaît sous l'action des influences oxydantes, dans les mélanges grossiers qui ont été étudiés ; il donne de l'acide carbonique.

On voit avec quelle facilité se comprennent des actions, au premier abord, on ne peut plus obscures, mais qui sont des conséquences inévitables de la Théorie Générale. — Nœllner et Nicklès ont éprouvé un embarras insurmontable pour comprendre une décomposition qui leur donnait, tantôt de l'acide acétique, tantôt un acide $C^6H^8O^4$ qui a été confondu avec l'acide trièdique. Le lecteur peut voir que tout dépend de la durée des fermentations, et comprendre, sans aucune peine, les moindres détails de ces altérations.

Par exemple, ceux-ci :

Du vin contenant 4^{gr}, 9 crème de tartre par litre, n'en offre pas plus de 3^{gr},1 après deux mois.

Un autre vin qui renfermait 6^{gr},6 a donné :

Après douze mois.	2,9	
Après soixante-douze mois	2,2	(1)

112. Le tartre peut éprouver une autre altération qui a été considérée, à tort, comme un résultat de l'action directe des ferments : il ne

1 *Comptes rendus*, t. LVIII, p. 72.

la subit que dans les vins, faibles en alcool, et fréquemment soutirés, c'est-à-dire très chargés d'oxygène. Il est facile de comprendre, en pareil cas, l'action suivante :

M $$n = \frac{188}{8}$$

De ces 23,5 équivalents d'oxygène, 10 suffisent pour la *combustion* complète.

$$C^8H^4O^{10}KOHO + 10\ O = KO(CO^2)^2 + 6CO^2 + 5HO$$

Il est clair que plus l'équivalent du sel est élevé; plus le nombre des équivalents d'oxygène qui peuvent agir est grand. On en trouve la preuve (à l'appui de la Théorie Générale) dans une foule innombrable de travaux, restés jusqu'à présent sans explication.

Voici d'autres preuves de décompositions produites *sans ferments* et évidement *hydrolytiques :*

L'acétate de soude est un sel qui peut paraître encore plus stable que le tartrate. Pour les chimistes qui persistent à se contenter des idées reçues, la résistance du sel à la chaleur rouge est une preuve de la solidité de l'acide acétique, *même dans d'autres circonstances*, et, en particulier, quand, uni à la soude, on le dissout en outre dans une grande quantité d'eau. Béchamp, qui a observé une décomposition de ce sel, tout à fait analogue à celle du TETRABEJIATE (MALATE) dont nous venons de parler, n'a pas admis un seul instant la possibilité d'une telle décomposition: il y a vu l'action d'un ferment, parce qu'une *moisissure* a pris naissance PENDANT la décomposition : et pour affermir sa pensée, dans une circonstance où elle n'avait que ce guide incertain, il a mesuré le poids de cette moisissure qui s'est trouvé $0^{gr},15$, quand le poids d'acétate de soude employé n'était pas moindre de 300 grammes [$C^4H^3O^3$, $NaO,(HO)^6$].

En réalité, l'acétate de soude a subi, comme les *malates*, une décomposition due à la présence de l'eau (2500 grammes), et dictée par la loi des actions de mélange. On a :

M $$n = \frac{60}{40} = \frac{3}{2}$$

$$3\,NaO.HO + 2\,C^4H^4O^4 = 2\,NaO.C^2HO^3 + NaO.(HO)^3 + C^4H^6O^2$$

Ainsi, ce premier mouvement moléculaire donne du formiate (neutre), de la soude caustique et de l'alcool.

Il reste un troisième $C^4H^4O^4$ libre qui, naturellement, prend cette soude, et forme avec elle *un nouvel* acétate, lequel éprouve la même décomposition, et doit laisser, finalement, une proportion de soude caustique, que l'on peut calculer par la même loi.

Tous ces faits ont été observés. *La liqueur devient alcaline* ; de l'alcool prend naissance ; l'auteur l'a caractérisé nettement. L'acide formique est aussi développé ; la réduction du $AgO.AzO^5$, et celle du HgCl, n'ont laissé aucun doute.

Une autre observation du même genre a été faite par Méhay. L'acétate de soude mêlé avec des poids variables d'azotate de soude et de phosphate, donne, en quelques jours, un dégagement d'azote, une transformation de la moitié du carbone de l'acide acétique en acide carbonique, lequel reste uni à la soude et rend la liqueur alcaline. *On ne peut dépasser cette limite* (1).

On a même dans une grande quantité d'eau.

1° L'acétate de soude $C^4H^3O^3NaO = 82$

2° L'azotate $AzO^5.NaO = 85$.

[M] $$n = \frac{85}{82}$$

$$82\ AzO^5NaO + 85\ C^4H^3O^3NaO = \begin{cases} 1 \quad 79 \,\big|\, 2CO^2NaO + C^2H^3O^4 + Az \\ 2 \quad 3 \,\big|\, CO^2NaO(CO^4)^2NaO + C^6H^5O^5.NaO + Az \end{cases}$$

$C^2H^3O^4$, liquide (*naissant*), en présence de $C^4H^3O^3NaO$, donne :

[M] $$n = \frac{82}{47}$$

$$82\ C^2H^3O^4 + 47\ C^4H^3O^3NaO\ (HO)^2 = \begin{cases} 1 \quad 12 \,\big|\, C^6H^6O^7.NaO + 2HO \\ 2 \quad 35 \,\big|\, C^8H^9O^{11}NaO + 2HO \end{cases}$$

les deux sels doivent être essentiellement neutres et n'ont pas été isolés ; peut-être $C^2H^3O^4$ est-il absorbé par le phosphate, plus énergiquement, pour former un phospho-glycérate, ou un corps très voisin ·

[M] $$n = \frac{142}{47} = 3{,}02$$

$$3C^2H^3O^4 + PhO^5(NaO^2)HO = PhO^5(C^6H^9O^{12})\ (NaO)^2HO$$

1. *Comptes rendus de l'Académie des sciences*, t. LXVI, p. 69.

ce qui expliquerait à la fois comment l'acide carbonique atteint, et ne dépasse pas, la moitié du carbone de l'acétate employé, quand on n'a pas mis de phosphate en présence ; et comment le phosphate rend l'action plus rapide, mais en produisant une moindre quantité d'acide carbonique.

Je n'insiste pas, je passe à un troisième exemple :

113. Dans les grandes masses mélassiques mises en fermentation pour produire de l'alcool, on a souvent remarqué le dégagement de vapeurs rouges. Un grand nombre de chimistes ont essayé d'expliquer ce détail si remarquable ; mais, faute d'une indication scientifique réelle, tous ont vu là une fermentation spéciale, la *fermentation nitreuse* [1]. Chaque fermentation étant due à un ferment particulier, cette pensée conduit forcément à admettre un ferment nitreux. Il y a en ceci des côtés bien gênants, car l'acide nitreux paraît un des corps les plus hostiles à la vie des ferments ; mais, malgré cet avertissement, donné par un fait simple et incontestable, personne n'a pu sortir de l'ornière, et une hypothèse aussi clairement insoutenable a été développée avec un zèle digne d'une meilleure cause [2].

Il nous est bien facile de montrer que le ferment nitreux est un rêve : la production des vapeurs rouges résulte d'une action hydrolytique, c'est-à-dire déterminée par l'eau, avec le mélange de glucose et d'azotate de potasse, dont les jus de betterave sont très souvent chargés. Cette action est, comme les précédentes, une action de mélange, du glucose avec l'azotate de potasse, que la masse d'eau rend facile et vive. On a :

[C] $$n = \frac{180}{101} = \frac{9}{5}$$

$$9AzO^5.KO + 5C^{12}H^{12}O^{12} = 8C^6H^5O^7.KO + C^{12}H^{11}O^{15}.KO + 7AzO^3 + 2AzO^2 + 9HO$$

Action dans laquelle prennent naissance :

1° L'acide triénHique (²) $C^6H^6O^8$ (glycérique) ;

2° L'acide hexépique $C^{12}H^{12}O^{16}$, que j'ai découvert dans l'action du sucre et du permanganate de potasse (p. 85) ;

3° De l'acide azoteux et du bioxyde d'azote.

1. Il n'est pas rare de voir sortir des pompes après une suspension de travail des colonnes de vapeurs rouges de 9 *à* 10 *mètres* de hauteurs. — Dans les encoignures des bacs d'empli, se montrent des courants de vapeur rouge ; l'odorat vous en avertit avant la vue.

2. Voir B. S. C., 1858, p. 22 (Pasteur).

On voit que le développement de la vapeur rouge est facile à comprendre, et que l'action d'un ferment serait bien impossible à admettre.

La production des vapeurs rouges peut être due, en outre, à d'autres matières que le glucose. Considérons, par exemple, l'action de la tétrébazofine (asparagine) et de l'azotate de soude :

$$n = \frac{132}{85}$$

$$132\ AzO^5NaO + 85\ C^8H^8Az^2O^6 = \frac{1}{2}\left\{\begin{array}{l|l} 38 & C^8H^8Az^2O^{10}NaO + AzO^2 \\ 47 & 2\ C^4H^4AzO^5NaO + 2\ AzO^3 \end{array}\right.$$

Il peut donc se produire du tétrabaziate et de l'hydrodiénazofate de soude, et se dégager du bioxyde d'azote et de l'oxyde azoteux. Ces corps peuvent entre eux donner du cyanate, etc.

Il n'y a là aucune fermentation réelle.

Cette altération du sucre, qui a reçu le nom si impropre, je le répète, de *fermentation nitreuse* est assurément l'une des modifications les plus nuisibles au sucre — et au bon sens.

Je pourrais étendre ces exemples. — Béchamp a proposé une production d'alcool dans la solution d'oxalate d'ammoniaque. Je ne m'y arrête pas (1).

Mais un mot sur d'anciennes expériences de Buchner, sera loin d'être inutile. Ce chimiste est un de ceux qui paraissent avoir étudié le plus grand nombre de faits analogues à ceux qui viennent de nous occuper. Bien loin d'en connaître la cause, il a cru voir à la fois une fermentation, et une oxydation par l'air, de tous les sels qu'il a examinés. Suivant lui, les citrates, tartrates, succinates et oxalates alcalins, dissous *dans une infusion de son d'amandes*, se transforment, plus ou moins rapidement en carbonates. Le malate de chaux peut lui-même éprouver, sous l'influence des ferments, une *combustion* lente qui le transforme en carbonate et acide trienHique (2).

Le point le plus remarquable de ses conclusions est celui-ci : l'oxydation des sels (il ne peut pas comprendre les faits sans une intervention de l'oxygène) *est d'autant plus rapide que* LA CONSTITUTION *de l'acide organique* EST PLUS COMPLEXE, — il faut lire d'autant plus que l'ÉQUIVALENT EST PLUS ÉLEVÉ.

On le voit, ce chimiste qui a fait de longues études, sans aucune

1. *Comptes rendus*, t. LXXXI, p. 671.
2. On prononce *triénachique*.

idée préconçue (son erreur le prouve), a reconnu le point si important que la Théorie Générale indique : la tendance des équivalents, de l'acide et de la base, à devenir égaux. Ce ne sont pas les termes mêmes de sa remarque, mais c'en est le sens bien évident.

114. Il serait, je crois, parfaitement superflu d'insister plus longtemps sur les faits ; ceux que je viens de rappeler ne peuvent laisser place au moindre doute. Je n'ai plus qu'à faire ressortir les conséquences qui en découlent ; elles sont d'une extrême importance :

1° On ne peut voir, dans une foule d'actions chimiques, ce qu'on a cru y voir, bien à tort, une *fermentation*, c'est-à-dire une décomposition due à un corps étranger, un *ferment* (quel que soit le rôle attribué à ce corps). Les actions produites, dans une grande masse d'eau (ou d'un autre dissolvant) sont, en général, des actions de mélanges, simples, qui peuvent être prévues, et calculées, par l'application de la loi relative à ces actions. — On a parlé de ferment solubles : ce sont purement et simplement des corps doués d'une grande action hydrolytique.

2° Peut-être devrons-nous abandonner complètement l'idée même de la fermentation, c'est-à-dire de l'intervention nécessaire d'un ferment, pour produire des décompositions chimiques, puisqu'un grand nombre de ces décompositions peuvent, manifestement, se produire en dehors de cette intervention. La levure semble jouer un rôle nécessaire dans la fermentation alcoolique, et j'avoue, sans aucun embarras, ne point pouvoir expliquer sans elle, AUJOURD'HUI, cette décomposition active du sucre qui engendre l'alcool et les autres produits. Mais, en présence d'une décomposition tout à fait semblable de l'acétate de soude, et d'autres sels, et de l'explication si complète, si éclatante, que nous en donne la Théorie générale, sans aucun besoin du ferment, personne ne me reprochera, comme une hardiesse, d'avancer que le sucre peut se dédoubler, tout autrement qu'on ne le pense, en deux parties dont l'action chimique fait naître, à elle seule, les produits dits de la *fermentation alcoolique*, je l'ai même à bien peu près expliqué, p. 228.

Il serait prouvé, du même coup, que les levures, mycodermes, etc., sont des productions contemporaines, ou même postérieures ; nous verrions ainsi le complet écroulement de la théorie des ferments, si laborieuse, et toujours enveloppée de ténèbres encore épaisses. Nous ne pourrions que nous réjouir de voir la science obtenir une solution si simple d'un problème encore insoluble, et nous devons appeler ce progrès de tous nos vœux.

Mais il n'est pas impossible d'admettre que la puissance capillaire des globules modifie la composition chimique des divers sucres isomères contenus dans le *sucre de raisin* et détermine, en même temps, leur action pour produire l'acide carbonique et l'alcool, action dont la simplicité, supposée p. 191, est sans doute aussi grande en réalité.

L'étude de la fermentation alcoolique doit être reprise au point de vue qui nous occupe, et il n'est guère douteux que les expériences nouvelles ne lèvent enfin les voiles dont ce phénomène, si important, reste encore entouré.

Cette nouvelle Théorie de l'hydrolyse permet d'expliquer, sans aucun doute, une opinion, exprimée par quelques chimistes. Un mémoire publié en 1857 contenait cette phrase :

« L'influence des matières azotées tient à leur composition, et non à leur forme, car on opère les mêmes changements, sur la mannite et les sucres, avec les substances les plus diverses, et notamment avec la gélatine, composé artificiel, dénué de toute structure organique proprement dite [1].

Un autre travail, tout semblable, a été publié un peu plus tard [2].

Il faut dire que l'assertion sur la gélatine, bien qu'elle soit relative à des circonstances particulières, très différentes de celle où la fermentation du raisin est toujours déterminée, est une grande hardiesse bien éloignée de l'expression véritable d'un fait. La gélatine la plus pure, celle qui a subi les plus longs traitements dans sa préparation, ne peut être considérée comme dénuée de toute structure organique proprement dite. Et d'ailleurs les expériences ont duré dix-sept jours ; aucune dissolution de gélatine ne se conserve limpide pendant ce laps de temps, à beaucoup près, surtout dans la saison indiquée, dans le mois de juin Il s'y forme promptement des membranes parfaitement organisées, et les cellules de ces membranes peuvent fonctionner, comme les globules du ferment, avec des différences d'énergie plus où moins grandes, suivant l'épaisseur de leurs parois.

Mais il faut reconnaître aussi combien il est facile d'expliquer la fermentation dont il s'agit, par une hydrolyse, une action de mélange, toute semblable à celle dont nous venons de parler.

Elle n'est pas azotée : c'est une modification de l'un des hexéloses con-

1. Personne a étudié la *fermentation* du nitrate de chaux (*Comptes rendus*, t. XXXVI, p. 197) ; How l'a examiné de son côté (*Journ. für praktische Chem.*, t. LVI, p. 208).

2. *Journal de pharmacie*, [3], t. XX, p. 158.

tenus dans le jus de raisin, une modification peut-être membraneuse, car une suite un peu prolongée de secousses violentes détruit la viscosité, et laisse revenir la matière à sa fluidité première, surtout en la faisant passer dans un filtre, quoique l'on ne trouve pas ensuite dans ce filtre une quantité de substance solide appréciable.

115. Beaucoup de faits prouvent clairement combien l'osmose est importante dans certaines circonstances. Je citerai le suivant, surtout en raison d'une certaine utilité pratique :

Dœbereiner ayant remarqué l'absence de toute fermentation dans certains vins d'Espagne méridionale, contenant beaucoup de sucre, fit une expérience pour s'expliquer cette inaction ; 16 grammes de levure, triturés avec 32 grammes de sucre en poudre, tombent en déliquescence ; la levure paraît se dissoudre, et donne un sirop homogène, presque transparent. En quatre mois, ce sirop ne subit aucun changement. On peut y ajouter impunément 12 à 16 grammes d'eau. — Si l'on en met une grande quantité, le sirop devient laiteux, la levure se dépose, et la fermentation alcoolique s'établit promptement (1).

Il y a donc un moyen simple de conserver la levure, si l'expérience de Dœbereiner est bien exacte.

DES AUTRES FERMENTATIONS

116. *Fermentation visqueuse.* Les sucres éprouvent d'autres décompositions, bien différentes de celle qui constitue la fermentation alcoolique.

Ainsi, les met-on en contact avec de la levure bouillie, pendant quelques minutes, dans l'eau ? — bientôt le sucre employé se change en une substance visqueuse, gluante, mucilagineuse, incrystallisable, et qui se précipite en ajoutant de l'acétate de plomb tribasique. — On n'a pas étudié complètement cette matière; on est seulement assuré qu'elle peut se représenter dans sa composition par du charbon et de l'eau (c'est-à-dire de l'oxygène et de l'hydrogène en proportions convenables pour les produire). Est-ce le mucilage dont nous avons parlé? cela paraît bien probable, car on observe toujours la présence de la mannite dans cette fermentation (V. plus loin *Mannite*).

On obtient encore une matière, dont on admet l'identité avec la précédente sous l'influence de la protéine soluble, et incoagulable par la chaleur, des graines de la plupart des céréales.

1. *Annales de chimie et de physique*, [3], t. L, 325.

Voici un moyen simple de l'obtenir avec le moût de raisin. On se procure facilement l'instrument appelé *osmogène* (fig. 9). Une sorte d'entonnoir DP, très peu haut, est formé en bas par une membrane, ou un papier parchemin PP', bien attaché sur un rebord du verre. Son bord supérieur repose sur celui d'un cylindre en verre (appelé *crystallisoir*). On met de l'eau pure dans ce dernier ; puis on verse dans l'entonnoir une certaine quantité de jus de raisin, vert ou mûr ; et on recouvre la pièce DP avec une lame en verre VV'.

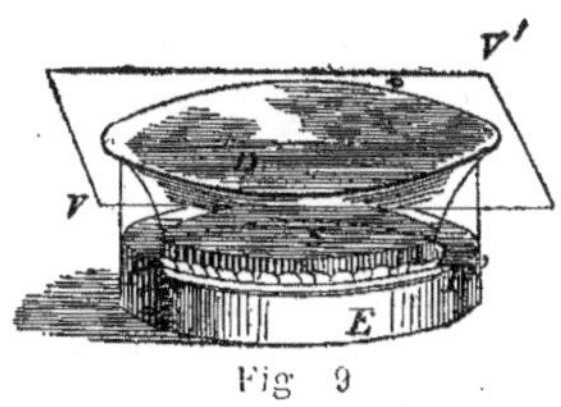

Fig 9

En 24 heures, la microsmose, dans l'eau, donne une substance incolore qu'en 24 heures ou 48 au plus, devient une masse glaireuse filante avec toutes les apparences du blanc d'œuf (qui serait incolore) des *vins filants*, etc. — Cette substance contient une petite quantité de sucre et de sels alcalins. Je l'ai nommée *Viscose* (1).

Pendant la fermentation visqueuse, comme pendant la fermentation alcoolique, il se dégage quelquefois de l'acide carbonique pur, sans la moindre trace d'hydrogène. Mais, en pareil cas, la fermentation n'est pas simple, elle est accompagnée de la fermentation alcoolique.

Doit-on confondre, comme le font certains auteurs, le mucilage dont il s'agit, avec la matière de la viscose (2) des vins? Je le crois, car il est bien difficile de ne pas en trouver la preuve dans les expériences que j'ai faites pour étudier l'osmose, et que je rapporterai avec les détails nécessaires.

La fermentation visqueuse a été l'objet d'une étude par Desfosses (3). Il crut que le sucre pur, dans l'eau, se conservait sans aucune altération, etc., etc. Il fit bouillir de la levure de bière, et la délaya dans l'eau sucrée, à la densité de 1040-1065 ; en peu de jours, à une température convenable, 25 à 30 degrés, la liqueur se trouble, et devient filante, comme une décoction de graine de lin. Il se dégage de l'acide carbonique, et de l'hydrogène, pendant une douzaine de jours. C'est surtout l'eau bouillie sur la levure qui produit cet effet, et pourtant 100 grammes de cette eau ne contiennent que quelques centigrammes de résidu.

Le gluten produit les mêmes effets, il dégage plus d'hydrogène ;

1. On l'a désignée longtemps par le mot *graisse*.
2. *Journal de pharmacie*, [3], t. XXXVII, p. 466.
3. *Journal de pharmacie*, [1], t. I, p. 342.

2 vol. H, 1 vol. CO^2 (pas entier).

probablement parce que la levure donne un peu d'alcool.

La liqueur conserve une saveur douce [1]. Si l'on évapore, on n'a pas de crystaux ; l'alcool sépare une matière gommeuse, élastique, retenant un peu de sucre, même après de grands lavages à l'alcool.

On obtient cette matière pure en la dissolvant dans l'eau, et ajoutant de la levure fraîche pour détruire le sucre ; on filtre, on évapore à une douce température, et on l'obtient en plaques jaunâtres, demi-transparentes, d'une saveur fade, moins facilement solubles dans l'eau que la gomme arabique, et donnant, avec l'acide azotique, de l'acide oxalique sans acide mucique. D'après Desfosses,

100 de sucre produiraient 109,40 de matière visqueuse.

Le lecteur désireux de connaître plus en détail les vues assez généralement adoptées sur les fermentations trouvera ces détails dans l'article FERMENTATION du Supplément du Dictionnaire de Wurtz, II.

ACIDES PRODUITS PAR LA FERMENTATION

117. Nous avons vu comment le bitétrabéjiate (bimalate) de potasse peut donner naissance, dans le moût, à des sels contenant un acide d'un équivalent plus faible. Le sucre peut donner aussi des acides, et peut-être en forme-t-il quelquefois dans les fermentations. Le fait n'est pas prouvé, si ce n'est pour l'acide lactique.

Rien de plus facile à comprendre que cette transformation, en se reportant aux formules du sucre et de l'acide :

$$\underbrace{C^{12}H^{12}O^{12}}_{\text{Sucre}} = \underbrace{2C^6H^6O^6 = (C^6H^5O^5HO)}_{\text{Acide lactique}} \quad (2)$$

Nous verrons qu'il peut s'en produire beaucoup d'autres.

Suivant Boutron et Fremy, les membranes animales, en parcourant les différentes phases de leur décomposition, « deviennent propres à « former, successivement, quand on les met en contact avec du sucre, « d'abord de l'acide lactique, puis de la mannite, une matière visqueuse, « enfin de l'alcool et de l'acide carbonique. »

1. L'auteur ne parle pas de mannite.
2. Boutron et Fremy. A. C. P. [3], t. II, p. 257.

« ... Lorsqu'on saisit le moment où la membrane peut produire la « fermentation lactique, en la mettant alors en contact avec du sucre, « on reconnaît que, dans ce cas, ce dernier est complètement trans- « formé en acide lactique pur... » — « L'air n'intervient, dans la fer- « mentation lactique, que pour transformer la matière animale en fer- « ment lactique; mais lorsque la modification de la matière animale est « opérée, la fermentation se continue sans la présence de l'air. »

Si le sucre produit de l'acide butyrique, c'est sans doute, sous la seule influence de la chaux.

On a :

M

$$n = \frac{180}{37}$$

$$180\ CaO.HO + 37C^{12}H^{12}O^{12} = \begin{cases} \frac{4}{5} \\ \frac{5}{32} \end{cases} \left| \begin{array}{l} 2C^2HO^3CaO + C^8H^7O^3.CaO + 3HO + H \\ \hline 4C^2HO^3CaO + C^6H^3O^3.CaO + 6HO + 4H \end{array} \right.$$

formule qui explique tous les détails de l'expérience faite sur le sucre (1).

Dans le raisin ou le vin, cette influence de la chaux ne peut se produire. Il est probable que l'acide trouvé dans le vin et qui a paru être butyrique, dérive d'une autre source, la décomposition de l'éther butyrique, par exemple.

On trouvera, sans aucun doute, un assez grand nombre de ces acides dans les liqueurs fermentées, dans le vin plus ou moins altéré, provenant des raisins écorchés par la grêle ou un choc quelconque, ou becquetés par les oiseaux, ou piquetés par les insectes.

118. Fourcroy et Vauquelin ont observé, les premiers dans la fermentation acide de la farine, la production non seulement de l'acide carbonique, mais d'une quantité considérable d'hydrogène (2).

Mais dans le cas dont nous parlons, la farine, *très sèche*, recouvrait probablement une portion plus humide, où la fermentation avait lieu par l'amidon qui se comporte comme le sucre; l'hydrogène retenu dans la farine sèche, comme dans tous les corps poreux, s'est dégagé brusquement du tas éboulé, s'est mêlé avec l'air, et a produit concurremment avec la farine même un mélange détonnant au contact du feu. M. Morozzo ne savait pas, à cette époque, comment l'hydrogène avait pris naissance, mais il l'avait bien reconnu à ses effets.

1. Pendant plusieurs années tout le lactate employé par la Pharmacie n'avait pas d'autre origine.

2. *Annales du muséum*, t. VII.

Il faut cependant bien remarquer la fréquence des explosions de ce genre dans des conditions où ne peut se produire aucune fermentation. Il est certain que les poussières des matières combustibles soulevées dans l'air en proportion de l'oxygène nécessaire à leur combustion peuvent produire des explosions formidables. Les mines de houille *sèches* sont dans ce cas et sont le théâtre d'explosions qu'on croyait dues au *grisou*.

ALCOOLS NOMBREUX DANS LES FERMENTATIONS

119. La formule résultant des expériences de Lavoisier confirmées par Gay-Lussac est

$$C^{12}H^{12}O^{12} = 2C^4H^6O^2 + 4CO^2$$

Mais la fermentation alcoolique donne des résultats plus complexes.

Parmi les produits, plus nombreux que ceux de la formule de Lavoisier, divers chimistes ont trouvé récemment: 1° du bioxyde de diène (aldéhyde); et ensuite les alcools diénique (ordinaire de vin), triénique (propylique), tétrénique (butylique), penténique (amylique).

Avec les alcools, les auteurs ont trouvé de l'acétate de diène (éther acétique), dont ils estiment la proportion à plus de 1/200 dans les produits du commencement des rectifications; cet acétate prendrait naissance par l'oxydation du bioxyde, qui tend à devenir acide acétique, et à s'unir, hydraté, avec le gaz diène (C^4H^4), ou encore par une simple transformation moléculaire du bioxyde $2C^4H^4O^2 = C^4H^4.C^4H^4O^4$, mouvement moléculaire qui expliquerait le réchauffement spontané, la densité 0,806 devenant 0,906, condensation habituellement accompagnée d'un dégagement de chaleur.

Enfin, I. Pierre et Puchot ont reconnu un produit volatil [1].

120. La formation de plusieurs alcools, dans une même fermentation, peut être expliquée sans trop de peine. La molécule $C^{12}H^{12}O^{12}$ du glucose peut être condensée par l'action capillaire de la levure avant sa décomposition, elle peut l'être à divers degrés, suivant l'intensité de la force capillaire. En second lieu, ces molécules condensées peuvent être détruites de bien des manières, c'est-à-dire en donnant des alcools de plus en plus lourds et des proportions variables d'acide carbonique et d'eau. Voici les formules simples: *figures* de ces hypothèses:

1. *Comptes rendus*, t. LXVI, p. 302.

$$
\begin{array}{ll}
1^{\circ} & C^{12}H^{12}O^{12} = 2\,C^{4}H^{6}O^{2} + 4\,CO^{2} \\
2^{\circ} & (C^{12}H^{12}O^{12})^{3} = 4\,C^{6}H^{8}O^{2} + 12\,CO^{2} + 4HO \\
3^{\circ} & C^{12}H^{12}O^{12} = C^{8}H^{10}O^{2} + 4\,CO^{2} + 2HO \\
4^{\circ} & (C^{12}H^{12}O^{12})^{5} = 4\,C^{10}H^{12}O^{2} + 20\,CO^{2} + 12HO
\end{array}
$$

etc., etc.

on peut encore écrire :

$$
\begin{array}{l}
C^{12}H^{12}O^{12} = C^{2}H^{4}O^{2} + C^{6}H^{8}O^{2} + 4CO^{2} \\
(C^{12}H^{12}O^{12})^{2} = C^{4}H^{6}O^{2} + 2C^{6}H^{8}O^{2} + 2CO^{2} + 2HO \\
(C^{12}H^{12}O^{12})^{2} = C^{6}H^{8}O^{2} + C^{10}H^{12}O^{2} + 8CO^{2} + 4HO
\end{array}
$$

etc., etc.

Il n'est pas sans intérêt de montrer à titre de curiosité que le sucre inverti, considéré comme amené à l'état moléculaire supposé p. 233, produirait tous ces alcools. Nous allons le voir dans le tableau suivant où ils figurent tous, à l'exception de l'alcool penténique seul ; encore peut-on expliquer la formation de cet alcool penténique : le dernier produit $C^{24}H^{26}O^{2}$ peut se dédoubler en $C^{10}H^{12}O^{2} + C^{14}H^{14}$, et le corps volatil, observé par plusieurs chimistes, pourrait bien être ce $C^{14}H^{14}$.??

$$
\begin{array}{ll}
1^{\circ} & \left\{\begin{array}{l} C^{12}H^{12}O^{12} - H^{12} + O^{12} = 12CO^{2} \\ C^{24}H^{24}O^{24} + H^{12} - O^{12} = 6C^{4}H^{6}O^{2} \end{array}\right. \\
2^{\circ} & \left\{\begin{array}{l} C^{12}H^{12}O^{12} - H^{8} + O^{16} = 12CO^{2} + 4HO \\ C^{24}H^{24}O^{24} + H^{8} - O^{16} = 4C^{6}H^{8}O^{2} \end{array}\right. \\
3^{\circ} & \left\{\begin{array}{l} C^{12}H^{12}O^{12} - H^{6} + O^{18} = 12CO^{2} + 6HO \\ C^{24}H^{24}O^{24} + H^{6} - O^{18} = 3C^{8}H^{10}O^{2} \end{array}\right. \\
4^{\circ} & \left\{\begin{array}{l} C^{12}H^{12}O^{12} - H^{4} + O^{20} = 12CO^{2} + 8HO \\ C^{24}H^{24}O^{24} + H^{4} - O^{20} = 2C^{12}H^{14}O^{2} \end{array}\right. \\
5^{\circ} & \left\{\begin{array}{l} C^{12}H^{12}O^{12} - H^{2} + O^{22} = 12CO^{2} + 10HO \\ C^{24}H^{24}O^{24} + H^{2} - O^{22} = C^{24}H^{26}O^{2} \end{array}\right.
\end{array}
$$

Je ne veux point donner à ce *jeu de formules* plus d'importance qu'il n'en mérite, mais on voit que les mouvements moléculaires, accompagnés d'élimination d'une certaine quantité d'eau et d'acide carbonique, rendraient facilement compte de la production des nombreux alcools observés.

Ce qui est infiniment plus sérieux, c'est la véritable *explication* donnée par la Théorie Générale. Nous verrons plus loin combien est facile dans les vins la formation du bioxyde de diène (aldehyde). Ce corps mêlé à l'excès d'alcool donne :

$$
n = \frac{46}{44}\, 44\, C^{4}H^{4}(HO)^{2} + 46\, C^{4}H^{4}O^{2} = \begin{array}{l} 1 \\ 2 \end{array}\left\{ \begin{array}{l|l} 42 & C^{4}H^{4}.C^{4}H^{4}(HO)^{2}(=C^{8}H^{10}O^{2}) + O^{2} \\ \hline 2 & C^{4}H^{4}(C^{4}H^{4})^{2}(HO)^{2} = C^{12}H^{14}O^{2} + O^{4} \end{array}\right.
$$

il se forme donc du même coup deux alcools de tétrabique (butyrique) et l'hexénique (caproïque), lorsque de l'oxygène peut-être absorbé par des corps oxydables comme plusieurs de ceux dont les vins sont composés. — Nous y reviendrons.

121. En résumé, les fermentations paraissent pouvoir être expliquées d'une manière très approchée, par deux causes distinctes:

La source la plus féconde, on peut dire *la source unique des fermentations*, est celle qui résulte de la *Loi des mélanges* établie par la Théorie Générale de l'action chimique. D'après cette loi, tout composé de deux constituants dont le poids n'est pas égal, et dont la force d'union est affaiblie par la présence d'un troisième corps où ils sont tous deux solubles, est dans une rupture d'équilibre chimique où les deux constituants se rapprochent d'un simple mélange, et tendent à former des composés nouveaux, dans lesquels le poids du plus *léger* soit uni avec un dérivé du plus *pesant*, réduit à un poids égal, c'est-à-dire où le constituant dont l'équivalent est le plus faible, soit uni avec un dérivé du deuxième constituant, dont l'équivalent est le plus fort, réduit (par degrés) à un poids égal.

J'ai donné des preuves de la vérité de ce principe, par l'explication des faits relatifs à la fermentation du bimalate de potasse, de l'acétate de soude, du sucre en présence des azotates, etc.

Cette grande et, très probablement, UNIQUE cause peut être aidée, plus ou moins puissamment, par les deux causes secondaires dont nous allons résumer les effets:

1° L'influence capillaire des cellules de tous les corps globulaires ou filiformes, etc., nommés ferments. Jamais ces corps ne sont une cause directe, immédiate de la fermentation, ils sont de simples auxiliaires plus ou moins puissants, en raison de la structure et surtout de l'épaisseur de leurs enveloppes, en raison de la petitesse du diamètre de leurs tubes capillaires.

Le sucre inverti, considéré comme formé de plusieurs éléments isomériques $C^{12}H^{12}O^{12}$, est un simple mélange, même avant la dissolution dans une grande quantité d'eau; l'action des divers constituants, glucose, chylariose, etc., resterait presque nulle, puisque leur poids *absolu*, leur équivalent est le même (?); la levure du raisin est d'une *épaisseur convenable* pour rendre leur action très prompte, sans doute en combinant le glucose avec son poids d'eau :

$$C^{12}H^{12}O^{12} = 180 = 20\,HO \qquad C^{12}H^{12}O^{12}(HO)^{20} = 360$$

ce qui permet l'équation :

M

$$n = \frac{360}{180} = 2{,}00$$

$$\underbrace{2C^{12}H^{12}O^{12}}_{\substack{360 \\ \text{Chylariose}}} + \underbrace{C^{12}H^{12}O^{12}(HO)^{20}}_{\substack{360 \\ \text{Glucose hydrate}}} = \underset{264}{12CO^2} + \underset{276}{6C^4H^6O^2} + \underset{180}{20HO}$$

équation sur laquelle je n'insiste pas, ne pouvant l'appuyer jusqu'à présent d'aucune preuve expérimentale, mais qui rend bien simplement compte du phénomène important qui nous occupe. (Voudrait-on admettre l'hydratation du chylariose, et non celle du glucose ? le résultat demeurerait le même).

Non seulement les cellules de levure peuvent amener l'hydratation de l'un des deux sucres ; mais la même puissance capillaire détermine l'action chimique des deux sucres *après* cette modification de l'un d'eux, et la transformation en alcool et acide carbonique nommée fermentation.

C'est par leur épaisseur que les cellules de levure agissent : leur forme générale n'a aucune influence ; de globulaires, elles peuvent devenir cylindroïdes, et continuer de produire la fermentation alcoolique, suivant l'importante observation de A. Trécul et d'autres observateurs (1). Il suffit que leur capillarité demeure la même pour produire les mêmes effets.

La fermentation peut être développée, d'après Béchamp, par la craie de Sens ou du toute origine, à cause de l'existence, dans cette craie, de « toute une génération d'organismes beaucoup plus petits que tous ceux « que nous connaissons ». La fermentation donne à la fois de l'alcool et des acides lactique et butyrique, en même temps que des gaz, acide carbonique et hydrogène.

	Acide carbonique	Hydrogène
Le 25 mai.	3	97
Le 27 juillet	18,5	81,5
Le 20 août.	16	84

On obtient même du gaz des marais et de l'acide heptédique (caproïque) (2).

2° L'influence de certaines matières solubles. Il est clair que ces ma-

1. *Comptes rendus*, t. LXXV, p. 98.
2. *Annales de chimie et de physique*, [4], t. XIII, p. 103.

tières peuvent changer l'équivalent chimique de l'un des deux corps en présence, et déterminer une action chimique spéciale. Ce n'est plus une fermentation, dans le sens restreint donné à ce mot; il n'y a plus de ferment proprement dit. Il y a une action ordinaire, plus ou moins prononcée, mais en général faible.

La fermentation, dite *ammoniacale*, est presque toujours, sinon toujours, due à une décomposition de ce genre.

Réduite à ces termes, la fermentation rentre dans le cadre général des actions chimiques: les ferments peuvent être des auxiliaires dont l'influence n'a rien en dehors de la capillarité; cette influence peut atteindre, en certains cas, la limite de l'action chimique, et si elle fait varier les produits de cette action entre les mêmes corps, cela tient uniquement aux différentes dimensions des corps microscopiques nommés ferments.

122. Si les cellules de levure fonctionnent en raison de leurs dimensions capillaires, d'autres cellules de mêmes dimensions doivent pouvoir les remplacer pour produire la fermentation alcoolique. C'est ce qui a été mis en évidence par des élèves même, de l'école où les ferments spéciaux ont été causes de tant d'erreurs.

Deux de ces élèves, Lechartier et Bellamy, suspendent des fruits (poires, pommes, cerises, groseilles, citrons, nèfles, châtaignes, blé, lin, pommes de terre) dans une éprouvette à pied communiquant par un tube avec une éprouvette renversée, pleine de mercure sur la cuve. Ils les abandonnent à eux-mêmes, et observent leurs transformations. L'oxygène, de l'atmosphère limitée autour du fruit, est absorbé; après cette absorption, un dégagement régulier d'acide carbonique à lieu; puis un temps d'arrêt suivi d'un nouveau dégagement, de plus en plus rapide; et finalement le fruit, dont la couleur ne change pas, présente des rides, sans humidité visqueuse. On peut le réduire promptement en pulpe et en extraire de l'alcool.

Deux poires, pesant ensemble 282 grammes, conservées ainsi du 12 novembre au 29 juillet, plus de huit mois, avec du chlorure de calcium au fond des éprouvettes, ont donné

Gaz acide carbonique.	1762 cc.
Alcool.	2 gr.,62

Leur odeur et leur consistance étaient celles des poires blettes. Elles avaient perdu 134 grammes d'eau, mais il leur en restait encore 69/100 de leur poids.

« Des observations microscopiques faites à différentes distances du « centre n'y ont pas fait découvrir de ferment alcoolique. »

Le dégagement d'acide carbonique a été « complètement nul » du 8 avril au 19 juillet. Les auteurs font remarquer « que l'existence du « ferment dans les poires leur paraît incompatible avec la cessation de « toute activité pendant un intervalle de temps aussi considérable. » Rien de plus clair.

D'autres expériences, très nombreuses, les ont conduits aux mêmes conclusions [1].

Fremy a obtenu des résultats tout à fait semblables, et il en conclut que « le ferment alcoolique peut se présenter sous les formes les plus diverses [2]. »

Tous ces faits donnent à notre Théorie l'appui le plus incontestable.

Parmi les ferments solubles, *indirects* (!), etc., nous devons citer:

La *diastase*, extraite de l'orge germée; elle saccharifie l'amidon.

L'*émulsine* des amandes; elle change l'amygdaline en essence d'amandes amères.

La *pepsine* de la muqueuse stomacale; puissante pour dissoudre la viande musculaire.

La *ptyaline* de la salive; très analogue à la diastase.

On isole tous ces corps par divers' procédés; voici l'un des plus employés:

Par exemple pour la pepsine, on hache la muqueuse, (de l'estomac du veau) débarrassée de la membrane musculaire, et on la fait digérer à + 35° avec de l'eau contenant $\frac{1}{20}$ d'alcool On filtre et on fait évaporer à + 30° ou 40°, en extrait. Celui-ci cède facilement la pepsine à l'eau de lavage.

Petit recommande cette matière ainsi obtenue, dont l'activité est très grande: de la viande hachée délayée dans de l'eau pepsinée, chauffée à + 30 ou 40 degrés, se dissout rapidement. On l'administre aux personnes dont l'estomac a perdu son énergie. (Recherches sur la pepsine, Paris 1881).

On ne connaît exactement la composition d'aucune de ces substances, il est très difficile de les obtenir pures ; mais telles quelles, on est frappé

1. *Comptes rendus*, t. LXXV, p. 1203 et t. LXXIX, pp. 949 et 1006.
2. *Comptes rendus*, t. LXXV, pp. 976 et 1060.

de leur puissance. 1 de diastase peut dissoudre 1000 d'amidon, etc... Toutefois cette puissance même n'est pas connue dans son essence, à beaucoup près. Quand les 2000 d'amidon ont éprouvé la saccharification, ils sont chargés, non pas totalement en sucre, mais en sucre (glucose) et dextrine, à équivalents inégaux. La dextrine pouvant elle-même se changer en glucose, une addition de diastase devrait achever cette saccharification ; il n'en est rien, le mélange résiste.

La diastase ne serait pas un produit régulier, d'après Dubrunfaut ; ce serait un dérivé de la maltine altérée par les procédés de préparation. L'auteur appelle maltine un produit extrait du malt, « non encore « amené à un état de pureté absolue », mais différant assez, par ses caractères physiques et chimiques, de la diastase, pour mériter un nom nouveau. Ce corps forme un composé insoluble avec l'acide tannique, doué des mêmes propriétés actives, et ces propriétés sont telles qu'*une partie de maltine liquéfie 100 à 200 mille fois son poids de fécule* (convertie d'avance en empois). L'orge germée, de bonne qualité, en renferme au moins un centième, c'est-à-dire dix fois ce qui est utile à la confection de la bière. On pourrait en recueillir les 9/10 et les faire servir à d'autres usages. Cette maltine est facile à obtenir : On prépare une infusion aqueuse concentrée d'orge germée et on la mêle avec 2 volumes d'alcool à 90 centièmes. La maltine est précipitée en flocons.

Le liquide filtré peut offrir un autre produit : en y ajoutant de l'alcool, on obtient la séparation d'un sirop, adhérent aux flacons, soluble en toutes proportions dans l'eau, optiquement neutre, contenant 3 ou 4 centièmes d'azote, et doué du pouvoir *glucosant* de la diastase (1 partie transforme 2000 de fécule), non par lui-même, mais par le mélange d'un peu de maltine.

En résumé, 1000 parties de malt contiendraient :

Matière azotée inactive, séparable par la chaleur.	5
Matière brune, fort active..	10
Matière, optiquement neutre, active au degré de la diastase . .	15

La maltine existerait dans toutes les céréales crues, et dans les eaux potables [1].

Ces résultats ont le plus grand besoin de confirmation.

1. *Comptes rendus*, t. LXVI, p. 274.

Tout ce qui touche à ces composés est donc, aujourd'hui même, encore très obscur ; j'ai dû en dire quelques mots, mais je ne puis insister davantage pour ne pas imposer au lecteur une fatigue malheureusement peu utile.

Il nous reste à constater une seconde fois le phénomène très remarquable de l'inaltérabilité, d'une partie, plus ou moins considérable, des sucres, en présence d'une levure même très active. Nous avons déjà signalé ce phénomène (p. 206) ; J. Boussingault a cru pouvoir attribuer le fait à tel ou tel sucre ; ainsi le chylariose liquide, réducteur, n'est pas fermentescible en entier ; il en échappe 1/10 environ qui résiste à la fermentation. Le fait s'observe avec le raisin et les fruits à noyau (1).

Plus tard le même auteur a semblé attribuer l'inaltérabilité à une variété de glucose, et ce glucose qui échappe à la fermentation a été trouvé en centièmes :

Suc d'agave.	0,0
Cidre.	0,4 à 0,8
Vin	0,4 à 0,8
Mirabelles	1,2 à 1,9
Zwetschen (prunes d'Alsace) . . .	0,6 à 0,7 (2)

Ce sujet, resté des plus obscurs et nécessitant des études nouvelles très attentives, je l'ai grandement élucidé par mes expériences (3).

Il y a toute une série de corps dont la présence dans les fermentations alcooliques des *jus sucrés* est, comme nous l'avons vu tout à l'heure, incontestable : ce sont des alcools différents de l'alcool ordinaire. Ces composés ne se produisent jamais en proportion notable, mais leurs propriétés modifient celles des *produits de distillation*, par eux-mêmes, ou par leurs dérivés (oxydation, éthèrification, etc.), avec assez d'étendue pour exiger une étude dont il faut nous occuper avant d'aller plus loin.

Ce point est important et nécessite quelques explications. On doit à Philippe Taylor la première indication de l'existence de produits analogues à l'alcool du vin, non pas comme la partie vineuse du cidre, de la bière, ou des autres liqueurs fermentées, laquelle est absolument identique à celle du vin et n'est autre chose que l'alcool *ordinaire* dont

1. *Annales de chimie et de physique* [4], t. VIII, p. 210.
2. *Annales de chimie et de physique*, [4], t. XI, p. 434.
3. *Journal des fabricants de sucre*, 1872 et *Traité du sucre*, t. I, p. 207.

nous venons de parler, mais analogues par l'ensemble de leurs propriétés, tout en offrant une autre composition atomique.

L'alcool ordinaire $C^4H^6O^2$ est une combinaison d'un carbure C^4H^4, avec de l'eau H^2O^2. — L'oxygène le change en acide acétique $C^4H^4H^4$, puis en aldéhyde $C^4H^4O^2$. — Par les acides on en tire de l'éther C^4H^5O, et des éthers composés comme l'éther acétique C^4H^4. $C^4H^4O^4$, etc.

L'esprit-de-bois signalé par Taylor, comme analogue à *l'esprit-de-vin*, est en effet, comme Dumas et Péligot l'ont prouvé, un liquide comparable à l'alcool dans presque toutes les circonstances possibles, sinon dans toutes (1). Ainsi ce liquide est formé d'un carbure C^2H^2 (analogue au carbure C^4H^4), et de la même quantité d'eau H^2O^2 unie à C^4H^4 dans l'alcool de vin. L'oxygène change ce liquide en un corps $C^2O^2H^4$, acide monédique, (l'acide des fourmis ou acide formique), semblable à l'acide diédique (acétique) ; les acides peuvent en faire découler un éther C^2H^3O, analogue à l'éther ordinaire, et des éthers composés tout à fait semblables à ceux dont l'alcool du vin est la source. L'analogie est des plus évidentes et nous devons appeler ce liquide alcool *monénique* (ou *esprit-de-bois, alcool méthylique*, etc.).

On connait aujourd'hui plusieurs alcools unis les uns aux autres par les mêmes relations générales. Ces alcools diffèrent par le carbure d'hydrogène qu'ils contiennent, C^2H^2, C^4H^4, C^4H^4, C^6H^6, etc. Mais ce carbure est encore formé du même nombre d'équivalents de carbone et d'hydrogène, et de plus il renferme toujours un certain nombre de fois C^2H^2. Ainsi l'alcool ordinaire, du vin $C^4H^6O^2$, contient le bicarbure C^4H^4, qui revient à deux fois C^2H^2, carbure de l'esprit-de-bois, et semble n'être qu'un produit de la condensation de ce premier. De même l'alcool triénique (propylique) renferme un carbure C^6H^6, qui représente trois fois C^2H^2, et parait être le résultat d'une triple condensation de ce carbure, etc. Tous ces alcools dériveraient donc du carbure C^2H^2, plus ou moins condensé et toujours uni à 2HO. Leur analogie est donc très grande.

En outre, tous ces alcools produisent, dans les mêmes circonstances, des résultats dont l'analogie diminue à mesure de cette condensation, et à l'égard desquels les chimistes n'avaient pu établir une règle certaine. J'ai donné cette règle par la découverte de la Théorie Générale dont la certitude et la généralité sont absolues.

Maintenant ces considérations théoriques restent-elles dans le sujet qui nous occupe d'une application pratique ? Elles sont d'une grande

1. *Annales de chimie et de physique*, [2], t. LVIII, p. 5.

importance dans l'étude des vins de toute nature, car l'expérience a prouvé que les séries, ou familles, de corps analogues, dont nous établissons l'existence dans nos laboratoires, présentent en général une réunion de tous leurs membres dans les mêmes circonstances naturelles. Et par conséquent, lorsque nous voyons l'alcool ordinaire apparaître dans la fermentation du raisin, nous devons nous attendre à rencontrer en même temps tous les autres alcools mêlés avec lui, non pas en égale proportion, mais en doses appréciables, et dérivant de la même source (le sucre de raisin).

Cette règle se vérifie de jour en jour pour le vin : Ainsi, la fermentation des hexéloses (1), qui produit l'alcool ordinaire, y donne toujours lieu à la formation de l'alcool penténique (amylique), $C^{10}H^{12}O^2$. Balard a prouvé directement son existence dans le vin, en examinant avec soin les produits de la distillation en grand (2).

Chancel, en examinant l'huile des marcs de raisins y a trouvé plus de moitié d'alcool propylique $C^6H^8O^2$. Cet alcool triénique (*propionique*, etc.) prend-il naissance dans la fermentation alcoolique ? Wurtz a examiné la question en distillant *ad hoc* 20 litres d'huile de betterave (*Distillation*), Livre III) et n'en a pas trouvé trace (3). De son côté, Faget parvint à extraire des mêmes huiles l'alcool hexènique (caproïque, etc.), $C^{12}H^{14}O^2$ (4).

Plus tard, Wurtz a établi que l'alcool amylique est toujours mêlé d'alcool tétrénique (butyrique), $C^8H^{10}O^2$ (5).

Récemment, Is. Pierre et Puchot ont prouvé par des expériences nombreuses que la fermentation des mélasses produit un grand nombre d'alcools (6).

Les liqueurs fermentées, en général, renferment donc, au moins, huit ou dix alcools : à la vérité, la proportion de ces corps est extrêmement faible ; mais elle n'est pas négligeable, surtout pour le consommateur, ces liquides ayant une saveur et une odeur différentes de celles de l'alcool ordinaire, $C^4H^6O^2$, quoiqu'ils ne se trouvent dans le liquide qu'en proportions très faibles.

1. Le nom de *glucose* est un barcarisme véritable, auquel on s'est trop habitué malheureusement.
2. *Annales de chimie et de physique*, [3], t. XII, p. 294.
3. *Annales de chimie et de physique*, [2], t. XLII, p. 129.
4. *Comptes rendus*, t. XXXVII, p. 730.
5. *Annales de chimie et de physique*, [3], t. XLII, p. 133.
6. *Comptes rendus*, t. LXVI, p. 302 et *Annales*, [4], t. XXII p. 234.

On peut saisir, d'un coup d'œil, le changement essentiel du moût dans la production du vin. Bien évidemment ce changement essentiel est celui du *sucre du raisin*, mélange complexe, en alcool diénique (vinique ou *ordinaire*): ensuite le plus important, celui dont on n'a pas eu connaissance exactement avant cette présente édition, c'est la transformation, l'*oxydation* de l'acide tétrabéjique (malique) en acide tétrabélique (ou tartrique). Enfin la production de l'œnocyanine colorée, par oxydation aussi, de l'œnocyanine incolore — celle de l'œnochrysine — puis la formation de la glycérine et de l'acide tétrabHique (succinique).

CHAPITRE IV

NATURE DES VINS

ALCOOL DIENIQUE *(alcool du vin ou ordinaire)*

Le produit le plus caractéristique de la fermentation du moût de raisin est l'alcool diénique; c'est par lui que nous devons commencer.

État naturel. — L'alcool ne peut exister dans la nature si non accidentellement. Il n'existe pas tout formé dans le raisin ni dans d'autres végétaux à l'état sain. Je l'ai trouvé dans les immondices des rues de Paris où existait une grande quantité de cosses de pois en fermentation [1].

Préparation. Nous avons vu sa formation dans la fermentation du sucre : il est alors mêlé avec une quantité d'eau plus ou moins grande. Pour l'obtenir pur, on le concentre d'abord par la distillation. Cette opération bien connue ne permet pas de le séparer entièrement de l'eau avec laquelle il est mêlé; mais elle divise le mélange en deux parties, l'une qui distille la première et est plus riche en alcool, l'autre qui reste la dernière dans l'alambic et est plus pauvre. Par des distillations répétées on arrive à un mélange de 95 *volumes* d'alcool et 5 d'eau.

La séparation totale exige une opération chimique. Il faut mettre le mélange dans la chaudière d'un alambic et introduire dans le liquide une matière capable de retenir l'eau malgré la chaleur. On peut trouver un certain nombre de matières douées de ce pouvoir. La chaux est toujours préférée aujourd'hui; on en met par litre 500 grammes, ce qui est trois fois le nécessaire, mais on évite ainsi le dégagement de chaleur causé par l'union de la chaux avec l'eau; il est même prudent, pour éviter cet inconvénient (l'alcool pourrait bouillir et se dégager en l'absence du distillateur), d'abord de ne pas oublier d'ajuster le serpentin à la chaudière pour recueillir l'alcool en cas d'échauffement trop brusque et ensuite de placer un vase au bec du serpentin.

Au bout de vingt-quatre heures au moins, on peut chauffer dans le bain d'eau, ou à la vapeur, l'alcool distille aisément et ne retient plus

1. C. R., t. LXXXV, p. 232, juillet 1877.

d'eau. Cependant, si la chaux n'est pas de très bonne qualité, il est bon de faire une seconde opération toute semblable.

Il est bon même dans le bain d'eau, ou à la vapeur, de ne pas distiller sur la chaux, mais de chauler dans un vase spécial et de décanter l'alcool dans la chaudière au moyen d'un siphon: on évite ainsi en partie un peu de mauvais goût donné par la chaux.

La chaux peut être remplacée par du diédate acétate de potasse, qui est cher, mais peut servir plusieurs fois; il ne donne pas de mauvais goût et n'expose pas au trop fort dégagement de chaleur. Baumé en faisait usage.

— Au lieu de la distillation pour concentrer les *flegmes*,, on peut faire usage de moyens lents mais moins coûteux. L'un dont les contrebandiers ont été les inventeurs sans le savoir, est de loger le flegme dans une vessie et de laisser cette vessie quelque temps à l'air, Gal a fait sur ce sujet des expériences qui permettent d'apprécier le procédé; lorsque la vessie est dans un air sec, à + 10°, le titre alcoolique augmente régulièrement; mais dans un air humide, au maximum, l'alcool s'affaiblit sans cesse. Dans un air à — 10°.

L'alcool à	95°	est tombé à	30°	en deux mois (1).
—	88	—	12	—
—	64	—	10	—
—	45	—	0	—

Et il ne restait que de la glace.

Dans un air à — 30° l'alcool à 48° est tombé encore et plus rapidement.

L'auteur a enfermé le liquide dans un crystallisoir à tubulure latérale et couvert d'une membrane, tantôt dans la position ordinaire, tantôt renversée, la membrane baignée par le liquide. Le titre s'est toujours abaissé.

L'épaisseur de la membrane joue un rôle important, la baudruche produit plus rapidement l'effet que le parchemin.

— On a proposé en Angleterre un moyen de concentration qui se rapproche du précédent. On plonge dans l'alcool des lames de belle gélatine qui absorbe l'eau, et devient molle *lentement*, l'alcool reste limpide. (*The Chemist and Druggist* 1883, 74.)

Composition. Elle est on ne peut mieux connue; la voici :

1. C. R. t. XIV, p. 844.

	En centièmes.	En nombres entiers les plus simples	En équivalents chimiques
Carbone	52,17	12	24 C^4
Hydrogène . . . , ...	13,05	3	6 H^6
Oxygène	34,78	8	16 O^2
	100,00	23	46

123. *Propriétés physiques.* — L'alcool pur, anhydre, est liquide entre un froid de —130°,5 où il est comme une huile épaisse, et + 78°,4 (0^m,760) où il devient vapeur.

La formule brute $C^4H^6O^2$ peut être décomposée rationnellement en $C^4H^4 + H^2O^2$: C^4H^4 n'est autre chose que la partie la plus éclairante du *gaz de l'éclairage*, ou le *diène* (*bicarbure d'hydrogène*), et H^2O^2 représente de *l'eau*; c'est-à-dire que l'alcool pur doit être envisagé comme un composé de diène et d'eau. Nous avons vu plus haut comment la nature de l'alcool se rattache à celle du sucre, dont il dérive par la fermentation (p. 251).

L'alcool est plus léger que l'eau, sa densité, rapportée à celle de l'eau à + 4° (maximum) est

	Gay Lussac	d'après Kopp.
à 0°.	0,80000	0.8095
+ 15°.	0,79470	0,7939 (+15°,5)
17°.	0,79235	
20°.	0,79100	0,792
78°,41.	0,73860	

Gmelin a trouvé 0,8062 à 0° — l'eau étant 1,000 à = 3°78.

A la température de + 20 degrés, d'après Graham, l'alcool absolu possède une *capillarité* relative au verre assez faible pour couler presque aussi vite que l'eau, dans un même tube [1]. Lorsque l'eau ne demande pas plus de 470 secondes, l'alcool en exige 562, ou à très peu près, 6 pour 5. Chose remarquable, une addition d'eau dans l'alcool forme un mélange bien plus lent à couler que l'alcool seul. Au lieu de 562 secondes, il en faut 1310 quand le mélange est formé avec 6 équivalents d'eau. (Voy. un peu plus loin *Action de l'eau*).

1. A. C. P. [4], t. I. p. 142.

On a essayé d'utiliser cette propriété pour l'analyse des alcools faibles (vins, etc.); jusqu'à présent on n'a pas réussi (1).

Je dois renvoyer, pour les considérations théoriques, au Mémoire de l'auteur (1).

124. La dilatation de l'alcool est utile à connaitre : j'en ai fait l'étude avec les plus grands soins, et j'ai trouvé qu'elle peut être représentée de 0° à + 35°, par l'équation :

$$D = at - bt^2 + ct^3$$
$$a = 0{,}001097237$$
$$b = 0{,}0000003131088$$
$$c = 0{,}000000026458$$

Cette équation donne pour D :

+ 5°.	0,00548168
10°.	0,01096761
15°.	0,01647742
20°.	0,02203190
25°.	0,02764872
30°.	0,03335216
35°.	0,03915424

On le voit, il se dilate assez fortement.

— Hirn a donné une autre équation basée sur la densité trouvée par Kopp et sur la formule donnée par cet auteur, les résultats diffèrent peu des miens, et la différence est certainement due à une faible hydratation de l'alcool étudié par ce physicien (2).

Muncke a donné une équation analogue (3).

I. Pierre en a donné une troisième basée sur la formule de Kopp.

D'après son équation, dont les racines sont imaginaires, I. Pierre affirme que l'alcool n'a pas de maximum de densité.

Dv = 1,613 (Gay-Lussac) 4 volumes. (4)
= 1,620 calculée — (l'air à 0° et $0^m{,}760$)
à l'ébullition 1 litre de vapeur pèse 2 gr.,07849

— L'alcool est très compressible ; de 0, 00000228 par degré (A.C.P. [3] I, 142).

1. A. C. P. [4], t. V, p. 284.
2. *Annales de chimie et de physique*, [4], t. X, p. 48.
3. A. C. P. [4], t. III, p. 89.
4. Dv., signifie densité de vapeur.

— La chaleur spécifique de l'alcool est 0,644 (Favre et Silbermann).

— La chaleur latente au point d'ébullition est 208 (Dupré).

— L'alcool réfracte assez fortement la lumière; son indice est 1,374, celui de l'eau étant 1,336.

Le spectre de la lumière électrique dans l'alcool ne présente aucune raie brillante ; il est très continu et très intense (A. C. P. [3], t. XXXI, p. 325).

125. *Propriétés chimiques.* — Un des principaux caractères de l'alcool est son action avec l'oxygène. Ce gaz est un peu soluble. Carius a trouvé le coefficient C=0.28397 à toute température; ainsi 1 litre d'alcool dissout à peu près 4^g d'oxygène (4,061), c'est un équivalent d'oxygène dans 34,6 équivalents d'alcool. On n'a pas encore fait d'expériences pour étudier cette action, elle donnerait un mélange de sept équivalents d'acide diéfique (glycolique) et 1 d'acide diédique (acétique) (B.S.C.XIX,243).

J'ai attiré l'attention des chimistes sur les *combustions incomplètes*, elles ont lieu dans des conditions toutes semblables à celles dont je viens de parler (chauffage en vase clos). J'ai obtenu l'acide diéfique malgré les difficultés de l'expérience.

— Quand la combustion est complète, on a :

$$\underbrace{C^4H^4(HO)^2}_{4\text{ v.}} + \underbrace{12\,O}_{12\text{ v.}} = \underbrace{4\,CO^2}_{8\text{ v.}} + \underbrace{6\,HO}_{12\text{ v.}}$$

Cette combustion peut se produire dans le mélange de vapeur d'alcool et d'oxygène; elle occasionne une explosion très vive, l'alcool et l'oxygène occupent 16 volumes, deviennent eau et acide carbonique en augmentant de 4 volumes : mais la combustion produit beaucoup de chaleur.

1 gramme d'alcool développe 71,84 calories (Favre et Silbermann).
1 litre de vapeur développe 15060 calories.

Ainsi 4 litres dégagent 60240 calories qui sont employées à dilater les 20 litres d'acide carbonique et de vapeur d'eau ; les 20 litres deviennent près de 8,000 et produisent une grande force.

L'explosion est très redoutable même avec l'air où l'oxygène est mêlé avec 4 volumes d'azote. On a :

$$\underbrace{C^4H^4(HO)^2}_{4\ v.} + \underbrace{12\,O}_{12\ v.} + \underbrace{48\,Ar}_{96\ v.} = \underbrace{4\,CO^2}_{8\ v,} + \underbrace{6\,HO}_{12\ v.} + \underbrace{48\,Ar}_{96\ v.}$$

112 volumes ne deviennent pas plus de 116 pour une température constante : mais les 116 volumes sont portés à 6700 par la chaleur et produisent alors une très grande force.

Le cas se présente dans les caves à alcool, les ateliers de distillerie. La vapeur hydroalcoolique toujours plus lourde que l'air forme une couche à la partie inférieure de l'air avec lequel son mélange dans des proportions voisines de celles que nous venons d'écrire a lieu facilement. Il ne faut alors aucun contact avec un corps porté au rouge, aucune flamme. Les lampes de sûreté, électriques où à huile, sont indispensables.

— Au lieu d'oxygène pur, on peut rencontrer les corps oxydants en contact avec l'alcool, et leur action mérite une certaine étude.

Voici le tableau des puissances relatives des principaux oxydants :

DANS LES ACTIONS DE CONTACT

1 équivalent d'O (8 gr.) est donné par :	6,82	c. cubes d'acide azotique	AzO^5HO
	7,04	— —	$AzO^5\,(HO)^6$
	16	— de chaux sodée	$2NaO.HO(CaO)^3$
	18,8	— soude —	$NaO.HO$
	19,6	— —	$(CrO^3.PbO)^2 + 2\,SO^3HO$
	28	— potasse	$KO.HO$
	35,7	— eau et chlore	$Cl + HO$
	45,6	— chaux potassée	$KO.HO + 2\,CaO$
	52,8	— —	$(CrO^3)^2.KO + 4\,SO^3HO$
	63,2	— —	$KO.HO + 4\,CaO$

DANS LES ACTIONS DE MÉLANGE

1 équivalent d'O (8 gr.) est donné par :	63	grammes d'acide AzO^5HO réduit en	AzO^4
	31,5	— — — —	AzO^3
	108	— — $AzO^5(HO)^6$ —	AzO^4
	54	— — — —	AzO^3
	50,3	— — CrO^3 —	CrO^2
	33,5	— — — —	Cr^2O^3
	15,1	— — ClO^5 —	$Cl + O^5$
	114,5	— de $CrO^3)^2\,KO + 4\,SO^3HO$ en	Cr^2O^3

— Examinons d'abord celle de l'acide azotique. Il faut, pour éviter une action trop vive, prendre cet acide étendu : malgré cette addition de beaucoup d'eau, on peut admettre d'abord l'action entre les deux corps anhydres. n a :

[M]

$$n = \frac{54}{46}$$

$$54\, C^4H^4(HO)^2 + 46\, AzO^5 = \frac{1}{2}\left\{ \frac{38}{8} \left| \frac{C^4H^2(HO)^2 + AzO^3(HO)^2}{C^4H^2(HO)^2 + \underset{38}{AzO^3}(\underset{37}{C^4H^4})HO + 3HO} \right. \right.$$

L'alcool peut traverser un tube en verre chauffé au ramollissement (700 degrés environ) ou même un tube en porcelaine chauffé à 1000 degrés sans être entièrement décomposé. — La Théorie générale permet de comprendre les résultats malgré leur complication (tout à fait imprévue dans les idées classiques).

Dans ces idées on devrait avoir :

A une température modérée. . . .	$C^4H^4 + 2HO$
A une température plus haute.. . .	$C^4H^2 + H^2 + 2HO$

Jusqu'à présent ces idées n'ont pas même conduit à un *soupçon* de la réalité.

L'expérience donne :

Les corps oxygénés $C^4H^4O^2$, $C^4H^4O^4$ — des hydrocarbures C^4H^4 et de l'hydrogène : ce qui ne peut beaucoup surprendre ; mais elle fournit aussi des corps dont l'origine est absolument imprévue : $C^{12}H^6$ hexafène (benzine), $C^{20}H^8$ decilène (naphtaline), $C^{12}H^6O^2$ acide hexafébique (phénique).

Pour la Théorie générale, ces formations sont prévues et éclairées d'une lumière vive. A la température d'environ 5 à 600 degrés, C^4H^4 et $(HO)^2$ deviennent un simple mélange — dont les éléments peuvent agir suivant la loi générale :

[M]

$$n = \frac{28}{9}$$

$$28\, HO + 9\, C^4H^4 = \frac{3}{4}\left\{ \frac{8}{1} \left| \frac{C^2H^2O + C^2H^3 + 2HO}{C^2H^2O + C^2H^3 + 3HO} \right. \right.$$

Les deux corps C^2H^2O et C^2H^3 sont $C^4H^4O^2$ et C^4H^6 : tels sont les corps formés par l'action normale. — En même temps les 28 HO qui n'ont agi qu'avec $9C^4H^4$ en ont laissé 5 *libres*, lesquels se dégagent au moins partiellement : une partie doit donner C^8H^8.

L'action secondaire entre $C^4H^4O^2$ et C^4H^6 donne *ensuite* :

[M]
$$n = \frac{44}{30}$$

$$44\,C^4H^6 + 30\,C^4H^4O^2 = \begin{matrix}1\\2\end{matrix}\left\{\begin{array}{l|l}16 & C^8H^8 + 2HO\\ \hline 14 & C^{12}H^{14} + 2HO\end{array}\right.$$

$C^{12}H^{14}$ a échappé, comme C^8H^8 aux observateurs. $14C^4H^6$ restent libres.

Une action tertiaire donne :

[M]
$$n = \frac{98}{56}$$

$$98\,C^8H^8 + 56\,C^{12}H^{14} = \begin{matrix}1\\2\end{matrix}\left\{\begin{array}{l|l}14 & C^{20}H^{22}\\ \hline 42 & C^{28}H^{30}\end{array}\right.$$

Si la température est élevée, ces deux corps se réduisent à $C^{20}H^8 + 14H$ parce que $C^{20} : H^8 :: 15 : 1$.

Je ne saurais trop recommander à mes lecteurs ce moyen *unique* de calculer les pyrolyses (comme toute la chimie).

On a obtenu tous les corps indiqués dans cette équation, et, de plus, en faisant agir tantôt l'alcool, tantôt l'acide en *excès*, on a observé :

L'acide	$C^2\ O^4$ carbonique.	L'acide	$C^4H^2O^4$ ou glyoxal.
—	$C^2H\ O^4$ oxalique.	—	$C^4H^4O^6$ glycolique.
—	$C^2H^2O^4$ formique.	—	$C^4H^4O^8$ glyoxylique.

et même l'acide saccharique $C^{12}H^{12}O^{16}$
puis de l'éther azotique $C^4H^5O.AzO^5$ et beaucoup d'autres corps.

Je n'insiste pas, ces actions s'éloignant de notre sujet (voir A.C.P. [3], XXXIII, 296).

Parmi les corps oxydants, il nous faut dire encore quelques mots de 1° ClO^5 l'acide chlorique : même avec un peu plus d'un équivalent d'eau, il produit une explosion en tombant dans l'alcool absolu ; on a :

[M]
$$n = \frac{75,5}{46}$$

$$75,5\,C^4H^4(HO)^2 + 46\,ClO^5 = \begin{matrix}1\\2\end{matrix}\left\{\begin{array}{l|l}16,5 & C^4H^4O^6 + HClHO\ (\text{ou}\ C^4H^3ClO^4 + 3HO)\\ \hline 29,5 & C^8H^8O^6 + HCl(HO)^3\ \ (C^8H^7ClO^6 + 3HO)\end{array}\right.$$

2° CrO^3 l'acide chromique : Son action est encore vive, mais moins que la précédente :

[M] $$n = \frac{50,3}{46}$$

$$50,3\ C^4H^4(HO)^2 + 46\ CrO^3 = \begin{matrix}1\\2\end{matrix}\left\{\begin{array}{r|l}41,7 & CrO + C^4H^4O^2 + H^2O^2 \\ \hline 4,3 & CrO + C^4H^{10}O^4 + (HO)^2\end{array}\right.$$

— Enfin de Mn^2O^7. KO, l'action est lente dans l'eau.

[M] $$n = \frac{158}{46}$$

$$158 C^4H^4(HO)^2 + 46\ Mn^2O^7KO = \begin{matrix}3\\4\end{matrix}\left\{\begin{array}{r|l}26 & C^4H^3O^3.KO + Mn^2O^3(HO)^3 + 2C^4H^3(HO)^3 \\ & \quad 51 \quad\quad 47 \quad\quad 79 \quad\quad 27 \\ \hline 20 & — \quad — \quad — \quad — + 3\end{array}\right.$$

L'action est peu intense parce qu'une grande partie de l'alcool reste *inemployée*. — (Les liqueurs étant neutres, il faut réserver la formation du $(MnO^3)^nKO\,(HO)^x$.)

126. *Action du chlore.* — Elle est très intéressante, très vive; il faut commencer avec l'alcool dans la glace.

[M] $$n = \frac{46}{35,5}$$

$$\begin{matrix}46\ Cl + 35,5\ C^4H^4(HO)^2 \\ \text{ou } C^4H^4O^2 2HCl^2\end{matrix} = \begin{matrix}1\\2\end{matrix}\left\{\begin{array}{r|l}25 & \text{en tout } 12\ C^8H^7Cl + HCl(HO)^4 \\ \hline 10,5 & C^4H^3Cl + HCl(HO)^2\end{array}\right.$$

On peut donc obtenir deux genres de composés avec un excès d'alcool, ceux de C^8H^7Cl et ceux de C^4H^3Cl.

Pour C^4H^3Cl on a :

[M] $$n = \frac{62,5}{46}$$

$$62,5 C^4H^4H^2O^2 + 46 C^4H^3Cl = \begin{matrix}1\\2\end{matrix}\left\{\begin{array}{r|l}29,5 & C^8H^7Cl + 2HO \text{ ou } C^8H^9ClO^2 \\ \hline 16,5 & C^{12}H^{11}Cl + 4HO \text{ ou } C^{12}H^{15}ClO^4\end{array}\right.$$

Le lecteur pourra facilement continuer ces calculs et voir à quel point Lieben, Wurtz et Dumas sont restés dans l'erreur en étudiant cette action (A.C.P.[3],LII,343). — Ils ont voulu voir l'acétal $C^{12}H^{14}O^4$ et ses dérivés ; leurs analyses s'accordent mieux avec $C^{12}H^{15}ClO^4$ qu'avec $C^{12}H^{15}ClO^1$ (mais $H^{13}Cl$ laisse voir H^{14}).

La seule chose à retenir, c'est la complexité de l'action. Avec de l'alcool tantôt « très concentré », tantôt à 86°, tantôt à 44°. Ces chimistes ont obtenu $C^4H^4O^2$, $C^4H^4O^4$, $C^2H^2O^4$, des éthers C^2HO^4, C^4H^4 — $C^4H^4O^4$, C^4H^4. — et les produits $C^8H^2Cl^2O^4$, $C^{12}H^{15}ClO^4$, sans démêler un seul instant le sens vrai de l'action.

Action du brôme. — On peut l'unir à l'alcool et Schutzenberger qui a fait cette étude dit « la combinaison avec l'alcool contient probablement trois atomes pour deux molécules d'alcool ». Probablement !

Le calcul de la Théorie générale indique d'autres membres faciles à calculer.

Action de l'iode. — L'alcool le dissout abondamment, leur action est lente. La teinture des pharmaciens l'offre avec le temps. On a :

[M] $$n = \frac{127}{46} \quad 127C^4H^6O^2 + 46I$$

$$= \begin{matrix} 2 \\ 3 \end{matrix}\left\{\frac{11}{35}\right| \frac{C^4H^4IH + C^4H^4(HO)^2 + HO + O}{- \quad + \quad - \quad + HO + O} \; (5C^4H^4O^2 + 20HO + HO^2)$$

HO^2 avec l'excès d'alcool donne du C^4H^4, $C^4H^4O^4$.

Action de l'eau. Elle est des plus importantes. L'alcool et l'eau oxygénés tous deux se dissolvent en toutes proportions. La dissolution nous intéresse à plusieurs points de vue : 1° sa contraction, 2° son point de congélation, 3° son point d'ébullition, 4° son action chimique.

1° *Contraction.* — 1 litre d'alcool pur et 1 litre d'eau mesurés tous deux à la même température et mélangés ne donnent pas deux litres. Le volume diminue de près de 8 centilitres en dégageant beaucoup de chaleur : de + 22 degrés la température monte à + 29°,30. On peut même avoir un plus grand dégagement.

1 litre de chaque liquide correspond à :

55,46 équivalents d'eau.
et 17,3 — d'alcool. } ce mélange s'échauffe de 7°.30.

Si l'on prend [1] :

1 équivalent d'alcool ou 46 gr.
12 — d'eau —108 — } le mélange s'échauffe de 9°,10

En tenant compte des chaleurs spécifiques, supposées proportionnelles

1. Bussy et Buignet, A. C. P. [4], t. IV, p. 5.

aux deux parties de chaque mélange, on trouve que les 1293^{g},8 du premier mélange ont développé 11.030 calories.

Et les 154 grammes du second mélange ont développé 13,690 calories.

Tel est le résultat thermométrique de la concentration, mais le maximum de contraction est produit par des *poids égaux* $9C^4H^6O^2 + 46HO$ (voir *Analyses*, livre IV, Alcoométrie).

2° La congélation des mélanges d'eau et d'alcool, se produit naturellement à une température plus basse que celle de 0. Raoult a trouvé la règle suivante: le retard de la congélation, multiplié par l'équivalent de l'alcool, donne un produit constant = 17,3 par gramme d'alcool, dans 1 kilogramme d'eau. — C'est une confirmation de la loi de Blagden (*C. R.*, XCIV, 1517). Malheureusement elle est incertaine.

3° Les points d'ébullition ont été étudiés pour l'analyse; il est préférable de ne pas nous en occuper avant cette application (livre IV, Ebulliométrie).

4° L'eau et l'alcool peuvent produire une action chimique; mais elle n'a pas encore été l'objet d'expériences ; on a :

[M]

$$n = \frac{46}{9}$$

$$46\,HO + 9\,C^4H^6O^2 = \begin{matrix}5 \\ \\ 6\end{matrix}\left\{\begin{matrix}8 \\ \overline{1} \\ \end{matrix}\right.\left|\begin{matrix}\dfrac{C^4H^6O^4 + 2HO + H^2}{C^4H^6O^4 + 3HO + H^2} \\ 30 \quad 32\end{matrix}\right.$$

Cette action peut se produire dans les distillations vers la fin desquelles on n'empêche pas l'élévation de la température : le glycol $C^4H^6O^4$ se trouve alors en partie dans les liquides distillés, en partie dans les résidus.

Action des acides. — Nous arrivons à une série de faits des plus importants pour nous.

Les acides forment avec l'alcool, modifié, des composés d'un haut intérêt par eux-mêmes, les acides alcooliques (viniques) et par leurs dérivés les éthers.

Prenons d'abord pour exemple l'acide diédique (acétique), $C^4H^4O^4$; on peut le mêler avec l'alcool et former un composé de cet acide avec l'hydrocarbure de l'alcool — et non l'alcool lui-même. On a :

[M]

$$n = \frac{60}{46}$$

$$60\,C^4H^4(HO)^2 + 46\,\mathbf{C^4H^4O^4} = \begin{matrix}1 \\ 2\end{matrix}\left\{\frac{32}{14}\right.\left|\frac{C^4H^4.\,C^4H^4O^4 + 2HO \quad \text{ou}\; 2C^4H^4O^2 + 2HO}{(C^4H^4)^2C^4H^4O^4(HO)^2 + 2HO \quad \text{ou}\quad C^{12}H^{14}O^6}\right.$$

Etudions maintenant l'action avec l'acide sulfurique. $SO^3(HO)$.

$$n = \frac{49}{46}$$

$$49C^4H^4(HO)^2 + 46SO^3(HO) = \left\{ \begin{array}{r|l} 1 \quad 43 & SO^3C^4H^4HO + 2HO \\ \hline 3 & SO^3(C^4H^4)^2HO + 4HO \\ 2 \qquad & 40 \qquad\qquad 65 \end{array} \right.$$

$$5 \times \frac{3}{5} = 39$$

Prenons enfin un hydracide HCl. L'alcool absolu dissout ce gaz et en absorbe $\frac{75}{100}$ de son poids à + 9 degrés.

$$n = \frac{46}{36,5}$$

$$46HCl + 36,5C^4H^4O^2 = \left\{ \begin{array}{r|l} 27 & C^4H^4HCl + 2HO \\ \hline 9,5 & C^4H^4(HCl)^2 + 2HO \end{array} \right. \text{ ou } C^4H^4HCl + HCl(HO)$$

La première action 1 et 1 se réalise : on obtient C^4H^4 (HCl) malgré les 2 HO — mais la seconde ne donne pas C^4H^4 $(HCl)^2$; l'un des 2HCl s'unit avec les 2HO, — à moins de faire passer un courant de HCl dans le liquide et sous pression. Je regrette de ne pouvoir entrer dans de plus grands détails ; mais nous sortirions de notre sujet.

Des trois exemples que nous venons de citer nous pouvons conclure :

1° Certains acides peuvent s'unir avec C^4H^4 et séparer les 2HO de l'alcool. — C'est ce que font : l'acide diédique et l'acide chlorhydrique.

Le premier donne C^4H^4, $C^4H^4O^4$, considéré souvent comme (C^4H^4HO) $C^4H^3O^3$ éther acétique.

Le second donne C^4H^4HCl, considéré souvent comme C^4H^5. Cl éther chlorhydrique ou chlorure d'éthyle. Les deux dernières suppositions sont de pures hypothèses. C^4H^5 n'a jamais été isolé — par conséquent son union avec le chlore est un rêve.

Nos deux formules sont au contraire une expression des faits, et aucune action chimique n'est difficile à expliquer en s'en servant.

2° Un assez grand nombre d'acides agissent comme l'acide sulfurique et gardent C^4H^4HO quand les rapports de poids l'exigent ; mais on peut écrire (SO^3HO). C^4H^4 et l'acide rentre dans une règle générale, ils s'unissent avec C^4H^4. Nous reviendrons sur le mode réel de combinaison en parlant des éthers.

Actions des alcalis. — Elles peuvent être de deux ordres : actions de *contact* — actions de *mélange*.

Prenons l'oxyde de potassium hydraté pour étudier les deux genres d'actions.

— On produit l'*action de contact* en faisant passer l'alcool en vapeur sur l'hydrate de potasse au rouge. Cet hydrate *supposé* KO.HO (pour simplifier) présente à cet état $D = 2,00$ et par conséquent le volume de son équivalent $\frac{56}{2} = 28$ (28 centimètres cubes si l'équivalent est évalué en grammes, etc.). L'alcool amené en vapeur peut et *doit être* considéré comme se liquéfiant, malgré la chaleur rouge pour *avoir le contact* de l'hydrate. Son volume peut être calculé par la même considération $\frac{46}{0,7947} = 57,5$. Malgré la dilatation qui a eu lieu pour l'hydrate comme pour l'alcool, on ne commet pas de grande erreur en prenant

$$n = \frac{57,5}{28}$$

$$28\ C^4H^4(HO)^2 + 57,5KO.HO = \begin{cases} 2 & 26,5 \ | \ (C^4H^3O^3.KO) + H + KOHO \\ & \text{ou } 2\ CO^2KO + C^2H^4 + H^4 \\ 3 & 1,5 \ | \ HOKO + 2CO^2KO + 4H + C^2H^4 \end{cases}$$

à une température constante : dès le premier dégagement d'hydrogène, on a la formation de $C^4H^3O^3KO$ et si l'on ne prend aucune précaution, à une température plus élevée on a CO^2KO et C^2H^4.

La seconde action ne peut différer de cette dernière.

2° ***Action de mélange.*** — L'hydrate de potasse peut se dissoudre dans l'alcool et constitue un agent chimique très utile : d'une part en permettant de faire agir la potasse dans des cas où sa dissolution aqueuse ne produit rien, parcequ'elle ne se *mélange* pas avec la substance à atteindre et, d'autre part, en agissant par l'alcool lui-même, comme nous allons l'expliquer.

Si l'on fait dissoudre un peu de potasse solide dans de l'alcool absolu, la liqueur, incolore le premier jour, brunit peu à peu en *absorbant de l'oxygène.*

J'ai voulu étudier l'action et j'ai fait l'expérience suivante :

Dans un ballon à trois trous, dont deux recevaient les tubes nécessaires pour emplir le ballon d'hydrogène et entretenir un courant de ce gaz autour de 47 grammes d'hydrate, fondu au moment même et contenant, à *peu près*, HO, j'ai versé par un entonnoir à tube plié en S, et logé dans le troisième trou, 250 centimètres cubes d'alcool absolu qui ont été nécessaires pour produire la dissolution en deux fois, 150 d'abord et 100 ensuite.

Les 150 centimètres cubes avaient pu dissoudre la moitié environ des 47 grammes et étaient devenus visqueux. Mais dans le bain d'eau leur fluidité très grande m'a permis de faire écouler tout le liquide et il formait 151 centimètres cubes. Trente-cinq jours après, il s'était un peu coloré par l'air et offrait un léger dépôt brun au-dessus duquel existait une abondante crystallisation de prismes clinorhombiques, à base peu inclinée, unis en masse cannelée. Ces crystaux solubles dans l'alcool absolu étaient de l'hydrate de potasse uni à de l'alcool ; on va le voir :

Les 100 derniers centimètres cubes qui avaient achevé la dissolution des 47 grammes de l'hydrate avaient augmenté de volume plus que les premiers ; ils étaient devenus 105 centimètres cubes ; pourtant leur fluidité était plus grande et ils n'offraient pas de crystaux.

Le dépôt brun de la première solution, et de la seconde où il était un peu moins abondant, est insoluble dans l'alcool où son volume paraît même augmenter ; mais il se dissout dans l'eau tiède, dégage du CO^2 par HCl $(HO)^m$ et pas trace de AgCl (on avait fondu l'hydrate au creuset en argent).

J'ai mêlé les deux solutions, et fait distiller 240 centimètres cubes (des 266 j'avais séparé 26 pour des essais) il se présente là des faits très intéressants :

Il distille 39 à 40 cc. d'alcool en 10' au plus.
Puis 15 cc. — en 2 h. au moins.

Il a fallu le bain de chlorure de calcium, chauffant jusqu'à 127 degrés pour obtenir :

	47 cc.	d'alcool en 3 heures.
	2,5	— du soir au lendemain.
soit en tout	104,5	— et péniblement.

Ce lendemain, tout le résidu est crystallisé. Il y a donc combinaison entre 47 grammes de KO.HO et 145,5 centimètres d'alcool, — soit $115^{gr},6$ qui représentent :

Pour 1 équivalent de potasse. . . .		56 gr.
2,996 —	d'alcool.	137,8 ou 3 équivalents.

Le composé est formé de $KO = 47$ et $3\,C^4H^6O^2 = 3 \times 46$, évidemment 1 et 3 comme l'indique la Théorie générale.

Une autre action peut se produire avec le temps. Une solution alcoolique de potasse conservée pendant plusieurs années (l'une de celles que j'ai étudiées l'avait été pendant dix ans) présente peu à peu un dépôt crystallin coloré en brun noir par le dépôt dont j'ai parlé tout à l'heure. Ce dépôt, dissout dans l'eau froide et traité à froid par du *noir bien lavé*, donne, après plusieurs passages au travers de ce noir, une solution presque incolore. On peut l'évaporer dans le vide ou même à l'air et obtenir des crystaux incolores, inaltérables à l'air, fusibles à 165 degrés à très peu près.

J'ai fait l'analyse des crystaux incolores, et j'ai trouvé :

Sel	CO^2	HO		C	H
1,421	1,226	0,889	d'où	23,54	7,03
1,076	0,925	0,679	—	23,55	6,98
1,123	0,969	0,713	—	23,54	7,06

Ce qui donne à bien peu près, et d'ailleurs pour 100 de sel :

C^4.	24	23,53	67.62 de $KO.CO^2$
H^7.	7	6,86	67,64 — —
O^3.	24	23,53	
KO.	47	46,08. . . =	67,65 — —
	102	100 »	

Tous ces faits sont bien conformes à la Théorie générale qui donne :

[M]

$$n = \frac{56}{46}$$

$$56\ C^4H^6O^2 + 46\ KO.HO = \begin{cases} 1\ (36 & (a)\ C^4H^6O^2.KO.HO \\ & (b)\ C^4H^7O^3.KO \\ 2\ (20 & C^8H^{13}O^5.KO \end{cases}$$

Nous venons de voir, la vérification des deux équations (*a*) et (*b*). Ajoutons quelques caractères du *dihydrodèdate* de potasse. Presque tous les métaux donnent un précipité lorsqu'on mélange leurs dissolutions avec celle du dihydrodédate. Si les dissolutions sont concentrées, le précipité est abondant, floconneux ; si elles sont étendues, le précipité est faible. L'or est le seul métal qui ne donne aucun précipité, seulement une coloration brunâtre à froid ; mais, à l'ébullition, de l'or en éponge noirâtre à reflets violacés. — Le $PlCl^2$ même à froid produit une vive effervescence et le chlorure double ordinaire. L'azotate de bismuth donne une effervescence aussi vive que la solution de bicarbonate de soude avec un acide — et un précipité blanc. Le Fe^2Cl^3 donne un précipité blanc grisâtre qui devient vert sale en faisant bouillir (soubresauts violents).

L'acide $C^8H^{14}O^6$, dont le sel de potasse est produit en même temps que le dihydrodédate, reste en dissolution dans l'alcool. On peut le séparer par concentration. Il a des caractères très voisins de ceux du dihydrodédate.

Ce qui résulte de cette étude, c'est que la *potasse alcoolique* n'est pas une simple dissolution de potasse dans l'alcool ; son action est due souvent simplement à la potasse ; mais dans un grand nombre de cas, à deux sels, le *dihydrodédate* et le *tétraédate* de potasse que j'ai découverts et dont nous verrons l'influence dans quelques actions de nature à nous intéresser.

Je ne citerai pas d'autres exemples de l'action de l'alcool avec les alcalis : le lecteur pourra trouver les plus importants dans ma *Théorie générale*, p. 57, 58, 59, 156, 158.

On a encore obtenu le composé de baryte et d'alcool.

Actions des haloïdes. — Nous avons intérêt à connaître plusieurs de ces actions : commençons par celles des chlorures.

Le chlorure de calcium $CaCl = 55,5$. Il donne d'abord un mélange qui devient avec un excès d'alcool :

$$\underset{55}{CaCl}.\ \underset{92}{(C^4H^6O^2)^2} \qquad 55,5 \times \frac{5}{3} = 92,5$$

On ne peut se servir du chlorure, malgré son avidité d'eau, pour concentrer l'alcool dont il n'est pas moins avide.

Le chlorure de strontium donne un composé à équivalents égaux, puis un mélange.

Le chlorure de zinc donne aussi un mélange. — Mais un fait plus intéressant, c'est son action à une température élevée : il enlève l'eau de l'alcool et donne à + 130 degrés $C^4H^4(HO) + HO$; — à (155° — 160° degrés) un mélange d'hydrocarbures.

Le chlorure de zinc décompose l'alcool au rouge sombre. On peut opérer dans une bouteille à mercure munie d'un tube pour conduire les gaz, d'abord dans un réfrigérant, puis dans du pétrole, puis dans du brôme. Ce dernier seul absorbe à peu près tout. On a : de l'hydrogène assez abondant, un peu d'acide HCl, et de C^4H^6. — Les liquides du réfrigérant étaient : une petite quantité d'éther, beaucoup d'aldéhyde et des corps huileux, probablement $(C^4H^4)n$, n', n'', etc. — HCl a polymerisé de l'aldéhyde. Greene qui a fait ces expériences croit l'action principale (1).

$$2C^4H^6O^2 = C^4H^4O^2 + C^4H^4 + 2HO + 2H$$

Le bichlorure d'étain donne des crystaux brillants — solubles (grand dégagement de chaleur). Avec excès d'alcool absolu, ils donnent à 140 degrés beaucoup de C^4H^4O ; avec excès de chlorure, $C^4H^4.HCl$ — C^4H^4 — et C^mH^n (huile douce de vin).

Le sesquichlorure de fer est peut-être le corps qui donne plus facilement de l'éther C^4H^4HO pur. En effet :

M

$$n = \frac{162,5}{46}$$

$$162,5\ C^4H^6O^2 + 46\ Fe^2Cl^3 = \begin{array}{l} 3 \\ 4 \end{array}\left\{ \begin{array}{l|l} 21,5 & Fe^2Cl^2 + 3C^4H^4.HO + 3HCl \\ \hline 24,5 & 1 \quad + \quad +3 \quad - \quad + C^4H^4HO^2 + 3HCl \end{array} \right.$$

l'action commence vers 130 degrés.

« L'expérience est fort jolie » — le chlorure avec de l'eau retient HCl.

— Enfin le bichlorure de platine chauffé avec l'alcool de D = 0.823 (7 p. 100) jusqu'à réduction au 1/6 du volume donne : aldéhyde, éther chlorhydrique et HCl. Je n'en parlerais pas en détail s'il ne se produisait en même temps une substance *détonnante*, $C^4H^4.PlCl$.

Le PlCl donne un composé détonnant $C^4H^5O.PlO$ — du C^4H^4HCl et l'acide HCl, etc.

Le $PhCl^5$ produit encore une action bonne à connaître

C

$$n = \frac{208,5}{46}$$

$$208,5C^4H^4(HO)^2 + 46PhCl^5 = \begin{array}{l} 4 \\ 5 \end{array}\left\{ \begin{array}{l|l} 21,5 & PhCl^3O^2 + 2C^4H^4HCl + C^4H^4(HO)^2 \\ & \quad + 3HO + C^4H^4HO \\ \hline 24,5 & PhCl^3O^2 + 2C^4H^4HCl + 2C^4H^4(HO)^2 \\ & \quad + 3HO + C^4H^4HO \end{array} \right.$$

$PhCl^3O^2$ donne *ensuite* :

M

$$n = \frac{153,5}{46}$$

$$153,5C^4H^4(HO)^2 + 46PhCl^3O^2 = \begin{array}{l} 3 \\ 4 \end{array}\left\{ \begin{array}{l|l} 30,5 & PhO^5(C^4H^4.HO)^3 + 3HCl \\ \hline 15,5 & - \quad - \quad +2 - + C^4H^4HCl + 2HO \end{array} \right.$$

1. *Journal de pharmacie.*, [4], t. XXVIII, p. 550.

Actions des métaux. — Elles ont assez d'intérêt pour nous demander une étude.

Les métaux alcalins agissent vivement avec l'alcool. Il faut agir avec précaution dans des vases où l'air soit remplacé par de l'hydrogène ; le potassium surtout rend cette précaution tout à fait nécessaire. Il dégage de l'hydrogène, presque comme avec l'eau pure et si l'atmosphère du vase est d'un grand volume, l'oxygène forme bientôt avec l'hydrogène un mélange détonnant et la chaleur dégagée par le potassium est assez *rouge* pour enflammer le mélange.

L'action est de contact ; on a (volume du K = 45,3) :

Ⓒ

$$n = \frac{57,5}{45,3}$$

$$57,5\ K + 45,3\ C^4H^6O^2 = \begin{matrix}1\\2\end{matrix}\left\{\begin{array}{l|l} 33,1 & C^4H^4.KOHO + H \\ \hline 13,2 & C^4H^4KOHO + 2H \end{array}\right.$$

Il se fait un mélange appelé *alcool potassé* de 2 corps : l'un ne contenant que KO, l'autre $(KO)^2$. Il est facile de vérifier *sans excès d'alcool.*

Avec le sodium on a (volume de Na = 24) :

Ⓒ

$$n = \frac{57,5}{24}$$

$$57,5Na + 24C^4H^4(HO)^2 = \begin{matrix}2\\3\end{matrix}\left\{\begin{array}{l|l} 14,5 & C^4H^4NaO.NaO + 2H \\ \hline 9,5 & C^4H^3Na.NaO.NaO + 2H \end{array}\right.$$

Les produits sont très différents de ceux du potassium. Pas d'alcool monosodé, mais un *diène sodé* C^4H^3Na, sur lequel j'attire toute l'attention du lecteur. Ce corps m'a été révélé par la Théorie générale ; je montrerai, en parlant des éthers, combien sa présence fait comprendre une action inexplicable sans lui.

Beaucoup de chimistes appellent ces composés de noms dont nous ne nous servirons pas. On dit : alcool monopotassé $C^4H^4KO.HO$ et on peut croit-on, écrire $C^4H^5O.KO$.

Des considérations aujourd'hui tout à fait insoutenables ont fait considérer C^4H^5O, l'éther, comme un oxyde de C^4H^5, nommé éthyle. On disait donc oxyde d'éthyle et *éthylate* de potasse.

Mais lorsque l'on est en présence de $(KO)^2$, on ne peut plus considérer C^4H^4 comme un acide et dire bicarburate de $(KO)^2$. Nous désignerons ces corps par les seuls noms qui leur conviennent.

$C^4H^4.KO.HO$	hydrate de potassidiène.
$C^4H^4.KO.KO$	diène di potassique.
$C^4H^3Na.NaO.NaO$	diène monosodé disodique.

Les actions des autres métaux, très importants en chimie pure, ne peuvent nous arrêter; citons-en toutefois une seule, celle du fer. Son volume n'est pas de plus de 3,62. On a donc :

C $$n = \frac{57,5}{3,62}$$

$$57,5Fe + 3,62\ C^4H^6O^2 = \begin{matrix} 16 \\ 15 \end{matrix}\left\{\begin{array}{l|l} 3,20 & 2FeO + C^4H^6 + 14Fe \\ \hline 0,42 & 2FeO + C^4H^6 + 13Fe \end{array}\right.$$

Les actions sont identiques en ce sens qu'elles ne peuvent donner que C^4H^6, avec un grand excès de fer. Mais c'est un bon moyen d'obtenir ce corps. De plus, avec un grand excès d'alcool, on peut préparer $C^8H^{12}O^2$, et $C^{12}H^{18}O^4$ dans des conditions de simplicité rares.

127. *Actions des sels.* — Nous devons nous borner autant que possible à celles qui peuvent se présenter dans les vins; elles sont encore assez nombreuses. Voyons d'abord les sulfates :

La plupart de ces sels peuvent être dépouillés de tout leur oxygène et réduits en sulfures par les matières dites *organiques*. L'alcool en est une, je ne connais aucune expérience prouvant cette réduction. Elle n'est pas facile pour le sulfate de chaux, par exemple; car on a : $SO^3CaO = 68$.

M $$n = \frac{68}{46}$$

$$68C^4H^4(HO)^2 + 46SO^3CaO = \begin{matrix} 1 \\ 2 \end{matrix}\left\{\begin{array}{l|l} 24 & CaO.C^4H^4O^4 + HS + HO \\ \hline 22 & CaO.C^4H^4O^4 + C^4H^4.HS + 3HO \end{array}\right.$$

Il faut, pour de telles actions, que SO^3 abandonne CaO à l'acide diédique, ce que tout empêche de croire, et que HS soit produit directement; ce n'est pas impossible.

Terminons par l'action des sels ammoniacaux; prenons, comme exemple, le chlorhydrate $HCl.H^3Az = 53,5$. L'alcool ne le dissout pas vers + 15 degrés; mais à chaud, il peut le dissoudre et agir avec lui. On a :

M

$$n = \frac{53,5}{46}$$

$$53,5\ C^4H^4(HO)^2 + 46HClH^3Az = \begin{matrix}1\\2\end{matrix}\left\{\begin{matrix}38,5 \\ 7,5\end{matrix}\right|\begin{matrix}C^4H^4.H^3Az.HCl + 2HO \\ (C^4H^4)^2H^3Az.HCl + 4HO\end{matrix}$$

La première action se produit à 340-350 degrés.

Il faut rapprocher de cette action celle de H^3Az que nous avons laissée à dessein. On a :

M

$$n = \frac{46}{17}$$

$$46H^3Az + 17C^4H^4(HO)^2 = \begin{matrix}2\\3\end{matrix}\left\{\begin{matrix}5 \\ 12\end{matrix}\right|\begin{matrix}C^4H^4(H^3Az)^2 + 2HO \text{ ou } 2(C^2H^2H^3Az) + 2HO \\ C^4H^4(H^3Az)^3 + 2HO \text{ ou } C^8H^{10}Az^2O^2 + C^2H^5Az\end{matrix}$$

Dans tous les cas de ce genre il se forme des composés de C^4H^4 ou C^2H^2 avec H^3Az ou H^3AzO^2. Ces composés sont des bases puissantes souvent comparables à KO. ou NaO.

Examinons maintenant des azotates :

1° *Azotate de magnésie* = 74. — Il forme une combinaison semblable à de la margarine; l'analyse a donné $AzO^5MgO + 3C^4H^6O^2$ (il y avait excès d'alcool. E.M.)

2° *Azotate de mercure.*—AzO^5HgO produit une action intéressante. Si on le mêle avec 3 fois son poids d'alcool à 85 degrés, ce qui ne produit aucun résultat immédiat, et si on le chauffe à 100 degrés, on voit paraître un composé crystallin blanc dont la formation ne s'arrête plus, même en suspendant le chauffage, et malgré sa rapidité il ne se dégage aucun gaz.

Il est réduit en Hg^2O et donne $AzO^5(Hg^2O)^3$ — $AzO^5C^4H^4HO$ (Gerhardt). Mais l'action est complexe : il se produit beaucoup d'aldéhyde. Ce sel fait explosion sans détonnation quand on le chauffe. On a :

M

$$n = \frac{162}{46}$$

$$162C^4H^6O^2 + 46AzO^5HgO = \begin{matrix}3\\4\end{matrix}\left\{\begin{matrix}22 \\ 24\end{matrix}\right|\begin{matrix}AzO^5HgO.C^4H^4(HO)^2HO + 2C^4H^4(HO)^2 \\ - \quad - \quad + \quad -\end{matrix}$$

3° *Azotate d'argent.* — Il donne des résultats analogues, beaucoup d'acide diédique (acétique) et de AzO^5AgO : il en résulte de l'éther diédique — et (avec excès d'alcool) un explosif. — (Il faut de la prudence pour éviter cette action).

Le composé a offert de l'acide azotique, du carbone et de l'hydrogène, ce qui montre clairement la composition : Sobrero et Selmi n'ont pas donné de nombres ; mais on a :

$$AzO^5 = 54 \text{ et } HgO.C^4H^4(HO)^2.HO = 163 \qquad 54 \times 3 = 162$$

L'acide chlorogique (perchlorique) agit vivement.

[M]

$$n = \frac{91,5}{46}$$

$$91,5C^4H^4(HO)^2 + 46ClO^7 = \begin{matrix}1\\2\end{matrix}\left\{\begin{array}{l|l} 0,5 & C^4H^3O^7 + HCl + (HO)^2 \\ \hline 45,5 & (C^4H^3O^3)^2 + HCl + (HO)^5 \end{array}\right.$$

128. *Action sur la vie.* — L'alcool pur est un type de poison excitant. Etendu d'eau, l'excitation qu'il produit est favorable à la santé. (Ne pas oublier la caricature d'un homme ivre : « On dit qu'un verre de vin soutient. En voilà trente que je bois et je ne puis plus me soutenir! »)

Usages. — Le premier c'est de constituer le *vin*, et on peut dire les liquides spiritueux.

Les *vins* sont formés en moyenne de 1 volume d'alcool et de 9 d'eau.

Les *eaux-de-vie* formées en moyenne de 1 volume d'alcool et 1 d'eau.

Les *esprits-de-vin* (à l'inverse des vins) 9 volumes d'alcool et 1 d'eau.

Le mauvais goût ne peut pas être attribué non plus aux corps formés de C.H.O. seuls—I. Pierre et Puchot ont cru pouvoir accuser le bioxyde de diène (aldéhyde) et les corps analogues, c'est une grande erreur ; on ne pourrait donner aucune explication de ces soi-disant mauvaises qualités. $C^4H^4O^2$ contient relativement plus d'oxygène que l'alcool $C^4H^6O^2$ auquel tout le monde accorde des qualités bienfaisantes; jusqu'à ce qu'on ait prouvé que cet excès d'oxygène est nuisible, nous devons tenir le bioxyde de diène (aldéhyde) comme plus bienfaisant encore.

Le mauvais goût s'explique facilement de deux manières.

1° Par la présence des corps sulfurés $C^4H^4.HS$ et autres que j'ai signalés depuis longtemps et dont j'ai fait connaître un moyen simple de débarrasser les vins et les alcools, l'emploi de l'argent métallique (V. *Action des Métaux et des Vins*, Livre II).

2° Par un complément d'explication que les expériences d'Ordonneau viennent d'établir sur une base sérieuse. Ordonneau a trouvé dans les alcools d'industrie (maïs, betteraves, pommes de terre) une certaine quantité de bases organiques azotées, savoir :

a. La *pentéènazine* (pyridine) $C^{10}H^5Az$, base très active avec le tournesol et le bleuissant fortement, donnant d'abondantes fumés blanches avec l'acide HCl, très stable; d'une odeur vive très pénétrante, très nuisible; véritable poison quand elle est pure, elle avait déjà été reconnue par Henninger dans l'alcool penténique commercial.

b. Un autre alcaloïde bouillant à 180-200 degrés. Ordonneau suppose l'*octoènazine* (collidine) $C^{16}H^{11}Az$ (quoiqu'elle bouille à 178-180 degrés). C'est encore une base, bleuissant le tournesol, donnant des fumées avec HCl; mais elle paraît moins dangereuse que la précédente; l'Az est moins abondant; son odeur est agréable.

D'où viennent ces corps? Ils n'existent pas dans les moûts ni dans les vins. Mais ils peuvent se former dans les distillations des vins et surtout des marcs. Je ne puis m'étendre sur ce sujet : je citerai seulement un exemple. Wurtz a obtenu l'*octoènazine* dans la distillation de son aldol-ammoniaque, (l'aldol est du bioxyde de diène condensé). On a :

[M]

$$n = \frac{88}{17}$$

$$88\ H^3Az + 17\ C^8\ H^8\ O^4 = \begin{matrix}5\\6\end{matrix}\left\{\frac{14}{3}\right| \frac{C^8H^7Az + 4HO + 4H^3Az}{-\quad +4\ -\ +5\ -}$$

Il y a 71 $C^8H^8O^4$ *libres*.

[M]

$$n = \frac{88}{69}$$

$$88C^8H^7Az + 69C^8H^8O^4 = \begin{matrix}1\\2\end{matrix}\left\{\frac{50}{19}\right| \frac{C^{16}H^{11}Az + 4HO}{C^{24}H^{18}Az + 4HO}$$

Cette base $C^{16}H^{11}Az$ a été produite vers 140 degrés. On comprend sa formation dans les distillations fort justement appelées *brûleries*.

Ordonneau croit pouvoir attribuer le « bouquet véritablement vineux » des eaux-de-vie à un *terpène* (lisez *décidène*) $C^{20}H^{16}$ bouillant à 178 degrés. C'est une variété des essences de térébenthine, citron, etc. ; les produits d'oxydation caractériseraient l'eau-de-vie vielle. Il est possible que ces corps contribuent au bouquet, mais l'auteur n'en donne aucune preuve.

PREMIERS PRODUITS (*Tête*)

Bioxyde de diène (aldéhyde) $C^4H^4O^4$.
Diédate diènique (éther acétique) $C^4H^4O^4.C^4H^4$.
Traces de triédate et tétrédate diéniques.
Bydrhéxédal (acétal) $C^{12}H^{14}O^4$.

DEUXIÈMES PRODUITS (*Queue*)

Bioxyde de diène (aldéhyde) $C^4H^4O^2$.	3 gr.	
Diédate diènique (éther acétique) $C^4H^4O^4.C^4H^4$.	35	
Alcool triènique (propylique) $(C^2H^2)^3(HO)^2$ normal.	40	
— tétrénique (butylique) (— $)^4(HO)^2$ —	218	6
— penténique (amylique) (— $)^5(HO)_2$ —	83	8
— hexénique (hexylique) (— $)^6(HO)_2$ —	0	6
— hepténique (heptylique) (— $)^7(HO)^2$ —	1	5
— trièdate, tétrèdate, heptédate, diéniques.	3	
Nonèdate diènique (éther œnanthique) $(C^2H^2)^9O^4.C^4H^4$. . . .	4	
Bases, amines	»	
	389 gr.	5

Le bhydrhexédal (acétal), connu depuis 1833 (Dœbereiner), joue dans le vin un rôle plus important, peut-être, que ne peut le faire penser sa très faible proportion. Il est doué d'une odeur suave, d'une saveur fraîche avec arrière-goût de noisette. Il bout à + 104 degrés.

Sa formation est facile à comprendre, aussitôt que l'oxydation a produit du bioxyde de diène.

L'alcool a d'autres usages : il sert à dissoudre beaucoup de matières insolubles dans l'eau, servant : — les unes, à préparer les vernis; leur solution appliquée sur des objets divers laisse évaporer l'alcool et déposer la matière dissoute qui forme, ou naturellement ou par un frottage, une couche unie et transparente, un vernis; — les autres à obtenir la matière soluble pour d'autres applications ou pour d'autres études. L'alcool sert de la même manière à enlever de divers objets, les substances que peut dissoudre, par exemple, celles qui servent de vernis depuis longtemps, et ont besoin d'être remplacées. On dévernit les tableaux de cette manière. Il importe, dans cet usage, de ne pas oublier que l'alcool dissout facilement les substances oxygénées et par conséquent vernis et peinture : ceci s'applique aux peintures artistiques et aux autres. Le pétrole et les hydrocarbures qui ne dissolvent pas la plupart de ces matières sont nécessaires pour certains nettoyages, au lieu de l'alcool.

L'alcool sert à préparer l'éther, l'aldéhyde et rend de grands services en pharmacie et en chimie.

Il sert à préserver les substances organiques de presque toutes les fermentations, au moins de celles dont la production facile dans l'eau n'a presque jamais lieu dans l'alcool.

129. Le *mauvais goût* des alcools, de vin, de grains, de betteraves, n'est certainement pas dû aux alcools dits *supérieurs*, c'est-à-dire contenant $(C^2H^2)^n$ où n s'élève de plus en plus.

Ordonneau fait justement observer que l'alcool penténique (amylique) reconnu par plusieurs chimistes, et dont Henninger a trouvé 80 grammes dans 1 hectolitre d'eau-de-vie, et lui-même Ordonneau 83gr,8, « ne paraît pas contribuer à donner un mauvais goût ».

D'où viendrait ce mauvais goût dans les alcools *purs ?* de la grandeur de *n?* — Assurément l'odeur et la saveur changent à mesure de l'accroissement de ce nombre.

Pour les 2HO on a $(C^2H^2)^2$ dans l'alcool diénique (ordinaire) et $(C^2H^2)^5$ dans l'alcool penténique (amylique).

Est-ce assez pour rendre cet alcool peu agréable et *dangereux?* — Évidemment non !

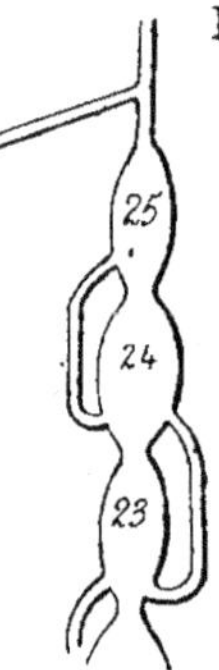

Fig. 10

Bhydrotétrédol (Butylglycol). $C^8H^{10}O^4$.

Ce corps a été trouvé par Henninger dans un vin rouge de Bordeaux (1881) en distillant 50 litres de ce vin dans un déphlegmateur à 25 plateaux et jusqu'à moitié. Le résidu traité par un lait de chaux, filtré, débarrassé de l'excès de CaO pour CO^2, a été distillé réduit à 5 litres ; alors on a opéré dans le vide, avec 15 plateaux jusqu'à réduction à 1 lit.,5 à peu près et après addition d'un peu de CaO on a soumis à l'évaporation lente dans le vide.

On a fait dissoudre le résidu, en le chauffant, dans son volume d'alcool et on a versé deux volumes d'éther sec; il se sépare une masse visqueuse qui devient bientôt vitreuse et dure et renferme encore de la glycérine. On a répété ce traitement encore cinq fois, puis après distillation de l'éther, on a fait évaporer dans le vide (péniblement à cause de mousse volumineuse).

Cette distillation a donné plus de 200 grammes de glycérine et un peu du glycol. — On les sépare en distillant par fractions, d'abord dans le vide, puis dans l'air. — On obtient un liquide incolore de :

$$D = 1{,}018\ (0°)$$
$$1{,}002\ (+20)$$

Analyse: ($C^8H^{10}O^4$)

L'éther acétique $C^8H^8(C^4H^3O^2)^2O^4$ a été préparé; il bout à $+192°$ — 193 degrés.

L'auteur a calculé la proportion de ce composé ; elle atteint 46 grammes par hectolitre, soit un demi-centième ou le 1/15 de la glycérine.

Bhydrotriéfine (Glycérine). $C^6H^8O^6$.

Malgré sa faible proportion dans le vin (et beaucoup d'autres liquides fermentés), ce corps est important.

Préparation. — On l'extrait du vin en le faisant d'abord passer à plusieurs reprises dans un tube en verre effilé, la pointe en bas, contenant 15 à 20 grammes de noir animal bien lavé (à l'acide, à l'ammoniaque, et séché) ; rendu incolore, on le neutralise par la baryte en très petit excès, on filtre, on ajoute quelques gouttes de sulfate de potasse, un peu plus que le nécessaire, pour précipiter l'excès de baryte, et après filtration on fait évaporer au bain-marie. La masse obtenue traitée par de l'alcool pur (ou mêlé avec 1/4 de son volume d'éther pur) donne la bhydrotriéfine pure à moins de 1/1000.

Pasteur a trouvé dans un litre de vin :

	$C^6H^8O^6$	$C^8H^6O^8$	$C^4H^4(HO)^2$
Bordeaux vieux.	7,412	1,48	75 gr.
— ordinaire	6,97	1,39	73 5
Bourgogne vieux..	7,34	1,47	81
— ordinaire	4,34	0,87	78
Arbois vieux.	6,75	1,35	90
Château-Châlons..	10 à 12		

Propriétés physiques. — Liquide de $D = 1{,}260$; très difficile à obtenir crystallisé; $D = 1{,}268$ à $+7°5$; vapeur à 275° — 280 degrés en se décomposant partiellement. Dans le vide on peut éviter cette décomposition.

Propriétés chimiques. — La chaleur rouge la décompose et donne divers produits liquides et gazeux.

L'oxygène peut la brûler avec une flamme blanche.

L'eau peut la dissoudre presque sans limite et présenter :

Bhydrotriéfine en centièmes.	Densités	Point de congélation
10..........	1,024	— 1°
20..........	1,051	— 2°,5
30..........	1,075	— 6°
40..........	1,105	— 17°
50..........	1,127	— 33°
60..........	1,159	
70..........	1,179	— 35°
80..........	1,220	
90..........	1,232	
100..........	1,260	

Les corps avides d'eau produisent un corps caractéristique, la tribébine (acroléine); citons seulement le bisulfate de potasse : il a pour formule $SO^3.KO$: SO^3HO, 87 et 49. Pour rendre ces poids égaux il enlève 4 HO = 36 (49 + 36 = 85); et réduit $C^6H^8O^6$ à $C^6H^4O^2$; matière irritante aux yeux et dans la gorge; bien connue d'ailleurs parce qu'elle se produit quand les huiles tombent sur du fer rouge.

L'acide azotique produit une substance devenue célèbre par sa puissance explosive la trinitroglycérine ou dynamite On a :

On a : $C^6H^8O^6 = 92$:

C

$$n = \frac{92}{63}$$

$$92AzO^5.HO + 63C^6H^8O^6 = \begin{matrix} 1 \\ 2 \end{matrix}\left\{\begin{matrix} 34 \\ \overline{29} \end{matrix}\right| \begin{matrix} C^6H^7(AzO^4)^6 \quad +3HO \\ \overline{C^6H^6AzO^4)^2O^6 + 4HO} \end{matrix}$$

L'excès d'AzO^5HO donne :

M

$$n = \frac{137}{63}$$

$$137\ AzO^5HO + 63\ C^6H^7(AzO^4)\ O^6 = \begin{matrix} 2 \\ 3 \end{matrix}\left\{\begin{matrix} 52 \\ \overline{11} \end{matrix}\right| \begin{matrix} C^6H^5(AzO^4)^3 + 4HO \\ \overline{\text{impossible}} \end{matrix}$$

J'écris *impossible*; voici pourqnoi :

Au premier abord on peut croire à l'action : $C^6H^4(AzO^4)^4O^6 + 6HO$ qui semble continuer une série toute naturelle; mais un peu de réflexion fait comprendre:

1° Que le corps $C^6H^5(AzO^4)^3O^6$ est possible parce que C^6 demandant O^{12} pour leur combustion complète, H^4 demandant O^4, soit O^{16} pour eux deux, le composé trinitré peut bien les fournir puisqu'il en contient 18, mais c'est en laissant les 3Az en 2AzO+Az, c'est-à-dire incomplètement brûlés. Cela suffit pour mettre un peu d'obstacle à la combustion *instantanée* de la trinitroglycérine.

2° Que pour $C^6H^4(AzO^4)^4O^6$ les choses sont tout à fait différentes, il y a assez d'oxygène pour produire $[6CO^2+4HO+2AzO^2+AzO,]$ c'est-à-dire une combustion complète des trois corps, carbone, hydrogène, azote. Cette combustion est inévitable et rend la stabilité du composé tout à fait impossible.

Déjà la trinitro-glycérine est (on ne le sait que trop) des plus dangereuses, elle fait explosion par le plus léger échauffement, ou par les chocs qui le produisent, ou par l'action dont nous venons de parler qui le produit mieux encore. Il faut éviter dans la préparation de la trinitro-glycérine la présence de trois équivalents d'acide (même) parce que l'on s'expose au danger que je viens d'expliquer.

Je ne m'arrête pas à l'action de l'acide sulfurique, — j'en parlerai tout à l'heure — ni à celle de la potasse très facile à calculer; mais citons l'action de l'acide monaédique (*oxalique*), elle a donné un moyen simple d'obtenir l'acide monédique (formique). On a :

M

$$n = \frac{92}{45}$$

$$92\,C^2HO^4+45C^6H^8O^6 = \frac{2}{3}\left\{\begin{array}{c|l} 43 & C^6H^8O^6(C^2HO^4)^2 \\ \hline 2 & \quad — \qquad — \qquad +CO^2+CO+HO \end{array}\right.$$

Le composé de glycérine avec 2 d'acide a été obtenu. — Si on le chauffe, on voit se produire

$$2C^2HO^4 = C^2H^2O^4 + C^2O^4$$

ce qui donne de l'acide monédique (formique) en beaux crystaux, de l'acide carbonique — et la glycérine reste inaltérée; en remettant de l'acide oxalique, on peut produire d'une manière continue l'acide des fourmis.

La bhydrotriéfine (glycérine) est formée de

	En centièmes.	En nombres entiers les plus simples	En équivalents chimiques
Carbone	39,13	9	36 C^6
Hydrogène	8,70	2	8 K^8
Oxygène	52,17	12	48 O^6
	100,00	23	92

Cette composition est interprétée de plusieurs manières, dont je n'écrirai pas longuement. On a voulu voir un alcool dans cette substance, non pas le correspondant de l'alcool du vin ou diénique, ce qui pourrait être comme suit :

Alcool diénique = C^4H^4 (diène) + 2HO
— tridénique C^6H^2 (tridène) + 2HO
mais comme il manquerait 4HO

on a imaginé d'abord de considérer 2HO comme atome d'eau et ensuite la glycérine comme alcool triatomique.

$$C^6H^2(HO)^2(HO)^2(HO)_2$$

Je ne mentionne cette manière de voir que pour avertir mes lecteurs de son inutilité absolue et les prier de se reporter à la déclaration de Wurtz, qui a surtout ici la plus nécessaire application (p. 104).

Action sur la vie. — La glycérine est un véritable aliment, elle donne au vin certainement une de ses qualités les plus précieuses, et on s'en rend compte assez aisément : elle dissout les substances les plus diverses et en favorise la digestion plus ou moins puissamment ; nous y reviendrons.

Usages. Ils deviennent chaque jour plus nombreux — d'une part en médecine où elle rend les plus grands services — en parfumerie ; et d'autre part, et on peut dire pour un but contraire, on l'emploie pour cette nitroglycérine dont les explosifs (la dynamite, etc.), tirent leur puissance et qui a fait tant de victimes.

130. Bhydrhéxélite (*Mannite*). — $C^{12}H^{14}O^{12}$.

Cette substance trouvée dans la manne a été signalée dans le vin. Cependant son existence paraît accidentelle : on ne la trouve pas dans les vins faits avec des raisins entiers et sains ; elle se présente seulement dans les fermentations de raisins déchirés et gâtés. — Encore sa quantité est-elle faible, j'ai cherché vainement une analyse précise.

ACIDES CONTENUS DANS LES VINS

Outre les acides dont nous avons montré l'existence dans les moûts et qui tous subsistent dans les vins, nous trouvons dans ces derniers plusieurs acides, produits pendant la fermentation ou plus tard, par l'action de l'air. Nous devons en faire l'étude.

131. *Acide diédique* (acétique). $C^4H^4O^4$.

État naturel. — Il n'existe pas dans les vins bien faits; quelques chimistes l'ont trouvé dans certains vins; mais je le crois accidentel. Cependant il se produit avec facilité sous l'influence de l'oxygène ou même de l'air, il devient alors l'élément principal du *vin aigre* et cela nous oblige à l'étudier avec détail, — d'autant plus qu'il prend naissance dans une foule d'actions subies par les matières organiques.

Préparation. On peut l'extraire facilement du vinaigre. Après avoir neutralisé presque complètement ce liquide par de l'oxyde de calcium (de la chaux), on fait évaporer le liquide filtré jusqu'à siccité complète ; on peut chauffer jusqu'à 150 ou 200 degrés. On introduit la masse encore chaude dans une cornue en verre assez grande et tout ajustée dans une allonge avec ballon tubulé, muni d'un tube à dégagement de gaz. On ajoute aussitôt dans la tubulure de la cornue un bouchon en liège traversé par un tube en **S** pour introduire de l'acide sulfurique concentré. La cornue est placée dans un bain de sable peu épais. Alors on verse doucement par le tube en **S** un poids d'acide égal à 2 fois et demie ou 3 fois celui du sel de chaux. Il se dégage assez de chaleur pour commencer la distillation de l'acide diédique. Il faut ensuite soutenir cette chaleur par le foyer disposé sous le bain de sable jusqu'à ce que la distillation cesse.

On obtient dans le ballon tubulé un liquide presque incolore, d'une odeur très vive, mais où l'acide diédique est souvent accompagné d'un peu d'acide sulfureux dont l'odeur est si pénétrante.

On doit soumettre l'acide diédique à une seconde distillation ; l'acide sulfureux se dégage avec les premières parties volatilisées, il suffit alors de changer le récipient et de le remplacer par un autre bien sec pour recueillir de l'acide pur, crystallisable en grandes lames très transparentes.

Il est préférable de transformer le sel de chaux en sel de soude par une addition de la quantité équivalente de carbonate de soude, on sépare le carbonate de chaux par filtration et on fait évaporer la solution d'acétate de soude. Le sel sec peut être fondu au rouge sombre; les matières organiques étrangères sont carbonisées; on fait redissoudre dans l'eau pour séparer le charbon par le filtre : une évaporation nouvelle donne le diédate de soude en crystaux incolores et par l'acide sulfurique on obtient du premier coup l'acide diédique pur.

Propriétés physiques. Crystallin — liquide à + 16°,5 ; il peut éprouver la surfusion jusqu'à + 8° ; D = 1,0801 (à 0° — on peut la prendre avant la formation des crystaux). = 1,0753 (à + 15°). $V = \frac{60}{1,07} = 57$. Vapeur à 120° suivant Cahours, à 116° d'après Kopp (117°,0—117°,6) d'après Oudemans 0m,763). Dv = 2,17 (Expér.) — 2,091 (calcul 4 volumes).

Propriétés chimiques. La chaleur rouge le détruit avec un peu de difficulté. Plusieurs produits liquides et gazeux prennent naissance : parmi les liquides je dois faire remarquer le *décilène* (naphtaline) $C^{20}H^8$. Ce composé se montre dans presque toutes les pyrolyses parce que C^{20} = 120 — H^8 = 8 et 120 : 8 : : 15 : 1, (4° rapport de la Théorie générale). On trouvera facilement par le calcul la raison de sa formation ainsi que de $C^4H^4O^2$, $C^4H^2O^2$, C^4H^2O, etc., etc.

O le brûle à une température élevée, — Cl produit successivement les corps $C^4H^3ClO^4$, $C^4H^2Cl^2O^4$. Dumas a commis une erreur énorme en s'attachant uniquement à ces produits et ne tenant presque aucun compte des matières étrangères dont le poids s'élève aux deux tiers du total.

HO produit une action des plus intéressantes. L'acide crystallisable est un hydrate du corps $C^4H^3O^3$, acide diédique (acétique) anhydre, il contient un équivalent d'eau — à peu près.

Les mélanges avec l'eau présentent un maximum de contraction (comme ceux de l'alcool) pour les poids égaux de $C^4H^3O^3$ = 51 et 51 d'eau = (HO) $\frac{51}{9}$ = 5,666.... HO, d'après les expériences d'Oudemans, comme d'après la Théorie Générale.

Voici les nombres d'après Oudemans :

Centièmes de $C^4H^4O^4$	Densité à + 15°	Centièmes de $C^4H^4O^4$	Densité à + 15°
0 (Eau)............	0,9992	60..................	1,0685
10..................	1,0142	70..................	1,0731
20..................	1,0284	80..................	1,0748
30..................	1,0412	90..................	1,0713
40..................	1,0523	100................	1.0533
50..................	1,0615		

Le point de congélation est abaissé jusqu'à 24° dans le même composé.

Sous une pression très forte, 1100 atmosphères, Perkins a fait une expérience des plus curieuses. De l'acide diédique à 90 centièmes environ d'acide réel a donné en quelques minutes les sept huitièmes supérieurs du tube qui le contenait remplis de crystaux d'acide « extrêmement fort » et qui se sont conservés longtemps à l'air, le bas du tube contenait de l'acide très faible ». A.C.P [3] XXIII, 410.

AzO^5HO l'attaque difficilement, ce qui est facile à comprendre :

M $$n = \frac{63}{60}$$

$$63C^4H^4O^4 + 60AzO^5.HO \begin{matrix} 1 \\ 2 \end{matrix} \left\{ \begin{array}{c|l} 57 & 4CO + AzO + 5HO \\ \hline 3 & 2C^4H^4O^6 + AzO + HO \end{array} \right.$$

— L'éther cyanique produit une action dont il est utile de parler, elle donne, même vers + 15° :

M $$n = \frac{71}{60}$$

$$71C^4H^4O^4 + 60C^2AzO.C^4H^5O = \begin{matrix} 1 \\ 2 \end{matrix} \left\{ \begin{array}{c|l} 49 & C^4H^4O^4.C^6H^5AzO^2 \\ & \text{ou } C^8H^8O^2Az + C^2O^4 \\ \hline 11 & (C^4H^4O^4)^2C^6H^5ArO^2 \end{array} \right.$$

La production de l'acétate de *tétraénazobine* (éthylacétamide de Wurtz) $C^8H^9AzO^2$ mérite une grande attention, je regrette de ne pouvoir l'étudier plus longuement.

$Mn^2O^7.KO$, en solution neutre, le transforme en acide diéfique (glycolique. On a :

M $$n = \frac{158}{60}$$

$$158C^4H^4O^4 + 60Mn2O^7.KO = \begin{matrix} 2 \\ 3 \end{matrix} \left\{ \begin{array}{c|l} 22 & 2C^4H^4O^6KO + Mn^2O^3 \\ \hline 38 & \text{— \quad — \quad} + C^4H^4O^4 \end{array} \right.$$

L'opération demande 100° pendant plusieurs heures ; un excès de permanganate donne de l'acide oxalique, mais sans cet excès on a d'autres acides $C^4H^4O^6$, $C^4H^4O^8$, et $C^2H^2O^4$).

132. Une action qui nous intéresse tout particulièrement c'est l'hydrogénation de l'acide $C^4H^3O^3$ et la reproduction de l'alcool.

On peut l'obtenir avec l'acétate de soude dissout dans 4 ou 5 fois son poids d'eau et l'alliage de $Hg^{40} = 1$ kil. + $Na = 23$ grammes.

C'est facile ; on agite vivement la dissolution au-dessus de l'alliage pour diminuer le plus possible le dégagement d'hydrogène. Il est bon de titrer l'alliage appauvri de Na et de lui en rendre 2 ou 3 fois par 6 ou 8 grammes. En 24 heures, avec 82 grammes d'acétate, on reproduit 25 à 30 grammes d'alcool facile à isoler par distillation.

Action sur la vie. L'acide crystallisable est un véritable corrosif tout à fait comparable à l'acide sulfurique concentré. Très étendu d'eau comme il est dans le vinaigre, il peut être ingéré chaque jour à faible dose, dans nos aliments et ne pas nuire; mais même à cet état, les personnes qui se laissent aller à en avaler des quantités un peu fortes se condamnent elles-mêmes à périr dans un temps qui n'est jamais long.

Usages. Le principal est de servir en condiment. L'acide crystallisable sert beaucoup en photographie ; on l'emploie à dose double ou triple de celle du vinaigre en médecine.

$C^4H^4O^4$ ne dissout pas $C^{12}H^{11}O^{11}$, on a proposé d'extraire le sucre par ce moyen. (B.S.C., XL, 119.)

133. *Acide anhydre* ($C^4H^3O^3$). — Nous devons dire quelques mots de ce corps, pour mieux faire comprendre la nature du vinaigre. Il n'existe dans aucune substance naturelle.

Préparation. — Les acétates dont l'acide peut être extrait du vin, comme nous venons de le voir, nous offrent, anhydres, l'acide $C^4H^3O^3$ uni à une base KO,NaO, etc. D'un autre côté, nous pouvons, en suivant la méthode de Gerhardt, obtenir de ces mêmes acétates un composé $C^4HCl^3O^2$ (ou bioxyde de diène chloré ou chlorure d'acétyle, etc.) Ces deux substances, diédate alcalin et bioxyde de diène chloré, mises en contact, donnent $C^4H^3O^3.KO + C^4H^3Cl.O^2$. (Pour les détails je dois renvoyer aux Traités de Chimie.) Voici ce que nous offre ce corps :

Propriétés physiques. Liquide D = 1,073 (+ 20°,5), fluide très réfringent. — Vapeur à 137°,5 (0m,750). Dv. = 3,47 ; le calcul donne 3,5599 (2 volumes). — Cette constitution moléculaire, 2 volumes, a une grande importance. En s'unissant à 1 HO dont le volume est aussi 2 en vapeur, il forme sans condensation les 4 volumes $C^4H^4O^4$, et fournit bien l'acide acétique identique à celui qui résulte de l'oxydation du vin.

Malgré cette évidente nature, il peut produire avec les alcalis des résultats contraires à la pensée classique de formation des acétates. Ainsi, avec KO.HO, qui semblerait devoir nous donner $C^4H^4O^3.KO + HO$ nous avons : KO.HO = 56, sa densité = 2 son volume $\frac{56}{2} = 28$, Le volume de $C^4H^3O^3$ est $\frac{51}{1,073} = 47,5$ et nous sommes conduits à

$$n = \frac{47,5}{28}$$

$$47,5\ KO.HO + 28C^4H^3O^3 = \begin{cases} 1 & \frac{8,5}{19,5} \left| \frac{C^4H^3O^3.KO + HO}{C^2HO^3.KO + KO(HO)^2 + C^2H^2} \right. \\ 2 & \quad \text{ou } C^2O^3 \qquad C^2H^3 \end{cases}$$

L'action du sodium est caractéristique ; elle donne C^4H^2.

Action sur la vie. — Son odeur est vive, rappelle les fleurs d'aubépine, il serait très dangereux à l'intérieur.

Usages. — Il n'en a que dans les laboratoires.

Bhydrodiédol (*Glycol*). $C^4H^6O^4$.

134. Jusqu'à présent ce corps n'a pas été reconnu dans les vins ; mais on a trouvé un analogue, le bhydrotétrédol butylglycol) du paragraphe précédent. — La présence du bhydrodiédol est très probable. C'est un corps de saveur sucrée, un peu alcoolique dont l'existence ne sera pas constatée sans une recherche en grand.

AUTRES ALCOOLS PRODUITS PAR LA FERMENTATION DES MOUTS DE RAISIN

On peut croire que le jus de raisin ne renfermant pas d'autre suc fermentescible que le glucose ou des variétés de même formule, $C^{12}H^{12}O^{24}$, n'offrira pas d'autre alcool que celui dont nous venons de parler, l'alcool *diénique* C^4H^4HO,HO.

Mais d'une part il n'est pas certain que les variétés que j'ai découvertes fermentent toutes comme l'hexélose droit (glucose), ou l'hexélose gauche (chylariose, levulose) et d'autre part nous ne pouvons non plus soutenir que le raisin ne contient pas d'autres sucres.

L'alcool du vin, l'alcool diénique $C^4H^4.(HO)^2$, n'est pas le seul.

On connait un grand nombre de corps formés comme lui par l'union d'un hydrocarbure C^nH^n et de 2HO ; théoriquement, même, la série de ces corps est infinie. Dans la réalité, les corps formés par un hydrocarbure voisin de C^4H^4 et toujours 2HO sont doués de propriétés physiques et chimiques, peu éloignées de celles qui caractérisent le diénique, l'alcool très dominant du vin, et par cette raison on les nomme *alcools*.

On dit ainsi :

L'alcool monènique (méthylique) C^2H^2 $(HO)^2$
— diènique (éthylique) $(C^2H^2)^2(HO)^2$
— triénique (propylique) $(C^2H^2)^3(HO)^2$

Tant que l'indice n de l'hydrocarbure n'est pas très grand, je le répète, les propriétés de ces corps diffèrent peu entre elles et répondent assez bien à la comparaison avec celles de l'alcool de vin.

Mais, comme le bon sens l'indique, lorsque n devient très grand, et il ne faut pas aller au delà de $n=12$, les actions chimiques ne sont plus les mêmes, elles sont ce que notre Théorie générale indique, ce que l'expérience montre avec la plus parfaite concordance : elles ne permettent plus le parallélisme annoncé par des hypothèses téméraires.

— Voici un exemple simple :

L'alcool diénique (du vin) mis en présence de l'acide sulfurique donne avec cet acide :

1° Un composé $C^4H^4(HO)^2SO^3.HO$ ou sulfate diénique (éthylique).

2° Un composé $C^4H^4.(SO^3)^2HO$ acide sulfovinique.

L'alcool duodéciénique $(C^2H^2)^{12}(HO)^2$ donne :

1er composé $(C^2H^2)^{12}(SO^3)^4HO$, quadrisulfate duodeciénique.

Pourquoi? parce que $(C^2H^2)^{12}=168$ et pour s'unir avec un *poids égal* d'acide il faut $4SO^3(=160)+HO(=9)$ dont la somme 169 est presque 168.

Je ne saurais, on le voit, trop insister auprès de mes lecteurs pour leur recommander la Théorie générale qui, *seule,* nous conduit dans ce labyrinthe par une voie sûre.

Les idées classiques annoncent un monosulfate comme pour l'alcool diénique : l'expérience ne donne pas ce monosulfate, mais le quadrisulfate de la Théorie générale.

Citons un deuxième exemple :

Les classiques, je veux dire l'école de Wurtz, à laquelle Dumas, lui-même, reprochait le vague des idées allemandes, ont trouvé des *prétextes* pour classer les alcools en *primaires*, *secondaires*, *tertiaires*, etc., ou en alcools *normaux*, *iso*, *pseudo*, etc.

Un des rêveurs qui ne peuvent se corriger d'une passion aveugle pour ces idées a donné récemment, avec la plus grande précision, un moyen de reconnaître si un alcool est primaire, secondaire, tertiaire, etc. Le moyen consistait à produire l'éther iodhydrique $(C^2H^2)^nIH$, et après l'avoir traité par $AzO^3.AgO$, soumettre le produit à l'AzO^3KO.

On obtient ainsi (disait l'auteur) pour l'alcool triénique *nitrilé* par exemple :

$$C^6H^7(AzO)^2O^2+AzO^3.HO=2HO+C^6H^6(AzO^2)^2O^2$$

et ce dernier corps est *rouge* si l'alcool est primaire, *bleu* s'il est secondaire, *incolore* s'il est tertiaire.

Quelle magnifique découverte, si elle était vraie! Mais un autre chimiste a montré que l'action ne se produit pas dès que *n* change, déjà même pour $(C^2H^2)^6$.

Ainsi que le dit la Théorie générale.

— Sous ces très expresses réserves, montrons que le même alcool peut offrir des propriétés variables suivant sa constitution moléculaire *bien comprise*.

Prenons l'exemple le plus simple, l'alcool triénique (propylique) $(C^2H^2)^3HO)^2$.

On peut, d'abord théoriquement, concevoir cet alcool constitué de trois manières.

1° (C^2H^2) (C^2H^2) (C^2H^2) $(HO)^2$
2° $(C^2H^2)^2$ (C^2H^2) — $(HO)^2$
3° $(C^2H^2)^3$ — — $(HO)^2$

Ces trois dispositions moléculaires théoriques ne sont-elles pas encore une illusion? peuvent-elles offrir une réalité saisissable?

Oui, la différence de ces trois structures peut se traduire par des réalités. Elle semble, au premier abord, purement imaginaire. En effet, la deuxième (C^2H^2) (C^4H^4) $(HO)^2$ paraît se confondre soit avec la première, soit avec la troisième : car C^4H^4, de la deuxième $=$ (C^2H^2) (C^2H^2) et revient à (C^2H^2) (C^2H^2) (C^2H^2) de la première, et dans la troisième C^6H^6 $(HO)^2$ on ne peut voir que les mêmes trois termes de la première.

Assurément, cette manière de voir semble des plus logiques.

Mais la réalité nous oblige à distinguer, entre des limites de température plus ou moins étendues, les trois structures.

Dans la seconde C^4H^4 est un corps distinct de (C^2H^2), (C^2H^2); nous en avons la preuve indiscutable dans l'existence de C^4H^4 avec une densité de vapeur double (à très peu près) de celle de C^2H^2, etc., etc. C'est un corps capable d'une individualité spécifique.

Il est absolument de même de C^6H^6.

Les trois structures théoriques peuvent donc se manifester dans la réalité par des propriétés chimiques diverses. Traite-t-on les trois variétés par l'acide monaédique, C^2HO^4 (oxalique) ? On obtient des résultats différents signalés par Cahours et Demarçay.

La première structure donne beaucoup d'oxalate triénique, même quand elle est mêlée avec la seconde qui reste presque entièrement libre. La troisième donne l'hydrocarbure.

Je cite ces différences et je me borne aux points essentiels dont mes deux confrères *ne distinguent pas le moins du monde la véritable cause ;* mais ces différences sont en elles-mêmes très caractéristiques et je dois les faire connaître.

Quant à leur interprétation, je prie encore une fois mes lecteurs de ne pas perdre leur temps à la *douloureuse* étude des rêveries classiques s'ils ne veulent s'exposer aux plus tristes et aux plus incessantes déceptions.

Voici les principaux alcools reconnus jusqu'à présent dans les vins ;

I. *Alcool monénique* $(C^2H^2HO)^2$. Je le cite et me hâte d'ajouter : malgré l'absence de preuve de son existence dans les vins. Mais cette existence est probable, on l'a trouvé récemment dans plusieurs végétaux.

II. *Alcool triénique* (propylique) $(C^2H^2)^3(HO)^2$. Cet alcool a été trouvé par Chancel dans l'huile de distillation des marcs de raisin, il forme plus de la moitié de ce mélange huileux.

I. Pierre et Puchot l'ont obtenu dans les produits de la betterave ou des grains. Ordonneau l'a trouvé dans les eaux de vie de Cognac.

III. — *Alcool tétrénique* (butylique) $(C^2H^2)^4(HO)^2$. Il a été reconnu par Wurtz dans les produits commerciaux dont le vin n'était pas l'origine ; mais il a été distingué dans les alcools de vin par Ordonneau. Sa proportion est de beaucoup la plus grande. On pouvait s'y attendre parce que $(C^2H^2)^4 = 56$ est très rapproché de $18 \times 3 = 54$, et $2HO = 18$.

IV. *Alcool penténique* (amylique) $(C^2H^2)^5$ (HO^2). Sa découverte dans le vin a été faite par Balard en étudiant le produit huileux de la distillation, *l'esprit mauvais goût* des marcs de raisin. Cette découverte a été confirmée depuis par Henninger et Ordonneau.

V. *Alcool hexénique* (caproïque) $(C_4H_L)^6$ (HO_L). Il a été trouvé dans les mêmes produits par Faget.

VI. *Alcool monénique* $(C^2H^2)^9(HO)^2$. Il n'a pas encore été signalé ; mais il existe à l'état de nonédate diénique (éther œnanthique).

Très vraisemblablement d'autres alcools seront encore trouvés dans les vins : leur quantité est faible, on ne peut les reconnaître sans agir en grand, sur les derniers produits de distillation des vins ou des marcs, parce que le point d'ébullition s'élève de plus en plus, à mesure du grandissement de *n*.

135. A côté des alcools on a trouvé dans les vins des éthers, nous devons donner une grande attention à ces composés, parce que, malgré leur faible quantité, ce sont eux qui produisent principalement l'odeur ou, comme on dit, le *bouquet* des vins.

Ces corps peuvent être de deux espèces :

1° Des *éthers simples* ne différant de chaque alcool que par 1HO en moins.

L'éther diénique par exemple est $(C^2H^2)^2$ (HO), ou $C^4H^4.HO$.

Des *éthers composés* ; ceux-ci résultent de l'union de chaque éther simple avec un acide analogue à l'acide diédique (acétique) formé par le même hydrocarbure ou par d'autres acides.

Exemple : l'éther diédique (acétique) $C^4H^4.\ C^4H^4O^4$.

L'acide contenu dans un éther composé peut être formé par un hydrocarbure d'un autre rang. Ainsi on peut avoir le pentédate diénique :

$$(C^2H^2)^5O^4\ (C^2H^2)^2 \text{ ou } C^{10}H^9O^3\ C^4H^5O \text{ ou } C^{10}H^{10}O^4.C^4H^4$$

Ce qui conduit à un nombre déjà très grand d'éthers composés.

De plus, l'acide peut être d'une formule quelconque $C^nH^n\pm_pO^r$, et il n'est pas impossible de rencontrer des *traces* de ces éthers dans les vins.

La formation des éthers dans les vins n'est pas difficile a comprendre. Le vin renfermant des acides libres, c'est-à-dire non saturés par des bases métalliques, ou organiques, ces acides agissent peu à peu, même à froid, avec l'alcool et produisent par exemple :

$$\underbrace{C^{10}H^{10}O^4}_{\substack{\text{Acide}\\\text{pentédique}\\\text{valérique)}}} + \underbrace{C^4H^4(HO)^2}_{\text{Alcool}} = \underbrace{C^{10}H^{10}O^4(C^4H^4)}_{\substack{\text{Pentédate de}\\\text{diène ou éther}\\\text{valérique}}} + \underbrace{2HO}_{\text{Eau}}$$

Ces actions sont comme toujours, déterminées par les rapports de poids des deux éléments : plus le rapport est voisin des rapports les plus simples de la Théorie générale, plus l'action est sûre ou prompte.

Par exemple, un vin contenant de l'acide triénique $C^6H^6O^4$ et de l'al, cool penténique $C^{10}H^{12}O^2$ formera de l'éther *triédate penténique*, dans lequel $C^6H^6O^4 = 74$ et $C^{10}H^{10} = 70$, et en effet cet éther est un de ceux dont l'existence est au moins très probable.

Il y a naturellement une limite à cés actions, l'éther à mesure de sa formation, se trouve exposé à de nombreuses actions qui la combattent.

Citons d'abord plusieurs expériences : — On a mis dans un flacon des équivalents égaux d'alcool (diénique) et d'acide diédique (acétique) : 100 parties de cet acide ont donné (dans une cave à + (6° — 9);

Après	1 jour	0,9	éthérifié.
—	3 —	2,7	—
—	72 —	26	—
—	277 —	53,7	—
—	150 heures à 100°	65	—
—	100 — à 260°	69,8	—

Les deux auteurs ont étudié ces actions dans un Mémoire auquel je ne puis que renvoyer les lecteurs (1).

Nous avons un moyen bien autrement simple et sûr de calculer les actions et leur limite.

Ainsi, pour l'alcool et les acides qui nous occupent, nous avons vu que sur 90 équiv. d'acide mis en présence de l'alcool, 46 *pourraient* agir et que 32 seulement produisent de l'éther; les 28 autres ne peuvent agir aux températures ordinaires. Or.

$$\frac{32}{60} = \frac{53,3}{100}$$

Ce qui est rigoureusement la limite observée.

Voici quelques renseignements sur les éthers des vins :

ETHERS SIMPLES

1° *Monènique* C^2H^2HO. Gazeux à — 21°, l'eau en absorbe 37 volumes et présente une odeur éthérée ; — saveur poivrée.

2° *Diénique* $(C^2H^2)^2HO$. C'est l'éther (dit sulfurique) des pharmacies — son odeur et sa saveur sont bien connues. — On l'a obtenu solide en lames brillantes. Liquide à — 31°; D = 0,723 (+ 12°,5); vapeur à + 35°,6 (0m760) ; Dv = 2,565 (2 volumes) — L'eau en dissout $\frac{1}{9}$. — L'alcool le dissout abondamment.

3° *Triènique* $(C^2H^2)^3HO$. Liquide très mobile, très réfringent, peu soluble dans l'eau — son odeur spéciale éthérée n'est pas très caractéristique. — Vapeur à + 85°.

1. A.C. P. [3], t. LX, p. 385, — t. LXVI, p. 5 — t. LXVIII, p. 225.

4° *Tétrénique* (butylique) $(C^2H^2)^4HO$. Liquide D=0,784 (0°); vapeur à 141°,5.

5° *Penténique* (amylique) $(C^2H^2)^5HO$. Liquide D = 0,803 (0°); vapeur à 176°.

ÉTHERS COMPOSÉS

1° *Diédate diénique*. — $C^4H^4O^4,C^4H^4$. Liquide très léger; D = 0,898 (+ 16°). Vapeur à 73°. Dv = odeur éthérée, acétique agréable. Le comte de Lauraguais, auteur de sa découverte en 1759, fut longtemps l'idole des dames de la cour auprès desquelles l'éther obtint grande faveur. — Soluble dans l'éther et dans l'eau-de-vie où sa saveur devient plus douce. Il se forme assez promptement parfois dans le marc de raisin.

Tétrédate diénique. — $(C^2H^2)^4O^4$. C^4H^4. Liquide D = 0,902 (0°). Vapeur à 119° (0m,746). Dv = 4,04. Son odeur d'ananas est très agréable (les anglais en font une essence). Sa production est facile $C^8H^8O^4$ = 88; C^4H^4 = 28 qui × 3 = 84.

Pentédate diénique. — $(C^2H^2)^5O^4$ C^4H^4. Liquide D=0,894 (0°) et 0,758 (122°,5). Vapeur à 134° (0m,760). Odeur de pomme de reinette, mais rappelant la valériane. Peu soluble dans l'eau.

Nonédate diénique. — $(C^2H^2)^9O^4$ C^4H^4. (Ether œnanthique.) Liquide très fluide D = 0,872 (15°5); vapeur à 214°; Dv = 7,04. Il offre l'odeur vineuse des vases où du vin a été évaporé.

Sa composition a été discutée et représentée par une autre formule, $C^{28}H^{28}O^6(C^4H^4)^2$.

On en obtient aisément 40 grammes de 100 litres de lie distillé avec son volume d'eau chauffée à la vapeur.

Éthers penténiques. — Je citerai seulement le plus digne d'attention.

Pentédate penténique $(C^2H^2)^5O^4(C^2H^2)^5$ en somme $C^{20}H^{20}O^4$. — C'est un liquide huileux, de D = 0,8645 (+ 17°), vapeur à 196°; (Balard), 187° 188 (Kopp). Dv = 6,1. Il offre une odeur de fruits, de certaines poires.

Éthers tétréniques. — J'en citerai un seul, le pentédate tétrénique $(C^2H^2)^5O^4(C^2H^2)^4$, en somme $C^{18}H^{18}O^4$. Liquide de D = 0,888 à 0°; 0,743 (à 155°,8) vapeur à 174° (0m,760); son odeur de pommes est caractéristique.

Éther sulfureux. — $SO^2.HO$. C^4H^4. Cet éther peut se trouver accidentellement formé dans les vins. Lorsqu'un tonneau, soufré au point de garder de l'acide SO^2 libre, reçoit une petite dose d'alcool ou même lorsqu'il reçoit le vin, qui absorbe cet acide, il n'est pas impossible qu'il s'en produise, surtout dans les vins riches en alcool.

C'est un liquide d'une odeur qui rappelle celle de la menthe, d'une saveur fraîche; puis, par suite de sa décomposition, brûlante avec arrière-goût d'acide sulfureux. D = 1,085 (+ 16°); vapeur à 155°. — S'oxyde assez difficilement.

Éther carbonique. — $CO^2HO. C^4H^4$. L'existence de cet éther dans les vins semble probable. Mais jusqu'à présent rien n'autorise à admettre sa formation dans un liquide contenant autant d'eau que le vin. C'est un liquide de D = 0,975 (+ 19°); vapeur à 125°,5; odeur agréable, saveur un peu dure.

Claudon et Morin ont étudié la fermentation du sucre normal sous l'action d'une levûre de vin blanc (*folle blanche*) les dimensions étaient :

Grand diamètre 4μ,7 à 5μ,9 — petit diamètre 3μ,6 à 3μ,7. 100 kilogrammes ont donné :

Alcool diénique (de vin	50k.,615
— triènique (propylique)	2,0
— tétrènique (isobutylique)	1,5
— pantènique (amylique)	51,0
Ether (œnanthique.	2,0
Bioxyde de diène (aldohydo)	traces
Tetredol (glycol isobutylique)	158,0
Bhydrhexefine (glycérine)	2,120,0
Acide diédique (acétique)	205,3
— tetrabenHique (succinique)	452,0
	53,606.8
Acide CO^2	46,393,2
	100,000,0

Ni alcool tétrénique (butylique) normal — ni acide tétrédique (butyrique) — ni bases — trois corps trouvés par Ordonneau, dans une eau-de-vie de 25 ans. Ce dernier leur remit 250 grammes des corps huileux obtenus de l'eau-de-vie, Claudon et Morin les rectifièrent sur CO^2KO, puis sur BaO et en six fractionnements trouvèrent:

Corps huileux bruts. D'après Claudon et Morin		Alcools $(C^2H^2)_n (HO)^2$ D'après Ordonneau	
Eau	18,5	»	
Alcool diènique	10,5	»	
— triènique	8,3	11,9	11,7
— tétrènique normal	34,5	49,3	63,8
— — iso	3,2	4,5	0,0
— pentènique	24,1	34,4	24,5
— $(C^2H^2)>^5$ essences	0,9	»	
	100,0	100,0	100,0

Ordonneau a fait une étude des alcools en les cherchant dans l'eau-de-vie; trois hectolitres d'une eau-de-vie de vingt-cinq ans, cognac authentique, soumis à la distillation, lui ont donné par hectolitre, les résultats des pages 287 et 304.—L'eau-de-vie avait pris un goût tétrénique (butyrique) très désagréable elle était invendable. Claudon et Morin attribuent sa formation à un bacille (butylicus) très répandu, et capable de transformer le sucre normal, la bhydrhexéfine (glycérine) en alcool tétrénique normal et acide tétrédique (butyrique). Ce bacille se savait développé dans le vin auant la distillation :

S'il en était ainsi l'eau-de-vie eut été mauvaise dès la distillation. Le propriétaire attribuait le mauvais goût à la malveillance: on avait, suivant lui, versé le liquide *après à la distillation*, dans un fût ayant contenu du *râpé* (vin raisin — sucreux).

En comparant les deux sortes de produits, Claudon et Morin font observer:

	Eau-de-vie de Cognac		Eau-de-vie de sucre (levure elliptique)	
Alcool triènique.	48,1	23,34	3,1	3,62
— tétrènique (iso). . . .	18,5	8,98	2,4	2,81
— pentènique..	137,5	67,68	80.0	93,57
	206,1	100,00	85,5	100,00

Un peu plus tard Morin seul fit une étude d'une eau-de-vie provenant d'un vin non altéré (folle blanche) en 1883. — L'analyse a porté sur 92 litres, marquant 63°97 à + 15°.

	100 litres d'eau-de-vie	100 kilos de sucre levure elliptique
Alcool diènique	50,837	50,615
— triènique normal. . .	27,17	2
— tétrènique (iso).. . .	6,52	1,5
— pentènique	190,21	51
Pentadédol (furfurol) et bases..	2,19	0
Bioxyde de diène (aldehyde). .	traces	0
Acide diédique (acétique). . .	traces	0
— tétrèdique (butyrique)..	traces	0
Tétrèdol (glycol butylique) . .	2,19	0
Bhydrhexèfine (glycérine) . .	4,38	0
Huile de vin odorante . . .	7,61	2,0
	5,1077,27	50,671,5

Ce que Morin désigne « bases » c'est une petite quantité d'un corps azoté donnant un chloroplatinate et offrant l'odeur des bases de fuselol.

L'huile odorante est « presque dépourvue d'odeur » mais en prend rapidement à l'air.

136. *Alcool dibénique* ou bioxyde de diène (aldéhyde) $C^4H^4O^2 = 44$. On le trouve dans tous les vins où l'oxygène a pu produire de l'acide diédique (acétique), et nous avons vu comment a lieu sa production. On peut l'extraire de ces vins en les soumettant à la distillation ; le bioxyde se trouve dans les premières gouttes du produit. — En faisant dissoudre les premières gouttes dans leur volume d'éther tenant de l'ammonique en dissolution, le liquide laisse bientôt déposer des cristaux d'aldéhyde ammoniaque. Ceux-ci, mêlés avec précaution à de l'acide sulfurique $(HO)^{24}$, on fait distiller au bain d'eau sans dépasser 25° à 30° et on recueille les vapeurs dans un ballon à long col entouré de glace.

C'est un liquide de $D = 0,798$ (à + 15°) et 0,805 (à 0°). Vapeur à 21°5 (0^m760). $Dv = 1,532$ (4 volumes). L'O le transforme en acide diéfique — puis en diédique et en diéfate d'aldol. L'action est loin d'être simple.

L'action de l'oxygène est :

M $$n = \frac{46}{8}$$

$$46\,O + 8C^4H^4O^2 = \begin{matrix}5\\6\end{matrix}\left\{\begin{matrix}\frac{2}{6}\end{matrix}\right.\left|\frac{C^4H^4O^4 + HO + HO^2}{C^4H^4O^4 \quad - \quad + 2HO^2}\right.$$

Puis :

M $$n = \frac{60}{46}$$

$$46C^4H^4O^4 + 60C^4H^6O^2 = \begin{matrix}1\\2\end{matrix}\left\{\begin{matrix}\frac{32}{14}\end{matrix}\right.\left|\begin{matrix}\frac{C^4H^4O^4.C^4H^4 + 2HO}{(C^4H^4O^4C^4H^4) + 2HO + C^4H^6O^2}\\ \text{ou } 2(C^4H^4O^2)\end{matrix}\right.$$

M $$n = \frac{46}{17}$$

$$46HO^2 + 17C^4H^6O^2 = \begin{matrix}2\\3\end{matrix}\left\{\begin{matrix}\frac{5}{12}\end{matrix}\right.\left|\frac{C^4H^4O^2 + 4HO}{C^4H^3O^2 + 6HO}\right.$$

Un caractère du bioxyde, c'est la facilité de sa condensation en $(C^4H^4O^2)^2$. Wurtz, qui a découvert ce composé, l'a nommé *aldol* ; pour rappeler sa nature si différente de celle de l'acide tétrédique (butyrique) $C^8H^8O^4$, autant et mieux vaudrait l'appeler tétroxyde de tétrène.

Le bioxyde se combine au bisulfite de soude et donne $C^4H^4O^2SO^2\ SO^2NaOHO$ (76 et 72).

L'ammoniaque H^3Az est absorbé par le bioxyde de diène, et donne, à l'abri de l'air, des crystaux incolores : l'air ou l'oxygène les brunissent en formant un corps résineux. Le bioxydiènate d'ammoniaque réduit l'$AzO^5.AgO$ en formant une couche d'argent miroitante.

Le vin renferme probablement des aldéhydes ou bioxydes des C^nH^n; mais jusqu'à présent on ne les a pas signalés d'une manière précise.

$C^4H^4O^2$, ce corps, formé dans un grand excès d'alcool, donne :

M

$$n = \frac{46}{44}$$

$$44C^4H^6O^2 + 46C^4H^4O^2 = \begin{matrix}1\\2\end{matrix}\left\{\begin{array}{r|l} 42 & C^8H^{10}O^4 \\ \hline 2 & C^{12}H^{14}O^6 \text{ ou } C^{12}H^{12}O^4 + 2HO \end{array}\right.$$

Le composé $C^8H^{10}O^4$ continue d'agir :

M

$$n = \frac{90}{46}$$

$$90C^4H^6O^2 + 46C^8H^{10}O^4 = \begin{matrix}1\\2\end{matrix}\left\{\begin{array}{r|l} 2 & C^{12}H^{16}O^6 \text{ ou } C^{12}H^{14}O^4 + 2HO \\ \hline 44 & C^{12}H^{14}O^4 + C^4H^8O^4 \end{array}\right.$$

$C^4H^8O^4$ est l'acide que j'ai découvert dans la potasse alcoolique; en même temps que lui, on voit que l'acétal prend naissance dans l'action de $C^8H^{10}O^4$ avec l'alcool. — Il faut ou beaucoup de temps ou l'influence osmotique des membranes minces qui produit des actions bien plus énergiques.

137. *Acide diéfique* (glycolique) $C^4H^4O^6 = 76$.

État naturel. — Il a été trouvé dans les raisins verts et les vins.

Préparation. — Le meilleur moyen est d'oxyder l'acide diédique (acétique) par le $Mn^2O^7.KO$ en tubes fermés ; à $+ 130°—140°$, on trouve tout l'acide converti en diéfate de KO, on traite par $SO^3(HO)x$ et après évaporation au bain d'eau, on sépare $C^4H^4O^6$ du $SO^3.KO$ par l'alcool et mieux l'éther. (Maumené.)

Solide crystallin, parfois difficilement crystallisable. $D = 1,698$ clinorhombique. — a : b : c :: 1,77 : 1 : 1,34.

Liquide à $+ 78°,5$. il se décompose à 150°, quelquefois à 180. — Chaleur. Elle le décompose en crystaux, et liquide — on croit à un mélange d'acide $C^4H^4O^6$ et de son anhydride.

Il donne des sels crystallisés, forme des éthers, parmi lesquels

$C^4H^4.C^4H^4O^6$), liquide incolore, d'odeur agréable, de D = 1,1078; vapeur à + 160°, décomposable immédiatement par l'eau en acide et alcool. — L'éther monénique $C^4H^4O^6.C^2H^2$ est de même un liquide agréable de D = 1,868 ; vapeur à 151°5.

Uni aux hydrocarbures alcooliques, il forme des acides $(C^2H^2)C^4H^4O^6$. Ces acides produisent des éthers $(C^2H^2)^n$, $C^4H^4O^6$, etc.

Un grand nombre de ces corps *peuvent* se trouver dans les vins.

138. *Acide tétrabHique* (succinique) $C^8H^6O^8 = 118$.

Préparation. Le meilleur procédé consiste à traiter l'acide tétrédique (butyrique) par l'acide azotique (Dessaignes). L'action dure 12 à 15 heures. On met l'acide $C^8H^8O^4$ dans une carafe de mon mélangeur, et on l'entoure de glace. On prend de l'acide azotique (à 2 HO) de D = 1,48 — 165 grammes aussi à 0° et on les mêle très lentement; on laisse le mélange revenir à la température ordinaire : il se dégage du bioxyde d'azote pur, ou à bien peu près, et la masse échauffée à 50° (avec condenseur de retour) se prend en crystaux à mesure du refroidissement. Une ou deux crystallisations donnent de l'acide pur. On l'obtient économiquement par la fermentation du tétrabéjiate (malate) de CaO.

Propriétés physiques. Orthorhombique. D = 1,552 ; sublimé 1,529.

Liquide à + 180°. Vapeur dès 140° régulièrement à 235° en se dédensant partiellement : $C^8H^4O^6 + 2HO$ — HO le dissout bien à l'ébullition : 100 parties en prennent 121 et n'en retiennent pas plus de 2,80 à 0°; à une haute température, en vase clos, elle le transformerait en 8CO + 6H. Chose très digne d'attention, il n'agit presque pas avec l'acide AzO^5HO.

Mn^2O^7KO l'oxyde lentement, le convertit d'abord en acide tétrabélique (tartrique) (EM) puis en acide $C^8H^4O^{12}$ et finalement en $4C^2HO^4$.

L'acide IH $(HO)^5$ le ramène à l'état d'acide tétrédique (butyrique) et finalement au bhydrotétrène C^8H^{10}. La potasse KOHO donne à 440° (température constante) équivalents égaux de diédate (acétate) et de diéfate (glycolate) (EM).

L'alcool ne le dissout pas sensiblement. Il faut 1,4 parties d'alcool bouillant. L'éther ne le dissout pas non plus en quantité notable, 6 à 7 fois moins que l'eau.

La chaux CaO le change en triédate (propionate). L'acide sulfurique s'y unit et donne $C^8H^4O^6$ $(SO^3.HO)^2$ 100 et 98.

Action sur la vie. Elle n'a rien de malfaisant à petites doses.

Usage. Il n'en a pas jusqu'à présent.

L'acidé tétrablique (succinique) a un isomère remarquable nommé peroxyde d'acétyle[1] $C^8H^6O^8$. Mais la vraie formule est $C^{12}H^9O^{12}=C^4H^3O^3)O^3$, comme il est facile de la calculer. La moindre élévation de température le décompose avec une explosion violente.

Acide héxépique $C^{12}H^{12}O^{16}$. La fermentation de l'hexélose droit avec de l'eau de levure et un excès de craie donne à + 35° des crystaux à la surface du liquide d'abord en cercle sur les parois, puis en une croûte épaisse.

C'est de l'hexénate de chaux. On les transforme en sel de cadmium insoluble dans l'alcool faible et facile à purifier. On le décompose par HS, on fait évaporer dans le vide sec vers + 15°.

Cet acide est très soluble dans l'eau et dans l'alcool peu dans l'éther franchement acide au tournesol, extrêmement altérable par la moindre élévation de température — par le moindre excès d'alcali — il devient brun surtout avec l'H^3Az.

forme des sels crystallisés avec CaO, SvO, CdO.
— syrupeux avec KO NaO H^3Az TlO.
— insolubles avec PbO et Bi^2O^3.
— solubles avec BaO.MgO CO, ZnO, FO,CuO.
décolore Mn^2O^7.KO avec Mn^2O^3 couleur de rouille.
réduit AzO^5AgO sur le champ à l'ébullition. Si l'on ajoute H^3Az on forme un beau miroir.
donne un précipité noir avec Bi^2O^3 et NaO
— — avec AzO^5Hg^2O
— blanc avec HgCl, il devient gris à peu près.
$C^{12}H^{12}O^{15}$ CdO contient 20,974 de Cd métal.

Boutroux a obtenu 20.998.

Acide hexennique $C^{12}H^{12}O^{14}$ (mannitique gluconique, etc.); on l'a obtenu solide en conservant un an l'acide obtenu d'abord syrupeux, il faut l'évaporer à froid car il ne résiste pas à une température de + 8° (comme l'acide hexépique).

Le $(CuO)^9.(HO)^{40}$ agit avec le sucre. Dans une solution à 25 p. 100 logée en un ballon muni du condenseur à retour, Habermann et Honig ont introduit par petites portions l'hydrate tant qu'il s'est réduit en Cu^2O. Pendant toute l'action, se dégage CO^2. A la fin on traite par HS, on filtre et on fait distiller dans un courant de vapeur : on obtient $C^2H^2O^4$ (monodique (*formique*), $C^4H^4O^6$ diéfique, (*glycolique*), et $C^{12}H^{12}O^{14}$ (l'acide hexennique (*gluconique*).

1. Boutroux, C. R., t. CII, p. 924.

Il se produit dans toutes les oxydations peu violentes du sucre normal et de l'hexélose droit (glucose) ou du bihexélose (lactose). Hlasiwetz et Habermann, affirment n'avoir pu l'obtenir ni avec l'hexélose gauche lévulose ni avec la sorbine qui donneraient de l'acide diéfique (glycolique).

Maumené a signalé 6 actions où il se produit aisément notamment celle de l'hexélose droit (glucose) et du sulfate ou du diédate de cuivre.

A 58° il jaunit, devient brun, noircit, se boursouffle et prend feu (à l'air) il brûle avec une flamme éclairante et une odeur de sucre brûlé il laisse un charbon léger brillant.

La solution aqueuse à une saveur forte et franche, il dissout le Fe, le Zn, avec dégagement d'hydrogène — il décompose les carbonates.

Il réduit la liqueur TCuK et devient $C^{12}H^{12}O^{16}$.

Il réduit l'azotate d'argent et donne de l'acide hexabénique $C^{12}H^{10}O^{16}$, de l'acide monédique (formique), etc.

139. On trouve dans les vins quelques sels dont les moûts ne contenaient aucune trace. Les acides produits par la fermentation donnent évidemment, au moins en partie, des sels nouveaux. Aucun de ces nouveaux sels n'a été jusqu'ici trouvé en proportion notable ; je ne crois pas utile de faire plus que de signaler leur existence.

— On peut s'attendre à trouver dans les vins des sels formés par les acides dont nous venons de parler ; mais leurs proportions sont très faibles. Nous parlerons seulement de ceux dont l'action n'est pas tout à fait nulle, dans les *maladies des vins*.

J'ai trouvé les petites proportions de manganèse suivantes dans les vins, par litre :

Vin de Grave (Bois d'Oingt) 1865 — rouge — 0gr.,005 à 7
— — 1882 — rouge — 0gr.,005 à 6,8
— — 1883 — blanc — 0gr.,006 à 8,1

Pommard	passe tout grain.	1881	. . . .	20
—	pineau	1878	(Epincourt) . . .	16
—	—	1883	(Grand clos) (1). .	0
Montrachet	—	1883	Cailleret.	3
—	—	1883	Sucré à 10 kil. p. hect.	2
—	—	1879	Gelé accident à 25 %	4
—	—	1877	— 10 %	3
—	—	1883	— 12 %	4
—	—	1878	Cailleret à 10 %. .	5
—	—	1877	Résidu de vin gelé (2)	1

Beaujolais Gamay.	1865	Frontenas.	3
— —	1880	—	2
— —	1883	—	6
— —	1870	St-Etienne-la-Varenne	1
— —	1882	Lissieu Montvallon.	3
— —	1870	Chasselay (3) . . .	4
Bordelais pineau.	1881	. . . .	9
— —	1882	Cadillac..	6
Bourgogne pineau et gamay..	1878	Clos Tavanne Fontenay (5). . . .	8
Languedoc —	1883	Marcorignan Narbonne	2
— —	1883	Bizanet	7
— —	1880	Bessan Hérault . .	12
Roussillon —	1875	Perpignan..	4
Charolais Gamay.	1883	Châlon	14
Dauphiné —	1883	St-Rambert-d'Albon.	2
Algérie —	1882	Environs d'Alger. .	3
Italie —	1883	— . .	2
Espagne —	1882	Alicante (6). . . .	5
Dalmatie —	1881	—	8
Roumélie —	1882	— (7). . . .	7
Corse —	1883	Leretoarr. de Bastia (8)	18

Ces résultats ont été obtenus par comparaison des teintes de solution du permanganate avec une solution de ce même sel soigneusement titrée, il m'a paru reconnaître le tétrabélate (tartrate) de KO et MnO les crystaux séparés par l'alcool éther donnent par pyrolyse une coloration très forte, etc.

La préparation m'a donné l'occasion de signaler dans beaucoup de vins un fait bien contraire à la grande majorité des études antérieures.— Les cendres ne m'ont pas présenté d'effervescence avec l'acide azotique; elles étaient d'un blanc grisâtre, surtout jaunâtre, sans aucun indice de fusion, il fallait ajouter de l'azotate de potasse pour obtenir le manganate vert, etc. — L'absence de bitétrabélate de potasse (tartrate) paraissait donc certaine. — Je n'ai pas encore eu le temps de revenir sur ces points ; mais ils sont dignes de la plus grande attention.

On trouve du manganèse dans les lies — mais non dans les tartres crystallins. Ce n'est pas en contradiction avec l'existence du tétrabélate double de KO et MnO, beaucoup plus soluble.

140. Donnons maintenant le tableau de la composition moyenne des vins :

COMPOSITION GÉNÉRALE ET MOYENNE DES VINS

				Volumes	Poids	
Eau				880	900	891
Alcool diènique (absolu)			F	100	80	79
Corps neutres et Sels	Autres alcools, trièniquc, tétrènique, etc.		F			
	Ethers (contribuant surtout au bouquet)		F			
	Bioxydes des C^mH^m (aldehydes)		O			
	Bioxydes des alcools (glycols)		F			
	Bhydrotrièfine (glycérine)		F			
	Hexéloses (du sucre de raisin)					
	Bhydrhexélose (mannite)		F			
	Hexéjoses (gomme, dextrine)					
	Pectine, mucilage					
	Matières grasses, cire					
	— colorantes œnocyanine, œnochrysine					
	Matières azotées (albumine et autres).	*A base de :*				
d'acides hydrocarbonés	tétrabéjiates (malates)					
	tétrabélates (tartrates)					
	diédates (acétates)		O			
	triédates (propionates)	Potasse	O			
	tétrédates (lutyrates)	Soude	O			
	pentédates (valérates)	Chaux	O			
	triéfates (lactates)	Lithine	F			
	héxennates	Magnésie	O			
	hexépates	Manganèse	O			
	triéjiates	Alumine	O		20	30
	tétrabHates (succinates)	Oxyde de fer	F			
	etc., etc.					
d'ac. non hydrocarb.	Sulfates	Ammoniaque et diverses bases azotées				
	Azotates ?					
	Phosphates					
	Silicates ?					
	Chlorures ?					
	Bromures					
	Iodures					
	Fluorures ?					
Acides libres	tétrabéjique (malique)	& leurs dérivés hydrolytiques				
	tétrabélique (tartrique)					
	diédique (acétique)		F? O			
	triédique (propionique)		F? O			
	etc., (même série)					
	tétrabHique (succinique)		F			
	diéfique (glycolique)		O			
	triéfique (lactique)		F			
	dienHique (glyoxylique)		F			
	— (tannique)					
	— (pectique et métap.)				1000	1000

F désigne les produits de la fermentation.

O désigne les produits d'oxydation ultérieure.

LIVRE DEUXIÈME

DU VIN

CHAPITRE PREMIER

FABRICATION DU VIN.

C'est l'application des connaissances et des principes dont nous avons exposé tous les détails dans notre premier Livre.

En apparence rien n'est plus simple ; en belle saison, à une *bonne* température, à peine le moût est-il abandonné à lui-même, il ne tarde pas à *bouillir*, c'est-à-dire à dégager de l'acide carbonique, indicateur fidèle de la production de l'alcool, *substance vineuse* par excellence ; — Dans un bon cellier, la fermentation ne s'arrête pas avant que cette transformation soit *complète* ou *à peu près* ; on a le vin et il ne reste plus.... qu'à le boire.

Mais celui qui pratique cette opération pendant un grand nombre d'années ne tarde pas à voir combien on se trompe en regardant comme simple un travail réellement très compliqué.

Le raisin n'est pas identique tous les ans : sa maturité, même arrivée au degré normal, en apparence, n'est pas un indice certain de l'identité de tous les éléments et de leurs proportions.

D'ailleurs, avec le même raisin, la même année, on ne fait pas le même vin si les autres conditions ne sont pas les mêmes. Il faut produire la même température et la conserver pendant tout le temps de la fermentation — dans des vases identiques. En un mot la nature du vin sa force alcoolique, son bouquet, sa saveur, peuvent être modifiés beaucoup plus profondément qu'on ne le croirait, par des causes dont il semble possible de ne pas se préoccuper.

C'est un problème, et non des plus faciles, de *produire le meilleur vin* avec un raisin donné.

C'est la solution de ce problème que nous allons résoudre par l'utilisation la plus attentive des connaissances chimiques et physiques dont nous pouvons nous servir aujourd'hui.

PRÉPARATION DU MOUT.

Voici une opération qui peut paraître des plus faciles.

Aussitôt le raisin cueilli, ne peut-on le presser dans un linge, comme on presse les groseilles pour faire les confitures ? C'est ce qu'on a fait dans les temps antiques — et je pourrais mettre sous les yeux du lecteur une gravure, aujourd'hui connue, représentant des Egyptiens vêtus seulement d'une calotte pour garantir leur tête des rayons du soleil et pressant le raisin dans une toile enroulée — solidement fixée d'un bout à la muraille et munie à l'autre bout d'un bâton tourniquet au moyen duquel plusieurs hommes font couler tout le jus dont la solidité de la toile permet une plus ou moins grande extraction. Le jus cueilli, sous la toile, dans une terrine convenable est mis en fermention sans autre préambule et vraisemblablement on aurait fait rire ces gaillards si on leur avait parlé de trier le raisin, de l'égrapper, etc., etc.

De toutes ces précautions ils se souciaient autant que de l'élégance de leur costume, le vin leur paraissait toujours bon, — Quoi de plus !

Aujourd'hui nous sommes un peu plus susceptibles ; nous nous demandons s'il n'est pas important de séparer le raisin de la grappe, de ne pas laisser des grains rouges et surtout des verts avec les noirs, etc.

Nous avons donc à examiner en détail toutes les opérations de la vendange et à trouver les raisons de la manière dont on doit les conduire, pour ne pas s'écarter des principes dont nous venons d'indiquer la théorie.

La première question qui se présente est celle de savoir ce qu'on peut faire de mieux pour la récolte, ou vendange proprement dite. Cette question en comprend beaucoup d'autres. Doit-on attendre la parfaite maturité du raisin, ou bien convient-il de devancer cette époque, ou de faire un peu de retard ? A quelle température doit-on vendanger, etc. ?

Les auteurs, les plus estimés des œnologues, varient dans leurs réponses à cette question.

Jusqu'à présent, on a toujours considéré la richesse alcoolique comme le meilleur signe de la qualité du vin, et assurément cette idée sera toujours juste ; l'alcool est la base du vin : sans lui, point de liqueur vineuse ; il en fait le mérite, directement et indirectement ; directement par sa quantité, d'où le vin tire sa force et ses principales qualités hygiéniques ; indirectement, par la solubilité des éthers, ou l'insolubilité de quelques sels, comme le tartre. On a donc été conduit à rechercher l'époque où le sucre existe en plus grande abondance dans le raisin, et cette époque est celle de la maturité parfaite, qu'on reconnaît à plusieurs signes. La rafle commence à jaunir, elle *fait bois ;* le grain n'a plus de dureté : sa pellicule est mince et translucide (Olivier de Serres) ; la grappe et les grains peuvent être détachés sans effort ; les pépins ne contiennent plus de substance glutineuse (Olivier de Serres), etc. (1).

Le développement de la maturité du raisin ne suit pas toujours une marche régulière, si l'on entend par là le décroissement continu de l'acidité pendant un accroissement de sucre aussi continu.

Fleurot pharmacien à Dijon avait reconnu ce fait qui a été confirmé par Pasteur. Voici les nombres donnés par ce dernier pour le raisin dit enfariné : 1 litre de moût renferme :

	Année 1863	Acide total en ac. tartrique	Sucre $C^{12}H^{12}O^{12}$
Grains noirs..............	19 septembre	24,8	159,7
— moyens............	—	23,4	128,9
— rouges	—	23,4	150,0
Grains noirs, les plus mûrs..	27 septembre	21,4	156,7
— moyens....	—	20,8	148,7
— verts	—	21,8	135,1
Grains noirs...............	28 septembre	21,4	156,7
— moyens............	—	21,8	164,4
— rouge violacé........	—	24,4	60,3
— verts..............	—	25,5	79,6
— noirs...............	30 septembre	18,3	167,7
— moyens............	—	22,5	132,7
— rouge violacé........	—	24,5	102,3

Le raisin Ploussard a donné des résultats très différents :

Grains noirs............... }	7 septembre	8,5	195,4
	—	6,3	200,3
— rouges.............	—	?	135,7
— verts..............	—	?	95,5

1. Fabroni nous a signalé le premier les détails de la structure du grain. Il a montré que le sucre et la matière azotée d'où provient le ferment sont enfermés chacun dans des cellules particulières. Il expliquait ainsi l'impossibilité de la fermentation avant la rupture du grain. - J. de Ph. (2) XV. 408.

Grains noirs.............	16 septembre	6,4	209,4
— moyens............	—	18,8	165,0
— rouges.............	—	18,7	146,3
— verts..............	—	20,6	84,9
Grains noirs..............	17 septembre	6,4	210,5
	Année 1864		
— noirs..............	27 —	8,8	215,0
— noirs..............	28 —	8,3	221,5

On a essayé d'avancer la *maturité* du vin en le soumettant au courant électrique. Après Blaserna et Carpene, Mengarini vient d'obtenir avec 4 ampères par heure pendant plusieurs heures, à diverses reprises d'une durée variable : 1° un dépôt considérable de substances albumineuses noircies par l'oxydation ~~ 2° diminution de l'alcool par évaporation et formation d'acide diédique (acétique) par oxydation ~~ 3° développement du parfum à peu près en proportion du temps, ~~ 4° couleur *modifiée* ~~ Stérilisation du vin et *sous réserve* stabilité.

L'électricité n'a pas deux sortes d'effets : elle décompose l'eau en H + O. Ces deux corps mis en liberté *avec la densité du vin*, exerçant leur plus grande action conformément aux lois de la Théorie Générale : L'O donne de l'acide diédique et, comme nous l'avons vu, du bioxyde de diène (aldehyde), etc., l'H, au pôle ~~ donne des résultats contraires : il fait revenir l'œnocyanine et l'œnochrysine à l'état incolore ; l'acide tétrabélique (tartrique) à l'état tétrabéjique (malique) et la plupart de ces faits ont échappé aux observateurs. (*Cosmos*, 17 mars 1888).

De Vergnette-Lamotte recommandait pour la Bourgogne, de laisser une partie du raisin se *figuer* sur le cep (environ le quart). Un dit-on du pays va jusqu'à prétendre : « Pour faire d'excellent vin, il faut vendanger, quand la vigne offre un tiers vert, un tiers mur et un tiers figué » ~~ je me garde de toute contradiction.

Doit-on attendre absolument ce degré de maturité parfaite ?

Oui, si c'est possible : mais, dans certaines contrées, et dans les années froides, on ne pourrait jamais y parvenir : l'automne amènerait la perte du raisin avant la maturité complète : c'est ce qu'on a vu en 1769. « L'automne de 1769 fera époque, dit l'abbé Rozier, et elle a donné lieu « à l'observateur de s'assurer de plusieurs faits importants. Les raisins « encore verts, et qui ont été surpris par les gélées des 7, 8 et 9 octobre, « ont donné un vin acide [1]. » Les gelées ont produit un effet bien

1. *Mémoire sur la meilleure manière de faire et de gouverner les vins en Provence*, 1772, p. 39.

facile à comprendre ; elles ont solidifié les sucs liquides du raisin, et comme l'eau, en se gelant, augmente environ de $\frac{1}{15}$ de son volume, la glace formée dans les grains de raisin, brise la pellicule, et même les cloisons intérieures du grain. Après le dégel, l'air pénètre dans les déchirures, et agit sur le ferment qui, restant à une basse température, se putréfie, et cesse de pouvoir déterminer la fermentation alcoolique. Il devient même convenable, pour les fermentations visqueuses, lactique et butyrique. On voit combien il peut être dangereux de rester dans ces conditions. Le raisin n'étant pas tout à fait mûr, (comme en 1769), il est nécessairement très chargé de bimalate, de bitartrate, etc., il est très acide : en outre, la fermentation, au lieu de développer de l'alcool, développe des acides, lactique et butyrique, au moins en grande partie. Le vin ne peut donc être de bonne qualité.

Il faut, dans tous les cas de ce genre, vendanger le raisin aussitôt qu'il commence à dépérir, et sans attendre vainement une maturité qu'on ne peut obtenir plus tard.

La gelée ne produirait cependant pas, à la rigueur, de mauvais effets si l'on avait soin de récolter les raisins, pendant la gelée même, et de les porter de suite aux cuviers. On les réchaufferait et on les mettrait en fermentation. Dans certains cas, on conserverait ainsi l'avantage d'attendre une plus complète maturité, ce qui en vaut bien la peine.

Pasteur a fait une étude intéressante de l'état de maturité relative des raisins d'un même ceps d'abord de l'espèce *Ploussard*. (7 septembre 1863).

	kil.	Acidité (en acide tart.)	Sucre réducteur
Poids des grains les plus mûrs...	9,433	8,5	195,4
— rouges..........	3,862	»	135,7
— verts rougissants.	0,200	»	95,5
	13,495		

En triant grain à grain les plus murs, il a obtenu :

	Acide	Sucre
7 septembre 1863....................	6,3	200,3
16 — —	6,4	209,4
18 — —	6,4	210,5
27 — —	8,8	215,0
28 — 1864....................	8,3	220,5

Pasteur a de même examiné l'*Enfariné*.

16 septembre 1863,	grappes les plus mûrs.	23,1	153,9
19 — —	grains les plus mûrs..	24,8	159,9
— —	intermédiaires.......	23,4	128,9
— —	rouges sans noirs....	23,4	150,0
27 septembre 1864,	grains les plus mûrs..	21,4	156,7
— —	rouges noircissant...	20,8	148,8
— —	verts devenant roses.	21,8	135,1
28 — —	au maximum de noir.	21,4	156,7
— —	rouge violacé........	24,4	60,3
— —	interm. entre les préc.	21,8	146,4
— —	verts et verts rougiss.	25,5	79,6
30 septembre —	grains entièrem. noirs	18,3	167,7
— —	grains rouge noir....	22,5	132,7
— —	grains rouge violacé..	24,5	102,3

Les résultats du 28 ne sont pas erronés.

Pasteur se demande s'il n'y a pas deux *minima* d'acidité.

Au point de vue de la conservation du raisin *frais* je citerai la méthode Charmeux (*Journal de l'Agriculture* 1874). Dans une pièce de premier étage, à l'abri de l'humidité, on dispose à 0,m80 l'un de l'autre des supports à tablettes en bois. Le raisin doit être cueilli le plus tard possible par un temps couvert, mais sans pluie. Chaque grappe doit être prise avec un bout de sarment, avec 3 yeux sous la grappe et 2 en-dessus. On ôte les feuilles et on pose les grappes sur les tablettes en plongeant de suite le gros bout du sarment dans une fiole allongée contenant depuis deux ou trois jours environ 175 grammes d'eau où l'on a délayé une cuillerée à café de charbon de bois. — Il ne faut plus remuer les fioles, ni les exposer aux courants d'air, à la lumière, ni à une température plus basse que + 1° ou 2. — Des tuyaux métalliques remplacent les fioles avec avantage. — Il serait bon, je crois, de cacheter le bout du sarment laissé à l'air.

Le moment des vendanges peut être choisi d'après des considérations extra-scientifiques, et dont l'importance est très grande : je les ferai bien comprendre en transcrivant ici le passage suivant de Chaptal, qui sera toujours d'une suprême justesse.

« Les temps ne sont pas éloignés où nous avons vu que, dans presque tous les pays de vignobles, l'époque des vendanges était annoncée par des fêtes publiques, célébrées avec solennité. Les magistrats, accompagnés d'agriculteurs intelligents et expérimentés, se transportaient dans les divers cantons de vignobles, pour juger de la maturité du raisin ; et nul n'avait le droit de vendanger que lorsque la permission en était solennellement proclamée. Ces usages antiques étaient consacrés dans les pays renommés par leurs vins; leur réputation était regardée comme une propriété commune. Et quoiqu'un tel usage entraînât quelques inconvénients, c'est peut-être à sa religieuse observation, que nous devons d'avoir conservé dans toute son intégrité la réputation des vins de Bordeaux, de Bourgogne et autres pays de la France. On appellera, si l'on veut, un tel règlement, servitude; on invoquera pour le proscrire, le droit sacré de propriété, de liberté, etc. On fera reposer la garantie de l'intérêt général sur l'intérêt du propriétaire; je n'entreprendrai pas de discuter, en ce moment, une question aussi sérieuse; mais j'observerai seulement que l'établissement de tels usages en paraît démontrer l'utilité, parce qu'il suppose des causes qui l'ont rendu nécessaire. J'ajouterai que leur abolition a mis la fortune publique à la merci de quelques particuliers : l'individu qui coupe prématurément ses raisins, force ses voisins à l'alternative d'une vendange précoce, ou d'une spoliation assurée; l'étranger n'ayant plus de garantie pour ses achats, retire ses ordres, parce qu'il ne sait plus où placer sa confiance. L'individu ne peut voir que le présent; il appartient à la société de prévoir l'avenir; elle seule peut conserver et perpétuer cette bonne foi sans laquelle le commerce n'est qu'une lutte de méfiance entre le fabricant et le consommateur.

141. Certains vins semblent offrir un bouquet mieux prononcé, lorsqu'on ne laisse pas au raisin le temps d'arriver à sa maturité complète. Le fait est-il bien démontré? c'est douteux : Le raisin encore un peu vert contient des acides dont la quantité paraît influer sur le bouquet, puisque celui-ci résulte de la présence d'éthers, dont les acides font partie : mais il faut si peu d'acide, que le raisin en contient encore assez, lorsqu'il est mûr, pour développer les éthers dont le vin ne dissout pas des traces. Il en dissout, en outre, d'autant plus qu'il est plus alcoolique, et cette condition nécessite le maximum du sucre, c'est-à-dire la plus grande maturité.

142. D'autres vins paraissent exiger qu'on dépasse la maturité du raisin avant de le mettre en cuve. Si je suis bien informé, on fait les vins du Rhin avec des raisins d'automne et déjà pourris à un certain degré. Les vins de cette espèce ont un cachet particulier; probablement leur bouquet spécial tient à la présence d'un peu plus d'éthers tetrédique, butyrique), etc., et ces éthers proviennent des circonstances que je viens de mentionner. Il ne faut pas toutefois prolonger beaucoup l'état de décomposition du raisin, car il deviendrait promptement impossible d'en tirer aucune liqueur supportable.

143. En résumé, la maturité me semble une condition fondamentale pour la préparation des *vins proprement dits* : On ne doit faire d'exception à cette règle que pour les vins spéciaux, les vins de liqueurs, etc. Quelques personnes ont assuré que l'on doit en Champagne outre-passer la maturité : nous verrons plus loin que ce conseil n'est jamais bon en pareil cas.

144. Maintenant à quelle température doit-on vendanger ? Autre question qui n'est pas sans importance.

Tous les vignerons sont d'accord sur ce point, et on peut exprimer leur opinion en disant : « On doit, autant que possible, attendre la succession de quelques beaux jours pour les vendanges. » Ce précepte est vrai, car il peut se traduire en disant qu'il faut attendre une concentration du jus de raisin, c'est-à-dire une augmentation de la proportion du sucre. Pendant les *beaux* jours, il se fait une évaporation continuelle de l'eau du suc à la surface du grain, ou, si l'on veut, au travers de sa pellicule : l'eau qui s'évaporé est absolument pure, elle n'entraîne pas la plus légère parcelle de sucre, et le grain se dessècherait même assez promptement si la marche ordinaire de la végétation ne lui amenait pas, sans cesse, de l'eau nouvelle puisée dans le sol. L'état d'hydratation du grain est donc en balance continuelle entre l'évaporation, qui se produit à sa surface, et l'affusion d'eau nouvelle, empruntée à la terre. On voit bien aisément ce qui résulte d'*une succession de beaux jours* : l'évaporation de l'eau du raisin est la plus grande possible et le renouvellement de cette eau de plus en plus difficile : le jus du raisin se concentre de plus en plus, et la récolte, faite dans ces conditions, produit un moût très sucré, capable de fournir un vin riche en alcool, ce qui, dans tous les cas, est la qualité fondamentale et mère de toutes les autres.

145. Faut-il pourtant regarder ce principe comme absolu ? Non, sans doute, car aucun principe n'est absolu. La qualité du vin est une affaire de goût, le plus souvent, et, dans d'autres conditions que celles dont nous venons de parler, le vin peut prendre une saveur particulière, plus recherchée de certaines personnes, et préférée même à celle dont il est pourvu dans la fermentation la plus régulière. Ainsi le raisin écorché, déchiré plus où moins profondément, et conservé quelque temps dans les paniers, avant d'être mis au pressoir, offre toujours un moût spécial, et des différences tranchées avec le moût du même raisin plus soigneusement cueilli et pressé de suite. Peut-on dire, en règle générale, que ce dernier soit le meilleur? Cela n'est pas toujours vrai.

Dans les raisins déchirés s'établit une fermentation autre que la fermentation alcoolique : il en résulte divers produits dont la formation peut être arrêtée en pressant, ou écrasant, le raisin, de manière à remplacer la fermentation lactique, ou autre, des parties extérieures, par la fermentation vineuse de toute la masse. Alors ces produits se mêlent aux autres éléments du vin, et lui donnent des qualités spéciales, capables d'en rendre la valeur, qui est toujours relative, supérieure à celle du vin le plus régulièrement fait. Il peut en être de même du vin fait avec des raisins humides, car dans des circonstances particulières, lorsque le raisin offre des traces de produits résineux, ces produits se dissolvent moins bien dans le moût le plus aqueux, et l'humidité, dont le raisin est couvert, amène précisément cet effet.

146. S'il n'y a pas de principe absolu, du moins on doit suivre les règles tout indiquées par ce qui précède. A-t-on reconnu les plus grandes qualités, dans le vin d'un certain cru, lorsque le raisin est vendangé par un temps sec? et c'est ce qui arrive presque toujours; on doit ne pas négliger d'opérer toujours dans ces conditions. Veut-on au contraire, donner au vin un goût spécial, observé dans le cas d'un excès de maturité de raisin, dans le cas de l'emploi de raisins en partie déchirés et meurtris, ou même, et simplement, dans le cas d'une vendange faite par un temps humide? on se placera le mieux possible dans les conditions observées comme les plus convenables, car on ne peut, sur ce point, donner aucune règle absolue : le bon jugement d'un homme expérimenté sera le meilleur guide.

TRANSPORT DE LA VENDANGE

147. On a conseillé de déposer les raisins dans une grande bande de toile imperméable, suspendue comme un hamac, sur une charrette, au moyen de cordes bien assujetties. Le fond repose sur un lit de paille et les côtés sont maintenus de la même manière pour éviter tout frottement. Cette disposition est excellente : le poids de la banne est très faible : elle ne peut communiquer aucun goût au vin : la température s'y conserve on ne peut mieux. On emploie partout ces moyens.

TRIAGE DES RAISINS

148. Il est utile, toutes les fois que les raisins mûrsse trouvent mêlés à des raisins verts, ou des raisins meurtris (par excès de maturité, par le bec des oiseaux, etc., etc.) On divise les grappes ou les grains en trois séries : les raisins mûrs, les verts et les gâtés. On doit faire le triage en coupant le raisin ; mais, dans beaucoup de cas, cette marche, qui est assez coûteuse, n'est pas suivie : on coupe toute la vendange et on trie ensuite. A cet effet, on se sert de tables triangulaires imaginées par Rougier de la Bergerie : le raisin est maintenu, sur ces tables, par des rebords de 20 à 25 centimètres ; ces rebords présentent des échancrures arrondies, aux angles des tables, pour laisser des ouvertures de 30 centimètres, par lesquelles on fait tomber le raisin dans des paniers, des bannes, des tonneaux, etc. Trois personnes font le triage et renvoient les raisins chacun à son angle.

Nous verrons combien le triage est nécessaire pour les raisins secs. Leur cueillette et le transport sont faits dans des conditions où ces raisins reçoivent, même sous une direction soigneuse, (?), une foule d'impuretés.

En général le transport commence, de la vigne aux chariots contenant les bennes, par des paniers, des *comportes :* les uns en osier, les autres en bois. Rien à dire de ces moyens si ce n'est : ils sont excellents. Mais j'ai vu, aux environs de Montpellier, faire usage de vases en zinc (blindés,..!) aux portes d'une ville où les études scientifiques méritent tant d'éloges. Mes confrères me permettent-ils de leur exprimer un regret ?

ÉGRAPPAGE

149. En général, cette opération doit être regardée comme utile, et elle est, souvent, nécessaire. Pour le comprendre, il faut savoir combien la composition de la grappe diffère de celle du raisin lui-même. La différence essentielle est due à un acide tannique spécial dont la grappe est très chargée.

Cet acide, dont le goût est âpre, et dont l'action est fatigante pour l'appareil digestif, doit être évité autant que possible. Il en faut un peu dans le moût, surtout dans celui des vins riches en principes albumineux, pour précipiter ces principes, et ne pas laisser, après la fermentation alcoolique, de substance capable de produire une autre fermentation qui serait presque toujours dangereuse. La quantité nécessair peut être ordinairement fournie par les pellicules, et les pépins, qui en contiennent, et le cèdent aisément. Dans quelques cas, cependant, ils n'en fourniraient pas assez, et celui de la grappe ou un tannin étranger, même, devient alors nécessaire.

150. Fauré s'est assuré de la présence d'une matière pleine d'amertume dans les râfles. Malheureusement il n'a pu en spécifier la nature. parce que la proportion en est très faible. Il a cru, en outre, que les vins faits sur la râfle contenaient plus d'alcool que ceux des raisins égrappés. Cela peut être ; mais la râfle ne peut y être directement pour rien : une partie du sucre s'altère pendant l'égrappage, et éprouve d'autres fermentations que l'alcoolique ; il perd ainsi de l'alcool. Si la grappe rend la fermentation plus vive, elle ne peut la rendre plus complète, et si l'alcool abonde dans le moût de raisins égrappés, c'est que tout le sucre est relativement plus abondant, s'il n'est mieux à l'abri de la destruction qu'il peut subir avant d'entrer dans les cuves.

151. L'égrappage est donc une opération très intimement liée à la nature chimique du grain de raisin, et à celle de la grappe proprement dite, ou plutôt de la râfle. Toute discussion, au sujet de son utilité, cesserait entre les œnologues, si l'on prenait bien la peine de mesurer le rapport du tannin (œnotannin naturel et spécial) et des corps albumineux, dans le grain. Ce rapport montrerait de suite si la grappe est utile, ou si l'on doit s'en débarrasser. On trouverait ce rapport par une analyse, ou simplement en faisant du vin avec un peu de raisin égrappé ; si ce vin, après une fermentation complète, donne un précipité sensible avec l'œnotannin, ou mieux avec une infusion des grappes dans l'eau bouillante, il est bon de conserver la grappe : on a besoin de son œnotannin. Mais si le précipité ne se forme pas, la grappe doit être enlevée ; car elle ne pourrait que donner de l'amertume, et nuire beaucoup au vin en le rendant d'ailleurs plus ou moins âpre.

152. On s'en rapporte ordinairement à la saveur ; c'est plus simple, mais c'est un moyen infaillible de se tromper sans cesse.

153. L'égrappage ne doit jamais être fait avec des vases ou des ustensiles de métal. Le contact du jus très acide avec l'air et le métal est toujours assez prolongé pour amener les plus fâcheux effets. Il y a deux méthodes très simples dont on peut, à ce point de vue, recommander l'emploi :

154. La première est l'antique procédé du bâton à trois branches, ou *pied de lunette :* l'égrappeur s'en sert en tenant le bâton principal et l'une des trois branches, pour le tourner en rond, et secouer vivement les raisins dans un baquet ou une moitié de tonneau. Les grappes se détachent et sont enlevées avec la main.

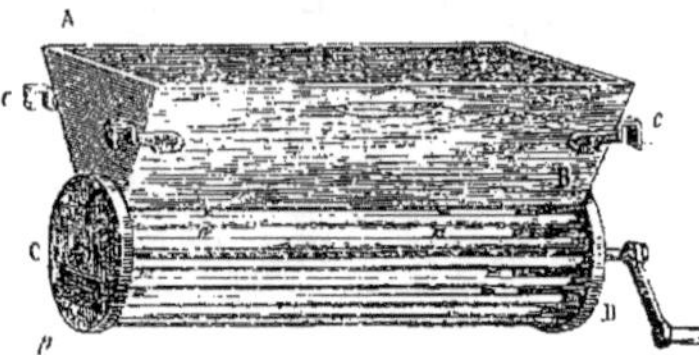

Fig. 11

155. L'autre méthode, un peu plus dispendieuse, exige une petite machine (fig. 12), composée d'un cylindre à claire voie CD, tenu horizontalement sur la cuve, et dans lequel on secoue le raisin au moyen de palettes *ab*, *cd*, fixées sur l'axe (fig. 12). Les bords de ce cylindre reçoivent une trémie AB, dans laquelle on verse le raisin ; elle est soutenue, sur les bords de la cuve, par deux traverses passées dans les crochets *c*, *c*. A mesure que les grains se détachent, ils passent au travers des baguettes rondes, en bois, dont la surface courbe du cylindre est formée. Les grappes restent dans l'intérieur, et sont enlevées, de temps en temps, par une porte *p*, disposée dans la base du cylindre opposée à la manivelle. D'après Masson-Four, un enfant peut mettre toute la machine en action.

Fig. 12

156. L'égrappoir préféré dans le Médoc [1] est composé d'un cadre porté sur quatre pieds comme une table.

Gaillot, très habile constructeur à Beaune, fabrique un égrappeur rotatif continu, dont les résultats me paraissent très bons.

Associé avec La Loyède, il en construit un autre dont j'ai vu tirer aussi de très réels avantages.

Sa longueur varie de 2 mètres à $2^{m},50$; sa largeur de 1 mètre à $1^{m},30$; sa profondeur est toujours de 30 centimètres ; il porte, au deux tiers de la profondeur, des lames de bois placées de champ, larges de

(1) *Culture des vignes dans le Médoc*, par d'Armailhacq, p. 388.

5 à 6 centimètres, épaisses de 1 centimètre, séparées par un intervalle de 1 centimètre, portées et maintenues par des traverses, de bois, et arrondies sur les angles. Les grains de raisin passent dans les intervalles ; la grappe est enlevée, secouée au rateau, puis serrée, chaque soir, sous une presse.

Une charretée de vendange, contenant deux barriques de vin, est égrappée en 4 ou 5 minutes, par six hommes.

PROCÉDÉ DE CONSERVATION (SAMPAYO)

Une fois la vendange récoltée, le mieux semble de la fouler de suite, et de livrer le jus à la fermentation ; mais l'expérience, au moins dans certains cas, a prouvé l'avantage de garder le raisin, pendant quelques jours, en cuves, avant de le fouler. Tout le monde sait que les fruits, même parfaitement venus à maturité, prennent souvent des qualités nouvelles par une conservation plus ou moins longue. Le raisin est, jusqu'à un certain point, dans le même cas, et, suivant toute apparence, on connait le fait depuis bien longtemps. Un chimiste et viticole portugais, de Sampayo, prit le soin, dans les premières années du siècle(1), de ramener l'attention sur les avantages de cette méthode. Il conseille d'attendre deux, trois ou quatre jours, avant de fouler le raisin, suivant le degré de maturité ; *la saccharification se perfectionne* avant que la fermentation commence. Le foulage est plus facile, la fermentation beaucoup plus prompte, le vin plus généreux, plus coloré et d'une conservation plus durable, parce que l'augmentation du sucre entraîne celle de l'alcool. Il se développe moins d'acide diédique (acétique) : la matière colorante devient plus soluble dans l'alcool. Cette marche doit être adoptée, surtout, dans les années où le raisin ne parvient pas à une maturité parfaite.

— La conservation des vins, leur mise à l'abri de l'air, a été essayée par Gay comme il suit : Dans une tonne, cylindrique, en verre, de 25 litres, on ajuste à la partie supérieure une poche en caoutchouc très mince, développable à 24 litres. Par un robinet au bas de la tonne on soutire le liquide sans air et sans faire remonter les dépôts. Cet appareil, approuvé par la Société d'encouragement (octobre 1885, p. 492), paraît devoir rendre service (pour le détail, voir le *Mémoire*).

(1) *Ann. de chimie*, LXII, 173.

Le procédé *de conservation* [1] peut donner de bons résultats, et on le met souvent en pratique. Il faut, seulement, bien prendre ses précautions pour éviter les fâcheux effets qui pourraient advenir dans certaines circonstances : les raisins trop mûrs, dont les grains se détachent facilement de la grappe, ceux surtout qui sont en partie déchirés, ou meurtris, ne doivent pas être exposés aux mauvaises chances d'une conservation qui serait pour eux très dangereuse. On sait que les raisins de la partie inférieure sont écrasés facilement par ceux qui les couvrent, lorsque leur maturité est très avancée, et surtout lorsque plusieurs d'entre eux sont meurtris. Le jus qui coule peut, alors, subir les fermentations visqueuse, lactique, butyrique, etc., et le raisin pourrait être perdu très promptement si l'on ne se hâtait de le fouler. Le procédé de conservation doit être appliqué, presque exclusivement, aux vendanges les plus saines, et, même en ce cas, faut-il encore prendre de grandes précautions. Le raisin ne doit pas être mis en tas d'une grande épaisseur, même dans des cuves. On aura soin de l'étaler le plus possible en couches minces dans des salles, ou des réservoirs, bien secs, et chauffés doucement, par le soleil, ou par une chaleur artificielle. La maturité s'achève bien dans ces conditions ; le suc du raisin demeure à l'abri de toute fermentation nuisible, et il se concentre un peu par la dessiccation, ce qui est toujours avantageux pour la qualité du vin, sinon pour sa quantité.

Le procédé de conservation présente surtout un avantage dont les auteurs ne semblent pas se préoccuper ; il peut servir à augmenter considérablement la couleur du vin. On a vu combien l'oxygène est nécessaire à la production de l'œnocyanine (**7**, p. **14**). Or, le raisin, abandonné à lui-même après la récolte, absorbe aisément cet oxygène, que la matière colorante prend aussitôt, pour achever son développement. Il est on ne peut plus facile de s'en convaincre : cueillez des raisins noirs quelques jours avant l'apparition de la couleur, lorsqu'ils sont encore franchement verts, laissez-les sécher à l'air, par un temps chaud et sec, vous les verrez se colorer en peu de temps, et devenir tout à fait noirs, après la dessiccation complète. La même épreuve en plaçant les raisins dans le vin, les dessèche en gardant leur couleur verte pure, comme nous l'avons vu (p. **174**). J'ai fait cette expérience bien des fois, toujours avec le même résultat. Par le procédé de conservation, le même

(1) Les anciens connaissaient bien ce procédé et l'employaient avec adresse. (Pline XIV, 10 et suivant.)

effet ne manque pas de se produire, et chacun sait combien cet avantage est grand dans certains cas.

Le procédé poussé à l'extrême fait obtenir des *raisins secs*. Je souligne ces deux mots à cause de l'importance donnée dans ces derniers temps aux raisins secs à un autre point de vue.

Pousser la dessiccation des raisins jusqu'à l'extrême, c'est-à-dire jusqu'à l'élimination totale de l'eau qu'ils contiennent, ou presque totale, paraissait aux anciens un moyen de conservation assuré. Pline parle, en vingt endroits, des raisins secs et bien évidemment avec la pensée de *conserver* le raisin avec toutes ses propriétés. Il cite comme les meilleurs ceux qui ont été séchés au soleil sur la paille (XXIII, **7**, 1) et il les croit si bien conservés et aptes à donner du bon vin qu'il dit : le moût du raisin sec est plus agréable (XIV, **11**, 4).

Aujourd'hui, la méthode est reprise en France où nous avons dû par suite des ruines causées dans une grande partie de nos vignobles par le phylloxera, l'oïdium et d'autres fléaux, nous avons dû chercher des raisins au dehors et les prendre secs pour ne pas avoir à payer leur transport trop cher. Naturellement on a cru faire usage de raisins *conservés*, avec toutes les propriétés du raisin frais.

Disons le tout de suite c'est une erreur.

Le raisin pendant sa dessiccation, même au soleil, sur le cep ou après cueillette sur la paille est altéré : non pas rendu impropre à faire du vin, mais impropre à faire le vin du même raisin frais et cueilli pour être versé de suite dans les cuves.

Le raisin frais soumis à la dessiccation éprouve deux actions : l'une, la seule comprise du temps de Pline, l'évaporation plus ou moins rapide de son eau ; l'autre, impossible à comprendre avant la découverte des gaz, une absorption d'oxygène, absorbé surtout par les liquides entraînés de la section du pédicule jusque dans l'intérieur des grains, à mesure de l'évaporation de l'eau à leur surface ; absorbé d'ailleurs par toutes les surfaces des tiges et tigelles, supports des grains.

Cette absorption d'oxygène, nous en avons vu l'effet réel dans le Livre 1er, p. 36: la première modification dont elle est la cause, c'est la disparition de l'acide tétrabéjique (malique) changé en tétrabélique (tartrique).

$$C^8H^6O^{10}+O^2=C^8H^6O^{12}$$

Une autre modification très évidente, c'est celle des matières colorantes. L'œnocyanine, capable de résister à l'oxydation dans la grande quantité d'eau des vins, ne le peut plus quand le bioxyde d'hydrogène HO^2 est concentré avec elle dans l'épais sirop du raisin sec; elle passe au jaune brunâtre des vins vieux. L'œnochrysine est comme elle oxydée, passé comme elle à une nuance brunâtre et devient peut-être identique.

Ces deux modifications sont-elles les seules ? non, sans doute ; mais le fussent-elles, déjà le moût et, par suite, le vin de raisin sec ne sont plus identiques au moût de raisin frais.

Vient alors la questisn : Le vin de raisin sec est-il bon ? Pour être exact, il faut même dire : le vin de raisin sec, vaut-il le vin de raisin frais ? Est-il inférieur, égal, ou même supérieur ? Telle est bien la question vraie.

Pour le moment bornons nous à l'examen de la dessiccation comme moyen de conserver le raisin. Nous reviendrons à la question hygiénique en son temps lors de l'étude des propriétés hygiéniques des vins.

DU FOULAGE

Écraser doucement le raisin, pour le disposer à la fermentation, est une opération évidemment nécessaire. Aussi de tout temps l'a-t-on pratiquée, sans mettre jamais en doute sa grande efficacité. De toutes les parties du travail des vins, c'est celle qui prête le plus à la critique. Le foulage est encore aujourd'hui pratiqué, dans beaucoup de pays, par des hommes qui entrent nus dans la cuve, et foulent le raisin avec leurs pieds. Que ces *instruments* soient en eux-mêmes bien choisis pour le foulage, que le poids de l'homme, la mollesse de sa chair, la facilité de ses mouvements conviennent, on ne peut mieux, pour obtenir promptement la rupture des grains, nécessaire au développement de la fermentation alcoolique, et pour éviter les déchirures trop intimes d'un broyage par des corps durs, ce qui amènerait d'autres fermentations, et ne produirait plus de bon vin, c'est un fait évident. Cependant les instruments animés ont bien des inconvénients, et on ne peut trop s'étonner de les voir encore en usage aujourd'hui. On reconnait ces inconvénients, on les a mille fois signalés dans les écrits sérieux, et dans des caricatures, qui sont des plus populaires ; et néanmoins l'aveugle routine poursuit sa marche, comme si l'emploi des hommes nus présentait les avantages les plus exclusifs.

On a bien essayé diverses machines pour les substituer à ce travail ; mais ces machines ont eu jusqu'ici le tort grave d'être assez dispendieuses d'abord, et ensuite de produire l'*écrasage* des raisins et non pas le *foulage* ; toutes sont formées de pièces de bois, de cylindres, unis ou cannelés, entre lesquels on fait passer la vendange, sans pouvoir éviter ces déchirements excessifs dont j'ai parlé tout à l'heure. Le broyage quelles produisent fait sortir, des grappes et des pépins, une grande partie de leur jus, qu'il est souvent mauvais de faire entrer dans le moût (1). Et quelle que soit la perfection avec laquelle on les construit, aucune n'approche assez, dans ses résultats, du but qu'on doit atteindre. C'est ce qui explique la prolongation d'une routine fâcheuse et de l'emploi des hommes.

Une amélioration essentielle introduite dans les machines, d'après mes conseils depuis 1858, c'est l'emploi du caoutchouc. Il faut revêtir les cylindres d'une enveloppe épaisse de ce corps, en choisissant le plus tendre possible parmi les *vulcanisés*. Si l'on ne veut pas faire la dépense d'une machine, on peut, pour remplacer le travail des pieds nus, donner aux hommes des bottes en caoutchouc, et, si la hauteur du cellier le permet, il faut les faire monter sur des échasses dont la base soit un tampon revêtu du corps élastique. Cette disposition est surtout en vue du danger que font toujours courir les cuves : elle met les hommes à l'abri des influences de l'acide carbonique (voir plus loin). D'ailleurs, elle est peu coûteuse, et permet de conserver un genre de travail qui a des avantages réels.

Le foulage doit être aussi complet que possible ; il faut éviter de laisser des grains entiers ; car alors le jus de ces grains ne fermente pas dans les cuves, et lorsqu'on porte le marc au pressoir, on en tire du moût au lieu de vin.

Les moûts agités avec l'oxygène changent de couleur.

Le moût de raisin blanc devient *jaune brun*. — Celui de raisins rouge brunit aussi.

Le vin rouge prend un goût de Rancio ; le vin blanc un goût de raisin sec.

Le foulage doit être exécuté, dans tous les cas, avec une attention dont on n'a pas jusqu'ici suffisamment apprécié l'importance. Ce n'est

(1) On en voit la preuve dans le rendement des machines ; elles donnent, en général, 5 p. 100 de vin en plus que le foulage avec les pieds. — Ce n'est pas un avantage réel. Ce qu'elles donnent surtout, c'est le jus pur, sans écrasage de la grappe ni des pépins et avec la propreté la plus parfaite.

pas une opération purement mécanique, comme beaucoup de personnes le croient : c'est bien plutôt une opération chimique; en effet, le but principal est de mettre toutes les parties du raisin en contact, par la déchirure des cellules végétales où elles étaient retenues séparées. Un autre but non moins important, c'est d'exposer le moût à l'air, et de fournir, à la zyméine, tout l'oxygène dont elle a besoin pour commencer la fermentation; sous ce rapport, on ne peut mettre trop de soin à faire dissoudre de l'air dans le moût, pendant le foulage : il faut l'agiter, le diviser dans l'air à plusieurs reprises, et multiplier, le plus possible, les points de contact (1).

Au lieu du foulage, on emploie souvent la pression : les raisins non égrappés, en général, sont versés et étalés sur la maie d'un pressoir, dont le jus s'écoule à mesure du serrage produit comme nous le verrons plus loin (Pressoirs).

Lorsqu'on presse le raisin noir, pour obtenir le moût blanc destiné à faire le vin mousseux, on doit rendre cette absorption d'air aussi facile qu'on le peut. Les conditions indispensables, pour atteindre ce but, sont les suivantes: le jus doit être mis, dans toutes ses parties, en contact avec l'air, au moment de sa formation ; pour y parvenir, il faut, cependant, ne pas trop multiplier les recoupages du marc : on peut suspendre la pression, et retourner les raisins à la fourche, pour donner de l'air, un nombre de fois. Cette action de l'air, qu'il faudra plus tard éviter, en général, pour le vin, se montre favorable dans le jus du raisin. En la rendant aussi grande qu'elle peut l'être, on n'a pas à craindre de la voir atteindre des limites dangereuses : l'air se dissout très difficilement dans un liquide formé par l'eau, comme le jus, et le maximum de son absorption ne présente aucun danger. La fermentation s'établit promptement, dans ce cas, et elle marche avec rapidité ; l'acide carbonique ainsi développé chasse l'excès d'air, dès les premiers moments, et ne lui permet pas d'autre action que celle dont le ferment tire son activité. Il est facile de voir combien l'état de l'atmosphère peut influer aussi sur cette absorption. Quand l'air est sec et plus froid que le jus, celui-ci produit constamment de la vapeur aqueuse, dont la formation est un grand obstacle ; elle empêche le contact de l'air avec le jus, et ne permet presque aucune absorption d'oxygène atmosphérique : si l'air est humide et plus chaud que le jus, c'est le contraire qui a lieu, et les

(1) J'ai recommandé ce soin dès 1858, longtemps avant Pasteur (voir la 1re édition de mon Traité, p. 233).

circonstances sont les plus favorables. Conclusion : il faut fouler ou presser le raisin par un temps humide et chaud, autant que possible ; il faut diviser le jus dans l'air et même recouper plusieurs fois le marc pendant le pressurage, pour les vins mousseux. Ces considérations expliquent clairement l'usage assez répandu, jusqu'en ces derniers temps, dans certains vignobles de Champagne : on faisait la récolte par un temps brumeux et le plus chaud possible ; le vin était jugé d'une plus facile conservation, et cela devait être, car l'absorption plus complète de l'oxygène rend la zyméine plus prompte à tomber dans les lies.

Dans le Bordelais, on fait danser les fouleurs au son du violon ; la besogne marche plus vite, et les hommes ne sont pas aussi fatigués : la musique soutient leurs forces.

CUVAGE

Le cuvage est pratiqué de deux manières assez différentes ; en général on met en cuve la vendange tout entière, c'est-à-dire les grappes entières sans aucune élimination. — Mais pour des vins spéciaux, comme le Champagne et d'autres, on n'encuve pas les parties solides, grappes, pellicules, pépins ; on emploie le moût seul, ou la partie liquide obtenue par pression.

Premier cas. — La vendange foulée présente, au moment de son entrée dans la cuve, une composition dont il faut d'abord se rendre compte : elle offre trois parties solides, les grappes ou râfles, les pellicules, les pépins ; une partie liquide, le jus. — Examinons séparément, et brièvement, ces quatre parties du moût. Nous avons étudié le liquide, étudions les trois parties solides. Malheureusement nous aurons peu de choses à en dire :

1° La grappe peut être considérée, surtout, comme un réservoir d'acide tannique ; mais les expériences directes, sur ce sujet, laissent, beaucoup à désirer ; elles sont insuffisantes pour caractériser l'acide, qui, comme nous l'avons vu, présente de nombreuses variétés. — Les autres éléments de la grappe sont encore peu connus.

2° Les pellicules ont une grande importance ; elles fournissent l'œnocyanine, ou l'œnochrysine et une certaine quantité d'acide tannique encore ; pour la couleur, tout le monde en est bien assuré d'un coup d'œil ; on peut même la préparer avec les pellicules mieux qu'avec le vin ; pour l'acide tannique, on le trouve en faisant bouillir les pellicules avec de l'eau distillée, et en versant de la gélatine dans la dissolution, comme pour les grappes. — Le vernis qui les couvre est regardé comme de la cire; on peut le dissoudre dans l'alcool pur.

3° Les pépins n'ont pas été analysés complètement [1], pas plus que les râfles et les pellicules. On sait, uniquement, qu'ils sont très riches en tannin et en huile. — La présence de cette dernière a beaucoup d'importance. On doit lui attribuer la formation des acides gras, contenus dans les éthers, dont nous avons parlé (p. 301), et qui sont les éléments essentiels du bouquet.

Ces trois parties forment le marc de raisin après le pressurage, c'est-à-dire à peu près le tiers du moût, lors de la mise en cuve.

On doit leur ajouter le parenchyme du grain, formé par du tissu cellulaire; mais sa quantité n'est pas très considérable.

Au moment de mettre en cuve, le grand intérêt du *vinifacteur* est de connaître exactement la proportion d'alcool dont le moût va devenir la source.

Et immédiatement se pose la question : — de quel sucre, ou de quelle partie du sucre provient l'alcool? — Dans quelle proportion exacte le sucre de raisin, *s'il est toujours le même*, donne-t-il de l'alcool ?

On voit, et tout lecteur attentif l'avait certainement prévu, toute l'importance de l'étude du sucre de raisin, ou du *sucre de canne inverti*, qui est lui presque toujours identique, étude à laquelle j'ai consacré beaucoup d'années et tout le soin possible à cause de son utilité pour la fabrication du vin comme pour celle du sucre lui-même.

Mes résultats, faciles à contrôler, et devenus aujourd'hui tout à fait indiscutables, puisqu'ils sont, tous les jours, vérifiés, depuis plus de 15 ans, par une foule de chimistes, vont servir avec une extrême utilité pour résoudre la question qui nous occupe.

Déterminer le *sucre fermentescible* est notre objectif actuel.

On peut faire cette détermination de plusieurs manières :

1° Par des procédés physiques. — 2° Par des procédés chimiques.

1° PROCÉDÉS PHYSIQUES

Il n'en existe *pas un seul* dont les indications donnent toujours une sécurité absolue.

1. Guyot les considérait comme « renfermant tous les éléments putrides » — assertion très exagérée.

Ces procédés se réduisent à deux : — D, mesure de la densité du moût. — P, mesure de son action sur la lumière polarisée.

Quoique ces procédés appartiennent à l'analyse pure (dont le livre IV du présent volume contient spécialement les indications les plus utiles), je décrirai dès maintenant ces procédés qui doivent être mis en pratique avant l'encuvage.

D — MESURE DE LA DENSITÉ DU MOUT

Rien ne semble plus facile au premier abord. Il existe un densimètre gradué en millièmes de la densité de l'eau, pour les densités supérieures à cette densité de l'eau, et aussi pour les densités inférieures. Gay Lussac a proposé ce densimètre pour toutes les opérations industrielles : sa haute autorité l'a fait admettre, notamment pour régler toutes les taxes imposées à l'industrie du sucre. — Il est par conséquent très apte à donner l'indication tout à fait exacte de la densité des moûts ; mais cela suffit-il?

Malheureusement non ! Voici pourquoi :

Si le sucre de raisin était toujours le même, si c'était une espèce rigoureusement définie, et absolument invariable, un poids déterminé de ce sucre dissout dans un poids aussi soigneusement déterminé d'eau pure, constituerait une solution d'une densité tout à fait régulière, toujours identique, à une même température, à + 15° par exemple.

Alors il suffirait de mettre la solution à cette température (moyenne ordinaire en France) et d'y plonger le densimètre en verre (de la forme générale de tous les aréomètres) pour obtenir, en une minute, la mesure de la densité, par la simple lecture du chiffre marqué dans la tige et correspondant au niveau de l'eau sucrée. — Le chiffre dirait la densité et sur une échelle contigue, le *pour cent du sucre,* contenue dans l'eau sucrée, ne contenant rien autre chose que du sucre de raisin.

Nous voici amenés, une fois encore, à comprendre de quelle importance est la connaissance exacte du sucre de raisin ou du sucre *inverti* que tout jusqu'à présent porte à considérer comme identique.

Si le sucre de raisin ne comprenait, (ainsi que le croient encore plusieurs chimistes), que de l'hexélose droit (glucose) et de l'hexélose gauche (chylariose, lévulose), tous deux fermentescibles et donnant, tous deux, les mêmes produits, alcool, acide carbonique, etc. Nous dresserions facilement une table des proportions de sucre du raisin correspondantes à une densité plus ou moins grande.

Mais le sucre de raisin, qui ne diffère pas beaucoup de cette composition dans un certain nombre de fruits, des diverses espèces de la vigne, présente dans d'autres cette variété d'hexélose *non fermentescible*, dont les chimistes ont, pour la plupart, et je ne sais pourquoi, refusé de reconnaître l'existence quand je l'ai annoncée, alors que les vinifacteurs du Midi l'avaient depuis longtemps soupçonnée en voyant leurs vins conserver un résidu sucré dont le poids, après les fermentations les plus régulières, demeure égal à la moitié au moins du poids laissé par le moût avant ces fermentations.

Raisonnons encore pour quelques instants, avec la supposition de la présence du sucre de raisin, seul, dans le moût. L'indication de la densité ne suffirait pas, d'après ce qui précède. En effet si nous trouvons un moût de *pinot* de la densité 1.080 (à + 15°) nous pourrons calculer, d'après cette densité, $216^{gr},5$ de sucre de raisin par litre; et d'après une table spéciale au cas supposé, nous admettrons que la fermentation alcoolique, normale, produira pour ce sucre *entièrement fermentescible*.

$$216{,}5 \times \frac{95}{100} \times 51{,}11 \times \frac{100{,}00}{7947} = 13{,}23 \text{ volumes d'alcool}$$

Nous pourrons trouver un moût de grenache offrant la densité 1.160 (à + 15°); d'après cette densité nous trouverons dans la table $430^{gr},6$ de sucre; mais ce sucre étant *fermentescible à moitié* seulement, il ne fournira pas tout à fait la moitié de l'alcool correspondant; c'est-à-dire qu'il donnera seulement l'alcool correspondant à $\frac{430{,}6}{2} = 215{,}3$ ~ ou à peu près la même proportion de l'alcool que le précédent et pas davantage.

La conséquence inévitable de ces deux faits c'est l'inaptitude du densimètre à donner des indications comparables pour des vins produits avec des moûts de raisins différents.

Pour des moûts formés avec le même raisin, dans les années consécutives, la conséquence n'est plus du tout la même. Pour les moûts d'une seule et même espèce de raisin, de pinot par exemple, le densimètre a une valeur très grande; en d'autres termes il peut indiquer avec une très grande approximation la proportion d'alcool sur laquelle on peut compter d'après la densité du moût qu'il fait connaître d'une manière très simple.

Toutefois il faut corriger ses indications, et les diminuer d'une quantité déterminée lorsqu'on veut éviter des mécomptes.

En effet le moût n'est pas une *eau sucrée* pure, il contient, avec, le sucre de raisin proprement dit, des sels, des acides libres, etc., dont la présence contribue à la densité du moût et n'entre pour rien dans la production de l'alcool. — Il faut pouvoir évaluer la proportion de ces matières diverses et les déduire du *poids apparent* de sucre indiqué par le densimètre.

Heureusement cette évaluation n'exige pas, comme on pourrait le croire, une étude spéciale, chaque année, une analyse quantitative de ces matières, etc. — L'expérience montre, pour le raisin dont nous parlons, que le poids de ces corps est à très peu près le même, tous les ans, aprés la fermentation. Un litre de vin, après l'évaporation de l'alcool, unique produit de la transformation du sucre conservé dans le vin, laisse 20 à 22 grammes de ces matières, séchées à 100°.

On peut donc utiliser le densimètre pour l'objet dont nous faisons l'étude ; on peut d'après la densité qu'il indique, calculer le poids du sucre de raisin correspondant ; mais pour éviter l'erreur, presque complètement, il faut déduire du poids de sucre correspondant à la densité, 20 grammes de *non sucre*, en général.

Dans l'exemple cité tout à l'heure, où la densité nous indiquait 216,5 grammes de sucre, nous aurions à déduire 20 grammes et le nombre 196,5 nous servirait, avec une erreur peu importante, au plus $\frac{1}{100}$, à calculer le volume d'alcool produit par la fermentation.

On peut utiliser la table que j'ai calculée (p. 74) pour trouver de suite la composition des moûts.

En réalité c'est le tableau des résultats que j'ai obtenus pour les dissolutions de sucre normal pur $C^{12}H^{11}O^{11}$. Mais j'ai fait de très nombreuses préparations de sucre inverti, c'est-à-dire de sucre de raisin, au moyen du sucre candi pur, comme je l'ai indiqué (livre I, p. 141). Ce sucre cuit dans le vide jusqu'à la siccité correspondante à $C^{12}H^{12}O^{12}$, condition dans laquelle il est gommeux, cassant, un peu coloré, donne des solutions aqueuses dont les densités sont un peu, mais très peu, inférieures à celles du sucre normal qui en contiennent le même poids, et de plus les 20 ou 22 grammes des matières constituant le *non sucre* sont d'une densité supérieure à celle du sucre, 1.75 à 2.2, et ils suffisent pour compenser à très peu près la différence de densité du sucre inverti et du sucre normal.

On peut donc employer le densimètre Gay Lussac — et les tables dont je viens de donner la description sans commettre jamais une erreur de 1 pour cent.

2° SACCHARIMÈTRES OPTIQUES

La mesure du sucre de raisin paraît facile au moyen de deux de ses propriétés optiques : son influence sur la réfrangibilité et la déviation de la lumière qu'il imprime aux rayons de la lumière polarisée.

Réfrangibilité. — Le sucre de raisin possède une influence sur la réfrangibilité des rayons lumineux, bien assez grande pour permettre de le mesurer dans les moûts. Il existe dans les cabinets de physique des appareils qui permettent de mesurer les pouvoirs de réfraction des solutions sucrées. Ces appareils sont essayés depuis quelques années pour les dissolutions de sucre normal ; mais leur application est empêchée par deux raisons.

La première c'est que les solutions de sucre ne sont jamais ou presque jamais pûres. — La seconde c'est que les appareils sont coûteux.

Polarimètres. — Le sucre de raisin — identique, presque toujours, au sucre normal inverti, possède une action assez grande sur la lumière polarisée.

16gr,20 de sucre de raisin, dissous au volume 100 cc. produisent une déviation de — 26°,5 à la température + 15° et dans le tube de 200 mm.

Un moût contenant 324 grammes de sucre par litre, est deux fois plus concentré ; ce moût peut produire une déviation de — 53°,0.

Il n'est pas difficile de mesurer les dixièmes de degré des déviations : par conséquent $\frac{1}{530}$ de la quantité de sucre de raisin dans le moût dont nous parlons. — Une telle mesure suffirait et au-delà pour les applications œnotechniques.

Jusqu'à présent on n'a pas, à ma connaissance, employé ce moyen de mesure pour diriger les fermentations ; la raison est toujours la même, c'est la complexité du sucre de raisin et ce qui est plus fâcheux sa variabilité. Expliquons l'impossibilité qui en résulte ;

Prenons d'une part le moût qui nous occupe, avec ses 324 grammes de sucre au litre. Ce sucre dans certaines variétés de raisin, le pinot noir par exemple, est entièrement fermentescible. On peut donc calculer l'alcool dont il sera la source d'après les 53° de la déviation qu'il produit.

Mais examinons d'autre part un moût de grenache ou d'alicante contenant plus de 324 grammes de sucre — admettons 486 grammes $= 324 \times \frac{3}{2}$, Ce moût *pourra* produire une déviation de

$-\ 53 \times \frac{2}{3} = -\ 79°,5$ et, nous fiant à cette indication nous croirons pouvoir en conclure qu'il fournira *une fois et demie* autant d'alcool que le moût de pinot.

Notre erreur serait grande parce que le sucre de raisin offre, dans le grenache et l'alicante, une variété non entièrement fermentescible. Elle paraît l'être à moitié seulement et, par conséquent, au lieu de donner une fois et demie l'alcool du moût de pinot, elle n'en donnera pas plus de $\frac{1}{2} \times \frac{3}{2} = \frac{3}{4}$ de la quantité fournie par ce moût.

En règle générale, on ne peut dire : les choses seront toujours ainsi. Nous n'avons pas d'études spéciales sur ce point important. Est-ce chose certaine de trouver le moût de pinot toujours entièrement fermentescible — et celui d'alicante toujours fermentescible à moitié ? — Nul ne pourrait le dire.

Mais il est probable que dans des années de maturation régulière, sans troubles sérieux dans la végétation, la même espèce de raisin donne toujours la même espèce de moût. — Si cette constance est réelle, ce que l'étude n'a pas encore prouvé, le polarimètre peut donner rapidement l'indication précise de la quantité du sucre de raisin et *dans un même crû*, ce serait un moyen exact de diriger les fermentations, soit au moment de la mise en cuve, soit pour en suivre le développement et déterminer l'instant du soutirage.

J'appelle l'attention des vinifacteurs sur ce genre d'étude et de direction du travail [1].

2° PROCÉDÉS CHIMIQUES

Il pourrait en exister deux genres : des procédés directs c'est-à-dire au moyen desquels on formerait avec le sucre et un autre agent chimique un composé défini dont le poids servirait à calculer celui du sucre — des procédés indirects, ou fondés sur l'action d'un agent chimique destructeur du sucre, mais produisant un dérivé dont la composition connue permet de calculer le poids du sucre dont il provient.

Jusqu'à présent on ne connait aucun procédé direct ; il n'est pas possible d'unir le sucre de raisin, formé de 3, 4, ou même 5 parties, avec un autre corps et de former un composé unique, ou de formule unique d'où l'on puisse calculer le sucre de raisin.

1 Dans le Livre IV, *Analyses*, on trouvera tous les détails nécessaires.

Des procédés indirects il en existe au moins trois.

1° La *fermentation*. C'est peut-être le meilleur de tous parce que ce procédé servant à transformer le sucre en alcool, le *moût en vin*, ne laisse pas d'incertitude sur la quantité d'alcool dont la production est possible. On a pas à se préoccuper de la nature complexe du sucre de raisin, de la proportion plus ou moins grande de l'hexélose non fermentescible, etc. — On veut savoir combien le moût produira de vin — c'est-à-dire d'alcool. Evidemment le meilleur moyen de le savoir est de produire en petit une fermentation toute semblable à celle dont on veut se servir en grand.

Si j'ai tout à l'heure mis un *peut être* c'est que la fermentation a le très grand défaut d'être longue: elle peut prendre plusieurs jours et cela seul rend son emploi vraiment impraticable, presque impossible.

On pourrait l'accélérer plus ou moins en ajoutant une petite dose, 2 à 3 p. 100 d'acide sulfurique au litre de moût destiné à l'essai; mais on court alors le risque de transformer la partie non fermentescible du sucre de raisin en sucre fermentescible et d'évaluer la proportion du vin, ou de l'alcool, beaucoup au-dessus de la proportion réelle formée naturellement — sans acide sulfurique.

Dans des cas spéciaux la fermentation malgré sa longueur, peut-être employée; ces cas spéciaux ne sont plus ceux de la production du vin; ils sont limités à la production de l'alcool avec des matières où l'on peut ajouter de l'acide sulfurique et faire tout le possible pour atteindre le maximum d'alcool avec un sucre modifié de manière à le rendre entièrement fermentescible.

2° La mesure du sucre de raisin au moyen de la liqueur TCuK.

Ce procédé est d'une exécution rapide. Nous en trouverons tous les détails dans le Livre IV. Pour le moment disons le principal: un ou deux centimètres cubes de moût, bien mesurés (on le peut avec une grande précision) versés dans un tube à essais, chauffés à l'ébullition, et dans lesquels on verse goutte à goutte la liqueur alcaline tartro cuivrique donnent un précipité rouge (que nous admettrons du Cu^2O bien pur, afin de simplifier).

Aussitôt le sucre de raisin transformé tout entier, la liqueur cesse de former le précipité rouge et reste un liquide de couleur bleue.

On comprend sans peine que la comparaison du volume de liqueur employé pour transformer le sucre, en lui donnant de l'oxygène de son oxyde ($2\ CuO = Cu^2O + O$) avec le volume nécessaire pour produire le même effet dans 1.000 grammes de sucre de raisin préparé pur, fait connaître très exactement le sucre contenu dans le moût. — s'il faut 48 c. cubes de la liqueur pour un gramme de sucre inverti — et si le centimètre cube de moût en a exigé 24, évidemment le centimètre cube de moût renferme $\frac{24}{48} = \frac{1}{2}$ gramme de sucre de raisin.

Nous verrons dans le Livre IV tout ce qui concerne la préparation et l'emploi de la liqueur TCuK. Pour le moment disons que les moûts contiennent parfois du sucre non fermentescible et qu'une (au moins) variété de ce sucre est sans action avec la liqueur.

La mesure du sucre par ce moyen est donc incertaine : elle peut accuser trop de sucre fermentescible, puisqu'une variété dans laquelle cette liqueur TCuK est active possède pourtant la propriété de fermenter — elle peut accuser un *manque* puisque la liqueur est parfois en action avec une variété fermentescible.

On a méconnu ces faits et delà des discussions continuelles et des mécomptes au sujet de la détermination du sucre de raisin ou du sucre inverti. — désespoir des chimistes et des industriels.

3° *Mesure* par le bichlorure d'étain. $SnCl^2 (HO)^5$ (1).

J'ai proposé cette méthode en 1850 : elle donne assez facilement la *totalité* du sucre de raisin fermentescible ou non ; 10 à 20 cc. de moût additionnés de 100 grammes de bichlorure et de 50 cc. d'eau distillée suffisants pour la dissolution de ce composé — sont évaporés à sec au bain de vapeur ; le résidu, tout à fait incolore, est soumis dans l'étuve à la température de 150°. On le voit devenir noir brunâtre par élimination d'une partie de son eau.

$$C^{12}H^{12}O^{12} = C^{12}H^{4}O^{4} + 8HO$$

J'ai appelé *caramélin* le mélange régulier mais amorphe $C^{12}H^4O^4$, — on le mesure en le lavant avec de l'eau chaude contenant un peu d'acide chlorhydrique, puis à l'eau pure, et le recevant dans un filtre taré — de son poids on déduit celui du sucre

S	C	::	$C^{12}H^{12}O^{12} = 180$	:	$C^{12}H^4O^4 = 108$
Sucre de raisin	Caramélin	::	5	:	3

Deuxième cas. — C'est celui du moût pur, entièrement liquide et

1. Réellement $(SnCl^2)^9(HO) \frac{130}{3}$

séparé avant la fermentation d'avec les trois parties solides dont nous venons de parler.

Examinons d'abord les conditions générales pour les deux cas.

Pour le moût convenablement préparé, (je suppose l'emploi de raisins bien mûrs), et qui doit être mis en fermentation, on se sert, comme pour la vendange entière, de cuves en bois ou en maçonnerie, dans lesquelles on porte la vendange entière, après le foulage, lorsque cette opération n'a pas lieu dans la cuve même où le moût pur est amené tel qu'il coule dans le *barlon*. Je ne considérerai d'abord que les cuves en bois, et j'examinerai les moyens les plus sûrs de conduire le travail qui doit changer le moût en vin.

Nous avons vu que la fermentation exige cinq conditions : 1° du sucre; 2° du ferment; 3° de l'eau ; 4° de l'air ; 5° une certaine température. La composition du moût nous a montré les trois premières conditions bien remplies dans le moût lui-même : ce liquide renferme, à la fois, le sucre et le ferment, avec une quantité d'eau convenable. La quatrième condition est bien remplie dans le foulage, ou le pressurage ; l'air est absorbé par le moût en proportion suffisante. Reste la cinquième condition, la température. Cette dernière condition mérite une étude attentive : nous avons vu que les limites entre lesquelles une bonne fermentation peut s'accomplir ont bien peu d'étendue : quelques degrés seulement de 20° à 25°, parfois de 25° à 30°. Tous les soins doivent être dirigés vers ce but : le premier a dû être de bien aérer le moût : par l'influence de l'air, on détermine une formation prompte du ferment, et la plus grande vivacité de son action sur le sucre, vivacité d'où dépend l'élévation de la température. Une deuxième précaution à prendre, c'est d'écarter toutes les causes de déperdition de la chaleur. Il y a plusieurs choses à faire pour cela : il faut donner aux cuves une disposition convenable, et il est bon aussi de choisir les cuveries ou celliers pour y conserver la température le mieux possible. Entrons à cet égard dans quelques détails.

Voyons d'abord la disposition générale des cuves :

Celles de bois sont ordinairement tronc-coniques, comme une moitié de tonneau : elles sont ouvertes, tantôt par la plus grande, et tantôt par la plus petite des bases, c'est-à-dire évasées par le haut ou par le bas ; rarement elles sont cylindriques. La forme n'est pas d'une grande importance : cependant celles qui sont évasées par le fond présentent des avantages pour le gouvernement de la fermentation, par exemple, pour maintenir le *chapeau*.

Si nous nous bornons, pour le moment, à ce qui concerne la température, nous pouvons regarder les trois formes comme indifférentes, au moins si les cuves sont couvertes ou fermées. La chaleur se conservera la même dans toutes, à égalité de surface et d'épaisseur ; les trois cuves, renfermant la même quantité du moût, présenteront les mêmes phénomènes de chaleur, si d'ailleurs on n'a rien négligé pour les tenir également propres, etc., etc., et si leurs positions, dans la cuverie, ne sont pas trop différentes : si l'une est dans un coin, dans l'ombre, à l'abri des courants d'air, et si l'autre est au milieu de la cuverie, en pleine lumière, et près d'une porte ou d'une fenêtre, on pourra les voir donner des résultats très différents. La différence viendra de l'inégalité des pertes de chaleur par le rayonnement de leurs surfaces : la première éprouvera peu d'effet de la part de l'air ; elle subira moins de perte de chaleur que la seconde, à la surface de laquelle les courants d'air produiront une évaporation plus ou moins forte. Il faut attacher de l'importance à faire disparaître ces inégalités, et on le peut très simplement : aussitôt la cuve chargée, on essuie bien sa surface, et on l'entoure, très exactement, d'un paillasson, de 10 à 12 centimètres d'épaisseur, dont la paille doit être aussi peu serrée que possible; on recouvre ensuite le paillasson d'une grande toile ou bâche, assujettie par des cordes. Ce moyen n'est pas coûteux et peut donner les plus grands résultats. Il ne laisse plus la chaleur se perdre, et il conserve, dans les cuves, tout, ou presque tout, le calorique développé dans la fermentation : le moût reste ainsi dans les bonnes conditions de température ; même par un temps très froid, sa chaleur est jusqu'au bout régulière ; le travail n'éprouve aucun trouble, et le vin est aussi parfait que le comportent la nature, et la maturité du raisin. Je recommande très vivement cette disposition ; elle offre le moyen le plus économique d'entretenir la température des cuves ; on n'a plus besoin, en général, de chauffer l'atmosphère des cuveries, ni même d'ajouter du moût bouillant dans les cuves. On obtient assez de chaleur pour la fermentation elle-même ; on conserve cette chaleur sans dépense, ou du moins avec bien moins de frais que par l'emploi des calorifères, etc.

Ce moyen ferait complétement disparaître les inégalités des températures auxquelles s'accomplit la fermentation dans nos diverses contrées, ou même dans des cuves différentes, placées les unes contre les autres. Tandis que les cuves sont à + 35° dans le Midi, souvent elles n'atteignent pas plus de 15° en Bourgogne ou en Champagne. On trouve, dans quelques auteurs, la relation d'expériences que je crois devoir transcrire ici, parce qu'elles représentent fidèlement les variations de température observées dans les cuves ; ces expériences datent de loin, 1772 et 1779 ; mais, en général, on a fait sous ce rapport très peu de progrès depuis cette époque, et ce qu'elles montrent, on peut le voir encore aujourd'hui dans beaucoup de vignobles.

Les premières sont dues à Poitevin ; elles ont été faites aux environs de Montpellier ; ce sont celles de 1772 : la température a été au minimum de + 26°,5 dans un cellier à + 15° et de 35°,6, au maximum, dans des celliers où l'air variait de + 15°,6 à + 18°,1.

La cuve A de 322 hectolitres a présenté la fermentation complète en 5 jours ; avec un maximum de 33°,37, tandis que le cellier n'offrait pas plus de 17°,5, et un minimum de 27°,5, avec 15°,6 dans le cellier.

La cuve B de 10,730 hectolitres a présenté la fermentation plus lentement : il a fallu 14 jours. Le maximum dans la cuve a été 35°,6 pendant 5 jours, avec une variation de 15°,6 à 18°,1 dans le sellier. Le minimum, à la fin, 26°,8, — le sellier restant à 15°,6. — L'auteur n'a pas donné de renseignements sur le moût, ni sur le vin.

La première cuve, A, était remplie de raisins provenant de vignes de différents âges, la plupart situées sur des coteaux exposés au midi. Les vignes qui ont fourni la seconde, B, étaient situées dans la plaine. Les raisins étaient égrappés avec beaucoup de soin, leur maturité était avancée, l'été avait été très chaud et très sec.

Des pluies considérables, survenues en septembre, et qui ont duré, par intervalles, jusqu'au 5 octobre ; des brouillards fréquents, des temps couverts, des vents presque toujours au sud ou sud-est, toutes ces causes réunies ont détruit une partie des raisins ; les espèces qui ont la peau la plus fine ont subi une fermentation putride.

Les cuves étaient en pierres de taille, et l'enduit se composait de pouzzolane et de chaux. Elles étaient exposées au midi ; le cellier était ouvert en plusieurs endroits et bien acéré.

Voici maintenant les résultats de six expériences faites avec soin par D. Gentil.

La chaleur des cuves qui avait pu s'élever jusqu'à + 35°,5 dans une cuve des environs de Montpellier, a été inférieure dans les cuves de Bourgogne:

De plus de	20 degrés.	Expérience	V (maximum	+ 15°)
—	19	—	I (maximum	16°,25)
—	15	—	III (maximum	20°,6)
—	15	—	IV (maximum	20°,6)
—	9	—	VI (maximum	26°,25)
—	8	—	II (maximum	27°,5)

ce serait en moyenne plus de 15 degrés. Il n'en faut pas davantage pour obtenir du même raisin, au même point de maturité, des résultats très différents, ou, si l'on veut, très inférieurs.

Le peu d'attention qu'on accorde, en général, à cette circonstance est un sujet de grande surprise. Il est vrai que l'on peut obtenir de bon vin par des fermentations à basse température: mais ce vin serait souvent beaucoup meilleur à une température plus haute, et sans proportion avec la peine ou la dépense nécessaire (1).

Envelopper les cuves est une opération très simple, mais cette opération pourrait ne pas suffire : le moût préparé avec des raisins froids peut souvent résister aux causes de la fermentation, et se tenir immobile ; il faut éviter cet inconvénient. Pour cela deux moyens sont bons : le premier est de vendanger par un temps chaud : le second (dont on ne doit se servir qu'au cas où le premier n'est pas applicable), consiste à réchauffer le moût. Les anciens avaient compris l'avantage de cette méthode. (*Géoponiques*, livre VII, chap. IV.)

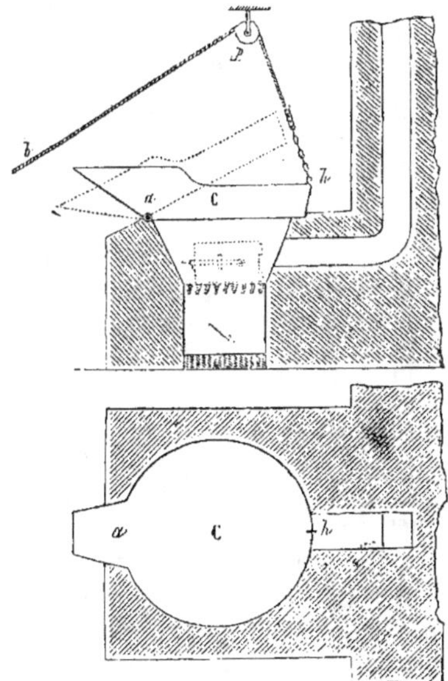

Fig. 13

Ce réchauffement est une pratique simple en elle-même, mais digne d'une grande attention. Nous verrons combien la chaleur peut facilement agir sur le vin (*Propriétés des vins*); le jus de raisin n'est pas moins délicat, et le chauffage du moût peut donner des résultats très différents, suivant la marche adoptée pour le produire.

On emploie, dans beaucoup de cas, les chaudières à feu nu, par exemple, celle que représente la figure 13 en coupe et en plan. C'est une chaudière de cuivre, dont les bords ont plus de hauteur au déversoir, placé près d'une charnière *a*, sur laquelle on fait basculer le vase, quand le moût est devenu suffisamment chaud. Ce

(1) Il n'en est pas de même pour les vins de raisins secs, nous en parlerons plus loin.

mouvement est produit par une traction exercée sur la corde *b p h ;* on se place où l'on peut pour le donner, parce que la chape de la poulie *p* est mobile; on voit clairement sur le dessin toutes les dispositions du fourneau. — Ce genre de travail et tous ceux qui lui ressemblent ont deux inconvénients : 1° Il est impossible de chauffer du moût dans un vase de métal sans dissoudre au moins des traces notables de ce métal, et ces traces, quelque faibles qu'elles soient, sont toujours plus ou moins nuisibles ou même dangereuses. — Aucun métal *ordinaire* n'est à l'abri de cette action : le fer, qui serait le moins dangereux, ne peut être mis en usage à cause du goût et de l'odeur qu'il communiquerait au liquide. Le cuivre est le plus avantageux de tous, et pourtant son oxydation est on ne peut plus prompte sous l'influence du moût ; sa dissolution, toujours inévitable, est toujours la source d'un danger sérieux, ou au moins d'une altération très fâcheuse des qualités du vin (1). — 2° Le second inconvénient résulte de la facilité avec laquelle ce système de chauffage communique au moût le *goût de brûlé ;* malgré les précautions, peu de hauteur de liquide dans la chaudière, un feu doux et bien réparti, etc., l'on n'évite jamais l'altération du sucre, celle du bitétrabélate (bitartrate ou tartre) de l'acide tartrique et d'autres éléments du jus : le changement de goût et d'arôme du bitétrabéjiate (malate) devient souvent très considérable et nuit toujours au moût que l'on veut réchauffer.

Pour obtenir de bons résultats, il faut abandonner ces deux moyens : il faut choisir un vase inattaquable par les acides du raisin, et d'un autre côté chauffer ce vase au bain-marie. Le plus simple est de prendre un vase de grès, cylindrique ou d'une autre forme, et de l'assujettir à des brides en fer, et à des chaînes, qui permettent de le soulever, et de l'incliner, comme on voudra ; ce vase, contenant le moût, sera descendu par une chaîne, et la poulie, dans une chaudière de fonte établie sur un fourneau. Son fond restera séparé de celui de la chaudière par un triangle en métal pour permettre à l'eau froide, versée dans la chaudière, de l'envelopper sur toutes ses faces ; on fera chauffer ensuite avec rapidité. — Le moût n'aura, dans cette circonstance, rien à craindre du grès ; il ne craindra rien, non plus, de la part du feu, car il ne sera jamais exposé à plus de 100 degrés. — Son usage n'aura presque

(1) On ne peut pas lire sans une stupéfaction profonde la recommandation de Pline : il faut d'ailleurs les « cuire » dans des vases de plomb et non dans ceux d'airain ;... (XIV, 22).

plus d'inconvénients. — Dans tous les cas, il est important de l'écumer.

On peut calculer aisément la quantité de moût dont le chauffage sera nécessaire pour amener la cuvée tout entière au degré convenable. Soient :

C le nombre d'hectolitres de la cuvée totale ;
T la température trop basse de cette cuvée ;
T' le degré de chaleur auquel on veut la porter ;
T'' la température qu'on peut leur donner dans le bain-marie ;
x le nombre d'hectolitres à faire chauffer ;

la chaleur nécessaire pour amener toute la cuvée jusqu'au degré T' sera C (T'—T) ; les x hectolitres chauffés à T'', recevront la quantité de chaleur x (T''—T), et devront fournir ainsi la quantité C (T'-T). On doit donc avoir :

$$(T'' - T)\, x = C\, (T' - T) \qquad (a)$$

ou

$$x = C \times \frac{T' - T}{T'' - T}$$

Ainsi, le nombre des hectolitres, à chauffer au bain-marie, s'obtient en multipliant le nombre total des hectolitres de la cuvée par la différence T'—T, c'est-à-dire le nombre de degrés dont on veut faire monter la température, et en divisant le produit par la différence T''—T, c'est-à-dire par le nombre de degrés dont le moût, chauffé au bain-marie, peut être élevé au-dessus de la température primitive.

Prenons un exemple : On ne peut avoir la fermentation d'une cuvée de 50 hectolitres, parce que la température est de 12 degrés ; on veut porter cette cuvée jusqu'à 20 degrés. Combien faudra-t-il chauffer d'hectolitres dans le bain-marie, dont l'effet ne peut aller au delà de 95 degrés ?

Hectolitres

$$x = 50 + \frac{20 - 12}{95 - 12} = 50 \times \frac{8}{83} = 4{,}82$$

Il faudrait donc faire chauffer 4,82 hectolitres pour obtenir le résultat demandé. Comme on ne peut éviter quelques pertes de chaleur, il sera bon de chauffer 5, ou même 5,5 hectolitres ; un petit excès de chaleur n'ayant, au reste, que des avantages.

On désire souvent résoudre une autre question ; on veut savoir combien on pourra réchauffer d'hectolitres de 12 à 20 degrés, au moyen d'un nombre déterminé d'hectolitres de moût rendu presque bouillant au bain-marie. L'équation (*a*) peut servir à cette résolution ; elle donne :

$$C = x \frac{T'' - T}{T' - T}$$

formule dans laquelle x est connu, maintenant, et C devient l'inconnue. Soit donc $x = 24$ hectolitres. T, T', T'' ayant les mêmes valeurs, on aurait :

$$C = 24 \times \frac{95 - 12}{20 - 12} = 24 \times \frac{83}{8} = \overset{\text{Hectolitres}}{249}$$

Ainsi, avec 24 hectolitres chauffés au bain-marie jusqu'à + 95 degrés, on pourra élever la température de 249 hectolitres (y compris les 24 mis dans le bain-marie), depuis + 12 jusqu'à + 20 degrés.

Enfin, si l'on veut connaître à quelle température on pourrait faire monter un nombre déterminé d'hectolitres de moût froid, au moyen d'un nombre, pareillement déterminé, d'hectolitres de moût chauffés au bain-marie, la même équation (*a*), peut encore servir ; T' devient l'inconnue, et l'on a :

$$T' = \frac{x (T'' - T}{C} + T$$

Dans les suppositions de températures précédentes, et en ajoutant $x = 24$ hectol., $C = 249$ hectol., on trouve :

$$T' = \frac{24\ (95 - 12)}{249} + 12 = \frac{1992}{249} + 12 = 20$$

Ainsi, lorsqu'une cuvée de 249 hectolitres étant à + 12 degrés, on fera chauffer 24 de ces hectolitres à + 95 degrés, et lorsqu'on y versera ce moût chaud, on portera toute la cuvée de + 12 à + 20 degrés.

Au lieu de réchauffer directement le moût, on préfère quelquefois chauffer les celliers ou cuveries ; ce moyen peut réussir : il faut seulement y mettre de l'attention. Le chauffage est pratiqué, dans certains cas, au moyen de fourneaux portatifs, dont les fumées se répandent au milieu du cellier même. C'est une mauvaise méthode. Dans d'autres, on emploie des calorifères ; c'est préférable au point de vue de la fumée, qui se répand dans l'air du dehors ; mais il se rencontre, parfois encore, un inconvénient ; si le foyer du calorifère est alimenté par l'air du cellier, cet air est nécessairement remplacé par un courant d'air extérieur qui s'établit près d'une des cuves et peut nuire beaucoup à sa fermentation. Il faut surtout, en pareille circonstance, envelopper les cuves comme je l'ai dit plus haut (p. 341).

J'ai fait envelopper les cuves (en bois) dans une sorte de caisse formée de murailles verticales et de deux fonds horizontaux. On emplissait la caisse avec des déchets de liège en poussière granulée — de 4 à 5 millimètres ; un regard laissait voir la tige du thermomètre redressée verticalement à l'extérieur de la caisse. J'ai suivi plus de trois cents fermentations dont nous enregistrions avec soin les détails. Les courbes construites pour représenter la marche de la fermentation nous ont offert une régularité constante et très utile.

157. La température des cuveries se conserverait bien mieux en les fermant par des fenêtres doubles, et en dépolissant les vitres de la fenêtre intérieure. Deux fenêtres valent beaucoup mieux qu'une seule, parce que l'air enfermé dans leur intervalle forme un obstacle des plus puissants à la déperdition de la chaleur intérieure. Le dépoli de la seconde fenêtre a un avantage sensible. D'après les belles expériences de Melloni, la chaleur des sources lumineuses, du soleil, par exemple, traverse en grande partie le verre, et, par conséquent, n'est pas empêchée de pénétrer dans le cellier par les deux vitres de nos fenêtres doubles ; elle est puissamment absorbée par la surface rugueuse, dépolie, de l'intérieur ; au contraire, la chaleur des sources non lumineuses, la chaleur du cellier, pénètre mal au travers des mêmes vitres, elle est retenue par le dépoli, et ne peut se dissiper aisément. Cette précaution simple, peu coûteuse, permet d'entretenir la température au degré convenable (1).

S'il est utile en bien des cas, de réchauffer les moûts, il ne l'est pas moins, dans d'autres, de les refroidir ; c'est presque toujours nécessaire pour les moûts de raisins secs. Les moûts préparés en déchirant ces raisins (nettoyés et triés) et les mettant infuser dans 3 ou 4 fois leur poids de bonne eau ne tardent pas à s'échauffer au point d'atteindre 36

1. Cette disposition m'a été empruntée pour les études sur le chauffage des vins.

à 37° degrés, surtout dans les cuves capitonnées (p. 341 et 347). — Voici comme exemple les détails relatifs à une de ces cuves :

Mars 15,	température	dans	la cuve	à midi	+ 14°,5
— 16,	—	—		—	31°
— 17,	—	—		—	33°
— 18,	—	—		—	33°
— 19,	—	—		—	35°,5
— 20,	—	—		—	37°
— 21,	—	—		—	36°,5
— 22,	—	—		—	36°
— 23,	—	—		—	34°
— 24,	—	—		—	32°,5
— 25,	—	—		—	31°,5
— 26,	—	—		—	30°,5
— 27,	—	—		—	30°

La fermentation était complète : on a soutiré en fûts.

Cette production du vin à une température montée à + 37° n'est pas la meilleure. L'expérience nous a montré de l'avantage à ne pas dépasser 20°, pour les raisins secs. Il est bon de refroidir dès le commencement, puis qu'en un jour on est monté de + 15° à 31°.

Le meilleur moyen c'est de placer au sein du liquide en fermentation un serpentin en grès ou en verre dans lequel on fait passer avec une vitesse convenable une quantité d'eau de puits, dont la température la plus ordinaire est 10° ou 11°. — Le serpentin, même en verre, peut être composé avec des tubes droits réunis par des coudes en verre au moyen d'un ciment formé par la craie ou un calcaire bien pulvérisé et du silicate de soude ou de potasse. Malgré son peu de conductibilité le verre fonctionne convenablement, sa fragilité n'est pas un obstacle, jamais un accident grave ne se produit.

Un calcul tout semblable à celui de la page 345 indique la quantité d'eau froide à employer.

Le serpentin doit être à 10 ou 15 centimètres sur la surface du moût.

158. Occupons nous maintenant d'une question qui a fort agité les œnologues, et qui me semble entièrement résolue, et même indiscutable aujourd'hui. C'est la question de savoir si les cuves doivent être ouvertes ou fermées. Les anciens faisaient déjà cette distinction. (Voyez les livres V et VI des *Géoponiques*.)

159. Au premier abord, il semble que la fermeture soit inutile. Lorsque le moût est introduit dans les cuves, à la température convenable, et lorsque toutes les précautions sont prises pour conserver sa chaleur, soit en enveloppant les cuves du paillasson épais, et de la toile ou du liège dont j'ai parlé, soit en chauffant les celliers, soit en employant ces deux moyens, la fermentation est vive, le bouillonnement tumultueux ; l'acide carbonique dégagé forme une couche au-dessus du liquide, et empêche l'air de pénétrer jusqu'à lui, aussi bien que le meilleur couvercle. Alors même que la fermentation n'a pas la vivacité convenable, ce gaz est d'ordinaire assez abondant pour amener le même résultat essentiel.

160. Cependant il n'est pas toujours possible de regarder le gaz acide comme une fermeture suffisante. Lorsqu'il ne se dégage pas avec une grande vivacité, l'air s'y mêle au point de ne pas même troubler la flamme des bougies ; en pareil cas, le moût souffre toujours : une partie de l'alcool, déjà formé, se change en vinaigre ; le tartre et les matières azotées fermentent, et produisent des moisissures, de l'ammoniaque, etc. Si le *chapeau*, c'est-à-dire la croûte plus ou moins épaisse formée par les grappes, les pellicules des grains de raisins, les pépins, etc., soulevée de tous côtés par des bulles d'acide carbonique, se forme dans ces conditions, le danger devient très grand pour le vin. Ce chapeau, cette masse poreuse, toute pleine de zyméine altérée, détermine une oxydation très rapide du moût qui l'imprègne, et produit du vinaigre assez vite pour suivre la formation de l'alcool, développé par le restant du sucre, et faire un vin détestable.

Ces résultats ont, presque infailliblement, lieu dans toutes les cuves ouvertes, remplies jusqu'aux bords et où le chapeau n'est pas maintenu fortement dans le moût.

161. Il est donc utile de couvrir les cuves ; car le couvercle retient l'acide carbonique, et, dans le cas même où le gaz se produit avec lenteur, le peu qui s'en forme reste au-dessus du liquide acide et s'oppose à la mauvaise influence de l'air.

162. On a voulu trouver, dans la fermeture des cuves, un autre avantage. On a prétendu retenir ainsi des quantités notables d'alcool ou, si l'on aime mieux, de vin, que l'acide carbonique entraînerait sans cette précaution. Dandolo, Goyon de la Plomberie, et beaucoup d'autres, ont regardé cette perte comme très sérieuse.

163. Chaptal a contribué lui-même à grossir cette erreur. « Je crois, dit-il [1], avoir été le premier à faire connaître cette vérité, lorsque j'ai enseigné qu'en exposant de l'eau pure dans des vases placés immédiatement au-dessus du chapeau de la vendange, au bout de deux ou trois jours, cette eau était imprégnée d'acide carbonique (et d'alcool — il y a ce lapsus), et qu'il suffisait de l'enfermer dans des bouteilles débouchées, et de l'abandonner à elle-même, pendant un mois, pour obtenir d'assez bon vinaigre. En même temps que le vinaigre se forme, il se précipite dans la liqueur des flocons abondants qui sont d'une nature très analogue à la fibre. »

Cette observation, très juste en elle-même, ne prouve pas du tout l'entraînement d'une grande quantité d'alcool. Les bulles formées par l'acide carbonique à la surface du moût produisent, en se brisant, de très petites gouttelettes liquides qui jaillissent à une grande hauteur, suivant la vivacité de la fermentation. Ce liquide n'est autre chose que du moût contenant un peu d'alcool, du sucre, de la zyméine, etc. Que l'eau chargée de ces gouttelettes éprouve la fermentation, qu'elle contienne ensuite beaucoup d'alcool, et produise un assez bon vinaigre, rien de plus simple : l'alcool s'y forme à la longue ; mais au premier abord elle contient surtout du sucre.

La perte par évaporation est donc très faible, et il n'y en a point d'autre, parce que les gouttelettes retombent entièrement dans la cuve.

164. Mademoiselle Gervais, qui a remis les cuves fermées a la mode, en 1822, les a présentées comme ayant ce grand avantage. On pouvait, croyait-elle, avec les couvercles, éviter des pertes de 10 à 15 p. 100 sur le vin. Ces couvercles étaient en bois, lutés sur la cuve avec du plâtre, ou de l'argile ; au centre on plaçait, dans un trou de 8 ou 15 centimètres, une *tête de Maure*, ou chapiteau d'alambic en fer blanc, surmonté d'un tube, dont l'extrémité plongeait dans un vase à moitié plein d'eau ; la tête de Maure était entouré d'un sceau de fer-blanc ou de cuivre, pour contenir de l'eau froide, destinée à condenser les vapeurs entraînées, hors de la cuve, par le gaz carbonique. Ces vapeurs retombaient en liquide dans le moût, et lui rendaient le parfum et la force, dont il se dépouille quand la cuve est ouverte [2].

165. Cet avantage n'est pas aussi grand que le pensait mademoi-

1. *Art de faire le vin*, 1839, p. 134.

2. Ces liquides condensés devaient dissoudre un peu du métal de la tête de Maure et faire un tort sensible au vin.

selle Gervais, et je ne puis mieux faire, pour le montrer, que de reproduire textuellement les observations de Gay-Lussac à cet égard [1] :

» Je prends pour base que les vins du Midi fournissent, terme moyen, 1/8 de leur poids d'alcool absolu, ou à peu près 0,27 d'eau-de-vie ; que le *maximum* moyen de la chaleur qui se développe dans une cuve en fermentation est de +30 degrés centigrades, quand celle de l'air ambiant est de + 15 degrés. Enfin, j'admets que 100 parties de sucre, en éprouvant la fermentation vineuse, produisent 51,34 d'alcool absolu et 48,67 d'acide carbonique [2]. Voici maintenant la manière dont je procède :

« La chaleur développée pendant la fermentation est proportionnelle à la quantité d'alcool formé, et l'on peut supposer qu'au lieu d'aller en s'élevant graduellement depuis + 15 degrés jusqu'à 30, elle se maintient constamment, depuis le commencement de la fermentation jusqu'à sa fin, à 22°,5, terme moyen entre 15 et 30 degrés.

« Au commencement de la fermentation, le liquide ne contenant que très peu d'alcool, le gaz carbonique qui s'en dégage n'entraîne que de l'eau, et ensuite il emporte d'autant plus d'alcool que le liquide en est plus chargé. On peut encore ici, sans erreur sensible, supposer que l'acide carbonique, dès le moment qu'il commence à se dégager, trouve dans le liquide une quantité d'alcool égale à la moitié de celle qui doit se former.

« Ainsi la question se réduit à chercher combien tout l'acide carbonique produit pendant la fermentation entraîne d'alcool absolu ou d'eau-de-vie, en se dégageant d'un liquide formé de 15 parties d'eau et de 1 d'alcool absolu à la température de 22°,5, et combien il en abandonne en passant de cette température à celle de 15 degrés, que l'on suppose être celle de l'eau des puits dans le midi de la France.

« Pour résoudre la question ainsi posée, il fallait connaître la tension de la vapeur d'alcool le plus pur qu'il soit possible d'obtenir en distillant un liquide formé de 15 parties d'eau et 1 d'alcool absolu.

« Après avoir composé ce liquide, je l'ai soumis à la distillation et j'en ai recueilli 10 portions égales chacune au 50° du liquide. J'ai pris la densité de chaque portion, et j'en ai conclu sa composition en eau et en alcool absolu. La première portion qu'à fournie le liquide, à 93°,5, point de son ébullition, était formée de 60 parties en volume d'alcool

1. *Annales de chim. et de phys.* [2], XVIII, 380.

2. Ces nombres ont été un peu modifiés par les analyses faites depuis Gay-Lussac. Les véritables ont été indiqués. — Le résultat général est le même.

absolu et 40 parties d'eau. Les portions suivantes ayant perdu chacune successivement 6 parties d'alcool, j'en ai conclu que l'esprit-de-vin qui se serait dégagé au commencement de la distillation du liquide, en supposant sa quantité indéfinie, eut été composé de 66 parties d'alcool absolu et de 34 parties d'eau.

« Telle est aussi sensiblement la nature de la liqueur alcoolique qui doit être entraînée par l'acide carbonique à la température moyenne de 22°,5. La tension de sa vapeur à cette température et à celle de 15 degrés, pendant qu'elle est en contact avec le liquide qu'il l'a produite, s'obtient sans erreur sensible, en supposant qu'elle est la même que celle de l'eau à des distances égales de 93°,5 et 100 degrés, point d'ébullition de ces deux liquides ; mais il faut de plus connaître sa densité.

« Or, pour la trouver, je suis parti du fait que j'ai anciennement observé, savoir : que la densité de la vapeur fournie par un mélange d'eau et d'alcool est égale à la densité moyenne des vapeurs de chaque liquide, comme si elles n'avaient aucune action l'une sur l'autre. J'ai trouvé ainsi 1,0482 pour cette densité rapporté à celle de l'air.

« Supposons maintenant qu'il doive se décomposer 100 grammes de sucre par la fermentation, on aura pour produit, en poids :

51,34 d'alcool absolu,
48,66 d'acide carbonique.

Ce dernier nombre, converti en litres à la température de 22°,5 et à la pression de $0^{m},76$, donne $26^{lit.},85$; mais en se mêlant avec la vapeur alcoolique, dont la tension à 22°,5 est de 29 millimètres, son volume devient $27^{lit.}915$, et la différence de ces deux volumes, $1^{lit.}065$, donne celui de toute la vapeur alcoolique entraînée par l'acide carbonique ; son poids est égal à 1.331.

« On trouve, par un calcul semblable, que le volume de l'acide carbonique seul, à, 15 degrés est de $26^{lit},153$, et que, lorsqu'il est mêlé avec la vapeur alcoolique, dont la tension n'est plus que de $12^{mm},8$ il devient $26^{lit},601$. La différence de ces deux volumes $0^{lit},448$ donne le volume de la vapeur alcoolique retenue par l'acide carbonique à la température de 15 degrés ; son poids est de $50^{gr},75$, Ainsi la quantité d'esprit-de-vin que l'on peut recueillir étant égale à celle que l'acide carbonique entraîne de la cuve à 22°,5, moins celle qu'il conserve à 15 degrés, on a pour cette quantité $1^{gr},331 — 0.575 = 0^{gr},756$.

« Or, $0^{gr}756$ de cet esprit-de-vin contenant $0^{gr},66$ d'alcool absolu, équivalent à fort peu près à $1^{gr},1$ d'eau-de-vie ; et comme le vin qui a donné ce produit est supposé formé de 1 d'alcool absolu sur 7 d'eau, et qu'on a pris 51.34 d'alcool, il s'ensuit que c'est $51.34 \times 8 = 410^{gr},7$ de vin qui ont fourni $1^{gr},1$ d'eau-de-vie; c'est-à-dire que l'on peut recueillir pendant la fermentation dans les circonstances que nous avons établies, $\frac{1}{400}$ du vin en eau-de-vie, ou $\frac{1}{1600}$ de l'eau-de-vie qu'il pourrait fournir s'il n'y avait pas de perte.

« Quoique les suppositions que nous avons faites ne soient pas rigoureusement exactes, le résultat que nous venons d'obtenir ne doit pas s'éloigner beaucoup de la vérité. En le portant au double ou à $\frac{1}{200}$ il démontre encore toute l'invraisemblance de ceux annoncés par mademoiselle Gervais. »

166. Après avoir prouvé combien les avantages des cuves fermées sont petits sous ce rapport, Gay-Lussac ajoute :

« Si, d'ailleurs, on trouvait de l'avantage à recueillir le faible produit qu'entraîne l'acide carbonique des cuves en fermentation, l'appareil de mademoiselle Gervais ne serait pas le plus convenable. Il faudrait simplement employer, pour condensateur, deux tuyaux cylindriques, de 4 à 5 mètres de longueur, ayant même axe, et distants l'un de l'autre de 2 à 3 centimètres. Le tuyau intérieur, destiné à donner issue au gaz carbonique, aurait environ 20 centimètres de diamètre ; il serait luté à la cuve en fermentation un peu au-dessus de son bord, et dépasserait de quelques centimètres à chacune de ses extrémités, le tuyau extérieur. L'espace compris entre les deux tuyaux serait rempli d'eau froide, qu'on renouvellerait en proportion de son échauffement ; et suivant l'inclinaison qu'on donnerait à cet appareil, on pourrait recueillir le produit de la condensation, ou le faire retomber dans la cuve. L'eau froide serait versée, en filet continu, par un tube vertical, soudé à l'extrémité la plus basse du tuyau extérieur, et s'élevant un peu au-dessus du niveau de l'autre extrémité, par laquelle l'eau échauffée s'échapperait aussi en filet continu (1). Un thermomètre servirait à régler le renouvellement de l'eau ; car le gaz carbonique, sortant de l'appareil, ne devrait pas conserver une température plus élevée que celle de l'eau de condensation, qui devrait être aussi basse que possible. La cuve serait fermée avec un couvercle

1. C'est le condenseur usité dans tous les Laboratoires depuis Gay-Lussac.

luté sur ses bords, et on ne ferait plonger l'extrémité de l'appareil dans aucun liquide, à moins que la cuve ne fut exactement fermée par son couvercle. Mademoiselle Gervais, d'apès une très fausse idée qu'elle a de la fermentation, s'est imaginé qu'il fallait forcer l'acide carbonique à rester dans la cuve et c'est ce qui l'a conduite à faire plonger dans l'eau le tuyau par lequel ce gaz s'échappe; mais c'est là un très grand vice de son appareil (2). »

Je me permettrai d'ajouter, aux conseils donnés par Gay-Lussac, celui de ne pas employer de métal pour le tube intérieur. On se procure aisément, aujourd'hui, des tubes de grés, et ces tubes sont seuls convenables.

167. Ce calcul de Gay-Lussac représente très exactement la perte véritable, dans une cuve ouverte, pour le temps où l'acide carbonique se maintient au-dessus du liquide ; si l'on ne prend pas assez de précautions pour le garder jusqu'au décuvage, il se fait ensuite une évaporation du liquide, et une nouvelle perte. Mais cette perte est toujours faible, car on a le plus grand intérêt à l'éviter.

168. La figure 14 représente une cuve fermée dont les dispositions sont les plus avantageuses: le couvercle est assemblé dans les douves;

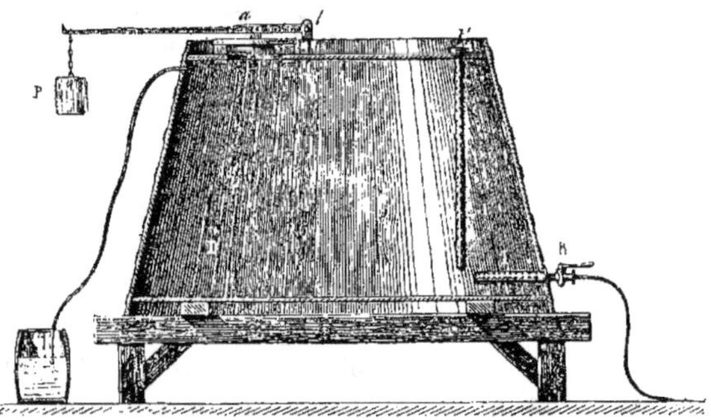

Fig. 14

il est percé d'une ouverture circulaire S, fermée par une soupape, de bois, dont la charge est produite par une pierre P, suspendue à l'extré-

2. Le gaz, obligé de soulever une petite colonne d'eau, se trouve comprimé. Bien qu'il le soit très peu, cette compression a lieu dans toutes ses parties, et il en résulte, sous le couvercle des cuves, un effort de soulèvement auquel ne résistent pas les luts, ni le couvercle lui-même, s'il n'est très solidement assemblé avec la cuve.

mité du levier *l*P, appuyé sur la tête *a* de la soupape; le gaz se dégage, par un tube *t* qui reste libre, pendant la fermentation, et peut être plongé, de 2 ou 3 centimètres, dans l'eau du tonnelet *e*, lorsqu'on veut observer la marche de l'opération; *t* est l'orifice d'un tube de fer-blanc, ou de cuivre étamé, percé de trous, ou mieux encore d'osier; ce tube est toujours plein de liquide, sans pellicules ni pépins; on peut y plonger un thermomètre pour examiner la température. R est un robinet pour le décuvage; le tube sur lequel il est appliqué va partout, dans la cave, au moyen de prolongements en caoutchouc ou en cuir. Ce robinet porte en dedans de la cuve, jusqu'à 25 ou 30 centimètres, une espèce d'étui de fer-blanc ou de cuivre étamé ou d'osier I, percé de trous pour retenir les parties solides. D est une bondonnière pour se débarrasser de l'air, mêlé d'acide carbonique, après le décuvage. — Il faut, à ce moment, ouvrirla soupape S, et, même, enlever le fond, s'il n'est pas tout à fait fixe. — Un homme descend alors dans la cuve, en faisant le moulinet avec un grand linge, pour bien mêler le gaz avec l'air, comme le conseille d'Armailhacq.

169. On reproche aux cuves fermées de ne pas permettre aisément le foulage du chapeau. Ce reproche n'est pas bien grave, car le foulage est bien moins utile que dans les cuves fermées, où l'air n'a pas d'accès, que dans les cuves ouvertes. Cependant il est bien facile de remédier à cet inconvénient. Oter la soupape S n'est pas un bien grand embarras, et par l'ouverture on peut fouler assez commodément.

CUVE MAUMENÉ OU CUVE A ÉTAGES

170. D'un autre côté, le foulage peut être évité, dans toutes les cuves, d'une manière simple que je vais reproduire d'après mes premiers conseils de 1858 (1). A mesure de la charge, on tend sur chaque sixième, ou chaque cinquième, ou chaque quart, de la vendange, un filet de cordes, maintenu par des crochets, de bois renversés et fixés, d'avance, à l'intérieur de la cuve; jamais ainsi le chapeau ne peut se former d'une seule masse; il s'en fait plusieurs, un sous chaque filet; chacun d'eux est d'une faible épaisseur, et ne s'oppose pas, sensiblement, aux mouvements du vin. On n'a plus à faire descendre dans la cuve, et, par conséquent, à exposer même la vie des hommes occupés de ce travail. —

1. *Traité des vins*, 1re édition, p. 261.

La dépense n'est pas bien grande. — Le tube t' du thermomètre se loge, sans embarras, dans les mailles des filets.

L'article qu'on vient de lire est celui que j'avais donné, sans y changer un seul mot. Indiqué dans la table des matières sous le titre : *Moyen de M. Maumené pour éviter le foulage du chapeau*, il était assez explicite, et ne pouvait laisser aucun doute sur la nouveauté de ce système, qui consiste, essentiellement, à maintenir le marc immergé, comme on l'avait indiqué depuis longtemps, mais, surtout, à maintenir ce marc divisé, en plusieurs *étages*, dans la profondeur des cuves.

Neuf ans après la publication de cette méthode, elle a été présentée, *de nouveau*, à l'Académie des sciences, par M. Michel Perret, qui venait d'en faire usage, pendant trois années, avec un grand succès [1]. — Naturellement je rappelai, par un extrait de mon Livre, mes titres à la paternité de cette invention ; et, comme, à l'ordinaire, il s'éleva une discussion, très longue et très vive, dont je me garderai bien d'entretenir mes lecteurs.

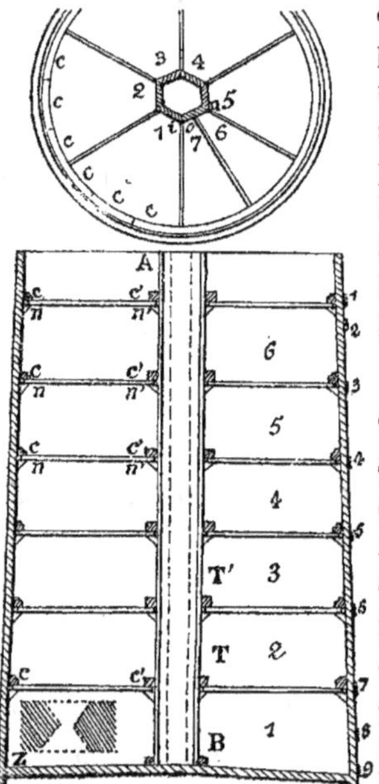

Fig. 15

J'ai eu l'occasion de faire construire une cuve dont la fig. 15 est le dessin au $\frac{1}{40}$ Cette cuve avait 5 mètres de hauteur et contenait 40.000 litres de vin environ. — AB est une tour hexagonale en bois établie comme l'avait fait M. le marquis de Turenne, au centre de la cuve. Sur ses parois comme sur celles de la cuve sont établies des coulisses en chataignier *cn*, *c'n'* : l'un des 7 secteurs 6 — 7, étant ouvert, deux hommes descendent par une échelle au fond de la cuve et font entrer dans leurs coulisses des tables triangulaires cc' : ces tables une fois logées dans les secteurs 1, 2, 3, 4, 5 peuvent y rester indéfiniment, au besoin elles sont percées de trous représentés $\left(\text{au } \frac{1}{20}\right)$ en *cc'*Z, Le premier étage étant plein de raisin foulé, on couvre les demi-secteurs 6, 7 et on ajuste les

1. *Comptes rendus*, LXIV, 1010.

dessus de coulisse *io*, *ou*, en les vissant. On charge ensuite le deuxième étage et on continue jusqu'en haut la même manœuvre.

Pour les raisins frais, il faut un râcloir dont la forme ne demande pas un dessin : on emplit tout l'étage sans peine. Le moût se répand même dans la tour par les trous obliques B,T,T', etc.

Pour les raisins secs, l'opération est plus facile en cuve ; on charge le compartiment de 200 à 250 kilogrammes de raisins (bien triés et déchirés) on met les couvercles (ou secteurs mobiles), on continue de charger successivement les 6 étages puis on fait arriver de l'eau tiède au centre de la tour, assez pour couvrir les planches supérieures *cc'*.

La fermentation ne tarde pas à s'établir — pour les deux espèces de raisins ; les cuves peuvent être entourées de râpures de liège, comme nous l'avons vu ; un ou plusieurs thermomètres sont logés dans la masse. Des robinets sont établis au bas des cuves. Ces cuves portent un couvercle. — Il n'est pas utile de répéter les détails ; on peut recueillir l'acide carbonique, etc.

On peut établir dans l'étage 6 un serpentin destiné au refroidissement de la masse en cas de fermentation trop active ce qui est à recommander surtout pour les raisins secs. (Le prix de la cuve ne dépasse pas *cinq mille* francs) (1).

171. Un seul argument sérieux fut mis en avant, non pas contre mes titres, mais contre les avantages réels de la cuve Maumené. On prétendit que la disposition des filets, ou des cloisons en planche, était fort coûteuse, de temps et d'argent. Cet argument fut levé par une expérience de Peyrieux faite avec de grands soins. Le montage des cloisons confié « à des vignerons assez prévenus, et complètement « étrangers à la manipulation des appareils, n'a pas exigé, pour chaque « grand vase vinaire, plus de 23 minutes de temps : » — « Les vins « sortie des cuves à étages ont toujours été très supérieurs à ceux « obtenus des cuves à marc immergé, sous une seule claire voie, par

1. La cuve à étages refusée pour Maumené à l'Exposition universelle de 1867 a été admise pour Michel Perret et récompensée.

Voici l'extrait d'une lettre adressée à l'inventeur par un œnotechnicien très connu : « ... M. Perret éclairé par vous sur son plagiat, volontaire ou non, accepte une « *médaille d'argent avec objet d'art* pour une invention qui n'est pas de lui à sa « parfaite connaissance. »... (20 janvier 1868).

...Si une polémique s'engage je vous défendrai certainement, malgré M. P. Thenard et nonobstant quelques relations très amicales que j'ai eues avec M. Perret.

On commençait à punir l'auteur de la *Théorie Générale* de l'action chimique dans une invention relativement insignifiante : et depuis l'on n'a pas cessé d'employer contre cette *Théorie* les mêmes armes.

« la richesse de leurs coloris, le moelleux de leur liqueur, et le dosage « de l'alcool. » — « La durée du cuvage n'a jamais dépassé 104 à 108 « heures » quand avec une seule claire voie « elle exigeait 157 heures « de fermentation, ou de macération ([1]). »

172. Beaucoup d'autres vignerons distingués ont confirmé les avantages si bien établis par Maumené, Perret, et Peyrieux, et la cuve Maumené fait maintenant partie du travail de la vinification chez tous les vignerons instruits et habiles.

M. le marquis de Turenne fait placer, au centre des cuves, un tube carré, en bois, percé de trous, ce qui donne au gaz un dégagement plus facile, tout en conservant l'isolement des portions du marc par étages ([2]).

Plusieurs des cuves entourées de liège dont j'ai parlé étaient disposées suivant ce système complet ; elles ont toujours donné les meilleurs résultats, supérieurs à ceux des autres cuves à simple couvercle, (et tubes en terre pour évacuer CO^2 au-dehors des celliers).

173. — On a reproché, encore, aux cuves fermées de nuire au dégagement du gaz carbonique, à cause de la pression causée par l'eau, dont il doit soulever une hauteur, plus ou moins grande, dans les vases extérieurs *e*. Ce reproche n'est pas très sérieux, car le gaz qui se développe au fond des cuves, même des cuves ouvertes, supporte tout le poids du liquide dont il est surmonté, c'est-à-dire une pression 50 ou 60 fois plus grande que celle de l'eau du vase *e* dans laquelle le tube *t* plonge seulement de 2 à 3 centimètres ; même en cas de négligence, lorsque le tube plonge jusqu'au fond du tonnelet, la pression développée par toute la hauteur de l'eau, que ce dernier renferme, n'est encore que de 20 à 30 centimètres, c'est-à-dire une fraction assez faible de celle qui existe au fond des cuves. D'ailleurs, il n'est pas nécessaire de tenir le tube *t* dans l'eau ; il vaut beaucoup mieux le conduire en dehors du cellier, et le laisser tout ouvert, comme je l'ai recommandé plus haut ; et lorsqu'on veut juger la marche de la fermentation, on présente un ins-

1. *Journ. de Vitir. pratique*, 25 nov. 1868, p. 108.

2. *Id. Id.* 10 juillet 1868, p. 466. — On trouve dans le journal de *Viticulture pratique* tous les renseignements relatifs aux cuves Maumené.

25 juin 1867 p.	155	10 juin 1868 p.	411
10 août —	237	10 juillet —	466
25 — —	257	10 nov. —	85
10 mars 1868	277	25 — —	108
10 mai —	371		

tant, à l'extrémité de ce tube, un vase contenant de l'eau, un verre, une bouteille, etc., etc. Le gaz hydromètre n'expose à aucune pression.

Les cuves fermées ont de grands avantages ; même dans les cas où la fermentation languit, l'absence de l'air ne laisse éprouver au moût aucune altération, acide ou putride. Le chapeau, (si l'on ne s'oppose point à sa formation par des cloisons en bois, ne se dessèche, ni se corrompt. Rien n'empêche de prolonger le cuvage, pour obtenir toute la couleur désirable ; à ce point de vue encore, elles ne laissent point l'acide tannique du vin se colorer en brun, sous l'influence de l'air, comme cela peut avoir lieu dans les cuves ouvertes.

D'Armailhacq cite, dans son excellent *Traité de la culture des vignes dans le Médoc*, de nombreuses expériences qui ne laissent aucun doute à cet égard.

Plusieurs œnologues, et entre autres Lomeni, croient avoir observé moins de couleur, dans les vins faits en cuves closes, que dans ceux des mêmes raisins fermentés en cuve ouverte. Je n'ai pas eu l'occasion d'étudier ce fait moi-même ; mais il me paraît très vraisemblable : la couleur des vins, l'*œnocyanine*, est certainement incolore dans le raisin jusqu'à la maturité, comme je l'ai démontré p. 14 ; elle devient bleue, quand l'oxygène peut arriver jusqu'à elle, (comme l'indigotine, l'orcine, etc.), et cette transformation n'est jamais complète, en général, au moment de la vendange, même dans les raisins les plus mûrs. Lorsqu'on foule, le contact de l'air n'est pas assez facile pour donner l'oxygène à toute la masse, où se trouvent des grains dont la maturité n'est pas avancée, et où l'œnocyanine est encore sans couleur ; l'acide carbonique, en se dégageant, arrête cette oxydation, et l'air n'ayant plus d'accès dans la cuve, une partie de l'œnocyanine reste incolore. — Dans la cuve ouverte, la présence continuelle de l'air la transformerait au contraire, entièrement. Est-ce ainsi que les choses se passent ? C'est possible ; mais on n'a encore fait aucune constatation directe à ce sujet. — J'ai recommandé de saturer le moût d'oxygène au moment du foulage ; on peut voir ici, de nouveau, l'utilité de cette recommandation.

Je ne m'arrête pas à l'explication, donnée par Lomeni, du défaut de couleur dont nous venons de parler, explication fondée sur une prétendue action de l'acide carbonique et l'œnocyanine. Cette action n'existe pas.

Les cuves ne sont pas toujours verticales. Dans quelques contrées, le Jura par exemple, on emploie des foudres, de grands tonneaux où l'on introduit le raisin foulé par la bonde un peu agrandie ; ces cuves ne donnent lieu à aucune observation spéciale.

A Beaucaire il existe des cuves en pierre de taille de mille hectolitres. — Dans plusieurs localités, l'intérieur est revêtu complètement de plaques en faïence.

174. — Dans beaucoup de circonstances, on construit les cuves en maçonnerie.

La figure 16 montre le détail d'une de ces constructions. MMM sont les parois, formant en haut une voûte percée d'une ouverture S, ronde et à bords inclinés ; sur ces bords est fixé, convenablement un anneau de caoutchouc CC', épais d'un centimètre, pour supporter le clapet de pierre *a a* S, muni de deux anneaux de fer *a a*. Ce clapet suffirait, à la rigueur, comme fermeture ; mais, pour plus de sûreté, la vis V le

Fig. 16

maintient au moyen du bouclier de fonte F, engagé sous deux crampons scellés dans la pierre de la margelle. P H est une double porte composée d'une porte P en bois, et d'un bouclier de fonte H, liés par une vis de rappel V'. *z* est l'un des bords d'une rigole, pour l'écoulement des marcs et le nettoyage. I R est un tube de décuvage, pareil à celui de la cuve de bois. *t* sert d'échappement au gaz acide carbonique ; *x* est une autre ouverture, pour adapter un troisième tube *t*, ou pour enlever un peu de vin à la partie supérieure, etc. T est un thermomètre, dont la boule est préservée, à l'intérieur de la cuve, par une chape de métal percée de petits trous.

Les cuves de cette espèce ont plusieurs avantages : elles conservent la chaleur, comme les cuves enveloppées (de paille, etc.) La fermentation y présente toujours une marche régulière. Dans les cas où la vendange est recueillie par un temps froid, on peut obvier au défaut de la chaleur naturelle, en chauffant directement les parois de la cuve, avant l'introduction du moût. On fait entrer un fourneau de fonte par l'une des ouvertures, en dirigeant son tuyau vers le haut de la cuve, dont il doit sortir de plusieurs décimètres. On brûle un combustible, dans ce fourneau, jusqu'à ce que la température des parois soit d'environ 100 degrés, puis on enlève le fourneau et on verse la vendange. Ce moyen n'est pas le meilleur, parce qu'il peut occasionner une légère détérioration des parois ; mais, dans quelques circonstances, il peut rendre grandement service, malgré cet inconvénient.

On leur reproche encore d'entraîner la perte du bitétrabélate (*tartre*) qui ne s'attache pas à la maçonnerie, comme au bois. Mais on évite cet inconvénient en laissant flotter des douves ou des planches à la surface du vin. Le tartre ne s'attache pas toujours aux cuves, il tombe dans les lies et se trouve perdu pour le propriétaire qui ne presse pas lui-même ces lies (Cazalis-Allut, vendanges de 1850, Montpellier 1851, page 7).

On reproche aux cuves maçonnées d'exercer une action fâcheuse sur le vin, par la chaux des mortiers ; cette action est bien faible quand on veut. Lorsque les mortiers sont hydrauliques, et l'enduit en ciment romain ; lorsqu'on prend soin, en outre, de faire séjourner de l'eau deux ou trois fois dans la cuve avant de s'en servir pour le vin, ce liquide ne ressent plus que de légers effets par le contact de la maçonnerie. Ces effets peuvent améliorer le vin au lieu de lui nuire ; et, sans aller aussi loin que Batilliat, nous pouvons regarder le séjour dans ces cuves comme n'ayant absolument rien de nuisible.

On trouvera, page 209 du tome III de la *Maison rustique du XIXe siècle*, la description des foudres, ou cuves, soigneusement construites par Douge. Le vin y a séjourné deux ans sans avoir contracté aucun mauvais goût. Ces cuves sont extrêmement nombreuses aujourd'hui.

175. — En général, on ne les consacre jamais à la préparation des vins fins ; le plus ordinairement, on y travaille ou on y conserve uniquement les vins moyens, ou même médiocres. Dans beaucoup de localités du midi de la France, on les emploie pour les vins destinés aux brûleries ou distilleries, et l'on garde ces vins, après le décuvage, dans de grandes citernes de même construction que les cuves.

On trouve dans plusieurs vieux châteaux des cuves en pierre, destinées plutôt à l'approvisionnement et à la conservation du vin pour des mois ou des années (en cas de siège, par exemple). Ces cuves couvertes d'un toit à double pente comme les maisons, présentent encore aujourd'hui leurs robinets en laiton et on s'en sert encore. Plusieurs personnes m'ont vanté la qualité des vins conservés dans ces réservoirs.

176. — Je dois attirer l'attention sur la nature des pierres qu'on destine à la construction des cuves. Elles ont une puissance d'absorption très variable, suivant leur espèce; mais il existe un moyen assez simple et assez sûr, de connaître d'avance cette puissance, afin d'éviter les suites fâcheuses qu'elle peut avoir. Voici le résultat de mes expériences :

Un mètre cube de pierre peut absorber de $3^k,2$, au minimum, jusqu'à 656^k, au maximum, ou, en d'autres termes de 32 litres, à 656 litres d'eau, d'après mes expériences, dont voici le tableau :

1 mètre cube de	Poids à l'état sec. kilog.	Eau absorbée kilog.
Marbre blanc.	2762	3,2
Granit	2613	3,6
Château-Landon. . .	2618	21,3
Chérence fin	2506	87
Liais fin	2468	92,4
Tonnerre dur.. . . .	2380	123
Roche	2342	155
Chérence gros. . . .	2340	158
Tonnerre tendre.. . .	1889	321
Vergelé.	1803	335
Saint-Leu.	1642	656
Plâtre gros..	1439	366
— fin	1410	393

Ces nombres ont été obtenus au moyen de la dessiccation dans le vide ; mais on peut très bien faire sécher au four ; il suffit d'agir sur un morceau de 500 cent. cubes ou 1 demi-litre, en faisant tailler un morceau de 1 décimètre de longueur et 1 décimètre de largeur sur 5 centimètres d'épaisseur. On prend le poids de ce fragment bien desséché, puis on le fait chauffer de nouveau et on le plonge tout chaud dans l'eau froide où on le laisse 2 jours, au bout desquels on essuie les surfaces et on pèse de suite. La différence des deux poids donne l'eau absorbée.

Le vin est absorbé un peu plus que l'eau, mais sensiblement dans les mêmes proportions relatives [1].

177. L'acide carbonique, dégagé des cuves par la fermentation, produit de très fâcheux effets, de grands dangers même, pour les personnes qui ne connaissent point ses propriétés. C'est un gaz irrespirable, et il peut donner la mort dans des circonstances qu'il est très important de connaître. Il est, par lui-même, inodore et sans saveur; il n'a pas non plus de couleur; il est entièrement semblable à l'air pur. Aucun de nos sens n'est apte à nous le faire connaître directement, surtout quand il est mêlé d'une proportion d'air assez grande. On ne peut juger de sa présence que par certains phénomènes chimiques; et, dans de telles conditions, il est facile de comprendre que nous pouvons être exposés à le respirer, même pur, sans être, à l'avance, avertis du danger. — Les accidents qu'il produit aux vendanges sont nombreux tous les ans; beaucoup deviennent promptement mortels, et nous ne pouvons mettre trop de soin à nous en rendre compte.

178. Prenons d'abord une certaine quantité de ce gaz à sa sortie d'une cuve; pour cela mettons une éprouvette, remplie d'eau, sur l'extrémité du tube *t* (*fig*. 17), par lequel il s'échappe; nous verrons monter, au travers de l'eau, des bulles semblables à de l'air, et bientôt l'éprouvette sera pleine. Enlevons doucement cette éprouvette, en la fermant, le plus exactement possible, avec la main, ou avec une soucoupe, et retournons-la sur son pied. Nous pourrons alors étudier le gaz qu'elle renferme, et nous lui trouverons les propriétés suivantes :

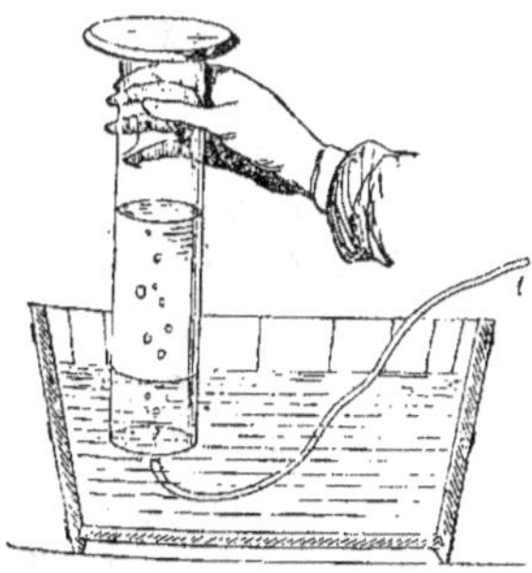

Fig. 17

1° Il éteint les corps enflammés presque aussi bien que si on les plongeait dans l'eau. Une petite bougie, attachée dans les replis d'un fil de fer courbé (*fig.* 18), et plongée tout allumée dans l'éprouvette, s'y éteint de suite; aucun des points de la mèche ne reste incandescent. A ce caractère, on distingue l'acide carbonique. Lorsqu'on pénètre dans un cellier pendant le séjour du moût dans les cuves, on doit toujours avoir

1 *Moniteur Viniticole*, 12 juin 1869.

soin d'examiner la flamme des bougies, des chandelles, des lampes ; la présence de l'acide carbonique est accusée par le trouble, plus ou moins grand, de la lumière.

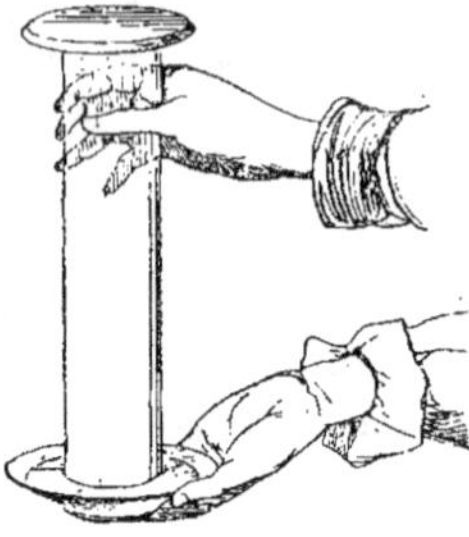

Fig. 18

2° Il fait périr, en un instant, les animaux qui le respirent. Introduisons un moineau dans une autre éprouvette pleine de ce gaz, et nous verrons, de suite, l'oiseau perdre connaissance, et rester sans mouvement.

3° Le gaz carbonique est plus lourd que l'air et peut le traverser en tombant, sans s'y mêler, à peu près comme un liquide. On le prouve en descendant une bougie enflammée dans une éprouvette pleine d'air (*fig.* 19), et versant l'acide carbonique d'une autre éprouvette, penchée sur les bords de la première. Aussitôt que cette seconde éprouvette est assez inclinée, l'acide, invisible tombe sur la bougie, et l'éteint brusquement.

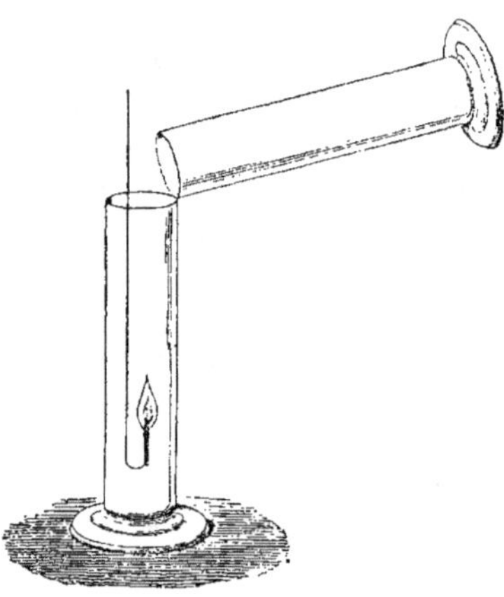

Fig. 19

De ces trois faits résultent des conséquences auxquelles les vignerons doivent toujours songer, pendant la fermentation du moût dans les cuves.

L'acide carbonique, en coulant dans l'air, sans se faire voir ou sentir, peut former une couche séparée, à la partie inférieure des celliers, ou des vases, dans lesquels il est contenu ; cette couche d'acide irrespirable produit des phénomènes d'une apparence très extraordinaire, mais qui dépendent tous des trois causes simples dont il vient d'être question.

On peut voir couler l'acide carbonique dans l'air d'une manière frappante. On prend le gaz dans une cuve avec un arrosoir (sans la pomme) on va le verser au soleil sur un papier blanc ; on le voit produire au-dessous de l'ombre du bec une colonne plus ou moins torse, comme une fumée descendant au lieu de monter. Cette fumée est très sombre près du bec et au milieu de sa largeur malgré la concentration de la lumière solaire (*Les Mondes*, 11 novembre 1875).

179. Prouvons d'abord que l'air et l'acide peuvent former deux couches dont nos yeux ne peuvent nous révéler directement l'existence.

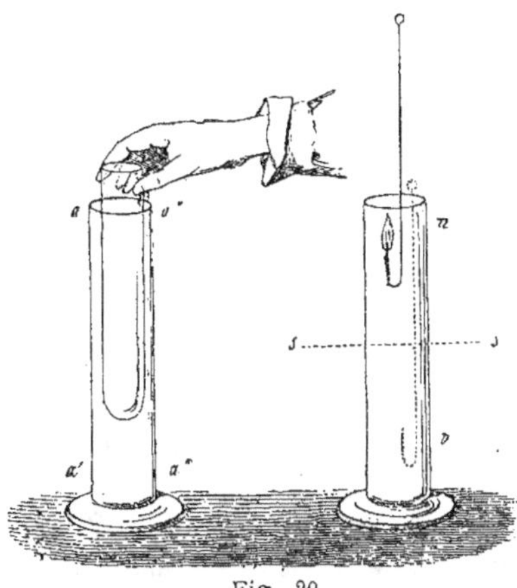

Fig. 20

Dans une éprouvette pleine d'acide, introduisons doucement une autre éprouvette plus petite, renversée (*fig.* 20); cette seconde éprouvette déplacera du gaz acide, la moitié, par exemple; et nous la retirons ensuite, très doucement, l'air rentrera pour prendre sa place. L'air demeure, en pareil cas, au-dessus de l'acide, et ne s'y mêle pas, car une bougie, descendue dans la moitié supérieure *m* de l'éprouvette, brûle tranquillement, tandis qu'elle s'éteint sur-le-champ, lorsqu'on la descend dans la moitié inférieure *v*.

Un animal vivant, mis à la place de la bougie, périt bientôt dans le gaz où cette bougie s'éteint. Je citerai deux exemples de nature à bien faire comprendre les dangers occasionnés par le gaz carbonique. — Il existe, près de Naples, une grotte célèbre, la *Grotte du Chien*. L'homme qui pénètre dans cette grotte n'éprouve aucun malaise appréciable ; mais le chien qui l'accompagne étouffe bientôt et resterait mort si son maître ne lui rendait la liberté de sortir, liberté dont il profite avec une sorte de fureur. — Ces deux faits s'expliquent aisément ; l'acide carbonique, exhalé par le terrain volcanique de la grotte, se répand en une couche séparée de l'air, à une hauteur de 50 centimètres environ ; le chien, en raison de sa forme, a la tête plongée dans cette couche qui l'étouffe et le tuerait en quelques instants. Son maître respire de l'air pur, et n'est pas incommodé.

Les faits et le moyen de se prémunir contre le danger étaient bien connus des anciens : « La force de la lie est si grande qu'elle donne la mort à ceux qui descendent dans les cuves. L'expérience apprend à faire usage d'une lumière qui avertit du danger lorsqu'elle s'éteint. » (Pline XXIII, **31**, 1).

Ces phénomènes ne sont pas, à beaucoup près, rares, comme on pourrait le penser ; voici un second exemple :

La Forêt Noire présente un ruisseau qui se dessèche en été et dont l'eau se trouve, peu à peu, remplacée par une couche d'acide carbonique sortant du sol. Cette couche s'élève à peu près de 90 centimètres, où elle se maintient en raison de la tranquillité de l'air, maintenue par les plantations avoisinantes. Les oiseaux, attirés par la fraîcheur, viennent sans cesse au ruisseau, tant que la sécheresse n'est pas extrême. Rien ne les trouble aussi longtemps qu'ils restent à une certaine hauteur ; mais s'ils s'approchent trop du lit du ruisseau, ils sont pris de vertige et meurent en quelques secondes. Les bûcherons viennent tous les jours enlever ces produits d'une chasse dont l'acide carbonique naturel fait tous les frais.

On observe des faits du même genre, à chaque instant : les puisatiers sont continuellement en butte aux influences pernicieuses de l'acide carbonique, et souvent ce gaz devient assez abondant, au fond des puits, pour les forcer d'interrompre leurs travaux.

Les vignerons sont plus exposés que personne ; la figure 21 va nous montrer comment l'acide, produit par la fermentation dans la cuve C, remplit d'abord cette cuve jusqu'au bord et tombe, ensuite, en ligne

Fig. 21

verticale autour des parois ; il forme, sur le sol de la cuverie, une couche *a b c d*, qui va sans cesse en augmentant d'épaisseur, tant que la porte et les fenêtres restent fermées. Entre-t-on alors dans le cellier, et ferme-t-on la porte derrière soi, pour éviter l'effet d'une basse température extérieure, ou pour toute autre raison, voici les accidents qui peuvent se présenter : le vigneron ne s'aperçoit d'aucun danger, même avec une chandelle, qu'il tient à la main, ou qu'il pose sur un tonneau, bien au-dessus de la couche *a b c d* ; il marche vers la cuve, il n'éprouve rien ; ses pieds seuls nagent dans l'acide carbonique. — Il monte à l'échelle, et quand sa tête arrive près des bords de la cuve, si la fermentation est active en ce moment, il éprouve tout à coup des vertiges, un étourdissement complet, et il tombe souvent jusqu'à terre. S'il lui reste un peu de connaissance et de force, il se relève et il appelle au besoin ; mais il peut être étourdi au point de ne pouvoir se relever, ni appeler, et, dans ce cas extrême, sa mort est imminente, parce que sa tête plonge dans l'acide lorsqu'il est étendu sur le sol. Il respire, de nouveau, le gaz délétère et ne tarde pas à succomber.

Les hommes qui pénètrent dans la cuve, pour donner un nouveau foulage en pleine fermentation, courent les mêmes périls, dont tous les lecteurs attentifs peuvent maintenant bien comprendre l'étendue (1).

180. — Les cuves couvertes permettent facilement de se débarrasser d'un gaz si redoutable. On peut même, au moins dans les grandes exploitations, l'utiliser en s'en débarrassant. On dirige l'extrémité *t*, du tube de dégagement de la cuve (fig. 22), dans un baril *c* à moitié plein d'eau, et on lui fait affleurer le liquide ; le gaz amené par ce tube et débarrassé de sa vapeur alcoolique pénètre par un autre tube *t'* dans un tonneau C, plein de carbonate de soude en crystaux ; il est absorbé par ce sel, qui se tasse peu à peu, par suite de la séparation d'une grande quantité d'*eau de crystallisation*, à mesure que l'acide absorbé le change en bicarbonate ; de C, le gaz passe en C', où il produit le même effet. Le bicarbonate, extrait des tonneaux, n'a besoin que d'être égoutté, et séché, pour entrer dans le commerce. Son prix couvre largement la dépense, de main-d'œuvre, nécessitée par sa préparation. — 100 hectolitres de vin produisent assez d'acide carbonique pour faire 2.909 kilogrammes de bicarbonate.

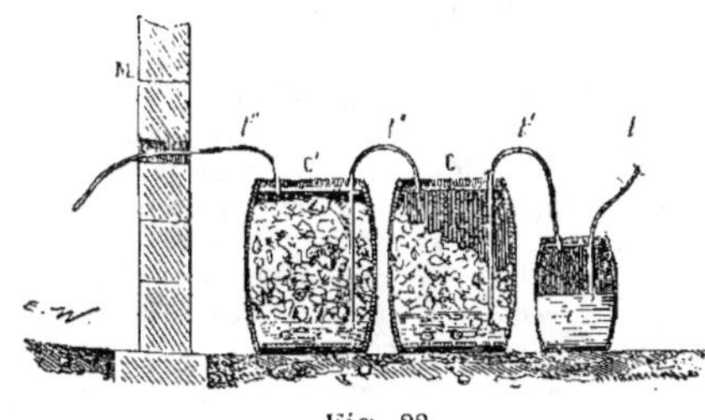

Fig. 22

181. L'acide carbonique n'est pas le seul gaz délétère qui menace le vin, ou les forces du vigneron. Feu C. Saint-Pierre a montré que l'air placé au-dessus du vin, dans des vases de grande dimension, ou conservé dans ces vases, en présence de la

1. Citons un exemple :
Un affreux accident est arrivé à Barsac. Le nommé Loubrie travaillait au-dessus d'une cuve de vendange lorsque saisi par les vapeurs du raisin en fermen-

lie, peut devenir irrespirable, par l'absorption de l'oxygène (sans production notable d'acide carbonique) et la réduction à l'*azote* presque pur.

C. Saint-Pierre a trouvé

	Foudre de 140 hectol.	Foudre de 56 hectol.
Oxygène	16,67	13,04
Azote	83,33	86,96
Acide carbonique	0,00	traces.
	100,00	100,00

Ces *airs*, où l'oxygène est si diminué, ne peuvent déjà plus entretenir la combustion. Une bougie allumée s'y éteint; la respiration, très gênée, n'est cependant pas encore impossible.

En pareil cas, le remède est, uniquement, un *balayage* de l'atmosphère des vases pour les remplir d'air nouveau; les alcalis, la chaux, n'ont aucun pouvoir absorbant [1].

DU DÉCUVAGE

182. Encore un sujet qui prête à la discussion, et sur lequel on a écrit des volumes, sans pouvoir tomber d'accord, ce qui arrive, nécessairement, pour toutes les discussions dont les bases sont incertaines. Pour savoir, exactement, à quelle époque on doit opérer le décuvage, il faudrait de toute nécessité, connaître exactement la composition de toutes les parties du moût, afin de juger l'influence de chacunes d'elles, et de déterminer le moment où doit cesser cette influence. Ainsi, quand la fermentation vive a cessé, quand le sucre est changé tout entier en alcool, on ne devrait pas attendre plus longtemps, il faudrait décuver,

tation, il y tomba. Jean Blavie, témoin du fait s'empressa de le secourir, puis Chassaing, Pupo, et Jean Fenora qui travaillaient aux environs: attirés par les cris, ils accoururent à leur tour, et tous asphyxiés par les vapeurs tombèrent dans la cuve en voulant retirer ceux qui les avaient précédés. Quand les voisins arrivèrent ils réussirent à retirer Fenora qui tombé le dernier respirait encore. Pour ne pas exposer d'autres existences il a fallu démolir la cuve qui contenait quatre cadavres.

Journaux de Bordeaux, 7 *octobre* 1886.

Tous les ans, on a, malheureusement, plusieurs accidents de ce genre.

1. L'acide carbonique est dangereux dans les cuves même après un soutirage complet du vin, quand on y laisse des marcs. Ces mélanges de grappes et de pellicules encore humectés de vin fermentent et dégagent encore assez d'acide carbonique pour constituer une atmosphère méphitique. Le 3 décembre 1888 à Fox-Amphoux (Var), trois hommes ont péri en voulant, sans précaution, tirer le marc d'une cuve où l'on avait passé de la piquette. (*Echo Universel* du 15).

de suite, si les parties du moût, qui ne prennent pas une part directe à la fermentation alcoolique, les râfles, les pellicules, les pépins, ne jouaient aucun rôle important dans la formation du vin. Mais ces parties sont loin d'être inutiles; elles donnent du tannin, de la couleur, des corps gras; et ces corps ne sont pas, à beaucoup près, sans valeur.

183. La question est donc de savoir si, pendant le temps que la fermentation alcoolique a duré, ces parties solides ont abandonné la meilleure proportion des éléments qu'elles peuvent fournir. Si cela est, le décuvage doit être fait de suite; un séjour prolongé ne ferait que leur permettre d'introduire dans le vin un excès de tannin, ou de couleur, ou même de corps gras, plus ou moins modifiés, et capables de nuire. Au contraire, si les râfles, les pellicules, les pépins, n'ont pas donné tout ce qu'il était bon de leur prendre, on doit continuer de garder le moût dans les cuves, jusqu'au moment convenable.

184. Disons maintenant combien la solution de cette question est difficile. Pour la couleur on juge aisément ce qu'on doit faire; l'œnocyanine étant plus soluble dans un liquide alcoolique que dans les liquides aqueux, et l'action de l'oxygène étant souvent nécessaire pour achever de la développer (p. 14), le vin peut se colorer, fortement, pendant quelques jours, après la terminaison complète de la fermentation alcoolique, par l'effet de sa richesse en alcool, et par celui d'une petite absorption d'oxygène. Il faudrait donc conserver le vin dans les cuves, d'un côté, lorsque les raisins ont la pellicule épaisse, peu perméable, ce qui retarde, à la fois, sa formation dans le grain, en cas de maturité tardive, et son exhaustion dans la cuve, et, de l'autre, quand l'oxygène n'aura pas été suffisamment absorbé pendant le foulage, contrairement à ce que j'ai bien recommandé.

On voit assez souvent des vins rouges, dont la couleur est déjà belle dans le vin considéré comme *fait*, devenir d'une nuance bien plus intense dans le tonneau lorsqu'on soutire en plusieurs fois et lorsque le dernier tiers, par exemple, reste quelques jours au contact de l'air; *pas trop renouvelé*; l'intensité de couleur peut devenir presque double: je l'ai observé récemment encore, chez un vin de Minervois. Pline connaissait bien ce fait: (XIV, 4, 12).

Quant au tannin, la dégustation seule peut donner de bonnes indications; il faut seulement avoir pris l'habitude de bien reconnaître la vraie saveur de l'acide tannique, et les changements que le temps peut amener dans cette saveur. — au besoin faire l'analyse.

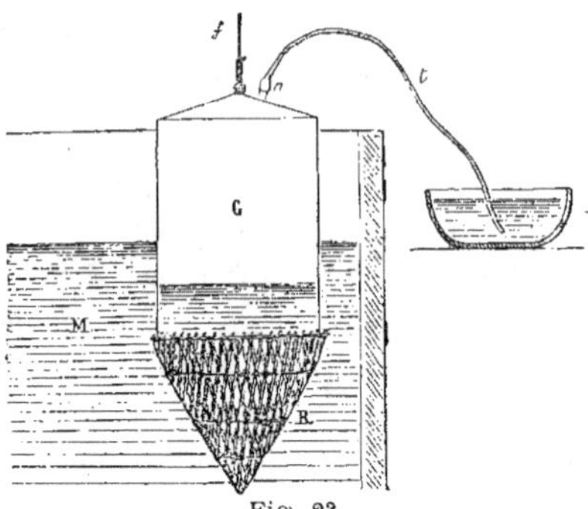

Fig. 23

Pour les corps gras, aucun moyen convenable de les mesurer ne paraît pouvoir être recommandé jusqu'à présent. Cependant, comme l'arôme du vin dépend, à peu près uniquement, de ces corps gras, ou de leurs dérivés, on examinera, très attentivement, si cet arôme gagne un peu de perfection, par un séjour plus prolongé dans la cuve; et l'on agira en conséquence. — Nous reviendrons sur ces deux points dans les analyses.

185. En général, il est bon de ne pas dépasser le moment où la chaleur de la fermentation s'est dissipée tout entière (même dans la cuve entourée de paille, ou de liège, etc.); où l'acide carbonique cesse entièrement de se produire, et où la densité du moût qui a diminué continuellement, cesse de s'affaiblir. — Le dégagement de l'acide carbonique étant le phénomène le plus saillant, on s'en servira bien aisément pour suivre la marche de l'opération. — Dans les cuves fermées, on se contente de plonger un instant le bout du tube (fig. 14 et 16) sous l'eau d'un verre qu'on emporte avec soi. Dans les cuves ouvertes, il faut avoir recours à l'appareil très simple indiqué par Gay-Lussac (1). C'est un *gazoscope*, une cloche G, de cuir, de caoutchouc, ou de verre même, suspendue par une corde *f* dans le moût M. Cette cloche reçoit le gaz au travers d'un cône de grillage en osier *rr'*, que la plus légère secousse débarrasse toujours des pellicules, râfles, etc. Le gaz trouve une issue par le goulot *d*, orifice du tube *tt'*, et on observe la rapidité de son dégagement, dans l'eau du vase V, suspendue aux parois de la cuve par un support convenable. (fig 23).

Dans les cuves fermées on applique le caoutchouc directement sur un trou percé dans la paroi sous le fond supérieur ou dans ce fond lui-même qui porte en même temps la capsule en tôle émaillée contenant de l'eau.

1. *Annales de chimie et de physique*, [2], XXIII, 338.

Mais il vaut mieux faire partir de ce trou un tube en caoutchouc et l'adapter au Gazhydromètre (voir analyses).

Au lieu du densimètre, de Vergnette-Lamotte employait un appareil aujourd'hui très répandu en Bourgogne. C'est une sphère de cuivre étamé, ou de fer blanc, ou mieux encore de caoutchouc dur (on peut l'obtenir sans odeur) ou même de verre; lestée de manière à représenter la densité de l'eau, c'est-à-dire un poids de 1.000 grammes, et le volume de 1 litre à la température +15°. Ce savant œnologue a, reconnu que le vin est dans les bonnes conditions pour le décuvage, (en Bourgogne) lorsque la densité se trouve comprise entre 990 et 1.010 grammes, moyenne 1.000 grammes; la sphère devra donc flotter sur le moût jusqu'au moment où la densité deviendra 1.000, ou à peu près celle de l'eau, puis elle s'enfoncera, et tombera au fond du liquide, aussitôt que la densité diminuera davantage. Le moment de sa chute est celui du décuvage. Cet instrument et son emploi sont des plus simples: il faut seulement prendre garde aux bosselures car la sphère serait hors de service ([1]).

186. Un procédé très simple pour juger de l'opportunité du décuvage est celui de Bertholon. Ce procédé consiste à saisir le moment où la liqueur, après avoir acquis tout son gonflement, par la formation de l'acide carbonique arrêté sous le chapeau, et dans les cellules des grains, commence à retomber. Pour connaître ce moment, il suffit de placer une règle verticale de bois mince, supportée par du liège, dans un tube *t'* et d'observer, chaque jour, ses mouvements en débouchant le tube. Des lignes tracées sur cette règle, font voir aisément la marche du niveau du liquide. — Aussitôt que le sucre est entièrement détruit, et que l'acide carbonique cesse de se former, la quantité de ce gaz qui reste sous le chapeau diminue promptement, et le volume du vin revient à son état primitif: la règle s'abaisse, et montre la fin de la fermentation.

Beaucoup d'œnologues recommandent ce moyen qui est en effet très simple: mais quelque-uns veulent voir dans ce petit instrument un guide plus sûr que ceux dont j'ai parlé: c'est une grande erreur.

187. On peut juger ainsi que la fermentation est à son terme, par

1. A cette première sphère le Ve de Vergnette-Lamotte en avait joint une seconde; mais ce n'est plus pour le décuvage, c'est pour fixer le moment où l'on doit fouler le chapeau. L'auteur a observé la densité d'un grand nombre de moûts au maximum de température, c'est-à-dire à l'époque où il convient de fouler. Cette densité est 1030. La deuxième sphère a cette densité, et lorsqu'elle plonge, on doit procéder au refoulement du chapeau (*Actes du congrès des Vignerons*, Dijon, p. 257).

la disparition de la chaleur que ce curieux phénomène engendre; mais cette disparition est bien plus difficile à caractériser que celle de l'acide carbonique. La température de la cuve, après avoir monté, de plusieurs degrés, au-dessus de la température de l'air, descend ensuite et finit par se mettre en équilibre de chaleur avec les corps environnants. Le moment réel où la production de calorique cesse d'avoir lieu n'est pas facile à saisir. Le thermomètre placé dans la cuve (p. 354 et 360) montre bien un abaissement aussitôt que l'activité de la fermentation vient à se ralentir; mais, malgré ce ralentissement, la transformation du sucre en alcool dure encore, et il ne serait pas temps de décuver. D'un autre côté, si l'on attend que le thermomètre indique une température semblable à celle de l'air, on commet une erreur en sens contraire, c'est-à-dire que la chaleur développée par la fermentation se conserve, dans le vin, longtemps après l'heure où la *combustion du sucre de raisin* a cessé (p. 257). L'équilibre de température exige plusieurs jours pour se reproduire, suivant la masse du vin, l'état de la surface des cuves, etc. Il faut donc une observation attentive pour tirer du thermomètre des inductions utiles en ce qui concerne l'instant du décuvage.

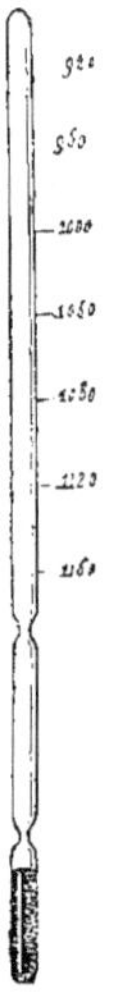

Fig. 24

188. Pour connaître le terme de la formation de l'alcool, on peut constater l'absence du sucre dans le moût, et l'on y parvient aisément par la méthode du bichlorure d'étain, dont nous avons parlé plus haut (p. 339). Ici la méthode est rendue très pratique en la modifiant comme suit [1]: On se procure du mérinos blanc, on le trempe, pendant quelques minutes, dans une solution de 1 partie de bichlorure d'étain et 2 parties d'eau. On le fait sécher, au bain-marie, sur une bande de même étoffe, et on le découpe en bandelettes de (6 à 8 centimètres de long, sur 2 de large). Tous les pharmaciens préparent ces bandes sans peine. — Pour juger de l'absence du sucre dans le moût, on met une goutte de ce liquide sur une bandelette, et on la chauffe, doucement, au-dessus d'un ou deux charbons ou de la flamme d'une bougie d'une lampe. La goutte sèche promptement, et, tout à coup, elle devient noire, s'il reste du sucre. Cette couleur noire se forme avant que le mérinos commence à jaunir par l'action du feu. — Le sucre se change en *caramélin*.

La diminution de densité semble permettre de se conduire à peu près

1. *Comptes rendus de l'Académie des sciences,* XXX, 314 et 447.

sûrement. Tant que le sucre de raisin disparaît et fait place à de l'alcool, la pesanteur spécifique du moût diminue. On a trop affirmé qu'elle retombait toujours à 0 des aéromètres; cela n'est pas exact: elle s'arrête souvent à ce terme; mais elle n'y parvient pas toujours, et quelquefois elle le dépasse; bien qu'en ces différents cas la fermentation soit également complétée. Il suffit donc de bien reconnaître le moment où la diminution cesse, pour être sûr que le vin est bon à faire sortir des cuves, sous réserve des observations que nous avons faites plus haut.

Le signe le plus certain de l'opportunité du décuvage est le terme du développement de l'alcool. En distillant chaque jour une petite portion de la cuvée, ce qui est si facile avec un petit appareil Gay-Lussac-Maumené, personne ne peut hésiter sur le moment où l'on doit regarder la fermentation comme parfaite. Souvent ce développement complet de l'alcool n'exige pas plus de 20 à 24 heures. — Mais souvent aussi le décuvage ne peut avoir lieu qu'au bout de 15 jours ou davantage.

189. — Le moyen de connaître facilement l'état de la densité minima c'est l'emploi du densimètre. — On en a proposé beaucoup pour cette détermination, ou, plutôt, on a refait le même instrument de vingt manières. J'engage on ne peut plus chaleureusement mes lecteurs à n'en conserver qu'un seul, le densimètre, c'est-à-dire l'instrument conseillé par Gay-Lussac, et qui donne, immédiatement, la densité du liquide où on le plonge. Cette densité est un renseignement absolu, tandis que les degrés des aéromètres (gleucomètres, mustimètres, etc.), en général, sont relatifs, et fondés sur des bases on ne peut plus vaines. Un des grands fléaux de la pratique, une des grandes causes de la répulsion inspirée par certaines données scientifiques, ce sont tous ces instruments que chacun tourne, et retourne, pour y attacher un nouveau nom, le plus souvent sans la moindre nécessité.

190. La grande densité des moûts paraît être, en moyenne, en France au moins, de 1,140, c'est-à-dire que le poids d'un litre de moût peut aller jusqu'à 1,140 grammes, tandis que le litre d'eau pure pèse 1,000 grammes (1); la plus faible est d'environ 1,050.

1. L'eau présente ce poids à la température de + 4°. Elle ne pèse plus tout à fait 1,000 grammes par litre à + 15°, mais la différence est très faible; nous la négligerons dans tout ce qui va suivre, et nous admettrons 1,000 grammes, même à + 15°. le nombre réel est 999,16.

191. Le densimètre est un flotteur en verre comme l'alcomètre dont nous parlerons (Livre IV); mais il est, tantôt, entièrement cylindrique (fig. 24) et tantôt à deux cylindres et à boule de la forme générale des aéromètres; il affleure dans l'eau pure au degré 1,000, il s'enfonce beaucoup moins dans le moût, et marque de suite 1.120, 1.140, etc., si le moût pèse par litre 1.120, 1.140 grammes, etc. — Après la fermentation, il descend dans le vin, et marque 960, 950, etc., si le vin est plus léger que l'eau, comme il l'est ordinairement, et s'il pèse 960, 950 grammes par litre. — L'usage de l'instrument est rendu très facile en se bornant à mentionner les décagrammes, en plus ou en moins, comme l'administration des contributions indirectes le fait dans la mesure des richesses en sucre. Lorsqu'un jus de betteraves marque 1.056 au densimètre, on fait abstraction des chiffres de mille et des centaines. On ne mentionne que les décagrammes, et ce sont eux qui correspondent aux degrés de l'instrument; on dit : le jus marque 5°,6 — Si le moût donnait 1.129 au densimètre, on dirait qu'il marque 12°,9, et ainsi de suite ([1]).

D'ailleurs on peut éviter l'emploi des flotteurs en verre, qui sont très fragiles et qui exigent un tube de fer blanc, ou de verre, pour contenir le liquide dont on désire connaître la densité. Ces objets se perdent, se cassent et sont un embarras pour beaucoup de personnes. — Mais tout le monde peut trouver la densité du moût par une opération bien simple et tout aussi exacte : choisissez parmi quelques bouteilles ordinaires d'un litre (en verre blanc si vous en avez à votre portée) celle qui contiendra juste 1,000 grammes d'eau lorsqu'elle sera pleine et rase : marquez-la de manière à la bien reconnaître (par exemple inscrivez sur sa surface le poids qu'elle présente, étant bien sèche, en la piquant avec une pointe d'acier) ; vous n'aurez plus qu'à la remplir de moût, à bien essuyer l'extérieur et à la peser pour connaître la densité que vous cherchez. — Si le moût dont la bouteille est pleine pèse 1,083 grammes, il offre évidemment ce poids au litre, et sa densité est de 1,083. Il marquerait 8°, 3 au densimètre. — Il est bon de refroidir le moût, à 15 degrés, s'il est chaud. On le tient quelques instants dans un seau d'eau de puits avant de le peser. Si la bouteille se casse, on la remplace aisément. Cette méthode est, de beaucoup, la plus sûre quand on possède de *bons poids* et une bonne balance, ce qui n'est pas rare. Quant à la balance,

1. On construit des densimètres d'une grande précision, de 1,000 à 1,100, — 1,100 à 1,200, etc. — Pour leur emploi il faut avoir le soin de tenir la surface très propre et de ne laisser aucune bulle de gaz adhérente : l'agitation en tournant dans le liquide suffit à les détacher.

si son exactitude n'est pas très grande, on s'en sert de la manière suivante : On met sur l'un des plateaux un poids supérieur à celui de la bouteille remplie d'eau, d'environ 200 grammes (à 1 ou 2 grammes près, sans plus de précision), et on conserve ce poids qu'on peut faire, soi-même, en fondant du plomb. — On mesure exactement les poids nécessaires sur l'autre plateau pour leur faire équilibre ; supposons 2,296 grammes. — Cela fait, lorsqu'on veut peser un moût, on met le morceau de plomb sur *son* plateau, (toujours sur le même), et on place la bouteille sur l'autre ; puis on fait équilibre au morceau de plomb en mettant les poids à côté de la bouteille. — L'équilibre étant fait, on compte ces poids : admettons 112 grammes. On sait que sans la bouteille il en faudrait 2,296 ; c'est que la bouteille pèse 2,296 — 112 ou 2,184 grammes ; d'ailleurs, on connaît le poids de la bouteille sèche, sèche, soit 1,046 grammes. On voit que le moût pèse 2,184 — 1,046 ou 1,138 grammes. — Sa densité est donc 1,138, et il marquerait 13°,8 au densimètre.

192. Il convient d'insister ici sur les soins à prendre pour opérer le décuvage. On verra plus loin, (p. 390), tous les inconvénients d'un mauvais soutirage : ces inconvénients se produisent avec le plus de force dans les cas où le vin acquiert la vitesse que lui donne une grande hauteur. Il est alors plus que jamais nécessaire de les éviter ; on ne doit pas soutirer, autant que possible, avec le contact de l'air ; on ne doit pas, surtout, faire usage des robinets qui crachent : il faut conduire le vin dans les tonneaux, au moyen des tubes de cuir, ou de caoutchouc, dont nous allons parler. Nous avons vu que l'alcool exposé à l'action de l'oxygène se transforme en acide diédique (*acétique*). — Si l'on a pas ces ressources, il faut, autant que possible éviter le contact de l'air, en transportant le vin dans des vases presque fermés. Un des moyens les plus simples consiste à se servir de seaux munis d'une planchette mince en bois, ronde et presque du même diamètre que le seau. Cette planchette volante est suspendue par un bout de ficelle, ou de cuir, à l'un des anneaux dans lesquels s'accroche l'anse du seau. A mesure que le vin remplit ce dernier, la planchette flotte, et forme un couvercle suffisant pour éviter la plus grande partie des effets de l'air, pendant le transport.

Dans les caves où la dépense n'est pas un obstacle insurmontable on épuise les marcs, on tire le liquide à sa dernière goutte au moyen de pompes à bras ou même à vapeur. Pour les cuves de 400 hectolitres et plus le moyen est économique.

DU PRESSAGE

193. Lorsqu'on a soutiré tout le vin que les râfles, pellicules, etc., ne retiennent pas dans les cuves, c'est-à-dire le surmoût, ou premier vin, il faut encore obtenir celui qui reste absorbé par ses parties solides, et le moyen le plus convenable est d'employer la pression. — On porte donc le *marc* sous des appareils très puissants nommés *pressoirs* (1).

194. Un bon pressoir doit remplir deux conditions essentielles au point de vue du travail : il doit fournir une puissance telle qu'on obtienne à volonté presque tout le liquide dont le marc est imbibé ; de plus, il doit pouvoir exercer cette puissance, par degrés insensibles, ou rapidement, suivant le désir du vigneron ; il doit surtout distribuer la pression le plus également possible. — Aujourd'hui, les perfectionnements de mécanique générale sont très grands et les bons pressoirs sont communs.

Je ne crois pas nécessaire d'entrer ici dans des détails de construction de ces machines : je présenterai seulement quelques courtes observations.

Il y a des pressoirs de toutes formes : mais on peut les diviser en deux classes : 1° les pressoir à leviers ; 2° les pressoirs à vis. — Les pressoirs à coins sont abandonnés.

195. On reproche aux pressoirs à leviers de tenir beaucoup de place et de presser inégalement. Le premier reproche est fondé ; mais il n'est pas grave ; quand au second, l'on y remédie bien aisément, en faisant bien porter sur le centre du *mouton* l'effort transmis par le levier. — Un avantage réel de ces pressoirs est de développer la pression sans secousses, condition très importante dans presque tous les cas.

Les pressoirs à levier sont employés au clos Vougeot, on les accouple sur une maie ambulante, au 1er étage au-dessus des foudres. (Château d'Issan).

1 Les pressoirs remontent à la plus haute antiquité ; le Deutéronome contient (chap. XVI) la prescription suivante : « Vous célébrerez la fête des Tabernacles « pendant 7 jours lorsque vous aurez recueilli de l'air *et du pressoir* les fruits de « vos champs. » Moïse donnait cette règle 1451 ans avant l'ère chrétienne.

196. Les pressoirs à vis, déjà connus du temps de Pline (XVIII, 74), donnent aussi de bons résultats. On emploie en Champagne un système assez simple et peu coûteux, le pressoir à étiquet à une ou deux roues; au lieu d'un axe vertical ou cabestan, autour duquel s'enroule le câble servant à faire tourner la poulie horizontale fixée sur la vis de pression, on donne le mouvement à l'aide d'une grande roue à chevilles. Dans le pressoir à deux roues, sur l'axe de la roue à chevilles est une forte vis sans fin, engrenant au centre du mouton, deux roues liées, chacune, à une forte vis, pour exercer la pression en deux points, et la répartir le plus également possible. On est généralement satisfait de ces pressoirs. Aujourd'hui les pressoirs à leviers, multiple, différentiel, etc., sont des plus répandus et la force qu'on peut y développer est énorme ; il est même nécessaire de la modérer, car la pression du marc ne doit pas être poussée à l'extrême. Pour faire le meilleur vin, c'est surtout le jus des grains qui doit être employé ; celui de la râfle peut être parfois un correctif utile ; mais, en général, c'est un auxiliaire dangereux, et il faut ménager ses services (1).

197. Le choix des pressoirs, et leur entretien, méritent beaucoup d'attention ; mais, ce qui en mérite davantage, c'est le soin qu'on doit apporter à conserver toute la propreté possible dans le pressurage. Nettoyer toutes les parties du pressoir, veiller à ce que le *barlon*, s'il est à fleur de terre, ne reçoive pas de boue, etc., etc., sont des précautions indispensables et qui ont bien plus d'influence sur la qualité du vin, que la puissance de pression et sa disposition plus ou moins parfaite (2).

198. Le marc, à la sortie des cuves, renferme presque le quart du vin produit. On le dispose, avec le plus de régularité possible, dans la *maie*; on le couvre avec des planches de 5 centimètres, sur lesquelles

1. Aujourd'hui les pressoirs à vis en fer sont à peu près les seuls employés ; la charge est parfois carrée, plus généralement ronde et enfermée dans un cylindre à claire voie : la pression est donnée lentement ou par percussion. Il n'est pas de notre objet d'insister sur les détails mécaniques.

On fait des vins de premier ordre avec les antiques pressoirs à levier, on pourrait en faire de très mauvais avec les meilleurs pressoirs modernes. La recommandation essentielle est d'éviter le plus possible le contact des métaux et de tenir le pressoir, comme tous les instruments, dans l'état de plus grande propreté.

Je citerai, parmi les maisons les plus recommandables, M. Guillot à Beaune, MM. Mazeline à Amboise, M. Marmonnier à Lyon, dont j'ai pu apprécier personnellement le mérite.

2. Caton recommandait le sapin noir pour les madriers, maies, etc. (Pline XVI, 65).

on établit trois étages de 6 ou 8 soliveaux de 12 ou 15 centimètres, et l'on fait descendre le mouton. La première serre doit être faite doucement : elle donne un vin regardé comme identique au surmoût. Ce vin de *première serre* doit être porté, de suite, dans les tonneaux qui ont reçu le surmoût, jusqu'aux trois quarts ou quatre cinquièmes, et versé jusqu'à les emplir.

Après la première serre, on en donne quelques autres, en recoupant le marc. Le vin fourni par les nouvelles serres, le vin de *rebêche* (les coupages se font à la bêche), n'est pas, à beaucoup près, aussi fin que le vin de goutte, ou le surmoût. Pendant les dernières serres, les marcs n'abandonnent pas de liquide, sans être comprimés au point de donner de leur propre jus; le tannin domine dans le liquide, et si l'œnocyanine des pellicules est elle-même fortement exprimée, l'avantage qu'on obtient pour la couleur, est plus que compensé par l'inconvénient d'augmenter le tannin. — Il n'est donc pas bon de mêler ces derniers vins avec le premier et avec le surmoût. On le conserve à part ; ils sont colorés et durables, mais plus astringents que le vin de cuvée.

199. Le marc, devenu par les recoupages d'une dureté comparable à celle de la pierre, est l'objet de divers traitements : délayé dans de l'eau et mêlé d'un peu de bon sucre ou de glucose (obtenu par la fécule), il donne lieu à une nouvelle fermentation, et produit un vin médiocre, une *piquette*, souvent employée pour la boisson des ouvriers. Souvent on le distille pour en faire de l'eau-de-vie. La distillation a lieu presque toujours à feu nu : certaines parties du marc atteignent une température élevée ; l'alcool ordinaire ne s'élève pas seul : il entraîne de l'alcool pentènique (amylique) et quelques autres (p. 304). Il donne une eau-de-vie de mauvaise qualité, l'eau-de-vie d'*Aixne* ([1]) dont les effets sont beaucoup plus violents que ceux de l'eau-de-vie faite avec le vin. Cependant la distillation des aixnes est avantageuse ; elle est d'autant plus que le vin est plus généreux, et qu'il en reste plus dans le marc. — Dans quelques pays on en fait du vinaigre ; on l'expose à l'air, on l'humecte avec du *bas vin* ou de l'eau, et on presse. — Dans les cuveries du Midi, Montpellier, Narbonne, etc., on a longtemps produit cette acétification au contact de feuilles de cuivre qui s'oxydent, et donnent du sous-acétate de cuivre, appelé *vert-de-gris*. On emploie maintenant l'acide tout fait — Enfin

1. Ou d'*aignes*. Chaptal écrit *aixne* d'après les renseignements que lui a fournis un vigneron champenois. On doit peut-être écrire : *aines*, car ce mot semble dériver par corruption de οἶνος ; *oines*, *aines* comme *François*, *Français*.

on en compose la nourriture des bestiaux, après avoir séparé les pépins qu'on donne aux volailles, ou dont on extrait l'huile. Lorsqu'on veut le conserver pour tous ces usages, on en remplit des tonneaux, où on le tasse le mieux possible, et qu'on refonce exactement, ou qu'on recouvre soigneusement d'une bonne terre argileuse.

Dans certains cas on le brûle ; 1000 kilogrammes de marc donnent environ 120 à 125 kilogrammes de cendres, pouvant fournir 26 à 27 kilogrammes de carbonate de potasse [1].

100 de raisin ont donné.	74 vin. 12 marc. 14 déchet.	*Société des Sciences de Mâcon, 1822.* *Virey, J. de Pharm.* (2), t. VIII, p. 327.

— Tandis que les moûts offrent souvent une petite quantité d'ammoniaque, comme nous l'avons vu (p. 312), les vins n'en offrent plus, dès la fin des fermentations. Il y a là un fait digne d'attention. Comment ce corps disparait-il ? Très certainement ce n'est pas par une oxydation, à peu près impossible dès que CO^2 est assez abondant pour empêcher l'accès de l'air ; d'ailleurs cette oxydation, qui donne H^3AzO^2 d'abord (17 et 16) laisserait H^3Az se dégager, au moins en partie, dans l'analyse. — Je crois H^3Az uni pendant la fermentation à l'un des corps dérivés de l'alcool et produisant une des bases dont l'existence est aujourd'hui bien certaine.

Le vin nouveau doit être saturé d'acide carbonique et ne contenir par suite du dégagement incessant de ce gaz pendant la fermentation, aucun autre gaz. — Je l'ai constaté bien des fois dans les vins ordinaires, rouges ou blancs.

Plusieurs chimistes ont fait la même constatation, entr'autres Pasteur qui a étudié, dans un appareil barométrique, du vin d'Arbois et en a dégagé, par litre de vin $1^{lit}\cdot481$ de gaz CO^2 très pur (à + 7°).

Du vin récolté deux ans avant celui dont nous parlons, mais soutiré deux fois dans l'intervalle, ne renfermait plus que $0^{lit}\cdot250$ de CO^2 et 0,016 d'Az (+ 12°).

Ce sont les soutirages qui avaient produit cette différence.

Pasteur a confirmé cette déduction si frappante par plusieurs expériences :

1° Du vin saturé de CO^2 (à $1^{lit}\cdot481$) dont nous venons de parler, secoué pendant quelques instants avec son volume d'air, puis examiné,

1. Chaptal, *Art de faire le vin*, 1839, p. 205.

après 30' de repos, absorbe par litre 14°,5 d'Az et 4°,7 d'O. Ce vin aéré versé dans un flacon et l'emplissant, a fourni le lendemain matin 14,85 d'Az et pas trace d'O; ce gaz avait été absorbé dans la nuit.

2° Du vin exempt d'oxygène, soutiré par une cannelle d'un « jet assez fort » et examiné aussitôt sa prise de 4 litres, donne un gaz contenant déjà 10,4 d'oxygène p. 100, après élimination de CO^2,

3° On emplit plusieurs tonneaux de 60 litres avec le vin d'un foudre dont le robinet portait « un gros tube en caoutchouc ». On enlève seulement 300^{cc} avec un syphon pour ne pas exposer le tonneau à la dilatation du liquide par l'élévation de température, on les expédie d'Arbois à Paris, où on les conserve « dans une pièce de rez de chaussée au Nord non chauffé ». Un litre, après plus d'un mois, contient 1$^{lit.}$082 de CO^2 et 0$^{lit.}$0065 d'Az. Le vide avait augmenté de 300^{cc} à 1110 dans le tonneau (en chêne neuf).

Du même vin tiré en même temps dans des flacons en verre bien bouchés, renfermait 1$^{lit.}$229 de CO^2 sans trace d'Az (+ 11°).

4° Le vin d'un tonneau de 60 litres est soutiré avec un robinet en bronze de 1 c. carré de section dans un autre tonneau, puis repassé de second dans le premier. Le lendemain ce double soutirage a produit le résultat suivant :

1 litre de vin dégage 580 cc. dont 12,5 seulement sont de l'Az (à + 12 et 0^m,749), » nulle trace d'oxygène ». L'azote a augmenté de 6,5 à 12,5; l'oxygène correspondant a été absorbé, 1^{cc},5.

5° Le 12 mai 1865, le vin d'un des tonneaux de 60 litres (du 21 novembre 1864) se trouve à la température de + 20°. Le vide est augmenté de 1$^{lit.}$925 (2,225). Il y a une pression due à CO^2. — 1 litre contenait 0$^{lit.}$087,7 de gaz (+ 19° et 0^m,760) dont 5^{cc},79 d'Az seulement. — Ainsi, l'évaporation par le bois n'avait pas été accompagnée d'aération. CO^2 seul avait été dégagé avec un peu de la partie volatile du vin.

DE LA MISE EN TONNEAUX ET DU GOUVERNEMENT ULTÉRIEUR DU VIN

200. La première chose à faire avant d'opérer le décuvage, c'est de préparer de bons tonneaux. A ce sujet, de nombreuses questions se présentent : 1° Quel est le bois dont les tonneaux doivent être faits? 2° Quelle épaisseur doit-on donner aux douves? Quels soins faut-il prendre pour éviter les mauvais goûts, etc., etc.

201. Le chêne est généralement reconnu comme le meilleur bois. Le tannin, dont il est imprégné, lui donne à la fois des qualités durables et une action favorable sur le vin [1]. L'acice tannique de la vigne n'est certainement pas tout à fait le même que celui du chêne, et la petite quantité de ce dernier, que le vin peut dissoudre dans les tonneaux, même neufs, paraît uniquement favoriser le dépôt de la lie et hâter la clarification. Le chêne présente d'assez nombreuses espèces. Fauré s'est efforcé d'établir les bases d'une classification propre à diriger les vignerons dans le choix de ces espèces. Il a trouvé que la *quercine* (matière soluble dans l'alcool et qui donne au bois son odeur et sa saveur balsamique) varie beaucoup, suivant les espèces ou les provenances. Il en est de même du tannin, de l'acide gallique qui en dérive, et d'une de ces matières tout à fait inconnues, désignées toutes sous le nom insignifiant d'extractif, dont le caractère, dans le chêne, est une assez grande amertume [2].

Les *merrains* de Bosnie sont les plus riches en quercine et en tannin. Ceux de France sont les plus riches en quercine, mais ils viennent après ceux de Bosnie pour le tannin, l'acide gallique et l'extractif. — Il résulte des expériences de Fauré que les bois de France sont excellents, comme une longue pratique l'avait montré. La faible quantité de quercine qu'ils renferment n'a pas la moindre importance, car ce léger parfum n'est pas même sensible dans le vin mis en tonneaux de bois neuf ; le bouquet du vin n'est presque jamais altéré par l'odeur de la quercine, et quand les tonneaux ont déjà servi, la quercine ne peut plus, le moins du monde, être prise en considération. Le tannin, qui est très abondant, conserve à nos bois les qualités vraiment utiles, la fermeté, l'inaltérabilité, l'action la plus convenable sur le vin. — Ce ne sont pas les conclusions de Fauré ; mais ce sont celles qu'on doit tirer des expériences de cet honorable chimiste.

Les bois s'emprègnent d'eau à un degré dont il est utile de donner une mesure : j'ai présenté le 1er décembre 1878 à l'Académie des Sciences (C.R. LXXXVII, 943) un mémoire contenant :

1° La proportion d'eau contenue dans les bois à l'état ordinaire.

2° La proportion d'eau maximum après une immersion prolongée.

Le mémoire est relatif à 32 espèces de bois.

1. D'après Chaptal on n'observe jamais le *goût de fût* dans les tonneaux en bois de murier, d'érable et de quelques autres.

2. Cette matière paraît être un mélange de tannomélanate et d'autres sels.

Voici l'extrait de ce mémoire relatif aux bois les plus employés pour les cuves vinaires, les maies des pressoirs, etc., et les bois doués des propriétés extrêmes.

D'après ces expériences, les bois dans leur état ordinaire contiennent de 5,498 à 11,93 d'eau pour 100 de bois (séché dans le vide sec à + 16°). — Et ces bois saturés d'eau en prennent de 44,89 à 174,86, — toujours pour 100 de bois séché dans le vide.

	POIDS DES BOIS			Eau unie à 100 de bois sec		Rapports de la saturat. à l'humidité ordinaire
	secs dans le vide (*a*)	humides dans l'air (*b*)	Saturés d'eau (*c*)	dans l'état ord. $\frac{(b)-(a)}{(a)}$	dans l'ét. satur. $\frac{(c)-(a)}{(a)}$	
Buis	182.24	192.26	5.498	264.05	44.89	8.16
Charme	125.44	139.43	11.153	226.35	80.44	7.21
Châtaignier	91.33	99.44	8.880	142.21	55.71	6.27
Chêne	140.72	151.80	7.881	239 80	70.41	8.93
Frêne	144.20	158.69	10.05	239.80	66.30	6.60
Hêtre	122.20	136.78	11.93	248.82	103.61	8.68
Marronnier	84.85	93.05	9.664	233.22	174.86	18.09
Noyer	102.38	112.02	9.416	204.28	99.53	10.57
Orme	113.70	125.44	10.326	256.24	126.81	12.28
Poirier	122.63	136.75	11.514	246.64	101.12	8.78
Pommier	118.28	130.67	10.476	254.47	115.14	10.99
Sapin (Nord)	70.62	81.70	15.732	190.49	170.05	10.81
— (France	93.45	103.91	11.014	166.70	78.38	7.12

Je n'ai pas à donner de nombres relatifs aux vins : il est impossible d'étudier l'absorption de plusieurs vins par un même bois : mais on peut admettre en général une absorption aussi forte que pour l'eau.

L'adoption du chêne, du châtaignier pour les tonneaux est appuyée par ces expériences : les deux bois sont, après le buis, les deux moins absorbants. — Le frêne se placerait entre le châtaignier et le chêne. (voir *Le Cosmos* du 15 février et du 5 avril 1890).

Puis viendrait le sapin de France dont la résine peu favorable à beaucoup de vins le serait probablement à d'autres. — Les anciens ne se trompaient pas absolument en faisant grand cas de la résine crue et cuite (poix).

Les bois saturés présentent des changements de forme très intéressants : le buis, le moins absorbant de tous, est celui dont les tissus présentent les contorsions les plus accentuées. — Le chêne conserve à peu près sa régularité (ces études ont été faites avec des cylindres hauts de 100 millimètres, et larges de 50). On comprend l'importance du chêne pour la construction de tonneaux invariables de forme. Il serait impossible d'utiliser le buis : aucun tonneau ne serait durable (sans parler du prix et des autres inconvénients).

L'absorption du vin par les bois mérite encore notre attention au point de vue de la conservation du vin. Moins le bois en absorbe, moins il se prête à l'évaporation superficielle extérieure. Au travers d'une douve en chêne le vin passe moins et moins vite qu'au travers d'une en marronnier. Celle-ci pourrait même servir de filtre : elle laisserait passer du vin au bas du tonneau sous la pression même du vin.

L'évaporation produite à la surface des tonneaux commence évidemment à une certaine profondeur de 1 et peut être 2 ou 3 millimètres suivant l'épaisseur de la douve et la puissance absorbante du bois, — limite d'ailleurs variable, d'abord suivant la température et les conditions dont nous venons de parler ; puis, avec le temps, suivant la nature et la quantité des composés formés par le vin et les parties solubles du bois, composés dont plusieurs se solidifient et changent le pouvoir absorbant du bois, — pour le vin d'un côté, pour les constituants de l'atmosphère de l'autre.

D'un côté, le vin afflue de moins en moins vers la face extérieure des tonneaux, de l'autre il reçoit de moins en moins les agents atmosphériques. — On peut juger avec beaucoup de probabilité sous quelles influences il est placé dans une enveloppe dont la perméabilité change lentement, mais sans cesse.

La peinture extérieure des tonneaux, pratiquée déjà par les anciens, sert à tenir le vin sous l'influence unique (ou à très peu près) des actions hydrolytiques, les seules *vraies* et puissantes pour vieillir les vins en améliorant sans cesse leurs qualités, les seules dirigeables par une surveillance attentive au moment où leurs défauts commencent à se produire (p. 239 et suivantes).

La conservation des vins a naturellement préoccupé beaucoup les anciens. L'une des matières les plus importantes à leurs yeux était la poix. Pline en donne la définition : on met dans des cuves en chêne du pica et des pierres très chaudes : on la fait moudre comme la farine : elle est de couleur plus foncée ; c'est ainsi qu'on la met dans les vins (XVI, **22**, **1**), puis il indique le moyen de l'employer : on jette la poix dans le moût pendant sa première effervescence dont la durée communément est de neuf jours. Ce vin prend de l'odeur et une saveur un peu piquante (XIV, **25**, 3).

Pline donne en outre les plus grands détails sur les résines préférées pour obtenir les meilleures poix. On trouve ces détails dans les Livres XIII, XIV, XVI et XXI.

En France de nos jours, cet usage n'existe plus, je crois ; mais il est conservé ou rétabli dans quelques localités d'Italie, d'Espagne, en Grèce, etc. Tantôt on emploie la résine ou même la térébenthine recueillie sur les arbres. A juger par l'odeur des forêts de pins, dans les Landes, par exemple, on peut admettre que les vins soient parfumés par la résine crue ou cuite (poix), et d'ailleurs cette altération sagement faite ne peut être dangereuse.

Les vins poissés étaient tenus pour doués de qualités agréables ; on les traitait par la résine ou par la poix ; plusieurs voulaient résine et poix simultanément (XIV, **25**, 4).

Mais les vases, les tonneaux eux-mêmes, étaient poissés. En Italie — qui tout entière poissait les vins (XIV, **24**) — on préférait la poix du Brutium faite avec la résine du faux sapin. Cependant celle de Chypre l'emporte sur toutes les autres (**25**, 2).

On avait essayé la cire pour enduire les tonneaux, mais les vins y prennent facilement l'aigreur (XIV, **25**, 6).

Poisser les tonneaux paraissait un excellent moyen de les conserver, témoin cet édit de Claude :

Ut iberi vinearum preventu bénè dolia picarentur.

(Suetone, XVI.)

Pline fait cette remarque : Et qu'on examine attentivement, en aucune contrée la vigne n'est plus soignée (qu'en Italie).

D'Armailhacq a fait sur ces expériences une remarque bonne à transcrire ici : « M. Fauré, dit cet auteur, dont l'exactitude et le jugement sont des plus respectables, pense que les bois flottés, qui ont longtemps trempé dans l'eau, ayant perdu par là une certaine quantité d'extractif, doivent être plus avantageux que ceux qui n'ont pas flotté ; cela peut être vrai en effet. Quelquefois, néanmoins, comme il résulte du flottage que certaines veines du bois s'altèrent, les bois flottés sont plus sujets à contracter le goût de fût et à présenter des parties rouges et défectueuses ; il vaut donc mieux choisir les bois neufs qui n'aient pas séjourné dans l'eau. » [1]....

1 *Culture des vignes dans le Médoc*, 1855, p. 548.

D'après Fauré, d'Armailhacq, et d'autres œnologues, le chêne des tonneaux neufs donne au vin un goût sensible. Les bois de la Baltique seraient les meilleurs pour les vins du Médoc. Je crois ces grands vins capables de se passer du parfum des tonneaux, puisque parfum il y a ; mais, s'il était démontré que les bois neufs améliorent le vin, je regarderais comme beaucoup plus vraisemblable d'attribuer leur action au tannin qu'ils contiennent, et qui, outre son action sur la gélatine, neutraliserait des traces de matières alcalines organiques amères. Pour éviter les mauvais goûts, on rince les tonneaux d'abord avec de l'eau bouillante (1), puis avec de l'eau fraîche, en les roulant après y avoir introduit une chaîne de fer, afin de détacher toutes les impuretés qui ont pu se loger dans la couche de lie, dont le bitartrate est attaquable par l'eau. Quelquefois on les rince, avec de l'eau-de-vie ou de l'esprit de vin, pour dissoudre en partie les proportions de la lie solubles dans l'alcool, et raviver les surfaces. — Pour tirer tout le parti de ce rinçage, il faut laisser d'abord égoutter parfaitement le tonneau lavé à l'eau, et même, lui donner le temps de sécher ; sans quoi la petite quantité d'esprit de vin qu'on emploie perd notablement de sa force et ne remplit pas son but : la même remarque s'applique, encore avec plus de raison, à l'eau-de-vie.

L'épaisseur des douves est une condition importante : le vin subit dans les tonneaux une évaporation qui dépend de cette épaisseur et de l'espèce du bois. Longtemps on a cru à ce sujet, que la difficulté de l'évaporation est proportionnelle à la densité du bois. (2).

L'ouillage, pratiqué tous les mois, est jugé par Pasteur une aération du vin. C'est bien le contraire de l'intention formelle du *Vinier* de tenir autant que possible le liquide dans l'état ou la fermentation le lui a donné. Le vin avec lequel on comble le vide parait, en effet, s'opposer à l'aération. Mais Pasteur dit : On ne pratique pas l'ouillage partout ; on laisse le vide se développer, c'est un système. En ce cas « on peut être assuré que dans plusieurs vignobles, le vin se couvrira de fleurs ». Or, en supposant même du *mycoderma vini* pur, l'oxygène de l'air est sans cesse absorbé par cette plante microscopique, il ne pénètre pas dans le vin.

L'ouillage au contraire est une introduction lente d'oxygène dans ce

1. On ajoute quelquefois à l'eau, des feuilles de vigne, des feuilles de pêcher, etc.
2. On admet, en Champagne, que le vin achève plus promptement de se former dans les tonneaux, dont le bois est poreux ou léger, que dans ceux dont le bois est compact.

liquide. Pasteur a voulu mesurer cette introduction. Il a trouvé : au clos-Vougeot dans des tonneaux de 228 litres, on doit ouiller à peu près de

1 litre par mois la première année
0,75 tous les 25 jours la seconde année
0,50 — — troisième année

A Arbois, du vin de 5 ans, dans des tonneaux de 150 litres, a subi un vide de 7 litres en 16 mois ; soit, à peu près, 0,4375 par mois.

Un autre vin a subi, à peu près, 0,375 par mois.

Un vin rouge dans un tonneau de 500 litres avait offert un vide de 5 litres en 4 mois. — Enfin, un vin jeune dans un foudre de 18 hectolitres, a présenté 140 litres de vide en 5 ans.

La question n'est pas sans importance. La nature du vin joue elle-même un rôle en pareil cas ; si le vin donne un peu de lie dans les premiers jours qui suivent l'entonnage, et si cette lie revêt tout l'intérieur du tonneau, comme cela se fait souvent, la couche ainsi formée s'oppose beaucoup elle-même à l'évaporation par l'obstacle qu'elle apporte entre le vin et les douves. — Il est prudent néanmoins de garantir l'extérieur du tonneau autant que possible ; son séjour dans les caves est le moyen le plus simple et le plus naturel ; la basse température et l'humidité de leur atmosphère, sont une puissante résistance. — Quand on doit conserver les vins au cellier, il faut employer des tonneaux épais, et il est même bon de peindre leur surface externe avec un mélange de :

kilogr.	
10	Poix de Bourgogne.
2	Térébenthine.
10	Brique pilée très fine,

ce que l'on fait dans les grands vignobles, au clos Vougeot, en Champagne, etc., etc.

202. La même précaution doit être prise surtout pour le cas de voyages. — Un assez bon moyen de s'opposer à l'évaporation serait d'employer les tonnes à l'huile ; ces tonnes auraient, peut-être même, un autre avantage dont je parlerai plus loin (goût de fût). Il faut que l'huile ne soit pas rancie.

On a parfois besoin de tonneaux ayant contenu du vin rouge, pour leur confier du vin blanc. Le mieux est de les laver avec une solution de carbonate de soude, 1 kilogramme dans 3 d'eau pour une pièce (dépense 15 centimes), on roule bien pendant 4 à 5 minutes, puis on lave à très grande eau, une fois au moins de plus, après un lavage incolore — faute de soude, 4 ou 500 grammes de chaux *éteinte* et délayée dans 3 litres d'eau, lavages, etc.

Le vin introduit dans de bons tonneaux, même après un séjour dans la cuve assez long pour le rendre clair, ce qui n'arrive presque jamais ordinairement, éprouve encore une fermentation. Il développe, généralement, encore un peu d'alcool, par les petites quantités de sucre restant au moment du décuvage. Cette fermentation complémentaire, lente, sans chaleur, a été appelée la *fermentation insensible* par Macquer. C'est la période des actions *hydrolytiques* (p. 241). D'un autre côté, les divers éléments du vin commencent à réagir les uns sur les autres pour produire ces changements, dont tous les vins sont l'objet avec le temps. L'alcool et les acides produisent des *éthers* ou des *acides viniques* (p. 303), dont l'odeur et la saveur sont les causes principales du bouquet et du goût. — L'acide carbonique, dont il est saturé lorsqu'il sort des cuves, se dégage peu à peu, surtout pendant les soutirages, mais même dans tous les autres contacts du vin et de l'air, au moment des ouillages, des collages, etc. Nous avons vu ce que cette perte d'acide carbonique peut produire (p. 270). Elle contribue, plus qu'on ne l'a cru jusqu'à présent, aux modifications dont nous sommes témoins, au dépôt des lies, à l'acidification des corps gras, etc.

Tous ces effets, qui ne sont pas dûs, comme on le voit, à une cause unique, et dans lesquels des fermentations autres que la fermentation alcoolique, se produisent, tout en restant des phénomènes secondaires, tous ces effets sont regardés, en général, comme produits par la *fermentation insensible* (lisez hydrolytique), ou sont au moins confondus avec elle. — L'art de gouverner les vins repose, tout entier, sur la connaissance exacte des effets dont nous venons de parler : il consiste à éviter, autant que possible, le dégagement de l'acide carbonique et son remplacement par de l'air. L'oxygène de ce dernier, en se dissolvant dans le vin, entraîne de nombreuses conséquences à l'abri desquelles on doit mettre le liquide (Voir chapitre IV, *Maladies*).

Faisons cependant observer que l'oxygène peut être utile dans un vin décuvé trop tôt et dont la fermentation serait incomplète. On expliquerait ainsi le précepte (au premier abord si étrange) d'Olivier de Serres ; de remplir les tonneaux avec de l'eau plutôt qu'avec du vin, jusqu'à Noël seulement, « tant pour le goût que pour la garde ». — L'eau contient de l'air, et le vin dans les premiers mois, n'en contient aucune trace.

Nous venons de parler de l'acide carbonique ; il est nécessaire de nous arrêter ici pour examiner de près le rôle de cet acide au point de vue de la conservation des vins.

203. Le premier effet du séjour du vin dans les tonneaux consiste en un dépôt de lie, dont la plus grande partie tombe au fond du tonneau pendant que la plus faible monte en écume. Cette lie est formée principalement de tannin, combiné avec l'albumine modifiée (oxyzyméine), et d'œnocyanine ou d'œnochrysine. Ce composé devient insoluble, non pas en raison de l'augmentation de l'alcool dans le vin, car l'alcool pur le dissout, mais à cause du dégagement de l'acide carbonique dont la présence était nécessaire pour empêcher sa formation. L'air absorbé par le vin, quand l'acide carbonique se dégage, cède son oxygène à de la zyméine, et lui donne la propriété de s'unir au tannin et à l'œnocyanine pour former le dépôt. — Le bitétrabélate (bitartrate) devient insoluble par suite de l'augmentation de l'alcool, et, peut-être aussi, par le dégagement de l'acide carbonique ; il se dépose, avec la substance dont nous venons de parler : beaucoup d'autres sels, notamment des phosphates, sulfates et tartrates, de chaux et de magnésie, éprouvent les mêmes effets. — L'augmentation de l'alcool, toute faible qu'elle est, détermine encore la séparation de quelques autres sels, du sulfate de potasse, tartrate de magnésie, etc.

Les 2 lit. 041 se réduisent ainsi à 2,007; il faut déduire de ce nombre 64 c. c. d'eau ajoutée pour laver le vase où le moût avait été mesuré. Le vin réel se trouve 1,943, le moût avait diminué de 57 c. c. [1].

J. Boussingault a mesuré la quantité de lie formée par le moût, de raisin rouge; 2 litres de moût rouge clair, légèrement trouble ont été mis en fermentation. En un mois, le vin dont le volume était 2 lit. 041 versé dans un filtre en linge fin, donna 105 gr. de lie formée par

35.75 matières sèches
69.25 eau et alcool

Le vin tenait en dissolution, par litre 25 gr. de résidu sec à 100°, sa densité était 990. Les 69,25 correspondaient à 70,2 c. c. contenant 1,75 de résidu. — La lie ne représentait que 34 grammes.

1. ACP [4], t. VIII, p. 229.

Braconnot a trouvé dans la lie (1) :

Matière animale paraissant d'une nature particulière		20.70
Matières grasses	1° molle, de couleur verte (chlorophylle)	1.60
	2° blanche semblable à la cire	0.50
Matière gommeuse	quantité indéterminée	0.00
Matière colorante rouge		
Tannin		
Tétrabélate (tartrate) acide de potasse		60.75
— de chaux		5.25
— de magnésie		0.40
Sulfate de potasse		2.80
Phosphate de potasse		
Phosphate de chaux		6.00
Silice mêlée de grains de sable		2.00
		100.00

Il ne parle pas de tétrabéjiates (malates) : cependant il n'est pas rare d'en trouver dans les lies.

Cette lie provenait certainement d'un vin mis, encore trouble, en tonneaux. Car la lie d'un vin clair ne renferme pas, à beaucoup près, autant de *zyméine*, mais plus de tannin et de couleur.

On doit en général, enlever la lie; cependant, sur ce point encore, on ne peut tracer de règle absolue. Il faut bien distinguer deux espèces de lies : 1° celle que le vin dépose, en abondance, à la sortie des cuves, ou *grosse lie;* 2° celle qui se développe, avec le temps, dans le vin débarrassé de la première, et assez bien clarifié. — Tant que le vin reste bien chargé d'acide carbonique, on peut le laisser sur la première, et souvent il y gagne ; il prend du corps, sans doute en absorbant les dérivés de la matière grasse, et des traces de sels ammoniacaux, formés par la matière azotée. Il prend aussi de la couleur, parce que l'alcool augmente, et parce que la matière azotée la retient de moins en moins, avec le temps. Dans quelques vignobles, on n'hésite pas à conserver le vin dans les cuves jusqu'au printemps. Avec des précautions convenables, cette pratique n'est pas dangereuse, et on voit qu'elle n'est certes pas sans fondement. — Dans d'autres cas, toutes les fois que l'acide carbonique a pu sortir du vin, soit pendant un cuvage prolongé en cuve ouverte, soit par un soutirage mal fait pour le sortir des cuves, la lie ne peut que s'altérer d'une manière fâcheuse, et son contact avec le vin ne pourrait que nuire à ce dernier. — Il faut toujours soutirer très exactement en pareil cas.

1. *Annales de chimie et de physique* [2] XLVII, 68.

Voici quelques renseignements sur la matière azotée de la lie: après avoir exprimé fortement la lie, on la délaie dans l'eau et on la sature par du carbonate de potasse ou de soude; on filtre (dans une toile) et on ajoute de l'acide diédique (acétique); la matière se précipite en flocons gélatineux, doués des propriétés suivantes:

L'eau froide n'a pas d'action: la magma paraît homogène et semble une dissolution, mais si l'on chauffe, les flocons deviennent plus denses et se déposent au fond du liquide très limpide où il ne reste pas une quantité notable de matière.

Le dépôt résiste même à la potasse caustique jusqu'à l'ébullition; mais à cette température il se dissout en nature car les acides le précipitent de nouveau avec les mêmes propriétés. — Les acides forment en outre des composés insolubles avec ce dépôt azoté. — Les alcalis, même l'eau de chaux, le dissolvent et sont neutralisés.

L'ammoniaque le dissout, mais se dégage par l'évaporation et laisse un résidu faiblement acide (au tournesol) luisant, fragile, brun, adhérant assez peu aux vases pour se détacher en paillettes sans le moindre frottement. Cette matière est gonflée par l'eau comme la gomme de Bassora, résiste à l'eau bouillante, mais se dissout peu à peu dans l'eau froide et même en grande partie.

Les carbonates de CaO ou MgO suffisent pour la faire entrer en dissolution: le chlorure de sodium l'en fait sortir.

Elle est aussi précipitée par le tannin (noix de galle) comme la gélatine.

204. *Ouillage* [1]. Pour éviter le contact de l'air, on doit veiller à ne pas laisser, dans les tonneaux, le vide qui se produit, sans cesse, par l'évaporation: il faut remplir sans cesse, *ouiller*, tous les jours d'abord, puis tous les deux jours, tous les quatre, tous les huit, etc., jusqu'au soutirage prochain. Pendant les premiers jours, le vide est dû bien plus au dégagement de l'acide carbonique, en excès, qu'à l'évaporation. Cet acide échappé du vin cause une diminution de volume considérable, mais il remplit l'espace laissé par le vin, et le préserve du contact de l'air si la bonde est presque serrée [2]. Les premiers jours on la tient renversée

1. Ce mot très peu conforme à sa première signification veut dire aujourd'hui *remplissage*.

2. L'évaporation donne au travers du bois des tonneaux une perte qui s'élève, d'après mes observations, et toutes celles qui me sont parvenues de la Champagne, à 1 litre pour 35 à 38 jours dans les pièces de 200 litres. — En Bourgogne, les effets sont un peu plus rapides, 32 à 33 jours. Dans le Bordelais, 30, et, quelquefois

sur la bonbonnière, puis on la met en place sans appuyer, et plus tard on la frappe pour fermer le tonneau définitivement; il est bon de tourner le tonneau de manière à mettre la bonde un peu de côté, ce qui permet au vin de la mouiller, et d'ôter tout accès à l'air.

En divers pays, on pratique l'ouillage avec des cailloux ou du sable, l'ouillage sert à introduire de l'oxygène dans le vin. Si on ne remplit pas, on a du mycoderma vini (symptôme favorable pour Pline XIV, **27**, 3) et cette fleur absorbe l'oxygène. Le vin d'ouillage pénètre avec son oxygène.

Si le vin a subi quelque altération, s'il est couvert de *fleurs* (*mycodermes*) il ne faut pas faire l'ouillage en versant le vin directement. Comme le fait observer Herpin, on refoule dans le bon vin, de cette manière, le vin gâté qui est en dessus, et on le mêle d'autant mieux qu'on verse de plus haut. Il est très bon, en pareil cas, de se servir du petit instrument décrit dans la *Maison rustique du XIX*[e] *siècle,* t. III, p. 215. — On peut aussi faire usage d'un tube de fer-blanc de 2 centimètres de diamètre, et de 30 à 40 centimètres de longueur, ouvert aux deux bouts. On appuie le pouce sur un bout, et on plonge l'autre bout dans le vin, en remuant légèrement, pour écarter les fleurs. Lorsque le tube est enfoncé de 10 à 20 centimètres, on lâche le pouce : le vin remonte à son niveau dans le tube. On surmonte celui-ci d'un entonnoir, et on fait le remplissage; les fleurs surnagent, et sortent, les premières, avec un peu de vin, dont on fait le sacrifice. — On pourrait, mieux encore, employer l'*entonnoir à soupape*.

Pour remédier à la diminution du vin résultant de cette évaporation plus ou moins rapide au travers du bois — même peint ou verni — des tonneaux, on pratique ordinairement un remplissage avec le même vin, de tout le vide produit pendant une période déterminée comme on l'a vu.

L'opération est simple : on lève la bonde et on verse, au broc, la quantité de vin, prise dans un des tonneaux, suffisante pour combler le vide: puis on remet la bonde. Non seulement l'opération est simple en elle-même; mais elle l'est encore plus en théorie, car on ne peut voir aucun danger, on peut de plus croire à un avantage réel dans cette élimination de l'atmosphère rentrée au-dessus du vin et dans son remplacement par la partie nécessaire du même vin pris au même état.

28 jours suffisent. Les pièces sont de 228 litres. Il est facile de comprendre que ces effets diminuent dans le même climat, avec l'augmentation de capacités des tonneaux, avec l'épaisseur du bois, et avec la nature glutineuse du dépôt formé antérieurement. — Le vide produit dans un tonneau de 228 litres peut atteindre *annuellement* 9 à 10 litres (de Vergnette-Lamotte).

Bien que l'atmosphère *pure* ait peu d'action avec le vin comme je l'ai montré (nous le verrons en détail au chapitre II) l'air et les substances déposées aux parois du tonneau peuvent, au contraire, avoir une action plus ou moins étendue, plus ou moins vive, entre elles et l'oxygène, ou même l'azote d'une part; entre elles, l'air et le vin d'autre part.

L'ouillage est une vieille coutume: elle est recommandée par les vinifacteurs du plus grand bon sens et rien dans les études les mieux faites. Rien ne contredit ce bon sens dont j'apprends chaque jour à ne pas combattre les *inspirations* sans des preuves basées sur des expériences précises et multipliées.

Pour moi l'ouillage est une des meilleures précautions à prendre contre les modifications du vin souvent les plus fâcheuses et même les plus destructives.

Les savants (les étudiants, devrait-on dire toujours) se tiennent jusqu'à présent, dans l'étude de l'ouillage, à considérer l'oxygène de l'air seul. Les uns voient comme danger à peu près unique l'oxydation de l'alcool du vin, son changement en vinaigre et les suites... Nous allons les examiner. Les autres, Pasteur à leur tête, acceptent l'oxydation du vin comme un bienfait, comme l'agent le plus actif du vieillissement du liquide — en prenant le mot de vieillissement dans son acception la plus favorable.

Mais il est difficile de montrer une plus courte vue.

L'oxygène n'est pas en présence d'alcool seul dans la *chambre* du tonneau. Il y est d'une part avec l'azote, dont personne ne parle, en le traitant à la mode du jour, de *quantité négligeable* — et, d'autre part, avec le dépôt adhérent aux parois de la chambre, dont on ne parle pas davantage, malgré ses titres à ne pas être tenu, et moins encore, pour négligeable.

L'étude de ces autres actions n'a pas été faite: elle est des plus difficile et sera très longue. En attendant, la vieille expérience des vinifacteurs doit être respectée : elle repose, elle aussi, sur une obvervation attentive, observation d'ensemble et non de détail; mais, par cette raison même, assurée d'un résultat plus certain à cause de sa simplicité.

L'ouillage n'empêche, en aucune façon, le vieillissement du vin par les décompositions hydrolytiques : il le préserve des autres actions, latérales, à peu près comme la mise en bouteilles qui soustrait le vin à toutes les actions de ce genre, et non simplement hydrolytiques [1].

1. Caton et Pline ont, nettement, déconseillé l'ouillage: «il ne faut, en aucun cas,

Ces actions nous les étudierons toutes dans le chapitre II comme propriétés des vins.

Pline proscrivait l'ouillage : « ne jamais emplir les tonneaux, dit-il ; *nunquam implenda.* — enduire l'espace vide au-dessus, avec du vin *de raisin sec*, mêlé du safran, de moût réduit et de poix ancienne.

DES SOUTIRAGES

Nous avons déjà vu combien il est important de prendre certaines précautions pour les exécuter ; ces précautions sont d'autant plus nécessaires, que tout le monde est d'accord pour conseiller de multiplier les soutirages, dans des limites voulues toutefois. C'était une règle du temps d'Aristote, parce qu'au retour de la chaleur d'été, la lie remonte, et les vins prennent ainsi de l'aigreur, (*quoniam superveniente æstatis calore, solent fœces subverti, ac ita vina acescere*).

Il est important de choisir une journée froide et sèche ; aussi les soutirages se font-ils, le plus souvent, au printemps et à l'automne. Au fond l'important c'est d'agir pendant que le baromètre monte (en général le temps est beau, etc.) Quelquefois on en fait l'été ; Baccius le recommandait pour les vins généreux. Mais tout le monde s'accorde à regarder le temps où souffle le vent du nord comme le plus favorable. « *Vina in alia vasa transfundenda sunt, borealibus ventis spirantibus, nequaquam vero australibus. Et infirmiora quidem vere, potentiora autem æstate ; quæ vero in siccis locis nata sunt post solstitium hyemale.* » (Cap. VI, lib. VII, Ceoponicorum). — La différence des vents du nord, et de ceux du midi, pouvait sembler fort problématique. Les vents du midi peuvent être assez froids et assez secs pour ne pas s'éloigner du tout des vents du nord qui, à certaines époques, sont aussi chauds et aussi humides. Mais, depuis la découverte de l'ozone, on peut bien comprendre la différence ; elle n'est pas dans la température ou le degré d'humidité, elle est dans la présence de l'ozone que portent avec eux les vents du midi, chassés des régions où l'électricité ne cesse guère d'en produire.

Il y a de l'avantage à remettre le vin soutiré dans le même tonneau

emplir les tonneaux ; mais enduire l'espace resté vide avec du moût de raisin séché ou cuit, mêlés de safran, de poix vieille ou de résidu sec (XIV, **27**, 3). Je laisse au lecteur le soin de bien interpréter ces recommandations.

convenablement rincé. Les matières dont le bois reste imprégné, même après le meilleur rinçage, ne peuvent avoir aucune influence sensible sur le vin qui a subi depuis longtemps leur contact. Il n'en serait pas toujours de même en changeant de tonneau.

Les soutirages produisent une absorption d'oxygène et d'azote qui peut être évaluée exactement (Livre IV). Du vin de cuvée (Champagne) exempt de ces gaz dans la pièce, m'a fourni après soutirage ordinaire, et un contact de l'air de 15 à 17 minutes tout compris :

A	9cc.0 oxygène	8cc.7 azote	212	acide carbonique	par litre
B	2 8 —	8 6 —	304	—	—
B	2 1 —	8 9 —	482	—	—

Pline les recommandait en s'appuyant sur les qualités de tous les vins Opimiens, tous excellents en l'an 633 de Rome et tous soumis à cette opération (XIV, **16**).

DU COLLAGE DES VINS

Il est rare que les soutirages, même les mieux faits, donnent un vin clair autant qu'il peut l'être ; les moindres parcelles de lie, soulevées par le courant formé dans le liquide lorsqu'on ouvre le robinet, se délayent facilement et donnent au vin soutiré l'apparence nuageuse que nos yeux distinguent presque toujours, et dont nous croyons, souvent, la cause bien plus grave qu'elle ne l'est. La saveur du vin est elle-même un peu modifiée. Notre bouche n'est pas moins habile que nos yeux pour saisir les différences, les plus légères, entre le vin soutiré sur lie, et le même vin complètement clarifié.

Le meilleur moyen de clarification consiste à coller le vin, c'est-à-dire à y délayer une certaine quantité de sel, de gélatine, ou de matières analogues. Les substances ordinairement employées sont :

Les gélatines (colles-fortes pures) ;

L'albumine ou blanc d'œuf ;

Le sang ;

Le lait ou sa crême ;

Des mélanges contenant l'une de ces matières (poudres Julien, etc.).

Gélatine. — La meilleure est la colle de poisson ou ichtyocolle (ιχθυς poisson κολλα colle). Elle est formée des débris membraneux intérieurs de la vessie natatoire de l'esturgeon [1]. C'est une substance très pure sous le rapport de la couleur, de l'odeur et de la saveur ; on peut la mêler aux liquides les plus délicats, et particulièrement aux vins, sans leur ôter de leur finesse. — L'ichtyocolle peut être envisagée d'ailleurs, comme le type des colles pour les vins ; son action est double ; elle est mécanique et chimique, et peut être aisément comprise en étudiant la manière dont la colle se comporte avec l'eau. Si l'on coupe, en petits morceaux, les fragments roulés tels qu'on les trouve dans le commerce [2], on voit la matière se gonfler d'abord et se dissoudre peu à peu, mais partiellement ; jamais la dissolution n'est complète, il reste toujours, même dans la plus grande quantité d'eau, des pellicules extrêmement minces, transparentes, et qu'on ne distingue plus dans l'eau, mais que le filtre peut séparer. La colle de poisson agit par ces deux parties : mécaniquement, par ses membranes, qui, en se délayant dans un liquide, peuvent, malgré leur ténuité la plus excessive, malgré les déchirures qu'on leur fait subir en broyant la colle, en la coupant, en la battant fortement dans le vin, etc , se réunir en un vaste réseau, qui tombe au fond du liquide, et entraîne toutes les autres matières solides restées en suspension. Elle agit, en outre, chimiquement par la portion dissoute; cette portion, qui est de la gélatine pure, forme avec le tannin une combinaison insoluble; toutes les fois qu'il reste de cet acide dans le vin, il est pris par la gélatine, et donne, avec elle, cette combinaison, ce *tannate de gélatine*, qui ne tarde pas à se déposer; les membranes, elles-mêmes, absorbent un peu de tannin et subissent un léger retrait qui rend leur précipitation plus prompte. — L'alcool contribue à la formation du réseau ; les vins se collent d'autant mieux qu'ils sont plus alcooliques.

Lorsque le vin ne contient pas de tannin, c'est surtout la portion membraneuse de la colle qui produit la clarification ; la partie soluble, la

1. Il y a d'autres poissons qui en fournissent, notamment presque tous les chondroptérygiens, presque tous les poissons sans écailles et quelques baleines ; la plus estimée vient du grand esturgeon (acipenser huso).

2. Ces fragments ont diverses formes dues à l'épaisseur des membranes et au mode de préparation : ce sont des cordons roulés en lyre ou en cœur ; la première qualité s'appelle *petit cordon*, la seconde *gros cordon*, la plus basse *colle en livre* ; ce sont des membranes pliées comme un livre et maintenues par un bâton. On les prépare en lavant soigneusement la vessie du poisson, dont on rejette la membrane extérieure colorée en brun. On coupe les parties blanches en longueur, et, quand elles sont en partie desséchées à l'air, on les roule ou on les plie et on achève la dessiccation au soleil.

gélatine se dissout ; elle donne un peu de corps au vin et lui permet de conserver la mousse ou l'écume par l'agitation.

Cette circonstance de l'addition d'une matière soluble au vin mérite beaucoup d'attention ; en effet, la gélatine est une matière azotée éminemment putrescible et capable de faire subir au vin les altérations les plus fâcheuses. Sa composition avait été trouvée :

	En centièmes.	En nombres entiers les plus simples	En équivalents chimiques
Carbone	50,70	36	72 C^{12}
Hydrogène . . . , ...	7,04	5	10 H^{10}
Azote.	19,71	14	28 Az^2
Oxygène.	22,55	16	32 O^4
	100,00	71	142

Lorsqu'on ajoute au vin de Pinot de la colle de poisson ou de la gélatine, en même proportion, l'addition de tannin (noix de galle) ne donne pas un précipité de même poids.

Le moût saturé avec du carbonate de potasse pur ne donne pas de précipité. Cependant il reste en dissolution un composé de tannin et de matière collante. Le sulfate de fer s'y colore et d'un autre côté si l'on traite le moût par l'hydrate d'oxyde de plomb, ce corps séché traité par l'eau à 10 ou 12 d'alcool extrait la matière collante.

Elle contient un peu de soufre non compris dans ces nombres [1].

Deux chimistes ont trouvé $C^{152}H^{124}Az^{24}O^{58}$. } !?
au lieu de $C^{144}H^{120}Az^{24}O^{48}$. }

Comme toutes les matières azotées et organisées, la colle de poisson est altérable ; la gélatine l'est au même titre. Il importe donc de bien connaître les influences qui peuvent les modifier et gâter le vin.

La colle de poisson est toujours pure ; elle ne subit aucune préparation capable d'y introduire des éléments étrangers ; elle n'est pas exposée non plus à la fermentation pendant qu'on la dessèche. Elle doit avoir et elle a peu d'inconvénients ; 1 kilogramme suffit pour 35 à 50 pièces.

Il n'en est pas de même des gélatines. — Les meilleures, les colles

1. Gerhardt, suite à *Berzelius*, IV, 501.

d'os, ne sont jamais préparées avec des matières bien fraîches ; en outre, elles conservent du phosphate de chaux, surtout lorsque les os ont été préalablement traités par l'acide chlorhydrique. On peut s'en assurer en mêlant une dissolution de gélatine avec de l'oxalate d'ammoniaque, ou mieux en brûlant un peu de gélatine sèche dans une capsule de porcelaine. — Les gélatines ou colles de tendons, de peaux (*colle de Flandres, colle de Givet*), sont très souvent préparées avec des matières qui ont subi un commencement de putréfaction. — Ces gélatines sont toujours dangereuses pour le vin ; elles ont d'ailleurs un autre inconvénient : elles forment des dépôts très volumineux, des lies très légères et qui remontent aisément aux moindres secousses. Le vin redoute beaucoup ce dernier accident ; il se produit avec la colle de poisson comme avec les gélatines, mais il est bien moins dangereux à cause de la bonne nature de cette colle. Leur emploi doit presque toujours être suivi de celui du tannin. Cet acide choisi comme nous l'avons indiqué p. 159, précipite la gélatine, et leur composé, en se déposant, entraîne, par affinité capillaire une partie de la couleur, ce qui est un inconvénient faible en raison du double avantage de la clarification du vin et de la séparation de l'excès de gélatine [1].

On peut connaître aisément le poids de gélatine à employer pour le collage : il suffit de mettre 1 litre de vin dans un vase de verre blanc (par exemple dans un flacon de 2 litres, (bouché à l'émeri), et d'y verser une dissolution de gélatine faite dans l'eau à proportions connues, tant que cette dissolution produit du trouble. Ce point obtenu, la quantité de dissolution gélatineuse employée fait connaître le poids de gélatine dont on devra faire usage pour une pièce. — Si l'on a mis trop de gélatine dans l'essai, on ajoute un peu de vin, par exemple 1 décilitre et on achève de le troubler. — Ces opérations exigent très peu de temps ; après chaque addition de gélatine on laisse tomber le dépôt qui se sépare nettement et reste surmonté d'un vin limpide dans lequel on verse quelques gouttes de gélatine suivant le besoin.

Les blancs d'œufs se rapprochent de la colle de poisson par leur manière d'agir ; ils sont aussi formés de deux parties : de membranes insolubles et d'une partie soluble, *l'albumine*. Cette matière diffère assez peu de la gélatine ; telle qu'on l'emploie, c'est-à-dire, le blanc de l'œuf, dé-

1. Les négociants en vins ne sont pas tous chimistes ; j'en ai connu de très honorables pour qui toute gélatine était bonne, incolore ou brune très foncée ; des plaintes vives et il faut le dire très justifiées contre leurs vins les étonnaient. « Nous avons demandé les meilleures ! » — En effet, ces gélatines étaient excellentes pour les ébénistes ; elles étaient tout le contraire pour les vignerons.

layé dans de l'eau, et mêlé avec du sel, elle renferme, à peu près $C^{16}H^{12}Az^{1}O^{5}$.

Mais ce n'est pas une matière unique ; c'est un mélange de plusieurs substances, protéiques, c'est-à-dire qu'ayant la même composition, probablement, elles offrent des isoméries et peut-être des composés réels de deux ou plusieurs variétés isomériques.

Il existe dans l'albumine un peu de soufre. On a trouvé de 1,29 à 2,16, moyenne 1,725 ; je n'en tiens pas compte dans ces chiffres.

On voit combien l'albumine se rapproche de la gélatine; la différence, avec la formule de l'albumine, est juste d'un équivalent de dibène C^4H^2 et d'un d'oxygène en plus [1].

L'albumine est à peu près aussi altérable que la gélatine; seulement les blancs d'œufs présentent l'avantage d'être toujours d'une fraicheur, et d'une pureté, sur lesquelles on peut compter. — C'est le secret de l'universalité de leur emploi.

Les blancs d'œufs doivent être employés à raison de 4 à 6 par pièce de 200 litres. — On les bat, tantôt avec du vin de la pièce, tantôt avec le mélange dont nous allons parler.

En général, on mêle du sel aux blancs d'œufs en préparant un collage, — par exemple, une poignée de sel pour 12 ou 15 œufs. — Cet usage est très rationnel. L'albumine est aisément dissoute dans l'eau sous l'influence du sel; c'est ce qui rend la préparation de la colle plus facile; d'un autre côté, le sel, qui est complètement insoluble dans l'alcool pur, se dissout moins bien dans le vin que dans l'eau. Quand on verse la colle, le sel (ou chlorure de sodium) contribue à la formation du réseau, par l'insolubilité que prend sa combinaison avec l'albumine dans un liquide alcoolique. — Plus le vin est riche en alcool, et mieux le collage réussit par cette raison. Il est bon de choisir le sel blanc, et de le dissoudre entièrement dans l'eau, pour séparer les impuretés qu'il pourrait contenir.

205. Quelques personnes ajoutent, dans ce but, du sel ordinaire au vin ; on en met, presque toujours, avec les blancs d'œufs, lorsqu'on prépare un collage. — Mais on l'ajoute parfois, dans le vin ; on le place dans un long sachet de flanelle suspendu par un cordon aux bords de

1. Malgré des travaux considérables, les vraies formules ne sont pas établies — uniquement par suite de l'obstination des auteurs à ne pas appliquer notre *Théorie Générale* à leurs analyses.

la bonbonnière : le sel est dissout par le vin, ses impuretés sont retenues par la flanelle. Plusieurs œnologues ont reconnu l'avantage de cette addition. On peut, je crois, s'en rendre compte en admettant qu'il change, en la diminuant, la solubilité des matières azotées, qui se précipitent plus promptement dans les lies et laissent un peu plus de stabilité au liquide éclairci. — D'un autre côté, le sel diminue la solubilité de l'air dans le vin et préserve encore ce dernier d'une absorption presque toujours dangereuse.

Les anciens se servaient quelquefois d'eau de mer : cette eau contient du sel, comme tout le monde sait ; mais c'est une grande erreur de comparer les effets qu'elle peut produire à ceux du chlorure de sodium, qu'elle contient. Ce sel ordinaire est toujours accompagné d'autres matières salines dont la quantité n'est pas très forte, mais dont la nature spéciale peut exercer une influence très disproportionnée. Tels sont le chlorure de magnésium, les bromures et les iodures. Ces composés peuvent donner naissance à des éthers contenant du brôme ou de l'iode, et les moindres traces de ces corps, le premier, cause une amertume désagréable, les derniers changent certainement la saveur et l'odeur du vin ; souvent peut-être avec avantage.

Le sel entraîne la mise en liberté dans le vin d'une certaine quantité d'acide chlorhydrique HCl ce qui augmente son acidité (ou plutôt sa *verte*) ; mais ne nuit pas ordinairement.

L'eau de mer fait plus ; elle occasionne HCl, HBr, HI, acides dont les deux derniers ont une saveur particulièrement désagréable ; et en outre elle ajoute la saveur amère des sels de magnésie.

Dans l'antiquité, le mélange de l'eau de mer aux vins a été poussé jusqu'à l'abus : on y mettait assez de soin pour conseiller de la prendre toujours au large (Pline XIV, **25**, 5) et de la faire bouillir à l'époque de la vendange.

On connaissait les défauts : « Le vin de Clasomène est plus recherché depuis qu'on y met moins d'eau de mer. » (XIV, **9**, 1),

206. On emploie quelquefois le sang pour coller les vins ; en général, on le fait sécher et on le met en poudre. Ce genre de colle, préparé convenablement, peut avoir quelques avantages : c'est une substance qui tombe assez promptement, et produit une lie d'un petit volume : son action ressemble beaucoup à celle de l'œuf blanc, et la raison en est toute simple : le sang contient aussi de l'albumine ; tout le monde sait qu'en l'abandonnant à lui même, ce sang forme un caillot rouge, solide, et un liquide presque incolore: ce liquide, appelé *serum*, est une dissolution d'albumine. — Outre l'action de cette albumine, le sang desséché présente celle du caillot sec, qui ne se dissout pas, mais se comporte à la manière des corps poreux, et absorbe, plus ou moins énergiquement, certaines parties du vin.

Le sang est difficile à obtenir, et surtout à conserver frais; il s'altère aisément, même en poudre; il est difficile de le mettre longtemps à l'abri d'un commencement de putréfaction. Dans les Pyrénées et en Bourgogne, on l'emploie souvent. C'est une colle dangereuse.

Gay-Lussac a fait, sur ces deux derniers procédés de collage, des observations que je dois encore transcrire :

« On vend dans le commerce [1], et fort cher relativement à sa valeur, une poudre d'un rouge brun pour la clarification des vins. On prescrit, pour l'employer, de mettre dans un vase la quantité d'eau, ou de vin, que l'on mêle ordinairement aux blancs d'œufs, de répandre légèrement la poudre sur le liquide, et, lorsqu'elle est bien délayée, de verser le mélange dans le tonneau en achevant l'opération comme de coutume.

« La poudre à clarifier n'est que du sang desséché, et j'en ai préparé qui, par les soins que j'ai apportés dans la dessiccation du sang, était même supérieure à celle du commerce.

« Le sang n'agit en effet que par l'albumine qu'il contient, et si on veut lui conserver la propriété de se dissoudre dans l'eau après avoir été desséché, il faut que la chaleur n'ait pas été assez élevée pour lui ôter cette propriété.

« Deux blancs d'œufs renferment au moins autant d'albumine que la dose de poudre qu'on prescrit d'employer pour clarifier une pièce de 200 litres. On trouvera plus avantageux de se servir du blanc d'œuf, tant sous le rapport de l'économie que sous celui de la mauvaise odeur de colle qu'à la dissolution du sang desséché, et qui pourrait altérer le bouquet des vins fins.

« J'ai préparé une poudre avec des blancs d'œufs desséchés, qui n'aurait pas les mêmes inconvénients que le sang, qui se délaye facilement dans l'eau et qui clarifie très bien [2]. »

On reproche à cette préparation, comme à celles qui reposent sur l'emploi de l'albumine, de ne pas clarifier les vins blancs. — La gélatine (avec tannin), est bien préférable.

1. C'était en 1822.
2. *Annales de chimie et de physique*, [2], XXI, 335.

Le lait de vache est parfois employé pour le collage.

En moyenne le lait (de vache) contient.

Eau.	874
Beurre.	40
Lactose et sels solubles	50
Caseine, albumine, sels insolubles.	36
	1000

Ces éléments ont chacun leur action.

Le beurre matière grasse où l'acide tétrédique (butyrique) est à peu près formé, change après un contact plus ou moins long, la proportion des éthers et peut modifier fortement le bouquet, — pas toujours d'une manière favorable.

Le lactose, dont la composition brute est la même que celle des hexélose (glucose, etc.) éprouve plus ou moins promptement la fermentation alcoolique et paraît subir plus aisément les autres fermentations lactique (naturellement), etc. Le résultat peut être, en général assez favorable; mais c'est incertain.

La caséine et l'albumine sont les colles véritables; elles ont assurément le pouvoir clarifiant; mais un inconvénient des plus graves, elles contiennent du soufre (p. 398) la plus petite trace de ce corps est fatale aux vins: après ce que nous avons vu p. 271 il serait superflu de rien àjouter.

Le lait peut-être regardé comme une colle de bonne nature. On peut, bien aisément, l'obtenir frais et sans mélange. Il contient une substance très analogue à la gélatine et à l'albumine, à cette dernière surtout: elle possède en effet la même composition que l'albumine, et jouit, presque, des mêmes propriétés. On l'appelle *caséine* (de *caseum*, fromage). La caséine est coagulée par l'alcool. Quand on verse du lait dans le vin, elle se précipite, en formant un réseau, comme les matières précédentes; les acides du vin agissent, encore plus puissamment que l'alcool, pour déterminer sa séparation. — On emploie le lait de plusieurs manières; quelquefois sans aucune préparation et froid; quelquefois on le laisse produire la crême, et c'est elle qu'on verse dans le vin: quelquefois encore on le fait bouillir. Souvent on y ajoute du sel. — Dans tous les cas, il importe d'observer qu'il introduit dans le vin du sucre de lait capable, presque au même degré que le sucre de raisin, d'éprouver la fermentation alcoolique, et, surtout, les autres fermentations, lactique, butyrique, etc. — Le lait ne doit être employé que dans les vins d'une grande solidité, c'est-à-dire dans ceux dont la richesse alcoolique est grande et dont on a fait plusieurs fois le soutirage avec soin.

Parmi les mélanges employés pour le collage, on doit citer les *poudres de Julien*, dont une longue pratique a montré le bon emploi. — L'auteur s'est fait connaître par de bons ouvrages, dont l'un a été couronné par l'Institut (*Topographie de tous les vignobles connus*), et d'excellents conseils donnés aux vignerons. Il a présenté des poudres aux expositions de l'industrie, et a obtenu de nombreuses médailles. Tout concourt à recommander ses poudres, dans lesquelles il n'entre, dit-il, « que des sels et des substances animales et végétales très salubres, combinées et préparées avec le plus grand soin. « Je ne crois pas devoir indiquer ici les formules de Julien : je dirai seulement qu'il livre au commerce, trois poudres, savoir :

1° Poudre pour clarifier les vins rouges
2° — — vins blancs ;
3° — décolorer et clarifier les vins, eaux-de-vie, liqueurs.

L'usage de ces poudres est général et recommandé par les œnologues.

On a préconisé la gomme arabique ; mais outre son prix trop élevé, les résultats de son emploi sont fâcheux; elle occasionne souvent la viscose, le *gras*.

Il est nécessaire de bien mêler la colle avec le vin. Dans le Bordelais, on fait usage d'un *fouet* métallique; c'est une tige de fer de 15 millimètres de diamètre, travaillée, d'un bout, en poignée et terminée de l'autre à angle droit par une lame de 25 à 30 centimètres de longueur sur 4 de largeur et 1 d'épaisseur. Cette lame est un peu courbée, suivant la forme des tonneaux, et percée de trous d'un centimètre de diamètre [1]. Après avoir versé la colle dans le vin, on introduit le fouet obliquement par la bonde, et on l'agite rapidement, dans le sens vertical, en tournant continuellement la lame. Ces mouvements rendent le mélange parfait, en quelques minutes. — Le fouet peut être en bois ou en osier et n'en vaut que mieux.

On a proposé de coller les vins avec des substances très diffé-

1. M. Legrand, de Fécamp, m'a fait voir un fouet, articulé, trouvé dans le couvent des Bénédictins, et dont l'usage devait être très bon — malheureusement, ces fouets sont en fer ; il faudrait du bois, fixé par des pièces de cuivre argenté.

rentes de toutes celles qui précèdent, c'est-à-dire avec des substances minérales. Je citerai seulement l'*alumine* pour exemple (p. 178). Cette matière peut être obtenue sous la forme d'une gelée, semblable à de l'empois, et éminemment propre à clarifier les liquides dans lesquels on la délaie. On l'obtient aisément, en faisant dissoudre 1 kilogramme d'alun dans 20 litres d'eau, et ajoutant 1 kilogramme de carbonate de soude crystallisé, dissout dans 10 litres d'eau. Il se forme un dépôt blanc qui est l'alumine, on laisse bien déposer, puis on décante l'eau surnageante avec un siphon (voir chap. II). On renouvelle l'eau pour laver l'alumine, à plusieurs reprises, et on jette enfin le dépôt sur une toile bien propre, pour le faire égoutter, et le délayer ensuite dans le vin ; les quantités indiquées conviennent pour une pièce. — L'alumine a l'avantage de ne pas introduire dans le vin de matière soluble, et surtout organique. Elle ne se dissout pas, en général : si le vin en prend quelques traces, elle ne peut être nuisible, car nous avons vu que beaucoup de vins en contiennent. Elle entraîne un peu de couleur dans le dépôt.

207. Examinons les bondes, dont on fait, sans cesse, usage pour fermer les tonneaux, et s'opposer à l'action de l'oxygène atmosphérique, cause de presque toutes les maladies des vins.

Il y en a deux espèces, les bondes simples, dont nous ne parlerons pas, et les bondes hydrauliques, dont nous dirons quelques mots :

Ces instruments sont employés pour mettre le vin à l'abri du contact de l'air, tout en lui permettant d'exhaler l'acide carbonique, pendant tout le temps de sa fermentation vive. — Les meilleures ont été, jusqu'à présent, les *bondes hydrauliques* [1].

D'après Masson-Four, en emploie depuis longtemps, en Champagne, et en Bourgogne, une bonde hydraulique qui a été remise en honneur par Sébille-Auger.

C'est un cône de fer-blanc AB (fig. 25), ouvert aux deux bouts, autour duquel on soude une cuvette CD, qu'on remplit d'eau ; on recouvre l'extrémité A d'un capuchon E, percé de trous à sa base. La bonde B étant fixée dans la bondonnière, et faisant ressort par l'effet des échancrures, on voit que le gaz carbonique monte dans le tube BA, redescend sous le capuchon, refoule l'eau et passe par les trous, au travers de l'eau pour s'échapper. La pression de l'eau s'élève à 5 ou 6 centimètres ; c'est peut

1. La première est attribuée à Cassebois, professeur de physique à Metz.

être faible; mais ce n'est pas négligeable : cette pression, dans tout l'intérieur du tonneau, le fatigue, et rend les fuites très faciles.— En outre, les bondes de fer-blanc se rouillent aisément. Le métal doit être évité le plus possible dans le travail du vin.

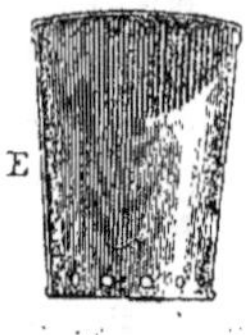

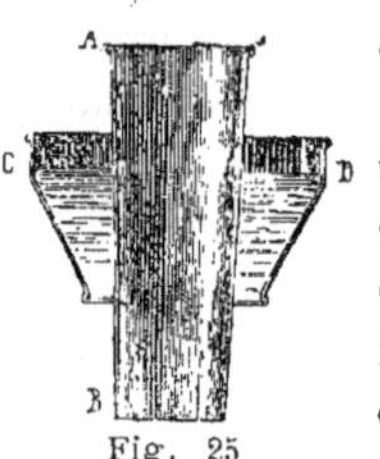

Fig. 25

On a essayé l'application des idées Pasteur, en construisant des bondes métalliques formées d'un cylindre creux de 4 à 6 centimètres de diamètre et 12 à 16 de hauteur, et en l'emplissant d'ouate ; le cylindre dont le couvercle est percé de trous ne gêne aucun mouvement de l'air, mais arrête les microbes de l'atmosphère. Le vin, dit-on, ne s'aigrit plus.

Pour ne pas introduire le *mycoderma aceti* Pasteur à donné le conseil suivant : « On dirige un trait de flamme près de la bonde, on enfonce un poinçon dans la flamme à l'endroit chauffé puis dans le trou fait par le poinçon, on introduit un tampon d'amiante qui a passé dans le jet de flamme. De cette manière c'est de l'air brûlé qui rentre dans le tonneau au moment où l'on fait un trou dans la douve, et ultérieurement l'amiante arrête les poussières qui sont en suspension dans l'air, du moins en presque totalité ». (Etudes 2e édition, p. 315).

Le lecteur appréciera la valeur pratique de ce conseil.

Masson-Four employait une bonde, plus simple peut être, et ayant l'avantage de se réduire à un objet unique, mais encore sujette aux deux inconvénients que je viens de faire observer, la pression et la rouille. — Je ne crois pas devoir en donner d'autre description.

Beaucoup de vignerons se contentent d'une bonde aussi *scientifique* après tout que bien d'autres. Ils emplissent une bouteille avec le vin de la pièce et renversent adroitement la bouteille dans le trou de bonde où le niveau du vin doit se trouver à 1 ou 2 centimètres en contre-bas. La bouteille avec son goulot baigné même de quelques millimètres reste pleine et se comporte d'une manière bien connue de tous ceux qui ont une *fontaine pour oiseaux*.

Payen a indiqué, plus tard, une autre forme de bonde hydraulique, semblable aux bondes en bois, et très peu embarrassante. C'est un cône creux de fer-blanc à deux fonds divisé, intérieurement, en deux parties, par une cloison, soudée au fond supérieur, sur les deux côtés, et laissant 2 à 3 centimètres de hauteur libres au-dessus du fond inférieur. Celui-ci présente, au milieu d'un des compartiments produits par la cloison, un trou, surmonté d'un tube soudé. On verse de l'eau par un autre trou *m*, percé dans le fond supérieur, au milieu de l'autre compartiment : l'eau baigne toute la partie inférieure de l'instrument autour du tube *a b*, et jusqu'à 1 ou 2 centimètres au-dessus du bord inférieur de la cloison. On voit aisément comment cette bonde fonctionne sur le tonneau. Le gaz carbonique suit la route indiquée par les flèches. Il s'élève en *a b*, se trouve enfermé dans le compartiment, et ne peut sortir sans presser l'eau qui reflue toute entière dans l'autre compartiment jusqu'à découvrir la base *f i* de la cloison : alors le gaz traverse l'eau pour s'échapper en *m*. Cette bonde a encore l'inconvénient de produire la pression, de charger rapidement l'eau de produits putrides et de se rouiller avec trop de promptitude.

Voici une bonde qui présente les avantages des précédentes (en bon état) et n'offre aucun de leurs inconvénients : B, (fig. 26) est une bonde en bois semblable aux bondes ordinaires ; elle est percée d'un tube cylindrique dans les 4/5 de sa longueur, mais évasé à la partie supérieure où se loge une soupape en os, S, la tige de cette soupape est guidée par le trou circulaire percé dans la traverse horizontale d'une bride en étrier *mm*, elle est pressée constamment par un tube en caoutchouc *cc* faisant ressort (il convient de le prendre en caoutchouc non vulcanisé).

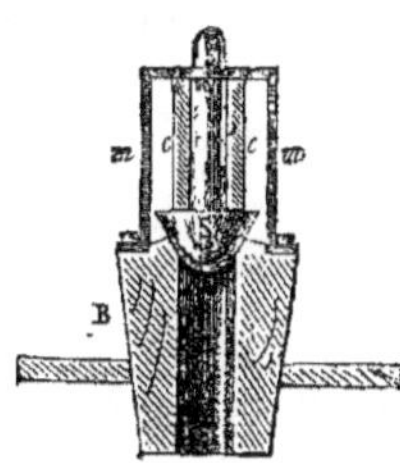

Fig. 26

J'avais imaginé cette bonde bien longtemps avant d'apprendre la priorité de Sebille Auger, habile œneotechnicien, qui avait eu la même idée en employant un ressort métallique au lieu du tube en caoutchouc. — *Rien n'est nouveau sous le soleil* ! ne nous arrêtons pas plus longtemps. — Avec un tube en caoutchouc, préférable au ressort métallique facilement altérable, la bonde ne craint pour ainsi dire aucune détérioration ; bonde, soupape, bride étamée, caoutchouc pur, sont capables d'une très longue préservation.

Nous aurions à nous occuper de la mise en bouteilles et par suite des bouteilles elles-mêmes, des bouchons, etc. Ces sujets étant du plus haut intérêt pour les vins mousseux principalement, nous les examinerons avec les plus grands détails dans le Livre III.

CHAPITRE II

PROPRIÉTÉS GÉNÉRALES DES VINS

208. Toutes les propriétés *physiques* sont bien connues. La première à étudier est la densité ou pesanteur spécifique : La densité des vins dépend de deux causes : 1° La présence de l'alcool ; 2° la présence des matières solides dissoutes. — L'alcool diminue la densité et tend à la rendre plus faible que celle de l'eau. — Les matières solides l'augmentent, au contraire, et rendraient le vin plus pesant que l'eau si elles étaient seules. L'expérience a donné pour limites les nombres suivants :

Vin de Bourgogne		0.9913	Brisson.
— Bordeaux		0.9939	—
— Madère ou Malvoisie		1.0382	—
— Porto commun		0.982	Brande (§ 12).
— Madière cercial		0.9861	—
— Américain		1.0970	—
Département des Pyrénées-Orientales	Minimum	0.987	Bouis père.
	Maximum	1.040	
Palestine, Asie mineure, etc.	Minimum	0.9909	Hitschoot.
	Maximum	1.0892	
Département de Tarn-et-Garonne	Minimum	0.991	Filhol.
	Maximum	0.998	
Département de la Gironde	Minimum	0.994	Fauré.
	Maximum	0.999	
Département de la Marne	Minimum	0.990	Maumené.
	Maximum	0.998	

Dans ces dernières années, les études du vin ont été multipliées partout, même en Angleterre où l'on ne fait pas de vin. Les stations œnologiques (sans parler des autres établissements *studiques*) ont publié des analyses, par dizaines de mille ; en France, en Espagne, en Italie, etc. — La densité figure dans presque tous les rapports publiés. Elle est comprise dans les mêmes limites que celles des travaux dont je viens de donner le résumé.

Ainsi le minimum Porto commun (Brande) serait 0,982, le maximum Liban de deux ans (Hitschoot) 1,0892; le vin est donc, en général, plus léger que l'eau de quelques millièmes, et quelquefois plus lourd de près d'un dixième. Les vins proprement dits, ceux qui n'ont pas un excès de sucre et de sels par la concentration du moût sont, en général, plus légers que l'eau. — Cela suffit pour que le vin surnage quand on le verse avec précaution. Emplissez un verre d'eau à un centimètre du bord ; coupez un disque de papier buvard et posez-le sur l'eau, puis versez très doucement du vin rouge sur ce disque, il surnagera parfaitement, et l'eau demeurera sans couleur. Une tranche de mie de pain peut servir comme le papier. — Un vase conique à goulot étroit permet d'obtenir le résultat sans intermédiaire.

On a donné, depuis quelques années, un intérêt réel à la densité des vins en cherchant un remède aux inconvénients de la *vente au volume* par la *vente au poids*. Je ne puis traiter cette question dans le présent Livre. On trouvera les observations qu'elle m'a suggérées dans le *Journal de viticulture pratique*, 1867, numéros des 25 mars, 25 avril, 25 mai et 1868, 10 janvier.

La densité n'a pas de rapport direct avec la qualité du vin ; elle diminue ou elle augmente par des raisons physiques, c'est-à-dire par suite de la quantité des principes du vin, et non par des raisons chimiques, c'est-à-dire par suite de la bonne ou mauvaise nature de ces principes ; on ne peut s'en servir qu'à un seul titre, pour apprécier les vins ; c'est un simple indice de leur richesse alcoolique.

La seconde propriété physique est la couleur.

Chacun sait que le vin présente deux couleurs ; il est tantôt blanc, tantôt rouge, nous l'avons déjà dit. — Il n'y a pas de vin blanc proprement dit, celui qui porte ce nom est toujours plus ou moins jaune. Le rouge nous offre une infinité de nuances. Cette variété dans la coloration s'explique sans peine. Pour les deux sortes de matières colorantes, la bleue (l'œnocyanine), et la jaune (l'œnochrysine), tous les changements dépendent des deux règles suivantes : 1° Le maximum de coloration (toutes choses égales d'ailleurs), dans un vin rouge, ne contenant, je suppose, que l'œnocyanine, ou dans un vin *blanc* ne contenant que l'œnochrysine, correspond à une absorption maximum d'oxygène. L'oxygène influe sur les matières colorantes du vin comme sur toutes les autres ; plus le moût reçoit d'oxygène au pressurage, plus la couleur rouge, ou jaune, du vin est développée. — 2° La couleur disparaît avec le temps, dans le vin, à peu près comme dans les végétaux ; elle éprouve des effets analogues à ceux dont les feuilles et les fleurs nous rendent témoins, soit qu'elle éprouve une simple modification moléculaire, ou une décomposition intestine, soit qu'elle subisse l'action de l'air ou des autres parties du vin. Mulder n'a pas observé cette altération, sans aucun doute, à cause du peu de temps pendant lequel ont duré ses expériences. Il est probable que l'œnocyanine n'est pas stable et que la décoloration des vins a lieu par sa destruction, indépendamment des causes admises avec vraisemblance par Mulder, par moi-même et par A. Gautier (p. 168). La couleur du vin peut, d'ailleurs, être indirectement modifiée par celles que développent les autres corps. Ainsi la nuance peut tirer au jaune brun, non-seulement par la formation de l'acide tanno-mélanique, comme nous l'avons vu, mais, encore par suite de la formation de l'aldéhyde ammoniaque et de la résine brune (p. 306).

Les vins blancs eux-mêmes se dorent et jaunissent.

Non-seulement les matières colorantes sont modifiées ; mais dans ce phénomène « des plus compliqués, une partie des acides est comme brûlée. » — Du vin d'Arbois, exposé à la lumière avec son volume d'air a perdu en cinq mois 12 p. 100 de l'acidité totale.

Pasteur ne tente aucune explication de ce fait si remarquable ; — Mais j'en ai donné depuis longtemps la véritable et la seule. C'est la transformation définitive du bitartrate en bicarbonate, transformation activée par la lumière. — L'acidité du vin pourrait diminuer bien davantage et c'est ce qui arrive dans les vins vieux.

Les autres propriétés physiques ont peu d'intérêt. Les vins n'ont jusqu'à présent, pas offert d'intérêt spécial sous l'influence de la lumière. Leur couleur est modifiée, presque détruite, par la lumière du soleil agissant directement au travers du verre des bouteilles ; je renvoie aux études de Pasteur sur ce point.

Les vins peuvent offrir une action sensible sur la lumière polarisée. Nous le verrons dans le Livre IV (Analyses).

Propriétés chimiques

Richesse alcoolique. C'est le premier point dont nous devons nous occuper. — D'une manière générale on peut dire ; le vin est à peu près formé d'un *mélange* à 10 centièmes de son *volume* d'alcool et 90 centièmes d'eau.

En *poids* ce mélange est :

10 × 0.7947 =	7gr.,947	d'alcool absolu ou	8.02
90 × 0.9992 =	89gr.,928	d'eau	91.98
	97gr.,875		100.00

Soit en nombres ronds 8 d'alcool et 92 d'eau.

Mais hâtons-nous d'ajouter : le vin, précisément à titre de mélange, n'offre amais cette composition rigoureuse. Voici pour des vins de France et du monde entier les principaux résultats obtenus : (en volume).

				Maximum	Minimum
Gay-Lussac a trouvé	pour	42	vins........	17	6
Brande et Beck	—	55	—	23.8	9.1
Julia Fontenelle	—	27	—	11	5.81
Bouis père	—	34	—	16.27	10.27
Maillard	—	24	—	13.65	6.66
Fauré	—	122	—	19.75	7.66
Filhol	—	22	—	12.33	7.60
Maumené	—	48	—	14.10	9.12

Depuis la publication de ces résultats des milliers d'analyses ont donné des chiffres dont la moyenne est tout à fait la même que celle des nombres qu'on vient de lire. — En considérant bien entendu, des vins de *raisin frais*, purs et n'ayant subi aucun travail extraordinaire. — Vins rouges ou vins blancs donneraient à peu près aussi la même moyenne.

Il faut établir de suite une distinction importante. — On peut diviser les vins, rouges ou blancs, suivant l'espèce du raisin en :

1° Vins provenant d'un moût entièrement fermentescible.

2° Vins provenant d'un moût fermentescible seulement en partie.

Les premiers sont obtenus par des moûts donnant de 10 à 24 centièmes d'alcool. — Le plus généralement de 12 à 14.

Les seconds résultent de la fermentation des moûts donnant de 8 à 16 volumes, en général de 9 à 13.

Il est encore aujourd'hui tout à fait impossible de préciser davantage. Les analyses n'ont pas encore été faites à la fois sur le moût et le vin. Nous ne pouvons dire exactement ni les espèces de raisin dont le moût fermente seulement en partie, ni la mesure de cette partie, ni la raison de la fermentation partielle.

Ce dernier point surtout mériterait des études nombreuses.

En nous bornant au côté pratique, je dois faire observer la possibilité de créer une espèce de vins toute spéciale avec ces derniers moûts ; je donnerai les détails dans une note à la fin du volume (après l'achèvement de mes expériences).

Le vin ne présente pas la même richesse alcoolique tous les ans ; il est facile de le comprendre, sa maturité n'étant pas la même.

De Vergnette-Lamotte a trouvé :

Vin de Chassagne.	10.66	à 12.50
— Santenot.	10.10	à 13.30
— Pommard	10.40	à 13.05
— Volnay.	7.35	à 12.60
— Cahors	10.33	à 12.00

Christison a donné :

Château-Latour................	9,78	Porto....	23,5
Château-Larose................	9,58		
Hitschoot, vin d'Asie-Mineure..	10 à 8		

La grande qualité des vins n'exige pas une haute richesse (qui ne lui nuit pas).

De ces analyses, il résulte que la proportion d'alcool en *centièmes de volumes* de vin peut varier de

6,0 à 23,8

Le premier nombre se rencontre dans des vins où l'alcool naturel a été augmenté par une addition d'eau-de-vie ou d'esprit. — Le dernier nombre se rencontre dans des vins très-inférieurs, additionnés d'eau ou de certaines liqueurs non alcooliques.

La variation de 24 centièmes (23,8) à (6,0) est de 4 à 1. — Mais ce sont là des extrêmes dont l'existence est un accident. Pour les vins naturels, sans addition aucune, la variation est moins grande. Il est rare, même en Espagne, ou dans les pays méridionaux, que la proportion naturelle de l'alcool dépasse 15 centièmes. Il est plus rare, peut-être que cette proportion descende au-dessous de 8 centièmes dans les vignobles des contrées les plus rapprochées du Nord. Ainsi le madère, le porto, les vins d'Espagne sont très riches. Les vins des environs de Paris sont très pauvres. Rien de plus facile à comprendre : l'alcool provenant du sucre, doit se trouver en plus grande proportion dans les vins des pays où le raisin mûrit le mieux et où se trouve le plus de sucre. Observons encore pourtant que le *sucrage*, conseillé par la chimie et pratiqué chaque année sur une plus grande échelle, peut amener des résultats très variables et bien indépendants de la nature du raisin et du climat.

On m'a présenté un vin de 1846, fait à Curel (entre Joinville et Chevillon (Haute-Marne)) et assez alcoolique pour brûler comme de l'eau-de-vie lorsqu'on le chauffait un peu.

La quantité trop faible ne m'a permis aucune analyse.

Pline cite : Un vin assez alcoolique pour prendre feu, c'était une variété de Falcrne, le *faustien*. — Nec ulli in vino major auctoritas : solo vinorum flamma accenditur. (Liv. XIV, 7, 3).

La proportion *naturelle* ou *moyenne* de l'alcool paraît, d'après tous ces travaux, comprise entre 10 et 12 centièmes du *volume* du vin. Ce chiffre représente, pour la température de + 15 degrés, 8 à 9 1/2 centièmes du *poids*. Le maximum serait de 15 centièmes du volume, le minimum de 8. Au-dessus de 15, il est probable que le vin a reçu de l'alcool par une addition d'esprit ou d'eau-de-vie ; au-dessous de 8, il est à peu près certain qu'il a reçu de l'eau. Nous pouvons donc adopter le tableau suivant :

RICHESSE ALCOOLIQUE DES VINS EN GÉNÉRAL

	VOLUME D'ALCOOL absolu sur 100 vol. de vin à + 15°	POIDS D'ALCOOL absolu sur 100 poids de vin à toute température
Maximum..........................	24 à 15	19 à 12
Moyenne..........................	12 à 10	9 1/2 à 8
Minimum..........................	8	6 1/3

Ces nombres n'ont pas une valeur absolue. Un vin fait le plus honnêtement du monde peut contenir moins de 8 volumes d'alcool sur 100 ; ces tableaux en offrent quelques exemples ; mais ce cas est bien rare, et lorsqu'il se présente, on peut presque assurer que le vin n'a pas été fait dans de bonnes conditions.

On ne saurait se faire une idée juste des autres propriétés sans connaître, avec précision, la nature des vins dont nous avons indiqué qualitativement les éléments connus ; et, de plus, quantitativement, tous ces corps. Les propriétés chimiques dépendent, à tous les points de vue, des constituants chimiques et de leurs proportions. Nous en avons donné l'aperçu général ; mais il faut, maintenant, donner des nombres, sans lesquels tout raisonnement serait impossible et dont la base nous manquerait à chaque pas.

209. Un caractère saillant du vin c'est sa puissance acide. Il la doit au tétrabélate acide de potasse (tartre), à celui d'alumine et potasse, au tétrabélate de fer et potasse. Il la doit encore aux acides libres, et même à l'acide carbonique. — On peut la mesurer exactement en *neutralisant* le vin par l'addition d'une dissolution titrée de soude, ou autre alcali tétrabélique (tartrique). Si l'on compare l'acidité du vin à celle de l'acide, on trouve 4,59 minimum par litre. — Si on la compare à l'acide sulfurique, aucun vin ne parait assez doux pour équivaloir à moins de 3 grammes d'acide sulfurique concentré par litre.

On trouve ainsi, d'après Proust, en moyenne 4 à 5 grammes (en SO^3HO). — Plusieurs auteurs en ont trouvé dont la puissance équivaudrait à 7 grammes et plus [1]. — J'ai obtenu des nombres quelquefois plus forts, mais dans des vins altérés.

Blaanderen a déterminé cette puissance acide pour les vins de Madère, de Ténériffe, de Porto et du Rhin ; 1,000^{cc} de ces vins ont exigé en moyenne les quantités suivantes de carbonate de soude anhydre :

		Quantité correspond. d'acide tétrab. (tartr.)
	Grammes	Grammes
Madère	2.436	3.444
Ténériffe	2.311	3.275
Porto	1.806	2.556
Rhin	2.127	3.015

Güning a trouvé de son côté :

VINS FRANÇAIS	Bourgogne (Beaune)	1.94	2 740
	Champagne	2.26	3.199
	Muscat (Rivesaltes)	2.26	3.199
	Bordeaux	2.32	3.291
	Hermitage	2.32	3.291
	Sauterne	2.38	3.627
	Côtes (blanc)	2.56	3.627
	Saint-Georges	2.69	3.811
	Langlade	2.75	3.903
	Bourgogne (Pomard)	2.82	4.025
	Roussillon	2.88	4.071
	Bergerac (blanc)	2.88	4.071
	Narbonne	3.20	4.576
VINS ÉTRANGERS	Lacryma Christi	2.26	3.199
	Benicarlo	3.07	4.347
	Tavel	3.39	4.714
	Jus de raisin	13.20	18.687

1. Sucrage des vendanges.

Ces deux auteurs ont séparé les acides, qu'une distillation ménagée peut isoler de ceux qui sont fixés dans le vin ; ils ont obtenu pour la partie volatile :

	Carbonate de soude anhydre neutralisé par la partie volatile Grammes	Acide diédique $C^4H^4O^4$ correspondante par 1000 grammes Grammes
Madère...........	1.02	1.965
Ténériffe..........	0.70	1.341
Porto	0.58	0.412
Rhin	0.41	0.777
Bourgogne (Beaune).	0.19	0.365
Champagne........	0.39	0.753
Muscat (Rivesaltes)	0.52	1.000
Bordeaux.........	0.53	1.012
Hermitage.........	0.65	0.071
Sauterne..........	0.54	1.035
Côtes (blanc).......	0.77	1.482
Saint-Georges......	0.79	1.518
Langlade..........	0.41	0.788
Bourgogne (Pomard)	0.41	0.788
Roussillon.........	0.38	0.729
Bergerac (blanc)....	0.83	0.412
Narbonne...... ...	0.42	0.813
Lacryma-Christi ...	0.72	1.388
Bénicarlo.........	0.57	1.094
Tavel	0.18	0.341

Les nombres de la deuxième colonne sont calculés en supposant que tout l'acide volatil est de l'acide diédique (acétique), et que, pendant la distillation, la quantité d'acide naturelle n'est pas augmentée par la destruction des sels. — Les vins contiennent, parfois, plus d'acide libre qu'on ne croirait ; ils contiennent, surtout, beaucoup d'acide acétique (p. 293). — Les nombres qui représentent cet acide $C^4H^4O^4$ devraient être multipliés par 13,6 pour exprimer du vinaigre ordinaire à 8°. Ainsi le vin de Madère contiendrait à peu près $1,965 \times 13,6 = 26$ gr.,72 de ce vinaigre par litre.

Voici les résultats obtenus par divers chimistes :

Acidité totale. — Rarement l'acidité des vins est la même que celle des moûts dont ils proviennent.

L'acidité totale, c'est-à-dire celle qui résulte de l'ensemble des acides peut-être mesurée par la méthode générale, au moyen d'un alcali titré ; Pasteur a employé la chaux ; on peut se servir de la potasse, ou de NaO ou de BaO, etc. — Les moûts les plus incolores contiennent d'après Pasteur toujours « des matières colorables sous l'influence de la plus minime quantité d'alcali en excès. — Ces matières sont l'œnochrysine et l'œnotannin, elles dispensent de l'addition du tournesol et servent d'indicateur du point de neutralisation comme je l'avais indiquée dès 1858.

On pourrait penser que les vins de mauvaises années, faibles en alcool seraient pauvres aussi d'extrait à 100°, de cendre et d'acide phosphorique. Mais le contraire a lieu souvent, sinon toujours. Musculus et Amthor ont réuni des vins, *authentiques*, en 1879 et ont trouvé pour un litre :

	Alcool (volumes)	Extrait	Cendres	AC. PHOSPHORIQUE		Acidité en acide tétrabélique (tartriq.)
				volumétrique	gravimétrique	
Schlestadt......	7	26.450	3,60	0.70	0.72	7.50
Scharrachbergheim........	7	21.620	1,84	0.30	31	9.50
Oberbergheim..	»	23.700	2,80	0.35	38	»
Val-de-Ville....	7	29.110	3,29	0.50	49	13.00
Lorraine......	6,5	21.347	2,03	0.385	39	9.20
Haut-Rhin.....	8	25.040	2,69	0.485	49	11.80
Wasselonne.....	6,5	24.270	2,10	0.45	»	10.00
Palatinat.......	»	23.278	1,95	0.39	»	13.00
Hesse..........	7	25.228	1,98	0.45	»	12.25
Alsace (moy.)..	9	19.000	1,90	0.18	»	7.00

L'acide PhO^5 a été déterminé par l'urane. — J. de Pharm. [5], VI, 393.

Filhol a trouvé que la quantité par litre, d'acide capable de se vaporiser d'acide évalué en diédique (acétique) neutralise en moyenne 0,04 de carbonate de soude anhydre, ce qui équivaut à 0,453 d'acide, résultats qui diffèrent un peu des précédents.

L. Lefèvre [1] a publié sur la richesse acide des vins, les résultats suivants pour 1 litre :

1. A.C.P. [5] IX. 499 (1876).

	Carbonate de soude pour neutraliser	Acide tétrabélique (tartrique) équivalent	Acides fixes
Vin de Bourgogne rouge.	0gr.,62	0,949	
— — blanc..	0 55	0,842	
— basse Bourgogne..	0 70		
— de Narbonne...	0 62		31,3
	0 72		
— de Bordeaux 1852.	0 58	0,880	
— du Gers.	0 58		12,9
	0 95	1,454	13,5
— du Var	0 80		
— de Bar-le-Duc.	0 52	0,796	
— du commerce de Paris. . . .	0 44		
	0 75		
— de divers crus médiocres. . .	0 58		
	0 86		

J'ai trouvé entre autres:

Vin de Bouzy (1846) (Marne)		2,878
— — (1847) (id.)	0,088	
— de Villedommange (Marne)..		4,394
— de Fismes (avec teinte) (Marne).		12,97
— de Carcassonne (Aude).	1,399	
— de Chagny (Côte-d'Or).	1,092	
— de Podensac (Gironde).	0,798	
— du commerce rouge à Paris..	0,978	
— — blanc —	1,264	
— Châblis (1872).	0,736	
— — — exposé à l'air.	3,646	
— Rilly (1874) (Marne).	0,413	

Mulder a trouvé:

	Acide acétique
Bergerac.	1,606
Hermitage.	1,258
Sauterne	1,045
Bordeaux..	1,025
Rhin.	793
Pomard.	793
Champagne	754
Beaune	367
Tavelle	348

Duclaux a donné un moyen de connaître approximativement la proportion des acides diédique (acétique) triédique (propionique), etc.; par ses expériences il croit pouvoir affirmer seulement le premier et le troisième; diédique et tétrédique, avec des traces du pentédique (amylique). Nous y reviendrons. (Livre IV).

C'est possible: mais de quels vins s'agit-il? (Chemie der Wein 1855).

En résumé de milliers d'analyses (de tous les pays vinicoles), on peut donner comme moyenne des acides volatils à très peu près.

Mais je dois faire une remarque dont l'importance est assez grande. Ces déterminations ont toutes été faites d'ensemble; elles comprennent tous les acides carbonique, diédique, triédique, etc. L'acide carbonique se dégage naturellement le premier; il est retenu en dissolution dans les premières parties alcooliques et leur donne souvent la propriété d'agir avec le tournesol comme un acide *fort*. Lorsqu'on fait distiller presque tout le vin, par exemple 1 litre mais en fraction de 50^{cc} très faciles à séparer au moyen de l'appareil (Livre IV *Alcool*), on obtient par exemple:

	Acide en acide diédique (acétique)
1ers 50 cc.	0gr.,311
2es	0 298
3es	0 285
4es	0 259
5es	0 292

L'acidité diminue jusqu'à la 5e fraction. L'acide carbonique est presque le seul contenu dans les 4 premières. J'en ai donné la preuve par l'étude de liquides hydroalcooliques purs contenant les uns de l'acide carbonique seul, les autres du diédique (acétique) les autres les deux acides (1).

En résumé la puissance acide du plus grand nombre des vins connus est comprise, au total, entre 8 et 24 grammes mesurés comme si tout était de l'acide tétrabélique (tartrique).

Ce total peut-être divisé en deux parts: acides *volatils* et acides *fixes* à 100°, les premiers sont en général du dixième au quart des derniers. — Dans les vins altérés par l'air, les acides volatils peuvent atteindre aisément le double des acides fixes.

Longtemps on a exprimé les acides en acide sulfurique. On abandonne cette manière de compter; nous en reparlerons dans le Livre IV (analyses).

1. *Journal de chimie médicale*, septembre 1856.

Un indice important des propriétés des vins, c'est le poids total des matières solubles et fixes à 100° — ce qu'on appelle le *résidu sec* à 100°.

Après l'évaluation générale de la richesse alcoolique et de la puissance acide (ou acidité totale), nous ne trouvons plus à mesurer très utilement aucune autre substance en particulier. Nous pouvons nous borner à indiquer en bloc la totalité des substances autres que l'alcool et les acides. Cette totalité se mesure d'une manière simple ; il suffit de faire évaporer un volume connu de vin dans une capsule à la température de la vapeur d'eau (voir analyses, Livre IV). — On nomme cet ensemble : résidu sec à 100°.

Voici plusieurs nombres suffisants pour donner une idée juste des résidus solides de tous les vins à 100° (environ) :

Hitschoot a trouvé dans les vins de la Palestine de 14 à 96 grammes d'éléments solides par litre. Le vin de Lampertsloch, analysé par Boussingault, laissait un résidu de 40 grammes aussi par litre.

Filhol donne pour ceux de Tarn-et-Garonne les limites suivantes : de $18^{gr},90$ à $28^{gr},08$. — De Vergnette-Lamotte a trouvé les nombres suivants pour les vins dont il connaissait l'origine :

Noms des vins	Extrait sec par litre	Alcool en centièmes du volume
Madère	41gr.,9	20.29
Champagne Moët	97 8	10.33
Liban..	162 3	17.24
Malaga	187 2	16.04

210. Les chimistes allemands dont j'ai déjà cité les travaux (p. 412), ont donné les résultats suivants, pour les vins qu'ils ont étudiés, (par litre) :

Ludersdoff.	Maximum	(exceptionnel).	Tokay.	106	grammes.
	—	(ordinaire).. .	Naumburger..	23	—
	Minimum	—	Brauneberger.	15	—
Geiger.	Maximum	—	Steinberger.	69	—
	Minimum	—	Wiesloch	22	—
Fischern. . .	Maximum	(exceptionnel).	Ruster de choix . . .	107	—
	—	(ordinaire) . . .	Zeller (le meilleur) . .	73	—
	—	—	Liebfrauenmilch . . .	41	—
	—	—	Spaarberg.	30	—
	Minimum	—	Eberstadter	19	—
Fresenius. .	Maximum	(exceptionnel).	Steinberger de choix.	106	—
	Minimum	—	Hattenheimer.. . . .	42	—
Diez.	Maximum	—	Deidesheimer	32	—

	Minimum	—	Hochheimer.	16	—
Zierl.......	Maximum	—	Forster 1834.	37	—
	Minimum	—	Bochenheimer.. . . .	20	—
Kersting...	Maximum	—	Bergstrasse	25	—
	Minimum	—	—	17	—
Métis......	Maximum	—	Champagne mousseux	111	—
	—	—	—	126	—
	—	(ordinaire) . .	Vin de Grèce	46	—
	Minimum	—	Mosler..	25	—
Mayer.....	Maximum	(exceptionnel).	Malaga.	187	—
Schubert [1]	Maximum	— .	Riesling-Wurzbourg .	72	—
	Minimum	— .	Mélange	11	—

Blaanderen a trouvé par litre, pour les vins suivants :

Vin du Rhin. . . .	17gr.7	moyenne de 12 espèces
Ténériffe.	32 6	—
Madère	40 2	—
Porto.	44 9	—
Sauterne	9 5	pour une espèce seule
Langlade.	14 0	—
Beaune.	14 1	—
Bordeaux.	16 4	—
Hermitage	17 2	—
Pommard	18 0	—
Saint-Georges.	18 1	—
Tavel.	18 5	—
Lacryma-Christi. . . .	20 1	—
Narbonne.	22 0	—
Rivesaltes.	24 5	—
Bergerac..	26 8	—
Beni Carlo	31 1	—
Champagne..	82 7	—

J'ai trouvé moi-même, pour des vins du département de la Marne, les chiffres suivants :

Bouzy.	1846	20.40
	1849	21.70
Villedommage . .	1839	28.52
	1846	27.41
	1849	30.65
Hermonville.. . .	1839	27.84
	1839	55.41

1. *Ann. de Poggendorff*, LXXVII, 397.

De Vergnette-Lamotte a étudié les variations des vendanges d'un même cru pendant 16 ans. — Le raisin était du pinot. Il a trouvé :

Densité du moût de 10.17 à 11.20. . . $\frac{11.20}{10.17} = 1.101$

Sucre dans le moût de 14.30 à 24.90 . $\frac{24.90}{14.30} = 1.741$

Acides libres 3,6 à 6,7 . . . . $\frac{6.7}{3.6} = 1.694$

Vin

Densité 0.990 à 1.001.9. . . . . $\frac{1,001,9}{990,0} = 1.012$

Richesse alcoolique de 8.46 à 13.24 . . $\frac{13.24}{8.46} = 1.565$

Acides libres 3,3 à 5,3. . . . . . . $\frac{53}{33} = 1.606$

Extrait sec 18 gr.,5 à 32.0 . . . . $\frac{32.0}{18.5} = 1.730$

Cendres 2.0 à 6.0. . . . . $\frac{6.0}{2.0} = 3.00$

Rapport de la densité du vin à celle du moût (moyennes) $\frac{1068.5}{995.9} = 1.073$

Dans la même étude il avait comparé la même année (1851) les raisins :

	Densité du moût	Sucre dans 1000	Acides	Densité du vin	Richesse alcooliq.	Acides	Résidu à 100°	Cendres
Verts	1.017	»	2.60	»	»	»	»	»
Verts devenus transp.	1.057	»	1.92	»	7.9	»	24.0	»
Séchés 1 mois sur claie.	»	317.4	4.40	»	»	»	»	» (1)

De mes nombreuses études en Champagne, voici les résultats les plus utiles :

1. La ferme : vignes de la Côte-d'Or.

RÉSIDU DE 1 LITRE VIN A 100°

		Alcool	Résidu sec Grammes	Acidité (SO^3,HO)
Ay.	1857	12.0 + x	19.20	
	1851	9.25	53.25	4.39
Avenay.	1858	11.10	25.85	4.80
Bouzy	1857	14.823	17.70	
		14.583	20.60	
Cunières	1867	14.153	17.75	
Cuvée x.		12.808	24.65	
Chouilly.	1858	10.48	22.75	4.58
Epernay.		10.48	17.47	4.68
		2e 10.48		
Hautvillers.	1857	12.833	19.62	
Ludes	1858	11.50	15.75	4.43
Mailly.	1858	11.50	31.88	5.30
Mareuil.	1858	10.80	21.25	4.36
Mesnil.	1857			5.29
	1858	11.60	37.70	3.85
Pierry	1858	11.07	16.80	4.88
Rilly.	1857	12.533	24.30	
			23.21 (vide)	
Rouge x.		8.48	21.62	
Vertus.		13.588	21.64	
			21.15 (vide)	
Verzenay		13.217	21.55	4.02
	1858	12.37	21.82	4.40

On pourrait ajouter à ces nombres ceux de plusieurs milliers d'analyses faites dans ces dernières années, en France ou à l'étranger ; mais ce serait tout à fait inutile ; toutes sont comprises dans les mêmes limites.

En général, dans les vins complètement faits, où il ne reste plus de sucre fermentescible, le poids de l'extrait ou résidu n'est guère au dessous de 20 grammes et ne dépasse pas de beaucoup 30 grammes.

Il ne peut-être question ici des vins mousseux ; nous verrons plus loin, tome III, que ces vins additionnés du sucre nécessaire laissent un résidu qui dépasse quelquefois 100 grammes.

On peut donc prendre, comme une moyenne :

Vins ordinaires. . . .	20 à 30	grammes.
Vins fins et sucrés. . .	20 50	—
Vins de liqueurs. . . .	50 100	—

Voici, d'ailleurs des détails nécessaires pour connaître, au moins approximativement, les substances diverses contenues dans ces 20 à 30 grammes de résidu :

Filhol a trouvé dans les vins de Tarn-et-Garonne :

NOMS des vins	Années de la récolte	Tartrate acide de potasse	Tartrate de chaux	Tartrate d'alumine	Tartrate de fer.	Chlorure de potassium	Chlorure de calcium	Sulfate de potasse	Sulfate de chaux	Phosphate de magnésie	Poids total des sels
Villandric. . . .	1842	0.840	0.031	0.042	0.054	0.080	trace	0.083	0.012	0.620	0.962
Id	1844	0.910	trace	trace	0.131	0.077	—	0.160	0.012	0.420	1.710
Fronton.. . . .	1842	1.185	—	—	trace	0.064	—	0.140	0.012	0.750	2.151
Villemur. . . .	1844	0.820	0.024	0.031	0.071	0.066	—	0.074	trace	0.560	1.646
Grenade.. . .	1844	1.128	0.024	0.031	0.071	0.066	—	0.095	—	0.420	1.835
Merville.. . . .	1844	2.425	0.024	0.041	0.044	0.042	0.025	0.076	—	0.405	3.082
Id	1841	2.135	0.024	0.038	0.045	0.033	0.030	0.080	—	0.448	2.838
Saint-Paul.. . .	1844	»	»	»	»	»	»	»	»	»	»
Lévignac. . . .	1844	1.230	0.024	0.038	0.045	0.036	—	0.065	trace	0.587	2.025
Montastruc. . .	1844	1.242	trace	0.047	0.036	0.034	—	0.265	—	0.498	2.122
Verfeil	1844	1.248	—	0.054	0.036	0.062	—	0.074	0.102	0.089	1.665
Vieille-Toulouse..	1844	1.476	—	trace	0.036	0.021	—	0.027	0.036	0.460	2.056
Portet.	1843	1.165	0.062	0.029	0.036	0.024	—	0.061	0.149	0.406	1.935
Id..	1844	1.180	0.072	0.025	0.036	0.032	—	0.064	0.128	0.442	1.979
Cornebarieu. . .	1844	0.913	trace	trace	0.036	0.041	—	0.045	0.032	0.183	1.350
Lardène. . . .	1844	0.974	—	—	0.036	0.050	—	0.068	0.032	0.325	1.485
Cugnaux. . . .	»	0.966	—	0.027	0.036	0.040	—	0.115	0.032	0.277	1.493
Blagnac.. . . .	1844	2.150	»	»	»	»	»	»	»	»	2.150
Léguevin . .	1844	1.200	trace	0.027	0.036	0.065	—	0.106	0.032	0.337	1.853
Martres.. . . .	1843	1.256	—	0.027	0.036	0.061	—	0.057	0.032	0.325	1.894
Carbone	1844	1.312	—	0.032	0.027	0.019	—	0.266	0.032	0.300	1.998
Saint-Gaudens .	1842	1.457	0.070	0.041	0.027	0.069	—	0.127	0.032	0.452	2.275
Id. .	1842	1.624	0.070	0.039	0.030	0.259	—	0.463	0.032	0.370	2.887
Id. .	1844	0.984	0.070	0.052	0.030	0.044	—	0.130	0.032	0.700	2.042
Id. .	1842	0.820	trace	trace	trace	0.045	—	0.075	0.032	0.620	1.592
Caraman . . .	1844	1.055	—	0.037	—	0.042	—	0.057	0.032	0.328	1.551
Villefranche . .	1844	1.476	—	0.048	—	0.032	—	0.084	0.032	0.254	1.921
Avignonet.. . .	1844	1.600	—	0.025	0.046	0.049	—	0.115	0.032	0.430	2.295

A ces données nous pouvons ajouter le chlorure de sodium, celui de magnésium et le phosphate de magnésie dont quelques vins offrent des traces.

Parmi les matières indiquées dans ce tableau, l'alumine mérite une attention spéciale. Est-ce bien le tartrate simple de cette substance dont nous devons admettre l'existence ? — Mais pour l'alumine elle-même, sa présence a été confirmée par de nouvelles études (1).

211. Les recherches faites sur le vin d'un même cru pendant un assez grand nombre d'années montrent bien peu de variation dans la richesse alcoolique.

Voici les résultats obtenus par Clary pour les vins de Cahors (2).

Années	VINS ROUGES		VINS BLANCS		OBSERVATIONS
	Terrain calcaire	Terrain argileux	Terrain calcaire	Terrain argileux	
1790	11.00	»	»	»	On peut voir dans ces résultats que le vin d'une même époque ne varie pas de plus de 1°/10 à 2°/10 d'une année à l'autre.
1800	11.13	»	»	»	
1802	11.00	»	»	»	
1810	11.66	»	»	»	
1811	12.00	»	12.33	»	
1818	10.66	»	11.33	»	
1820	»	11.00	»	11.33	
1822	11.33	9.66	12.33	11.00	
1840	10.33	»	11.00	»	
1842	11.00	9.00	11.00	10.00	

212. Les nombres obtenus par M. de Vergnette-Lamotte pour certains crus de la Bourgogne présentent des différences du même ordre.

On a fait avec raison la comparaison des vins en égard à la quantité totale et à la proportion relative de leurs parties minérales avec les eaux dites *minérales* où on trouve plusieurs substances identiques à celles des vins et en proportions peu différentes. Je me borne à signaler cette comparaison dont tous les lecteurs sauront apprécier l'intérêt. On la trouvera dans le numéro du 1er mai 1877 dans *Les Mondes*.

Etudions maintenant les autres propriétés générales des vins :

1. Comptes rendus, CVI, 853.
2. Bouchardat, *Chimie élémentaire*, p. 555.

213. Nous verrons (Livre IV) comment le vin se dilate sous l'influence de la chaleur (Dilatomètre). Nous avons surtout à examiner en ce moment, l'action chimique du feu.

Tout le monde sait le changement qu'éprouve le goût du vin soumis à l'ébullition. L'alcool s'évapore et on admet généralement qu'il part seul, mais il est évident qu'il entraîne avec lui toutes les matières volatiles, les autres alcools, les éthers, l'aldéhyde, les huiles essentielles, l'acide carbonique, l'acide acétique, etc. La séparation de toutes ces matières explique déjà en grande partie la modification de saveur et d'arôme dont chacun sait l'étendue. Si ces matières, même, avaient un poids appréciable, la détermination de l'alcool par distillation serait souvent une opération fautive (Livre IV). Leur quantité n'est presque jamais assez grande pour troubler notablement les essais alcoométriques ; mais elle l'est assez pour changer complètement le goût du résidu de la distillation. D'ailleurs le vin subit des altérations d'un autre genre par la chaleur : même en le chauffant au bain-marie, ses éléments solides éprouvent des modifications plus ou moins profondes. La chaleur produit des effets si marqués sur les éthers, sur l'éther tartrique, par exemple, que même sans le décomposer, pour ainsi dire, elle en change le goût. — Presque toutes les autres substances organiques éprouvent elles-mêmes quelque effet du même genre, dont on ne pouvait jusqu'aujourd'hui bien préciser le sens, mais dont on est sans cesse témoin en chauffant isolément les substances principales du vin. — Tant que la température d'évaporation ne dépasse pas 100 degrés, ou a peu près, et ne se prolonge pas, ces altérations ne sont que passagères ; ainsi prenez le résidu de la distillation, faite au bain-marie, au bain d'eau salée, jusqu'au tiers, comme dans un essai d'alcool par exemple ; rétablissez le liquide primitif en ajoutant le produit distillé, vous aurez d'abord un vin fade, nauséeux, désagréable ; le vin éprouve en pareil cas des mouvements *hydrolytiques* dont l'acide sulfurique concentré, bien plus stable en apparence, m'a, dans ces dernières années, offert un exemple très caractéristique dont il est nécessaire de parler. Chauffé à 320° il se partage en :

$$SO^3(HO)\ \frac{40}{3 \times 9}\ \text{ou}\ (HO)^{1,44}$$

et une quantité correspondante de SO^3 anhydre qui se dégage : de Marignac avait déjà bien établi ce fait, si contraire à toutes les vues classiques, mais qui est un simple corollaire de la Théorie générale et ne peut être expliqué sans elle [1]. — Mais conservez-le douze à quinze jours et, au bout de ce temps, le vin sera rétabli, surtout si vous lui faites absorber un peu d'acide carbonique qui a pu s'échapper à l'état gazeux pendant la distillation. Les éléments du vin reprennent ainsi leur équilibre : mais si la température se prolonge, et surtout si elle est plus élevée, si l'on chauffe le vin à feu nu, ce qui expose toujours quelques-unes de ses parties à une véritable brûlure, alors le vin prend une saveur particulière et durable, celle de *vin cuit* d'abord, et plus tard une saveur plus prononcée, désagréable, amère, par laquelle toutes ses qualités sont détruites. La saveur de vin cuit est produite surtout par l'altération du sucre et par celle du tartrate de potasse et des autres sels organiques (p. 241). Le sucre de raisin, même au bain-marie, finit par s'altérer ; l'hexélose droit (glucose) devient infermentescible ; les autres hexéloses éprouvent des effets analogues (les renseignements précis nous manquent ; mais le fait est certain). — Si l'on chauffe le résidu sec au-dessus de 100° ou longtemps à cette température, il brunit, se caramélise et prend une saveur que tout le monde connaît : elle caractérise ces gâteaux légers qu'on appelle *plaisirs*. — L'acide tétrabélique (tartrique) ou plutôt les tartrates éprouvent des changements analogues, quant au goût. — A une température plus haute, toutes les parties organiques s'altèrent et le vin est complètement perdu. (Voir *Analyses*).

Appert a essayé, en 1823, d'appliquer aux vins sa méthode générale de conservation des matières organiques par le chauffage et la soustraction de l'air. Il opérait au-dessous de 100°. Dans ces dernières années on a repris les mêmes essais ; nous en parlerons avec détails (voir chap. III, *Maladies des vins*).

L'action de la chaleur sur le vin mérite surtout d'être prise en considération dans la préparation de l'eau-de-vie. Tout le parfum de cette dernière est intimement lié à la parfaite conservation du vin et aux soins que l'on prend de ne pas l'exposer à une haute température. Le mieux est de la préparer par distillation à froid. (voir chap. III).

Les anciens connaissaient assez bien l'action de la chaleur sur les vins [1]. — Les vins faibles doivent être tenus en terre ; ce qui est un moyen sûr, même dans les contrées méridionales, de les tenir à + 11° à 12° ou 13°. Les vins forts doivent être mis au soleil. On tient pour ex-

1. Théorie Générale, p. 414.
2. Pline XIX, **27**)

cellent de conserver ainsi les grands vins de Campanie, de les laisser frapper par le soleil, la lune, les pluies et les vents.

La variation climatique d'un vignoble exerce une influence que Baudoin a essayé de démontrer par des expériences. Le vin des Charentes obtenu de la *folle blanche* lui a donné :

VIN BLANC — CHARVES — COGNAC

	1881	1882	1883	1884	1885	moyenne
Alcool	9,5	3,7	7,0	5,5	4,0	5,960
Extrait. . . .	22,0	16,5	21,0	21,0	19,0	19,900
Acides (tétrabél)	9,0	4,8	8,0	8,0	10,0	7,560
Cendres . . .	1,3	1,6	2,3	1,9	1,88	1,766

Baudoin fait observer que le laboratoire municipal aurait considéré le 1882 comme anormal, ce que Riche contredit en écrivant : C'est du vin blanc et non plâtré.

ACTION DE L'ÉLECTRICITÉ SUR LES VINS

214. Bien que l'électricité puisse exercer une grande action sur tous les corps et par conséquent sur le vin, il n'y a jamais lieu de prévoir son action directe : jamais la foudre, jamais les étincelles électriques ne traversent le vin et elles ne peuvent en aucune façon l'altérer. Dans les temps d'orage, le vin est exposé à l'influence électrique ; mais il n'en reçoit que des modifications indirectes : ainsi l'électricité qui monte à la surface du sol, pour obéir à l'attraction de celle des nuages, traverse le vin comme les autres corps conducteurs ; mais tout porte à regarder son action comme à peu près nulle en de telles conditions. L'étincelle électrique seule, ou au moins l'*effluve*, c'est-à-dire un ensemble de filets électriques non lumineux, peut modifier fortement le vin. Cependant le fluide du tonnerre peut agir indirectement. D'une part en sillonnant l'atmosphère sous forme d'*éclair*, il ébranle toute la masse de l'air, et les vibrations saccadées de ce dernier se communiquent aux tonneaux et aux vins, ce qui nuit beaucoup au liquide. Voici comment : les vibrations qui parviennent à s'établir dans le tonneau proprement dit, dans le bois, et d'un autre côté dans le vin ne sont pas concordantes : à un moment donné le vin se détache du tonneau, pour un instant, qui est très court, mais qui suffit pour permettre à la lie et au tartre, soulevés par les gaz, ou vapeurs, qui sortent de l'épaisseur du bois, dans ces circonstances, de se détacher et de se gonfler dans le *vide* produit entre lui et le vin. Celui-ci retombe l'instant d'après sur le bois, produit un choc et un frottement énergiques : la lie se divise, se répand dans le vin et monte, avec la multitude infinie de petites bulles de gaz sorties du bois, jusqu'à la surface. Le vin est troublé dans toute sa hauteur, et souvent ensuite il ne s'éclaircit qu'avec peine.

A cet égard je dois citer le préservatif dont on faisait usage en Champagne il y a plus d'un siècle. Je dois à l'obligeance de MM. Lanson la communication de notes manuscrites dont la date remonte à 1770 et dans lesquelles je trouve la curieuse recommandation que voici :

« Pour en arrêter l'effet (de la foudre), il faut mettre, sur chaque « tonneau, du fer qui empêche l'effet du feu électrique du tonnerre. Ce « secret est plus ancien que la découverte de l'électricité. »

« Lorsque le tonnerre aura fait faire un mouvement au vin, il faut « mettre par-dessous le tonneau, une assiette de sel commun. Il faut « en user de même pour toute colle qui remonte, et de plus, mettre une « chopine d'eau de puits dans le tonneau. »

Voici donc deux remèdes : le premier n'est pas difficile à comprendre, mais il ne faut pas l'envisager comme l'auteur du manuscrit. Le fer n'agit pas le moins du monde comme *conducteur* ou par une propriété électrique quelconque ; il agit mécaniquement, par son poids, en s'opposant aux vibrations du tonneau ; plus il est lourd, plus il produit d'effet. — Les tonneaux en gerbe ont encore plus d'efficacité.

Quant au second moyen, s'il est bon, ce dont je doute très fort, j'avoue ne point comprendre le rôle de l'assiette de sel ; — l'eau de puits peut avoir une action favorable à cause du sulfate de chaux, ou des sels de chaux, qu'elle renferme et qui donnent lieu, par l'union de leur chaux avec la colle, à un précipité dont le dépôt se fait plus aisément : mais il vaudrait mieux pour éviter les autres sels de ces eaux, les azotates surtout, dont la nature est toujours mauvaise, en présence du tartre, employer une dissolution de plâtre préparée en laissant séjourner de l'eau d'une bonne qualité, pendant 24 heures, sur du plâtre également choisi. (Voir plâtrage, chap. III). Ce second moyen n'a rien d'électrique.

Le tonnerre amène d'autres effets ; il développe dans l'atmosphère une plus ou moins grande quantité d'*ozone* (Voir plus loin, *Action de l'oxygène*), c'est-à-dire d'*oxygène* CONDENSÉ qui produit beaucoup plus d'action sur le vin que l'oxygène ordinaire. — C'est l'ozone qui fait *tourner* le bouillon, les fruits, le vin, en temps d'orage. — Le meilleur remède, c'est la fermeture exacte des tonneaux pendant l'orage et le plus longtemps possible après sa fin.

ACTION DE LA LUMIÈRE ET DES VINS

215. La lumière exerce une action sur la couleur des vins comme sur toutes les couleurs organiques ; elle peut aller jusqu'à détruire entièrement l'œnocyanine, la couleur bleue (qui se montre rouge sous l'influence des acides) et l'œnochrysine des vins blancs.

La vraie nature des matières colorantes du vin étant, désormais, presque exactement connue, leur transformation sous l'influence de la lumière a lieu d'une manière qui peut être assez exactement précisée, comme on l'a vu.

De Vergnette-Lamotte comparait le vin aux tissus teints. Le tissu, la substance à teindre c'est la partie hydro-alcoolique ; pour bien teindre ce liquide par l'œnocyanine il faut un mordant, c'est le bitétrabélate de potasse (tartre) *comme à l'ordinaire*. Faute de mordant la couleur ne tient pas. Cette comparaison est ingénieuse et vraie, il suffit d'ajouter que le tétrabéjiate (malate) fait partie du mordant.

Nous nous bornerons à indiquer seulement une circonstance dont on doit tenir compte lorsqu'on veut modifier la couleur du vin. Il faut exposer les bouteilles à la lumière solaire directe pendant un certain temps : alors il est nécessaire de prendre garde à la couleur du verre lui-même : tandis que l'effet serait prompt dans du verre blanc, il est beaucoup plus long dans le verre vert. Il le serait encore plus dans les verres tirant au bleu. La lumière est composée de rayons de diverses couleurs ; tous ces rayons colorés ne sont pas capables de produire également les actions chimiques. Ceux qui traversent les verres bleus sont ceux qui n'ont pas d'action (1).

Cotton à signalé l'extrême mobilité du pouvoir rotatoire dans les vins. On avait donné l'action lœvogyre des vins de raisin secs comme un caractère spécifique. Mais le Jacquez — de raisins frais — donne après le traitement indiqué et concentration au $\frac{1}{6}$. — 2° et — 5° (lumière du sodium).

Le Jacquez et surtout le *teinturier* de France donnent avec l'ammo-

1. Voir C. R. LXXXV, 763 et 810.

niaque une coloration bleue d'abord, passant très rapidement au vert pour le Jacquez très lentement pour le teinturier, Cotton dit « absolument comme le tournesol. »

ACTION DE L'OXYGÈNE ET DES VINS

Il faut pour bien étudier cette action, distinguer l'oxygène pur et l'oxygène atmosphérique. On sait par le phosphore combien la différence peut-être grande. Elle l'est tout autant dans le cas du vin.

Parlons d'abord de l'oxygène atmosphérique :

En général, cette action n'est pas favorable aux vins. — Elle tend à oxyder l'alcool de la manière suivante :

M $$n = \frac{46}{8}$$

$$46\ O + 8\ C^4H^4(HO)^2 = 8\ C^4H^4O^4 + 8\ (HO)^2 + 14\ O \qquad (a)$$

Cette action normale se produit toujours. Elle est l'action *réelle* ; mais il peut se présenter deux cas : elle peut se produire en présence d'un excès d'oxygène, 1er cas ; ou en présence d'un excès d'alcool, 2e cas tout différent.

Examinons ces deux cas :

1° *Excès d'oxygène*. — C'est le cas d'une bouteille où l'on abandonne seulement quelques gouttes de vin en présence de l'air, même après avoir bouché la bouteille. Supposons 1 centimètre cube de vin dans une bouteille de 800 cent. cubes. Le cent. cube de vin ne renferme pas plus de $\frac{1}{10}$ c. c. d'alcool ou à très peu près 0^{gr}079 d'alcool. Ces 79 milligrammes sont en présence de $\frac{800}{5}$ ou 160 c. cubes d'oxygène dont le poids est 230 milligrammes, c'est un poids presque triple au lieu des poids égaux ; en d'autres termes l'oxygène est en excès.

En ces conditions le vin donne de l'acide diédique (acétique) $C^4H^4O^4$, tout le monde le sait, le *vin* devient *aigre*. On sent nettement l'odeur de cet acide et pas autre chose.

2° cas. *Excès d'alcool*. — C'est le cas tout aussi fréquent d'une bouteille où l'on a laissé du vin au $\frac{1}{4}$, au $\frac{1}{3}$ à la $\frac{1}{2}$; Supposons la moitié. Cette fois nous avons 400 c. cubes de vin, ou 40 cent. cubes d'alcool pesant 31,8 grammes et dans les 400 c. cubes d'air, nous n'avons pas plus de

80 c. cubes d'oxygène pesant $0^{gr}115$. — La proportion est renversée ; c'est l'alcool cette fois, dont le poids est presque trente fois celui de l'oxygène.

Alors on observe un fait très différent. Le vin *s'évente*, il n'a pas l'odeur de vinaigre, il ne prend cette odeur qu'au bout d'un temps très long si la bouteille est ouverte, et reçoit sans cesse de l'oxygène au moins jusqu'aux poids égaux.

Mais si la bouteille est fermée, si le vin est seulement *éventé*, ce qu'on trouve dans le vin, par une distillation appropriée, c'est de l'aldéhyde $C^4H^4O^2$ ou son isomère l'éther diédique $C^4H^4O^4.C^4H^4$. En effet, l'acide diédique (acétique) dont la formation a pourtant bien eu lieu suivant l'équation (*a*) s'est trouvé dès la production de ses premières parcelles en présence d'alcool et a donné :

$$n = \frac{M}{46}$$

$$60\ C^4H^4(HO)^2 + 46\ C^4H^4O^4 = 92\ C^4H^4O^2 + 14\ C^4H^4\ (HO)^2 + 46\ (HO)^2$$

$C^4H^4O^2$ est le corps mal nommé *aldehyde (alcool déhydrogéné)*

Son nom vrai, c'est bioxyde de diène — ou alcool dibénique.

Examinons maintenant l'action de l'oxygène pur :

Pour le vin, comme pour le phosphore, cette action est nulle vers $+ 15°$. — Elle l'est non-seulement sous la pression ordinaire, mais sous une pression 8 fois plus grande.

J'ai montré cette importante vérité en 1860. Mon mémoire inséré dans les *Travaux de l'Académie Impériale de Reims* XXXI, p. 36, puis dans les A.C.P. [3] LXIII p. 98, contient les détails d'expériences faites avec du vin de champagne limpide et sans dépôt : ce vin saturé d'oxygène pur (pyrolyse du chlorate de potasse) a été conservé près d'un an sans donner la moindre trace d'acide carbonique ni d'une augmentation d'acidité totale. Le vin reste agréable au goût et dégage son oxygène à peu près comme le vin de champagne habituel dégage son acide carbonique ; la mousse permet de rallumer 7 à 8 fois des allumettes presque éteintes. — L'oxygène est conservé : j'ai proposé de l'employer en médecine et le conseil a été suivi ; le vin chargé d'oxygène est utilisé couramment dans les prescriptions des médecins.

Le fait a été, d'ailleurs, un point de départ d'autres recherches, notamment de celles de P. Bert et plusieurs médecins.

Méconnues par un chimiste pour qui l'erreur est presque une loi, mes observations ont été confirmées par Ladrey de la manière la plus complète (1).

Ainsi les vins n'ont pas à redouter l'oxygène pur, loin de là. Ce serait même un moyen de les conserver et je n'hésite pas à le conseiller. La dépense ne serait pas considérable et elle resterait certainement très inférieure au bénéfice obtenu. On trouvera dans les notes une description de la marche à suivre.

La pression ne paraît être, d'aucune manière, la cause de l'inaction chimique entre le vin et l'oxygène. J'ai mis les deux corps en contact à la pression ordinaire et la conservation du vin n'a pas été sensiblement modifiée. De l'oxygène, très pur, versé, en 1883, dans un flacon avec du Bordeaux vieux de 1859, du Bourgogne très fin de 1843, ou du vin ordinaire de Paris (à 80 centimes le litre), s'est comporté comme le vin de Champagne sous une pression de 8 atmosphères, dont on vient de lire les effets. Aucune altération ne s'est produite; le vin a pris un goût plus vif et a fait naître cette chaleur d'estomac dont j'ai parlé. Dans ces études, il faut éviter soigneusement la présence des métaux : le mercure des laboratoires amène une destruction des qualités du vin, souvent instantanée, dont l'oxygène n'est pas la cause directe (2). Le mercure altère le vin, lentement quand il est pur, immédiatement lorsqu'il renferme de l'étain, du zinc ou du plomb (Voir *Action des Métaux*).

Un fait aussi remarquable conduit naturellement à proposer l'emploi du vin chargé d'oxygène; j'ai exprimé la confiance que la médecine pourrait en tirer un parti utile (1). Les personnes bien portantes mêmes, en feraient un usage avantageux.

L'oxygène de l'air est le seul à redouter pour les vins, il l'est surtout pour les vins troubles, dans leur masse entière, ou seulement par un dépôt. C'est la vraie raison de l'utilité des soutirages et des collages. On ne peut attacher trop de soins à tenir les vins parfaitement limpides : tous les troubles sont dûs à des corps microscopiques doués de la propriété de condenser l'oxygène, de lui donner une densité très supérieure à celle du vin et de le mettre ainsi sur le champ dans les conditions d'une action vive avec l'alcool et d'autres parties constituantes de ce liquide.

1. Ladrey. — *Comptes rendus*, t. LVIII, p. 254. — Le chimiste ami de l'erreur avait attribué à l'oxygène les effets dus au mercure et aux métaux dont il est souillé dans les cuves des laboratoires.

2. C. R., t. LVII, p. 957 et 1032.

3. A. C. P. [3], t. LVIII, p. 98.— Cette proposition ne pouvant être brevetée, appartint dès 1861, au domaine public.

Cependant il existe une condition dans laquelle ce même oxygène pur agit avec le vin et même très fortement. C'est lorsqu'on met les deux corps sous l'influence électrique.

Lorsqu'on expose le vin à l'électrolyse en y plongeant les fils d'un courant, on produit par la décomposition de l'eau, de l'oxygène absolument pur et dont l'action est aussi vive que possible en raison de son état liquide (dit *naissant* — une des absurdités classiques) et d'une élévation de température autour de l'électrode.

L'action peut-être pour l'alcool :

$$46\ O + C^4H^4\,(HO)^2 = 4CO^2 + 4C^2HO^4 + 6\ C^4H^4O^4 + 22\ HO \qquad (b)$$

d'où résultent *en un seul et même temps* de l'acide diédique (acétique) de l'acide oxalique et de l'acide carbonique.

La production de l'acide oxalique a été reconnue par plusieurs chimistes et par moi-même. (Voir plus loin : *puissance enivrante*).

Il faut en outre ajouter que l'acide carbonique formé dans cette action, à l'*état liquide* (toujours désigné sous le nom d'*état naissant*) est tout capable de donner :

[M]

$$n = \frac{46}{22}$$

$$46\ CO^2 + 22\ C^4H^4(HO)^2 = \frac{2}{3}\left\{ \begin{array}{c|l} \frac{20}{} & C^4H^4O^2 + C^2HO^4 \\ \hline 2 & C^2H^2O^4 + C^5H^4O^4 \left(= \frac{1}{2}\ C^{10}H^8O^8\right) \end{array} \right.$$

C'est-à-dire de l'acide monédique (formique) et de l'acide pentabHique (ou $C^{10}H^8 = 68$ et $O^8 = 64$).

Cette transformation est facile, même à la température ordinaire. Versez presque entièrement le vin d'une bouteille, n'en laissez que quelques gouttes, et du jour au lendemain le vinaigre sera tout achevé. — Aussi l'un des soins les plus importants à donner aux vins c'est de les mettre à l'abri du contact de l'air :

Beaucoup de personnes n'attachent pas assez d'attention à cette vérité. Elles ne ménagent pas les soutirages, par exemple, et ne songent pas combien cette opération favorise l'absorption de l'oxygène de l'air. Il est vrai que le vin peut en supporter plusieurs sans souffrir ; mais cela tient à la présence de l'acide carbonique dont le vin est saturé au moment du décuvage, et qui y persiste, même après que le vin a traversé l'air plusieurs fois en une longue colonne, telle que celle formée à la sortie des robinets. Cependant sa persistance n'est pas indéfinie, et à cet égard il importe de distinguer deux conditions dans le soutirage Tantôt les robinets laissent couler le vin en colonne pleine, et l'air ne le touche que par la surface extérieure de cette colonne: tantôt les robinets *crachent*: ils divisent le vin en une multitude de filets et de gouttelettes, et alors un seul soutirage peut être pernicieux. Cette division produit un dégagement de l'acide carbonique par l'air lui-même. Souvent il n'en faut pas davantage pour altérer fortement le vin, et il passerait de suite à l'état de vinaigre, si la quantité d'air à absorber n'était pas si grande, ainsi que nous le verrons tout à l'heure.

Les hommes expérimentés ont conseillé, depuis bien longtemps, de choisir un état particulier de l'atmosphère pour opérer le soutirage. Il faut attendre le moment où le vent est au nord, l'atmosphère sèche et claire. Ces soins n'ont pas d'autre but que d'éviter le plus possible l'accès de l'air. Ainsi le temps étant sec, il se fait une évaporation notable à la surface du vin qu'on soutire, et cette évaporation ne laisse pas de contact réel entre l'air et le vin. On recommande, en outre, la température basse, pour diminuer l'évaporation le plus possible, et ne pas trop perdre de vin. Par un temps humide, il n'y aurait presque point d'évaporation, et l'air, ayant un contact intime avec le vin, lui ferait subir des altérations fâcheuses.

Cette vérité reconnue depuis longtemps en Champagne avait conduit à l'invention d'un appareil désigné sous le nom de soufflet champenois et que je dois rappeler ici. Voici sa description d'après Bidet [1].

« Quelques personnes pensent que réitérer si souvent la transvasion « d'un vin on le bat, on le fatigue et qu'on en diminue la qualité: j'en « conviens quand on le transvase à la façon des marchands de vins de « presque tous les vignobles du royaume, c'est-à-dire en laissant couler « le vin, de la cannelle dans un grand, qu'on vide ensuite, chaque fois « qu'il s'emplit, dans un grand entonnoir placé à l'embouchure du poin- « çon; mais les Champenois, surtout ceux des vignobles de la montagne « de Reims, toujours occupés à de nouvelles et utiles recherches, et « exacts dans leur méthode, ont trouvé, déjà depuis quelque temps, le « moyen de parer totalement cet inconvénient. Rien n'est si curieux « que le secret qu'ils ont imaginé pour soutirer leur vin sans déplacer

1. *Traité de la vigne*, II, 200.

« le poinçon ; ce secret s'est introduit à leur imitation dans bien d'autres « provinces ; le voici (fig. 27) :

T étant le tonneau plein, et T' celui dans lequel on veut faire passer le vin, on commence par mettre dans T une grosse cannelle G, représentée séparément en D ; on y fait entrer l'une des garnitures en bois *b* d'un tuyau de cuir *m*, long de 1^{m},20 à 1^{m},50 (au lieu de cuir, on emploierait avantageusement le caoutchouc) ; chaque garniture *b*,*b*', est un canon de bois long de 20 à 25 centimètres, large de 6 centimètres au gros bout et de 3 centimètres au petit : chacune porte une mentonnière à 3 centimètres du gros bout par lequel on la réunit solidement au tuyau de cuir (G est une des garnitures représentée plus en grand). On ôte le tampon de T' et on y chasse au maillet de bois la garniture *b*'. On tourne la cannelle C : la moitié du vin passe à l'instant dans T' : alors on ajoute dans la bondonnière de T le soufflet S ; sa longueur totale est de 65 centimètres ; sa largeur de 27. Il se termine par une buse d'une forme spéciale ; c'est une sorte de lanterne octogonale au bas de laquelle est la véritable buse K couverte intérieurement d'une soupape ouvrant de haut en bas seulement. On chasse exactement la buse dans la bondonnière avec les précautions habituelles pour bien fermer : on assujettit la lanterne par son crochet *r*, qu'on passe dans un cerceau. Le soufflet, mis en mouvement, chasse de l'air dans le tonneau à la surface du vin, sans l'agiter, et, par la pression, il force le liquide à passer tout entier dans T' (il ne reste que quelques litres de liquide). On cesse de souffler aussitôt que l'air peut entrer lui-même dans le tuyau *m* et commence à y produire un sifflement. — A ce moment, on ferme la cannelle C, on ajuste la bonde de T' avec soin, puis on enlève lestement la garniture *b*' qu'on remplace par un tampon de frêne. — On reçoit dans un baquet *um* le vin du tuyau et le peu qui s'échappe en enlevant *b*' et on verse ce vin dans le tonneau T' par sa bondonnière. On remplit et on ferme.

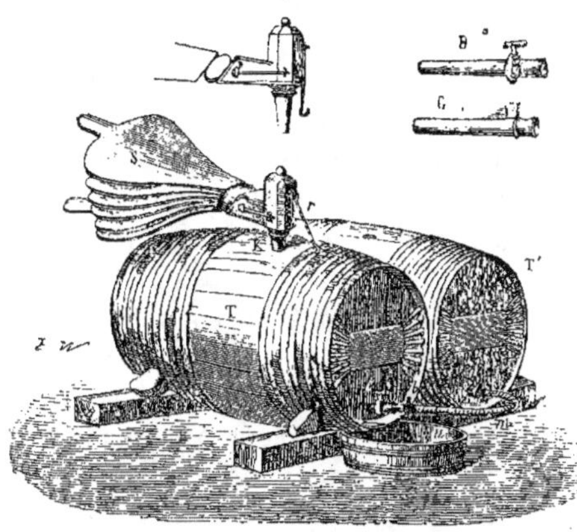

Fig. 27

Au lieu de placer l'extrémité *b'* du tube *m* en bas de T' on l'introduit dans la bondonnière du tonneau et on donne une issue à l'air par des trous de foret pratiqués dans la même douve. Alors on fait usage du soufflet dès le commencement pour faire franchir au vin la courbure supérieure du tuyau près de la bondonnière. La garniture *b'* doit être en ce cas assez longue pour descendre au fond du tonneau, afin de ne pas diviser le vin dans l'air. Avec cette forme, le tuyau fonctionne d'abord comme un siphon ; la moitié du vin passe de T en T' d'un seul coup de soufflet : on achève comme dans le cas précédent.

Depuis longtemps on emploie encore, pour soutirer sans le contact de l'air, le tube recourbé ou *siphon* en fer-blanc, ou mieux en cuivre étamé ; sur le devant de la grande branche est soudé un petit tube surmonté d'une embouchure, et ouvert dans le grand tube au point le plus bas. On fait descendre la petite branche dans le vin en soutenant le siphon par un demi-anneau. On ferme le robinet, on aspire avec la bouche à l'embouchure ; le vin monte dans le vide qu'on détermine ainsi, puis descend et vient par le petit tube jusqu'à la bouche. Si on ouvre alors le robinet, le vin coule et peut être reçu dans un broc ou un baquet pour le transvaser. — Cet instrument a l'inconvénient de remuer la lie et ne peut bien servir que pour les vins très clairs, les eaux-de-vie, etc. On l'améliorerait notablement en ajoutant à l'extrémité inférieure une rigole ou bateau horizontal d'une hauteur de 3 centimètres. Cette rigole se poserait sur la lie, le vin clair entrerait par la partie supérieure ouverte, et, en n'agitant pas, on tirerait le vin tout entier.

L'instrument ne se tient pas toujours de manière à présenter sa branche transversale dans la ligne horizontale. Dans toutes ses positions, l'écoulement du vin a lieu tant que le niveau du vin dans le tonneau qu'on vide est *au-dessus de la ligne horizontale passant par l'extrémité du robinet*. Si le niveau s'abaisse à cette ligne, l'écoulement cesse et le vin *reste suspendu* dans le siphon. Si le niveau tombe plus bas, le siphon se vide par un retour du vin dans le tonneau.

Pasteur affirme (2e édition, p. 108) que les vins ne vieillissent pas à l'abri de l'air, — ce qui est certes une des assertions les moins justifiées ; — voici ses raisons :

1° Du vin d'Arbois, de 8 qualités, mis en flacons fermés (nov. 1864) ont présenté « après plus d'une année, *la même couleur de vin nouveau* « *qu'à l'origine, la même saveur de vin vert et acerbe, et jusqu'à* « *l'odeur et le goût assez sensibles de levure* ». Ce vin lui a paru

« n'avoir pas éprouvé le moindre vieillissement ». — Température de cave de + 5° à 17°.

Ce vin « sursaturé d'acide carbonique » mis dans des tubes le 30 mai 1865 et exposés au soleil, sur une table pendant 49 jours n'a pas offert « une différence quelconque » avec le même vin conservé en cave en vases clos. — Le vin conservé de la manière ordinaire avait déjà changé de couleur, déposé sensiblement et pris « en partie les propriétés des vins vieux ».

Le mot de vieillissement signifie « principalement absorption de l'oxygène de l'air et dégagement de la plus grande partie du gaz carbonique».

Les foudres peints extérieurement dans le but de conserver le bois et les cercles en fer conservent au vin « plus de vivacité et de verdeur ». — L'action de l'air peut offrir le résultat suivant : 3 litres de vin de 2 ans exposés dans un crystallisoir au sortir du foudre présentent, après 24 heures, 45 cc. d'un gaz dont 6 cc. sont de l'oxygène, 18 de l'Az et 21 du CO^2.

L'oxygène disparaît dès que les fleurs de *mycoderma vini* se montrent à la surface.

« Quelques semaines d'exposition à l'air et la lumière produisent l'action de 10 et 20 années de tonneau. » — Contre ceci je proteste de la manière la plus absolue. J'ai montré au plus haut degré d'évidence, (p. 241) comment les malates et le bitartrate de potasse sont lentement changés par hydrolyse, — et Pasteur n'a donné aucune preuve des « grands changements » qu'il attribue à l'oxygène.

Pour les vins gardés avec leur volume d'air, il a trouvé l'absorption d'oxygène plus lente dans l'obscurité.

		Obscurité	Soleil
Vin de 1858 (Pinot)	CO^2	10,4	10,4
	O	17,9	12,7
Vin de 1864 (Pinot)	CO^2	10,9	15,0
	O	17,6	12,4
Vin d'Arbois (Ploussard)	CO^2	41,1	49,1
	O	12,4	0
	Az	?	non mesurée

On a reconnu dans ces derniers temps l'activité toute spéciale d'une espèce particulière d'oxygène découverte par Van Marum [1] et qu'on a

1. *Traité de physique* 1785, tome 1, p. 112.

nommée *ozone* (2). Cet oxygène peut être obtenu à volonté par la décomposition électrique de l'eau, soit dans une pile de Volta, soit avec une machine électrique ordinaire. Il paraît aussi se former dans la décomposition chimique de certains peroxydes, par exemple du bioxyde de barium(1). A la suite de ces décompositions, l'oxygène *ozone*, O^2 et parfois mélange de O^2 et O^4, exerce des actions puissantes, qu'on ne peut produire avec l'oxygène obtenu sous l'influence de la chaleur, et dont on le rend lui-même incapable en le soumettant à une température de 250 à 300°. — Par exemple, il oxyde les métaux bien plus énergiquement que l'oxygène ordinaire, il oxyde même le mercure ou l'argent, en ayant soin de le tenir humide; il déplace l'iode des iodures et peut ainsi développer l'iodure bleu d'amidon, sur les papiers imprégnés d'amidon et d'iodure de potassium à la fois. Son odeur est très reconnaissable, elle tient de celle du phosphore, comme l'ail; c'est elle qui se fait sentir après les chutes de la foudre, dans tous les points qu'elle a parcourus.

L'oxygène *ozone* si nuisible aux liqueurs végétales ou animales, perd ses propriétés, peu à peu sous l'influence du charbon, du fer et de beaucoup de métaux ou mêmes d'autres corps.

L'influence de l'air sur le vin est plus complexe qu'on ne l'a cru jusqu'ici. L'air ne laisse pas son oxygène seul se dissoudre dans le vin, il fournit aussi son azote. Les deux gaz se dissolvent même en proportions assez peu éloignées de celles qu'ils présentent dans l'air. On s'en assure par la méthode connue d'extraction de l'air tenu en dissolution par l'eau. 1 litre de vin privé d'acide carbonique et autres gaz, par ébullition dans le vide, presqu'à froid (35°), puis exposé à l'air, avec agitation, pendant une heure, m'a donné

A	vin blanc	15cc.,2	azote	4cc.,8	oxygène
B	—	12 ,4	—	4 ,7	—
C	—	13 ,8	—	4 ,3	—
D	vin rouge	12 ,9	—	3 ,5	—
E	—	14 ,6	—	3 ,7	—
F	—	13 ,8	—	3 ,7	—
G	—	15 ,1	—	2 ,9	—

En présence de l'azote, l'oxygène disparait très rapidement. La cause n'est pas difficile à trouver. Le vin renferme des corps oxydables, mais

1. D'ὄζειν, sentir mauvais. Ce nom lui a été donné par M. Schœnbein.
2. Houzeau, *Comptes rendus*.

incapables d'absorber l'oxygène pur. Leur oxydation n'a lieu que lorsqu'elle peut être aidée d'une deuxième action chimique comme celle de l'azote, qui, de son côté, s'unit à leur hydrogène, ou à leur carbone, pour entrer dans leur composition. C'est une loi chimique bien connue et bien facile à comprendre, d'après la Théorie générale (1).

Le 4 juillet 1859, époque à laquelle la pression diminuée régulièrement, par une fuite très légère, était encore de 2 atmosphères 6. Le gaz restant était de l'oxygène pur, sans acide carbonique. La puissance acide n'avait pas augmenté. Le vin était mousseux, autant que beaucoup d'espèces de vin de Champagne, et dégageait de l'oxygène pur rallumant les bougies avec la petite explosion connue. Le vin chargé ainsi d'oxygène, ne change presque pas de goût : il occasionne, peu de temps après qu'on l'a bu, une chaleur très sensible comme les meilleurs vins vieux, et une sensation de bien-être générale très caractérisée.

Au bout d'un temps plus ou moins long, l'oxygène paraît contribuer à *faire* le vin; Pasteur a cru même, pouvoir accorder à l'oxygène seul une faculté singulière, celle de vieillir les vins, même en bouteilles cachetées; malheureusement, aucune expérience assez directe ne nous a jusqu'ici donné la clef de cette action *hypothétique*. Malgré son talent, personne n'a pu se ranger à cette opinion.

ACTION DU CHARBON SUR LES VINS

Le charbon n'agit pas chimiquement avec le vin; mais la propriété qu'il a d'absorber énergiquement les gaz et d'autres substances doit être prise en considération. Il dépouillerait le vin de l'acide carbonique qui

1 L'oxygène et l'azote ont des équivalents faibles, 8 et 14, comparativement à ceux des matières dissoutes dans le vin. Prenons par exemple, le sucre dont l'équivalent est 180. Quand on met en présence le sucre et l'oxygène, dissous tous les deux, ces deux corps, simplement *mélangés* d'abord, sont placés dans les conditions exprimées par la Loi des actions de mélange et 22,5 équivalents d'oxygène tendent à agir avec le sucre p. 70. — Par des raisons bien évidentes, leur action ne peut être que très lente et faible à froid.

Mais si l'azote est présent avec l'oxygène, deux autres actions tendent à se produire, celle de l'azote avec l'oxygène et celle de l'azote avec le sucre — toutes deux d'après la même Loi. Je ne puis insister ici sur ces actions, et je me borne à faire remarquer que l'azote et l'oxygène pourront engendrer de l'acide azotique dont l'action avec le sucre est très énergique, etc.

J'ajoute que si nous considérons au lieu du sucre la matière azotée du vin, qui est très analogue à l'albumine, l'action de l'azote avec cette matière sera plus facile encore à comprendre. — Toutefois aucune expérience n'a été faite sur ce sujet.

s'y trouve toujours dissout au moment du décuvage, et il le rendrait ainsi très apte à prendre de l'air à la place. D'un autre côté les éthers à grand équivalent sont absorbés : on s'en assure en traitant le charbon, lavé à l'eau, par l'éther : ce dissolvant reprend les autres éthers et les laisse en faisant évaporer à froid. On isole ainsi la majeure partie du bouquet. — Il faut éviter soigneusement le contact du charbon pour le bon vin. Lorsqu'on s'en sert pour remédier à certaines maladies du vin (voir plus loin 4° chapitre), il est essentiel de dissoudre de l'acide carbonique dans le liquide, après avoir tiré du charbon tout l'effet dont il est capable.

Distinguons, au reste, entre les divers charbons sous ce rapport. Tandis que le charbon de bois est capable de produire une absorption considérable, 35 fois son volume de gaz carbonique, d'autres charbons n'en produisent aucune. Le *noir animal* est déjà dans ce cas. Mais d'un autre côté il absorbe l'œnocyanine, l'œnochrysine et d'autres substances plus ou moins analogues. Le *coke* n'absorbe pas de gaz, et d'un autre côté c'est une substance très dangereuse pour le vin. Il contient des sulfures et des cyanures que les acides du vin décomposent et qui donnent au liquide une odeur d'eau de barèges. Le meilleur vin serait complètement perdu. — Le charbon de bois est aussi l'un des meilleurs absorbants des éthers, etc.

ACTION DES ACIDES ET DES VINS

Les acides n'ont pas d'action bien sensible avec le vin en général. Ce liquide étant naturellement acide, on voit clairement que ces corps ne peuvent le modifier bien profondément. Ainsi l'acide sulfurique étendu, ne les altère pas ; il en est de même de la plupart des acides ; bien plus, le vin est plutôt amélioré par l'addition d'une certaine quantité de ces matières : un peu d'acide sulfurique avive sa couleur et en s'opposant à la fermentation, conserve la limpidité, la fraîcheur, les bonnes qualités du vin. — Nous verrons plus loin le mauvais usage qu'on fait, parfois, de cette remarque. — Les acides végétaux, et surtout l'acide tétrabéjique (malique) ou le tétrabélique (tartrique) du raisin produisent, presque, un aussi bon effet, sans entraîner les mêmes inconvénients : on emploie l'acide tartrique dans quelques circonstances. (Voyez plus loin, *Maladies des vins, et vins mousseux. fabrication*).

L'éthérification dans un mélange d'alcool et d'acide a des limites. Ce sujet si important surtout pour les vins a été peu étudié. Le seul travail un peu suivi pour essayer de rendre compte de l'éthérification aux températures ordinaires comprend trois actions relatives au vin.

1° Alcool et acide diédique (acétique) à équivalents égaux
2° Alcool et acide pentédique (valérique) — —
3° Alcool et acide tétrabélique (tartrique) — —
4° Bhydrotriéfine (glycérine) et acide diédique — —

La glycérine n'est pas du tout un alcool. Je ne connais pas d'interprétations plus inexactes des faits que celles données par les deux auteurs.

Examinons, cela suffira, le premier exemple: alcool et acide diédique. — Les auteurs ont enfermé dans un tube 60 grammes d'acide diédique et 46 d'alcool absolu. — Un tube préparé en avril 1861 a été conservé jusqu'en 1777. — Un deuxième préparé en janvier 1862 a été de même conservé jusqu'en 1877.

L'action qui a duré 16 ans et qui a été « d'autant plus décisive que le système est entièrement liquide et homogène » a fourni

pour le premier tube . . .	65 centièmes d'acide éthérifié
pour le deuxième tube. . .	65,4 —

Voici comment les choses se passent :

$$C^4H^4O^4 = 60 \qquad C^4H^6O^2 = 46$$

$$n = \frac{60}{46}$$

$$60C^4H^6O^2 + 46C^4H^4O^4 = \begin{array}{l} 1\left\{ 32 \,\middle|\, C^4H^4O^4.C^4H^4 + 2HO \right. \\ 2\left\{ 14 \,\middle|\, 2C^4H^4O^2 + C^4H^6O^2 + 2HO \right. \end{array}$$

aux températures voisines de + 15°, il ne se fait pas autre chose, les deux produits, éther diédique (acétique) et bioxyde de diène (aldehyde) se produisent tous deux ; je l'ai reconnu par expérience. Si l'on opère dans des tubes scellés, on les conserve tous deux. Si l'on fait usage de tubes fermés seulement par un bouchon en liège, la plus grande partie de l'aldehyde se dégage entraînant de l'éther diédique. — Avec un tube scellé on peut constater que sur 46 équivalents d'acide 32 seulement sont éthérifiés.

Les auteurs ayant employé, pour 60 équivalents d'alcool, 60 équivalents d'acide, ou 14 en plus, ces 14 ont donné, avec les 14 d'alcool restés libres, 9.74 d'éther ou en tout 41.74.

Or

$$\frac{41.74}{60.00} = 69.57$$

C'est la proportion maximum d'acide éthérifié; c'est celle qu'on obtiendrait si les 120 HO séparés dans l'action ne retardaient pas l'éthérification complète.

Le lecteur vérifiera, sans grande peine, la sûreté de nos calculs, surtout en voyant leur accord avec les autres expériences des auteurs, et la discordance des explications qu'ils ont essayé de donner [1].

Certains acides peuvent exercer sur le vin une action particulière; au lieu d'agir directement comme acides, ils peuvent agir indirectement par un de leurs éléments comme l'oxygène, ou le soufre, ou le chlore, etc. A ce point de vue je crois devoir citer l'acide azoteux. « A faible dose, « il change la couleur des vins en brun et en précipite une partie sans « que l'on puisse la rétablir, comme dans plusieurs autres circonstances».

Le chimiste qui a fait ces expériences n'a pas craint de proposer une action aussi violente parce que « ces vins, malgré leur étrangeté, ont des partisans. » — C'est une grande erreur. En elle-même, la méthode est loin d'être irréprochable; mais dans l'application, elle présente des dangers qu'on ne doit pas braver sans nécessité. Au fond elle revient à mettre dans les mains d'une énorme quantité de personnes, un agent très redoutable, l'acide azotique. L'effet qu'elle produit sur les vins est-il assez avantageux pour compenser le danger? La réponse ne me paraît pas douteuse; elle est négative.

D'autres acides agissent encore indirectement; l'acide sulfureux, par exemple, c'est-à-dire en absorbant l'oxygène et empêchant l'oxydation; on va le voir un peu plus loin en parlant du soufrage (*Maladies des vins*).

ACTION DES MÉTAUX ET DES VINS

Il est facile de comprendre l'action que les métaux exercent avec les vins. Toutes les fois qu'un métal est exposé à l'influence de l'air et d'une

1. A. C. P. [3], t. LX, p. 385 — t. LXI, p. 5. — t. LXVIII, p. 225, et *J. de Pharm.*, [4], t. XXVII, p. 245.

liqueur acide, ce métal s'oxyde avec une grande facilité: son oxyde forme une combinaison avec l'acide, c'est-à-dire un sel.

Le vin étant toujours acide, doit produire ces effets au contact des métaux, et il les produit activement. Voilà comment il est si dangereux de le conserver, même quelques heures, dans des vases de cuivre, de plomb, de fer ou de zinc, il est encore mauvais de le laisser dans l'étain. Parmi les acides qu'il renferme, le plus capable d'amener l'oxydation des métaux est le bitétrabélate (tartrate), sel acide, comme nous l'avons vu (p. 181). Aussi les sels formés par le vin dans les objets métalliques sont-ils principalement des tétrabélates doubles de potasse et de l'oxyde du métal. Les fils de fer arrosés de vin se couvrent en quelques jours d'une pellicule brune très foncée: le vin s'est réduit à une solution de tétrabélate de fer et potasse (p. 185), et c'est la couleur de cette solution. Un morceau de fer dans le vin produit le même résultat : le peu de rouille dont il est chargé se dissout dans le liquide et en modifie beaucoup la couleur, par la formation du tartrate qui est si coloré. Ce sel n'aurait pas, d'ailleurs, une action malfaisante ; ce n'est pas un sel vénéneux, il constitue les *boules de Nancy* ou *boules de mars*, employées pour guérir les contusions, etc. Un fragment de fer dans du vin ne causerait pas d'accident bien grave si, d'un autre côté, l'acide n'agissait énergiquement avec lui pour déterminer sa dissolution en dégageant de l'hydrogène. Ainsi le morceau de fer le plus propre est attaqué, sans air, et dissout. C'est l'eau qui se décompose pour fournir l'oxygène nécessaire à son oxydation, et dont l'hydrogène devient libre.

$$\underset{\text{Fer}}{Fe} + \underset{\text{Eau}}{HO} + \text{acides du vin} = \underset{\text{Sels de fer.}}{\text{acides}.\,FeO} + \underset{\text{Hydrogène}}{H}$$

Il se forme donc encore un sel ferrugineux de cette manière et il se dégage de l'hydrogène [1]. Si l'acide est celui du tartre, il se fait encore du tetrabélate de fer et potasse dont les effets viennent d'être indiqués. On n'aurait rien de plus si l'hydrogène était parfaitement pur, mais il n'en est jamais ainsi ; le fer commercial renferme toujours des corps étrangers qui s'unissent à l'hydrogène et développent des composés dont la proportion la plus faible communique au vin une saveur et une odeur détestables. Une pièce de vin peut être gâtée complétement par un petit morceau de fer, par un simple clou.

1. Voir pour l'équation exacte le *Traité de la Théorie Générale*, p. 197. *État naissant* (1880, Dunod).

Les autres métaux produisent des effets semblables à ceux du fer; seulement, on doit se défier beaucoup plus de leurs sels: ceux de zinc, de cuivre et surtout de plomb sont très vénéneux [1]

Schaeuffèle a étudié l'action du vin et du zinc [2]. Après un séjour, de vingt-quatre heures, dans des vases de zinc et de fer galvanisé ou zincé, le liquide contenait, par litre, un peu moins de métal que du lait soumis à la même étude: celui-ci tenait 5 grammes de zinc en sortant des premiers vases, et 7 après le séjour dans les seconds.

Payen rapporte à ce sujet le fait suivant [3]: Un propriétaire ayant voulu récompenser le zèle de ses ouvriers mit à leur disposition une pièce de vin. Ceux-ci s'occupèrent aussitôt d'en répartir entre eux le contenu et n'ayant pas sous la main de brocs ou d'autres vases en bois, ils se servirent, pour soutirer et transporter la boisson, de sceaux en zinc habituellement employés pour porter de l'eau. Tous les ouvriers qui burent du vin ainsi distribué éprouvèrent bientôt des indispositions, plus ou moins graves, dont on aperçut heureusement la cause, et qui purent être combattues à temps par un praticien habile.

A cette occasion, Payen a reconnu que le séjour, pendant deux heures, de deux litres de vin blanc ordinaire dans un vase en zinc avait suffi pour faire dissoudre 3 grammes, 22 d'oxyde de zinc dans le liquide.

Les métaux nous offrent encore une action d'un autre genre: l'étain, par exemple, se dissout d'abord dans le vin à l'état de protoxyde; celui-ci devient peroxyde ou acide stannique (de *stannum*, étain) au bout de peu de temps, sous l'influence prolongée de l'air, et une action secondaire prend naissance. Cet acide stannique, à mesure qu'il se forme, entre en combinaison avec la matière colorante et la rend insoluble; il se précipite avec elle en une *laque* plus ou moins colorée; le vin devient nuageux, puis tout à fait trouble; le composé d'acide stannique et de matière colorante se dépose, et le vin devient presque incolore. — Le contact du vin et de l'étain doit être abrégé le plus possible en général.

Enfin l'étain par un contact prolongé peut amener encore d'autres résultats: il se dissout et développe une odeur fétide; probablement par la formation de traces de *stannéthyle sulfuré* ou de quelque corps analogue; il ne se dégage pas d'hydrogène. (Voyez *Rinçage des bouteilles* Livre III).

1. On lit, non sans stupéfaction, dans Pline : il faut faire les vins « dans des vases de plomb et non dans ceux de cuivre » (t. XIV, **27**, p. 3).

2. *Journal de Pharmacie* [3], t. XV, p. 138.

3. Des substances alimentaires, etc., 1854, p. 311.

Ainsi le vin ne peut être transvasé ni surtout conservé dans des ustensiles de cuivre, de plomb, de zinc ou de fer. Il dissout trop aisément leurs oxydes et devient vénéneux. L'effet se produit rapidement à chaud et dans le cas du fer, il amène une coloration brune foncée, d'un aspect très désagréable. — Même avec le métal le plus propre et où le vin dissout peu de rouille, sa saveur change au point d'être absolument repoussante. — Les vases d'argent sont les seuls bien choisis pour goûter le vin et pour le faire chauffer.

Cette puissance dissolvante explique le résultat des anciennes expériences de Vauquelin (1). Ce celèbre chimiste examina comparativement l'action du vin et celle du vinaigre sur les alliages de plomb et d'étain; il trouva le vin plus actif que le vinaigre. Je citerai ses résultats:

Le vin nouveau, très acide des environs de Paris, après avoir séjourné 4 ou 5 jours dans les divers alliages, a donné:

NATURE DE L'ALLIAGE		ACTION DU SULFURE DE SODIUM	ACTION DE L'ACIDE SULFURIQUE
Étain	Plomb		
900	100	Mêmes résultats que l'alliage (800-200).	Mêmes résultats que l'alliage (800-200).
850	150	Précipité jaune-brun	Très léger nuage
800	200	Précipité plus abondant	Précipité plus abondant
750	250	Précipité encore plus abondant	Précipité encore plus abondant

Une partie des effets produits dans ces expériences est due aux autres matières acides, notamment à l'acide acétique; mais la plus grande part doit être attribuée au bitétrabélate de potasse (tartre).

On ne saurait trop recommander les robinets (ou clefs) en bois. Ceux en laiton sont dangereux, et ont produit des accidents pénibles. Audouard, de Nantes, a fait l'analyse d'un vin blanc tiré à l'aide d'un robinet en laiton rendu suspect par les coliques violentes, vomissements, etc., dont furent atteints plusieurs domestiques d'une ferme qui avaient bu de ce vin. Il trouva dans 1 litre:

0 gr., 116 de cuivre (= 0,331 acétate de diédate (neutre)
x de zinc = 0,279 — —

1. *Ann. de chimie*, t. XXXII, p. 251.

Dans un autre cas, il obtient

0,162 de cuivre (= 0,463 d'acétate)
0,071 de zinc (= 0,199 — de zinc)

Soit en tout 0,662 de substance dangereuse (surtout la dernière EM.)

Il n'est pas rare que les moissonneurs boivent 4 à 5 litres.

L'argent exerce dans les vins une action des plus précieuses ; nous la ferons connaître en détail à l'article *Soufrage* (*Maladies des vins*).

ACTION DES OXYDES ET DES SELS AVEC LES VINS

216. Parmi les oxydes, nous devons citer les *alcalis*, la *potasse*, la *soude*, la *chaux*, comme très nuisibles au vin, si leur proportion est un peu forte. Ces corps neutralisent les acides du vin, et sous ce rapport ils pourraient ne pas lui faire de mal, en ayant soin de bien mesurer leur proportion. Les vins *verts*, c'est-à-dire *acides*, comme le raisin avant sa maturité, peuvent être corrigés avantageusement par l'addition d'un peu de soude, ou de chaux; la potasse n'est pas aussi convenable, d'une part, à cause de la saveur un peu plus amère qu'elle donne au liquide et, de l'autre, à cause de la difficulté de se la procurer aussi pure. La soude, qu'on peut prendre en *carbonate crystallisé*, produit de bons effets. La chaux doit être également prise en carbonate, c'est-à-dire en marbre blanc et sur ce point on voudra bien se reporter à ce que nous verrons plus loin. (Voyez sucrage).

Les alcalis purs, potasse ou soude, ou leurs carbonates, mis en excès, après la saturation des acides du vin, font subir au liquide une décomposition véritable et le détruisent promptement. Ils dégagent l'ammoniaque des sels ammoniacaux; ils rendent les matières azotées moins solubles; ils donnent au tannin, à l'œnocyanine et à l'œnochrysine la faculté de se colorer en brun, etc.; en un mot, ils agissent de la manière la plus fâcheuse. — On ne peut trop scrupuleusement éviter leur présence.

Voici des renseignenents bons à consulter au sujet de la chaux. — Elle peut servir à hâter la vieillesse des vins d'après Batilliat [1]:

1. *J. de Pharm.* [5], t. XI, p. 437.
1. *Traité sur les vins de France*, p. 107.

« Employée à des doses convenables, la chaux neutralise une partie de « l'acide sans changer la couleur.... Ses effets sont les mêmes sur les « vins blancs, secs et acides, que sur les vins rouges. Son action ne « s'exerce donc pas, dans ce cas, sur les matières colorantes. Si l'on en « met cependant en excès, les vins se troublent, deviennent brunâtres, « quand ils sont rouges, puis verdâtres, et prennent la saveur désagréable « de la chaux. — Si après avoir poussé les choses à ce point, on ajoute « au liquide de l'acide tartrique en quantité convenable, la couleur « reprend tout son éclat, la sapidité reparaît et l'odeur de vieux, qui « ordinairement s'y développe, persiste ».

« La chaux améliore aussi et d'une manière très remarquable les vins « blancs des zones du Centre et du Nord au point de les rendre « quelque fois méconnaissables ».

J'ai cru devoir citer ces assertions quoiqu'elles ne soient pas toutes exactes : le vin, dont la couleur est devenue brune par un excès de chaux, ne peut reprendre sa couleur par une addition d'acide tartrique, etc., — Mais la chaux peut, en outre, corriger certaines maladies des vins (voir *Aigreur*).

ACTION DU TEMPS SUR LES VINS

217. Tout le monde sait que les vins éprouvent des variations continuelles en vieillissant ; presque toujours ils s'améliorent, au moins pendant un certain nombre d'années. Leur perfection, une fois obtenue, peut durer aussi plusieurs années, après lesquelles de nouveaux changements se produisent par une véritable détérioration. Le temps pendant lequel les vins développent toutes leurs qualités, celui de leur conservation et celui d'une destruction absolue ne peuvent être précisés. On le comprend sans peine : un mélange aussi complexe que le vin doit subir des modifications très nombreuses et très variables. Certains vins, les meilleurs, paraissent capables d'une conservation indéfinie ; d'autres ne peuvent être gardés plus de deux ou trois ans. — On trouve dans Pline la description d'un vin conservé plus de cent-soixante ans. Horace a vanté le vin de 100 feuilles, etc. — D'un autre côté, les petits vins, mal préparés, contenant moins de 8 centièmes d'alcool, ne peuvent presque jamais être gardés, tant les actions hydrolytiques y deviennent faciles.

Les changements du vin avec le temps dépendent toujours d'un grand nombre de causes ; les principales sont : 1° la diminution ou l'augmentation de l'alcool; 2° la diminution et l'altération du sucre; 3° celle du bitétrabélate de potasse (tartre); 4° le développement des acides volatils, de l'acide, etc.; 5° la production des éthers; 6° l'altération du tannin; 7° la modification des matières azotées; 8° la décomposition de l'œnocyanine, de l'œnochrysine, etc.

Les romains enfermaient dans les tombes des vases en verre contenant du vin. Un de ces vases trouvé aux Aliscamps (Arles) contenait 25 centimètres cubes de vin bien enfermés par la fusion d'une pointe du verre. D'après l'analyse calculée pour 1 litre, ce vin présentait :

Alcool............	45 cc.	
Acides évalués en tétrabélique (tartrique)		3gr.,6
Bitétrabélate de potasse................		0 6
Acide diédique (acétique)...............		1 2
Un peu de tétrabélate de CaO		
Une trace d'éther diéno-diédique (acétique)		
Une trace de sucre ou matière réductrice de la liqueur TCuK		

L'alcool, à peine moitié de celui d'un vin ordinaire, avait pu en 16 siècles absorber l'oxygène du vase (long de 35 centimètres et paraissant contenir 200 à 210 c.c.); mais cet oxygène l'a réduit tout au plus de 1/5. Le vin était donc à peu près à 6 c.

L'acidité montre aussi la nature médiocre du vin (1).

1° Les variations de la quantité d'alcool tiennent à beaucoup de causes. Lorsque le vin est bien achevé, dès le moment de sa mise en tonneaux ou en bouteilles, lorsqu'il ne contient plus de sucre au décuvage, l'alcool ne peut que diminuer à la longue. Il diminue assez fortement dans les tonneaux dont le bois ne s'oppose pas d'une manière absolue à l'évaporation (p. 383). Fauré distilla du vin sortant de la cuve après une fermentation convenable, en 1841. Ce vin contenait 10 p. 100 d'alcools; plus tard il donna :

Au bout de 6 mois........	9.65
En 1842.................	9.15
En 1843..................	9.13

Ainsi, la quantité d'alcool peut diminuer de près d'un dixième en deux ans. Cette perte a de l'importance; elle varie avec l'espèce du bois, son

1. *C. R.*, t LXXXIV, p. 1060.

âge, son épaisseur, le degré d'humidité des caves, leur température, l'accès plus ou moins facile de l'air, etc., etc.

Dans les bouteilles, l'évaporation ne peut être aussi grande; cependant, au travers du bouchon, elle a lieu d'une manière sensible.

Un chimiste a examiné en 1879 du vin de Porto fait en 1780 — près de 100 ans (1). Ce vin est sec, un peu amer; un dépôt abondant de la laque formée par la matière colorante adhère au verre; un deuxième échantillon de même origine mais âgé seulement de 45 ans, présente un dépôt moins épais. Ces deux vins ont donné:

	Densité + 10°	Résidu à 100°	Sucre de raisin	Après inversion	Acide calculé en tartrique	Ethérifié	Bitartrate de potasse	Alcool en volumes
Vin de 45 ans........	0.991	5.50	3.15	3.68	5.46	1.17	0.42	16.1
— 100 —	0.988	3.36	1.25	1.29	5.17	1.11	0.27	15.9

Les gaz extraits par la pompe à mercure ont présenté

	Oxygène	Azote	Total
Vin de 45 ans	12cc.,4	32,3	44,7
Le même agité avec de l'air	12 ,3	32,6	44,9

Ces nombres sont intermédiaires entre ceux qu'on peut obtenir

1° Dans l'eau pure..	6cc.,2	12,3	18cc.,5 (à + 12°)
2° Dans l'alcool. .	57 ,1	96,6	153 ,7

Le vin de Porto est saturé d'oxygène ce qui contraste avec les vins de Bourgogne récents où l'on n'en trouve pas trace, mais de l'acide carbonique.

Si le vin renferme encore du sucre au moment du décuvage, par suite d'une fermentation incomplète, l'alcool peut augmenter, même assez rapidement, en tonneaux ou en bouteilles, et cela ne manque pas d'arriver dans toutes les circonstances où la fermentation peut s'achever. On s'en aperçoit aisément: la formation de l'alcool étant toujours accom-

1. *C. R.*, t. CII, p. 784

pagnée d'un dégagement d'acide carbonique, ce gaz excerce une pression dans les tonneaux et les bouteilles ; il s'échappe en sifflant autour des bondes, il pousse les bouchons, etc. Il faut prendre alors des précautions dont je parlerai plus loin avec détails. — Cet effet se montre largement dans la préparation des vins mousseux. Pour les vins ordinaires, il est rare qu'on l'observe. La fermentation doit être exactement achevée lors du décuvage, et très généralement l'alcool n'augmente plus; il diminue même dans les vases renfermant ces vins.

Les actions hydrolytiques sont pleinement confirmées par l'examen des vins très anciens comparés aux mêmes vins peu âgés. Du vin d'Aï fait en 1772, et du vin de la même contrée récolté en 1846 m'ont donné en 1875 les résultats suivants :

		1772, 103 ans	1846, 29 ans
Hexélose non fermentescible, non réducteur...		0,11	0,42
— — réducteur...		0,83	1,93
(Tétrabélate de chaux) acide tétrabélique . .		0,00	0,79
(Tétrabéjiate —) acide tétrabéjique . .		0,00	0,68
Triédate (propionate)	Potasse et chaux.. . .	0,21	0,08
Triéfate (lactate). .	Potasse et chaux.. . .	0,66	0,02
Tribéjiate (tartronate)	Potasse et chaux.. . .	0,08	0,00
Triéjiate $C^6H^5O^9.KO$	Potasse et chaux.. . .	0,12	0,00
Acidité en tétrabélique (tartrique).		4,148	7,687
Ethers acides.		2,07	1,24
Bhydrotriéfine (glycérine)..		0,59	0,67
Potasse totale.		1,12	1,13
Chaux		0,39	0,38
Indéterminés..		0,22	0,29
Résidu total		1,89	2,04
Alcool..		12,18	12,31

GAZ EN DISSOLUTION

CO^2........	par litre.	322cc.	407
O..........	—	0	7
Az.........	—	16	13,4
		338	428,4
Saveur...............		agréable mais plate	très agréable des meill.

L'acidité est affaiblie en partie par la formation d'éthers neutres, et partie par la transformation en acides.

L'effet du temps sur les vins a encore été étudié par Moritz, Winkelmann, Borgmann et Thomas. Voici leurs résultats :

Alcool	8c.,05	8.66	2.83	9.56	8.79	7.90	7.5	7 8	6.7	9.14	10.40
Bhydrotriéfine (glycérine)	gr. 10.0	10.2	9.2	9.1	11.4	9.0	14.3	15.3	17.3	14.1	11.2
Bitétrabélate de potasse (tartre)			1.0	1.4	1.2	1.7	2.6	2.1	2.8	2.2	1.7
Acidité totale en $C^8H^6O^{12}$	13.9	15.6	9.4	7.4	6.8	6.8	15	14.7	12.9	6.3	6.6
Acides fixes				5.9			7.0	8.3	7.8	3.2	3.3
— volatils				1.3			6.4	5.2	4.1	2.5	2.6
Acide phosphorique	0.8	0.7	0.6	0.4			0.83	0.77	0.62	0.42	0 59
— sulfurique				0.5							
— tétrabélique libre (tartrique)							3.0	2.7	6.2	2.8	1.6
Extrait sec à 100°	40.0	43 2	32.6	26.4	35.1	29.3	45 9	42.2	38.6	23.0	29.0
Cendres	3.1	3.1	3.1	2.7	2.9	2.6	3.0	2.8	2.9	1.7	2.0
Densité à + 15°					297.6	997.3					
Polarisation				0	0	0	0	0	0	0	0
Age	1653	1726	1783	1728	1728	1811	1748	1783	1804	1857	1862
Origine	Rudesheim	Hocheim	Œstrich	Hofleisteim	Rudesheim		Geisenheim				
Logement	Fût	Fût	Fût	Fût	Fût	Fût	Fût	Fût	Fût	Fût	Bouteille.
	Winkelmann		Borgmann		Thomas		Moritz				

Les auteurs expliquent l'abondance de la glycérine de l'extrait et de l'acide par les *ouillages*.

Rapport de l'alcool à la glycérine	12,4	11,8	32,5	9,5	13,0	11,4	19	19,7	25,7	15,4	10,7

Moritz dit : on admet en général

$$\frac{\text{Glycérine}}{\text{alcool}} = \frac{7 \text{ à } 14}{100} \quad \text{ici l'on a :} \quad \frac{9{,}5 \text{ à } 32{,}5}{100}$$

2° Le sucre fermentescible ne peut guère plus exister dans un vin bien préparé ; lorsqu'il en reste au décuvage, sa quantité n'est jamais grande, et, ordinairement, il disparaît bientôt par l'achèvement de la fermentation. — Cependant il faut distinguer très attentivement les vins qui renferment les variétés d'hexélose non fermentescibles, dont le Midi et les produits d'Espagne, d'Italie, etc., nous offrent beaucoup d'exemples. Ceux-là conservent du sucre, — et deviennent souvent assez peu capables d'absorber l'oxygène de l'air pour se conserver en bouteilles ouvertes, debout, pendant longtemps ; d'un autre côté, les vins de liqueur où l'on ajoute une grande quantité de sucre, après la préparation du vin proprement dit, et lorsque le vin ne renferme plus de ferment capable de développer l'alcool. Le sucre éprouve dans ces vins une altération signalée par Biot pour les dissolutions de sucre et d'eau pure, altération dont j'ai montré l'importance à l'égard de la fabrication *Nouveau Procédé d'extraction du sucre de tous les végétaux* du sucre de betterave ou de canne (1). Il devient peu à peu *sucre de fruits* et change notablement de saveur dans ce cas ; il devient en même temps plus altérable et produit de petites quantités d'alcool, si le vin contient encore du ferment, ou des acides lactique et butyrique, etc. Ces acides s'éthérisent, du moins en partie, et, par ces changements, le sucre amène, peu à peu, les améliorations bien connues des vins qui nous occupent.

3° Nous avons indiqué (p. 241) les changements dont le tartre est capable par suite des actions hydrolytiques ; jamais il ne se produisent si vite ; il faut un temps considérable à leur développement ; ils ont lieu surtout dans les vins pauvres en sucre et en alcool ; ces liquides sont souvent riches en tannin, en matières colorantes, en principes azotés, etc. Tout se réunit alors pour favoriser l'altération du bitétrabélate de potasse. Dans de certaines limites, cette altération n'est pas nuisible ; par exemple, tant qu'elle se borne à la production d'acide acétique, d'acide triédique et d'acide butyrique (voyez p. 244). Au delà commence une détérioration

1. *Ann. de chim. et de phys.* [3], t. XLVIII, 23.

des plus fâcheuses; une maladie grave du vin, dont les agents chimiques, l'eau surtout, et presque seule, sont la cause principale, mais dont le temps est aussi l'élément nécessaire.

4° L'acide diédique (acétique), a grand besoin d'air pour se développer rapidement. Il peut se produire dans les tonneaux quand on n'a pas soin de les tenir pleins et bien fermés ; il se développe surtout dans les vins privés d'acide carbonique par des soutirages trop nombreux. Lorsqu'il ne dépasse pas certaines limites, il n'a rien de nuisible; il contribue même à la saveur et au bouquet, par lui-même et par l'éther acétique (ou mieux les éthers acétiques), dont il est la source. — Mais si l'air a trop d'accès, le vin tourne à l'aigre d'une manière fâcheuse, et l'acide, en pareil cas, devient un fléau.

5° L'un des effets produits, surtout par l'influence prolongée du temps, c'est la formation des éthers. Les acides se combinent peu à peu aux alcools et donnent naissance à de nombreux *éthers composés* (ci-dessus). L'importance de ces corps est très grande; ce sont eux qui donnent principalement aux vins le bouquet, l'arôme et le goût. Par ce motif, j'entrerai dans de nouveaux détails à leur égard.

Leur nombre paraît être extrêmement grand. En effet, chaque alcool produit un éther simple, et cet éther peut s'unir à presque tous les acides pour donner des éthers composés. Ainsi, pour un seul alcool, on compte aujourd'hui plusieurs milliers d'éthers composés, et comme on connaît déjà beaucoup d'alcools, on voit combien le nombre de ces éthers composés est énorme.

Citons quelques exemples :

L'éther des pharmacies qui est l'éther simple C^4H^4 (HO) correspondant à l'alcool diènique (du vin) sert à obtenir :

AVEC LES ACIDES	MINÉRAUX	azotique	$C^4H^4.HOAzO^5$	
		sulfurique	$C^4H^4HO\ SO^3$	
		silicique	$C^4H^4HO\ SiO^2$	
		....		
		chlorhydrique	$C^4H^4.HCl$	
		etc., etc.		
	ORGANIQUES	diédique	$C^4H^4\ C^4H^4O^4$	(Ether acétique)
		trièdique	$C^4H^4\ C^6H^6O^4$	(— propionique)
		tétrédique	$C^4H^4\ C^8H^8O^4$	(— butyrique)
		pentedique	$C^4H^4\ C^{10}H^{10}O^4$	(— amylique)
		hexedique	$C^4H^4\ C^{12}H^{12}O^4$	(— caproïque)
		heptedique	$C^4H^4\ C^{14}H^{14}O^4$	(—)
		octedique	$C^4H^4\ C^{16}H^{16}O^4$	(— caprylique)
		nonédique	$C^4H^4\ C^{18}H^{18}O^4$	(— œnanthique)
		tétrabélique	$(C^4H^4)^2C^8H^8O^{12}$	(— tartrique)
		nonodécidique	$C^4H^4C^{38}H^{38}O^4$	(— stearique)
		chloracétique	$C^4H^4C^4H^3ClO^4$	
		etc., etc.		

Prenons maintenant un autre éther simple, celui de l'alcool penténique (amylique), par exemple, $C^{10}H^{10}.HO$. Cet éther simple peut donner une série d'éthers composés toute semblable à la précédente.

$C^{10}H^{10}.HO.AzO^5$ Ether azotique d'amylène.
$C^{10}H^{10}.C^4H^4O^4$ Ether diédique d'amylène.

Tous ces éthers sont doués, ou d'une odeur très pénétrante et d'une saveur très forte, ou seulement de la saveur et moins d'odeur. La moindre trace de leur substance se relève, ainsi, dans les liquides qui les renferment et modifient beaucoup les caractères de ces liquides.

Les éthers composés, dont je viens d'indiquer la composition générale, n'existent pas tous dans le vin. Ceux qui renferment des acides minéraux ne s'y rencontrent point ; mais tous ceux dont l'acide est organique peuvent, à la rigueur, s'y trouver. En effet, tout porte à regarder les végétaux comme doués, chacun, de la faculté de former une multitude de composés, sinon tous les composés possibles, au moyen des éléments dont ils se nourrissent, p. 21 ; et par conséquent tous les acides végétaux peuvent exister dans la vigne et varier seulement de quantité, suivant les espèces ; de là résulte directement la possibilité de trouver tous les éthers à acides organiques dans les vins.

L'expérience a déjà montré la justesse de cette opinion ; plusieurs de ces corps ont été obtenus dans l'analyse du vin, et mieux des eaux-de-vie où ils abondent, et l'on a pu constater leur véritable nature avec une assez grande certitude. Ainsi les vins renferment, presque tous, les quatre éthers suivants formés par l'éther simple de l'alcool ordinaire ou alcool du vin :

L'éther diédique (acétique).........	$C^4H^4.C^4H^4O^4$
— triédique (propionique)......	$C^4H^4.C^6H^6O^4$
— tétrabélique (tartrique)......	$(C^4H^4)^2.C^8H^6O^{12}$
— nonédique (œnanthique).....	$C^4H^4.C^{18}H^{18}O^4$

En outre, on peut regarder comme très probable l'existence dans les vins de plusieurs éthers dont je vais donner les noms, et qui ont été trouvés, non pas dans le vin lui-même, mais dans les produits de la distillation des pommes de terre ou des betteraves.

L'éther tétrédique (butyrique).......	$C^4H^4.C^8H^8O^4$	
— hexédique (caproïque)......	$C^4H^4.C^{12}H^{12}O^4$	(betteraves, Muller).
— octédique (caprylique).......	$C^4H^4.C^{16}H^{16}O^4$	— —

L'éther nonédique (pélargonique)....	$C^4H^4.C^{18}H^{18}O^4$	(pommes de terre, Frankland) [1].
— icosédique (caprique)........	$C^4H^4.C^{20}H^{20}O^4$	(pommes de terre, Rouvray).

L'existence de ces éthers est à peu près certaine dans le vin, parce que ces composés dérivent tous du sucre et se produisent pendant la fermentation, au moyen de substances qui existent dans le raisin comme dans les pommes de terre ou les betteraves.

Ce n'est pas tout. Nous savons encore que les vins renferment des éthers composés appartenant aux séries formées par les autres alcools. Ainsi, l'éther simple de l'alcool triénique (propylique), est $C^6H^6.HO$. Le vin renferme cet éther uni à l'acide tétrédique (butyrique), c'est-à-dire l'éther composé nommé éther tétrédique de triène (butyrique) de propylène. $C^6H^6.C^8H^8O^4$). — Une troisième série s'est trouvée dans les produits de la distillation du vin : c'est celle de l'alcool penténique (amylique). L'éther simple de cette série $C^{10}H^{10}.HO$ a été trouvé combiné avec plusieurs acides dans les huiles de marc. On a reconnu :

L'éther diédique de pentène (acétique d'amylène)....	$C^{10}H^{10}.C^4H^4O^4$
— triédique de pentène (propylique d'amylène)..	$C^{10}H^{10}.C^6H^6O^4$
— tétrédique de pentène (butyrique d'amylène)..	$C^{10}H^{10}.C^8H^8O^4$
— hexédique de pentène (caproïque d'amylène).	$C^{10}H^{10}.C^{12}H^{12}O^4$
— octédique de pentène (caprylique d'amylène).	$C^{10}H^{10}.C^{16}H^{16}O^4$
— nonédique de pentène (pélargonique d'amylène).	$C^{10}H^{10}.C^{18}H^{18}O^4$

Enfin, on a reconnu l'existence dans les vins d'un éther appartenant à une quatrième série, celle de l'alcool caprylique. L'éther simple de cette série $C^{16}H^{16}.HO$ forme avec l'acide diédique (acétique) l'éther diédique d'octène $C^{16}H^{16}.C^4H^4O^4$. — Cet éther a été signalé dans le vin.

Les faits qui précèdent suffisent largement à prouver que le vin renferme un grand nombre d'éthers; ils autorisent à en soupçonner beaucoup d'autres, et cette présomption acquiert une grande force lorsqu'on songe à la difficulté d'isoler ces éthers des vins qui les contiennent. — Pour les chimistes, il ne peut y avoir le moindre doute à cet égard. — Pour ne pas être accusé de trop de hardiesse, je n'avais pas insisté davantage, dans la précédente édition de ce livre, mais on a vu (p. 300), combien la prédiction était vraie.

1. Cet éther paraît identique avec l'éther œnanthique ; mais il est simplement isomérique.

Cette formule $C^{22}H^{22}O^4$ est rationnellement C^4H^4 = diène + $C^{18}H^{18}O^4$. [=Acide nonédique (œnanthique)]. — En effet, on sépare ces deux corps en traitant l'éther nonédique par la potasse, ou la soude caustique qui s'emparent de l'acide et forment un nonédate très soluble dans l'eau. Liebig et Pelouze ajoutent : « Quant à ce qui regarde la présence de cet « acide dans le vin, c'est à des recherches postérieures à nous montrer « s'il existe dans les pépins de raisin, ou en dissolution dans le sucre, « probablement en combinaison avec un alcali. Il est possible et même « probable, que l'éther œnanthique ne se forme dans les vins que pen- « dant la fermentation et le travail qui la suit. L'odeur beaucoup plus « forte que présentent les vins vieux et leur consistance un peu hui- « leuse peut provenir d'une plus grande quantité d'éther œnanthique « qu'ils renfermeraient. L'acide œnanthique entre certainement dans tous « les vins, et il serait à rechercher si l'éther œnanthique n'exerce pas « une action particulière sur l'organisation et n'augmente pas encore « l'enivrement produit par l'alcool. La propriété que possèdent tous les « vins, de renfermer cet éther œnanthique, distingue maintenant égale- « ment très bien, sous le rapport chimique, ces liquides de toutes les « autres liqueurs alcooliques, produites par fermentation, et l'on peut « espérer que, par la suite, on parviendra également à séparer d'autres « principes qui produisent les différentes variétés de vins et qui jus- « qu'à présent ont échappé aux recherches, probablement à cause de « leur petite quantité (1). »

Balard a obtenu l'éther nonédique dans l'*huile* qui infecte les alcools ou eaux-de-vie de marc (2) ; il est mêlé d'alcool ordinaire et d'alcool penténique (amylique), (p. 300). — Quelquefois cette huile de marc semble formée presque entièrement d'éther nonédique : Balard le suppose d'après la description qu'Aubergier en a donnée, en 1820, dans les *Annales de chimie et de physique*.

Depuis cette époque, Winckler (3) a essayé d'isoler le (le !.. ?) bouquet du vin. Il prend 500 grammes d'un vin quelconque et le fait évaporer au bain-marie presque à siccité, comme pour l'essai de François. Il remet ensuite assez d'eau pour rétablir le quart du poids primitif, ou 125 grammes, et il ajoute autant de chaux bien caustique. On fait alors distiller au bain d'huile et on obtient un produit fortement aromatique

1. *Ann. de chim. et de phys.* [2], LXIII, 124.
2. *Ann. de chim. et de phys.* [3], XII, 294.
3. *Journal de pharmacie* [3], XXIII, 374 et 469.

qui serait *une base énergique* comme l'ammoniaque, azotée comme elle, capable de produire des sels neutres avec les acides et possédant à un haut degré l'odeur du vin ou le bouquet. — En reprenant par l'eau le résidu, filtrant et faisant évaporer, puis chauffer avec un peu d'acide sulfurique, on obtiendrait un *acide nouveau* d'une odeur très caractéristique et très suave. Cet acide neutralisé par la quantité convenable de la base reproduirait un *sel neutre, volatil*, possédant au suprême degré l'odeur particulière ou le bouquet du vin.

Six espèces de vins rouge et blanc (Oberingelheim, 1846, Bergstrazzer, 1846, Bergstrazzer, 1851) ont donné le contraste le plus frappant. Les vins de 1846 fournirent un bouquet très agréable et très suave. — Celui de 1851 trahit son origine par une odeur très désagréable.

Ces résultats seraient importants, mais ils ne sont pas exacts, on va le voir. — Wurtz ne leur accordait aucune confiance [1].

219. J'ai voulu reproduire les expériences de Winckler. Dans une première épreuve, 500 grammes de vin de Bordeaux rouge ont été soumis au procédé du chimiste allemand : le liquide obtenu par distillation après addition de la chaux, avait fort peu d'odeur et ne bleuissait pas le tournesol. — Le résidu de la distillation repris par l'eau et distillé avec de l'acide sulfurique, a fourni de l'eau pure, ayant un peu l'odeur du vin cuit, mais rien de caractéristique ni de suave. — En mêlant cette eau avec le produit de la première distillation, ajoutant cinq milligrammes d'acide tartrique et faisant évaporer, on obtient les cinq milligrammes d'acide, ayant un peu l'odeur de vin chaud, et pas autre chose.

Une deuxième épreuve fut tentée sur du vin de Champagne, (pinot pur) et l'on en prit trois litres. Le vin était brut, récent, peu mousseux. Les résultats n'ont pas le moins du monde été d'accord avec ceux de Winckler [2].

1. A. C. P. [3], t. XLIII, p. 490.

2. Après l'évaporation complète au bain-marie, l'extrait sec pesant 66 grammes fut délayé dans un demi-litre d'eau pure et mêlé de 88 grammes d'hydrate de chaux pur ; on fit distiller au bain d'huile, jusqu'à la séparation de 300 centimètres cubes d'eau. Cette eau était alcaline et d'une odeur très désagréable. Je la neutralisai par l'acide chlorhydrique pur et par l'évaporation elle laissa 855 milligrammes d'un sel un peu coloré en jaune brunâtre et répandant une faible odeur où l'on distinguait celle du vin cuit. Au bout de quelques semaines la couleur s'est foncée, en devenant insoluble dans l'eau ; son poids était inappréciable. Le sel, dissout dans l'eau et filtré, donne avec le chlorure de platine de magnifiques crystaux, reconnaissables pour le chlorure double de platine et d'ammonium. 658 milligrammes de ces crystaux ont donné 291 milligrammes de platine, et, comme chlorure double, ils doivent en fournir 291, 1 milligramme.

L'alcali tiré du vin n'est donc rien autre chose que de l'ammoniaque. — Oudemans est arrivé au même résultat pour le vin de Bordeaux. Le résidu traité par la potasse a donné de l'ammoniaque pure.

Güning a traité des raisins d'Espagne dans le but d'étudier les indications de Winckler; il est arrivé, en traitant leur jus par la chaux à un produit d'une odeur insupportable formé par de l'ammoniaque ordinaire sans autre alcali [1]. Il ne faut pas s'arrêter davantage aux prétendus alcalis signalés par Winckler.

D'après Mulder, on emploie beaucoup d'éther acétique en Hollande pour augmenter le bouquet de vins qui ont peu de richesse ; il faut d'après les expériences que j'ai faites sur ce sujet qu'on ajoute de fortes proportions de cet éther pour obtenir une amélioration marquée. Ces vins sont-ils bons ? On peut en douter fortement.

220. Ainsi, les éthers dont on ne peut révoquer en doute l'existence, sont l'éther nonédique (œnanthique), l'éther diédique (acétique), le triédique (propionique). Faut-il lui attribuer le don de produire l'arôme ou le bouquet de tous les vins? Poser cette question, c'est la résoudre. — Le bouquet est multiple : c'est la variation de ses éléments qui engendre *les bouquets* des différents vins. Évidemment toutes les parties odorantes du vin contribuent à le composer : l'éther nonédique, d'autres éthers, les alcools, ordinaire, pentènique, etc., l'aldéhyde, et peut-être même certaines huiles essentielles, sont les éléments de l'ensemble auquel nous devons appliquer le nom de bouquet.

Il est fortement regrettable de ne pas connaître tous ces éléments en détail. On ne saurait prévoir les suites de leur détermination exacte : c'est en réalité par le bouquet que nous distinguons le mieux les vins, et le jour où le vin de Suresnes pourrait-être doué, par la chimie, du bouquet de Châteaux-Margaux, ou de l'Ermitage, ou de Bouzy, ce qui n'est pas impossible, tant s'en faut, la question de la fabrication artificielle du vin serait fort avancée, sinon complètement résolue. — Espérons ce grand résultat dans un avenir prochain !

Pasteur, a insisté sur l'existence dans les vins des bouquets naturels et des bouquets acquis ; — Dans les grands vins de Bourgogne le bouquet « existe dans le *pinot* lui-même, et il passe directement dans le vin, probablement même sans modification par la fermentation. » — Mais dans le Jura le *vin de Château-Châlons* offre un bouquet acquis.

1. Mulder, *Chimie du vin*, p. 292.

Les vins employés à Cette en « *vins d'imitation* » seraient dans le même cas.

Pasteur a développé en quelques semaines le bouquet du Château-Châlons.

Le bouquet complet des vins peut varier beaucoup suivant les circonstances dans lesquelles a eu lieu le développement du raisin. Je citerai à cet égard une preuve entre mille, et je l'emprunte à Cazalis Allut [1]. « En 1822 nous récoltâmes des muscats de qualité très remarquable. Cette année fut très sèche et très chaude, nous n'eûmes pas une goutte de pluie de tout l'été, ni pendant les vendanges qui commencèrent le 3 septembre. En 1829, les vendanges, qui commencèrent seulement le 17 septembre, furent dérangées par six jours de pluie. Il est résulté de ces circonstances atmosphériques, si opposées, que les muscats de ces deux années sont si différents, sous le rapport du goût et du bouquet, que l'on a peine à se persuader qu'ils aient été faits dans le même sol et avec la même espèce de raisin. »

Le cuvage a une grande influence.

« Je fis en 1835, dit le même auteur, du vin d'Isabelle que je laissai cuver quelque jours. J'en fis, en 1836, qui ne cuva pas du tout; cette dernière année je fis aussi du vin de Katowba. Ces deux cépages d'Amérique ont un goût et un parfum de framboise prononcés. Le vin cuvé de 1835 a conservé ce goût et ce parfum, tandis que celui de 1836, qui n'a pas cuvé, n'a ni goût ni parfum. »

Le sol a une grande influence sur le bouquet des vins. Le même cépage, cultivé sur un terrain granitique et sur un terrain tertiaire, ne présente pas les mêmes résultats, toutes choses égales d'ailleurs. Nous en avons déjà vu la preuve dans les observations de Clary (p. 422). L'alcool abonde dans les raisins développés sur le terrain calcaire, et c'est une cause décisive de la richesse du bouquet, dont l'alcool est presque toujours, pour ne pas dire toujours, le point de départ, puisque sans lui toute formation d'éthers est impossible. Evidemment l'influence du sol n'est pas absolue ; l'espèce du raisin est beaucoup plus importante; mais pour une même espèce, la nature du terrain produit des résultats très variés ; c'est un sujet digne de la plus grande attention et qui mérite une étude approfondie. Je ne puis cependant l'entreprendre avec tous les détails nécessaires ; ce serait m'éloigner du but auquel je dois me restreindre et je me bornerai à de courtes remarques.

1. *Mém. sur l'œnologie*, par M. Cazalis Allut, Président de la Société d'agriculture de l'Hérault, 1848, p. 64.

La nature du sol n'influe pas autant par *l'espèce chimique* des matériaux qui le composent que par la densité, la porosité, en un mot, par les propriétés *physiques* de cette espèce ; comme nous l'avons vu (p. 43), presque comme une terre siliceuse légère ; il ne se prêtera guère mieux à l'absorption des engrais, etc ([1]).

Quoi qu'il en soit, la connaissance de la composition du sol peut toujours être utile. A ce titre, je rappelle les analyses rapportées p. 42.

221. Dans le but d'acquérir quelques notions utiles sur le bouquet des vins, j'ai fait les expériences suivantes: j'ai d'abord cherché à me procurer de l'alcool de vin privé le plus possible de l'odeur du liquide. 10 litres de vin rouge, Bordeaux bon ordinaire, ont été traités par 200 grammes de céruse, qui laissaient une faible acidité, puis soumis à la distillation. Les premiers et les derniers litres ont été mis à part, et j'ai employé l'alcool du milieu de la distillation ; le degré de ce liquide était 55 c. On a mesuré 185 c.c. représentant par suite de cette richesse 101^{cc}, 75 alcool absolu. Les 185 c.c., versés dans une carafe de 1 litre ont reçu l'eau distillée (et bouillie) nécessaire pour remplir; le liquide ainsi obtenu ne présente aucune odeur appréciable.

Une goutte d'*aldehyde* pur versé dans le liquide s'y dissout et ne fait naître aucune odeur appréciable.

L'*éther acétique*, employé jusqu'à dix gouttes, n'amène encore aucun effet. Le liquide ne se distingue pas de l'eau qui a servi à le former.

L'*acide acétique crystallisable* ne change pas le résultat même en portant sa dose à un centimètre cube.

J'ai ajouté successivement:

5^{gr},5 de *crème de tartre* bien pulvérisée, (une partie restait non dissoute au bout d'un an).

0^{gr},10 d'*acide tétrabHique* (*succinique*), aussi pulvérisé.

20 grammes de *bhydrotriéfine* (*glycérine*) très concentrée à peu près pure.

Le liquide est resté complètement sans odeur.

Les choses ont changé quand j'ai ajouté certains éthers.

D'abord en employant deux *petites* gouttes d'*éther nonédique* (*œnanthique*) (ou, si l'on veut, du produit obtenu en distillant 60 litres de lie

1. Cette opinion se confirme tous les jours. Le lecteur trouvera des renseignements très intéressants sur ce point, *Annales de chimie et de physique* [4] XI, 248.

de vin, bien fraîche, avec autant d'eau, dans un bain de chlorure de calcium), à l'instant le liquide a pris une odeur de vin.

Ensuite on a ajouté, par gouttes, un centimètre cube d'essence de poires, c'est-à-dire du mélange

{ 1 volume d'éther pentédique de pentène (valéro-amylique)
{ 6 volume d'alcool à 90°.

Les premières gouttes ont développé un bouquet qui appartient à certains vins, mais en poussant jusqu'au centimètre cube, l'odeur de poires devient sensible, et ne laisse plus confondre le liquide avec du vin.

J'ai préparé un autre litre de liquide renfermant exactement les mêmes substances, moins l'essence de poires dont je n'ai employé que deux ou trois gouttes.

J'ai ajouté deux gouttes d'éther tétrédique (butyrique) ordinaire; le bouquet s'est énormément rapproché de celui du bon vin de Bouzy, à ce point que plusieurs personnes ont pris le liquide pour ce vin décoloré.

En variant ces expériences, on peut imiter, d'une manière très frappante, le bouquet des vins. Les éthers dont l'acide et la base ont, tous deux, un équivalent élevé, paraissent les plus propres à développer des odeurs semblables à celle du vin.

Dumas a confirmé pleinement ces observations [1].

La saveur des liquides ainsi préparés n'est pas aussi rapprochée de la saveur des vins que l'odeur ; mais, dans quelques cas, elle est franche, agréable, et de nature à tromper le palais le plus délicat. Si l'on colore le liquide, surtout avec l'œnocyanine préparée, comme nous l'avons indiqué le liquide peut être bu comme du vin, et au risque de faire jeter les hauts cris à certains œnologues superstitieux, je crois que des liquides ainsi préparés, avec tous les soins convenables, l'emporteraient de beaucoup, comme aliments, sur quelques vins naturels.

PROPRIÉTÉS HYGIÉNIQUES DES VINS

222. Je n'ai pas l'intention, comme on le comprend, de traiter ce sujet en détail ; je sortirais des limites que je dois m'imposer. Les pro-

1. *Comptes rendus de l'Académie des sciences*, t., LVII, p. 482. *Journal de pharmacie*, t. XLV, p. 99.

priétés hygiéniques des vins sont expliquées dans les livres de médecine, et tous ceux qui désirent approfondir cette intéressante question peuvent lire, s'il ne l'ont déjà lu, l'excellent ouvrage du docteur Gaubert [1].

Je me bornerai à quelques remarques très succinctes : je veux parler des changements que peuvent produire, en général, certaines matières introduites dans les vins. C'est un sujet d'éternelle discussion entre les théoriciens, et les vignerons, qui leur reprochent de dénaturer le vin et d'en modifier, plus ou moins complètement, les qualités hygiéniques.

Tout en faisant la part de l'exagération dont ces reproches sont presque toujours empreints, il faut reconnaître ce qu'ils ont de fondé parfois, et en tenir grand compte. Le sentiment des hommes qui veulent mettre un aliment, aussi précieux que le vin, à l'abri de toute altération fâcheuse, est un sentiment des plus respectables, et il faut prendre garde de le froisser. Ainsi :

1° le sucrage a donné lieu à de grandes plaintes: quelques-unes étaient méritées. Longtemps on a cru à l'identité absolue des hexéloses (glucoses) et du sucre de raisin. Nous savons aujourd'hui que cette identité n'est pas complète, et leur différence nous avertit de l'extrême prudence qu'on doit apporter dans les additions de sucre. Il faut surtout ne négliger aucune recommandation, à tous ceux qui fabriquent les produits artificiels, pour éviter la présence des matières étrangères aux hexéloses, cause véritable des plaintes sérieuses.

2° La présence du tétrabélate (tartrate) acide de potasse n'est pas une qualité hygiénique des vins, comme on l'avait cru. D'après Cl. Bernard, les sels de potasse sont nuisibles : par conséquent le bitartrate, en sa qualité de sel de potasse, ne peut produire de bons effets : c'est certainement un des secrets de la qualité des vins vieux qui n'en renferment ordinairement presque plus. L'addition de bitetrabejiate (bimalate) de soude qui remplacerait le bitartrate de potasse des vins par du bitetrabejiate (bimalate) de soude et du tetrabelate serait, vraisemblablement une amélioration ; car les sels de soude sont très favorables, d'après le même savant.

Un caractère saillant des vins, c'est la puissance enivrante. L. Beck a cru pouvoir la mesurer en se fondant uniquement sur la richesse alcoolique. L'eau-de-vie à 53,39 (pour 100), étant prise comme type et égale à 100, Beck trouvait : [2]

1. *Etude sur les vins et les conserves*, Paris, 1857.
2. Dumas, *Traité de chimie*, t. VI, p. 490.

Eau-de-vie..............	100
Madère le plus fort......	48.26
— le plus faible.....	36.14
Porto..................	42.33
Bucellas...............	35.21
Vin d'Espagne..........	33.75
Torres Vedras..........	38.22
Sauterne...............	24.34
Bordeaux...............	38
Vins d'Amérique........	21.07

Mais attribuer la force enivrante du vin à sa richesse alcoolique seule, c'est commettre une grande erreur; c'est raisonner contre les faits les mieux connus. On sait, en effet, qu'une seule bouteille de certains vins produit l'ivresse plus vite que trois ou quatre bouteilles de vins d'une autre espèce. On sait, en outre, combien l'ivresse varie dans ses caractères; tantôt douce, heureuse, expansive; tantôt dure et brutale, suivant la nature du vin, mais non pas suivant sa richesse en alcool. Les acides et surtout les éthers, les traces d'huiles essentielles, l'état de la matière azotée, n'ont pas moins d'influence que l'alcool pour donner au vin sa force enivrante.

Est-il possible de la mesurer en tenant compte de ces matières? Non, car nous avons vu, et nous verrons encore, combien il est difficile de fixer exactement leurs proportions; et d'ailleurs, le même vin produit des effets divers suivant les tempéraments, et suivant les phases pathologiques d'un même tempérament.

Je ferai seulement une remarque: nous avons vu dans l'oxydation de l'alcool se produire un peu d'acide oxalique C^2HO^4. Cet acide peut prendre naissance dans les premiers moments de la fermentation et donner de suite de l'éther oxalique. Cet éther est doué à un très haut degré du pouvoir d'exciter l'irritabilité nerveuse. On peut je crois lui attribuer principalement les premiers effets de l'ivresse batailleuse et méchante observée chez les buveurs, surtout au jour du décuvage; cet éther est décomposable en peu de jours, il forme de l'alcool *pur* et de l'oxalate de chaux qui tombe dans les lies; et le vin ne produit plus de mauvaise ivresse: il n'a plus que ses qualités bienfaisantes.

Cela est si vrai que l'alcool penténique pur « ne pouvait pas contribuer à donner un mauvais goût aux eaux-de-vie, à la dose de 80 grammes par hectolitre » — suivant Ordonneau (1).

1. *J. de Pharm.*, [5], t. XIII, p. 368.

Le *vin de raisin* était distribué chaque jour aux égyptiens avec les aliments sacrés (bœuf et oie cuits) (1).

L'une des propriétés hygiéniques du vin qui mérite une attention assez grande est celle dont il est doué par le manganèse : tous les vins contiennent plus ou moins de ce métal, en un sel d'acide *tétrabélique* (tartrique) sel double de potasse et protoxyde de manganèse, très vraisemblablement.

Le vin toujours chargé de manganèse (le maximum dans mes expériences a été de 0 gr., 007 métal) et malgré l'élimination continue de ce métal, joue certainement un rôle dans l'hygiène. On nous dira prochainement, espérons-le, quel est vraiment ce rôle.

Longtemps on a cru ce métal capable de remplacer le fer : la médecine l'ordonnait, à ce titre, comme réconfortant et tonique assez puissant pour faire disparaître l'anémie.

J'ai montré combien cette hypothèse, fondée sur les analogies chimiques (très peu nombreuses, en somme), est fausse. Le manganèse, dont nous absorbons, continuellement, des quantités très appréciables, dans tous nos aliments, ne pénètre pas dans le sang ; il est éliminé de la manière la plus complète, avec les résidus solides de l'alimentation (2).

L'estimation des vins au point de vue hygiénique peut varier à l'infini. Les vins du Rhin possèdent une assez bonne réputation de nos jours, du moins en Allemagne. Ce n'était pas du tout la même chose dans le XVIIIe siècle. Frédéric-le-Grand écrivait à Voltaire : le vin de Hongrie... vous est beaucoup plus convenable que le vin du Rhin dont je vous prie de ne point boire parce qu'il est fort malsain (3).

Les anciens attribuaient aux vins des propriétés médicinales souvent extraordinaires. Pline ne craint pas de dire : c'est un antidote contre le mercure (argentum vivum) XXIII,, **23**, 2) et « suivant Asclepiade, peu s'en faut qu'il ne l'emporte sur le pouvoir des dieux (**22**, 2). D'un autre côté, son éloquence devient brûlante contre l'abus du liquide source de mille crimes, etc. — Je dois renvoyer le lecteur à l'article **28** tout entier.

223. Les vins de raisins secs ont-ils les propriétés hygièniques des vins normaux ? Bien évidemment non.

1. Hérodote Euterpe, t. XXXVII.
2. *C. R. de l'Ac. des Sc.*, t. XCVIII, p. 1416, BSC. t. XLIII, p. 451, t. XLIV, p. 305, 315.
3. Correspondance, t. I, p. 362, 411, t. II, p. 10.

Mais sont-ils inférieurs? Il est impossible de le dire. A la question déjà présentée p. 327, ne sont-ils pas supérieurs? On ne peut répondre avec des arguments précis et indiscutables. Pourquoi le raisin perdant l'acide tétrabéjique (malique) et retenant seulement l'acide tétrabélique (tartrique) de même composition sauf 2 équivalents d'oxygène en plus, — pourquoi ce *raisin oxydé,* privé d'œnocyanine, mais conservant cette couleur oxygénée, l'œnochrysine et d'autres éléments oxydés comme elle, les éthers modifiés peut être par l'oxydation de leurs acides, etc., etc., pourquoi ce vin ne serait-il pas bon, excellent, et même supérieur au vin normal? Rien n'autorise à le croire inférieur; rien, car tout, au contraire, engage à lui donner la supériorité. N'est-il pas admis par tout le monde que les vins vieux ont des qualités plus grandes que les vins nouveaux? Ces qualités ne sont-elles pas dues en partie à l'oxydation, en partie à ces mouvements hydrolytiques dont nous avons vu si clairement les effets?

L'oxydation, Pasteur la déclare seule capable du vieillissement des vins; les raisins en séchant n'ont-ils pas subi la plus évidente oxydation? N'oublions pas l'expérience de la page 14.

Les actions hydrolytiques, les raisins secs ne les ont-ils pas éprouvées, au même degré que les vins normaux à une de leurs premières périodes?

Si nous pouvions nous en tenir là, ne devrions-nous pas proclamer les vins de raisins secs, *vins vieux*, et par conséquent supérieurs? — Mettons un peu de réserve à cette conclusion, soit! Mais ne nions pas l'évidence! Ne refusons pas la qualité de vins à ces produits de la fermentation alcoolique de raisins parfaitement authentique. Ne qualifions pas de *piquettes* avec l'intention la plus méprisante, des vins vrais, faits avec du raisin oxygèné, vins dont l'antiquité proclamait la qualité supérieure.

Lisez Pline: vous verrez d'abord: l'Italie est la contrée où la vigne est cultivée plus soigneusement qu'en aucun autre pays (XIV, **28** 3), vous verrez ensuite le vin de raisin sec offert à titre de breuvage d'une exceptionnelle supériorité aux dieux et aux personnages dont on voulait honorer le plus la présence (XIV, **15** et suivants).

Ne jetons pas inutilement le discrédit sur des liquides où personne en aucun temps n'a trouvé la moindre influence pernicieuse, où l'analyse chimique (très défectueuse il est vrai), ne saurait indiquer un élément nuisible *venu du raisin* et dont aucun estomac ce qui est plus sûr n'a jamais eu à se plaindre.

Je ne prolongerai pas ces observations, pour le moment elles suffisent pour montrer le danger d'une application irréfléchie des connaissances chimiques. Pour prétendre à un respect absolu, la science doit n'offrir que des données certaines, et malheureusement, dans la nature organique, les données certaines sont très difficiles à obtenir. D'un autre côté, c'est un mauvais principe d'encourager l'introduction dans le vin de matières, comme le plâtre, peu dangereuses par elles-mêmes, mais toujours par les impuretés dont elles peuvent être souillées. Cette introduction est surtout regrettable tant qu'on n'aura pas établi leur utilité, ce qui est loin d'être fait pour le plâtre.

Soyons donc les premiers à modérer le zèle de tous ceux qui voudraient appliquer, sans hésitation, les résultats incomplets de nos études de laboratoire. S'il ne faut pas craindre les nouveautés, fondées sur une expérience exacte, et consacrées par le temps, ne laissons pas toucher trop légèrement, au nom de la Chimie, à des substances de premier ordre, comme le vin, si bien préparé par les soins du créateur pour nous être utile; et par conséquent pour faire encourir une responsabilité très lourde à toutes les mains téméraires.

CHAPITRE III

1° MALADIES DES VINS.
2° IMITATIONS DES VINS DE VIGNE. — VINS DE FRUITS, ETC.

L'ordre indiqué pour ce chapitre est le plus naturel; nous devons, évidemment, faire l'étude

1° Des *maladies* du vin, c'est-à-dire des *modifications produites spontanément dans le vin pur et capables de le rendre impropre à l'alimentation.*

2° Des *altérations* ou en d'autres termes, des opérations faites en vue d'améliorer le vin en faisant seulement changer les proportions d'alcool, d'acide, etc., par des additions ou soustractions de ces constituants — *sans aucun mélange de matières étrangères.*

Ainsi l'addition d'une certaine quantité d'*alcool de vin* est une altération — et *pas autre chose.*

3° Des *falsifications*, c'est-à-dire des introductions de matières étrangères sous divers prétextes et sans les déclarer spontanément.

L'addition de l'alcool de betteraves, grains, etc., dans un vin (de vigne) quelconque est une falsification, parce que ces alcools contiennent, tous, des composés étrangers au vin de vigne.

L'addition d'acide heptaféfique (salicylique), sous prétexte de conservation, est une falsification, parce qu'aucun vin naturel, aucun vin de vigne, ne renferme d'acide salicylique.

4° Enfin des *imitations*. On doit entendre par ce mot:

A La production des vins de vigne par fermentation du raisin dans toute condition diffférente de celle où le raisin est pris à son état naturel — l'état frais.

Les vins de raisin sec sont une imitation.

B La production des *vins* par fermentation de tous les fruits, grains, etc.

Les vins de cerises, d'oranges, de dattes, etc., sont des imitations.

Et l'introduction de ces derniers dans le vin de vigne sans avertissements précis au consommateur, devient une falsification.

Occupons-nous de ces quatre sujets. — Commençons par les maladies:

224. Un liquide aussi complexe que le vin doit être exposé, sans cesse, à des causes d'altération, qu'on ne peut pas toujours éviter ; les vins subissent des *maladies*, et perdent quelquefois leurs bonnes qualités d'une manière complète.

1° La maladie la plus grave du vin c'est le *manque d'alcool* — cette maladie remonte à celle du moût et plus exactement à celle de la vigne et elle a une cause évidente, le défaut de maturité dû aux mauvaises conditions de la saison.

— Dans les années froides ou pluvieuses, lorsque la maturité du raisin ne peut devenir parfaite, le vin présente ce défaut grave. Il contient peu d'alcool et, nécessairement aussi, peu des principes qui s'y rattachent (les autres alcools, les éthers) ; il n'a pas de force ni de bouquet. En même temps il conserve les acides du jus de raisin, dans lequel on en trouve, alors, d'autant plus qu'il y a moins de sucre, et, même après la fermentation la plus complète, il forme un liquide peu agréable. Ce défaut se présente, malheureusement, chaque année, pour un assez grand nombre de vins : on l'a rencontré, surtout pendant les années où la température et la maladie de la vigne ont produit tant de résultats désastreux.

Le manque d'alcool peut être réparé de deux manières : ou en ajoutant du sucre au moût avant la fermentation, — ou en ajoutant de l'alcool au vin lui-même.

Examinons ces deux moyens :

Addition du sucre au moût. — Mentionnons seulement, ici, cette opération. Nous l'examinerons dans tous ses détails, au chapitre IV.

Addition d'alcool. — Le remède au manque d'alcool paraît très simple : il est naturellement une addition d'alcool : mais pour ne pas commettre une altération, il faut ne pas balancer à faire usage de l'alcool du même vin. Supposons un vinier ou vinifacteur dont la production est de 14 pièces (ou 28 hectolitres environ) ; année mauvaise, son vin n'est pas riche à plus de 7 degrés ; et il veut le monter à la richesse moyenne des bonnes années, soit à 10 degrés. Les 14 pièces, 28 hectolitres, étant à 7 notre homme est possesseur de $28 \times 7 = 196$ degrés. Combien peut-il produire d'hectolitres à 10° ?

Supposons pour un instant très facile l'extraction de l'alcool *pur*, nous avons, en appelant x le nombre d'hectolitres à sacrifier pour en extraire l'alcool nécessaire ;

$$(28 - x)\ 10^\circ = 196^\circ$$

d'où

$$x \times 10^\circ = 280^\circ - 196 = 84 \qquad x = 8.4$$

Si nous extrayons l'alcool de 8,4 hectolitres (ou 4,2 pièces sur 14), nous aurons l'alcool représentant 58°,8.

Il reste 196 hectolitres à 7° = 137°,2
En ajoutant l'alcool extrait des 8,4 = 58°,8
Nous avons nos .... 196°

Examinons uniquement d'abord le second moyen, l'addition d'alcool.

Nous pourrons donc faire 19,6 hectolitres (9,8 pièces) à 10°.

Et nous ne ferons pas la moindre altération du vin puisque nous ajouterons son propre alcool.

Malheureusement il n'est pas très facile d'extraire l'alcool pur. Ce qui est *possible*, pécuniairement parlant, c'est d'extraire l'alcool à 90 centièmes. Alors nous devrons extraire l'alcool

$$\text{de } 8{,}4 \times \frac{100}{90} \text{ hectolitres, soit } 9{,}333$$

Nous aurons ainsi

18h.,666 à 7° = 130.666

et en ajoutant l'alcool des

9h.,333 à 7° = 65.333
195.999 = 196
Nous aurons 18,666 et à cause de l'eau retenue par l'alcool
le volume $\frac{1}{10}$ de 9,33 = 0,933
ou en tout 19,599 hectolitres contenant 196°
soit 19,6 à 10°

Cette opération n'est pas très coûteuse. Le vinifacteur examinera ce qu'il lui convient de faire suivant les prix du moment.

On trouve dans le commerce les alcools tout faits ; il est donc facile de conserver tout le vin à 7°, de ne faire soi-même aucune extraction d'alcool ; mais les alcools commerciaux sont rarement tirés du vin ; on peut dire; ils ne le sont jamais de celui du vinifacteur. Si donc on les emploie, on *altère* le vin et on s'expose en outre à lui donner des propriétés fâcheuses, nous l'avons vu. Bien que ces alcools soient amenés souvent à un état de pureté très voisin de la nature de ceux du vin, nous ne savons pas encore toute la vérité à leur égard et il faut encore de la prudence pour en faire un sage emploi.

L'addition d'alcool étranger a donc de très grands inconvénients; l'alcool de vin, du même vin a lui même un défaut grave: l'alcool conserve le ferment, et procure au vin des qualités qui le rendent stable, l'alcool ne peut en rien déterminer le même résultat, et les vins alcoolisés ne sont jamais aussi solides, en général, que les mêmes vins dans lesquelles on a produit la même dose d'alcool par la fermentation d'un poids donné de sucre.

On trouve un avantage considérable dans l'usage de l'alcool préparé à froid. La distillation ordinaire exige une haute température, (celle de l'ébullition du vin, d'où l'on extrait l'alcool) uniquement à cause de la pression atmosphérique. Si l'on opère la distillation dans le vide, l'ébullition peut avoir lieu à la température ordinaire, + 15° à + 20°, sans feu, le plus souvent. L'alcool, distillé, dans ces conditions présente une supériorité très marquée, sur celui du même vin *brûlé* comme à l'ordinaire. Sa finesse est extrême, son goût excellent, en un mot, c'est un produit de la plus haute qualité.

Cette opération n'est pas difficile à réaliser industriellement. Elle l'a été, par mes conseils, depuis plus de trente années dans l'appareil représenté.

Le vin, rassemblé dans un foudre, est aspiré dans une chaudière où le vide est fait, et entretenu, non seulement dans cette chaudière, mais dans tout l'appareil, par une pompe mise en mouvement au moyen d'une petite machine à vapeur. La chaudière, logée dans un bassin de tôle qui renferme un bain d'eau, peut être légèrement chauffée à + 30°, 35°, 40°, au plus, par le feu d'un fourneau. Les vapeurs alcooliques, élevées dans le dôme sont conduites, par un tube, dans un serpentin de verre, formé avec des tubes de 8 à 10 centimètres de diamètre, reliés par du caoutchouc. Le liquide produit, par leur condensation, se réunit dans un réservoir d'où on peut l'extraire en fermant un robinet (placé sur un tube à plusieurs branches, pour diriger le liquide alcoolique dans les réservoirs de rechange), ouvrant un robinet supérieur pour rendre l'air, et enfin un robinet inférieur qui permet l'écoulement de l'esprit dans les vases destinés à le recueillir.

Le condenseur peut être remplacé par les condenseurs ordinaires de la distillerie, que je conseille de faire construire, en grès ou en porcelaine.

Les alcools commerciaux ont souvent des odeurs très désagréables. Ces odeurs viennent en grande partie de produits sulfurés développés pendant les fermentations — soit aux dépens des sulfates naturellement contenus dans les grains, les glucoses, etc. d'où proviennent ces alcools — soit par l'acide sulfurique ajouté aux matières fermentescibles. — Les odeurs sont aussi dues à des substances azotées — avec ou sans oxygène et les propriétés malfaisantes des alcools, même de ceux produits avec les vins, résultent certainement de ces deux causes et non des alcools à hydrocarbures C^nH^m où m n'est pas très grand, ni même des aldéhydes. On n'a d'aucune manière établi la nocuité des alcools ou des aldehydes tandis que celle des composés sulfurés et des composés azotés est parfaitement démontrée.

J'ai proposé en 1872 un ensemble de procédés de destruction des composés sulfurés — plusieurs de ces procédés causaient en même temps la destruction des matières azotées (dont je me préoccupais moins) (1).

Plus récemment on a essayé de résoudre le même problème par une oxydation résultant de l'action de l'ozone ou de la décomposition de l'eau dans le courant d'une pile électrique, ce qui revient au même. — D'un autre côté, on a essayé l'hydrogénation, produite aussi par un courant.

L'emploi des piles ressemble beaucoup au sabre du fameux Prudhomme; il peut donner le blanc et le noir, l'oxydation et l'hydrogénation. Le vin tenu au pôle + reçoit l'oxygène mais placé au pôle. — C'est l'hydrogène dont il subit l'action.

Un *détail* dont les chimistes paraissent n'avoir pas même *soupçonné* l'importance, c'est l'état réel, l'ÉTAT LIQUIDE de l'hydrogène et de l'oxygène dans ces conditions.

Là comme dans tous leurs travaux (j'allais dire leurs *tripatouillages*), ils ont cru pouvoir trouver la vérité sans son flambeau, dont la lumière est uniquement donnée par la Théorie générale et nous pouvons sans peine compter les résultats de leurs efforts. — Ils se réduisent à 0.

L'oxygène et l'hydrogène agissent dans les vins soumis à l'influence des courants, uniquement en raison de leur *densité* facile à mesurer car elle est rigoureusement celle des liquides ou le courant les met en *liberté*.

1. Le brevet est tombé dans le domaine public, il a donné de bons résultats : mais j'ai été amené à l'abandonner.

Le vin a-t-il une densité de 1,000 (celle de l'eau), nous pouvons voir avec le suprême degré d'évidence, l'oxygène de cette eau rendu libre *sans cesser un instant d'être liquide* et nécessairement sans changer de densité puisqu'il agit avec les éléments du vin *avant de reprendre et même sans reprendre l'état gazeux*. Mais l'oxygène à cette densité 1,000 se trouve 773 fois plus dense que dans son état de gaz.

Rapporté à l'air, il pèse :

$$1,1056 \times 773 = 855.$$

et doit produire des actions d'une intensité extraordinaire, ce qui a lieu; tous les éléments du vin s'en ressentent *suivant* la lo des mélanges et lorsqu'on veut bien ouvrir les yeux, on comprend de suite en quel *capharnaum* va tomber l'imprudent expérimentateur privé du seul appui capable de le soutenir, la Théorie générale.

Aussi, parmi *des milliers*, voici ce que nous trouvons :

L'ozone a été breveté par Eisenmann, à Berlin en 1881.

Naudin a essayé la même désinfection par l'éléctricité. C'est une oxydation coûteuse qui laisse énormément à désirer. B.S.C., t. XXXVI, p. 273.

L'hydrogène de la décomposition de l'eau par l'électricité galvanique a été breveté en France par Naudin et Schneider, etc. — on devait ne pas obtenir de bons résultats parce que l'hydrogénation dirigée contre les aldehydes elle ne produisait rien contre les composés sulfurés ni contre les azotés.

Ni l'oxydation ni l'hydrogénation ne nous ont donné des alcools bon goût. — C'était fatal. Voir B.S.C., t. XXXVI, p. 273 et *J. de Pharm.* [5], t. V., p. 480.

225. Quant à savoir le véritable *manquant* d'alcool, on devra connaître d'abord, la richesse du moût, dans la meilleure année, ce qui est généralement notoire dans le pays et peut toujours être déterminé sur un litre de bon vin, en le distillant avec l'appareil Gay-Lussac-Maumené ; il faudra déterminer, ensuite, par le même moyen, la teneur alcoolique de l'année présente. On prendra dans ce but 1 litre de moût ; on y ajoutera 1 ou 2 litres d'eau, 20 grammes de bonne levure et on le tiendra au chaud (de + 20 à 25 degrés). Le lendemain ou le surlendemain, quand la fermentation sera terminée, on le passera dans l'alambic.

Au lieu d'une addition d'alcool, on peut faire naître ce corps par une addition de sucre. Nous en parlerons plus loin en examinant le sucrage au point de vue le plus général.

CONGÉLATION DES VINS

— Au lieu d'ajouter de l'alcool au vin on peut le douer de sa richesse alcoolique ordinaire en lui enlevant de l'eau par un moyen simple, la *congélation*.

Cette méthode dont les anciens ont à peine entrevu l'utilité [1] peut rendre de grands services. En réalité c'est un procédé d'alcoolisage réel et doué du double avantage de purifier les vins d'une partie des matières capables d'amener tôt ou tard leurs maladies plus ou moins graves.

Van Helmont paraît avoir attiré, le premier, l'attention sur la congélation des vins « *Spiritus vini deprimitur ad centrum vasis propter frigus* » — Melsens en citant cette phrase, ajoute un alinéa curieux sur l'emploi du froid dans les mers glaciales par les « Cantabi, quos Bascones vocant », pour donner de la force aux vins. — *Annales de Chimie* (5e série), t. III, p. 527.

Dans son « *Tartari vini historia* » il écrit :

Les Cantabes qu'on appelle Gascons avant de s'être associés à nos Bataves pour la pêche de la baleine avaient obtenu souvent près du Groenland (regardé maintenant comme abandonné) près des Syrtes (nommées Atalayas) en les exposant au froid des vins glacés cuits, ou suffisamment généreux, à ce point qu'en enlevant les cercles d'un tonneau, ils prenaient la glace du vin nue, conservant la forme primitive du vase, et l'exposaient en plein air afin d'amener à la congélation dans la seule nuit suivante le résidu tout entier. Cela fait ils broyaient la glace ; alors autour du centre de cette glace paraissait une liqueur couleur d'améthyste, esprit réel du vin, liqueur de feu et de vie impropre à la congélation. Ils faisaient chauffer ensuite la glace et la buvaient en lui rendant un peu de la liqueur vitale.

Stahl a fait des expériences, et concentré par le froid, les vins, le vinaigre et la bière.

Au commencement de ce siècle, Parmentier donnait, à cet égard, les recommandations suivantes :

Au moment où le dégel s'annonce, il ne faut pas perdre un instant

1. *Bulletin de pharmacie*, I, 45.

pour soutirer le vin, et séparer les glaçons, qui restent suspendus et adhérents aux parois des tonneaux, et pour peu qu'il coule d'une manière languissante, on peut, au moyen d'une verge de fer, qu'on introduit par la bonde, rompre les glaçons; et s'ils sont assez divisés pour être entraînés en même temps que le vin, on les arrête par une toile claire, ou une gaze, étendue sur un entonnoir. Les vins ainsi dépouillés de leurs glaçons doivent être transvasés dans des tonneaux propres, qu'on a eu soin de soufrer.

Les petits vins, de peu de garde qui ont été frappés par le grand froid et dont on a séparé les glaçons, éprouvent sans doute un déchet : dépouillés de la partie aqueuse qui les fait passer aisément à l'aigre, ils deviennent plus spiritueux ; et, mêlés avec une certaine quantité de bon vin, ils peuvent se transporter sans s'altérer.

226. Un œnologue distingué, le regretté de Vergnette-Lamotte, a fait sur ce point des expériences très intéressantes : il a reconnu que les vins donnent de la glace aussitôt que leur température est abaissée jusqu'à 6 ou 7 degrés au-dessous de zéro. Cette glace n'est pas tout à fait de l'*eau* pure : elle garde toujours un peu d'alcool et l'augmentation de ce dernier, dans le vin qui demeure liquide, ne correspond pas, tout à fait, à ce que le déchet devrait produire. Néanmoins, le vin séparé de la glace offre une couleur plus veloutée, une grande vivacité de goût, plus de nerf, un peu moins de bouquet, mais un petit goût de raisin cuit « *qui n'est point sans mérite* » et l'importante propriété de se conserver presque indéfiniment.

Voici le tableau donné par de Vergnette-Lamotte, pour indiquer la variation de richesse alcoolique des vins par la congélation : la 4e, la 5e et la 6e colonnes n'en faisaient pas partie : je les ajoute pour qu'on puisse, d'un coup d'œil, apprécier tous les résultats.

ORIGINE DES VINS		Richesse alcoolique		Décret résultant de la congélation	Rich. que le vin aur. si la gl. était pure	Perte d'alcool retenue par la glace	Rich. alcoolique de la glace en vol.
		avant l'exposition au froid	après l'exposition au froid				
1837	Premiers crus rouges. . . .	11.50	12.12	12 %	13.07	0.95	7.91%
1841	Premiers crus rouges. . . .	12.27	12.61	7	13.19	0.58	8.28
	Premiers crus blancs. . . .	12.60	13.17	7.5	13.62	0.45	6.00
1842	Premiers crus rouges. . . .	12.70	13.10	7	13.66	0.56	8.00
	Premiers crus blancs. . . .	13.20	14.65	20	16.50	1.86	9.25
1844	Grand ordinaire rouge . . .	10.50	10.97	8	11.41	0.44	5.50

Les nombres de la 6e colonne montrent combien la glace est loin d'être pure. C'est un véritable vin un peu moins riche en alcool que celui dont on espère le refroidissement, mais plus riche que certains vins ordinaires [1]. (p. 411).

Ces faits ont été confirmés par Boussingault père ; un mélange d'eau et d'alcool, à 13 p. 100 d'alcool, s'est gelé comme un vin de même force pendant une nuit dont la température était inférieure à — 6° 3. Le peu de liquide qu'on put en extraire n'a pas semblé au goût, être plus alcoolique que le mélange [2].

L'action modérée du froid sur les vins, même lorsqu'on n'atteint pas la congélation, produit toujours un dépôt de tartrate acide de potasse, de matières azotées (ferments) et de matières colorantes où la bleue, l'œnocyanine, se trouve en plus grande partie. Les vins blancs deviennent plus jaunes, leur couleur, l'œnochrysine débarrassée du bitartrate, reprenant la teinte foncée qu'elle offre toujours quand elle n'est plus sous l'influence des acides. — En abaissant la température jusqu'à la congélation et au déchet de 7 à 10 p. 100, le dépôt du ferment paraît complet suivant de Vergnette-Lamotte, et on conçoit alors aisément, l'inaltérabilité du vin.

Pour obtenir aisément la plus utile congélation, il faut, autant que possible, réaliser les conditions suivantes indiquées par de Vergnette-Lamotte : choisir un terrain sans abri, ouvert au nord, fermé au midi par un mur d'une faible hauteur : établir les chantiers le long de ce mur, dont l'ombre protègera les tonneaux pendant le jour contre les rayons du soleil : attendre une nuit où le ciel sera clair et sans aucun nuage, la terre couverte de neige, le vent à la bise, le baromètre à 74,5 centimètres et le thermomètre au moins à 6 degrés au-dessous de zéro. Alors si le vent reste vif à la chute du jour, et si le baromètre continue de monter lentement, (*si les mains des tonneliers adhèrent contre les ferrures extérieures des maisons*) on peut sortir les vins des caves ; on rangera les fûts en ligne à une certaine distance les uns des autres, et on ne négligera pas de laisser un certain vide au-dessus du vin, parce que la partie qui se congèle augmente de volume. Le bouchon ne sera pas forcé de la bonde ; mais seulement posé. — En peu de temps, le

1. De Vergnette-Lamotte a cru voir dans ces nombres, un indice de combinaison entre l'eau et l'alcool ; leur irrégularité n'est pas une preuve absolue du contraire ; ce sont des mélanges de plusieurs composés.

2. *Ann. de chim. et de phys.* [3] XXV 363.

vin prendra la température extérieure, surtout dans les tonneaux cerclés en fer.

La bonne congélation obtenue, on soutire, sans donner la moindre secousse au tonneau, pour ne pas entraîner les lamelles de glace qui sont très minces. On conserve le vin dans des celliers aérés, très froids; il ne tarde pas à s'éclaircir, sans collage, et laisse déposer un précipité noir, très abondant et d'une grande consistance. Un mois à six semaines plus tard, on le soutire de nouveau et on peut alors le descendre dans les caves. — Quant à la futaille où reste la glace, le mieux est de la défoncer d'un bout et d'en frotter vivement les parois avec un balai : on la lave à grande eau, on remet le fond et elle peut servir à un nouveau soutirage.

De Vergnette-Lamotte avait estimé les frais de mouvement à 1 fr. 55 c. par pièce. Avec un déchet de 7 à 10 p. 100, il admet que le vin augmente de prix d'au moins 15 à 20 p. 100. — Enfin, il conseille de borner l'emploi de la congélation aux produits médiocres des premiers crus, dans les années peu favorisées, et surtout aux vins fins et légers, mais faibles de complexion [1].

Si l'on veut opérer en tout temps, ce qui est très possible, au moyen d'une dépense grandement couverte par les avantages de la congélation, il faut opérer comme le faisait Vergnette-Lamotte, qui avait bien voulu me communiquer les détails suivants :

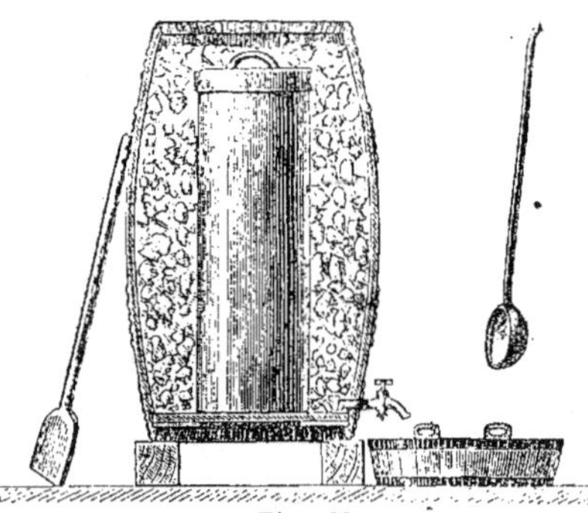

Fig. 28

Les tonneaux qui contiennent le vin que l'on doit geler, sont exposés à l'air, quelques temps à l'avance, de manière à abaisser la température du liquide. Admettons qu'elle soit déjà à 0° au moment d'opérer, on verse le vin dans une sabotière en cuivre étamé munie d'un couvercle qui doit à un mécanisme particulier de pouvoir se fixer à volonté à la sabotière, de manière à faire corps avec elle.

On place cette sabotière, dont la capacité est d'un peu plus d'un hec-

1. *Ann. de chim. et de phys.* [3] XXV, 353.

tolitre [1], dans un tonneau défoncé, dont on emplit l'intervalle en y mettant successivement trois couches de neige et trois couches de sel. Dans ce premier travail, ces trois couches de sel pèsent 15 kilogrammes ; on couvre le tonneau d'un linge mouillé et on l'abandonne à lui-même. Au bout de douze heures, on soutire l'eau salée qui s'est produite par la fusion du mélange réfrigérant, et on fait tomber tout ce qui reste de neige après la sabotière, au moyen d'une pelle ou palette, (représentée à gauche du tonneau), en bois, de 25 à 30 millimètres d'épaisseur, et légèrement concave pour bien embrasser la sabotière. On remplit de nouveau l'intervalle avec de la neige et, seulement, 5 kilogrammes de sel. Douze heures plus tard, la congélation est au degré convenable ; on peut soutirer le vin. — On emploie, pour cet usage, un siphon *ordinaire* en fer-blanc, d'un fort diamètre, muni d'un tube d'aspiration et d'un robinet tube dont l'extrémité est taillée en biseau. Le vin est reçu dans un entonnoir muni d'un filet en fil de fer étamé pour retenir les glaçons, et d'un tamis de crin, pour mieux produire le même effet. On le met ensuite en tonneaux ou en bouteilles. On détache alors la glace fixée aux parois de la sabotière au moyen d'une poche en cuivre ou en fer étamé, représentée à droite du tonneau (fig. 28) ; cette poche ou spatule a dû être introduite dans le vin, au commencement du travail, pour la mettre à la température du vin. — On met la glace à égoutter sur le matis d'un pressoir, d'où l'on recueille, peu à peu, le vin qui restait interposé entre les lamelles de glace. — Ce vin présente un goût d'évent et reste inférieur à celui de décantation : c'est ce qui résulte du tableau (p. 476), on fait de ce vin une boisson pour les ouvriers.

On peut immédiatement remplir de nouveau la sabotière et opérer comme la première fois.

Pour de grandes exploitations, on réunit 10 ou 12 sabotières dans une même cuve. On opère les grands vins 1/16 à 1/6. — On peut aller jusqu'à 1/4, mais alors on altère le bouquet. Quelquefois les vins au sortir des sabotières, sont troubles, et exigent deux ou trois mois de repos, avant le soutirage. Le dépôt est d'une nature spéciale ; il est visqueux, très coloré.

La dépense de ce facile travail n'est pas bien grande : le sel employé ne se dissout pas entièrement dans la neige fondue, et sur 20 kilogram-

1. Diamètre $0^{m}42$, hauteur $0^{m}90$, capacité 1 hectolitre 14, moitié des pièces de Bourgogne. On en peut employer de 57 litres au lieu de 114.

mes consacrés aux deux opérations, il en reste 13 1/2 encore disponibles. La neige n'en met pas plus de 6 1/2 en dissolution. C'est 13 kilogrammes par pièce de 228 litres.—A 16 francs les 100 kilogrammes, c'est une dépense de 2 fr. 08, même en supposant la perte de l'eau salée, qui est bonne à employer dans l'arrosage des fumiers, dans la préparation des rations pour les animaux, etc. La main-d'œuvre est peu considérable (1).

Les vins bien gelés ont une excellente tenue sous l'influence de la chaleur. Ceux qui ont été expédiés en 1855 à Madras et dans l'Inde, n'ont pas donné le moindre dépôt ; leur conservation a été parfaite. Il ne leur reste aucun goût de leur contact avec une substance métallique.

Si l'on soumet, d'ailleurs, à l'action d'une température de 60 à 70 degrés centigrades, une bouteille de ces vins, et s'ils résistent bien à cette épreuve, on peut-être assuré qu'ils résisteront aux fatigues des plus longs voyages. — On pourra juger de l'effet que la chaleur produit sur les vins dans ces conditions, par les expériences suivantes de Vergnette-Lamotte :

« En 1840, des vins de cette récolte avaient été mis en bouteille au décuvage, après avoir été bouchés, ficelés et exposés au bain-marie, à une température de 70 degrés centigrades, ils furent descendus à la cave et oubliés. En 1846 (alors que la plupart des vins de 1841, dont les raisins furent grêlés, avaient subi une maladie à laquelle plusieurs succombèrent), quelques bouteilles de ce vin se trouvèrent sous ma main, avec leur étiquette, et je constatai avec une grande satisfaction, qu'il était dans le meilleur état de conservation ; seulement il avait contracté ce goût de cuit que nous rencontrerons dans les vins qui ont voyagé dans les pays chauds : il s'était dépouillé de sa matière colorante bleue. Plus sec, plus vieux qu'un vin de six ans ne devait l'être, il avait tous les caractères que nous avons signalés dans le vin n° 1.

« Nous avons répété cette expérience sur d'autres vins, à l'époque de leur mise en bouteilles, et, toujours, nous avons réussi, en faisant varier la température du bain-marie, de 50 à 75 degrés centigrades à préserver les vins de qualité, soumis à ces essais, de toute altération ultérieure. Il n'en était pas de même pour ceux qui, d'une santé douteuse, ne présentaient point cette composition normale sans laquelle les vins ne se conservent pas. Dans ce cas, ils ne résistent point à cette épreuve. »

1. Un négociant très soigneux de Beaune, m'a communiqué les chiffres suivants : 126 pièces ont été gelées avec 15 appareils (2 siphons, 6 tamis) ; on a employé 5 hommes pour tout ce travail. La dépense de cette main-d'œuvre et du sel (qu'on a un peu prodigué), s'est élevée à 630 fr. ou 5 fr. par pièce.

Lorsqu'on les expédie en tonneaux, on doit engaîner dans un deuxième fût, et on remplit l'intervalle qui les sépare, avec des substances peu conductrices de la chaleur, de la paille, par exemple, ou mieux, du charbon de bois pilé.

Melsens donne le résumé suivant de ses expériences :

« On sera peut être étonné qu'on puisse trouver excellente de l'eau-de-vie portée à 16 degrés et même à 30 ou 35° au-dessous de 0 ; le produit a semblé, pourtant, exquis aux dégustations et souvent d'autant plus moelleux qu'il était plus froid—... à — 30° environ il faut se servir de petits godets en bois pour éviter la sensation du verre froid.

Vers 30° au-dessous de 0 les liquides alcooliques renfermant environ la moitié de leur volume ou de leur poids d'alcool absolu deviennent sirupeux et parfois opalins... Leur composition répond à peu près à $C^4H^6O^2(HO)^6$, représentant 54 p. 100 d'eau et répondant au maximum de contraction des mélanges d'eau et d'alcool [1].

« ... A — 40° ou 50°, (avec la cuillère en bois) on est étonné de la faible sensation de froid... la pâte qui fond sur la langue paraît moins froide que les *glaces* ordinaires... Cependant le cognac ou le rhum auraient pu être servis dans un vase en mercure congelé.

« ... Il faut aller jusqu'à — 60° pour que l'on dise c'est *froid* : et rarement c'est *très froid*.

« ... A — 71° la sensation est celle d'une cuillerée de soupe *un peu trop chaude* [2].

« Des quantités égales de vins mousseux étant refroidies, l'augmentation apparente de volume est beaucoup plus considérable pour les vins mousseux que pour les vins ordinaires rouges ou blancs. Deux échantillons de vins mousseux m'ont donné, par bouteille, une augmentation d'environ 60 centimètres cubes, tandis que les vins de la Côte d'Or ne m'ont donné qu'environ 15 centimètres cubes [3].

(La différence tient au gaz, en partie dégagé, retenu dans la glace, des vins mousseux — EM).

« La moitié, ou même les deux tiers du volume des vins ordinaires renfermant 11 à 13,5 p. 100 d'alcool, peuvent être congelés. La partie restée liquide, trouble d'abord, se clarifie par le repos.

1. C'est réellement $(C^4H^6O^2)^9(HO)^{16}$, le mélange *à poids égaux*. EM.

2. Ces effets sont faciles à comprendre, l'eau donnant une sensation de *froid*, l'alcool une de *chaud* les deux effets, sont à peu près compensés. EM.

3. C'est 75 centimètres cubes, par *litre*, pour les vins mousseux et 20 au plus pour les vins de Bourgogne.

« ... Pour retirer du vin de l'eau pure, je place le vin dans un mélange réfrigérant où il se prend en masse. Cette masse semi-solide colorée en jaune pâle pour les vins blancs, en rouge plus ou moins foncé pour les vins rouges, est un lacis de glaçons d'eau pure emprisonnant du vin liquide comme une neige qui serait imprégnée d'eau colorée. Placée dans une toile métallique en forme de panier... fixée à l'intérieur d'un vase destiné à recevoir le liquide, la partie solide reste sur la toile... surtout au moyen d'une petite turbine à force centrifuge.

« Dans ces conditions j'ai pu recueillir une masse de glaçons presque incolores même avec le vin rouge; le liquide provenant de la fusion était sans saveur, ne renfermait pas ou presque pas d'alcool, avec un peu de matière organique soluble dans l'eau. Cette eau devenait facilement le siège d'une végétation cryptogamique.

« Avec les turbines industrielles on obtiendrait sûrement de l'eau pure ou presque pure et du vin retenant tout l'alcool et la presque totalité des résidus solides et solubles des vins [1].

« ... J'ai retiré des vins, blancs et rouges, de Bourgogne au-delà de 40 p. 100 de glaçons ; le vin enrichi dans le rapport de 12 à 18,5 d'alcool environ laissait, après filtration, beaucoup plus de résidu au bain-marie.

Melsens termine en présentant la congélation suivie du chauffage de la partie concentrée comme « moyens certains pour écarter les chances désastreuses des années médiocres ou mauvaises. »

Les anciens avaient observé la congélation des vins : « chose singu-
« lière mais qui a été vue quelquefois : les vases rompus, des masses
« glacées restaient debout, sorte de prodiges, puisque le vin de sa nature
« ne gèle pas, et au contraire se montre seulement stupéfié par le froid. »
Pline (XIV, **27**).

Ainsi le fait de la congélation des vins était connu mais cette « sorte de prodige » n'avait pas semblé de nature à rendre aucun service.

Depuis ces observations de Pline, on a *utilisé* la congélation dès les premiers temps de notre histoire. « Les vins des pays humides (Ency-
« clopédie) sont chargés d'une eau plus abondante qu'il n'est nécessaire
« pour étendre leurs principes. On les dépouille de cette eau superficielle
« en les concentrant par la gelée ; par ce procédé... qui est connu
« depuis longtemps comme on peut le voir dans Van Helmont au com-
« mencement du traité *Tartari vini historia* on donne au vin, ainsi

1. Melsens ajoute la mention d'un brevet pris en 1872 (26 juin) par MM. Mignon et Rouart et dont-il n'avait pas connaissance au moment de sa première publication.

« qu'au vinaigre, une odeur très pénétrante et une saveur très forte ; « en garantissant ces liqueurs concentrées d'une chaleur ou d'une « agitation violente elles résistent aux changements des saisons et « peuvent durer des siècles ».

L'expérience de concentration remontait donc à plusieurs siècles.

Horace conseille de refroidir le vin sans aller jusqu'à la congélation : *Massicosi cœlo...*, Sat. IV., Livre II.

— Raoult a donné (*Comptes-rendus*, t. XC, p. 865) des mesures utiles. — D'abord les points de congélation de liquides hydroalcooliques purs d'une composition connue — ensuite les points de congélation de plusieurs vins comparés à ceux des liquides hydroalcooliques de mêmes richesses en alcool, mais exempts de matières étrangères.

Son travail peut être résumé dans deux tableaux, le premier relatif aux liquides hydro-alcooliques purs, le second relatif aux vins.

Voici les deux tableaux :

Point de congélation	ALCOOL	
	en poids dans 100 d'eau	en volume dans 100 d'eau
0°		
— 1	2.65	3.2
2	5.50	6.3
3	7.95	9.2
4	10.60	11.8
5	13.00	14.2
6	15.38	16.4
7	17.80	18.7
8	19.80	20.4
9	21.90	21.9
10	23.60	23.3
12	27.60	26.4
14	31.30	29.1
16	35.10	31.3
18	39.00	33.8
20	42.80	36.1
22	46.60	38.3
24	50.60	40.0
26	54.80	41.6
28	59.20	43.7
30	64.60	46.2
32	70.00	47.9

L'auteur fait les remarques :

1° Jusqu'à 10 grammes d'alcool le retard de congélation, par gramme d'alcool est constant et égal à 0°377. — L'abaissement est proportionnel au poids total d'alcool et delà il conclut que l'alcool est à l'état anhydre.

2° De 24 à 51 grammes d'alcool, le retard par gramme d'alcool est constant et égal à 528. — L'abaissement n'est plus proportionnel au poids d'alcool et delà Raoult conclut à l'action d'un hydrate $C^4H^6O^2$ $HO)^2$. (1).

Maintenant pour les vins :

	Titre alcoolique centésimal	Point de congélation	
		des vins	du liquide hydro-alcooliq. de même titre
Vin rouge ordinaire. . . .	6.6	2°.7	2.2
— blanc ordinaire. . . .	7.0	3°	2.3
Beaujolais	10.3	4.4	3.4
Bordeaux rouge..	11.8	5.2	4.0
Bourgogne rouge	13.1	5.7	4.5
Roussillon rouge.	15.2	6 9	5.5
Marsala..	20.7	10.1	8.1
Cidre.	4.8	2°	1°,5
Bière.	6.3	2,8	2,0

Ainsi la congélation des vins et autres liquides alcooliques a toujours lieu plus tard que celle du liquide hydro alcoolique pur de même titre — à peu près de $\frac{1}{10}$ degré par centième d'alcool en volume.

Récemment on a proposé de pratiquer le refroidissement des vins, en Algérie, non par la congélation (ce qui serait excellent, mais coûteux). — Mais par l'introduction directe de la glace dans les vins. Il serait difficile de donner un plus mauvais conseil ; c'est un mouillage dont les inconvénients à tous les points de vue sont démontrés dans tout ce qui précède.

227. 2° Modification de *couleur*. Les vins peuvent offrir, ou trop, ou trop peu de couleur.

Dans le cas où le vin manque de couleur, on lui en fait pren-

1. L'examen des courbes conduit à un résultat plus conforme à ma Théorie générale, l'hydrate est $(C^4H^6O^2)^9$ $(HO)\frac{46}{3}$ ou $C^4H^6O^2$ $(HO)^{1.70}$.

La contraction dont le maximum est offert par l'hydrate $(A)^9$ $(HO)^{46}$ serait diminuée (par la dilatation de l'eau) et il resterait $(A)^9$ $(HO)\frac{46}{3}$ comme le veut la théorie $A = C^4H^6O^2$. EM.

dre, ordinairement, par son mélange avec les vins *teinturiers*, par exemple, avec des vins du Midi, du vin de Roussillon : ce travail n'a aucun inconvénient hygiénique, mais il expose a ceux que nous signalerons en parlant des coupages.

Dans beaucoup de localités, il faut le dire, on a recours à des procédés blâmables et contre lesquels les chimistes ne peuvent trop s'élever. — Ainsi, dans les environs de Reims, la ville de Fismes est un centre où se fabrique une *teinte* que tous les hommes sensés doivent proscrire. On emploie :

Baies de sureau.............	250 à 500	grammes
Alun......................	30 à 65	—
Eau.......................	800 à 600	—

par litre de liquide à obtenir.

Cette recette varie : au lieu de sureau, on fait usage d'*hyèble* (ou *sambucus ebulu*) ; au lieu d'eau pure, on emploie de petits vins : les proportions changent aussi, mais le fond reste le même. C'est toujours une liqueur où la matière colorante est différente de celle du raisin, et se trouve accompagnée de substances qui s'éloignent davantage encore des produits de la vigne : et bien qu'il soit difficile de dire si le sureau contient des principes nuisibles, il y a, du moins, peu de doute à l'égard de l'alun. Ce sel est très acide, et il doit cette propriété, non pas à un acide végétal, comme le tartrate de potasse, mais à un acide minéral, l'*acide sulfurique*, dont l'action nous est très peu favorable ; il contient, en outre, de l'*alumine* qui lui donne encore de mauvaises qualités. Ce n'est pas un poison violent, bien entendu, mais c'est un corps dont l'action répétée continuellement, comme elle l'est par l'usage des vins colorés avec la teinte de Fismes, fit par amener des troubles sérieux dans la santé ([1]).

Malheureusement, la fabrication de la teinte a été encouragée par une ordonnance royale, rendue à Versailles en 1781, conformément à un avis exprimé le 3 juillet par la Société royale de médecine. Elle a pris ainsi une grande extension, et se montre hardiment au grand jour. Cependant, la Société de médecine ne pouvait pas, en 1781, donner un avis bien motivé : la chimie ne faisait que naître, et la nature de l'alun n'était pas exactement connue. Personne, à cette époque, n'était en état

1. Il existe, en d'autres villes, des fabriques semblables, notamment à Poitiers.

de mesurer le danger qu'il peut offrir, et il ne semble pas qu'on ait fait d'autre expérience que de s'en tenir à celle du public. Or, le public est-il bon juge de ces questions ? Tout ce que je puis dire, c'est qu'il a fini par protester lui-même, et j'en citerai un exemple :

En juin 1855, plusieurs habitants de Fismes portèrent des plaintes contre deux marchands de la ville ; on opéra la saisie des vins, et je fus chargé de les examiner : 6 échantillons donnèrent :

	Volume d'alcool p. 100 de vin	Alun dans un litre
N° 1.	6.9	3.91 grammes
2.	5.9	7.00 —
3.	5.0	» —
4.	3.9	» —
5.	7.0	» —
6.	5.4	4.92 —

Les 5 premiers étaient de l'un des marchands, et le dernier avait été saisi chez son confrère. — On voit clairement, dans cet exemple, où peut mener la tolérance en pareille matière. Voici des vins qui renferment 7 grammes d'alun par litre. Leur saveur acide est alors très distincte de celle du vin ordinaire, et les habitants de Fismes ne s'y sont pas trompés. A cette dose, l'alun est nuisible, même pour un buveur modéré ; il rendrait l'ivresse presque mortelle. Le premier délinquant avoua s'être servi, pour les vins, d'un pressoir employé, quelque temps auparavant pour la teinte et non lavé depuis. Le plancher en était couvert d'alun *crystallisé*. A ses yeux rien n'était plus simple, et cela devait lui servir d'excuse : — Il fut condamné à 200 francs d'amende, etc. ([1].)

Il est d'autant plus fâcheux que la teinte soit autorisée, que rien n'oblige à s'en servir ; on obtiendrait un résultat beaucoup plus con-

1. Je n'ai pas à examiner ici combien est fâcheuse une situation dans laquelle on permet à Fismes, ce qui est sévèrement défendu à Paris et ailleurs ; des observations ont été présentées par plusieurs chimistes à l'administration ; je n'ai cessé, moi-même de demander la suppression de toute tolérance pour la teinte. Déjà le vin de teinte est prohibé dans les environs de Reims. M. le Procureur impérial, près le tribunal de Château-Thierry a fait insérer, le 10 septembre 1854, dans l'*Echo de l'Aisne*, l'avis suivant :

« Un grand nombre de propriétaires et de vignerons de l'arrondissement de Château-Thierry, ont l'habitude de falsifier et de dénaturer le vin qu'ils fabriquent, en ajoutant au raisin diverses substances contenant de la graine de sureau. Ces mélanges qui ont pour effet de tromper les acheteurs sur la couleur réelle du vin et sur la qualité, sont nuisibles à la santé publique. A l'avenir, les personnes qui continueraient à pratiquer ces falsifications et à en vendre les produits, seront poursuivies conformément aux dispositions de l'art. 318 du Code pénal. »

Il est à souhaiter que la même mesure soit prise partout.

venable en faisant usage de certains crus du Midi, ou même des raisins *teinturiers*. — L'alun doit être proscrit sans réserve aucune. On croit, généralement qu'il donne de la stabilité au vin. Cela peut-être vrai, est vrai même, pour l'alun de potasse mais ne l'est certainement pas pour l'alun d'ammoniaque, ainsi les vins sont mis plus ou moins rapidement par le sulfate d'ammoniaque, et malgré sa faible proportion, dans le cas d'actions hydrolytiques on ne peut plus fâcheuses ; à ce point de vue ce sel paraît nuisible ; l'alumine semble de son côté peu favorable.

Heureusement les vins peuvent d'eux-mêmes achever la fermentation insensible pendant laquelle naissent les éthers, éléments du bouquet ; l'alun de potasse ne nuit pas aux actions hydrolytiques ; n'exerce pas toujours sur les matières organiques, l'action puissante de l'acide sulfurique dont il est formé. — Il ne change pas le sucre en *caramelin*. (Voy. *Analyse des vins*), comme l'acide, il ne suffit pas à produire les éthers, etc. En outre, on peut le remplacer par d'autres sels, tout aussi capables de maintenir la couleur, et qui ont, sur lui, le très grand avantage de se trouver dans le jus du raisin. Prenez un mélange de bitartrate et de sel ordinaire de table (chlorure de sodium). Ce mélange sera tout aussi bon que l'alun pour faire de la teinte, avec les bois de sureau, ou d'hyèble, etc., et cette teinte aura bien moins d'inconvénients et bien plus d'avantages que celle dont l'alun fait la base. — Un mélange de 2 parties de tartre, et 1 de sel donne de bons résultats [1]. Le biphosphate de chaux serait cent fois préférable (V. *Phosphatage*).

La teinte de Fismes n'est pas, à beaucoup près, la seule matière employée pour donner de la couleur au vin ; on se sert de presque tous les jus de végétaux rouges : ainsi les betteraves, les mûres, le tournesol, les bois de l'Inde, de Brésil, de Fernambouc et beaucoup d'autres végétaux, sont mis en usage par la Fraude. (Voir analyses, chap. IV).

Le vin au lieu de manquer de couleur présente parfois le défaut contraire : il est trop coloré. Le mieux en pareil cas est de couper le vin rouge trop foncé avec des vins blancs ; mais on emploie d'autres moyens :

Décoloration. — Cette opération est rarement pratiquée : Voici des renseignements plus ou moins utiles : 1 litre de vin rouge traité par 45 grammes de noir animal se décolore entièrement : il conserve son odeur et sa saveur, la pesanteur spécifique diminue sensiblement. *Bulletin de Pharm.*, t. III, p. 311.

1. L'influence de l'alun sur le vin est connue depuis longtemps. On trouve dans le VIIe livre des *Géoponiques*, chapitre XII, 1545 : « L'alun rend aussi le vin plus durable et plus clair. »

Parmentier avait signalé son action nuisible, *Bulletin de pharmacie*, I. 445.

Si les vins sont colorés trop, on parvient à les rendre plus faibles de nuance, soit en les mêlant avec des vins vieux ou des vins plus pâles, soit en les mettant en bouteilles, et les exposant, trois ou quatre jours de suite à la lumière solaire directe. — On emploie même du *noir animal* dont la puissante décolorante est très grande : il faut alors préparer ce noir avec des soins minutieux : il doit-être calciné très exactement, et de plus, lavé par l'acide chlorhydrique, puis à grandes eaux, à l'ammoniaque, et enfin calciné une seconde fois. Dans ces conditions, son emploi fournit de bons résultats : mais le noir ordinaire gâte presque toujours le vin, et le perd même souvent. — La quantité à employer est très variable (de 500 grammes à 5 kilogrammes par pièce).

Une partie de charbon de saule décolore 12 parties de vin : il le décompose s'il y infuse plus de 2 jours et quelquefois plus tôt.

On s'oppose à la trop forte coloration des vins en faisant fermenter le moût sur du charbon et ils n'en sont point altérés. Duburqua. *Ann. de Chimie*, t. XLIII, p. 90.

Les poireaux, — échalotte, — oignons, — ail, — moutarde, — clarifient et décolorent le moût, d'après Julia Fontenelle, *J. de Pharm.* (2), t. IX, p. 450.

Autre procédé : On prend des pierres à fusil, on les pulvérise, on les mêle avec du charbon et du sulfate de chaux, lavé et séché ; on met le tout dans un creuset bouché hermétiquement ; on chauffe au rouge vif : on jette alors ce mélange dans le tonneau. On agite un quart d'heure ; au bout de 12 heures on soutire. — On trouve un dépôt considérable verdâtre. — C'est le sulfure de calcium, résultant de la décomposition totale du plâtre (sulfate de chaux) et dont l'action est alcaline qui produit les effets observés — faciles à comprendre.

Le sulfate de quinine décolore les vins qui contiennent du tannin. — il agit plus sur les vins de Bordeaux que sur ceux de Bourgogne.

Le tannate de quinine en se déposant entraîne la couleur et ne présente pas d'amertume. — Henry, *J. de ph.*, t. XI, p. 331.

La séparation de la matière colorante paraît se faire presque mécaniquement : aussi lorsque dans du vin on ajoute du blanc d'œuf ou de la gélatine, non seulement on l'éclaircit mais encore on le décolore, du moins en partie surtout lorsque le crû contient beaucoup de tannin ; parce qu'alors il se forme un précipité insoluble de la substance animale avec la matière astringente qui, au moment de sa formation retient entre ses molécules une partie de la matière colorante qu'il entraîne avec lui. — Bussy, *J. de Pharm.*, t. VIII, p. 258.

228. Une maladie dont la guérison (?) devait-être et a été, tentée par les gens empressés de plaire aux consommateurs et de tout braver dans ce but (presque toujours fort bien rémunéré) c'est la perte du *bouquet*.

D'après Rommier, les globules de levure d'un vin retiennent une partie des corps odorants dont le bouquet de ce vin est formé ; elles abandonnent ces corps à des vins très inférieurs dont on aide la fermentation par une plus ou moins grande proportion de ces globules. — Assurément une opération faite avec les soins nécessaires ne peut-être blâmée. Le vin resterait *naturel* et serait pourtant amélioré. Il n'y aurait rien à dire si l'opération est franchement déclarée. C. R. CVIII, 1322.

En Grèce de toute antiquité on développe le bouquet du vin au moyen des fleurs de sa propre vigne: on cueille ces fleurs le soir d'une journée chaude alors qu'elles répandent le plus d'odeur. Des coups légers d'une baguette les font tomber de leur tige dans un panier léger: on les porte ensuite à l'ombre, étalées en couche mince sur un linge blanc pour les faire sécher. On les tient dans un pot de verre ou de grès ; très soigneusement bouché, qu'on garde dans un lieu sec jusqu'au moment d'en faire usage.

Ce moment venu, l'on suspend au milieu des tonneaux contenant le moût bien limpide ces fleurs enfermées dans des sacs de toile claire. La dose est de 1 kilogramme par hectolitre. On encave et après la fermentation on retire les fleurs, puis on soutire avec les soins ordinaires. — Le vin préparé de cette manière est une *essence de bouquet* et sert à développer l'arôme des vins. *J. de Pharm.* [3], t. XXV, p. 440.

Aucune odeur n'est plus suave (Pline, t. XIV, **2**, p. 1).

On a employé l'iris de Florence ; mais elle contient un principe vésicant. — Il faut distiller avec alcool. Aubergier, p. 827.

Pour donner du bouquet aux vins on a conseillé la graisse ou les acides gras, en émulsion dans les cuves. Un autre chimiste a signalé le côté hasardeux de cette mixtion. Il a émis en même temps la pensée que les alcools diénique (vinique) et penténique (amylique, ne sont pas libres dans le vin: ils y seraient unis à la matière albuminoide ce qui ferait développer l'odeur [1]. — Assurément on peut faire cette supposition ; mais tout porte à croire l'odeur ainsi produite peu agréable, surtout depuis l'observation de Ludwig, [2].

Nous pouvons croire à l'existence de la trimonénhydrazine, mais elle

1. B.S.C. (Appliquée), t. I, p. 363.
2. B. S. C., t. X, p. 32.

est neutralisée par les acides et doit contribuer bien faiblement à l'odeur, au bouquet.

Nous venons de parler deux fois de couper les vins. Il importe de bien examiner cette opération pour en prévoir les suites :

MÉLANGE OU COUPAGE DES VINS

229. On peut comprendre aisément, à l'aide de ce qui précède, d'après quelles règles on devra procéder pour mélanger les vins. En général on est peu disposé à faire des mélanges, parce que l'expérience faite pendant des siècles, sans aucune lumière chimique, a souvent donné de très mauvais résultats. Il s'est établi, par suite, des préjugés nombreux et difficiles à vaincre. Ainsi les vignerons disent souvent : *vin mélangé, mauvaise durée* ; l'un de nos meilleurs œnologues, sans contredit, va jusqu'à dire : « Un vin mélangé n'a jamais le goût et le parfum de celui qui est pur ; et lors même que chacun de ceux dont on l'a composé aurait eu un bouquet naturel très prononcé, il n'en conserverait aucun. » C'est là une grande exagération ; et, pour en donner la preuve sans réplique, il suffit de citer ce que le même auteur savait bien, car il l'écrit quelques pages plus haut, que les vins mousseux de Champagne sont toujours mélangés. Nous verrons dans le Livre IV, jusqu'où l'on va, dans ces mélanges, pour obtenir les meilleurs résultats. Mais d'ailleurs ces mélanges se font maintenant partout, et, lorsqu'ils sont habilement dirigés, ils ne produisent que de grandes améliorations.

Ainsi mêle-t-on des vins de Bordeaux, riches en tannin, avec des vins riches en matière azotée, comme le sont plusieurs vins de la Marne, et certains autres (Bourgogne, etc.). Ces vins se dépouillent réciproquement, forment un dépôt quelquefois très considérable, et, au bout d'un temps plus ou moins long, deviennent très beaux. Par un collage ou soutirage, le mélange peut-avoir très bon goût. — Mais si l'acide tannique est combiné, dans un vin, avec des alcalis organiques, dont il masque l'amertume (p. 159), il peut arriver que cette amertume se découvre en coupant le vin, par un autre, contenant des acides libres en grande proportion, et surtout de l'acide malique ou de l'acide tartrique. Un pareil mélange ne peut-être trop évité.

Buquet dans un rapport lu à la Société Royale de Médecine 1776, dit : « Je regarde comme une correction utile le mélange d'un vin généreux. »

Nous avons vu que l'aldéhyde peut exister dans beaucoup de vins. Ce composé se conserve bien, tant que le liquide est chargé d'acide carbonique, et il ne donne aucun mauvais goût; mais vient-on à couper ces vins avec d'autres, plusieurs fois soutirés, ne contenant presque plus d'acide carbonique, et qui ne manquent pas d'absorber de l'air pendant le coupage, alors l'aldéhyde se change en acide acétique, et le mélange offre plus de piquant, plus d'acidité.

Le coupage est fait :

1° Pour compenser le défaut de qualités d'un vin pauvre par l'excès de qualités d'un vin riche.

2° Pour enlever à un vin peu buvable les substances mauvaises en les faisant déposer sous l'action d'autres substances contenues dans le ou les vins de coupage.

On pourrait nommer le premier, *coupage compensateur* — et le second, *coupage purificateur*.

Le coupage-compensateur est presque inévitablement conduit à un extrême ; prendre le vin pauvre dénué de toutes qualités, c'est-à-dire *l'eau* ; — il perd son nom, en pareil cas, et prend celui de MOUILLAGE du vin riche.

A mes yeux toutes ces opérations sont permises ; les ventes en sont « loyales et marchandes » à la condition d'être déclarées par le vendeur ou même sans cette déclaration.

Lorsqu'on coupe des vins rouges avec des vins blancs (c'est une opération très généralement acceptée), beaucoup de personnes croient mêler deux vins semblables et même identiques sauf la couleur. Mais la différence d'un vin rouge à un vin blanc est parfois bien autrement grande. Outre les différences des deux matières colorantes, les acides, les sels, leurs proportions relatives, rien n'est identique. Il faut donc des essais préalables, d'une *assez longue durée* avant de faire ces coupages si l'on ne veut s'exposer à des accidents plus ou moins graves.

Les éthers contenus dans les vins doivent jouer eux-mêmes un grand rôle dans les coupages. Ces corps, qui sont si nombreux, peuvent être très différents dans les deux vins qu'on veut mélanger. Une fois mis en présence, ils peuvent agir les uns avec les autres et donner lieu à des éthers nouveaux ; la moindre trace d'un de ces corps pouvant influer beaucoup sur le goût des vins, on voit que là encore nous trouvons une cause rationnelle des changements de saveur produits par les coupages. — Quelquefois le changement peut-être très avantageux ; quelquefois il peut-être des plus désagréables.

Les sels contribuent encore aux variations qui nous occupent : leur mélange a lieu sans trouble apparent dans beaucoup de cas ; mais ils n'éprouvent pas moins des changements de composition très réels, et les vins dans lesquels ils se trouvent dissous, doivent changer de saveur quelquefois d'une manière très notable. — Mélangez un vin chargé de phosphate de magnésie avec un vin contenant du tartrate de soude, il ne se fera point de changement ; mais si le deuxième vin renferme du tartrate de soude et ammoniaque avec très peu d'acides libres, il se déposera tôt ou tard du phosphate ammoniaco-magnésien, et le tartrate de soude, resté seul, ne laissera plus au vin la même saveur. — On pourrait citer vingt autres exemples.

Ces effets connus des chimistes, sous le nom de *doubles décompositions*, ne sont pas les plus dangereux. Il faut se défier davantage de ces décompositions des sels organiques, de ces *hydrolyses* produites par la grande quantité d'eau, que tous les vins renferment, et dont nous avons cité des exemples (p. 239 et suivantes). Aucune cause d'altération n'est plus redoutable dans le coupage des vins. Les deux (ou plusieurs) liquides soumis à cette opération, pourraient être tous parfaitement stables avant le mélange et devenir le siège des plus fâcheuses modifications après ce mélange, parce que l'équilibre des sels ne peut que rarement se conserver.

Je ne saurais trop recommander ce point à toutes les personnes attentives.

Acidité. — Les vins peuvent être *malades* par excès ou par manque d'acidité.

Lorsque les vins sont trop *acides* par défaut de maturité des raisins, ou lorsqu'ils le deviennent par une acétification, à la suite de trop nombreux soutirages, etc., le moyen chimique de leur ôter ce défaut est tout indiqué; c'est l'emploi des alcalis; non pas caustiques, c'est inutile, au moins pour la potasse ou la soude; ces deux corps sont d'un maniement trop dangereux. La chaux seule peut être employée à cet état. — mais les carbonates donnent le même résultat.

La chaux ne doit pas être employée *vive*: il faut l'éteindre, lui donner de l'eau pure et s'en servir quand elle est refroidie, j'ai souvent ramené des vins tournant à l'aigre, à l'amertume, à la pousse, en y délayant $0^{gr},100$ de chaux (pesée vive) par litre de vin ou 10 grammes par hectolitre. Après avoir éteint la chaux de bonne qualité on la délaie dans 1 litre du vin à purifier, on fait passer dans un petit tamis en toile métallique très fine pour retenir les parties grossières de la chaux, et on verse le liquide tamisé dans le tonneau en ayant soin de bien remuer tout le liquide au moyen d'un bâton très propre; en 24 ou 48 heures le vin devient généralement très limpide. On peut ne pas le soutirer ce qui est pourtant préférable si le mal était grand. — on peut porter la chaux à 20grammes suivant le cas.

Si la chaux pure manque dans la localité, le bicarbonate de soude peut la remplacer sans inconvénient.

10 grammes de chaux sont équivalents à 30 de bicarbonate, c'est rigoureusement trois fois autant. — Le bicarbonate a un avantage parfois très grand, il dégage de l'acide carbonique au lieu de tendre à l'absorber comme la chaux. Les 30 grammes en dégagent 13gr,71 ou près de 7 litres : l'hectolitre de vin les retient en dissolution et le vin peut ainsi reprendre sa saveur primitive à peu près en entier.

Le carbonate de chaux, le marbre ou tout autre calcaire, la craie même, exempts d'impuretés dangereuses, peuvent servir à peu près comme le bicarbonate de soude. — Pour l'*équivalent* des 10 grammes de chaux il faut 17gr,86 de marbre ou de carbonate *réel*. On en obtient 7.86 d'acide carbonique ou 3lit,93.

Manque d'acidité. — Cette maladie (?) ce défaut peut sembler paradoxal : bien des personnes le considéreraient comme une qualité.

C'est souvent un défaut réel, on trouve le vin *plat* en pareil cas. — Le remède paraît tout indiqué : compléter l'acide tétrabélique (tartrique) et l'acide tétrabéjique (malique) en ajoutant ces deux acides — ou ajouter du bitetrabélate (du tartre purifié). Mais ce remède logique et simple a de nombreux inconvénients dont nous avons donné l'explication (tout à fait inconnue sans la Théorie Générale).

Acidage. — Au lieu de diminuer l'acidité du vin, on est parfois conduit à augmenter l'acidité naturelle trop affaiblie par une maturité précoce ou excessive.

L'acide indiqué n'est réellement pas l'acide tétrabélique (tartrique) recommandé depuis la découverte des moyens de l'isoler — ni son sel de potasse le tartre ou tétrabélate acide. C'est bien plutôt l'acide tétrabéjique (malique) ou le tétrabéjiate acide de soude (de soude et non de potasse, toujours suivant l'opinion de Cl. Bernard), l'acide tétrabéjique ramène mieux le vin à son état vraiment normal : on peut d'ailleurs l'associer à son *dérivé* le tétrabélique (tartrique), à parties égales ou même 2 du premier pour 1 du second.

MALADIES SPÉCIALES

Nous arrivons aux maladies proprement dites, aux décompositions plus ou moins fâcheuses des vins les mieux faits, les mieux réussis, même dans les années les plus favorables.

Moins le vin contient d'alcool, ou en d'autres termes, plus il est faible plus il est aqueux et plus les modifications *hydrolytiques*, dont nous avons parlé, peuvent aisément s'y produire. Toutes ne sont pas nuisibles, les changements du bitartrate sont plutôt favorables, et contribuent certainement à l'amélioration plus ou moins grande admise dans le *vieillissement* des vins. — Mais d'autres sont fâcheuses et parfois très destructives comme on va le voir.

Amertume. — Nous arrivons à des maladies dont la cause est encore obscure, au moins dans beaucoup de cas.

L'amertume a souvent une cause très simple et bien évidente : la formation de la résine brune d'*aldehyde-ammoniaque.* Le lie ou ferment adhérent aux parois des tonneaux engendre par sa décomposition un peu d'ammoniaque. Cet alcali s'unit avec le bioxyde de diène (aldehyde) puis sous l'influence de l'oxygène, venu de l'atmosphère, produit un composé brun résinoïde très amer signalé par Liebig. — Le méchage est un bon remède en pareil cas : l'acide sulfureux détruit la matière résineuse en prenant son oxygène pour devenir sulfurique : il se fait ensuite du sulfate d'ammoniaque et de l'aldehyde pur ; ces deux corps sont loin de communiquer au vin la saveur désagréable de la résine brune dont ils dérivent.

230. Bezu conseillait de refroidir le vin, soit directement en y introduisant un peu de glace, soit indirectement en arrosant la surface extérieure des tonneaux.

Dans le premier cas, on emploie $1^{kil},5$ de glace pour 250 litres de vin : la glace fond très lentement, lorsque le tonneau est bondonné de suite. — Au bout de trois mois et demi, Bezu a retrouvé près de la moitié des 125 grammes mis dans un baril de 6 litres. La cave devait être très froide et aurait produit, seule, tout l'effet voulu.

Dans le second cas, il suffit d'humecter l'extérieur des tonneaux, deux fois par jour, avec une éponge mouillée d'eau ou de les arroser. Le vin s'est conservé, tandis que, même dans les meilleures caves du pays (Bourbonne), plus de 1500 pièces de vin se sont piquées.

On donne souvent le nom de « *goût de vieux* » au goût d'amertume. Pour les vins de Pinot, l'amertume se montre la première, de la deuxième à la troisième année ; mais le goût de vieux bien moins grave est developpé beaucoup plus tard et n'a pas de lien direct avec l'amertume primitive. — Celle-ci débute par une odeur *sui generis*, la couleur du vin diminue de vivacité, la saveur devient fade, le vin *doucine* ; il n'est pas amer, mais va le devenir et si l'on ne peut y remédier, la couleur devient brunâtre, le tétrabélate (tartre) est décomposé ; le vin est perdu.

Les premières atteintes suffisent. « Un vin qui valait 500 francs tombe à 100 ; une bouteille de Romanée payée 15 francs vaut à peine 1 franc. » (de Vergnette-Lamotte).

Cette maladie paraît spéciale au Pinot, en Bourgogne où l'on ne connaît ni le passage à l'acide des vins du Midi ou de la côte du Rhône, ou du Bordelais, ni la viscose de la Champagne. On l'a connue dans le Baujolais et dans tous les vignobles.

Jamais on ne l'observe dans les vins très durs (tétrabélate) et tanniques. L'alcool ne paraît aucunement l'influencer.

De Vergnette-Lamotte attribuait, je crois avec raison, l'amertume à l'état des raisins. On ne l'observe pas dans les vins faits avec des raisins très sains ; mais s'ils ont été déchirés par la grêle ou les insectes, si leurs plaies ont du pourri, ce dont on s'assure aisément un peu avant le lever du soleil, l'amertume se présente toujours.

Naturellement l'absence des feuilles se prête à l'accident, les pluies d'automne sur un raisin dont la pellicule a été *brûlée* par les chaleurs amènent aussi les blessures funestes.

Les vins blancs ne prennent jamais l'amertume; il faut supposer l'œnocyanine accompagnée de matière azotée, très sujette au pourri et à la formation d'ammoniaque donnant plus tard l'aldéhyde-ammoniaque dont j'ai plus d'une fois constaté la présence et dont l'amertume est à mes yeux celle des vins malades.

Tant que l'oxygène absorbé pendant les soutirages peut produire les petites quantités d'acide diédique (acétique) observées très souvent la production d'aldohyde ammoniaque est imminente. Cette absorption entraîne la formation dans le vin du premier dépôt d'œnocyanine, etc. Il ne faut jamais tirer en bouteilles avant la cessation de ce dépôt.

Le mèchage est d'ailleurs un remède ; à la condition de ne pas oublier le défaut dont on parle « remède pire que le mal. » p. 286.

Un moyen singulier a été proposé par Laffon (pharmacien à Capendu, Aude). Du vin gâté par son tonneau dont on s'était longtemps servi pour transporter de l'eau de rivière, ayant pris un goût « impossible à dire » fut rétabli « comme par enchantement » en le mêlant avec de la farine de moutarde — 100 grammes par hectolitre. — Ne songeons même pas à contredire un honorable confrère ; mais il nous permettra de faire observer la présence du soufre dans l'éther auquel la moutarde doit ses propriétés, à la moindre altération le vin deviendrait d'un goût encore plus impossible.

Déjà l'on avait donné le conseil suivant : soutirer le vin dans un tonneau *sulfurisé*; broyer 100 ou 200 grammes de noyaux de pêche et les délayer dans le tonneau en le roulant avec un peu de vin, ou le même poids de nèfles coupées en quatre et enfilées en chapelet : on les laisse macérer un mois — ou encore du froment ou de la croûte de pain grillée délayée dans le vin : ces deux substances ne demandent pas plus de 2 à 3 jours. (*Bulletin de Pharmacie*, I, 437).

Un autre remède a toujours réussi : mettre dans les cuves 1 et-demi à 2 litres d'eau-de-vie blanche, Cognac à 65° et prolonger le cuvage le plus possible. — Remède assez difficile à comprendre.

Un autre beaucoup plus sûr et facile à comprendre, c'est la congélation : de Vergnette-Lamotte avait bien établi les avantages de ce procédé, l'augmentation de la richesse alcoolique et surtout l'élimination des matières altérables, en dépôts presque noirs font bien comprendre la solidité des vins soumis à ce traitement et où l'on n'introduit aucune substance étrangère. — L'alcool, le tétrabélate et le tétrabéjiate, le tannin, la bhydrotriéfine (glycérine) y sont augmentés.

Glenard a étudié en 1862 un vin de 1859 devenu amer; en 1859, ce vin contenait 2gr 72 bitétrabélate de KO, en 1862 il n'en contenait plus.

(Annales de la Société d'Agriculture de Lyon, VI, 1862).

2° La matière azotée, dans certaines circonstances qui ne sont pas encore bien précisées, paraît se changer en un produit amer et gâter entièrement le meilleur vin. Cet effet dépend surtout de l'élévation de température et de la vieillesse du vin. — Pour faire disparaître cette amertume, je ne connais qu'un moyen, c'est d'ajouter au liquide une petite quantité de chaux. Par exemple, *vingt-cinq à cinquante centigrammes* par litre. La chaux doit être bien récente : on la fait *éteindre* dans un peu d'eau ou même de vin, et on verse ce *lait de chaux* dans le tonneau ; on remue bien, et après un repos de deux ou trois jours, on soutire et on colle. Probablement la chaux se combine à la matière azotée, donne un composé insoluble qui se sépare du vin et lui fait retrouver sa première saveur. Le vin doit rester acide après ce traitement. — Cette méthode m'a réussi un grand nombre de fois.

On a donné encore une autre origine à l'amertume. Ce serait l'oxydation de la matière colorante, qui produirait un dérivé, de cette œnocyanine, caractérisé par une saveur amère. Aucune preuve de cette transformation n'a été donnée, pas plus que des deux précédentes.

Malheureusement tous ces sujets n'ont que des solutions hypothétiques. Mieux vaut, d'ailleurs, toujours prévenir l'amertume que d'avoir à y remédier. Tout consiste à éviter l'influence répétée de l'air, et le moyen le plus sûr est d'entretenir le vin chargé d'acide carbonique.

231. Je dirai la même chose encore à propos de la *pousse*, ou du *poux* des vins, deux accidents que l'on confond, en général ; tant ce qui se rapporte au vin ou au ferment, sous ce rapport, a été vaguement entrevu jusqu'aujourd'hui. La pousse est un redoublement d'activité non dans la fermentation alcoolique, mais dans les fermentations latérales: on l'arrête en détruisant une partie de la vitalité du ferment, ou de l'énergie hydrolytique, par un soutirage dans des tonneaux fortement méchés, ou par une addition d'alcool, ou par les deux moyens réunis, en les faisant suivre d'un collage. — Le poux est plutôt déterminé par une altération du ferment, longtemps après la terminaison de toute fermentation alcoolique; il résulte encore d'un manque de soins, pour empêcher le contact prolongé de l'air ; le vin perd son alcool, il absorbe de l'oxygène, et sous cette double influence, le ferment se pourrit et développe des composés ammoniacaux d'une odeur extrêmement fétide (sulfhydrate d'ammoniaque, etc.). On a conseillé l'emploi du charbon de bois pour absorber ces composés et en débarrasser le vin ; ce procédé suffit, en réalité, pour détruire tout mauvais goût ; on peut disposer le charbon de deux manières ; on l'écrase grossièrement avec une bouteille, on en remplit un petit sac de toile, et on le suspend dans le vin par un cordon fixé près de la bonde. — Mieux vaut tirer les charbons du feu et les plonger tout rouges dans un peu d'eau ; on les fait égoutter et on les jette dans le vin, en agitant. Dans les deux cas, on ne fait que peu de chose pour l'avenir, et on gagnera beaucoup à soutirer le vin dans des tonneaux pleins d'acide carbonique.

CLARIFICATION DES VINS

— 4 œufs par 240 pintes. — On délaie et on bat d'abord avec de l'eau et ensuite du vin, balai d'osier, etc. *Bulletin de Pharmacie*, t. I, p. 349.

On se sert trop fréquemment d'alun pour clarifier les vins blancs doux ; c'est un agent dont il conviendrait de proscrire l'usage car il est nuisible à la santé. Deux fois Batilliat a été incommodé pour avoir pris, quoiqu'à petite dose, du vin Maderisé et du Frontignan dans lequel ce chimiste a facilement reconnu la présence de l'alun.

Les anciens l'ont pratiquée parfois d'une singulière façon ; *Turbido sollicito transmittere cœcuba sacco* dit Martial.

Un accident assez grave est celui qui constitue les *vins troubles*, les vins *bleus*, etc, — Toutes les fois qu'une matière floconneuse devient brusquement insoluble, elle donne au vin, dont elle se sépare, une apparence laiteuse, un ŒIL *blanc,* si le précipité est considérable, *bleuâtre* s'il est moins abondant. Cet effet peut se produire dans des circonstances diverses : le vin, mis en mouvement par une fermentation, ou par une cause extérieure, laisse déposer un peu de ferment, et devient trouble. Des soutirages nombreux produisent cet effet dans un vin où les matières azotées sont abondantes, l'action de l'air en se répétant durant les soutirages amène une fermentation putrique : le tartre se change en métacétates : le ferment développe de l'ammoniaque à l'état de carbonate, ou même de sulfhydrate, le vin perd son acidité, et du ferment se dépose. — Les fleurs du vin recueillies, et délayées avec de l'eau et du sucre, font fermenter ce dernier comme le meilleur ferment [1]. — On remédie à ces fâcheux effets, dans quelques cas, en acidifiant le vin au moyen de l'acide tartrique ; dans d'autres, il faut changer de tonneau, et tirer dans un tonneau soufré, pour suspendre toute fermentation : on colle ensuite et le mal disparaît.

232. C'est encore aux mêmes causes que l'on doit attribuer la production des *fleurs*, des *vins piqués*, etc. — On les observe, principalement, dans les vins très aqueux, où le ferment reste dissout, et n'est pas maintenu par l'acidité du tartre ; leur formation devient rapide si on ne prend soin d'éviter l'élévation de la température. D'après Bezu [2], en suivant la marche du vin qui se détériore, on observe d'abord une augmentation de température dans le liquide ; la lie remonte, et en trouble la diaphananéité ; l'air s'y précipite avec sifflement : le tartre, déposé dans l'intérieur des tonneaux, et si nécessaire à la conservation des vins, se dissout entièrement dans la masse, et si alors on expose ce vin dans un vase ouvert, il devient d'un brun noirâtre, par l'oxygénation et la précipitation de la partie colorante. On empêche cette altération

1. Braconnot, A. C. P., [2], t. XLVII, p. 274.
2. *Bulletin de pharmacie*, t. I, p. 45.

en ajoutant au vin de l'alcool et du tartre: Labadie indique l'ouillage simple. On l'arrête souvent en portant le vin dans les caves les plus froides, ou même en l'exposant à la gelée.

On recommande encore le lavage à l'hypochlorite de chaux(chlorure de chaux) ; 50 grammes de ce chlorure, (nouveau, non altéré) délayés dans 2 litres d'eau mêlée d'avance avec 25 centimètres cubes d'acide chlorhydrique fumant, suffisant pour une pièce de 225 litres. On roule le liquide pendant 1 ou 2 minutes, on fait égoutter et on lave à grande eau.

233. Les vins *tournés* sont toujours modifiés de la manière que j'ai signalée p. 245, et dont, pour la première fois, grâce à ma Théorie générale, il m'a été possible de donner une explication sérieuse. En examinant ces vins, on trouve toujours que *le tartre a diminué* ; quelquefois *jusqu'à la transformation complète en bicarbonate de potasse.* Le fait a été observé par M. Breton [1], et, chose très remarquable, cet habile chimiste a pu rétablir la couleur et la saveur naturelle, par une addition d'acide tartrique. De la crème de tartre s'est déposée, et le vin a pu se conserver ensuite, comme s'il n'avait jamais subi d'altération. L'expérience faite sur plusieurs centaines d'hectolitres a montré que 30 grammes d'acide pour chaque hectolitre, étaient suffisants. — Il n'y aurait aucun danger à en employer au besoin le double, ou le triple.

Pline signale un caractère bien net ; le vin tourne quand une lame de plomb y change de couleur (XIV, **25**, 7).

Certains vins tournent au lever de la canicule, mais se rétablissent plus tard (XIV, **22**, 7).

234. Dans certains cas, le ferment perd sa vitalité ; il devient inerte. Ce mal est assez grave pour les vins mousseux ; je renverrai, par cette raison, au Livre troisième, où j'entre, à ce sujet, dans de grands détails.

235. Un accident bien étranger aux altérations du ferment contenu dans le vin, le développement du *goût de fût,* mérite encore de nous occuper. Ce goût se développe toujours, dans les tonneaux mal nettoyés ou dont le bois est, par lui-même, d'une altération facile. Si les douves subissent la décomposition que les ouvriers appellent *coup de feu,* ou toute autre altération spéciale, les produits qui en résultent présentent souvent une odeur très forte qui rend le vin on ne peut plus désagréable. — En général, ces produits renferment de l'ammoniaque et

1. *Journal de physique et de chimie* de de Blainville.

probablement une ammoniaque composée. On les enlève toujours presque complètement par des lavages à l'acide ; il faut employer l'acide sulfurique sans le prendre à son plus haut degré de concentration (1,7 au densimètre suffit); on en met 200 à 300 grammes dans le tonneau *sec*. On roule (avec une bonde); l'acide n'attaque pas fortement les parties saines des douves qui sont protégées par un peu de lie, mais il pénètre bien dans les parties décomposées, pourries, et les détruit entièrement. On lave ensuite à l'eau, pour enlever l'acide, puis à l'eau avec la chaîne, et enfin, si cela est nécessaire, avec un lait de bonne chaux, 200 grammes dans cinq ou six litres d'eau.

Lorsque ce goût de fût est faible, on ne le sent pas, d'abord, à la visite des tonneaux, ou bien on le néglige ; alors il augmente dans le vin et le rend impotable.

En pareil cas, on a conseillé l'huile d'olive pure pour ramener le vin à son bon état. On introduit 500 grammes d'huile, bien fraîche, et on roule vivement la pièce (avec une bonde). L'huile dissout les traces de matière odorante et le vin reprend son goût naturel. On peut laisser l'huile sur le vin ; elle le préserve du contact de l'air et ne lui cause pas d'autre altération.

On a conseillé même de se servir des tonnes à l'huile pour conserver les bons vins et les mettre à l'abri de l'évaporation d'une part et de l'oxydation de l'autre. Cette indication ne manque pas de justesse, mais il ne faut pas oublier de prendre exclusivement et rigoureusement les tonnes récemment vidées et n'ayant contenu que des huiles fraîches et pures.

Parmentier conseillait de tirer le vin à clair, de le mêler ensuite avec du gros vin, dans des tonneaux récemment vidés, de passer le coupage sur une bonne lie du même vin non vicié et de rouler souvent à la cave les tonneaux qui le contiennent. Le mieux, ajoute-t-il est d'éviter les douves viciées (1).

Berthollet conseille de charbonner l'intérieur des tonneaux, pour que le vin ne dissolve pas la partie extractive du bois et cède au charbon les germes de putréfaction qu'il pourrait contenir (2). La préparation se fait en brûlant le bois. — Il attribue la conservation du vin dans les foudres d'Heidelberg, plutôt à ce que la partie extractive capable de se dissoudre est proportionnellement plus petite qu'à la grandeur

1. Parmentier, *Bulletin de pharmacie*, I, 434 et *Journal de pharmacie*, XIV, p. 193.

2. Berthollet, *Ann. de chimie*, LIX 96 et XCIII, 153.

de la masse, puisque le vin s'améliore également dans les bouteilles de verre où on le conserve.

Mais récemment on a cru pouvoir attribuer le mauvais goût ultérieur du vin au pentafédol (furfurol) produit par cette torréfaction.

236. Le vin présente parfois un accident des plus singuliers. On y trouve des corps ovoïdes rouges, transparents, avec indices de tissu fibreux, assez semblables à des groseilles ou à des fruits de berberis pour faire supposer une falsification. Ces corps s'unissent en chapelet, offrent une certaine résistance à l'écrasement et paraissent formés d'une masse gélatineuse assez consistante. Ecrasée, délayée dans l'eau et examinée au microscope, cette masse est réduite en une infinité de petites fibres courtes, à surface inégale, et agglutinées. On aperçoit, en outre, un certain nombre de globules ronds formés d'une enveloppe transparente et de granules intérieurs qui ne semblent pas différer de la substance de la masse. — On ne connaît aucune production végétale analogue, — mais sa formation, dont les causes sont tout à fait inconnues, ne saurait être imputée à une falsification du vin dont la qualité d'ailleurs, ne paraissait pas altérée.

237. Les vins éprouvent, parfois, une modification qui les rend *astringents.* Voici l'une de ces maladies à l'égard desquelles on est loin de s'entendre : l'astringence peut être due à deux causes:

1° Elle peut être due à la seule présence du tannin: c'est ce qui arrive à certains vins de la Gironde. En général, tous les vins peuvent offrir cet accident: une fermentation prolongée sur les râfles, et les pépins, surtout quand ces derniers sont meurtris, par défaut des soins les plus ordinaires, amène le mal. — Le séjour du vin dans des fûts neufs peut aussi le produire, le vin dissout le tannin du chêne.— Cette astringence disparait aisément par des collages et en soutirant de suite après la chute de la colle, c'est-à-dire au bout de 6 à 10 jours.

2° Une autre cause d'*astringence* c'est l'acidité notable des composés d'alumine: ces corps peuvent exister naturellement dans le vin, ce qui n'arrive pas souvent, mais si leur proportion est assez forte, le liquide est d'une âpreté, d'une astringence marquée. Dans tous les pays où la teinte de Fismes est en usage, l'alun, de cette préparation malencontreuse, communique au vin la plus désagréable astringence. Il n'est pas facile de s'en débarrasser. — On peut bien forcer l'alumine à se précipiter en échauffant le vin jusqu'à l'ébullition; l'alun est toujours décomposé dans un liquide aqueux à cette température; son alumine forme une *laque* avec la ou les matières colorantes, et cette laque se dépose; mais le vin, soumis à cette épreuve, prend une saveur désagréable, un goût de vin cuit, presque toujours insupportable en pareil cas. Bien que cette saveur diminue beaucoup en une quinzaine de jours, et disparaisse même quelquefois, il est rare que le vin contenant de l'alun puisse subir cette épreuve. Il est préférable de mêler le vin avec du marbre blanc en poudre très fine et *pure* : 100 grammes par hectolitre. Il faut remuer de temps en temps avec un bâton. Le marbre ou carbonate de chaux, et le sulfate d'alumine se décomposent réciproquement; ils forment du sulfate de chaux, ou plâtre, d'une part, et de l'autre, du carbonate d'alumine qui ne subsiste point : l'alumine se dépose, et l'acide carbonique reste en dissolution dans le vin. Toute l'âpreté disparait. Le vin peut même perdre assez de saveur pour devenir plus plat, parce que le tartrate acide de potasse, lui-même, est neutralisé par le marbre. Alors on soutire, et on ajoute du tartre, propre et bien pulvérisé. Ces deux opérations sont très simples; elles donnent de bons résultats. Mais il vaudrait beaucoup mieux ne pas faire usage de la teinte.

238. Un défaut très grave auquel tous les vins sont exposés lorsqu'ils ne reçoivent pas les soins convenables et dont ils restent toujours exempts, dans le cas contraire, c'est l'acidité ou plus exactement l'*aigreur*. Le vin devient aigre, sous l'influence de l'air, assez promptement, si cet air est dissout dans le vin, mais très lentement quand l'air demeure à la surface du liquide. L'action chimique s'exerce entre l'oxygène de l'air et l'alcool du vin. Il se forme d'abord du vinaigre comme on l'a vu p. 271, et c'est ce vinaigre (ou acide diédique), qui donne naissance à l'*aldéhyde*. Cette action paraît augmenter de vitesse en présence d'*une substance azotée*. Il est nécessaire de bien se pénétrer de cette vérité très simple, pour comprendre les soins que le vin exige. Ainsi le contact de l'air doit être évité dès que la fermentation primitive, ou alcoolique, est complète. La bonde doit être bien fermée. — Il faut se garder d'agiter la surface du liquide, quand le remplissage n'est pas entier, parce que l'air se dissout, en pareil cas, et peut agir avec une grande force. — A plus forte raison doit-on craindre les soutirages. Le vin tiré, par le robinet, se trouve mis en contact avec l'air, par une surface tellement grande que les symptômes d'aigreur, existant avant l'opération prennent une intensité souvent désastreuse après elle [1]. Le soutirage doit être fait avec

1. Une pièce de vin de 200 litres, vidée par un robinet de 4 centimètres coule en

un siphon, ou pompe. Cet instrument est bien connu, et je ne crois devoir en rien dire de plus que ce que nous avons vu, On peut aussi faire usage de l'appareil champenois (p. 433).

Mlle Gervais avait proposé de réparer les vins passés à l'aigre ou entièrement détériorés, en se servant de l'appareil dont nous parlerons (V. *Chauffage*). D'après l'auteur, on pouvait échauffer le vin, dans cet appareil, sans lui donner de mauvais goût, et la chaleur détruisait le ferment, corrigeait la verdeur du vin, développait les principes spiritueux, etc. Les commissaires de l'Académie de médecine ont trouvé que cette caléfaction du vin, loin de lui enlever de l'acidité, ou de perfectionner ses qualités et d'accroître ses principes spiritueux, n'a procuré qu'un vin usé, selon les dégustateurs les plus habiles, et les recherches les plus exactes (1).

Par là tout le monde comprendra l'immense avantage de la présence de l'acide carbonique dans le vin, pour éviter l'aigreur. Ce gaz maintenu en dissolution s'oppose, comme nous l'avons vu plus haut (p. 143), à l'absorption de l'air. Un vin chargé de ce gaz ne tourne jamais à l'aigre; il est bien aisé de s'en convaincre par l'expérience. On peut même remédier au mal, quand il commence, en donnant, ou rendant, au vin l'acide carbonique préservateur: ainsi le vin soutiré, comme nous venons de le dire, sera introduit dans un tonneau bien nettoyé, bien méché, et rempli d'acide carbonique avec les précautions indiquées plus loin. Ce moyen est de beaucoup supérieur à ceux dont je vais encore parler.

Ainsi quelques personnes conseillent un soufrage un peu fort; on brûle plusieurs mèches dans le tonneau qui doit recevoir le vin aigri. Cette méthode est fondée sur ce que le gaz sulfureux est facilement absorbé par le vin, et prend, immédiatement, l'oxygène que ce vin renferme, pour se changer en acide sulfurique. L'alcool est entièrement soustrait, par ce moyen, à l'action de l'air, dont l'oxygène est irrésistiblement porté sur l'acide sulfureux. Le peu d'acide sulfurique formé n'occasionne aucun danger ; il s'unit à la potasse du tartre, et met en liberté un peu d'acide tartrique. — Seulement le vin, ainsi traité, n'est préservé que pour le moment même. L'acide sulfureux, en le débarrassant de l'air et

un cylindre de 158 mètres de longueur; la surface de ce cylindre, par laquelle s'exerce l'action de l'air, est de 20 mètres carrés, en ne tenant pas compte de la dispersion du vin dans les brocs, les tonneaux, etc. Elle est plus que double par cette dispersion.

1. *Journal de pharmacie*, [2], t. XV, p. 297. — Il est vrai que depuis cette époque la méthode d'Appert, appuyée dans ces derniers temps par les études de Pasteur a fait envisager les choses sous un autre point de vue.

du ferment, ne remplace pas l'air dissout, et ne demeure pas, comme l'acide carbonique, toujours prêt à empêcher l'air extérieur de venir exercer son action. Bien loin de là, jamais le vin n'est mieux préparé pour une absorption nouvelle d'air, et l'aigreur est encore imminente.

On conseille, aussi, l'addition de tartrate neutre de potasse pur : sous l'influence de l'acide acétique du vin aigre, ce sel abandonnerait la moitié de la potasse, et celle-ci formerait de l'acétate. Le tartrate neutre devenu bitartrate, ou *tartre*, s'ajouterait à celui du vin. Ce moyen est encore un remède, mais non un préservatif.

On conseille, encore, l'emploi du lait, ou surtout de sa crème. Fauré verse un litre de crème par pièce, agite bien, et soutire après quelques jours de repos. — L'acide acétique formé se combine avec la matière caséeuse, et tombe en partie dans le dépôt : l'oxygène dissout dans le vin serait absorbé par la même matière : on le voit, ce procédé remédie au passé ; mais ne fait rien de bon pour l'avenir (voir p. 242).

Au reste, il faut bien le dire, aucun défaut n'accuse mieux le manque de soins du vigneron : un vin tourné à l'aigre a été négligé. Eviter le contact de l'air, ne pas trop multiplier par conséquent les soutirages, tirer le vin dans de bons tonneaux, ne pas laisser la température monter trop haut voilà le moyen infaillible d'empêcher l'aigreur. Tenir le vin chargé d'acide carbonique est surtout la meilleure précaution. — On ne peut trop faire pour garder le vin contre l'aigreur : aucune *maladie* ne lui ôte ses qualités aussi promptement, et ne le rend moins propre au mélange avec d'autres vins, ce qu'il ne faut jamais faire quand le mal a commencé (voir *Coupages*).

Je ne dois pas quitter ce sujet sans dire quelques mots de la méthode employée autrefois, presque généralement, au dire de beaucoup d'auteurs, pour corriger les vins aigres. On employait la litharge ! Je ne parlerais point d'une méthode aussi dangereuse, si dans nos campagnes, et dans nos villes, on avait oublié cette vieille recette, dont on essaie encore, de loin en loin, faute d'en mesurer le péril. Je vais montrer ses effets, et ce sera le meilleur moyen d'en prohiber l'usage. La litharge est de l'oxyde de plomb, de la *rouille* de plomb. Mise dans le vin, elle se combine à l'acide acétique, ou vinaigre, déjà formé, pour engendrer un sel neutre, l'acétate de plomb, ou sel de Saturne, (les alchimistes nommaient le plomb Saturne). Ce sel est un poison des plus redoutables, et, malheureusement, un des plus trompeurs : on n'est pas averti, quand on le goûte, par une saveur métallique, intense et repoussante : il offre presque, le goût du sucre des fruits, et ce n'est qu'après l'avoir avalé qu'on ressent un arrière-goût de métal assez prononcé. Une dose, même faible, de ce sel peut occasionner la mort; la plus petite quantité nous expose à des coliques très douloureuses, appelées *coliques de plomb, coliques des peintres*, parce que ces derniers les éprouvent, parfois, en maniant la litharge, ou la céruse qui est un carbonate de plomb. Chacun peut juger, d'après ce qui précède, combien a été funeste l'inspiration d'*adoucir* les vins aigres au moyen de la litharge. Tout se réunit pour faire de cet usage un empoisonnement des plus odieux. Le vin prend une grande douceur; non seulement l'acide acétique perd son goût, en devenant sel de Saturne, mais le bitartrate de potasse, lui-même, est neutralisé par la litharge, et le vin est rendu plus doux pour la bouche, qu'à son état naturel. Mais à peine arrivé dans l'estomac, il y exerce des ravages, auxquels on ne peut se soustraire, même par la constitution la plus robuste, et qui deviennent promptement mortels, si l'on n'y apporte remède. Il faut cesser l'usage du vin, et boire quelques cuillerées d'une dissolution de sulfate de soude (sel de Glauber) ou de sulfate de magnésie (sel de Sedlitz) : 50 grammes de sel dans une litre d'eau.

A l'égard de la base je conseille nettement la soude. La présence de la potasse, bien évidente dans tous les vins et même exclusive de la soude, n'est *pas le moins du monde* un argument péremptoire, Cl. Bernard avait les meilleures raisons de déclarer la potasse moins bonne pour nous que la soude ; entre autres preuves, chacun peut se demander si le chlorure de potassium vaudrait le chlorure de sodium et répondre non de la manière la plus catégorique. Il en est de même des tétrabélates : la vigne a pu produire le tétrabélate de potasse dans sa meilleure végétation. Mais si dans le raisin mûr nous pouvions facilement remplacer la potasse par la soude, le vin en seraitmeilleur il n'y a aucun doute.

A Gautier croit avoir reconnu dans des vins du Midi une maladie nouvelle : caractérisée par la présence de l'acide tribéjique $C^6H^4O^{10}$ (tartronique !) cette maladie se produirait « quand la moisissure envahit la grappe ».

Pour moi l'acide résulte de l'oxydation du premier acide formé par la destruction hydrolytique du tétrabélate de potasse (tartre) ; de l'acide $C^6H^6O^{10}$ triéjique (p. 86). Les raisins malades, écorchés, « envahis par les moisissures contiennent cet acide ; pendant le foulage et dans la cuve, leur moût est chargé d'oxygène et dans un temps fort court, l'acide éprouve : $C^6H^6O^{10} + O^2 = C^6H^4O^{10} + 2HO$.

Il n'y pas de maladie nouvelle, et surtout pas de ferment spécial. — C. R., t. LXXXVI, p. 1.338.

On changerait peu le bouquet.

Nous avons vu (p. 458) en quoi ce bouquet consiste généralement.

Nos indications, *développées* par les personnes dont je viens de parler ont conduit à établir des fabriques de ces éthers à équivalent élevé trouvés dans les vins et récemment dans les eaux-de-vie. On se procure aisément à des prix relativement modérés, tous les éthers dont il s'agit. L'éther *œono décièdique* (nanothique, pélargnique) et bien d'autres non reconnus dans les vins.

L'un des éthers les plus employés pour composer un bouquet artificiel est l'octojiédate de diène $C^{18}H^8O^4\ C^4H^4$ (éther cinnamique), on le prépare aisément par l'action de HCl et d'un mélange d'acide octojiédique avec l'alcool absolu.

C'est un liquide de D = 1.0656 à 0°.

Vapeur à + 266° (262 non corrigé)

très peu soluble dans l'eau, très soluble dans l'alcool.

Dans un mélange d'eau avec $\frac{1}{10}$ d'alcool ; il offre une saveur agréable, une odeur parfumée dont on a cru reconnaître l'existence dans certains vins. Et sur cette présomption non dangereuse, plaisons-nous à le croire, mais pas encore assez approfondie, plusieurs fabricants en parfument leurs vins.

Finissons par la *viscose*.

DE LA VISCOSE (OU GRAISSE) DES VINS

Cette maladie est assez commune — surtout dans les vins blancs. Jusqu'en ces derniers temps la cause en était mal connue, on l'attribuait uniquement à une modification d'une matière azotée : je dirai tout à l'heure les raisons de cette opinion.

Mais je lui ai trouvé une autre origine dont je parlerai d'abord parce que cette origine est démontrée dans une condition simple, une altération du sucre ; *elle n'est pas azotée*.

La matière ainsi obtenue est suffisamment caractérisée pour mériter un nom spécial : je lui ai donné celui de *viscose* depuis près de vingt ans (1870) ; son existence et l'absence d'azote ont été confirmées en 1881 par Béchamp qui la considère comme une « espèce des mieux déterminées » — (*Comptes rendus*, t. XCIII, p. 78).

La viscose est-elle toujours non azotée ? Longtemps on l'a cru azotée :

elle paraissait appartenir à la classe des matières protéiques: précipitable par le tannin, etc.

Il n'est pas impossible de concevoir une matière azotée douée du caractère visqueux ; l'albumine est filante; mais on n'a pas la preuve de la formation d'une telle substance dans les vins: les expériences relatives à la prétendue viscose azotée ont été faites pour étudier les vins mousseux. Je crois devoir renvoyer à ces vins (livre III), le résumé de ces expériences; on le trouvera le plus succinct et pourtant, très complet. Voici pourtant les remèdes les plus acceptables:

Le moyen le plus simple consiste à transvaser sur la lie d'un tonneau récemment vidé et à leur imprimer du mouvement à les couler à la cave, et à les tirer à clair dans une autre pièce, à les *clarifier* s'ils sont rouges, à les *coller* s'ils sont blancs. — *Bulletin de Pharmacie*, p. 140.

Prendre pour un baril de la contenance de 3 hectolitres environ, 4 litres de vin, soit de celui qui est gras ou d'un autre, le faire chauffer jusqu'à l'ébullition, y mettre de 200 à 400 grammes de crème de tartre bien pure ; ajouter autant de sucre brut et quand le tout est bien dissous, jeter ce mélange tout chaud dans le tonneau — bondonner et rouler en agitant pendant 5 à 6 minutes. — On remet en place le bondon en-dessous. — On colle après un jour ou deux. — En 4 ou 5 jours le vin est clair et sec. — On soutire.

Par surcroît, Herpin conseillait de mettre de la lie d'un vin généreux et sain dans le tonneau de vin gras. En diminuant la crème de tartre et le sucre d'un quart ou d'un tiers. Ce procédé a été reconnu bon par les commissaires de la Société d'Agriculture du département de la Marne. — Herpin. *Journal de Pharmacie*, (2), t. V, p. 274.

Magnes Lahens conseille 100 grammes de crème de tartre par hectolitre contre les maladies des vins. — *Journal de Pharmacie* (2), XII, p. 373.

Dubois sans connaître le travail de François indiqua l'emploi des fruits verts du sorbier domestique (cormier). Ces fruits sont âpres, même à leur maturité; ils font disparaître d'une manière admirable la graisse des vins. On emploie $1^{k}5$ à 2^{k} de ces fruits par pièce de 2 hectolitres ; après les avoir pilés dans un mortier on introduit par la bonde et on agite le liquide comme si l'on procédait à la clarification : Au bout de 15 jours, un mois ou plus, le vin est parfaitement clair, sec, et susceptible d'être mis en bouteille sans qu'il soit nécessaire de le coller. — Cette méthode n'a pas le plus léger inconvénient d'après M. Dubois, et elle est très économique. — *Journal de Pharmacie* (2), XVI, p. 420.

Blondeau a reconnu dans un grand nombre de fermentations le développement de germes végétaux auxquels il attribue ces fermentations. — Dans les vins gras, il a vu se développer des germes du penicillum glaucum et leur végétation est activée par la présence de l'albumine végétale qui se trouve en excès au milieu d'un liquide peu riche en alcool. — *Journal de Pharmacie* (3), XII, p. 251.

Les anciens avaient observé la viscose : « Le vin de Maroné (le premier vin célébré par Homère) toujours généreux et d'une force indomptable » noir, parfumé, au point de nécessiter son mélange avec 20 à 80 fois son volume d'eau, devient gras en vieillissant (vetustate pinguescére). (Pline, t. XIV, 6, 2).

A. Béchamp a été conduit sept ans après moi à donner le nom de *viscose* à la matière filante : c'était une confirmation [1].

La production de la viscose est ordinairement annoncée par une pellicule membraneuse à la surface du vin. Ce n'est pas la suite d'une oxydation car on ne trouve pas d'acide diédique.

La pellicule introduite dans le vin bien sain le rend visqueux plus ou moins vite.

La matière vraie de la viscose me paraît pouvoir être obtenue pure dans les conditions suivantes : le moût de raisin, le jus de betteraves, (ou de carottes), versé dans un osmomètre à papier parchemin, (p. 251) avec de l'eau distillée sur l'autre face, donne, en 24 heures, par microsmose dans l'eau, une substance incolore, qui en 24 à 48 heures de plus, suivant la température, devient une masse glaireuse, filante, avec toutes les apparences des vins visqueux. Cette masse est parfaitement incolore, et accompagnée seulement d'une petite quantité de sels alcalins et de sucre. Je suis obligé d'ajouter qu'elle ne donne, aucun précipité avec le tannin — non seulement de raisin, mais même de noix de Galle.

Le vin rouge peut aussi devenir visqueux. Une cuvée de pinot faite avec des raisins frappés par la neige au moment de la vendange (en 1843) a présenté la viscose (de Vergnette-Lamotte).

Dans tous les cas dont nous venons de parler il est bon de clarifier les vins.

1. *C. R.*, t. XCIII, p. 468.

FIN DU PREMIER VOLUME

www.ingramcontent.com/pod-product-compliance
Lightning Source LLC
LaVergne TN
LVHW050453060726
842526LV00001B/141

* 9 7 8 2 0 1 4 4 6 5 7 4 7 *